中国旱涝的分析和长期预报研究

（第二版）

陈菊英　著

气象出版社
China Meteorological Press

内容简介

全书共分九章：第1章介绍了中国汛期降水的时空变率和集中强度、中国东部14个农业区域夏半年逐旬降水量的气候(1951—1980年平均)分布特征和历年(1951—1985年)汛期降水量的逐旬分布特点。第2章介绍了在1951—1985年间中国七个特大旱涝年的同期大气环流特征和成因。第3章统计和对比分析了主要区域雨季旱涝的前期大气环流特征，揭示了主要区域雨季旱涝的遥相关大气环流特征和高度预报因子。第4章分析研究了热带地区的海气相互作用(ENSO)，重点揭示了ENSO对西太平洋副高、南海副高和中国汛期主要雨带类型及主要区域月季降水量的同期和滞后影响关系，揭示了中国主要区域降水对ENSO的反馈影响关系和利用主要区域降水来预报厄尔尼诺(El Nino)事件和南方涛动指数(SOI)的预报模型和方程。第5章统计分析和研究了中国大旱大涝年和El Nino年及西太平洋副高强弱年的天文背景特征和对各种天文周期的响应规律特点，并揭示了利用日食月食和24个节气的农历日期等天文因子来研制的中国汛期主要雨带类型和主要区域旱涝的预报模型。第6章统计分析了各区域夏半年降水和旱涝的自相关和互相关关系，揭示了很多区域性旱涝预报的降水因子。第7章统计分析了各区域夏半年降水和旱涝与同期和前期气温的相关关系，揭示了若干区域性旱涝预报的气温因子。第8章阐述了与旱涝预报有关的天气谚语的应用和考核的若干种方法及其实际考核结果的应用效果。第9章综合研制和剖析了中国汛期主要雨型、若干个主要农业区域汛期旱涝的长期预报工具及其应用效果。

本书可供我国广大气象、农业、水文、水电、地质人员和有关院校师生以及有关防灾减灾管理部门参考。

图书在版编目(CIP)数据

中国旱涝的分析和长期预报研究/陈菊英著. —2版.
—北京：气象出版社，2010.11
ISBN 978-7-5029-5076-7

Ⅰ.①中… Ⅱ.①陈… Ⅲ.①干旱-天气分析-中国②水灾-天气分析-中国③长期天气预报-中国 Ⅳ.①P426.616

中国版本图书馆CIP数据核字(2010)第213547号

Zhongguo Hanlao de Fenxi he Changqi Yubao Yanjiu(di er ban)

中国旱涝的分析和长期预报研究(第二版)

陈菊英 著

出版发行：气象出版社

地　址：北京市海淀区中关村南大街46号	邮政编码：100081
总编室：010-68407112	发行部：010-68409198
网　址：http://www.cmp.cma.gov.cn	**E-mail**：qxcbs@cma.gov.cn
责任编辑：李太宇	终　审：周诗健
封面设计：王　伟	责任技编：吴庭芳
印　刷：北京中新伟业印刷有限公司	
开　本：787 mm×1092 mm　1/16	印　张：21.5
字　数：550千字	
版　次：2010年11月第2版	印　次：2010年11月第1次印刷
印　数：1～2000册	定　价：58.00元

本书如存在文字不清、漏印以及缺页、倒页、脱页等，请与本社发行部联系调换

第二版前言

本专著是《中国旱涝的分析和长期预报研究》的第二版，是在该书第一版的基础上对其中的少数文字进行了修正。另外，对原专著中"地温、高原积雪和极冰简介"（原专著290—294页）在再版本中不再作介绍。如果读者有兴趣，请见与地温、高原积雪和极冰等有关作者的原始论著。

本书第一版在1991年中国农业出版社出版以来，受到了广大读者和数十位同行专家的青睐和好评。该专著及有关论文经过各级专家的评审，分别获中国气象科学研究院科技进步二等奖和中国气象局科技进步三等奖，在1994年通过了国家科学技术委员会（SSTCC）的评审，认为该专著（及有关论文）达到了广泛性、科学性、成熟性三个标准，并将该专著及有关论文确认为国家科学技术研究成果（国家登记号：940604），国家科学技术委员会给作者颁发了国家科学技术研究成果完成者证书（证书编号：045963），并在中华人民共和国国家科学技术委员会（SSTCC）的1994年第6期科学技术研究成果公报（Bulletin on Scientific & Technological Achievements）上给予了高度评价："该成果对我国降水的时空变化规律、特征、变率、集中强度和大旱大涝的成因进行了统计分析和研究论述：对分布在我国七大江河流域的14个主要农业区域的雨季起迄旬次、历年旱涝分布时段、集中强度和对旱涝有影响的海洋、天文、天气、气象要素、天气谚语等方面的物理因子进行了全面深入的统计分析研究，并创建了一整套各区域旱涝、夏季雨带类型、厄尔尼诺事件的综合各种高相关物理因子的预测模型，使旱涝分级预报准确率达到70%～80%，为我国防灾减灾作出了重大贡献"。

本专著主要论述和揭示了1951—1985年期间的中国14个主要农业区域的旱涝变化特征、成因和预报工具。因为在20世纪80年代计算机很少，在上班时间每星期每人只能分配到2小时上机时间，书中大量相关统计结果是作者在晚上和周末上机计算和分析研究才取得的，近50万的文字也是利用业余时间在拟稿纸上"爬方格"完成的。其中图表是作者用手工研制完成后，再由南京大学石宗祥先生和原中央气象台王乃粉、蔡琳、耿继光用硫酸纸做了清绘。图中数字是作者全家人在硫酸纸上用手工黏贴上去的。书中从各种资料的收集整理、上机计算、分析研究、逐字逐句地撰写、每个图表的制作等耗费了作者的千百个日日夜夜。在专著再版之时，作者仍要感谢曾经帮助过作者做过辅助工作的同志，也要再次感谢曾经关心和支持过作者的同行们和专家们。

在该专著再版之时，我要特别感谢气象出版社的李太宇和周诗健编审努力为该书翻译英文，也很感谢吴庭芳和张淑萍编辑为该书的再版做了大量编辑工作。

需要说明的是，由于修改难度和工作量异常巨大的原因，本书与原著改动并不大。为了与读者们进行更广泛深入的交流，近两年作者又撰写了《中国旱涝的机理分析和长期预报技术研究》，由气象出版社与本书同时出版，希望读者们多多指教！

作　者

2010 年 6 月

Foreword to the Second Edition

The monograph is the second edition of the book entitled "China's Flood-Drought Analysis and Long-range Forecast Research", and has revised based on the first edition in very few characters. Besides, the part of "description of soil temperature, plateau snow cover and polar ice" (pp290—294, the first edition) is not included in the second edition, readers interested in these contents can refer to the relevant books on these respects.

Since the first edition published by China Agriculture Press in 1991, the book has been well received by readers and experts. Through evaluation of the book and relevant papers by experts at various levels, it has received the Scientific and Technological Progress Prizes at the second grade level of Chinese Academy of Meteorological Sciences (CAMS) and the third grade level of State Meteorological Administration (SMA) of China. In 1994, the monograph "China's Flood-Drought Analysis and Long-range Forecast Research" and relevant papers passed through the evaluation by the expert group from the State Scientific and Technological Commission of China (SSTCC), and they considered that the monograph and relevant papers have characteristics of extensive, scientific and mature and it should be registered as national scientific and technologic achievements (national number registered: 940604). At the same time, the SSTCC issued the certification of national scientific and technologic achievements to the author (the certification number: 045963), and give a pertinent comment in the "Bulletin on Scientific and Technological Achievements (No. 6 1994, pp88) published by SSTCC: "the achievements statistically analyzed and studied the time-space variation rules, characteristics, variability, and concentrated degree of precipitation in China, as well as the causes for heavy flood-droughts. …created a set of prediction models integrating various highly-correlated physical factors of regional flood-drought cases, precipitation patterns, El Nino events, etc. and made the accuracy of flood-drought graded forecast reaching 70%—80% by the prediction models, which is a great contribution to the disaster prevention and reduction in China."

The monograph main discusses and reveals the characteristics, causes and prediction tools of flood-drought variations in the 14 main agricultural regions of China during 1951—1985. Because computers in the 1980s were very few, researchers as the author can only get 2h office working computer time per week, therefore a lot of statistical results in the book were calculated by author in weekends or sparetime. It is worth mentioning that all the 500 thousand-character manuscript was finished by author's one-by-one writing in sparetime, and the original diagrams and tables in the book also were my hand-drawing first, then the formal drawings were made by Mr. SHI Zhongxiang in Nanjing University and WANG Naifen, CAI Lin and GENG Jiguang in the former Central Meteorological Office. All the other many things for the monograph besides the mentioned above were finished by author and author's family persons. On the occasion of the monograph's republication, I would like to express my hearty thanks to all persons for their hard and helpful work and also to all colleagues and experts for their support and concern. Last, but surely not least, the author would like to express her gratitude to Senior Editors LI Taiyu and ZHOU Shijian and Editors WU Tingfang and ZHANG Shuping at China Meteorological Press for their hard work in editing, publishing and partial English translation of the book.

It is worth notice that the author has also wrote the second monograph entitled "Analysis of Flood-Drought Mechanism in China and Study on Long-rage Forecast Techniques" in recent two years, which will be published by China Meteorological Press in the same time as this republished monograph, in order to communicate with readers deeply and extensively in this long-rang weather forecast field.

CHEN Juying
June 2010

第一版序

我怀着很大兴趣，通读了这本著作，得到了许多收获。首先，这本著作百分之九十以上是作者创造性劳动的成果，只有百分之几是介绍别人的成果，这一点是难能可贵的。

这本书最大的特点是将具有中国式的长期旱涝预报功能的成果写在其中，这在任何外国同类书中是很难见到的，而且实际预报成效十分明显。这种中国式的长期预报特点，至少表现在两个方面：

第一，本书作者所称的长期旱涝天文背景。所谓天文背景便是指太阳、月亮和地球三者的相对位置。作者在寻找旱涝预报的前期征兆时，首先考虑当年日、月、地三者的相对位置，当年有没有日月蚀（食），同时巧妙地将节气（代表阳历）和节气落在农历（阴历）的日期，以阴阳历结合的方式来代表日、月、地的相对位置，据此作者找到了大量的相关事实，指出我国各地区旱涝前期特征的差异。

我原来对这方面的说法是将信将疑，但是读了本书之后，完全把我"将疑"的成分抛弃了。现在我深信，日、月、地的相对位置对长期天气过程的演变一定起着相当重要的作用，其内在联系是值得深入研究的。

第二，本书作者搜集了各个地区的大量天气谚语。对有长期旱涝预报意义的谚语做了灵活的深入细致的考查，得到了许多有意义的长期天气过程前后振荡的韵律规则，自成体系，别开生面，只要应用几条谚语，在天气实况中前后对照，便可得出一条预报指标，这确实是开辟了一条长期预报的新路。

但对谚语的理解和运用很有学问，理解不合适，一条很好的谚语便完全用不上。本书作者到过国内许多农村，访问老农，实地考察，所以对农谚了解深入，运用自如，并对谚语做了地区推广和分区检验，这在长期天气预报方面，可谓独树一帜。

最后谈一点感想。本书作者从数以万计的相关系数中总结出来的有效规律，这在30年前电子计算机还没有发明以前是完全不可想像的。用少数人力根本计算不了这么多相关系数，所以电子计算机的发明推进了长期天气预报这个难题，大大地向前进了一步。

杨鉴初 *

1987 年 10 月 31 日于北京

---

 * 杨鉴初，中国长期天气预报的先驱者，著名的气象科学家和长期天气预报专家。他在日地关系、黄河流域降水、西藏高原气候学、对气象要素历史演变的规律性分析等方面做出了重要贡献。他在 20 世纪 50 年代初就为新中国开展了长期天气预报业务工作，共发表了数十篇论文，单独和合作出版了四本专著。

Preface to the First Edition

I read the book through with great interests. First of all, the contents more than 90 percent are the author's creative achievements, only with very few contents (several percent) describing others achievements, this is commendable indeed.

The greatest feature of the book is to deal with the long-range forecast of flood-drought with Chinese characteristics, which is difficult to see in any foreign books of similar kinds. This Chinese long-range forecast with perfect prediction effects can be manifested in the following two aspects.

First, the so-called astronomical background for the long-range flood-drought forecast means the three-body relative position among the sun, the moon and the earth.

When the author of the book searched for the precursor of flood-drought long-range forecast, she first considered the relative position of three bodies (the sun, the moon and the earth) in the very year, and whether there occurred the solar eclipse or lunar eclipse in that year. Meanwhile, she ingeniously represented the relative position of the three bodies in the combination of lunar and solar calendars through solar terms. Based on the mentioned above, the author found out a large amount of correlative facts, and revealed the differences in precedent features of flood-drought in various regions of China.

Originally, I was doubtful about these postulations. However, when I finished reading the book, I threw out my doubts away. Now I feel confident that the relative position of the three bodies plays an important role in the long-range weather process and evolution, and their intrinsic connections deserve sound investigation.

Second, the author of the book collected a large amount of weather proverbs, and deeply investigated those significant for flood-drought long-range forecasts. In this way, she finally obtained many rules on the oscillation and rhythm of long-range weather processes, and a prediction index could be worked out by means of contrast between weather proverbs and weather cases. This makes a breakthrough of long-range forecast.

However, weather proverb is a sword with two sides. If you understand it not proper, then a good proverb may be useless. The author of the book visited many old farmers with the purpose of weather proverbs and conducted interviews with them, and by means of this kind of thorough investigation, she can handle these weather proverbs in the long-range forecasts skillfully, and made their classification and verification in terms of various regions. This blazed her path in the long-range weather forecast.

Finally, I would like to talk about my impressions. These effective rules were summarized by the author from thousands upon thousands of correlation coefficients, and it is incredible before 30 years when electronic computers have not put into operation. From this point of view, I think that the invention of electronic computers promotes the long-range weather forecast and makes it progressing greatly.

YANG Jianchu[*]
October 31, 1987, Beijing

---

[*] Prof. YANG Jianchu (1915—1992) is the pioneer of the long-range weather forecast in China, and a famous meteorologist and expert of long-range weather forecast. He made great contributions in many aspects such as solar-terrestrial relationship, precipitation over the Yellow River Basin, the Tibetan Plateau climatology, historical evolution and regular analysis of meteorological elements, etc.

第一版前言

　　洪涝和干旱是中国主要灾害性天气之一。中国地处欧亚大陆东南部,东临大海,有漫长的海岸线。中国幅员辽阔,地形复杂,东部以平原为主,西部则多山脉、高原和沙漠。全国降水分布很不均匀,西部内陆降水稀少,东部主要农业区夏半年降水丰沛,但年际变率很大,旱涝比较频繁。做好夏半年旱涝的长期预报,对正确部署防洪抗旱设施,保障人民生命财产和国民经济是十分重要的。

　　世界气象事业不断地在应用中得到了发展。前150年基本上是常规地面气象资料的观测应用时代,当时还缺乏对高空气象资料的探测条件。在近150多年中,气象资料得到了很大的开发。到19世纪中叶,气象由单纯观测应用时代进入了边观测应用、边对大气环流进行研究的新时代,并逐步形成了气象学和天气学。天气学的形成又推动了天气预报,而近100多年来的天气预报实践又不断地丰富和发展了气象学和天气学。

　　长期天气预报作为气象科学的一个分支,是从19世纪开始逐步形成的,到20世纪初期,世界上已形成了几个长期天气顶报学派。其代表人物有英国的瓦克(Walker)、苏联的穆尔坦诺夫斯基和王根盖姆、德国的鲍尔。他们对长期天气预报作出了开创性的研究成果和预报实绩,提出的学术观点为后来的长期天气预报奠定了基础,为长期天气预报做出了重要贡献。

　　竺可桢先生是中国近代气象事业的奠基人。在20世纪30年代,他就在中国气候特征的研究上卓有成就,而且物候学和气候变迁则贯穿在他一生的研究之中。他为中国气象事业做出了卓越的贡献。涂长望先生根据瓦克的理论,研究中国旱涝与世界气候、三大涛动的关系,并采用回归方程做长期天气预报,开创了中国长期天气预报的起点。中华人民共和国成立初期,杨鉴初先生提出了气象要素的"历史演变法",这个方法在全国广大气象台站的长期天气预报实践中得到了应用,至今还是制作年度预报的常用方法之一。杨先生还是中国日地关系研究的先驱者。涂长望、杨鉴初两位先生是中国长期天气预报的创始人,他们为中国长期天气预报事业做出了重要贡献。

　　1957年以来,随着农、林、牧、工业的需要,中国的长期天气预报和科研队伍逐步壮大,广大长期天气预报员和科研人员采用天气学分析法和统计学检验法,对长期天气预报开展了深入广泛的应用和研究工作。由于电子计算机的迅速发展和普及,为长期天气预报所需要的大量统计工作提供了方便条件,从客观上促进了长期天气预报的发展。

　　在长期天气预报业务中,降水量的距平趋势要比温度的距平趋势难以预报,干旱和洪涝是降水量异常偏少或异常偏多造成的。所以,对具体区域来说,干旱和洪涝是属于小概率事件。因此,干旱和洪涝的长期预报比一般降水量的距平趋势预报难度更大。然而旱涝预报却要比一般降水量的距平趋势预报重要得多。本书主要概述和介绍了作者在多年的长期天气预报实践中多次获得旱涝预报成功的实际预报经验和科研成果，以供广大气象台站、水利部门、大专院校及有关科研和应用单位参考或使用。

本书共分九章。第 1 章对中国降水的时空分布、降水变率、旱涝分布等气候特点作了分析和概述，并对中国东部地区 14 个主要农业区域的雨季起迄和各区域夏半年 4—9 月旱涝的气候特点作了具体分析，也对历年(1951—1985)夏半年 4—9 月逐旬降水量集中强度和旱涝发生时段的分布特点作了概述。第 2 章概述了大旱大涝的成因，对比分析了大旱大涝的同期 500 hPa 大气环流特征。第 3 章重点对比分析了主要区域旱涝年的前期大气环流场的分布特点，并对各区域雨季旱涝的前期 100 hPa、500 hPa 遥相关高度因子作了调查和研究。第 4 章对中国旱涝、西太平洋和南海副高与太平洋海温场、厄尔尼诺现象、南方涛动指数之间的互相关关系作了探讨，对若干统计事实作了分析和讨论。第 5 章对中国旱涝和厄尔尼诺事件与太阳活动和日、月、地相对运动造成的位相角年变化之间的对应关系作了重点分析，对在多年预报实践中已获得良好预报效果的天文因子作了详细介绍和论述。第 6 章对各区域(平均)夏半年降水和旱涝的自相关和互相关关系作了调查和分析。第 7 章对各区域(14 个)旱涝与各区域(7 个)同期和前期气温等级值的互相关关系作了调查和分析。第 8 章对天气谚语在旱涝预报中的验证和应用方法结合实例作了具体研究，并对在旱涝预报中实际应用效果较好的长期天气谚语作了推广性验证和考核，为我国东部地区的旱涝提供了很多行之有效的以天气谚语为线索的长期预报因子和工具。第 9 章对中国东部夏季主要雨带类型的大气环流特征、天文背景及其与厄尔尼诺事件的对应关系作了分析，并对(1951—1986)中国东部夏季主要雨带位置和各区域雨季旱涝的综合性长期预报工具作了研制和介绍。

全书插图主要由南京大学气象系石宗祥先生负责清绘。其中，中国降水量距平百分率趋势及降水变率分布图由王乃份、蔡琳，耿继光同志负责清绘。作者在此深表谢意！

本书曾先后得到过陆巍、陈联寿、廖洞贤、牟惟丰、汤懋苍等教授们的关心鼓励和指教，作者谨表深切谢意！

本书在出版中还得到了章基嘉、王世平、丁一汇、张先恭、廖荃荪、陈兴芳等专家们的关心和支持，作者深表感谢！

本书所涉及到的资料统计工作量巨大，面十分广，难免有错误之处，诚望读者批评指正。书中其他方面如有错误或不当之处，亦欢迎读者指教。

必须说明的是，由于作者在写作本书时未能获得台湾省的近 40 年降水量资料，故在本书第一章中所用台湾的多年平均降水量是用 1897—1940 年的降水量平均值代替的，仅供参考。在后面几章中也因缺乏台湾的近几十年的雨情资料而未能对台湾的旱涝加以分析研究，深感歉意。作者期望今后能获得台湾的有关气象资料并对台湾的旱涝作深入的分析研究。

作 者

1988 年

Foreword to the First Edition

Flood and drought are the one of main weather disasters in China, which is located in the southeast part of the Eurasia continent, and faces the Pacific on the east with long coastal lines. China has an extensive territory with complicated terrains, the east part of China consists mainly of plains, and the west mainly of mountains, plateaus and deserts. Precipitation is distributed very uneven throughout China with rare precipitation in western inland and rich precipitation in eastern agricultural areas during summer half years. However the interannunal precipitation variability is very large, so that the flood and drought occur frequently. For this situation, making a good long-rang forecast of summer half year flood-drought is very important for the arrangement of flood prevention and drought combating, protecting the people's lives and property, and national economical development.

As a branch of meteorological sciences, the long-range weather forecast has been formed gradually since the 19th century, and until the early 20th century, several top schools of long-range weather forecasts in the world emerged already, and their representative scientists were Walker in England, Mul'tanovskii in the former USSR, and Baur in Germany. These outstanding scholars made important contributions due to initiating scientific achievements and good prediction results, and put forward many scientific viewpoints which laid the foundation for long-range weather forecasts.

Prof. ZHU Kezhen is the founder of contemporary meteorology in China. In the 1930s, he has already obtained excellent achievements in studies on Chinese climate characteristics, and the research on phenology and climate change has been conducted throughout all his life, making outstanding contributions to meteorological science and its developments in China. Prof. TU Changwang according to Walker's theory studied the relationship among China's flood-drought, world climate and three oscillations and made the long-range weather forecast by means of regression equations, initiating the new way to the long-range weather forecast in China. In the early period of the founding of the People's Republic of China, Prof. YANG Jianchu proposed the historical evolution method of meteorological elements, which has been widely used in the long-range weather forecast practice and has been one of the common-used methods for formulating annual weather forecasts nowadays. On the other hand, Prof. YANG is also the pioneer of solar-terrestrial relationship studies.

In the long-range operational weather forecast, the precipitation anomaly trend is more difficult to predict than the temperature anomaly trend. Because the flood or drought is caused by the extraordinarily much or less precipitation, and the flood or drought is a little probability event for a specified region. Therefore, the long-range forecast for the flood-drought is harder than the forecast of general precipitation anomaly trend. Meanwhile the significance of flood-drought forecast is much more important than the forecast of general precipitation anomaly trend.

The book mainly describes author's multi-year successful forecast experiences and research achievements obtained in the long-range forecast of flood-drought, which can be referred by the readers in meteorological stations, water resources, scientific research and technological applied units, and related colleges and universities, etc. The book consists of nine chapters. Chapter One describes the climatological characteristics in the temporal and spatial distribution of precipitation, precipitation variability and flood-drought cases, and concretely analyzes the start and ending dates of raining season in the 14 main agricultural regions in eastern China and their climatological characteristics in summer half year April-September flood-drought, additionally, it outlines the concentrated degree of pentad precipitation and occurrence time period of the flood-drought in the summer half year April-September during 1951—1985. Chapter Two describes causes for heavy flood-drought cases, and comparatively analyzes the 500 hPa atmospheric circulation characteristics at the same period as the heavy flood-drought. Chapter Three focuses on the atmospheric circulation characteristics prior to the Meiyu period flood- drought cases in main agricultural regions and their investigation on the 100 hPa and 500 hPa height factors in remote connection. Chapter Four explores the correlative relationships among China's flood-drought, the West Pacific and the South China Sea subtropical high versus the Pacific SST, El Nino events, and the Southern Oscillation index, and makes the analysis and discussion of some statistical facts. Chapter Five puts emphases on analyzing the corresponding relationship among China's flood-drought, El Nino events and solar activities, as well as phase angular annual variations caused by the relative motion of the sun, moon and earth, and describes the astronomical factors yielding good effects in the multi-year weather forecast operations. Chapter Six investigates and analyzes the self correlation and mutual correlation between the summer half year region-averaged precipitation and flood-drought in various regions. Chapter Seven investigates and analyzes the mutual correlation between regional flood-drought(14 regions in all) and the precedent and concurrent regional temperature grades(7 regions). Chapter Eight illustrates the verification and application of weather proverbs in flood-drought forecasts, and puts forward some weather proverbs obtaining good effects in the flood-drought forecasts, which can be used as the clue of long-range weather forecast factors and tools. In the last chapter of the book—Chapter Nine, the corresponding relationships among the atmospheric circulation characteristics of main rain-belt patterns in summer, eastern China, astronomical background and El Nino events are analyzed and the comprehensive long-range forecast tools of China's flood-drought are outlined.

The manuscript of the book was reviewed by Profs. LU Wei, CHEN Lianshou, LIAO Dongxian, MO Weifeng, and TANG Maocang, and in the publishing course of the book, the author has received the help, support and encourage from Profs. ZHANG Jijia, WANG Shiping, DING Yihui, ZHANG Xiangong, LIAO Quansun and CHEN Xingfang. Here I would like to express my hearty thanks to all above respect meteorologists.

I also wish particularly to thank Mr. SHI Zongxiang in Nanjing University who drew most of the diagrams, and my colleagues WANG Naifen, CAI Ling and GENG Jiguang who drew some diagrams about precipitation anomaly percentage trends and precipitation variability distributions in China.

Calculation and statistics in the book are concerned with a large amount of working loads in various aspects, and thus shortcomings or even mistakes might be hardly avoided. Comments, criticism and corrections are warmly welcome.

Finally, it must be pointed out that because I have not got the precipitation data in Taiwan in recent 60 years when I was writing this book, I only just used the mean precipitation during 1897—1940 as the multi-year mean precipitation in Taiwan described in Chapter One of the book. Therefore, in the following chapters, I cannot explore the flood-drought cases in Taiwan because of the data. I hope I can do sound studies on Taiwan's flood-drought cases by means of Taiwan's data in the near future.

CHEN Juying
Beijing, 1988

目　录

CONTENTS

第1章　中国降水和旱涝的气候特点

1.1　降水的时空分布特点

由于我国地域辽阔,地形复杂,又受季风影响较甚,所以,我国的降水量,其时空分布和年际变化,各地区有着较大的差异。

在中华人民共和国成立以前的历史岁月,我国有完整的降水资料的台站不多。因此,我们在本书内,主要对近30多年来全国降水的时空分布特点,作一定的分析和讨论。

1.1.1　年降水量的空间分布

么枕生教授在1959年研究"中国东部境内各月降水量的保障几率"中指出,如有30年以上的资料,所统计的降水保障几率已经较精确了。即若有30年以上的降水资料,平均起来,就可以反映出降水的基本分布特点,因此,我们可以从1951—1980年这30年平均年降水量的分布图(图1.1)上,大致看出我国降水的空间分布特点。

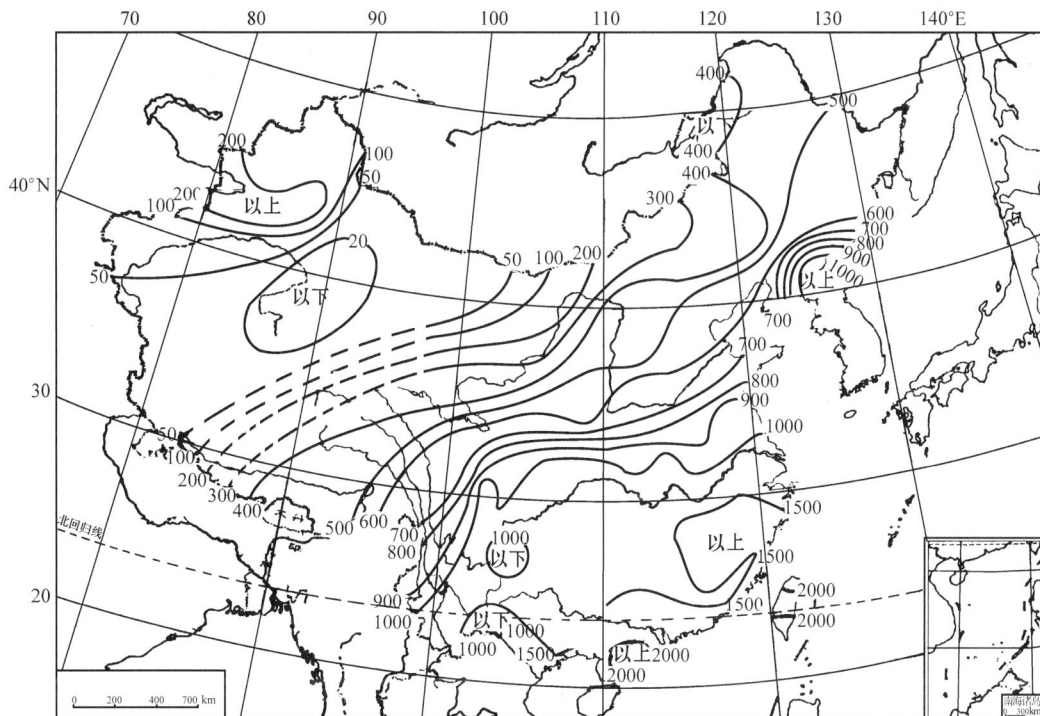

图1.1　中国年降水量分布图(1951—1980年平均)

一般地说,我国的降水是东多西少,南多北少。由东南地区向西北内陆逐渐递减,降水量等值线大致呈东北—西南向分布。

淮河以南地区,年降水量在 1000 mm 以上。江淮地区和西南大部地区,在 1000~1200 mm 左右。江南和华南大部地区,在 1300~1600 mm 以上;其中,江西东南部、浙江大部、福建大部、台湾大部、广东南部等地区达 1600~1800 mm 以上,局部地区在 2000 mm 以上,是全国年降水量最大的地区。淮河流域和汉水、四川北部等地区,年降水量有 800~1000 mm。渭河流域、黄河中下游大部地区、海河流域大部地区、东北南部,年降水量有 500~750 mm;辽宁南部部分地区达 800~1000 mm 以上。东北北部、内蒙古东部、河套地区及黄河上游、西藏南部,年降水量有 200~500 mm。南疆大部地区,年降水量在 50 mm 以下,而天山以北的北疆,却有 150~260 mm 以上的年降水量。

我国降水的这种分布特征,是因为我国东临大海,东部地区水汽充足,为海洋性气候,降水比较丰沛;而我国西部地区,深入内陆,空气干燥,为大陆性气候,降水较少。

1.1.2　降水的时间分布

我国地处欧亚大陆东南部,降水的时间分布主要受季风大气环流的控制。

在冬季,受冬季风的影响,我国大部地区处在极地大陆性干冷气团的控制之下,降水稀少。在夏季,则受夏季风的影响,我国大部地区,特别是东部地区,受海洋性暖湿气团的制约,降水丰沛。春、秋两季,则是过渡季节。

根据 1951—1980 年的多年平均降水资料的分析,全年各月降水量大致分布如下:

1 月　淮河以南大部地区,月降水量在 25 mm 以上,江南大部地区,则有 50~70 mm 左右。长江中下游、华南大部,有 25~50 mm 的月降水量。黄淮大部,西南大部和新疆西北部,则有 10~20 mm 左右。东北、华北、西北大部地区,月降水量在 8 mm 以下。台湾东北部有 60~90 mm 以上的月降水量,而台湾大部仅有 20~35 mm 左右。

2 月　淮河及其以南大部地区,月降水量在 30 mm 以上。长江中下游至华南东部,有 50~100 mm,其中,江西东部和浙江西部地区、台湾北部有 100~120 mm 左右的月降水量。黄淮大部、西南大部地区及北疆西北部,有 10~25 mm 左右。而北方大部地区,月降水量仍在 10 mm 以下。

3 月　淮河及其以南大部地区,月降水量增至 50~180 mm 左右;其中,江南大部地区及台湾北部,有 140~185 mm 左右。黄淮大部地区,也有 20~45 mm 左右;东北大部、西北大部仍在 10 mm 以下。华北大部地区,有 6~16 mm。北疆大部地区,则为 10~25 mm。

4 月　江淮大部、江南、华南大部地区,月降水量显著增加,达 100~250 mm 左右;其中,江西、浙江、广东大部地区,有 200~250 mm 左右。黄淮大部、汉水、四川及贵州西部、广西西部、台湾南部等地区,有 50~90 mm 左右。辽东半岛、山东大部、河北南部、陕南、甘南及云南大部,以及北疆西部等地区,有 20~45 mm。东北大部、华北大部、西北东部,有 10~25 mm。而内蒙古东部,甘肃北部及新疆南部,仍在 10 mm 以下。

5 月　长江以南的湖南,江西、安徽南部、浙江、福建、台湾北部、广东大部,广西东部,月降水量继续增加,达 200~300 mm 左右。其中,江西东部和浙江西部,广西的桂林、广东的阳江和河源等局部地区,月降水量则达 345~385 mm 以上。江苏南部,湖北大部、四川南部、东部和西部、贵州大部、广西西部、台湾南部有 100~200 mm。云南大部,西藏东南部、四川北部和中部、汉渭流域、淮河流域,也有 $50\sim100$ mm。东北大部、华北大部以及北疆西南部,有 $25\sim50$ mm 左右。西北大部地区,月降水量仍在 10 mm 以下。

6 月　华南大部、江南东部和长江中游大部地区,月降水量有 $200\sim300$ mm。浙江西部至江西广昌一带,有 $300\sim325$ mm。广东东南部和台湾大部,月降水量则达 $300\sim400$ mm 左右。长江下游,淮河流域大部、长江上游及西南大部地区,有 $100\sim200$ mm,其中,部分地区有 $200\sim230$ mm。东北大部、华北大部、渭河流域,西藏东南部,有 $50\sim100$ mm。西北大部地区在 50 mm 以下,其中,南疆沙漠地区,则仍不足 10 mm。

7 月　江南大部地区,月降水量比 6 月显著减少。北方大部和西南大部地区,月降水量却比 6 月显著增加。黄淮大部、四川盆地和云南大部、华南南部等地区,月降水量有 $200\sim300$ mm;台湾南部和广西北海等局部地区有 $315\sim375$ mm 左右。西北西部的大部地区,在 40 mm 以下。全国其余大部地区,有 $100\sim200$ mm 左右的月降水量。

8 月　四川盆地、云南大部、华南南部,有 $200\sim300$ mm;其中,四川的雅安和广西的北海、台湾的恒春,达 $400\sim500$ mm 以上。东部大部地区在 $100\sim200$ mm 左右。东北西部、内蒙古大部、陕甘宁一带至西藏南部地区,有 $30\sim100$ mm。新疆大部地区在 20 mm 以下。

9 月　全国大部地区月降水量比 8 月显著减少。西南大部、华南大部、东南沿海省区,有 $100\sim200$ mm 左右;海南岛及台湾东部有 $300\sim340$ mm 左右。华南北部至黄河中下游及渭河流域,东北东部、南部等大部地区,有 $50\sim100$ mm。东北西部、内蒙古东部、河套等地区,有 $25\sim50$ mm。新疆大部地区与 8 月份的分布接近。

10 月　南方大部地区的月降水量减至 $50\sim130$ mm;台湾的花莲和台南,仍有 200 mm 以上。东北大部、华北大部、内蒙古东部和西北东部及北疆、黄淮等地区,有 $10\sim50$ mm。西北西部等大部地区,已不足 5 mm。

11 月　黄河以南大部地区的月降水量,有 $30\sim75$ mm,其中,江南大部地区 $50\sim75$ mm;台湾的花莲有 166 mm。东北南部、华北南部、四川西部至云南北部一带及北疆地区有 $10\sim25$ mm 左右。西北大部、华北大部、东北北部等地区,均在 10 mm 以下。

12 月　黄河以南大部地区及北疆西部,月降水量在 10 mm 以上;其中,江南大部地区有 $40\sim60$ mm 左右,台湾东北部有 70 mm 以上,其余地区只有 $10\sim30$ mm 左右。北方大部地区皆不足 10 mm,与 1 月降水量分布接近。

由上述各月降水量的分布可知,我国绝大部分地区的年降水量,主要集中在 4—9 月这夏半年里。

江南大部地区,其主要降水集中期是 4—6 月。华南大部地区,其主要雨季也是 4—6 月;但 7—9 月是华南的第二个雨季,即台风雨季节。西南大部地区和台湾大部,其主要降水集中期是 5—9 月。长江以北主要降水集中期是 7—8 月。

1.1.3　最大月降水量的时空分布

全国绝大部分地区,多年(1951—1980 年)平均最大月降水量在全年中出现的月份,都在夏半年的 5—8 月,如图 1.2 所示。浙江西部、江西、湖南大部、广东西北部和广西东北部及北疆西南部等地区,最大月降水量出现在 5 月份。福建大部、广东东部和南部、台湾西北部、广西大部、贵州、四川东南部和西北部、湖北南部和湖南北部、安徽南部和江苏南部、浙江中部及北疆东南部等地区,其最大月降水量出现在 6 月份。东北大部、内蒙古东部、黄河中下游地区、汉水渭河流域、黄淮和江淮地区,西南大部地区、西藏大部地区、新疆南部和北疆北部等北方大部地区,其最大月降水量出现在 7 月份。内蒙古中部,宁夏、甘肃大部、陕西北部、山西北部、河北西部这一带地区及东北东南部、台湾南部、广西西南部沿边地区、西藏的拉萨地区、四川盆地的西南部等地区,其最大月降水量出现在 8 月份。全国只有沿海城市宁波最大月降水量出现在 9 月份。

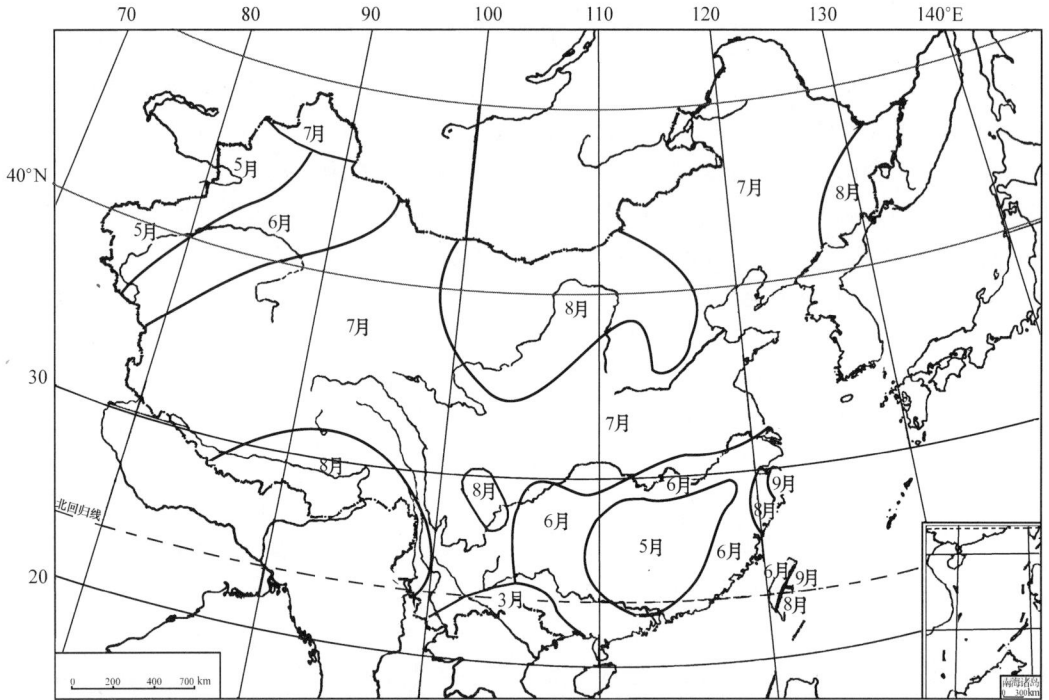

图 1.2　多年(1951—1980 年)平均最大月降水量出现月份

概略地说,长江以南大部地区及北疆大部地区,其多年平均最大月降水量出现在 5 月份或 6 月份。长江以北大部地区及西南大部地区,其多年平均最大月降水量出现在 7 月或 8 月份。全国绝大部分地区,其最大月降水量出现在 5—8 这几个月份之中;只有宁波的最大月降水量出现在 9 月份。

上述所及,乃指多年平均情况而言,但非年年如此;最大降水量月份的年际变化,后文还将论及。

1.1.4　降水集中强度

既然,我国大部地区的年降水量,其主要分布在夏半年里,那末,在这夏半年里,各地区的降水集中强度又如何分布呢?

假设年降水量是逐日均匀分布的,显然,每日降水量只有年降水量的 $\frac{1}{365} \approx 0.0027$,即日降水量只占年降水量的 0.27%。一个月的降水量,占年降水量的百分比分别是 $\frac{30}{365} \times$

$100\% \approx 8.22\%$（小月）和 8.49%（大月）。

如果设夏半年某一时段的降水集中强度指数为 I，令：

$$I = \left(\frac{R_n}{R_a} - \frac{1}{365} \times n\right) \times 100\%$$

式中 R_n 为 n 天降水总量；R_a 为年降水总量；n 为时段的长度，即天数。于是，$\frac{R_n}{R_a}$ 表示某一时段内，实际降水量占年降水量的比率。而 $I>0$，表示该地区，在该时段内，实际降水强度大于年降水量平均分布强度；$I<0$，表示该地区，在该时段内，实际降水强度小于年降水量平均分布强度。据此，我们分别统计了中央气象台长期预报科业务中常用的全国 160 个气象站点的 3—5 月、6—8 月和 4—6 月、7—8 月及 5—9 月的降水集中强度指数 I。

如果年降水量是均匀分布的话，三个月降水总量应占年降水量的 25%，两个月降水总量应占年降水量的 17%，而五个月的降水总量应占年降水量的 42%。但在实际降水中，我国绝大部分地区的降水分配很不均匀。由图 1.3 和图 1.4 可以看得十分清楚。图 1.3 是 5—9 月降水总量占年降水量的百分率分布图。图 1.4 是 5—9 月降水集中强度指数 $I_{5 \sim 9}$ 的分布图。

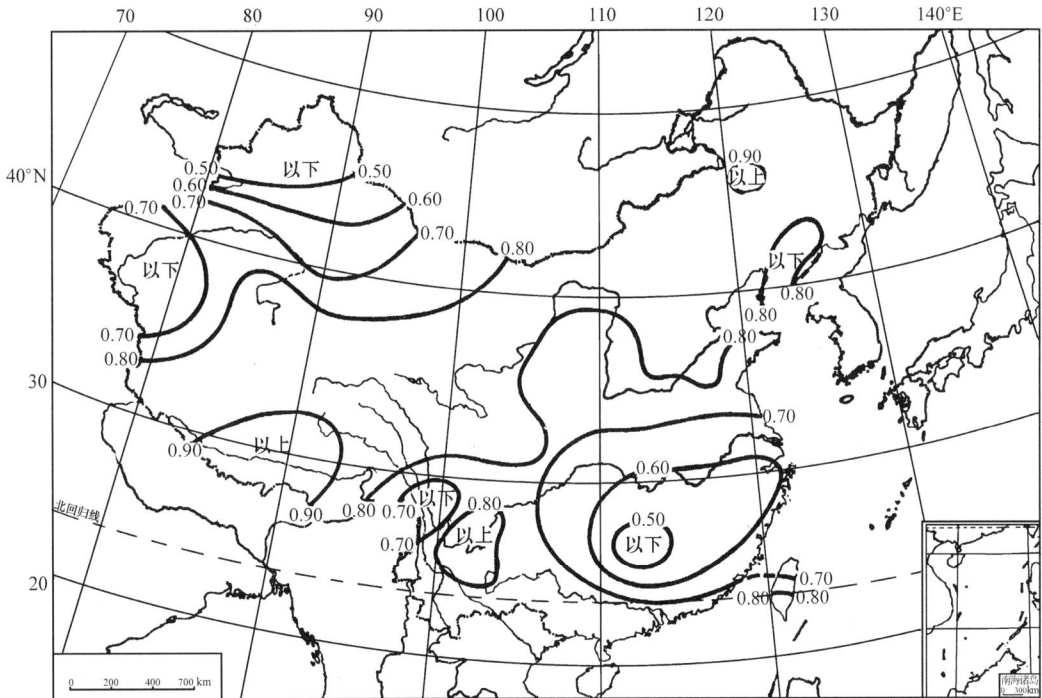

图 1.3　5—9 月降水量占年降水量的百分率分布图

在我国，除北疆和湖南南部以外，绝大部分地区的年降水量，有一半以上集中在 5—9 这 5 个月里。淮河以北大部地区和西北大部，西南、华南南部、台湾大部的年降水量有 70% ~90% 都集中在这 5 个月里。西藏的拉萨有 94% 的年降水量都集中在 5—9 月里。淮河到华南北部的大部地区，也有 50% ~70% 的年降水量集中在这 5 个月里。

除北疆西部外，全国绝大部分地区，5—9 月的降水集中强度指数 $I_{5 \sim 9}$ 都大于零。湖南大部地区是 $I_{5 \sim 9}$ 相对小的中心区域，只有 7% ~10% 左右。东北、华北、西北大部和西藏等地区，$I_{5 \sim 9}$ 值有 40% ~50%，拉萨有 52%，是 $I_{5 \sim 9}$ 值的最大地区。

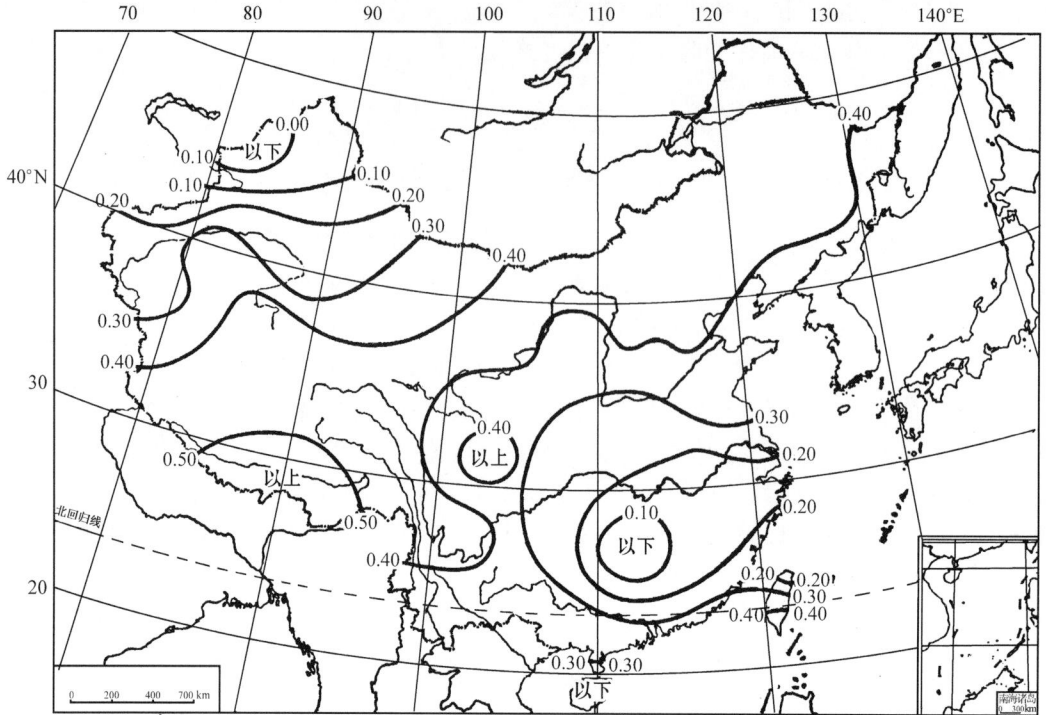

图 1.4　5—9 月降水集中强度指数 $I_{5\sim9}$ 分布图

图 1.5 是春季 3—5 月降水集中强度指数 $I_{3\sim5}$ 的分布图。从图 1.5 可以看出,淮河以南大部地区和新疆西部地区,$I_{3\sim5}$ 的值在零以上,全国其他地区,其值在零以下。江南大部和华南北部地区,$I_{3\sim5}$ 有 10%～18%,是全国 $I_{3\sim5}$ 指数最高的地区。这里的 3—5 月的降水总量有 500～700 mm 以上,是全国春季 3—5 月降水最多的地区。3—5 月降水量的南北梯度特别大,华北大部和西北东部的冬麦区只有 20～100 mm 左右。在这里,一般年份的春季降雨量,都不足以供冬小麦生长发育的需要,所以,有"春雨贵如油"之说。

由此可知,春季 3—5 月降水集中强度,只有淮河以南大部地区和新疆西部地区的大于年平均分配强度,而全国其余大部地区的降水集中强度,都小于年平均分配强度。到了夏季6—8 月,全国各地的降水集中强度,则都大于年平均分配强度。

图 1.6 是夏季 6—8 月降水集中强度指数 $I_{6\sim8}$ 的分布图。如图 1.6 所示,$I_{6\sim8}$ 值均在零以上,没有出现负值。$I_{6\sim8}$ 的等值线,也是由江南向北、向西、向南递增。江南是 $I_{6\sim8}$ 值相对小的地区,$I_{6\sim8}$ 只有 3%～10%;其次,在新疆西部 $I_{6\sim8}$ 也只有 0%～10%。华北大部和西藏大部地区,$I_{6\sim8}$ 值较高;事实上,北方大部和云南,西藏大部地区的年降水量,有 50%～75%集中在夏季 6—8 月里,由此可见,夏季降水强度之大,是春、秋、冬三个季节远不能比的。

由于 $I_{6\sim8}$ 的值北方大于南方,所以,夏季 6—8 月降水量的南北梯度,比春季 3—5 月的要小得多。我国大部地区夏季降水量都较丰沛,都远远超过了春、秋、冬三季的季降水量。只有江南地区,夏季比春季的降水量要小些。实际上,长江以南大部地区的年降水量有30%～50%以上集中在 4—6 月。

图 1.7 是 4—6 月份降水集中强度指数 $I_{4\sim6}$ 的分布图。由图 1.7 可见,长江以及长江以南大部地区 $I_{4\sim6}$ 值有 10%～27%,比平均强度明显偏高。江南中部地区 $I_{4\sim6}$ 值有 20%～

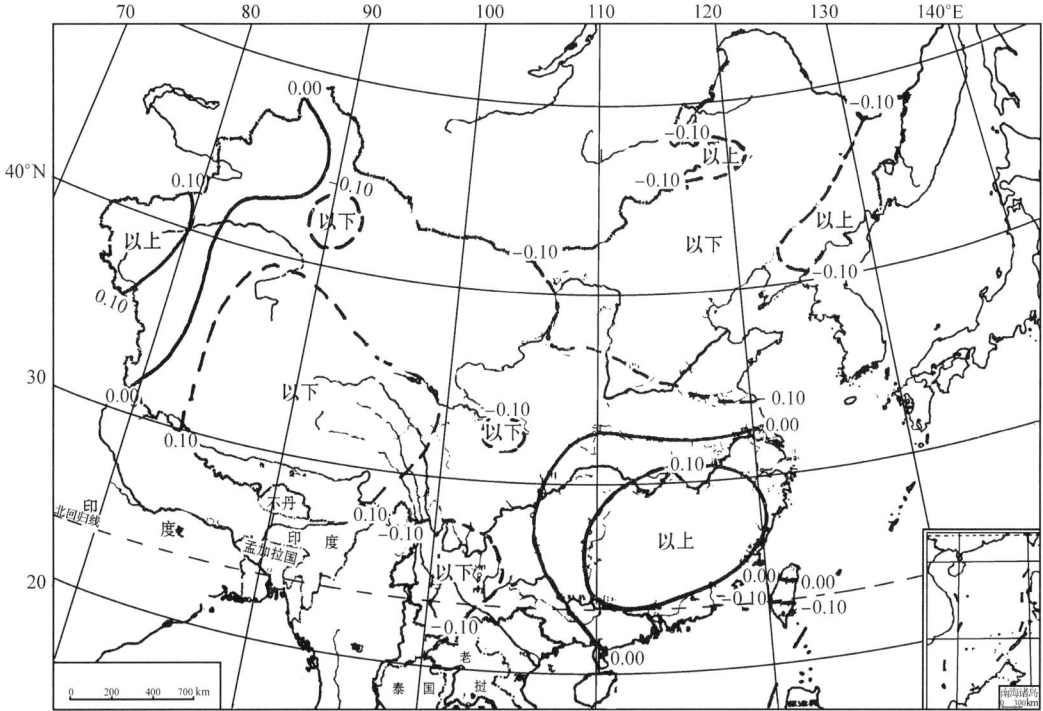

图 1.5　3—5 月降水集中强度指数 $I_{3\sim5}$ 分布图

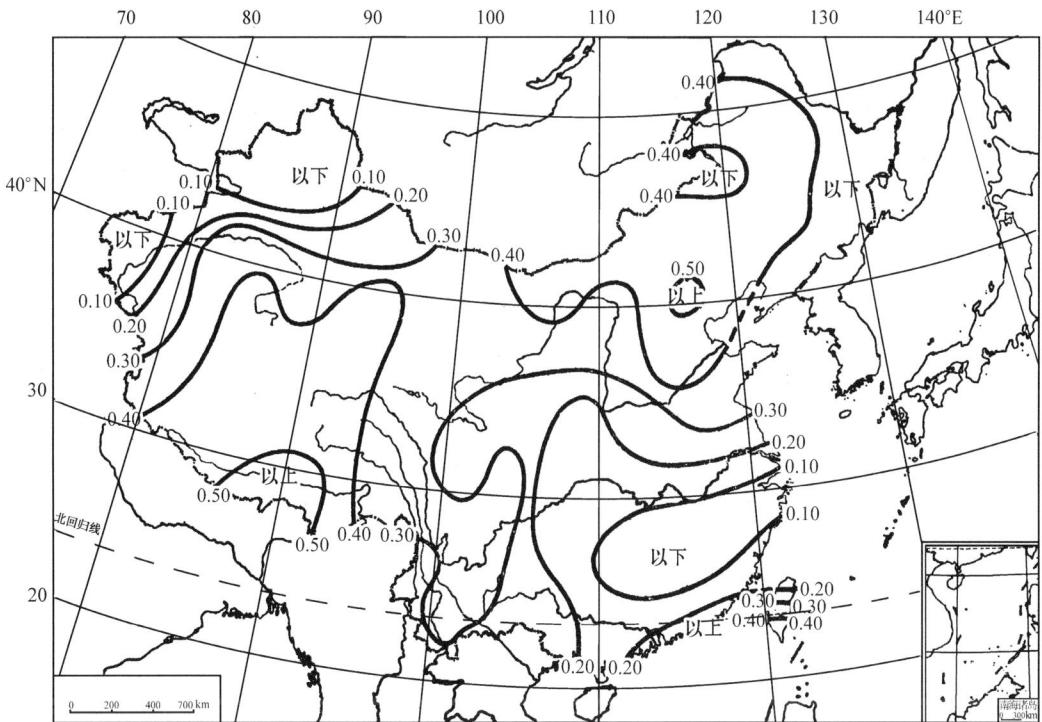

图 1.6　6—8 月降水集中强度指数 $I_{6\sim8}$ 分布图

27%,与江淮地区的 $I_{4\sim6}$ 值接近。我国北方和西部的大部地区,$I_{4\sim6}$ 在 10% 以下,其中,华北大部地区 $I_{4\sim6}$ 值还小于零,即 4—6 月降水强度还小于年平均降水强度。

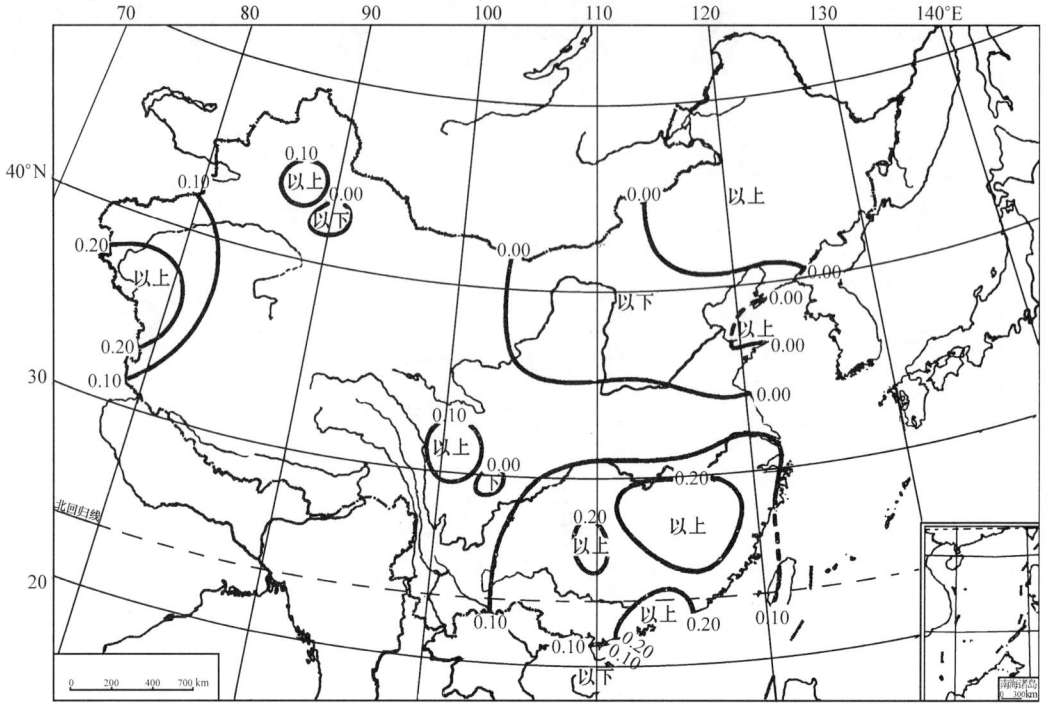

图 1.7　4—6 月降水集中强度指数 $I_{4\sim6}$ 分布图

　　图 1.8 是盛夏 7—8 月降水集中强度指数 $I_{7\sim8}$ 的分布图。由图 1.8 可见,江南大部地区和新疆西部地区 $I_{7\sim8}$ 值较低,在 $-5\% < I_{7\sim8} < 10\%$,即与年平均分配强度接近;江南中部地区,则略低于年平均分配强度。长江以北大部和西南大部地区,盛夏 7—8 月降水集中强度都转大,$I_{7\sim8}$ 有 10%～45%,尤其是东北中部到华北大部地区 7—8 月降水集中强度最大,$I_{7\sim8}$ 有 30%～45%,北京达 46%。另外,在四川盆地的西部和西藏东南部地区,$I_{7\sim8}$ 也有 30%～42%。

　　将图 1.7 与图 1.8 相比,可以看出,$I_{4\sim6}$ 和 $I_{7\sim8}$ 在我国东部的大部地区,其分布趋势是相反的。$I_{4\sim6}$ 在江南中部最大,而 $I_{7\sim8}$ 在江南中部则最小。$I_{4\sim6}$ 在华北地区最小,而 $I_{7\sim8}$ 在华北地区却最大。

　　上述降水的逐月分布特点,最大月降水量的分布特点,集中强度分布特点等降水的气候特征,主要是受地形和地理位置影响所造成的。

　　在冬季各月,主要受极地干冷气团的控制,高空西风锋区较偏南,5440gpm 等高线的南界可达 40°N 以南。西太平洋副热带高压偏东偏弱,暖湿气流不易进入我国大陆上空,因此,降水稀少。而到了夏半年,西太平洋副热带高压增强,往往呈带状西伸,在我国大陆上空东西进退和南北摆动十分频繁,不断地将水汽输送到我国大陆上空。高空西风锋区,则北退减弱,5440gpm 等高线退到高纬度极地区,甚至在盛夏的 7 月消失。在此期间,我国大部地区盛行夏季风,水汽充足,降水丰沛。5—6 月份,西北太平洋副热带高压的脊线位置,往往偏南并稳定少动,致使南方大部地区降水集中,长江中下游地区常常出现霖雨连旬的梅雨天

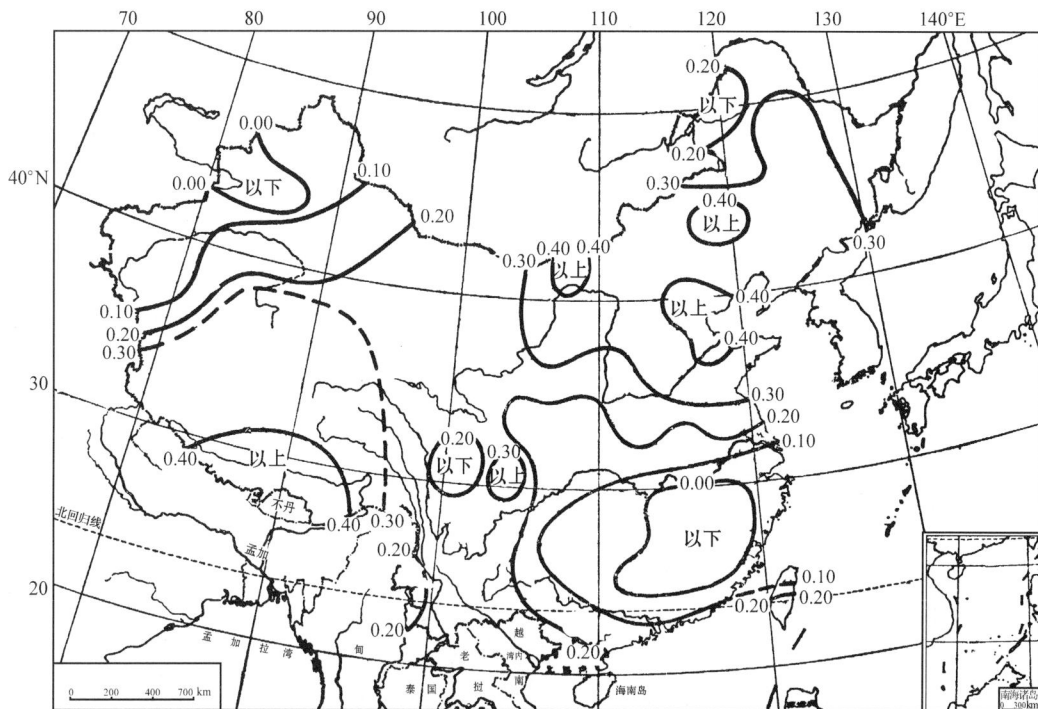

图 1.8　盛夏 7—8 月降水集中强度指数 $I_{7\sim 8}$ 分布图

气,而北方大部地区的降雨仍不多。到了盛夏 7、8 月份,西太平洋副热带高压又常常北跳,控制着江南地区上空,致使江南的盛夏降水显著减少,甚至出现伏旱现象。而此时,东部海洋上的水汽,又源源不断地沿着副热带高压向我国西南和北方上空输送,因此,我国北方绝大部分地区,最大降水强度是在盛夏 7、8 月份,最大月降水量也常常出现在 7 月或 8 月。与此同时,我国西南大部地区,降水也比较集中。其主要原因,一方面,西南地区常常处在西北太平洋副热带高压的西侧,有利于水汽从东南方沿着副热带高压南侧向西南地区上空输送;另一方面,印度上空低压槽在 6 月份出现,到了 7—8 月份,更为加深并形成切断低压,9 月份低涡虽有减弱缩小,但还依然存在。强大的印度低压,不断地将孟加拉湾的水汽,由西南向东北方向往我国上空输送,所以,西南地区 7—8 月份往往水汽充足,降水丰沛。到了秋天,从 500hPa 月平均图上可以看出,西太平洋副热带高压主体,已退至 135°E 以东的洋面上空。我国东部大部地区水汽来源减少,降水也随之减少,多为秋高气爽的天气。但由于西南低涡还存在,在 9 月份的 500hPa 月平均图上,仍有 5840gpm 等高线的闭合圈低压存在,低涡还能继续起着输送水汽的作用。所以,那时期,在我国东部大部地区往往是秋高气爽,而在华西一带却又往往是秋雨绵绵,谓之华西秋雨。另外,9 月份还是台风盛行时节,处在东南沿海的浙江东部、台湾东部、广东南部等地区,降水还较多,有 200～300 mm 左右。

　　上述我国的天气气候特点,是指近 30 多年来平均降水量的分布而言。与历史上降水的气候特点相比,也大同小异。

　　对于气象要素的多年平均值而言,其特征一般不易多变,是有规律性的。但在同一地区的同一季节里,降水量的年际变化却是很大的。由于降水量的年际变化大,所以,在同一地区里,有的年份有干旱,有的年份有洪涝。在同一季节里,又是有的地区有洪涝,而有的地区却有干旱。一般来说，年际变化越大的地区，旱涝也越频繁。

1.2　旱涝的分布特点

由上面的分析可知，我国降水的时空分布特点是，夏半年多冬半年少，东部地区多西部地区少。夏半年正是农作物生长旺季，大量需水，所以，我国东部地区是主要农业区，即主要产粮区。下面，我们主要分析我国东部农业区，在夏半年里的旱涝分布特点。由于夏半年的降水又主要集中在 6—8 月里，所以，夏季旱涝对农业生产影响最大，也是我们分析讨论的重点。

1.2.1　春季旱涝特点

对于北方冬麦区来说，春旱也是对农作物有较大影响的灾害性天气之一。

我国 3—5 月的春季降水量有很大的南北梯度。黄河以北大部地区，春季降水量的多年平均值在 100 mm 以下；华北大部、西北东部的冬麦区只有 30～90 mm，一般年份都有不同程度的春旱发生。春雨稀少之年，春旱尤为严重。例如，1962 年和 1972 年，北方冬麦区大部分地区的 3—5 月降水总量自 1951 至 1985 年的极小值出现在这两年里，只有 2～40 mm。但春雨特别多的年份，例如 1964 年，北方冬麦区大部地区的春季雨量有 90～250 mm，局部地区有春涝发生。春旱是常见的现象，而春涝则极为少见。

长江以南大部地区，多年平均 3—5 月总降水量有 500～700 mm 左右，一般年份春旱不明显，只有少数年份，春雨特别少，也有春旱发生。在江南地区，4、5 月份出现局部或部分地区的洪涝现象，则较为多见。春季，在我国中部地区，即黄河至长江之间的地区，春季降水总量的多年平均值有 100～300 mm，春季的旱涝现象均不常见。

1.2.2　夏季降水变率

我国大部地区的夏季降水集中强度较大，而且年际变化也较大，所以，旱涝现象在夏季比较常见。一般来说，降水变率大的地区，旱涝也比较频繁。我国夏季降水变率较大的地区，是长江中下游至淮河流域和华北地区。

如设降水变率为 r，则：

$$r_{max} = \left(\frac{R_{max} - R_{min}}{\overline{R}}\right) \times 100\%$$

式中 r_{max} 是夏季（6—8 月份）降水量在 1951—1983 年的最大变率。R_{max} 和 R_{min} 分别是夏季降水量在这 33 年中的极大值和极小值。$\overline{R}$ 是夏季降水量 30 年（1951—1980 年）的平均值。r_{max} 的分布如图 1.9 所示。

由图 1.9 可见，我国大部地区夏季降水的最大变率都很大，这就是说，在近 33 年中，我国大部地区夏季降水总量的极大值与极小值之差（即最大振幅），都超过当地的夏季降水总量的多年平均值。只有云南的西部和南部、四川的西部、西藏的东南部及青海西部这一带地

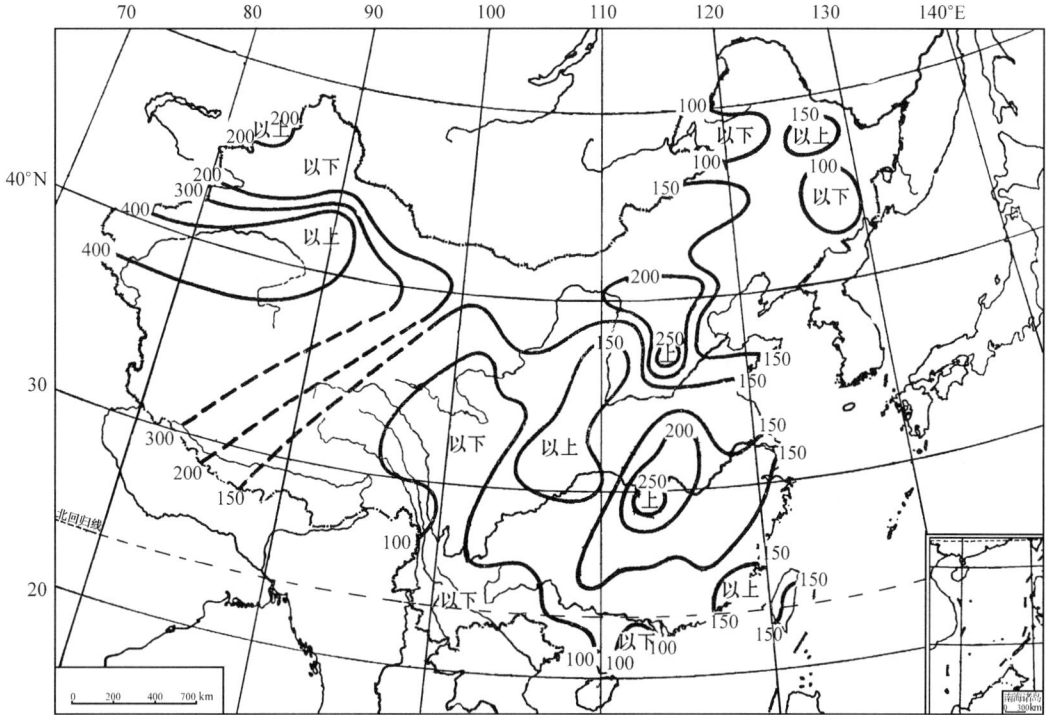

图 1.9　6—8 月降水总量在 1951—1983 年的最大变率(％)分布图

区,夏季降水变率较小,夏季降水总量的最大振幅小于夏季降水总量的多年平均值。在新疆南部地区,夏季降水变率最大,夏季降水总量在极小年份只有 0～3 mm;可最大年份有 35～105 mm 左右,最大年际振幅相当于多年平均值的 3 倍到 4 倍以上。但由于南疆地区夏季降水量并不大,所以,降水变率的大小所产生的影响,远比东部主要农业区为小。在我国东部地区,长江流域和华北地区夏季降水总量的变率最大。这两个地区的夏季降水总量的极大值与极小值的差值,即最大年际振幅,可达多年平均值的一倍半到两倍半左右。

图 1.10 是夏季降水总量的极大值与极小值的比例倍数分布图。由图 1.10 可见,江淮流域大部地区和华北大部地区,夏季降水总量的极大值是极小值的 5 倍到 10 倍多,很显然,这两个地区的夏季降水变率是很大的。

长江中下游大部地区,及贵州西部到四川盆地的南部地区,夏季降水总量的极大值大多数出现在 1954 年。但武汉、长沙两地出现在 1969 年。淮河上游和长江上游的东部地区,夏季降水总量的极大值是在 1956 年;上海和湖北的恩施地区,这个值出现在 1980 年。四川盆地西部的成都、绵阳一带,1961 年夏季降水总量则是最大,等等。虽然,夏季降水量极大值出现的年份不同,但江淮流域绝大部分地区夏季降水总量的极大值有 800～1200 mm;四川西部的雅安,最大夏季降水总量有 1636 mm(1966 年)。然而,江淮流域大部地区,最小夏季降水量只有 100～300 mm 左右;湖北西部到安徽中部一带不足 100 mm;四川盆地的成都到雅安一带较大,最大的雅安也只有 563 mm(1982 年)。夏季降雨总量极小值出现的年份较分散,各地出现的年份不一致。长江下游大部地区,出现在 1978 年;中游的湖北西部到湖南西部一带,出现在 1972 年;江淮大部地区和贵州北部地区,出现在 1966 年;浙江沿海地区到上海一带,出现在 1967 年;浙江西南部和江西东部,出现在 1958 年;湖南北部和江西北部出

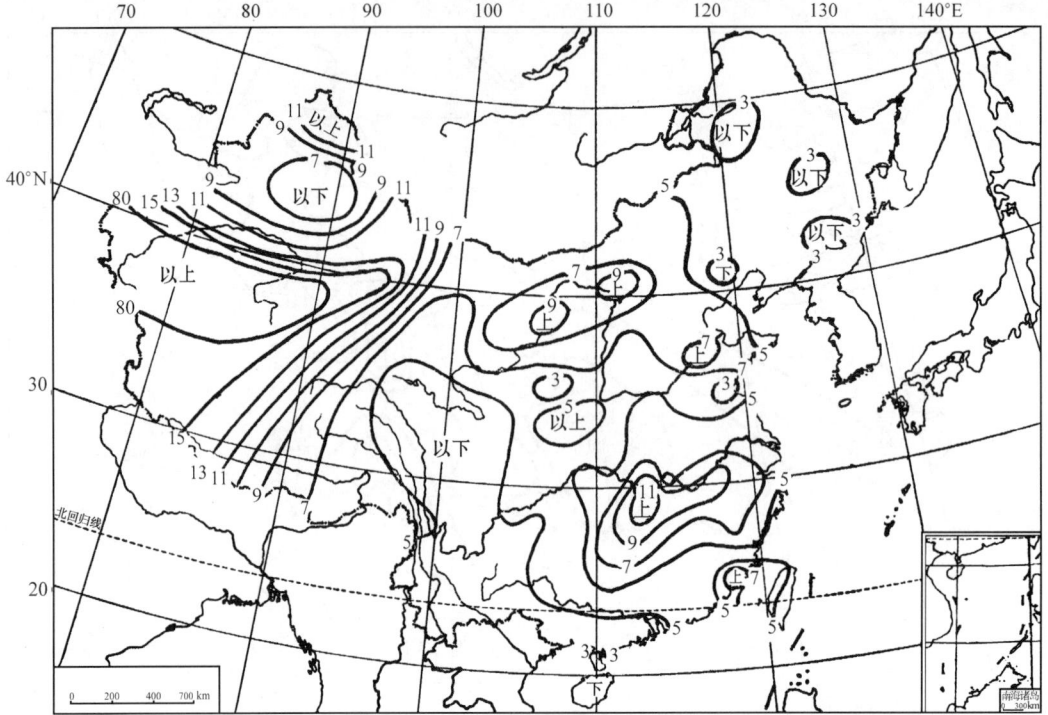

图 1.10   1951—1989 年中 6—8 月降水总量极大值与极小值的比例倍数分布图

现在 1968 年;湖南中部和南部,出现在 1963 年,等等。江淮流域变率最大的中心地区是长江中游,夏季降水总量的年际最大振幅,是多年平均夏季降水总量的两倍到两倍半,6—8 月份降水总量的极大值是极小值的 10 倍到 12 倍左右。例如,长江中游的岳阳地区,夏季降水总量的年际变化范围是:103(极小值,1968 年)~442 mm(多年平均值)~1277 mm(极大值,1954 年)。岳阳夏季降水总量的极大值接近年降水总量的多年平均值(1305 mm),而极小值却比 3—6 月中任何一个月降水量的多年平均值还小。

华北大部地区也是夏季降水总量年际变率较大的地区,6—8 月份降水量的极大值有 400~1000 mm,而极小值只有 50~150 mm。例如,北京夏季降水总量的年际变化范围是:185 mm(极小值,1968 年)~483 mm(夏季多年平均值)~1170 mm(极大值,1959 年),多年平均年降水量是 645 mm。又例如,邢台地区夏季降水总量的年际变化范围是:150 mm(极小值,1972 年)~372 mm(夏季多年平均值)~1086 mm(极大值,1963 年),多年平均年降水量是 564 mm。由此可见,北京和邢台地区,6—8 月份降水总量的极大值,都大大超过了它们的多年平均年降水量。

另外,在河套地区,夏季降水总量的变率也比较大,极大值是极小值的 7 倍到 10 倍。例如,银川地区夏季总降水量的年际变化范围是:24 mm(极小值,1965 年)~203 mm(多年平均值)~246 mm(极大值,1961 年)。

江淮流域和华北地区,河套地区,由于夏季降水比较集中,而且,年际变率又很大,所以,旱涝现象也较频繁。在夏季,降水集中强度大,降水量又多的年份,一般易发生洪涝。在夏季降水偏少的年份,一般易发生干旱。

无论是干旱,还是洪涝,都是灾害,那么到底要防洪还是要抗旱?这就要求有准确的长期天气趋势预报。因此,如能比较准确地做好旱涝趋势预报,对抗旱或防洪都是极为有益的。

在东北大部地区、西南和华南大部地区,夏季降水总量的年际变率,相对于江淮流域和华北、西北大部地区的变率要小。在这些地区,6—8 月份降水总量的极大值是极小值的 2～5 倍,年际最大振幅大多在多年平均值的一倍半以下。因此,发生旱涝的频次,也较之江淮流域和华北、西北地区为少。

1.2.3　降水和旱涝分区

我国大部地区的年降水量集中在夏半年。而在这夏半年里,我国东部的大部地区降水丰沛,年际变率又大,易发生旱涝。为了对我国东部地区各大江河流域的降水和旱涝气候特点,有进一步的了解,我们将我国大部分农业区划分成如图 1.11 所示的十四个区域。每个区域,尽可能按主要江河的流域来划分。对同一个区域又尽可能考虑降水距平趋势和旱涝气候特点的相似性。并且,在每个区内,选取降水资料年代较长,又有代表性的一些站点,作为该区的代表站。各区域和代表站点如下。

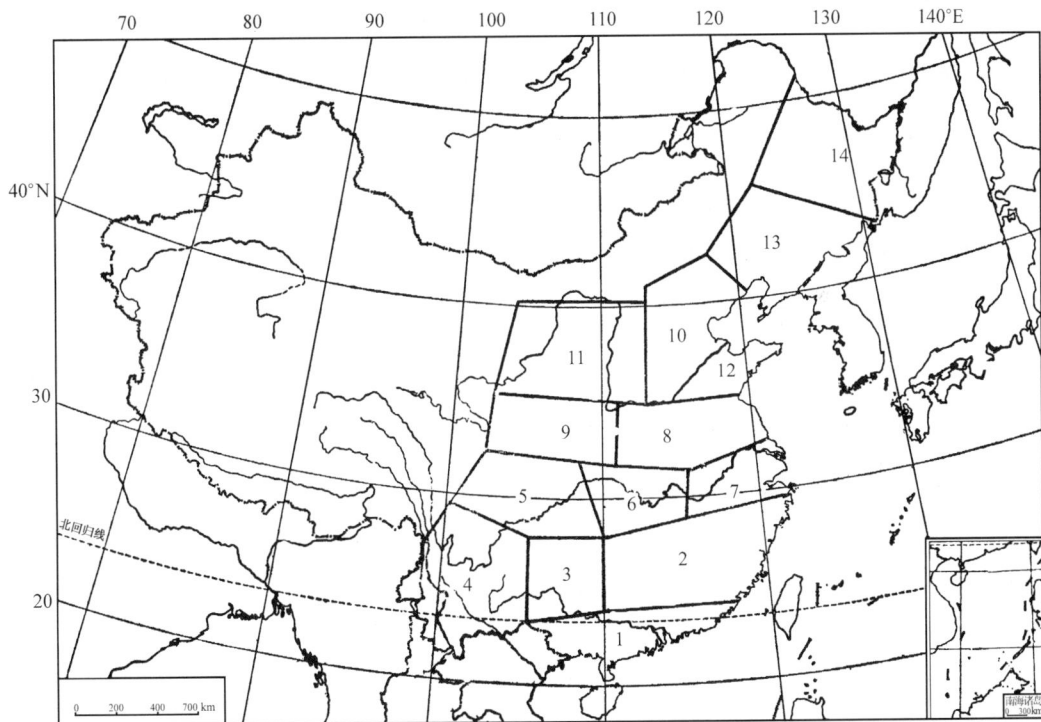

图 1.11　中国东部大陆地区降水分区

1.2.3.1　华南区

本区以珠江流域为主,包括广西、广东、福建南部。主要代表站点有:厦门、梅县、河源、汕头、韶关、广州、阳江,湛江、海口、梧州、桂林、柳州、南宁、北海、百色等 15 个。

1.2.3.2　江南区

本区域包括长江中游的主要支流和闽江等水系。该区包括湖南南部、江西南部,福建大部、浙江南部。主要代表站点有:宁波、温州、福州、永安、浦城、衢县、贵溪、广昌、南昌、吉安、赣州、郴县、衡阳、长沙、邵阳、零陵等16个。

1.2.3.3　贵州区

本区域以贵州省为主,也包括湖南省西部的芷江地区。主要代表站点有:遵义、贵阳、毕节、兴仁、榕江、芷江等6个。

1.2.3.4　西南区

本区域以云南省为主,也包括四川的西南部。主要代表站点有:西昌、昭通、丽江、大理、楚雄、昆明、广南、蒙自、元江、思茅、临沧、保山、会理等13个。

1.2.3.5　长江上游区

本区域以四川盆地及四川省东部地区为主,该区是长江上游的主要农业区。主要代表站点有:绵阳、成都、雅安、内江、南充、宜宾、重庆、酉阳,达县等9个。

1.2.3.6　长江中游区

本区域包括湖北大部和湖南的北部地区。主要代表站点有:江陵、武汉、钟祥、恩施、宜昌、岳阳、沅陵、常德、长沙等9个。

1.2.3.7　长江下游区

本区域包括江西北部、浙江北部、安徽南部和江苏南部等地区。主要代表站点有:修水、南昌、九江、安庆、芜湖、屯溪、南京、常州、上海、杭州等10个。

1.2.3.8　淮河流域区

本区域为江淮地区和黄淮大部地区,包括河南大部、安徽北部、江苏北部等地。主要代表站点有:南阳、信阳、固始、合肥、阜阳、蚌埠、清江、东台、徐州、新浦、亳县、驻马店、许昌、郑州、洛阳等15个。

1.2.3.9　汉渭流域区

本区域为汉水流域和渭河流域的大部地区,包括甘肃南部、陕西南部、河南西北角等。主要代表站点有:西安、宝鸡、天水、岷县、武都、汉中、安康、郧县、卢氏等9个。

1.2.3.10　海河流域区

本区域包括河北、北京、天津、山东西北部、河南北部等地区。主要代表站点有:北京、天津、保定、石家庄、邢台、安阳、德州、沧县、张家口、承德等10个。

1.2.3.11　黄河中上游区

本区域以河套地区为主,包括甘肃中部、陕西北部、宁夏、山西、内蒙古中部等地。主要代表站点有:太原、运城、延安、榆林,中宁、鄂托克、东胜、银川,兰州、西锋镇等 10 个。

1.2.3.12　山东区

本区域以黄河下游的山东大部地区为主。主要代表站点有:济南、菏泽、临沂、潍坊、青岛、莱阳等 6 个。

1.2.3.13　辽河流域区

本区域以辽河流域区为主和鸭绿江流域的一部分,包括辽宁、吉林两省的大部和内蒙古的部分地区。主要代表站点有:大连、丹东、营口、沈阳、赤峰、朝阳、通化,延吉、长春、通辽等 10 个。

1.2.3.14　松花江流域区

本区域以松花江流域为主,包括三江平原、松嫩平原和牡丹江区。主要代表站点有:嫩江、齐齐哈尔、白城、海伦、哈尔滨、通河、牡丹江、鸡西、富锦等 9 个。

以上 14 个区域共选了 145 个代表站点。其中,南昌和长沙两站,属于两个区域的交界地区,被重复选取录用。有时雨带偏南,长沙、南昌地区与江南区的特点相似;有时雨带稍偏北,这两地的特点又与长江中、下游区相似,因而为江南区和长江中、下游区的双重代表站点。每个区域的降水趋势和旱涝特点,基本上可以由各区域代表站点的平均降水量反映出来。

1.2.4　各区域的雨季起迄和气候特点

虽然,我国绝大部分地区的年降水量,都集中在夏半年里,但是,各地区在夏半年里的雨季,其起迄时间却并不一致。这是因为,各地区夏季风到达的时间有早有晚。雨季开始日期,大致是由南到北逐渐推迟。

为了分析讨论各区域的雨季起迄日期,首先要给雨季规定一个标准。由于各区域的多年平均年降水量大小不一,所以,各区域的常年(指 1951—1980 年平均,下同)的年平均日降水量也不一样多,因此,雨季的标准,并不能按同一个降水量界限来划分。如以上述各区域中的代表站点的平均值为区域值,则南方大多数区域,其常年年平均日降水量有 3.2~4.3 mm 还多,而北方的几个区域,其常年年平均日降水量只有 1.1~2.4 mm。如按常年年平均日降水量的大小顺序来排列,则华南区、江南区、长江下游区、长江中游区、长江上游区、贵州区、西南区、淮河流域区、山东区,汉水渭河流域区、辽河流域区、海河流域区、松花江流域区、黄河中上游区等 14 个区域,其常年年平均日降水量分别是:4.3,4.0,3.7,3.5,3.2,3.2,2.8,2.4,2.0,1.8,1.7,1.5,1.4,1.1 mm。另外,拉萨单站的常年年平均日降水量,也只有 1.3 mm。乌鲁木齐单站的常年年平均日降水量,还不足 1 mm(只有 0.6 mm)。根据各区域的常年雨季实际情况和起迄特点,以下我们确立的标准,来划分雨季的起迄日期,

是比较合理的。即:

对于常年年平均日降水量在 3 mm 以上的区域,规定其多年(1951—1980 年)平均旬降水量持续接近或超过"常年年平均日降水量的旬累计值"一倍半的时段为雨季。雨季的首尾旬次为雨季的起迄旬次。对于常年年平均日降水量在 3 mm 以下的区域,规定其多年平均旬降水量持续接近或超过"常年年平均日降水量的旬累计值"两倍的时段为雨季。同样,其雨季的首尾旬次为雨季的起迄旬次。值得注意的是:"日降水量的旬累计值"不同于我们常说的"常年旬降水量",而是"常年年平均日降水量的旬累计值",是指常年年平均日降水量乘以该旬日数的积。

如按上述标准来划分雨季,那么,各区域的雨季起迄旬次即如下述。

1.2.4.1　华南区

有两个雨季。

第一个雨季:从 5 月上旬开始,到 6 月下旬结束,持续 6 个旬次,称之谓前汛期雨季或初夏雨季。如图 1.12 所示,这是华南地区 15 个站点平均的常年逐旬降水量变程图。从 5 月上旬到 6 月下旬,常年旬降水量有 69～97 mm,均超过了"常年年平均日降水量的旬累计值"的一倍半(65～71 mm)。从图 1.12 可以看出,华南区域平均的常年旬降水量,从 3 月下旬开始逐旬递增,5 月下旬到 6 月中旬的常年值均在 90 mm 以上,到了 6 月上旬达到极大值(97 mm)。从 6 月上旬到 7 月上旬,又呈递减趋势,到 7 月上旬达到相对低值(56 mm),比"常年年平均日降水量的旬累计值"的一倍半要小 10 mm。所以说,华南区初夏雨季自 5 月上旬始,至 6 月下旬终,长达 6 个旬次。

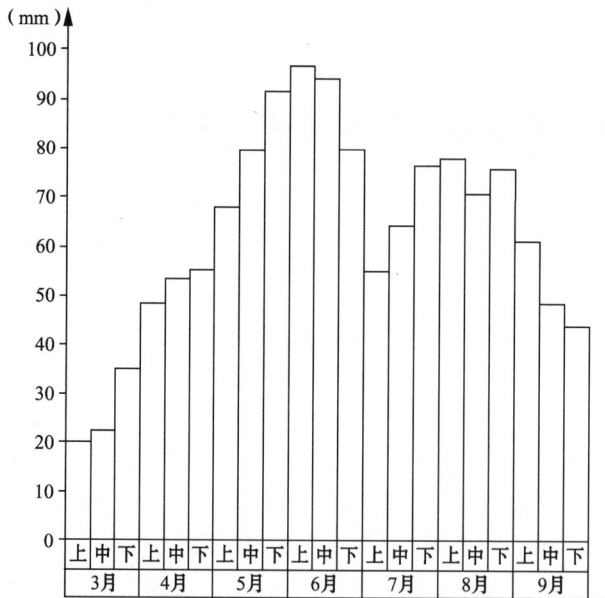

图 1.12　华南区 15 个站点平均的常年逐旬降水量变程图(1951—1980 年平均)

第二个雨季:从 7 月中旬开始,到 9 月上旬结束(9 月上旬的常年旬降水量为 62 mm,与"常年年平均日降水量的旬累计值"的一倍半只差 3 mm,结合实际情况,划进雨季),也持续了 6 个旬次。这个雨季的常年旬降水量有 62～78 mm。其中,7 月中旬到 8 月下旬的常年值,有 65～78 mm。这个雨季是华南地区的第二个雨季,主要降水由台风造成,故称之谓台风雨季。从区域平均来看,台风雨季要比初夏雨季弱一些,但是,台风中心经过的地区,却往往降水强度很大。

从区域平均的常年值来说,从 9 月中旬到 4 月上旬,常年旬降水量均在 50 mm 以下。4 月中、下旬和 7 月上旬,常年旬降水量有 54～56 mm,分别是进入第一和第二个雨季的过渡时期。

1.2.4.2　江南区

图 1.13 是江南地区 16 个代表站点平均的常年逐旬降水量变程图。由图 1.13 可见,江南区域平均的雨季,从 4 月上旬开始,到 6 月下旬结束,持续了 9 个旬次。雨季期间的区域平均常年旬降水量,有 65～91 mm,均超过了"常年年平均日降水量的旬累计值"的一倍半(60～66 mm)。其中,5 月上、中、下旬的常年旬降水量,均在 80 mm 以上,6 月中、下旬的常年旬降水量,分别是 91 mm 和 79 mm,最大旬值在 6 月中旬,而 6 月上旬的常年旬降水量,只有 70 mm。3 月下旬的常年旬降水量有 59 mm,为进入雨季的过渡期。从 7 月上旬,到次年 3 月中旬的 26 个旬次,其区域平均的常年旬降水量,均在 50 mm 以下。

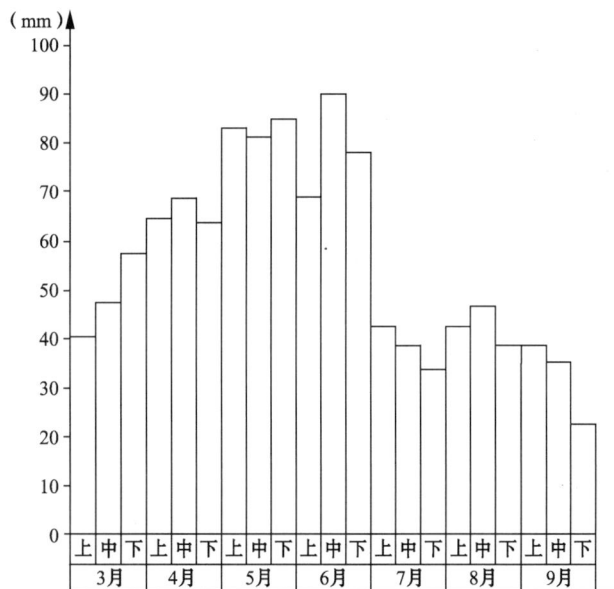

图 1.13　江南区 16 个站点平均的常年逐旬降水量变程图(1951—1980 年平均)

由图 1.12 和图 1.13 可见,从 6 月下旬到 7 月上旬,华南区和江南区的区域平均常年旬降水量显著减少。华南区减少了 24 mm,江南区减少了 35 mm。这是因为,从 6 月下旬到 7 月上旬,多年平均副热带高压,有一个明显的向北跳跃过程,6 月下旬副热带高压还较为偏南,华南和江南大部地区处在副热带高压的北侧,水汽充足,仍为雨季的天气形势。但是,到了 7 月上旬,副热带高压北跳,控制了江南大部和华南的东部地区,致使这两个区域的大部地区处在副热带高压控制之中,高温少雨,降水量显著减少。一般年份的江南地区,从 7 月上旬开始即进入了少雨季节,有些年份的盛夏,由于高温少雨,还出现了伏旱。由于副热带高压的北跳,有利于台风在华南地区的登陆,或在华南沿海地区频繁活动,带来丰沛的雨水,所以,从 7 月中旬开始,华南地区又进入了台风雨季。

另外,从 500hPa 多年旬平均图上可以看出,4 月上、中、下旬,西太平洋副热带高压分为两环,东环是其主体,仍在 135°E 以东;西环较小,而且偏南,在输送水汽过程中,所起作用较小。而西部南支槽,倒是输送水汽的重要系统。常常因为南支槽的活跃,和北方南下的冷空气相遇,而在江南地区产生较多的降水。但是,在华南地区,4 月气温已经较高,北方南下的冷空气能越过南岭山脉的较少。而到了 5 月上旬,东西两环副热带高压合并、加强、西伸、北抬;其多年平均的西伸脊点达 108°E,北界为 30°N 左右,此时,江南和华南都处在副热带高压的北侧,副热带高压成为这两个地区的主要水汽输送系统,华南地区也就进入了雨季。

1.2.4.3　贵州区

图 1.14 是贵州区 6 个代表站点平均的常年逐旬降水量变程图。由图 1.14 可知,贵州区的雨季,从 5 月上旬开始,到 8 月中旬结束,持续了 11 个旬次。这 11 个旬的常年旬降水量,均在 50 mm 以上,都超过了"常年年平均日降水量的旬累计值"的一倍半(48～53 mm)。其中,6 月下旬的常年值有 85 mm,是旬最大值。从 8 月下旬到 4 月下旬,这 25 个旬降水量的常年值,均在 50 mm 以下,都低于"常年年平均日降水量旬累计值"的一倍半。

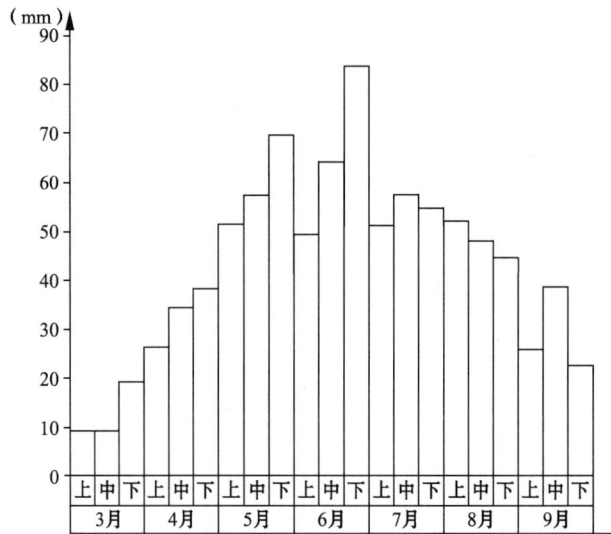

图 1.14　贵州区 6 个站点平均的常年逐旬降水量变程图(1951—1980 年平均)

1.2.4.4　西南区

图 1.15 是西南区 13 个代表站点平均的常年逐旬降水量变程图。由图 1.15 可知,西南区的雨季,从 6 月上旬开始,到 8 月下旬结束。6 月上旬的常年降水量有 54 mm,接近"常年年平均日降水量的旬累计值"的两倍,即 56 mm。而 5 月下旬的常年降水量只有 42 mm,比"常年年平均日降水量的旬累计值(11 天)"的两倍(62 mm)少 20 mm。从 6 月中旬到 8 月下旬,常年旬降水量均在 59 mm 以上,均接近或超过"常年年平均日降水量的旬累计值"的两倍。9 月上旬,常年降水量只有 43 mm,比 8 月下旬显著减少,却与 5 月下旬接近。可见,

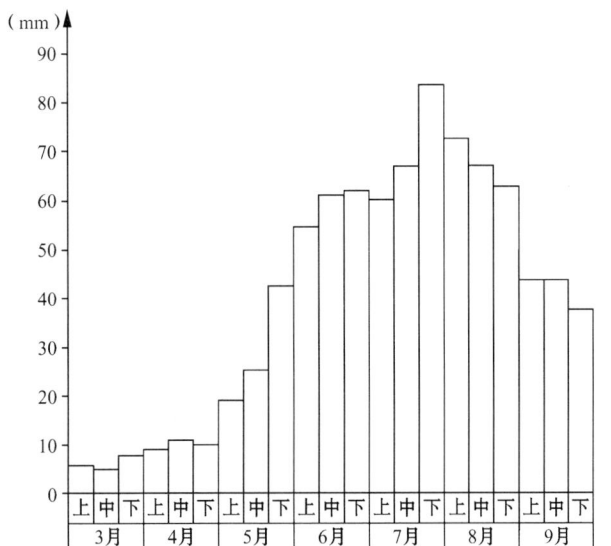

图 1.15　西南区 13 个站点平均的常年逐旬降水量变程图(1951—1980 年平均)

西南区域的雨季,其开始和结束期是比较清楚的。在 6 月上旬到 8 月下旬这段雨季期中,9 个旬的旬降水量常年值有 54~82 mm,极大值在 7 月下旬。从 9 月上旬到次年 5 月下旬的 27 个旬中,常年旬降水量却均在 45 mm 以下。

1.2.4.5　长江上游区

图 1.16 是长江上游区 10 个代表站点平均的常年逐旬降水量变程图。长江上游区的常年年平均日降水量,与贵州区相等,但是,长江上游区的雨季,要比贵州区还迟开始 4 个旬次。从图 1.16 可见,长江上游区的雨季,从 6 月下旬开始,到 9 月中旬结束,持续 9 个旬次。这 9 个旬次,其常年旬降水量,均超过了"常年年平均日降水量的旬累计值"的一倍半(48~53 mm),有 56~79 mm。其中,6 月下旬到 8 月下旬这 7 个旬次,常年旬降水量有 67~79 mm,7 月上旬降水量最大。因为,多年平均 7 月上旬的西太平洋副热带高压,比 6 月下旬要明显北抬;同时,西南低涡加深、加大,即加强到极为强盛的程度,7 月中旬又开始减弱,使长江上游的水汽,在 7 月上旬达到了极丰程度,所以,7 月上旬的降水量最大。即,在江南地区进入少雨、干旱季节的同时,长江上游的降水量,却达到了极大值的程度。

在雨季开始之前的 5 月下旬,常年降水量也有 50 mm,但比"常年年平均日降水量的旬累计值"的一倍半还差 3 mm。6 月上旬,常年年平均旬降水量只有 40 mm,比"常年年平均日降水量的旬累计值"的一倍半,还差 8 mm。从 9 月下旬,到 5 月中旬,常年旬降水量均在 45 mm 以下。

1.2.4.6　长江中游区

图 1.17 是长江中游区 9 个代表站点平均的常年逐旬降水量变程图。由图 1.17 可见,雨季从 4 月下旬开始,到 7 月中旬结束,持续了 9 个旬次。这 9 个旬次的常年旬降水量,有 52~84 mm,均接近和超过了"常年年平均日降水量旬累计值"的一倍半(53~59 mm)。其

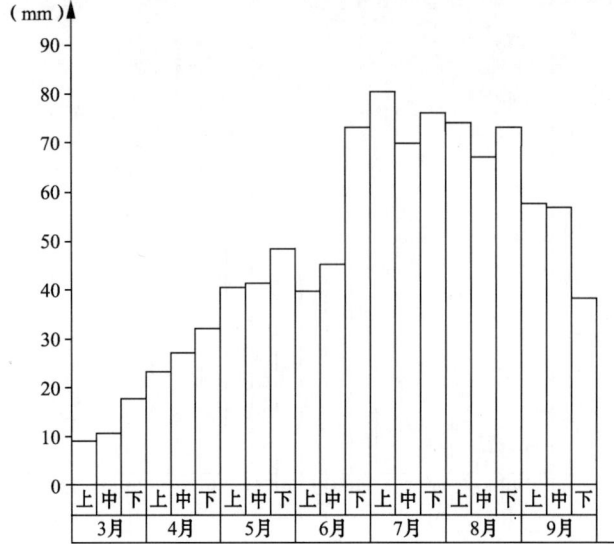

图 1.16　长江上游区 10 个代表站点平均的常年逐旬降水量变程图(1951—1980 年平均)

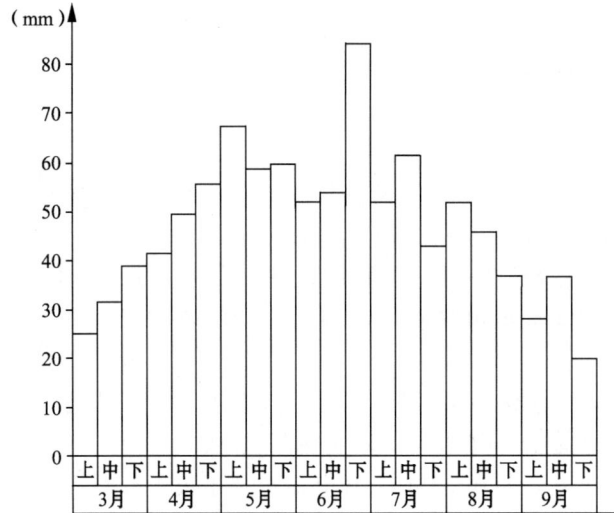

图 1.17　长江中游区 9 个站点平均的常年逐旬降水量变程图(1951—1980 年平均)

中,6 月下旬,常年值有 84 mm,是最大旬值。5 月上旬,有 68 mm,是次大旬值。

从 7 月中旬到下旬,降水量显著减少。7 月中旬,常年降水量有 58 mm,比"常年年平均日降水量的旬累计值的一倍半(51 mm)还多 7 mm,而 7 月下旬,常年降水量只有 43 mm,比"常年年平均日降水量的旬累计值"的一倍半(56 mm)少 13 mm,显然雨季在 7 月中旬结束。而到了 8 月上旬,常年旬降水量有 52 mm,接近"常年年平均日降水量的旬累计值"的一倍半。这是因为,副热带高压北跳后,有时西边的伊朗高压也会东伸影响长江中游地区。所以,长江中游的持续性雨季结束后,又有个别旬次的降水量有短暂的回升现象。但从 8 月下旬到 3 月下旬的 22 个旬次中,常年旬降水量均在 40 mm 以下。

1.2.4.7　长江下游区

图 1.18 是长江下游区 10 个代表站点平均的常年逐旬降水量变程图。从图 1.18 可见，长江下游区的雨季也有两段。

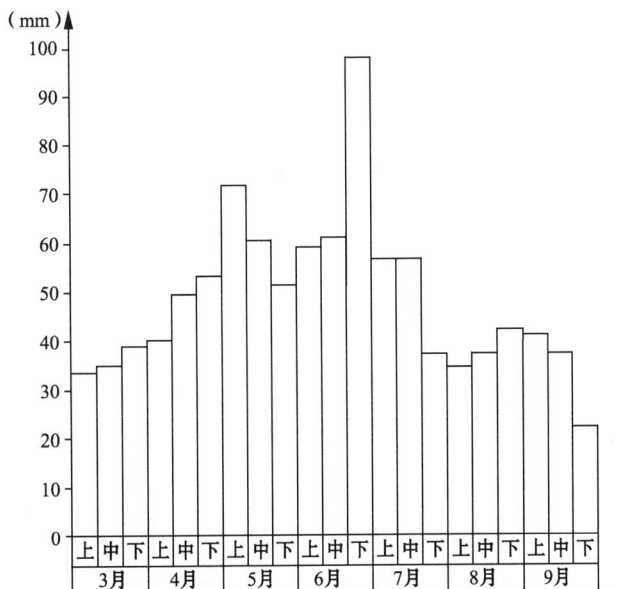

图 1.18　长江下游区 10 个站点平均的常年逐旬降水量变程图(1951—1980 年平均)

第一段：从 4 月下旬开始，到 5 月中旬结束，持续 3 个旬次，这 3 个旬次，常年旬降水量有 55～73 mm，超过了"常年年平均日降水量的旬累计值"的一倍半(56 mm)。5 月下旬的常年降水量，只有 53 mm，比"常年年平均日降水量的旬累计值"的一倍半（62 mm）要少 9 mm，这是第一个雨季结束后的短时少雨期。

第二段：从 6 月上旬开始，到 7 月中旬结束，持续了 5 个旬次，这 5 个旬次的常年旬降水量，均超过了"常年年平均日降水量的旬累计值"的一倍半。其中，6 月下旬是降水最为集中的时段，旬降水量达 98 mm，是常年最大旬降水量，比雨季的其他大部分旬次的常年旬降水量要超过 35～40 mm。从 7 月下旬到 4 月上旬的 26 个旬次中，常年旬降水量均在 50 mm 以下，除 3 月下旬到 4 月上旬及 8 月下旬至 9 月上旬外，其余 22 个旬次中，常年旬降水量均在 40 mm 以下。

由图 1.17 和图 1.18 相比可知，长江中游地区和下游地区，其常年逐旬降水量的变程趋势是大致相似的，最大旬次和次大旬次均相同，雨季的起迄旬次也较一致。这是因为，影响长江中、下游地区雨季的主要环流系统是一致的。从地形来看，也是大同小异。所以，从多年平均旬降水量来看，无多大差别。

1.2.4.8　淮河流域区

图 1.19 是淮河流域区 15 个代表站点平均的常年逐旬降水量变程图。从图 1.19 可以看出，淮河流域的雨季，开始期呈突然跳跃现象，没有过渡旬次。在 6 月中旬以前，常年旬降

水量均在 31 mm 以下,6 月中旬的常年值只有 24 mm,与"常年年平均日降水量的旬累计值"相等。而到了 6 月下旬,旬降水量的常年值突然升到 54 mm,比前一个旬增加 30 mm。从 6 月下旬到 8 月中旬,常年旬降水量有 47～72 mm,均接近和超过了"常年年平均日降水量的旬累计值"的两倍(48～53 mm)。其中,7 月上旬是淮河流域降水最大旬次,有 72 mm。从 7 月下旬到 9 月下旬,逐旬递减,到 8 月下旬已降至 43 mm,比"常年年平均日降水量的旬累计值"的两倍(53 mm)少 10 mm。所以,淮河流域的雨季,开始于 6 月下旬,到 8 月中旬结束,持续了 6 个旬次。

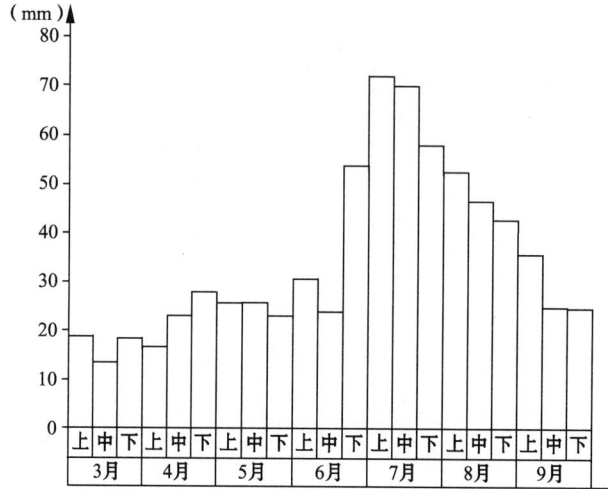

图 1.19 淮河流域区 15 个站点平均的常年逐旬降水量变程图(1951—1980 年平均)

从 500hPa 多年平均图上可以看出,6 月下旬副热带高压比中旬有一个明显的西伸北跳过程。西伸约 10 个经度,北跳约 3 个纬度。同时,南支槽北缩,5840gpm 等高线向北收缩了2.5 个纬度。所以,在长江中、下游地区的降水达到极盛时期,而淮河流域的雨季也即开始。在淮河流域地区,雨季降水量比雨季前的降水量有很大的差别,常年旬降水量普遍增加20～40 mm 左右,没有进入雨季前的过渡期。

1.2.4.9　汉渭流域区

图 1.20 是汉渭流域区中 9 个代表站点平均的常年逐旬降水量变程图。由图 1.20 可见,该区域雨季是不明显的,即雨季的降水量与雨季前后的降水量大小无显著差别。该区域雨季,基本上分两段。7 月上、中旬是第一段,常年旬降水量有 37～49 mm,超过了"常年年平均日降水量的旬累计值"的两倍(36 mm)。从 6 月上旬到 7 月上旬,逐旬递增,而从 7 月上旬到 8 月上旬,则逐旬递减。7 月上旬是降水量最大旬,常年旬降水量有 49 mm。6 月下旬和 7 月下旬的常年值,只有 33 mm 和 34 mm,均比"常年年平均日降水量的旬累计值"的两倍(40 mm)少 6～7 mm,这两个旬是第一个雨季的过渡期。8 月上旬是第一个雨季与第二个雨季之间的低谷,常年旬降水量只有 28 mm。从 8 月上旬到 9 月上旬,又是逐旬递增趋势:从 8 月中旬到 9 月中旬的 4 个旬次,常年旬降水量有 34～42 mm,均接近和超过"常年年平均日降水量的旬累计值"的两倍(36～40 mm)。所以,第二个雨季从 8 月中旬开始,到 9月中旬结束。9 月上旬是第二个雨季的最大降水量旬。

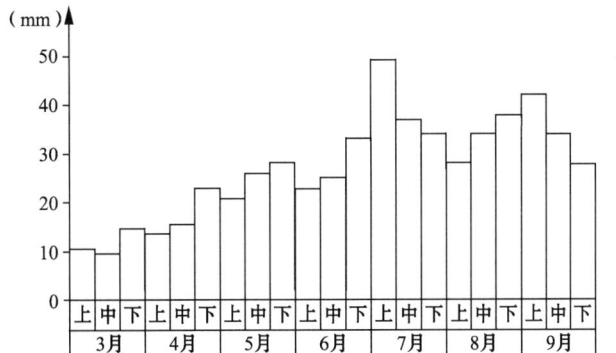

图 1.20　汉渭流域区 9 个站点平均的常年逐旬降水量变程图(1951—1980 年平均)

这第二个雨季,实际就是秋雨。本区域属于华西地区的北半部,因此,也即华西北部的秋雨雨季。华西地区的南半部,就是长江上游区。长江上游区的秋雨雨季与夏雨雨季是连续的,不能分成两个雨季。也就是说,华西南部地区的秋雨雨季,还没有等夏季雨季结束就开始了,实际上是两个雨季连成了一个雨季。这一点,由图 1.16 可见。

1.2.4.10　海河流域区

图 1.21 是海河流域区 10 个代表站点平均的常年逐旬降水量变程图。由图 1.21 和图 1.19 可知,当淮河流域的降水达到极盛时期(7 月上旬),则海河流域开始进入雨季。海河流域的雨季,从 7 月上旬开始,到 8 月下旬结束,持续了 6 个旬次。这 6 个旬次的常年旬降水量,有 36～71 mm,均比“常年年平均日降水量的旬累计值”的两倍(30 mm)要大。从图 1.21,可见,7 月下旬和 8 月上旬,是海河流域雨季高峰期,从 6 月中旬到 7 月下旬,是递增的趋势,而从 8 月上旬到 9 月下旬,则是递减的趋势。

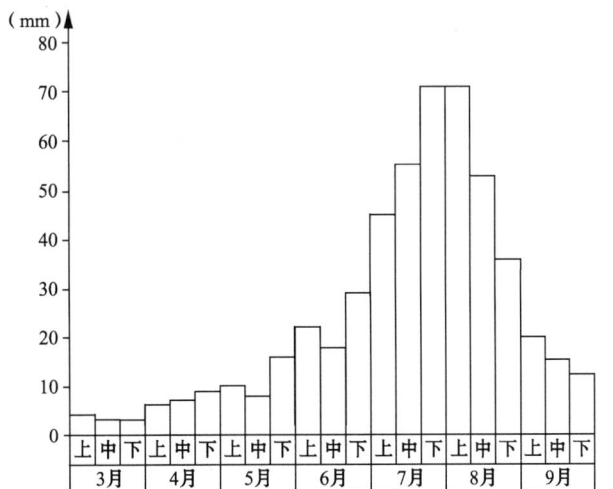

图 1.21　海河流域区 10 个站点平均的常年逐旬降水量变程图(1951—1980 年平均)

1.2.4.11　黄河中上游区

图 1.22 是黄河中上游区 10 个代表站点平均的常年逐旬降水量变程图。黄河中上游的

雨季,从 7 月上旬开始,到 9 月上旬结束,持续了 7 个旬次。这 7 个旬次的常年旬降水量有
26～36 mm,均超过了"常年平均日降水量的旬累计值"的两倍(22～24 mm)。7 月下旬是最
大旬次,常年旬降水量达 36 mm,接近"常年年平均日降水量的旬累计值"的三倍。6 月下旬
是进入雨季之前的过渡期,常年旬降水量有 19 mm。在此以前,各旬常年降水量均在 13
mm 以下,接近"常年年平均日降水量的旬累计值(11～12 mm)"。

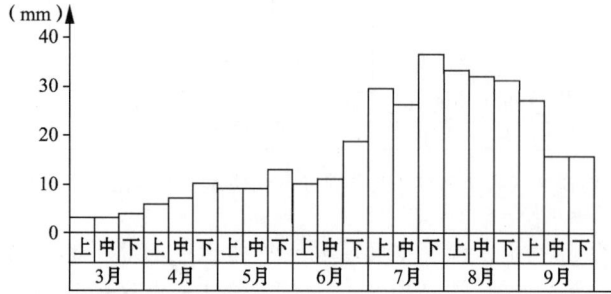

图 1.22　黄河中上游区 10 个站点平均的常年逐旬降水量变程图(1951—1980 年平均)

1.2.4.12　山东区

图 1.23 是山东区 6 个代表站点平均的常年逐旬降水量变程图。由图 1.23 可见,山东
区的雨季从 6 月下旬开始,到 9 月上旬结束,持续了 8 个旬次。这 8 个旬次中,常年旬降水
量有 42～75 mm,均接近和超过了"常年年平均日降水量的旬累计值"的两倍(40～44 mm)。
其中,7 月上、中、下旬,常年旬降水量均在 68 mm 以上。7 月下旬是极大旬次,有 75 mm。
从 9 月中旬到次年 6 月中旬,这 28 个旬次的常年降水量,均在 25 mm 以下。其中,从 9 月
下旬到 5 月下旬的 25 个旬次,常年旬降水量均在 20 mm 以下,低于"常年年平均日降水量
的旬累计值"。

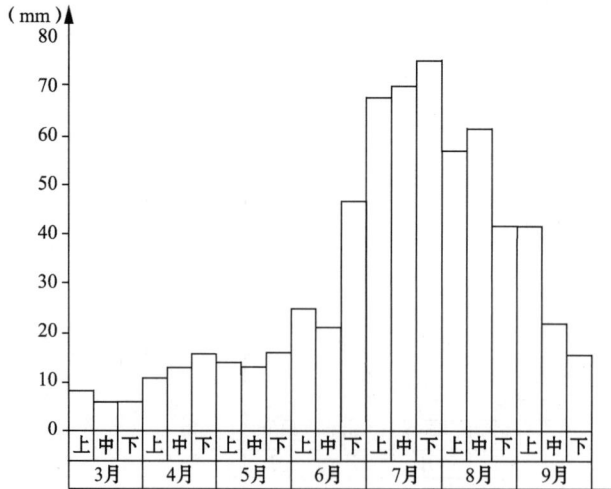

图 1.23　山东区 6 个站点平均的常年逐旬降水量变程图(1951—1980 年平均)

山东区的雨季与非雨季的降水量大小有显著差别,基本上不存在过渡期。

1.2.4.13　辽河流域区

图 1.24 是辽河流域区 10 个代表站点平均的常年逐旬降水量变程图。由图 1.24 可见，辽河流域区的雨季，从 7 月上旬开始，到 8 月下旬结束，持续了 6 个旬次。这 6 个旬次的常年旬降水量，有 42～74 mm，均超过了"常年年平均日降水量的旬累计值"的两倍（34～38 mm）。从 6 月中旬到 7 月下旬，是逐旬递增趋势。从 7 月下旬到 8 月下旬是逐旬递减趋势。7 月中旬到 8 月上旬，是雨季集中期，常年旬降水量有 55～74 mm。其中，7 月下旬是最大旬次，常年旬降水量有 74 mm。5 月下旬到 6 月下旬，常年旬降水量有 22～31 mm，是雨季开始前的过渡期。9 月份是雨季结束后的过渡期。常年旬降水量也有 19～29 mm。在 5 月中旬以前，降水很少，常年旬降水量在 15 mm 以下。

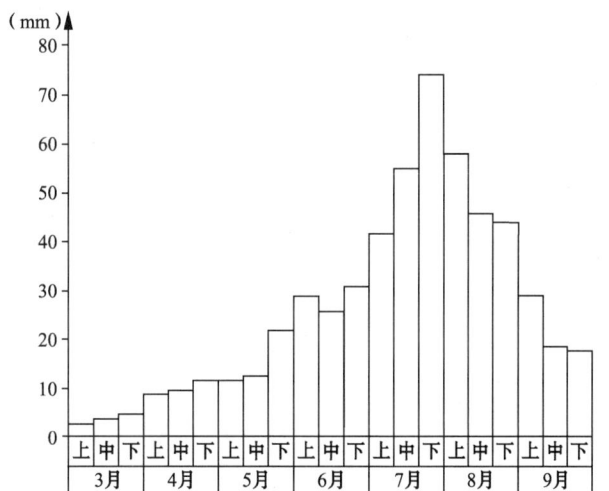

图 1.24　辽河流域 10 个站点平均的常年逐旬降水量变程图（1951—1980 年平均）

1.2.4.14　松花江流域区

图 1.25 是松花江流域区 9 个代表站点平均的常年逐旬降水量变程图。由图 1.25 可见，松花江流域区的雨季，从 7 月上旬开始，到 9 月上旬结束，持续了 7 个旬次，这 7 个旬次的常年旬降水量有 28～53 mm，均超过了"常年年平均日降水量的旬累计值"的两倍（28～31 mm）。7 月下旬是最大旬次，常年旬降水量有 53 mm。5 月下旬到 6 月下旬和 9 月中、下旬，分别是雨季开始前和结束后的过渡期。常年旬降水量有 16～30 mm。5 月中旬以前降水很少，常年旬降水量均在 14 mm 以下。

松花江流域区的雨季，与辽河流域区的雨季起始同步，结束晚一个旬次。

另外，西藏拉萨地区的雨季，从 6 月中旬开始，到 9 月上旬结束，持续了 9 个旬次。这 9 个旬次的常年旬降水量有 27～57 mm，均超过了"常年年平均日降水量的旬累计值"的两倍（26～29 mm）。5 月下旬到 6 月上旬和 9 月中、下旬，常年旬降水量有 12～18 mm，而 5 月中旬以前，常年旬降水量不足 10 mm。由此可见，拉萨地区的雨季还是清楚的。与之相比，乌鲁木齐却没有明显的雨季。从 3 月上旬到 9 月下旬，逐旬常年旬降水量都在 5～12 mm之间，分布比较均匀，但降水量很少。这是由于乌鲁木齐地处天山之北，东南海洋上的水汽

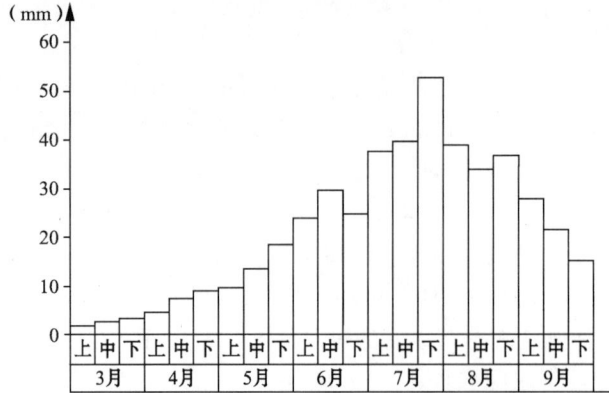

图 1.25　松花江流域 9 个站点平均的常年逐旬降水量变程图(1951—1980 年平均)

很难进入此地,受夏季季风环流影响较小,所以,夏季降水并不集中。

表 1.1　各区域雨季起迄旬次持续长度及峰值

区域 项目	华南	江南	贵州	西南	长江流域			淮河流域	汉渭流域	海河流域	黄河中上游	山东	辽河流域	松花江流域	单位
					上游	中游	下游								
雨季起始时间	上/5	上/4	上/5	上/6	下/6	下/4	下/4	下/6	上/7	上/7	上/7	下/6	上/7	上/7	旬/月
雨季结束时间	上/9	下/6	中/8	下/8	中/9	中/7	中/7	中/8	中/9	下/8	上/9	上/9	下/8	上/9	旬/月
雨季持续长度	12	9	11	9	9	9	8	6	6	6	7	8	6	7	个旬数
雨季峰值	97	91	85	82	79	84	98	72	49	71	36	75	74	53	mm/旬
峰值出现旬次	上/6	中/6	下/6	下/7	上/7	下/6	下/6	上/7	上/7	下/7 上/8	下/7	下/7	下/7	下/7	旬/月
常年年平均日降水量	4.3	4.0	3.2	2.8	3.2	3.5	3.7	2.4	1.8	1.5	1.1	2.0	1.7	1.4	mm

通过以上分析,我们基本上可以知道各区域的雨季概况。从表 1.1 可以总结以下几点。

各区域雨季开始旬次(有两个雨季的,指第一个雨季开始旬次)。江南地区最早,始于 4 月上旬。其后,长江中游和下游仅比江南地区晚 2 个旬次,始于 4 月下旬。华南区,贵州区的雨季,开始于 5 月上旬,比江南地区晚一个月。西南区雨季开始于 6 月上旬。拉萨地区雨季开始于 6 月中旬。长江上游地区、淮河流域地区和山东区的雨季,开始于 6 月下旬。汉渭流域、黄河中上游、海河流域、辽河流域、松花江流域区等 5 个区域,雨季都开始于 7 月上旬。北方大部地区的雨季,要比南方大部地区的雨季晚 2～3 个月。

各区域雨季终迄旬次(有两个雨季的,以第二个雨季结束的旬次为准)。江南地区在 6 月下旬结束。也就是说,北方大部地区雨季还未开始,江南地区的雨季就已结束了。江南地区的雨季,开始得最早,结束得也最早。长江中、下游区在 7 月中旬结束,仅晚于江南区两个旬次。贵州区和淮河流域区,雨季结束于 8 月中旬。西南区、海河流域区和辽河流域区,雨季结束于 8 月下旬。华南区、山东区、黄河中上游区和松花江流域及拉萨地区,雨季结束于 9 月上旬。长江上游和汉渭流域,即华西地区,雨季结束于 9 月中旬,是我国雨季结束最晚的地区。

各区域的雨季长度(有两个雨季的,以两个雨季的实际长度之和为准)。要数华南区的雨季最长,达 12 个旬次。贵州区有 11 个旬次。长江上游区、江南区、长江中游区、西南区有 9 个旬次。长江下游区和山东区有 8 个旬次。黄河中上游区和松花江流域区有 7 个旬次。淮河流域、汉渭流域、海河流域和辽河流域等 4 个区域,都只有 6 个旬次。

再从各个区域的雨季最高峰值,及其出现的时间早晚来看,各区域平均常年最大旬降水量,即雨季集中期最高旬峰值,长江下游为最大,有 98 mm。华南区有 97 mm,江南区有 91 mm。这三个峰值在 90 mm 以上的区域,是全国雨季峰值最大的区域。其次是贵州区,长江中游区和西南区,最高旬峰值有 82~85 mm。长江上游、山东、辽河流域、淮河流域、海河流域等 5 个区域,最高旬峰值有 71~79 mm。松花江流域和汉渭流域两区的最高旬峰值,有 49~51 mm。黄河中上游区的最高旬峰值,只有 38 mm。是上述 14 个区域中最高旬峰值最小的一个区域。

最高旬峰值出现的时间,华南最早,在 6 月上旬。江南次之,在 6 月中旬。长江中、下游和贵州 3 个区域,在 6 月下旬。长江上游,淮河流域、汉渭流域等在 7 月上旬。西南,山东、黄河中上游、辽河流域和松花江流域等 5 个区,在 7 月下旬。海河流域在 7 月下旬和 8 月上旬。

从图 1.12~图 1.25 可见,各区域的雨季峰值型是不同的,大致可分成下列六种。

(1)单旬单峰型　西南、辽河流域、松花江流域等 3 个区域的雨季集中峰值,属于这一类型。其特点是,在雨季中,从多年平均值来看,有 1 个旬比其他旬次明显突起。即在雨季中只有一个峰值,而且峰值期也只有一个旬次。

(2)单旬双峰型　长江中游、下游、贵州及汉渭流域,这 4 个区的雨季集中峰值,属于单旬双峰型。这一类型的雨季峰值,与上述类型的雨季峰值有根本区别,即有两个峰值,但是,每个峰值期也只有一个旬次。长江中、下游两个区域,第一个峰值与第二个峰值相隔 4 个旬次;第二个峰值显著偏高,如与雨季的其他旬次相比,显得"出类拔萃",高于众旬次。贵州区的第二个峰值,也高于第一个峰值而出众,但两个峰值相隔只有 2 个旬次。而汉渭流域区,第一个峰值高于第二个峰值;峰值并不显得出众,两个峰值相隔 5 个旬次。

(3)双旬单峰型　淮河流域、海河流域,这两个区域的雨季集中期就属于双旬单峰型。这一类型的主要特点是,雨季只有一个峰值[这一点与(1)相同]但持续了两个旬次。这两个旬的多年平均降水量相差甚小,而与雨季的其他旬次相比,又明显出众。

(4)多旬单峰值　山东,即黄河下游地区,其雨季基本上属于这个类型。连续 3 个旬次的多年平均旬降水量,比雨季的其他旬次明显偏多,而这 3 个旬的值却相差不大。

(5)多旬双峰型　华南、江南地区的雨季集中期,有两个峰值,而且,至少有一个峰值持续有 3 个旬或更多,这三个峰值旬之间相差甚小,但比一般旬次又明显偏高。在两个峰值期之间,有一个旬次的值比峰值明显偏低,成为相对低谷。如图 1.12 和图 1.13 所示。

(6)无明显峰值型　长江上游和黄河中上游,这两个区域的雨季无明显集中期,最大旬和雨季一般旬次的多年平均降水量相差不大。如图 1.16 和图 1.22 可见。所以,这两个区域基本上属于无峰值型。

上述各区域的雨季起迄旬次和各区域的气候特点,均指 1951—1980 年平均情况而言。

虽然,通过以上分析,使我们对各区域的雨季概况和气候特点有了一个基本的了解,但是,应该注意到,每年雨季起迄时间的早晚,降水分布特点和集中强度的大小,都有较大的年际变化,并非象多年平均状况所揭示的规律那么稳定。在长时期少雨,尤其是雨季降水稀少的年份,往往易发生干旱,而在那些雨季里雨水多,集中强度又大的年份,往往易发生洪涝。总之,雨季降水总量和分布特点,与旱涝的关系是十分密切的。

1.2.5　区域性旱涝评定方法概述

众所周知,降水量的多少是造成旱涝的最直接最密切因素。旱涝的形成及其程度的轻重不仅与降水总量的多少有关,还与降水随时间和地区的分布形式有关。对具体区域具体时段来说,该区域该时段的旱涝不但与同期降水总量的大小,随时空分布的形式有关,也与该区域土壤的底墒有关,即与该区域前期降水有关,又与同期气温高低和风力大小有关,即与水分蒸发条件有关,还与本区域的水利条件和排灌设施有关等。所以,采取什么标准来评定一个区域的旱涝是涉及因素较多又较复杂的问题。气象情报和气象预报所指的旱涝其含义仍有一定的差别,前者一般是指实际所造成的旱涝灾害,而后者是指雨情所达到的旱涝程度。本书所指旱涝主要是指某区域某时段里的雨情,未讨论雨情之外的其他条件。因为雨情与旱涝最密切,所以根据雨情先计算出旱涝指数,再根据旱涝指数与实际旱涝的对比情况截取旱涝年,这样的评定办法其结果对社会各界用户有较大的使用和参考价值。

气象界一般常用降水量距平百分率 R' 作为评定降水量的偏多偏少和旱涝轻重程度的指数,

$$R' = \frac{R - \bar{R}}{\bar{R}} \times 100\%$$

式中 R 和 $\bar{R}$ 分别为某地区在某时段的某年降水量和多年平均降水量。

在本书中,为了统一比较各区域降水量的多少和旱涝程度,一般采用降水量距平百分率 R' 作为评定旱涝的指数,即根据 R' 的大小来评定各区域降水量的多少程度和旱涝轻重情况。并采用区域平均汛期季度(3个月)以上降水量距平百分率 $R' \geqslant 20\%$ 为有洪涝, $R' \leqslant -20\%$ 为有干旱,这个标准在大多数区域中的大多数年份与实际旱涝是一致的。

另外,作者曾对不同地区采用过不同的旱涝指数作为评定旱涝的指标,在此作一简单介绍,有一定的参考和使用价值。

(1)在评定华北平原夏季旱涝中,采用了

$$I = \frac{R - \bar{R}}{\bar{R}} \times 100\% + \frac{R_m - \bar{R}_m}{\bar{R}_m} \times 100\%$$

式中 I 是夏季旱涝指数,R 和 $\bar{R}$ 分别是华北平原的某年夏季和多年平均夏季降水量,R_m 和 $\bar{R}_m$ 分别是该地区某年夏季和多年平均夏季最大旬降水量。也就是说,等式右边第一项和第二项分别是夏季降水总量距平百分率和夏季最大旬降水量距平百分率。这一指数既考虑到夏季总雨量的多少,又考虑到暴雨集中程度的大小,所以这一指数的大小基本上能反映出实际旱涝的程度。其中,1963年的 I 值为最大,该年实际上也是该区域近40年的最大洪涝年,对其他洪涝年和干旱年的反映也较好。

(2)在四川盆地7月洪涝的评定标准中所采用的洪涝指数是

$$I = \left(\frac{\Delta R_7}{\bar{R}_7} + \frac{n}{m}\right) \times 100\%$$

式中 ΔR_7 和 $\bar{R}_7$ 分别是该盆地的某年和多年平均7月降水量,m 和 n 分别为参加评定的总站点数和其中暴雨点最多的一个旬的旬降水量超过150 mm的站点数。这个洪涝指数既考虑了月降水量的多少,又考虑了在同一个旬里的大暴雨站点数的多少(相当于面积的大小)。这个洪涝指数较适用于评定四川盆地的洪涝程度。其中,1981 年洪涝指数最大,实际上该年 7 月出现了特大洪涝。其他洪涝、偏涝、无涝年也可从这个洪涝指数明确区分开。

(3)在江南地区曾分别用涝指数(I_1)和旱指数(I_2)来评定该区域夏季和夏半年的旱涝程度,涝指数 I_1 与华北平原的涝指数含义相同。

$$I_1 = (\frac{\Delta R}{R} + \frac{\Delta R_m}{R_m}) \times 100\%$$

$$I_2 = (\frac{\Delta R}{R} - \frac{\Delta T}{T}) \times 100\%$$

旱指数 I_2 的等式右边第一项是季或半年的降水量距平百分率,第二项是季或半年中持续最大少雨旬数(或最长少雨时间长度)的距平百分率。从 I_2 的公式可知,季或半年降水总量越小且最长持续少雨时段越长则 I_2 越小,这个指数比较适用于江南地区有伏旱的特点。伏旱是该区域的气候特点,但每年伏旱有长有短,所以考虑到最长少雨时段的长短是重要的。

(4)在华南地区曾用洪涝指数 I_1 来评定前汛期 4—6 月的洪涝程度,用 I_2 来评定夏半年 4—9 月的干旱程度:

$$I_1 = \frac{\Delta R_{max}}{R_{max}} \times 100\%$$

$$I_2 = \frac{\Delta R_{min}}{R_{min}} \times 100\%$$

式中 I_1 等式右边为在 4—6 月中 5 旬滑动最大 5 旬降水总量距平百分率,I_2 等式右边为在 4—9 月中 5 旬滑动最小 5 旬降水总量距平百分率。这两个指数比较适用于汛期较长,多雨和少雨时段也较长的华南地区。

(5)在长江中下游地区除采用过(1)和(3)中相同含义的旱涝指数来评定旱涝外,还在本书中用了下面的旱涝指数,

$$I_1 = R'_{5\sim7} \vee R'_{6\sim8} \vee R'_{4\sim9}$$

$$I_2 = R'_{5\sim7} \wedge R'_{6\sim8} \wedge R'_{4\sim9}$$

式中 $R'_{5\sim7}$、$R'_{6\sim8}$ 和 $R'_{4\sim9}$ 分别是 5—7 月、6—8 月,4—9 月降水量距平百分率,I_1 取其中最大的距平百分率,I_2 则取其中最小的距平百分率,由 I_1 和 I_2 分别作为评定该地区的洪涝和干旱程度,与实际发生的旱涝年比较符合。

以上各种旱涝指数到底用哪种合理?应视本地区的气候特点而定,采用最能反映实际旱涝的指数为最合适。

1.2.6　各区域夏半年降水和旱涝的分布特点

1.2.6.1　华南区

从常年来看,华南地区有两个雨季,总共持续了 12 个旬次,是我国雨季最长的地区。但在历年之中,无论是雨季起迄日期,持续长度,还是夏半年降水总量,都有较大的年际变化。图 1.26 是华南地区 15 个代表站点的 4—9 月降水总量的历史演变曲线图。由图 1.26 可见,华南地区 4—9 月降水总量的年际振幅是较大的。该区域平均夏半年(4—9 月)降水总

量的常年值(1951—1980 年平均值)是 1249 mm,极大年(1973 年)夏半年降水总量是 1662 mm,极小年(1963 年)夏半年降水总量只有 947 mm,最大振幅值是 715 mm。4—9 月降水总量超常年份有 17 年,占全部年份的 49％,其中,4—9 月降水总量超过 1350 mm 的明显多雨年份有 1959,1961,1972,1973,1981 年。逊常年份有 18 年,占全部年份的 51％,其中,4—9 月降水总量不足 1150 mm 的明显少雨年份有 1956,1958,1963,1969,1977,1983 年。由图 1.26 可见,华南区域平均 4—9 月降水总量的历史演变趋势有明显的阶段性,1951—1954 年接近常年或偏多。1955—1958 年以偏少为主,有两年较常年同期明显偏少。1959—1961 年以偏多为主,其中有两年较常年同期明显偏多,1 年偏少。1962—1971 年是少雨时期,只有 1 年较常年同期稍偏多,其余 9 年均较常年同期偏少,其中有 5 年 4—9 月降水总量在 1200 mm 以下。1972—1981 年是多雨阶段,只有 1 年较常年同期偏少,其余 9 年均较常年同期偏多,其中,有 6 年 4—9 月降水总量超过了 1300 mm。1982—1983 年 4—9 月降水总量又较常年同期偏少,1984 年 4—9 月降水总量较常年同期偏多,1985 年 4—9 月降水总量稍偏少。

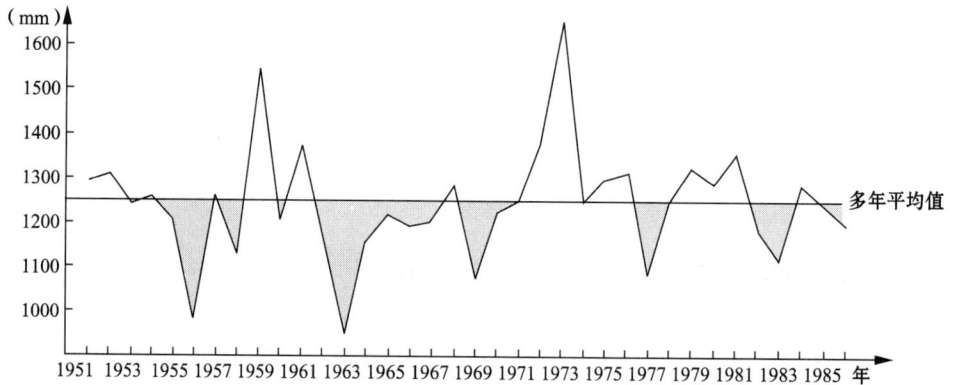

图 1.26　华南区 15 个站点平均的 4—9 月降水总量历史演变曲线

由前面的分析可知,4—9 月降水总量,也就是前汛期 4—6 月和后汛期 7—9 月两个雨季的降水量。从 4—6 月降水总量的超常和逊常的距平趋势变化来看,1970 年以前华南地区有 1～2 年周期振荡的特点,即在一年或两年较常年同期偏多后,接着又转成 1 年或 2 年较常年同期偏少,没有出现持续 3 年或以上的偏多或偏少现象,但在 1971—1983 年中,就出现了持续 3～4 年的偏多雨期,而少雨期仍然只有 1～2 年的周期。这就是说,华南地区区域平均 4—6 月降水总量近 35 年来没有出现过持续 3 年以上的少雨期,一般持续较常年同期偏少 1～2 年以后就要转成较常年同期偏多。华南地区区域平均 7—9 月降水总量的距平趋势与 4—6 月降水总量的距平趋势相比,大多数年份(25 年)是相反的,在 1951—1978 年中,有 22 年的距平趋势是相反的,只有 6 年的距平趋势相同。但在 1978—1983 年的 5 年中却有 4 年的距平趋势相同,1984—1985 年的两年又相反。

旱涝现象,一方面与雨季降水总量的多少关系较大,同时,也与降水分布的特点和集中强度大小有关。从华南地区 15 站平均夏半年逐 1 旬降水量的分布特点来看,持续较常年同期偏多的旬次最长达 7 旬,持续较常年同期偏少的旬次最长达 10 旬。历年夏半年逐旬降水量的分布特点和旱涝期如下述。

1951 年夏半年逐旬降水分布比较均匀,无大旱大涝现象。相对来说,6 月上中旬降水较为集中,两旬降水总量有 266 mm,较常年同期偏多三点九成。6 月下旬至 7 月下旬持续 4 旬降水量较常年同期偏少,4 旬降水总量有 208 mm,较常年同期偏少二点五成。

1952 年夏半年逐旬降水分布比较均匀,无大旱大涝现象,也无明显的降水集中期和偏少期。

1953 年 5 月降水相对较集中,5 月下旬降水量有 151 mm,5 月降水量有 354 mm,较常年同期偏多四点八成。7 月中旬至 8 月下旬是少雨期,5 旬降水总量有 203 mm,较常年同期偏少四点五成。

1954 年 6 月中旬至 7 月下旬的 5 旬降水总量只有 207 mm,较常年同期偏少四点四成。其余时段降水分布比较均匀。

1955 年 7 月中下旬为降水相对集中期,两旬降水总量有 299 mm,较常年同期偏多一点一倍。另外,5 月上旬和 8 月下旬的降水量也分别有 128 mm 和 138 mm。其余时段降水分布比较均匀,无明显少雨期。

1956 年降水相对集中期为 6 月中旬,旬降水量有 137 mm。6 月下旬至 7 月下旬和 8 月中旬至 9 月中旬为两段少雨期,前段和后段 4 旬降水总量分别为 114 mm 和 146 mm,分别较常年同期偏少五点九成和四点四成。

1957 年是先涝后旱年,5 月中旬至 6 月中旬,连续 4 旬降水总量有 574 mm,比常年同期偏多六成,其中,5 月中下旬降水总量有 332 mm,较常年同期偏多九点三成。而 6 月下旬至 8 月中旬,连续 6 旬降水总量只有 281 mm,较常年同期偏少三点四成。

1958 年 4 月上旬至 6 月中旬连续 8 旬降水总量只有 326 mm,较常年同期偏少四点五成,为明显的少雨干旱期。这一年雨季开始得很晚,直至 6 月下旬才开始进入雨季,旱情得到缓和或解除。但到 7 月中下旬降水又相对集中,两旬降水总量有 302 mm,较常年同期偏多一点一倍,其中,7 月中旬降水量有 177 mm,有短时洪涝发生。

1959 年是有涝无旱年,这一年有两个降水集中时段,第一段集中在 5 月中旬到 7 月上旬,第二段集中在 8 月下旬到 9 月中旬。第一段 6 旬降水总量有 742 mm,较常年同期偏多四点九成,其中 6 月中旬降水量有 206 mm,较常年同期偏多一点二倍。河源单站旬降水量有 794 mm。第二阶段降水集中期 3 旬降水总量有 351 mm,较常年同期偏多八点八成,其中 9 月中旬有 147 mm,较常年同期偏多两倍。这一年,由于夏半年降水量大(4—9 月降水总量有 1548 mm),集中强度也大,暴雨频繁,致使珠江水位猛涨,珠江流域不少地区出现严重洪涝,东江流域发生了特大洪水。

1960 年 5 月下旬至 7 月中旬连续 6 旬降水量较常年同期偏少或接近,6 旬降水总量有 364 mm,较常年同期偏少二点五成。这一年无明显的旱涝现象,逐旬降水分布相对均匀。

1961 年 5 月上旬至 8 月中旬的降水分布较均匀,无明显的少雨干旱期,也无明显的降水集中期。但 8 月下旬到 9 月下旬的降水相对较集中,4 旬降水总量有 417 mm,较常年同期偏多八成。另外,4 月中下旬降水总量有 215 mm,较常年同期偏多九点五成。这一年夏半年也属于有涝无旱年。

1962 年与 1957 年相似,也是先涝后旱年。5 月上旬至 6 月下旬,连续 6 个旬次的旬降水量较常年同期偏多,其中,5 月下旬到 6 月下旬降水相对较集中,4 旬降水总量有 455 mm,较常年同期偏多二点五成。而 7 月上旬到 8 月下旬,连续 6 旬的降水较常年同期偏少,6 旬降水总量只有 268 mm,较常年同期偏少三点七成。

1963年少雨干旱期是4月上旬到6月中旬,与1958年相同。8旬降水总量只有259 mm,较常年同期偏少五点六成,干旱较重。这一年雨季较晚,6月中旬才开始进入雨季,直到6月下旬到7月下旬才有一段降水相对集中期,旱情才得到了解除。

1964年4月上旬到6月上旬,持续7个旬次少雨,7旬降水总量只有349 mm,较常年同期偏少三成,有干旱现象。可到了6月中旬,降水特别集中,旬降水量有208 mm,较常年同期偏多一点二倍,不但使旱情得到了解除,而且有短时洪涝发生。接着6月下旬到7月下旬又是连续4旬少雨,4旬降水总量有164 mm,较常年同期偏少四点一成。直到8,9月降水分布才较均匀。

1965年降水分布相对来说较均匀,无大旱大涝现象。4月和6月中旬的降水相对集中些,降水量分别有286 mm和156 mm,较常年同期分别偏多七点九成和六点六成。

1966年6,7两个月降水总量有697 mm,较常年同期偏多四点九成。其中尤以6月中下旬降水为集中,两旬降水总量有325 mm,较常年同期偏多八点七成,有洪涝发生。但从8月下旬到9月下旬的4旬降水总量只有72 mm,较常年同期偏少六点九成,有干旱现象,这一年是先涝后旱年。

1967年6月上旬到7月下旬持续6旬少雨,6旬降水总量只有275 mm,较常年同期偏少四点一成。8月降水持续偏多,3旬降水总量有368 mm,较常年同期偏多六点四成,其中8月中旬降水量有146 mm,较常年同期偏多一点一倍。这一年是6,7月旱8月涝。

1968年4月中旬到5月中旬,4旬降水总量只有118 mm,较常年同期偏少五点九成。而5月下旬到7月上旬为降水集中期,5旬降水总量有667 mm,较常年同期偏多五点九成。另外,8月降水量有303 mm,较常年同期偏多三点五成,但由于8月中旬降水较少,上旬和下旬较多,降水不是很集中。这一年降水主要集中期是5月下旬到7月上旬,尤其是6月中下旬最为集中,两旬降水总量有304 mm,较常年同期偏多七点五成,有洪涝现象。

1969年是有旱无涝年,有两段少雨干旱期。第一段6月中旬到7月中旬4旬降水总量只有182 mm,较常年同期偏少三点八成。第二段8月上旬到9月下旬的6旬降水总量只有247 mm,较常年同期偏少三点五成。在两段少雨干旱期中间的7月下旬降水量有146 mm,使第一段旱情得到了缓和。

1970年夏半年逐旬降水分布较均匀,只有6月下旬降水相对较集中,旬降水量有147 mm,较常年同期偏多八点四成。其余时间无明显多雨和少雨时段。

1971年主要降水集中期是5月中旬到6月上旬,3旬降水总量有400 mm,较常年同期偏多四点九成。其次是7月下旬到8月中旬,3旬降水总量有320 mm,较常年同期偏多四点一成。8月下旬到9月下旬是少雨期,4旬降水总量只有127 mm,较常年同期偏少四点五成。

1972年夏半年逐旬降水分布相对也较均匀,只有5月上旬、6月中旬、8月中旬的降水比较集中,旬降水量分别有147,138,192 mm,分别较常年同期偏多一点一倍、四点七成、一点七倍。8月中旬有短时的洪涝现象。

1973年夏半年降水总量有1662 mm,较常年同期偏多三点三成。是近30多年来4—9月降水总量最大年。降水主要集中期有两段,第一段是4月上旬到6月上旬连续7旬降水总量有760 mm,较常年同期偏多五点三成。第二段8月中旬到9月上旬3旬降水量有337 mm,较常年同期偏多八成。这一年雨季开始得特别早,持续时间长,降水总量也大,不少地区发生了雨涝现象。

1974 年无明显少雨干旱期。降水相对集中期是 6 月中下旬和 7 月中下旬,两月中下旬降水量分别有 264 mm 和 278 mm,分别较常年同期偏多五点二成和九点六成。

1975 年无明显少雨干旱期。降水主要集中期是 5 月中旬到 6 月上旬,3 旬降水总量有 404 mm,较常年同期偏多五成。其中,5 月中旬降水量有 186 mm,较常年同期偏多一点三倍。这一年夏半年也是有涝无旱。

1976 年夏半年降水分布较均匀,只有 6 月上旬降水相对较集中,旬降水量有 149 mm,较常年同期偏多五点四成。其余时间无明显的降水集中期和少雨干旱期。

1977 年 4 月上旬到 5 月中旬连续 5 旬降水总量只有 166 mm,较常年同期偏少四点六成。5 月下旬和 6 月下旬降水量分别有 146 mm 和 145 mm,为降水相对集中期。5 月下旬以后无明显少雨干旱期,也无明显的降水相对集中期。

1978 年夏半年降水相对集中期是 5 月中旬到 6 月上旬,3 旬降水总量有 353 mm,较常年同期偏多三点一成。其余时间无明显少雨干旱期和降水集中期。

1979 年夏半年降水分布较均匀,无旱涝现象。

1980 年 4 月下旬到 5 月上旬和 7 月中下旬为降水集中期,两旬降水量分别有 275 mm 和 221 mm,分别较常年同期偏多一点二倍和五点六成。其余时间降水分布较均匀。

1981 年 4 月中旬到 6 月上旬降水持续偏多,6 旬降水量有 582 mm,较常年同期偏多三成。降水较集中期是 7 月下旬,旬降水量有 208 mm,较常年同期偏多一点七倍,有短时洪涝发生。但 8 月上旬到 9 月中旬连续 5 旬降水偏少,5 旬降水总量只有 206 mm,比 7 月下旬的旬降水量还少,5 旬降水总量较常年同期偏少三点九成。这一年 7,8 月的降水量分布是很不均匀的。

1982 年夏半年降水分布也较均匀,只有 8 月中旬降水相对集中,旬降水量有 130 mm,较常年同期偏多八点三成。其余时间无明显多雨和少雨期。

1983 年无明显降水集中期,只有明显少雨干旱期即 6 月下旬到 8 月上旬,5 旬降水总量只有 170 mm,较常年同期偏少五点二成。

1984 年夏半年降水分布较均匀,无明显的少雨干旱期。只有 5 月中旬降水相对集中,旬降水量有 156 mm,较常年同期偏多九点五成。其余时间无明显的降水集中期。

1985 年夏末初秋有涝,中夏有旱,降水集中期是 8 月中旬到 9 月上旬,3 个旬次的降水总量有 411 mm,较常年同期偏多九点七成。特别是 8 月下旬,降水量有 215 mm,较常年同期偏多一点八倍。另外,4 月中旬降水量也较多,有 115 mm,较常年同期偏多一点一倍多。而从 4 月下旬到 8 月上旬连续 10 旬降水量只有 537 mm,较常年同期偏少三点七成。有干旱现象。

1.2.6.2　江南区

江南地区处在南岭以北,长江流域之南。该区域的雨季,以常年而论,开始于 4 月上旬,结束于 6 月下旬。是全国雨季开始和结束得最早的一个区域。而从历年情况来看,雨季早的年份在 3 月上旬就开始了(例如 1970 年)。而雨季开始得晚的年份,直至 5 月中旬才开始(例如 1971 年)。图 1.27 是江南地区历年 4—9 月降水总量的历史演变曲线。

江南地区 4—9 月降水总量的年际振幅也较大,该区域平均夏半年(4—9 月)降水总量

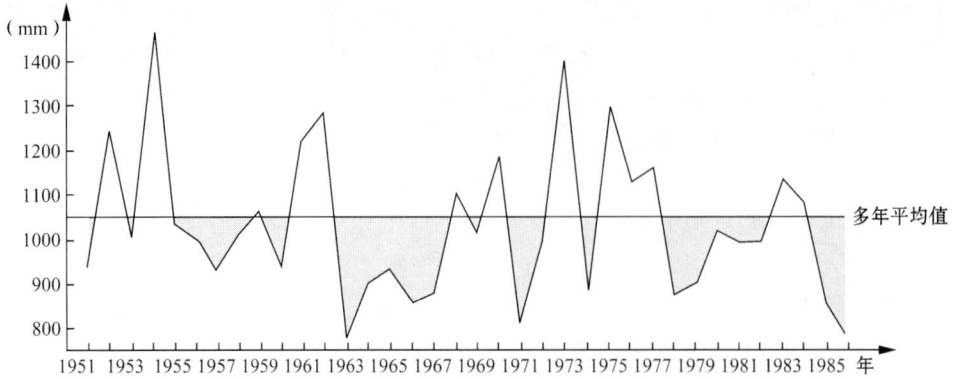

图 1.27　江南区 16 个站平均的 4—9 月降水总量历史演变曲线

的常年值(1951—1980 年平均值)是 1045 mm,极大值(1954 年 4—9 月)为 1470 mm,极小值(1963 年 4—9 月)为 773 mm,最大振幅是 697 mm。4—9 月降水总量超常年份有 13 年,占全部年份的 38%,逊常年份占 62%。在超常年份中,4—9 月降水总量在 1200 mm 以上的明显多雨年份有 1952,1954,1961,1962,1973,1975 年。在逊常年份中,4—9 月降水总量在 900 mm 以下的明显少雨年份有 1963,1966,1967,1971,1974,1978,1979,1985 年。由图 1.27 可见,江南区域平均 4—9 月降水总量的历史演变趋势也有阶段性。1951—1954 年是超常年和逊常年相间出现,但负距平值相对较小,正距平值很大,是两个高峰年。1955—1960 年是相对少雨期,6 年中只有 1 年较常年同期稍偏多,其余 5 年均较常年同期偏少。1961—1962 年又是明显多雨年,1962 年也是高峰值。1963—1967 年是明显少雨干旱时期,这阶段的 5 年 4—9 月降水总量均较常年同期明显偏少,只有 770～940 mm。1968—1970 年的 3 年中有 2 年偏多,只有 1 年稍偏少。1971—1972 年又是少雨年,1971 年 4—9 月降水总量只有 811 mm,是低谷年。1973—1977 年是多雨时期,这阶段的 5 年中有 4 年 4—9 月降水总量较常年同期明显偏多,只有 1 年明显偏少。1978—1982 年又是少雨期,这 5 年 4—9 月降水总量较常年同期偏少,其中有两年明显偏少。1983—1984 年 4—9 月降水总量也较常年同期偏多。1985 年又是明显偏少的一年。由此可见,江南地区夏半年降水总量超常年份一般只持续 1～2 年,个别时期持续 3 年。但逊常年份最长可持续 5 年。江南地区区域平均 4—6 月降水总量除 1963 年外,均在 5 mm 以上,所以,绝大多数年份在初夏 4—6 月的雨季中不会发生干旱,而雨涝是主要矛盾。盛夏 7—8 月和初秋 9 月,主要矛盾是干旱,即伏旱或伏秋连旱。7 月中旬以后,一般无雨涝现象。4—6 月降水总量的距平趋势分布是非正态分布,超常年份只有 35%,而逊常年份却有 65%。4—6 月和 7—8 月降水总量的距平趋势有 68% 的年份是相同的。

　　从江南地区 16 个站平均的 3—9 月的逐旬降水分布情况来看,大多数年份都有明显的降水集中期和少雨干旱期。历年 3—9 月逐旬降水量的分布特点和旱涝期如下述。

　　1951 年 3 月中旬到 4 月下旬连续 5 旬降水较常年同期偏多,5 旬降水总量有 510 mm,较常年同期偏多六点六成。5 月上旬到 6 月中旬降水连续较常年偏少,5 旬降水总量只有 220 mm,较常年同期偏少四点七成,7 月下旬到 9 月上旬持续偏少,5 旬降水总量只有 111 mm,较常年同期偏少四点六成。这一年,有春涝和初夏旱与伏秋旱。

　　1952 年降水分布较均匀,无明显旱涝现象。只有 5 月下旬和 7 月中旬的降水相对较集中,旬降水量分布有 156 mm 和 135 mm。

1953 年 5 月中旬到 6 月上旬的降水较集中,3 旬降水总量有 340 mm,较常年同期偏多四点三成。而 6 月中旬到 8 月上旬连续 6 旬少雨,6 旬降水总量只有 159 mm,较常年同期偏少五点二成,伏旱较重。

1954 年是大涝年,从 4 月上旬到 7 月下旬,只有 5 月中旬和 7 月上旬降水较常年同期偏少,其余 10 个旬次降水均较常年同期明显偏多。4—7 月降水总量有 1303 mm,较常年同期偏多六成。降水集中强度最大的时段是 5 月下旬到 6 月下旬,这 4 个旬降水总量有 619 mm,较常年同期偏多九成,其中 5 月下旬和 6 月中旬降水量分别有 187 mm 和 180 mm,分别较常年同期偏多一点二倍和九点八成。8 月降水分布较均匀。9 月降水较少,较常年同期偏少五点六成。

1955 年主要降水集中期在 5 月下旬到 6 月中旬,3 旬降水总量有 391 mm,较常年同期偏多五点八成。其次是 3 月下旬降水量也较大,有 125 mm。盛夏 7,8 月降水分布较均匀。9 月降水较少,只有 38 mm,较常年同期偏少六点二成。

1956 年主要降水集中期在 4 月下旬到 5 月下旬,4 旬降水总量有 477 mm,较常年同期偏多五成。而 6 月下旬到 8 月下旬连续 7 旬少雨,7 旬降水总量只有 173 mm,较常年同期偏少四点八成,伏旱较重。这一年是先涝后旱年。

1957 年只有 4 月下旬降水相对较集中,旬降水量有 132 mm,较常年同期偏多一倍。6,7 月降水连续偏少,6 旬降水总量只有 200 mm,较常年同期偏少四点四成。这一年有夏旱。

1958 年 5 月上中旬降水很集中,两旬降水总量有 315 mm,较常年同期偏多九成,有春涝。而 5 月下旬到 7 月上旬连续 5 旬降水偏少,5 旬降水总量只有 186 mm,较常年同期偏少五成,有夏旱。

1959 年 3 月上旬到 5 月上旬连续 7 旬降水偏少,其中 3 月下旬到 5 月上旬连续 5 旬降水总量只有 207 mm,较常年同期偏少四成。而 5 月中旬到 6 月中旬连续 4 旬降水明显偏多,4 旬降水总量 432 mm,较常年同期偏多三点一成。后期伏秋降水分布较均匀。这一年有春旱而无伏秋旱象。

1960 年 5 月下旬到 7 月中旬为相对少雨阶段,6 旬降水总量只有 281 mm,较常年同期偏少三点一成。其余时间的降水分布较均匀。

1961 年 4 月中旬、5 月中旬、6 月上旬这 3 个旬的降水较为集中,分别有 167,131,169 mm,分别较常年同期偏多一点四倍、六成、一点四倍。另外,8 月下旬到 9 月下旬的 4 旬降水总量有 278 mm,较常年同期偏多九点七成。而在 6 月中旬到 7 月中旬的 4 旬降水总量只有 122 mm,较常年同期偏少五点二成。这一年 6 月下旬到 7 月中旬有干旱,但 7 月下旬就得到了缓和或解除。

1962 年也是大涝年,主要降水集中期是 5 月上、下旬和 6 月中下旬,降水量分别有 128,134 和 348 mm,分别较常年同期偏多五点二成,五点六成和一倍,主要洪涝期是 6 月中下旬。这一年 7—9 月降水分布较均匀,无伏秋旱。

1963 年是大旱年,3—8 月降水总量只有 756 mm,较常年同期偏少三点一成。7 月下旬到 9 月上旬的 5 旬降水总量只有 126 mm,较常年同期偏少三点九成。这一年无降水集中期,旬降水量均在 90 mm 以下。

1964 年无明显少雨干旱期。但 6 月中旬降水很多,旬降水量有 178 mm,较常年同期偏多九点六成,有短时洪涝现象。

1965 年无明显的降水集中期,也无明显的少雨干旱期。5 月上旬到 6 月上旬为降水相对偏少期,4 旬降水总量为 223 mm,较常年同期偏少三点一成。

1966 年有两段少雨期。第一段 5 月上旬到 6 月上旬,4 旬降水总量为 151 mm,较常年同期偏少五点三成。但主要干旱期是 7 月中旬到 8 月下旬,这 5 旬降水总量只有 75 mm,较常年同期偏少六点四成,伏旱严重。

1967 年前期降水分布较均匀。但后期有伏秋旱。7 月中旬到 9 月下旬降水持续偏少,8 旬降水总量只有 178 mm,较常年同期偏少四点二成。

1968 年降水分布很不均匀,前后少中间多。4 月下旬到 6 月上旬连续 5 旬少雨,5 旬降水总量为 261 mm,较常年同期偏少三点三成。6 月中旬到 7 月上旬连续 3 旬降水尤为集中,3 旬降水总量有 493 mm,较常年同期偏多一点三倍,有洪涝发生。7 月中旬到 9 月下旬的 8 旬降水总量只有 202 mm,较常年同期偏少三点四成。

1969 年降水分布较均匀,无明显旱涝现象。只有 5 月中旬和 6 月下旬的降水相对集中,分别有 154 mm 和 150 mm。

1970 年降水分布也较均匀,无明显旱涝现象。只有 5 月上旬和 6 月下旬的降水相对集中,分别有 157 mm 和 148 mm。

1971 年 4 月上旬到 5 月中旬和 6 月中旬到 7 月下旬是两段少雨期,连续 5 旬降水总量分别有 239 mm 和 142 mm,分别较常年同期偏少三点五成和五点一成。在这两段少雨期中间有两旬降水相对集中期即 5 月下旬到 6 月上旬,两旬降水总量有 224 mm,较常年同期偏多四点四成。这一年由于降水分布不均既有春旱又有伏旱。

1972 年无明显的降水集中期和少雨干旱期,降水分布比较均匀。

1973 年是大涝年,无明显的少雨干旱期。有三个降水主要集中期,即 4 月上中旬、5 月、6 月下旬到 7 月上旬。这三段时间的降水总量分别有 268,403,235 mm,分别较常年同期偏多一倍、六成、九点一成。

1974 年 3—4 月降水较少,两个月降水总量只有 202 mm,较常年同期偏少四点二成。6 月中旬到 7 月中旬为降水相对集中期,4 旬降水总量有 384 mm,较常年同期偏多五点一成。但从 8 月下旬到 9 月下旬又是少雨期,4 旬降水总量只有 57 mm,较常年同期偏少六成。这一年有春秋旱象。

1975 年主要降水集中期是 4 月中旬到 5 月中旬,4 旬降水总量有 516 mm,较常年同期偏多七点一成,其中尤以 5 月上中旬的降水为集中,两旬降水总量有 310 mm,较常年同期偏多八点七成,这一年有洪涝发生。后期 6 月中旬到 7 月下旬连续 5 旬少雨,5 旬降水总量有 216 mm,较常年同期偏少二点五成。

1976 年无明显旱涝期。有两段相对少雨期,第一段是 4 月中旬到 5 月下旬,5 旬降水总量有 305 mm,较常年同期偏少二点一成。第二阶段是 7 月下旬到 8 月下旬,4 旬降水总量只有 104 mm,较常年同期偏少三点八成。6 月上旬和 7 月上旬的降水相对较集中,分别有 150 mm 和 131 mm。

1977 年是无明显少雨干旱年。5 月中旬到 6 月下旬为降水集中期,5 旬降水总量有 546 mm,较常年同期偏多三点四成。

1978 年也是大旱年,3—9 月的旬降水量均不足 90 mm。4—9 月降水总量较常年同期偏少一点六成。其中 6 月下旬到 8 月上旬持续明显少雨,5 旬降水总量只有 132 mm,较常年同期偏少四点五成,其中 7 月上旬无雨,伏旱较明显。

1979 年无明显的降水集中期和少雨干旱期,5 月中旬到 6 月中旬为相对少雨期,4 旬降水总量只有 217 mm,较常年同期偏少三点四成。另外,7 月上旬到 8 月上旬的 4 旬降水总量只有 101 mm,较常年同期偏少三点八成。

1980 年 4 月下旬到 5 月上旬为降水相对集中期,两旬降水总量有 243 mm,较常年同期偏多六点三成。5 月中旬到 7 月上旬为少雨干旱期,6 旬降水总量只有 267 mm,较常年同期偏少四点一成。

1981 年雨季开始得特别早,3 月中旬就进入了雨季,3 月中旬到 4 月中旬的 4 旬降水总量有 427 mm,较常年同期偏多七点五成。其中 4 月上旬有 175 mm,有洪涝现象。而 6 月上旬到 7 月中旬的 5 旬降水总量只有 217 mm,较常年同期偏少三点三成。另外,8 月上旬到 9 月中旬的 5 旬降水总量只有 102 mm,较常年同期偏少五点一成。这一年是先涝后旱年。

1982 年 3 月下旬到 6 月上旬的降水相对偏少,8 旬降水总量只有 427 mm,较常年同期偏少二点七成。但 6 月中旬降水特别集中,有 211 mm,较常年同期偏多一点三倍,有短时洪涝发生。

1983 年 4 月中旬降水较集中,有 142 mm。7 月中旬到 8 月中旬这 4 旬降水总量只有 91 mm,较常年同期偏少四点六成。

1984 年 4 月上旬降水量有 158 mm,较常年同期偏多一点四倍。而在 6 月中旬到 7 月下旬连续 5 旬降水偏少,5 旬降水总量只有 189 mm,较常年同期偏少三点五成。这一年无明显旱涝现象。

1985 年中夏大旱。4 月上旬到 7 月中旬降水总量只有 448 mm,较常年同期偏少四点二成。其中只有 6 月上旬较常年同期稍偏多,其余各旬均较常年同期偏少。6 月中旬到 7 月中旬持续明显少雨,4 旬降水总量只有 117 mm,较常年同期偏少五点四成。中夏旱较重。7 月下旬到 9 月下旬降水量相对较均匀,无旱涝现象。

1.2.6.3　贵州区

该区东邻江南区、西靠西南区,南接华南区,北接长江上游区。该区域主要是贵州省的大部地区和湖南省的芷江地区。区域平均常年雨季从 5 月上旬开始到 8 月中旬结束,雨季最高峰值期与长江中下游地区相同是 6 月下旬。贵州区 4—9 月降水总量的常年值是 907 mm,极大值是 1260 mm(1954),极小值是 683 mm(1981),最大振幅是 577 mm。图 1.28 是贵州区 6 个站点平均 4—9 月降水总量历史演变曲线图。由图可知,夏半年 4—9 月降水总量的超常年份占全部年份的 40%,逊常年份占 60%,在超常年份中,4—9 月降水总量超过 1000 mm 的明显多雨年份有 1954,1967,1969,1971,1977,1979 年。在逊常年份中,4—9 月降水总量在 800 mm 以下的明显少雨年份有 1951,1953,1960,1963,1966,1981 年。4—9 月降水总量的历史演变特点是:1951—1954 年少雨年和多雨年交替出现不持续,年际振幅也较大,其中有一年是极大值年,有两年是明显少雨年。1955—1963 年长时期持续少雨,4—9 月降水总量均在 700~870 mm 之间。1964—1965 年接近常年。1966 年为明显少雨年。1967—1971 年持续多雨,4—9 月降水总量均在 975~1057 mm 之间。1972 年降水接近常年稍偏少。1973—1974 年持续多雨。1975—1976 年持续少雨。1977—1979 年呈马鞍型,前后两年明显多雨,中间一年少雨。1980—1981 年持续少雨,有一年是极小值年。1982—1983 年接近常年。1984—1985 年雨水偏少。

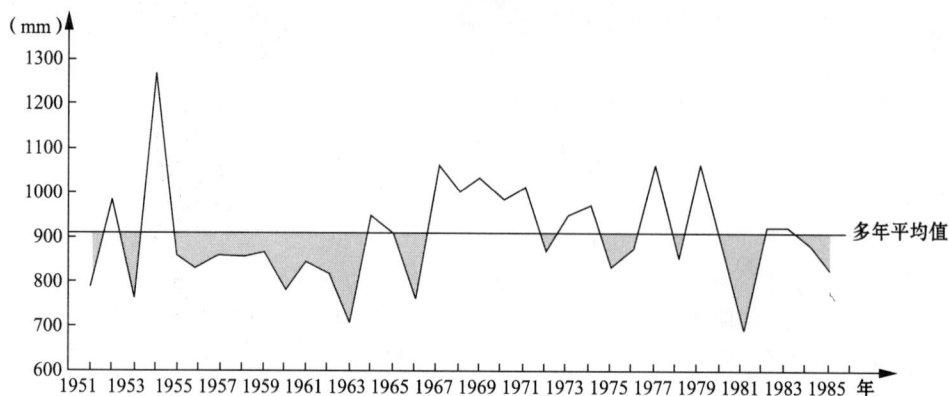

图 1.28　贵州区 6 个站点平均 4—9 月降水总量历史演变曲线

历年 4—9 月逐旬降水分布的主要特点如下:

1951 年夏半年降水总量明显偏少,但降水分布尚较均匀。其中,以 5 月上旬到 7 月上旬的降水较少,7 旬降水总量只有 297 mm,较常年同期偏少三点二成,有旱象。

1952 年前夏有旱,夏末有涝。6 月上旬到 7 月中旬连续少雨,5 旬降水总量只有 197 mm。较常年同期偏少三点八成。8 月中下旬降水总量有 224 mm,较常年同期偏多一点三倍,其中 8 月下旬降水量有 148 mm,较常年同期偏多二点一倍,有短期洪涝现象。

1953 年夏半年为明显少雨年。6 月中旬到 7 月下旬为明显少雨干旱时段,5 旬降水总量只有 180 mm,较常年同期偏少四点四成。

1954 年是大涝年。4—8 月降水总量有 1185 mm,较常年同期偏多四点六成。5 月下旬降水量有 136 mm,较常年同期偏多九点二成。6 月下旬到 8 月上旬连续明显多雨,5 旬降水总量有 635 mm,较常年同期偏多一倍多。6 月下旬和 7 月下旬降水量分别有 164 mm 和 185 mm,分别较常年同期偏多九点三成和二点二倍。

1955 年 4 月上旬到 5 月中旬和 7 月上中旬明显少雨,5 旬降水总量和两旬降水总量分别只有 137 mm 和 33 mm,分别较常年同期偏少三点七成和七点一成,春旱和伏旱较明显。6 月中旬降水较集中,旬降水量有 133 mm,较常年同期偏多一倍,5 月下旬降水量也有 101 mm,这对缓和或解除春旱减轻伏旱有益。

1956 年春天有旱象,伏旱也较明显。4 月降水量只有 66 mm,较常年同期偏少三点七成。6 月下旬到 7 月上旬降水总量只有 41 mm,较常年同期偏少七成。其余时间降水分布相对较均匀。

1957 年夏末初秋有干旱。8 月中旬到 9 月下旬连续 5 旬降水总量有 119 mm,较常年同期偏少三点八成。前期 4 月上旬到 5 月上旬和 6 月下旬到 7 月下旬也是两段相对少雨期,分别较常年同期偏少二点五成和二成。6 月中旬降水量有 124 mm,较常年同期偏多八点八成。

1958 年夏半年降水分布较均匀,无明显旱涝象。

1959 年夏半年前期降水较充沛,分布也较均匀。后期明显少雨有干旱,旱情较重。7 月中旬到 9 月上旬连续少雨,6 旬降水总量只有 116 mm,较常年同期偏少六点三成,其中 7 月中下旬两旬降水量只有 13 mm,较常年同期偏少九成,盛伏初秋连旱较重。

1960 年夏末初秋有旱象,前期降水分布较均匀。8—9 月降水总量有 140 mm,较常年同期偏少四点三成,夏末初秋连旱。

1961 年春雨较充沛,夏末初秋相对少雨。4 月中下旬降水总量有 168 mm,较常年同期偏多一点二倍。8 月中旬到 9 月中旬相对少雨,4 旬降水总量有 119 mm,较常年同期偏少二点八成,有旱象。

1962 年春天有旱象,6 月下旬有涝象。4 月中旬到 5 月中旬连续 4 旬降水量只有 127 mm,较常年同期偏少三点二成,有春旱。6 月中下旬降水较多,6 月下旬降水量有 146 mm,较常年同期偏多七点二成,有涝象。

1963 年夏半年明显少雨有干旱。5 月中旬到 6 月下旬持续少雨,5 旬降水总量只有 217 mm,较常年同期偏少三点五成。后期,7 月下旬到 9 月上旬的 5 旬降水总量只有 151 mm,较常年同期偏少三点六成。

1964 年 6 月下旬有洪涝,7 月上中旬有伏旱。6 月下旬降水量有 167 mm,较常年同期偏多九点六成。7 月上中旬明显少雨,两旬降水总量只有 30 mm,较常年同期偏少七点六成。

1965 年夏半年降水分布相对较均匀,无明显旱涝象。

1966 年伏秋连旱较重。7 月中旬到 9 月下旬持续少雨,8 旬降水总量只有 175 mm,较常年同期偏少五点三成,伏旱连秋旱,旱情较重。

1967 年是涝年。4—9 月降水总量有 1057 mm,较常年同期偏多一点七成。4 月中旬到 9 月下旬之间,只有 6 月上旬、7 月中旬和 8 月下旬的降水量较常年同期偏少,其余 15 个旬的降水量均较常年同期偏多。8 月中旬降水量有 104 mm,较常年同期偏多一点一倍。

1968 年夏季有洪涝。6 月中旬到 7 月中旬持续多雨,4 旬降水总量有 409 mm,较常年同期偏多五点二成。其中,7 月中旬降水量有 162 mm,较常年同期偏多一点五倍多。

1969 年盛夏有洪涝。6 月下旬到 7 月中旬连续多雨,3 旬降水总量有 329 mm,较常年同期偏多六点二成。其中,6 月下旬到 7 月上旬的两旬降水量有 247 mm,较常年同期偏多七点九成。8 月中下旬降水总量有 204 mm,较常年同期偏多一点一倍。

1970 年 7 月有洪涝。7 旬降水总量有 329 mm,较常年同期偏多八点八成。其中,7 月上中旬降水总量有 264 mm,较常年同期偏多一点二倍多,有洪涝。8 月上中旬降水总量只有 37 mm,较常年同期偏少六点四成。

1971 年夏半年降水总量较充沛,但分布较均匀,无明显涝象。5 月中旬到 6 月上旬的 3 旬降水总量有 265 mm,较常年同期偏多四点六成。6 月下旬降水量有 116 mm,较常年同期偏多三点六成。7 月降水量只有 103 mm,较常年同期偏少四点二成。

1972 年夏旱严重,秋天多雨有涝象。5 月上中旬降水总量有 200 mm,较常年同期偏多七点九成。但 6—8 月连续 9 旬降水量均较常年同期偏少,9 旬降水总量只有 270 mm,较常年同期偏少五成。其中,7—8 月降水总量只有 115 mm,较常年同期偏少六点六成,夏旱严重。9 月降水量有 200 mm,较常年同期偏多一点一倍,有秋涝。

1973 年夏半年降水较充沛,分布较均匀,无明显旱涝象。

1974 年夏半年降水较充沛,分布较均匀,无明显旱涝现象。6 月下旬降水相对较集中,旬降水量有 128 mm,较常年同期偏多五点一成。

1975 年有夏旱。5 月下旬到 7 月下旬持续少雨,7 旬降水总量只有 264 mm,较常年同期偏少四点二成,夏旱较明显。

1976 年夏半年降水分布相对较均匀,无明显旱涝现象。8 月降水相对较少,月降水量只有 75 mm,较常年同期偏少五成,有旱象。但主要是上旬和下旬少雨,中旬相对多雨有 60 mm,干旱不很严重。

1977 年夏半年明显多雨,但集中强度不很大,虽有涝象但不严重。5 月中旬到 6 月下旬持续多雨,5 旬降水总量有 426 mm,较常年同期偏多二点八成。7 月中下旬降水总量有 210 mm,较常年同期偏多七点二成。

1978 年有春旱。3 月上旬到 5 月上旬持续少雨,7 旬降水总量只有 128 mm,较常年同期偏少三点六成。后期降水分布较均匀。

1979 年夏半年明显多雨,6 月下旬有洪涝。6 月降水量有 311 mm,较常年同期偏多五点四成,其中 6 月下旬有 169 mm,较常年同期偏多九点九成。7 月中下旬降水总量有 189 mm,较常年同期偏多五点五成。8 月中旬到 9 月上旬的 3 旬降水总量有 236 mm,较常年同期偏多八点九成。这三段多雨期的集中强度以 6 月下旬为最强。

1980 年夏半年降水分布较均匀,无明显旱涝。

1981 年是大旱年。夏半年雨水特别少,6 月中旬到 8 月下旬连续 8 旬降水总量只有 276 mm,较常年同期偏少四点三成,伏旱较重。

1982 年夏半年降水总量接近常年。6 月上中旬降水量相对较集中,两旬降水总量有 205 mm,较常年同期偏多七点五成。6 月下旬到 7 月中旬连续 3 旬少雨,3 旬降水总量只有 74 mm,较常年同期偏少六点五成。7 月下旬到 9 月中旬除 8 月下旬少雨外,其余 5 旬均较常年同期偏多,但无涝象。

1983 年夏半年降水总量接近常年,但降水分布较均匀,无明显旱涝现象。

1984 年夏半年降水总量接近常年,但因分布不均有夏旱。其中,6 月中旬到 8 月上旬连续少雨,6 旬降水总量只有 253 mm,较常年同期偏少三点五成,有干旱现象。

1985 年夏半年降水总量接近常年稍偏少,但降水分布较均匀,无明显旱涝现象。

1.2.6.4　西南区

西南区在贵州区之西,是我国最西南的一个区。西南区域平均常年雨季从 6 月上旬开始至 8 月下旬结束。雨季要比贵州区晚开始一个月,但比长江上游区要早开始一个旬次。而雨季的结束要比贵州区晚一个旬次,比长江上游区要早两个旬次。7 月下旬是该区域的雨季最高峰值期。西南区 4—9 月降水总量的常年值(1951—1980 年平均值)是 820 mm,极大值(1968 年 4—9 月)是 1029 mm,极小值(1963 年 4—9 月)是 694 mm,最大振幅是 335 mm。图 1.29 是西南区 13 个站点平均的 4—9 月降水总量历史演变曲线图。由图 1.29 可知,4—9 月降水总量的超常年份只有 14 年,占全部年份的 40%,逊常年份占 60%。6—8 月降水总量的超常年份有 17 年,占全部年份的 49%,逊常年份占 51%。在超常年份中,4—9 月降水总量超过 920 mm 的明显多雨年份有 1952,1966,1968,1971,1978,1985 年。在逊常年份中,4—9 月降水总量在 750 mm 以下的明显少雨年份有 1951,1960,1963,1972,1979,1980,1982,1983 年。4—9 月降水总量的历史演变特点是:1951—1957 年基本上是峰谷年交替出现。1958—1965 年是少雨期,8 年中只有 1 年的夏半年降水总量比常年同期偏多,其余 7 年均较常年同期偏少。1966—1978 年是多雨期,13 年中只有 5 年的夏半年降水总量较常年同期偏少,但均不持续。其余 8 年的夏半年降水总量较常年同期偏多和明显偏多,其中有持续两年偏多的。1979—1983 年是少雨期,连续 5 年的夏半年降水总量均较常年同期偏少,其中有 4 年为明显偏少年。1984—1985 年持续两年夏半年降水总量较常年同期偏多,其中 1985 年明显偏多。

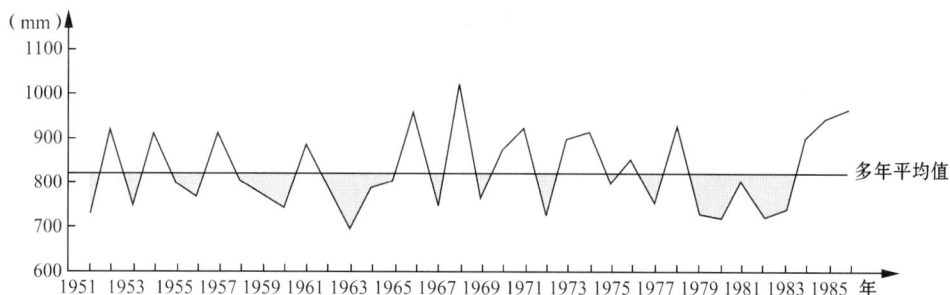

图 1.29　西南区 13 个站点平均的 4—9 月降水总量历史演变曲线

历年 4—9 月逐旬降水量的分布特点如下:

1951 年春天有旱,夏天无涝。4—5 月降水总量只有 68 mm,较常年同期偏少四点一成,有春旱。后期降水分布相对较均匀,无明显旱涝象。

1952 年盛夏有涝象。7 月中旬到 9 月中旬持续多雨,7 旬降水总量有 575 mm,较常年同期偏多二点二成。其中,8 月中下旬降水总量有 206 mm,较常年同期偏多六点一成,有涝象。

1953 年有春旱和伏旱。4 月降水量只有 9 mm,较常年同期偏少七成,有春旱。后期 7 月中旬到 8 月中旬持续少雨,4 旬降水总量只有 174 mm,较常年同期偏少三点九成,有伏旱。

1954 年春天有旱,夏末有涝。4 月上旬到 5 月中旬持续少雨,5 旬降水总量只有 51 mm,较常年同期偏少三点一成,有春旱。8 月中旬到 9 月中旬持续多雨,4 旬降水总量有 337 mm,较常年同期偏多五点七成,其中 8 月中下旬降水总量有 208 mm,较常年同期偏多六点三成。

1955 年春天有旱象,盛夏有涝象。4—5 月降水总量只有 79 mm,较常年同期偏少三点二成,有春旱。7 月下旬到 8 月上旬两旬降水总量有 212 mm,较常年同期偏多三点九成,有涝象。

1956 年春末有涝象,夏季有旱象。5 月降水量有 166 mm,较常年同期偏多九点三成,其中 8 月中旬降水量有 88 mm,有雨涝现象。6 月上旬到 8 月上旬持续少雨,7 旬降水总量只有 328 mm,较常年同期偏少二点八成。

1957 年夏半年降水丰沛,但分布相对较均匀。5 月下旬到 7 月中旬降水持续偏多,6 旬降水总量有 443 mm,较常年同期偏多三成。其中,7 月上中旬降水总量有 185 mm,较常年同期偏多四点八成,部分地区有涝象。

1958 年春天有旱,伏天有涝。3—5 月降水总量只有 56 mm,较常年同期偏少五点九成,春旱较重。6 月上旬到 8 月中旬持续多雨,8 旬降水总量有 662 mm,较常年同期偏多二点八成。其中,7月中下旬降水总量有207 mm,较常年同期偏多四成,部分地区有涝象。

1959年夏半年降水总量偏少,但旬际分布相对较均匀,无明显旱涝象。

1960年春天有旱象,伏天有涝象。3月上旬到5月上旬持续少雨,7旬降水总量只有23 mm,较常年同期偏少六点六成,春旱较重。5月中旬降水偏多,使旱情有所缓和。7月下旬降水量有117 mm,较常年同期偏多四点三成,部分地区有涝象。

1961年夏半年降水总量较丰沛,无明显少雨干旱时段。8月上中旬降水相对较集中,两旬降水总量有194 mm,较常年同期偏多四点二成,部分地区有涝象。

1962年6月有涝象。6月上中旬降水总量有195 mm,较常年同期偏多七点一成,部分地区有涝象。

1963年夏半年降水特别少,是近30多年来的同期极小值。尤以春旱较重,4月上旬到6月上旬连续少雨,7旬降水总量只有80 mm,较常年同期偏少五点三成,7月中旬到9月上旬降水为正常偏少。

1964年和1965年夏半年降水总量为一般偏少年,降水的旬际分布相对较均匀,无明显的旱涝象。

1966年8月下旬有较大的洪涝。夏半年降水总量明显偏多,尤以8月下旬的降水为集中,旬降水量有156 mm,较常年同期偏多一点五倍,有较大的洪涝。

1967年6月下半月到7月上半月有旱象。6月中旬到7月中旬连续少雨,4旬降水总量只有174 mm,较常年同期偏少二点九成,有旱象。但7月下旬到8月上旬多雨,使旱情得到解除。

1968年7—9月降水总量是近30多年来的同期极大值。3个月降水总量有731 mm,较常年同期偏多三点八成。7月上旬到9月下旬的9个旬次只有7月下旬降水较常年同期偏少,其余8旬均较常年同期偏多,是持续多雨的大涝年。

1969年春旱较重,盛夏降水充沛,夏末初秋降水偏少。3月上旬到6月上旬持续少雨,10旬降水总量只有107 mm,较常年同期偏少四点三成,春旱严重。7月上旬到8月中旬降水持续较常年同期偏多,但集中强度不很大。8月下旬到9月下旬连续少雨,4旬降水总量只有141 mm,较常年同期偏少二点四成,有旱象。

1970年7月有洪涝。7月中下旬降水总量有232 mm,较常年同期偏多五点七成,有洪涝。但8月下旬到9月上旬持续少雨,4旬降水总量只有172 mm,较常年同期偏少二点九成。

1971年8月有洪涝。8月降水量有293 mm,较常年同期偏多四点七成。其中,8月中旬降水量有128 mm,较常年同期偏多九点四成,有洪涝。

1972年7月中下旬降水相对较集中,两旬降水总量有192 mm,较常年同期偏多三成。其中,7月下旬降水量有117 mm,较常年同期偏多四点三成,部分地区有涝象。

1973年7月下旬有涝象。7月下旬到8月上旬两旬降水总量有208 mm,较常年同期偏多三点六成。其中,7月下旬降水量有128 mm,较常年同期偏多五点六成,有雨涝。

1974年夏半年降水总量较充沛,分布相对较均匀。8月下旬降水相对较集中,旬降水量有103 mm,较常年同期偏多六点六成。

1975年夏半年降水总量接近常年稍偏少,降水分布较均匀,无明显旱涝象。

1976年夏半年降水总量接近常年稍偏多,降水分布较均匀,无明显旱涝象。8月中旬降水相对较集中,旬降水量有102 mm,较常年同期偏多五点五成。

　　1977 年后春初夏有旱象。4 月中旬到 6 月中旬持续少雨,7 旬降水总量只有 101 mm,较常年同期偏少五点四成,旱情较明显。

　　1978 年夏半年降水总量较常年同期明显偏多,5 月中旬和 6 月的降水较集中,降水量分别有 104 mm 和 253 mm,分别较常年同期偏多三点二倍和四点五成,有涝象。

　　1979 年春夏少雨有干旱。4 月上旬到 8 月上旬连续 13 个旬的降水总量只有 425 mm,较常年同期偏少二点五成,干旱较明显。

　　1980 年夏半年降水总量明显偏少,4 月降水特少有春旱。4 月降水量只有 11 mm,较常年同期偏少六点三成,有春旱。其余时间降水分布尚较均匀,无明显干旱。

　　1981 年夏半年降水总量接近常年。降水分布尚较均匀,无明显降水集中期和少雨干旱期。

　　1982 年春旱较明显。4 月下旬到 5 月下旬持续少雨,4 旬降水总量只有 43 mm,较常年同期偏少五点五成,春旱较明显。后期无连续两旬以上的少雨干旱时段。

　　1983 年夏半年降水分布不均匀。5—7 月连续少雨,3 个月降水总量只有 291 mm,较常年同期偏少三点八成。其中,5 月上旬到 7 月上旬连续 7 旬降水总量只有 155 mm,较常年同期偏少四点八成,后春连夏旱较明显。后期,8 月上旬到 9 月中旬连续多雨,5 旬降水总量有 400 mm,较常年同期偏多四成,但集中强度不是很大,故无明显涝象。

　　1984 年夏半年降水总量比前五年同期降水量有明显增加,比常年同期也偏多。但降水集中强度不是很大,无明显涝象。4 月下旬到 7 月上旬的降水除 6 月中旬较常年同期偏少外,其余各旬均较常年同期偏多。8 旬降水总量有 472 mm,较常年同期偏多四点三成,其中 6 月下旬和 7 月上旬降水总量有 205 mm,较常年同期偏多七点一成,有涝象。

　　1985 年无明显旱涝象。5 月下旬到 7 月上旬降水相对较集中,5 旬降水连续偏多,5 旬降水总量有 374 mm,较常年同期偏多三点六成,有偏涝现象。其余各旬次降水偏多与降水偏少旬次相间,分布相对较均匀。

1.2.6.5　长江上游区

　　在长江中游区之西,在汉水渭河流域区之南,在贵州区之北。该区域主要在四川的盆地和东部地区及贵州的北部地区。长江上游地区常年雨季的起迄时间都比中下游地区要晚,从 6 月下旬开始到 9 月中旬结束,雨季持续时间较长。长江上游区 4—9 月降水总量的常年值是 953 mm,极大值是 1219 mm(1973 年),极小值是 781 mm(1972 年),最大振幅是 438 mm。该区域夏半年降水较丰沛,降水量的距平年际振幅又比东部地区小,大旱大涝灾害性天气比东部地区少,故四川有"天府之国"之称。图 1.30 是长江上游区 9 个站点平均的 4—9 月降水总量的历史演变曲线图。由图 1.30 可知,长江上游区 4—9 月降水总量的超常年份占 49%,逊常年份占 49%,还有一年与常年相等。在超常年份中,4—9 月降水总量超过 1050 mm 的明显多雨年份有 1952,1954,1956,1967,1973,1983,1984 年。4—9 月降水总量在 860 mm 以下的明显少雨年份有 1955,1969,1971,1972,1976,1978 年。夏半年降水总量的历史演变特点是:1951—1958 年是多雨年和少雨年交替出现不持续阶段,这 8 年 4—9 月降水总量的正负距平趋势与汉水渭河流域区的同期降水总量的正负距平趋势完全一致。1959—1960 年持续较常年同期稍偏少。1961—1964 年持续较常年同期稍偏多。1965 年接近常年稍偏少,1966 年接近常年稍偏多。1967—1968 年持续较常年同期偏多,其中有一年明显偏多。1969—1972 年持续少雨,其中有三年为明显少雨年。1973—1975 年持续偏多,其中有一年是同期极大值年。1976—1980 年持续少雨,其中有两年明显少雨。1981—1985年以多雨为主,五年中只有一年稍偏少,其余四年均较常年同期偏多。

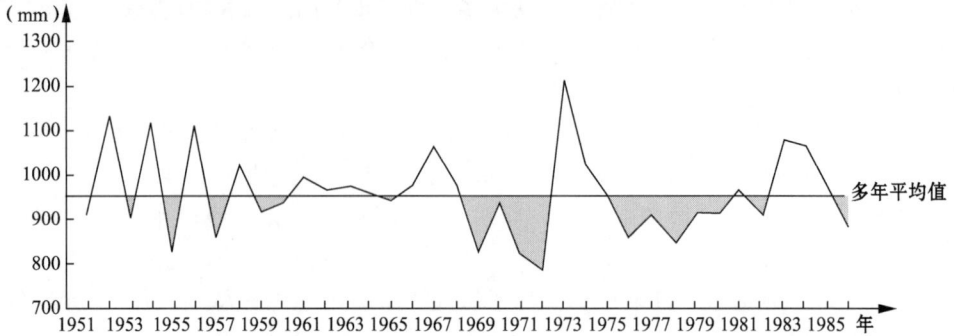

图 1.30　长江上游区 9 个站点平均的 4—9 月降水总量的历史演变曲线

历年 4—9 月逐旬降水量的分布特点如下:

1951 年初夏有旱象。5 月下旬到 6 月下旬的 4 旬降水总量只有 133 mm,较常年同期偏少三点五成。7 月多雨,使前期旱情得到解除。

1952 年夏半年降水总量明显偏多,8 月上旬有涝。4—9 月降水总量有 1138 mm,较常年同期偏多二成。5 月和 8 月的降水较集中,月降水量分别有 240 mm 和 298 mm,分别较常年同期偏多八点六成和四点一成。其中,8 月上旬降水量有 130 mm,较常年同期偏多七点八成,有雨涝现象。

1953 年夏半年降水分布较均匀,无明显旱涝现象。

1954 年夏半年降水明显偏多,7 月中旬有较大洪涝。4—9 月降水总量有 1128 mm,较常年同期偏多一点八成。其中,7 月中旬到 8 月下旬的 5 旬降水总量有 485 mm,较常年同期偏多三点六成。7 月中旬的降水尤其集中,降水量有 144 mm,较常年同期偏多九点二成。

1955 年初夏有干旱。5 月上旬到 6 月上旬连续少雨,4 旬降水总量为 68 mm,较常年同期偏少六成,旱象较明显。

1956 年夏半年降水明显偏多,6 月下旬有较大洪涝。夏半年 4—9 月降水总量有 1111 mm,较常年同期偏多一点七成。6 月降水量较集中,月降水量有 321 mm,较常年同期偏多一点一倍。6 月下旬的降水最为集中,降水量有 180 mm,较常年同期偏多一点五倍。

1957 年 7 月中旬有洪涝,初秋有旱象。7 月上中旬降水较集中,两旬降水总量有 228 mm,较常年同期偏多五点四成。7 月中旬的降水较集中,月降水量有 137 mm,较常年同期偏多九点九成。后期 8 月下旬到 9 月下旬连续少雨,4 旬降水总量只有 134 mm,较常年同期偏少四成,有旱象。

1958 年 8 月中旬有涝象。6 月下旬到 7 月下旬持续多雨,4 旬降水总量有 356 mm,较常年同期偏多二点一成。8 月中下旬降水又集中,两旬降水总量有 219 mm,较常年同期偏多五点八成。其中,8 月中旬有 123 mm,较常年同期偏多八点四成。

1959 年 8 月上中旬有涝象。7 月中旬到 8 月中旬连续 4 旬多雨,4 旬降水总量有 405 mm,较常年同期偏多四点三成。其中,8 月上中旬降水总量有 234 mm,较常年同期偏多六点七成。

1960 年夏半年降水分布较均匀,无明显旱涝现象。

1961 年是先旱后涝年。5 月上旬到 6 月中旬持续少雨,5 旬降水总量只有 154 mm,较常年同期偏少二点八成,有旱象。6 月下旬到 7 月中旬持续多雨,3 旬降水总量有 323 mm,较常年同期偏多四点七成。其中,6 月下旬降水量有 149 mm,较常年同期偏多一点一倍,有较大洪涝。8 月上中旬又持续多雨,两旬降水总量有 208 mm,较常年同期偏多四点九成,8 月中旬降水量有 123 mm,较常年同期偏多八点四成,有涝象。

1962 年 8 月下旬有涝象。8 月中下旬降水总量有 221 mm,较常年同期偏多五点九成。其中,8 月下旬降水量有 124 mm,较常年同期偏多七点二成。其余时间降水分布相对较均匀。

1963 年盛夏有旱象。7 月中旬到 8 月中旬连续 4 旬少雨,4 旬降水总量有 182 mm,较常年同期偏少三点六成,有旱象。其余时间降水分布较均匀,无明显旱涝现象。

1964 年盛夏有伏旱。7 月上旬到 8 月上旬持续少雨,4 旬降水总量只有 196 mm,较常年同期偏少三点四成,有伏旱。其余时间降水分布较均匀,无明显旱涝现象。

1965 年夏半年降水分布较均匀,无明显旱涝现象。最大旬降水量出现在 7 月上旬,较常年同期偏多五点二成。

1966 年春夏有干旱,盛夏有洪涝。4 月上旬到 7 月中旬的 11 个旬中只有 5 月下旬降水较多,有 85 mm。其前后有两个连续少雨干旱时段:4 月上旬到 5 月中旬连续 5 旬降水总量只有 114 mm,较常年同期偏少三成;6 月上旬到 7 月中旬连续 5 旬降水总量只有 228 mm,较常年同期偏少二点五成。7 月下旬到 8 月下旬降水较集中,4 旬降水总量有 439 mm,较常年同期偏多五点三成,8 月下旬 123 mm,较常年同期偏多七点一成。有盛夏涝。

1967 年 9 月上旬有洪涝。5、6 月降水持续偏多,6 月降水总量有 411 mm,较常年同期偏多四点四成。9 月上旬降水特别集中,旬降水量有 167 mm,较常年同期偏多一点九倍,秋汛明显有洪涝。

1968 年 8 月上旬有涝象。这一年夏半年降水分布相对较均匀。但 8 月上旬降水相对较集中,旬降水量有 140 mm,较常年同期偏多九点二成。

1969 年夏半年降水较少,干旱较明显。4—8 月降水总量只有 631 mm,较常年同期偏少二点一成。其中,4—6 月降水总量只有 253 mm,较常年同期偏少三点一成。4 月上旬到 8 月下旬的 15 个旬中,只有 5 月中旬和 7 月中旬的降水较常年同期偏多,其余各旬均较常年同期偏少,干旱现象较明显。

1970 年无明显旱涝现象。7 月相对多雨,月降水量有 278 mm,较常年同期偏多二点五成,但主要集中在上旬和下旬,中旬较少。所以,无明显涝象。

1971 年夏半年降水明显偏少,有春夏旱。4 月降水明显偏少,只有 48 mm,较常年同期偏少四点一成。6 月中旬到 8 月上旬又持续少雨,6 旬降水总量只有 290 mm,较常年同期偏少三成,春旱和夏旱较明显。

1972 年夏半年降水总量比 1971 年同期降水总量还要少,是近 30 多年来的极小值。但旬际降水分布较均匀。只有 7 月下旬到 8 月下旬持续少雨,4 旬降水总量只有 93 mm,较常年同期偏少六点八成,干旱较明显。

1973 年夏半年降水总量是近 30 多年来同期极大值,这一年是大涝年,春、夏、秋都有涝象。春天 4 月上旬到 5 月上旬连续多雨,4 旬降水总量有 211 mm,较常年同期偏多七点三成。夏天 6 月上旬到 7 月上旬连续多雨,4 旬降水总量有 375 mm,较常年同期偏多六成。其中,6 月下旬到 7 月上旬两旬降水总量有 242 mm,较常年同期偏多六成。夏末初秋 8 月下旬到 9 月下旬持续多雨,4 旬降水总量有 335 mm,较常年同期偏多五成。

1974 年夏半年降水较充沛,盛夏有涝象。7 月下旬到 8 月中旬的降水相对较集中,3 旬降水总量有 308 mm,较常年同期偏多四点三成。其中,8 月上旬降水量有 126 mm,较常年同期偏多七点三成。

1975—1980 年中,只有 1979 年有夏旱,其余五年夏半年降水的旬际分布较均匀,无明显旱涝现象。1979 年 6 月中旬到 7 月中旬连续 4 旬少雨,降水总量只有 182 mm,较常年同期偏少三点一成,有干旱现象。

1981 年 7 月中旬有特大洪涝。7 月上中旬两旬降水总量有 228 mm,较常年同期偏多五点四成。其中,7 月中旬降水量有 138 mm,较常年同期偏多一倍,再加山洪爆发,发生了特大洪涝。

1982 年伏天有旱,初秋有涝。6 月中旬到 7 月中旬持续少雨,4 旬降水总量只有 180 mm,较常年同期偏少三点二成,伏旱较明显。7 月下旬降水量有 118 mm,使伏旱得到了解除。9 月上旬降水较集中,旬降水量有 131 mm,较常年同期偏多一点三倍,秋汛明显有洪涝。

1983 年盛夏有涝象,秋汛较明显。7 月中旬到 8 月中旬持续多雨,4 旬降水总量有 401 mm,较常年同期偏多四点一成。其中,7 月下旬和 8 月中旬的降水量分别有 121 mm 和 123 mm,分别较常年同期偏多六点一成和八点四成。另外,9 月上旬降水量有 115 mm,较常年同期偏多一倍,秋汛明显有涝象。

1984 年春天有旱象,盛夏有洪涝。4 月上旬到 5 月上旬连续少雨,4 旬降水总量只有 87 mm,较常年同期偏少二点九成,有春旱。5 月中旬到 6 月上旬连续多雨,3 旬降水总量有 205 mm,较常年同期偏多六成,6 月下旬到 8 月上旬连续 5 旬降水总量有 494 mm,较常年同期偏多三点四成,其中 7 月上旬降水量有 141 mm,较常年同期偏多七点八成,有较大洪涝现象。

1985 年夏半年降水总量接近常年稍偏多,旬际分布较均匀,无明显旱涝现象。

1.2.6.6 长江中游区

长江中游区常年雨季的起迄时间是从 4 月下旬开始到 7 月中旬结束。但 8 月上旬又有回升现象。长江中游的雨季有两个峰值,第一个峰值在 5 月上旬,第二个峰值在 6 月下旬,这两个峰值期分别是早梅雨集中期和典型梅雨集中期。图 1.31 是长江中游区 9 个站点平均的 4—9 月降水总量的历史演变曲线图。由图 1.31 可见,长江中游区 4—9 月降水总量的年际振幅也相当大,常年值(1951—1980 年平均)为 902 mm,极大值(1954 年 4—9 月)有 1534 mm,极小值(1972 年 4—9 月)只有 555 mm,最大振幅是 979 mm,超过了该区域的同期常年值。4—9 月降水总量超常年份占全部年份的 43%,逊常年份占 57%。在超常年份中,夏半年降水总量超过 1100 mm 的明显多雨年有 1954,1969,1973,1980,1983 年,这 5 年是长江中下游地区的大涝年。在逊常年份中,夏半年降水总量在 750 mm 以下的明显少雨年有 1959,1961,1966,1971,1972,1974,1976,1978,1981 年。在 1951—1958 年期间,超常年份和逊常年份交替出现,都不持续,除 1954 年出现最大峰值外,其余 7 年的距平绝对值都不大。1959—1968 年是少雨时期,在这一时期中,除 1962,1964 年偏多外,其余 8 年均偏少,其中有 5 年夏半年降水总量在 800 mm 以下,为明显偏少年。1969—1985 年,多雨年和少雨年呈锯齿形变化,即峰谷交替出现,一至两年多雨后就转成一至两年少雨。在这一阶段的 7 个少雨年份中有 6 年夏半年降水总量在 800 mm 以下,其中,有 4 年在 700 mm 以下,为大旱年。而在这一阶段的 9 个多雨年份中,有 4 年是明显多雨大涝年。

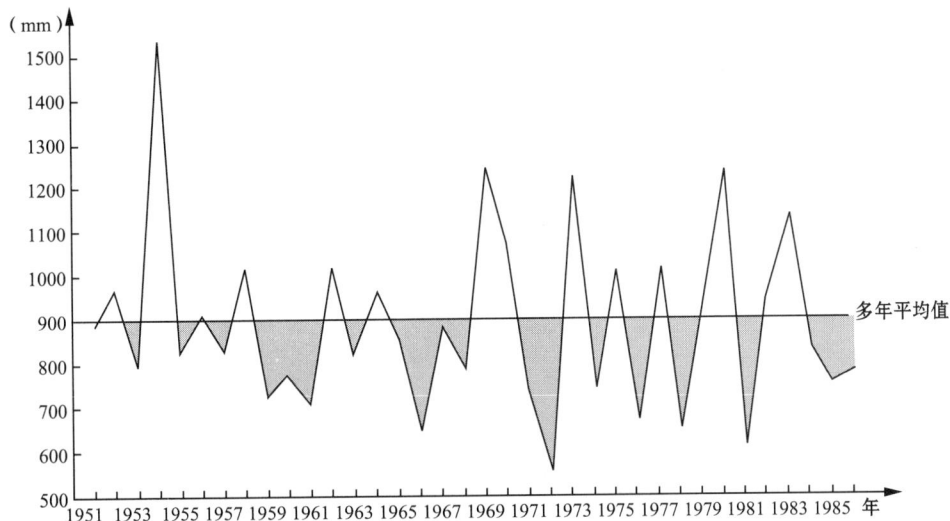

图 1.31　长江中游区 9 个站点平均的 4—9 月降水总量历史演变曲线

历年长江中游区域平均 4—9 月逐旬降水分布特点如下:

1951 年 5 月中旬到 7 月上旬连续 6 旬少雨,6 旬降水总量有 247 mm,较常年同期偏少三点二成。7 月中旬降水较集中,旬降水量有 161 mm,使前期旱情得以解除。接着在 7 月下旬到 8 月下旬连续 4 旬少雨,4 旬降水总量只有 108 mm,较常年同期偏少三点九成,有伏旱。

1952 年夏半年降水分布较均匀,无明显多雨期和少雨期。

1953 年 4 月上旬到 5 月中旬连续少雨,5 旬降水总量只有 173 mm,较常年同期偏少三点七成,有春旱。旱情在 5 月下旬就得到了解除,后期降水分布较均匀,无旱涝现象。

1954 年是特大洪涝年,4 月上旬到 8 月中旬只有 4 月下旬较常年同期稍偏少,其余 13 个旬均多雨。其中从 5 月下旬到 7 月下旬这 7 个旬降水比较集中,除 6 月上旬外,其余 6 旬降水量均在 100 mm 以上,7 旬降水总量达 996 mm,较常年同期偏多一点五倍。6 月中下旬降水总量有 316 mm,7 月下旬降水量有 262 mm,分别较常年同期偏多一点三倍、五点一倍。

1955 年夏半年降水分布比较均匀,只有 6 月下旬降水较集中,有 178 mm,较常年同期偏多一点一倍,有短期洪涝。无明显少雨干旱期。

1956 年夏半年降水分布较均匀,无明显旱涝象。5 月降水相对偏多,有 276 mm,较常年同期偏多四点八成。

1957 年夏半年前期降水分布较均匀,无明显旱涝象。但 8 月中旬到 9 月中旬降水较少,4 旬降水总量只有 28 mm,较常年同期偏少八点一成,有伏秋旱。

1958 年 4 月下旬到 5 月中旬降水相对集中,3 旬降水总量有 319 mm,较常年同期偏多七点四成。5 月下旬到 7 月上旬持续少雨,5 旬降水总量只有 172 mm,较常年同期偏少四点三成。7 月中旬降水较集中,有 138 mm,使前期旱情得以解除。后期降水分布较均匀。

1959 年夏半年前期降水分布较均匀,但从 6 月中旬到 9 月中旬持续 10 旬少雨,10 旬降水总量只有 199 mm,较常年同期偏少六成,伏秋连旱,旱情严重。

1960 年夏半年前期降水分布较均匀,无明显旱涝象。但从 7 月中旬到 8 月下旬连续 5 旬少雨,5 旬降水总量只有 126 mm,较常年同期偏少四点七成。

1961 年 4 月中旬到 5 月下旬的 5 旬降水总量只有 195 mm,较常年同期偏少三点三成。6 月中旬到 7 月下旬又持续偏少,5 旬降水总量只有 128 mm,较常年同期偏少五点七成,有夏旱。

1962 年夏半年降水分布较均匀,无明显旱涝象。

1963 年有夏旱,5 月中旬到 7 月中旬持续少雨,7 旬降水总量只有 242 mm,较常年同期偏少四点三成,夏旱明显。

1964 年 4—6 月降水丰沛,6 月下旬降水较集中,旬降水量有 168 mm,较常年同期偏多一倍,有涝象。8、9 月持续少雨,两个月降水总量只有 143 mm,较常年同期偏少三点五成,有旱象。

1965 年 5 月至 7 月降水总量较常年同期偏少二点二成,但 6 月上旬和 7 月上旬降水量分别有 101 mm 和 103 mm,明显偏多。降水量的旬际分布不均,6 月中下旬少雨有旱象。

1966 年夏半年前期降水分布较均匀,后期有伏秋旱。7 月中旬到 9 月下旬持续 8 旬降水偏少,8 旬降水总量只有 100 mm,较常年同期偏少六点九成,伏秋连旱,旱情较重。

1967 年夏半年降水分布较均匀,无明显旱涝象。

1968 年有两段少雨干旱期,第一段是 4 月下旬到 7 月上旬,8 旬降水总量只有 303 mm,较常年同期偏少三点八成。7 月中旬降水较多,有 145 mm,使前期旱情得到缓和或解除。但 7 月下旬到 9 月上旬,连续 5 旬少雨,5 旬降水总量只有 129 mm,较常年同期偏少三点七成,9 月中旬降水较集中,又使旱情得到缓和或解除。

1969 年是大涝年,4、5 月降水分布较均匀,6 月下旬到 7 月中旬的降水较集中,3 旬降水总量有 508 mm,较常年同期偏多一点六倍,有较大的洪涝。7 月下旬降水特少,使洪涝得到缓和。但 8 月降水又较多,月降水量有 300 mm,较常年同期偏多一点二倍,涝象再现。

1970 年夏半年降水较丰沛,但分布较均匀,无明显旱涝现象。

1971 年夏半年也是旱年,这一年夏半年有两段干旱期。第一段是 4 月上旬到 5 月中旬,连续 5 旬降水偏少,5 旬降水总量只有 190 mm,较常年同期偏少三点一成。第二段是 6 月下旬到 8 月中旬连续少雨,6 旬降水总量只有 178 mm,较常年同期偏少四点七成。后一段旱情比前一段明显。

1972 年是特大旱年,4—8 月降水总量只有 451 mm,较常年同期偏少四点五成。其中,6 月上旬到 8 月下旬持续明显少雨,6—8 月降水总量只有 192 mm,较常年同期偏少六成。

1973 年降水比较丰沛,无明显少雨干旱期。由于降水分布较均匀,也无涝象。

1974 年夏半年前期降水分布较均匀,无明显旱涝现象。后期 7 月下旬到 9 月上旬连续明显少雨,5 旬降水总量只有 68 mm,较常年同期偏少六点七成,有较重的伏秋旱。

1975 年夏半年降水分布较均匀,无明显旱涝象。

1976 年夏半年明显少雨,4—9 月降水总量只有 671 mm,较常年同期偏少二点六成。

但前期降水分布较均匀,无明显旱象。在 7 月下旬到 8 月下旬有连续 4 旬的降水明显偏少,4 旬降水总量只有 64 mm,较常年同期偏少六点四成,伏旱较重。

1977 年 4 月上旬到 5 月上旬的 4 旬降水总量有 350 mm,较常年同期偏多六点二成。另外,6 月中旬和 7 月中旬的降水量分别有 151 mm 和 156 mm,分别较常年同期偏多一点八倍和一点五倍。但因这两个多雨旬的前后期的降水都较少,所以无明显旱涝象。

1978 年夏半年明显少雨,4—9 月降水总量只有 651 mm,较常年同期偏少二点八成。特别是 6 月下旬至 8 月下旬,连续 7 旬少雨,7 旬降水总量只有 208 mm,较常年同期偏少四点五成,伏旱严重。

1979 年夏半年降水适中,分布均匀,无明显旱涝象。

1980 年是大涝年。前期降水较少,4 月上旬到 5 月中旬的 5 旬降水总量只有 186 mm,较常年同期偏少三点二成。从 5 月下旬开始一直到 8 月下旬,除 6 月下旬和 7 月下旬偏少外,其余 8 旬均明显多雨。其中,有三段降水集中期,第一段是 5 月下旬到 6 月中旬,3 旬降水总量有 311 mm,较常年同期偏多八点七成,第二段是 7 月上中旬,降水总量有 236 mm,较常年同期偏多一点一倍,第三段是 8 月上中旬,降水总量有 304 mm,较常年同期偏多二点一倍。这一年 8 月降水量有 360 mm,是 1951 年以来同期降水量最大的年份,比 1969 年 8 月降水量还多 60 mm。

1981 年夏半年明显少雨,4—9 月降水总量只有 617 mm,较常年同期偏少三点二成。有两个明显少雨期,第一段是 4 月下旬到 6 月中旬,6 旬降水总量只有 152 mm,较常年同期偏少五点六成。第二段是 7 月上旬到 8 月中旬,5 旬降水总量只有 142 mm,较常年同期偏少四点四成。这一年干旱也较明显。

1982 年 4 月上旬到 5 月中旬连续 5 旬降水较常年同期偏少,5 旬降水总量只有 157 mm,较常年同期偏少四点三成。后期降水较丰沛,6 月中旬有 145 mm,较常年同期偏多一点七倍,但该旬前一旬和后两旬均少雨,分配适当。7 月下旬到 9 月中旬持续多雨,6 旬降水总量有 427 mm,较常年同期偏多七点六成,有洪涝现象。

1983 年也是大涝年,降水主要集中期是 6 月中旬到 7 月上旬,3 旬降水总量有 433 mm,较常年同期偏多一点三倍。

1984 年夏半年夏秋降水分布较均匀。前期 4 月中旬到 5 月下旬持续 5 旬少雨,5 旬降水总量只有 200 mm,较常年同期偏少三点二成。这一年无明显旱涝象。

1985 年初夏、后伏和初秋有干旱,4—9 月降水总量只有 758 mm,较常年同期偏少一点六成。其中,4 月、6 月中下旬和 8,9 月降水较少,8—9 月降水总量只有 151 mm,较常年同期偏少三点一成,有旱象发生。后伏初秋干旱较明显,无明显降水集中期。

1.2.6.7　长江下游区

长江下游区常年雨季从 4 月下旬开始到 7 月中旬结束,起迄时间与中游相同。其中,5 月下旬降水相对偏少,则把雨季分成两段。后一段雨季从 6 月上旬到 7 月中旬,6 月下旬是整个雨季的高峰期。在这一时期中,西北太平洋副热带高压脊线往往易稳定在 25°N 附近活动,使长江下游地区处在副高北侧,造成“霖雨连旬”的连阴雨天气,此时又正逢杨梅成熟时节,人们习惯上把这段时间的连阴雨叫“黄梅雨”。气象界习惯把这段雨季叫“典型梅雨”期,而把前一段雨季叫“早梅雨”期。在历年中,梅雨强弱,持续时间长短有较大差别。有的年份"早梅雨"和"典型梅雨"都较明显,连成一个较长的梅雨期(例如 1954 年);有的年份"早梅雨"不明显而"典型梅雨"明显(例如 1969 年),有的年份"早梅雨"明显而"典型梅雨"不明显(例如 1967 年),有的年份"早梅雨"和"典型梅雨"都不明显(例如 1978 年)。雨季开始得早的年份,在桃花盛开的清明时节就有较大的降水,称之"桃花水",有的年份"桃花水"和"早梅雨"明显,而"典型梅雨"不明显(例如 1958 年),雨季结束得晚的年份,就"梅雨"连"伏雨",梅雨伏雨难分(例如 1980 年)。长江下游区历年 4—9 月降水总量历史演变曲线如图 1.32 所示。长江下游区 4—9 月降水总量的年际振幅是相当大的,区域平均夏半年(4—9 月)降水总量的常年值(1951—1980 年平均)是 943 mm,极大值(1954 年 4—9 月)是 1621 mm,极小值(1978 年 4—9 月)是 512 mm,最大振幅是 1109 mm,超过了该区域的同期常年值。4—9 月降水总量超常年份有 12 年,占全部年份的 34%,逊常年份占 66%。在超常年份中,绝大多数年份的正距平幅度较大,4—9 月降水总量超过 1100 mm 的明显多雨年份有 1954,1956,1969,1973,1975,1977,1983 年。在逊常年份中,负距平幅度一般也较大,4—9 月降水总量在 800 mm 以下的明显少雨年份有 1966,1967,1968,1972,1978,1981,1985 年。4—9 月降水总量的距平趋势历史演变也有其特点,超常年份即正距平年份一般不持续,少数年份持续两年,没有出现过连续 3 年正距平的。但逊常年份即负距平的年份,有的不持续,有的持续 4~6 年。1951—1953 年,4—9 月降水总量的距平幅度不太大,1951 年较常年同期稍偏多,1952—1953 年则偏少。1954—1957 年是多雨期,4 年中有 3 年多雨,1954 年是近 30 多年来降水的最高峰值年。有 1 年接近常年稍偏少。1958—1968 年是少雨期,这个时期中只有 1962 年夏半年降水较常年同期偏多,其余 10 年夏半年降水均较常年同期偏少或明显偏少。1969—1970 年连续两年多雨。1971—1972 年连续两年少雨。1973—1977 年又是多雨期,5 年中有 3 年明显多雨,1 年接近常年,只有 1 年较常年同期偏少。1978—1982 年为少雨期,5 年中只有 1980 年降水明显偏多,其余 4 年均是少雨年。其中,1978 年是近 30 多年来降水最少的低谷年。1983 年是明显多雨年。1984 年则与常年接近。而 1985 年降水较常年同期明显偏少。

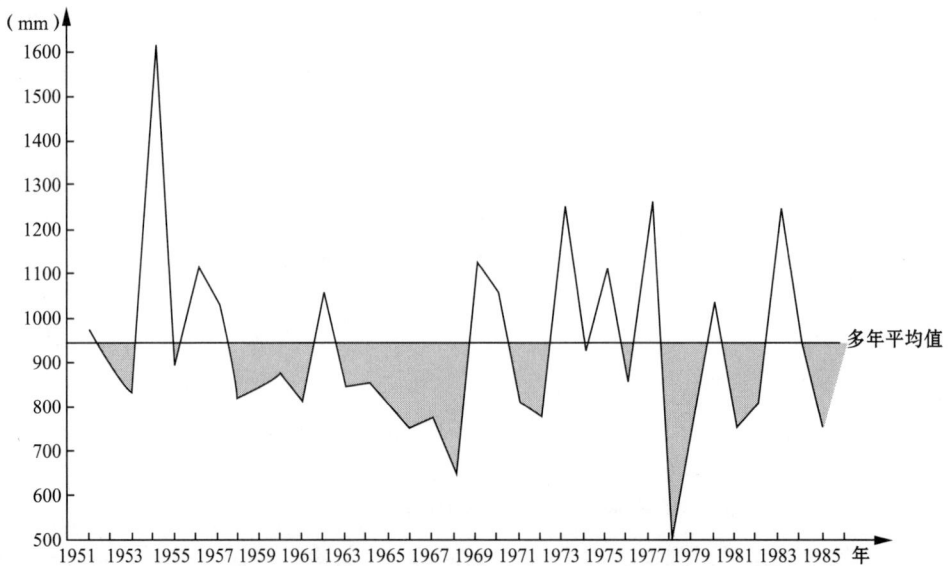

图 1.32　长江下游区 10 个站点平均的 4—9 月降水总量历史演变曲线

从 1951—1985 年长江中、下游区两个区域 4—9 月降水总量距平趋势来看,有 80% 的年份是一致的。6—8 月降水量距平趋势只有 66% 的年份相同,还有 34% 的年份不同。但大旱大涝年基本上是一致的。

从长江下游历年 4—9 月的逐旬降水分布特征来看,大多数年份都有少雨干旱期和降水集中期,每年夏半年逐旬降水分布特点如下:

1951 年 5 月上旬到 6 月下旬持续少雨,6 旬降水总量只有 246 mm,较常年同期偏少四成。但 7 月中旬降水特别集中,旬降水量有 209 mm,较常年同期偏多二点六倍,有短时洪涝现象。

1952 年无明显的降水集中期和少雨干旱期,降水分布较均匀。

1953 年 4 月上旬到 5 月中旬,连续 5 旬少雨,5 旬降水总量只有 134 mm,较常年同期偏少五点三成。6 月下旬降水较集中,旬降水量有 179 mm,较常年同期偏多八点三成。接着又是一段少雨期,7 月上旬到 8 月上旬连续 4 旬降水总量只有 121 mm,较常年同期偏少三点七成。

1954 年是特大洪涝年。5 月上旬到 7 月下旬连续 9 旬降水持续明显偏多,9 旬降水总量有 1284 mm。较常年同期偏多一点三倍。5 月中下旬、6 月中下旬、7 月中下旬的每两旬降水量分别有 304,389,331 mm,分别较常年同期偏多一点六倍、一点四倍、二点四倍。这一年是百年一遇的大涝年。

1955 年 4 月下旬到 5 月下旬降水持续偏少,4 旬降水总量只有 185 mm,较常年同期偏少二点四成。6 月降水相对较集中,月降水量有 343 mm,较常年同期偏多五点五成。其中,6 月下旬有 150 mm。

1956 年 5 月上旬到 6 月中旬降水持续偏多,5 旬降水总量有 509 mm,较常年同期偏多六点三成,有雨涝现象。7—9 月降水分布较均匀。

1957 年夏半年降水逐旬分布较均匀,8 月上旬降水相对较集中,有 149 mm。8 月中旬到 9 月上旬降水偏少,4 旬降水总量只有 69 mm,较常年同期偏少五点八成。这一年无明显旱涝现象。

1958 年"桃花水"和"早梅雨"都较明显,但"典型梅雨"期持续少雨干旱。4 月上旬降水有 115 mm,较常年同期偏多一点四倍。4 月下旬到 5 月中旬持续 3 旬降水偏多,3 旬降水总量有 309 mm,较常年同期偏多六点三成。但 5 月下旬到 7 月下旬连续 7 旬少雨,7 旬降水总量只有 144 mm,较常年同期偏少六点七成,是近 30 多年中同期降水最少的年份,是典型的旱梅年,也即空梅年。

1959 年夏半年前期降水分布较均匀,后期持续少雨干旱。6 月下旬到 9 月下旬的 10 旬降水总量只有 296 mm,较常年同期偏少三点八成。这一年是伏秋连旱年,旱情较重。

1960 年夏半年降水分布较均匀,无明显的旱涝现象。

1961 年 4 月上旬到 5 月上旬降水偏少,4 旬降水总量只有 136 mm,较常年同期偏少四成。6 月上旬降水相对集中,旬降水量有 137 mm。6 月中旬到 7 月中旬又持续少雨,4 旬降水总量只有 75 mm,较常年同期偏少七点三成,有伏旱。6 月下旬到 9 月下旬降水较丰沛,而且分布较均匀。

1962 年春夏降水分布较均匀,无旱涝现象。秋雨较明显,8 月下旬到 9 月中旬持续偏多,3 旬降水总量有 249 mm,较常年同期偏多九点八成。

1963年"早梅雨"较明显,4月下旬到5月上旬两旬降水总量有218 mm,较常年同期偏多七成,其中,5月上旬有147 mm。7月上旬到9月上旬相对少雨,7旬降水总量只有214 mm,较常年同期偏少三点二成,有伏旱。

1964年夏半年前期降水分布较均匀。但6月下旬降水较集中,旬降水量有189 mm,较常年同期偏多九点三成,有涝象。后期8月上旬到9月上旬持续少雨,4旬降水总量只有72 mm,较常年同期偏少五点六成。

1965年也是典型旱梅年,5月上旬到7月中旬是少雨干旱期,除6月上旬外,其余7旬均较常年同期偏少。8旬降水总量只有285 mm,较常年同期偏少四点六成。

1966年5月上旬到6月上旬降水偏少,4旬降水总量只有114 mm,较常年同期偏少五点四成。6月下旬到7月上旬降水相对较集中,两旬降水总量有250 mm,较常年同期偏多六成。但7月中旬到8月下旬连续5旬降水明显偏少,5旬降水总量只有59 mm,较常年同期偏少七点三成,其中7月下旬和8月上旬基本无雨,伏旱较重。

1967年5月上中旬的降水相对较集中,两旬降水总量有206 mm,较常年同期偏多五点三成。但7月中旬到8月下旬连续少雨,5旬降水总量只有59 mm,较常年同期偏少七点三成,伏旱较重。

1968年5月中旬到9月下旬降水明显偏少,7月上旬降水量有80 mm,其余旬降水量均在45 mm以下,14旬降水总量只有430 mm,较常年同期偏少四成。这一年夏半年降水总量比较少,是低谷年,少雨程度仅次于1978年。

1969年是大涝年,降水主要集中在6月下旬到7月中旬这一时段中,3旬降水总量有536 mm,较常年同期偏多一点五倍。这一年无明显少雨干旱期。

1970年夏半年前期降水分布较均匀。7,8月降水分布不均,7月中旬降水量有198 mm,较常年同期偏多二点四成,有短时洪涝。7月下旬到8月中旬连续3旬少雨,3旬降水总量只有36 mm,较常年同期偏少六点八成。

1971年4月中旬到5月中旬连续4旬少雨,4旬降水总量只有125 mm,较常年同期偏少四点八成。而5月下旬到6月中旬又连续多雨,3旬降水总量有350 mm,较常年同期偏多九点八成,其中6月上旬降水量有171 mm。6月下旬到9月中旬又是少雨干旱期,只有8月上旬降水较常年同期稍偏多,其余各旬均较常年同期偏少,9旬降水总量只有235 mm,较常年同期偏少四点八成。这一年有梅涝现象,也有伏秋连旱。

1972年夏半年前期有旱,后期降水分布较均匀。4月上旬到6月中旬连续8旬少雨,8旬降水总量只有297 mm,较常年同期偏少三点六成。6月下旬降水量有130 mm,使旱情得到了解除。

1973年是大涝年,4月中旬降水就明显偏多,有106 mm,较常年同期偏多一点一倍,5月降水偏多,月降水量有339 mm,较常年同期偏多八成。6月下旬降水明显集中,有193 mm,较常年同期偏多九点七成。秋雨也较明显,9月上中旬两旬降水总量有227 mm,较常年同期偏多一点八倍。

1974年6月中旬和7月中下旬为降水相对集中期,降水量分别有131 mm和238 mm,分别较常年同期偏多一点一倍和一点五倍,有涝象。8月下旬到9月下旬连续少雨,4旬降水总量只有60 mm,较常年同期偏少六成,秋旱较重。

1975年4月降水明显偏多,月降水量有250 mm,较常年同期偏多六点三成。6月下旬降水也较集中,旬降水量有 172 mm,较常年同期偏多七点六成,有涝象。这一年无明显少雨干旱期。

1976 年夏半年前期降水分布较均匀,只有 7 月上旬到 8 月中旬持续少雨,5 旬降水总量只有 129 mm,较常年同期偏少四点四成。有伏旱。

1977 年夏半年降水分布较均匀,无明显旱涝象。4 月下旬到 5 月上旬和 6 月中旬为降水相对集中期,降水量分别有 249 mm 和 141 mm,分别较常年同期偏多九点五成和一点二倍。

1978 年是大旱年,4—9 月最大旬降水量只有 72 mm,4—9 月降水总量只有 512 mm,是近 30 多年来同期降水最少的一年,较常年同期偏少四点六成。尤其是 6 月下旬到 9 月下旬连续 10 旬明显少雨,10 旬降水总量只有 178 mm,较常年同期偏少六点三成。

1979 年 4 月中旬到 6 月中旬连续少雨,7 旬降水总量只有 281 mm,较常年同期偏少三点三成。6 月下旬降水较集中,有 158 mm,使前期的旱情得到解除。7—9 月降水分布较均匀。

1980 年雨季开始于 6 月上旬,明显偏晚。4,5 月降水较少,两个月降水总量为 220 mm,较常年同期偏少三点五成。但 6 月上旬到 8 月下旬除 6 月下旬少雨外,其余各旬均明显多雨,6—8 月降水总量有 771 mm,较常年同期偏多五点六成。这一年也是大涝年,但降水强度比 1954,1969,1973 年要明显偏弱。

1981 年 4 月中旬到 6 月中旬持续少雨,7 旬降水总量只有 166 mm,较常年同期偏少六成,初夏旱较重。但 6 月下旬到 7 月上旬连续多雨,两旬降水总量有 224 mm,较常年同期偏多四点四成,使前期旱情得到解除。

1982 年 4 月中旬到 6 月上旬连续少雨,6 旬降水总量只有 186 mm,较常年同期偏少四点八成。6 月中旬有 80 mm,旱情有所缓和。7 月中旬有 153 mm,使前期旱情得到了解除。

1983 年是大涝年,4 月上旬到 7 月中旬持续多雨,11 旬降水总量有 1052 mm,较常年同期偏多五点五成,6 月下旬到 7 月上旬是主要降水集中期,两旬降水总量有 348 mm,较常年同期偏多一点二倍。7 月下旬到 8 月下旬连续少雨,4 旬降水总量只有 56 mm,较常年同期偏少六点五成,使前期洪涝得到缓和。这一年秋雨也较明显,9 月中旬降水量有 123 mm,较常年同期偏多二点二倍。

1984 年降水分布较均匀,无明显旱涝现象。4 月下旬到 5 月下旬降水相对偏少,4 旬降水总量有 146 mm,较常年同期偏少四成。6 月上中旬降水相对偏多,两旬降水总量有 208 mm,较常年同期偏多六点八成。6 月下旬到 8 月中旬这一段降水相对偏少,6 旬降水总量有 229 mm,较常年同期偏少三成。9 月上旬降水较多,有 124 mm,较常年同期偏多一点九倍。

1985 年初夏至初伏有大旱。夏半年 4—9 月降水总量只有 761 mm,较常年同期偏少二成。4 月中旬到 7 月中旬的 10 个旬次连续少雨,10 旬降水总量只有 414 mm,较常年同期偏少三点四成,干旱较明显。

1.2.6.8　淮河流域区

淮河流域区在长江之北黄河之南,即黄淮地区和江淮地区。淮河流域区常年雨季开始于 6 月下旬,此时正是长江中下游地区的雨季最高峰值期,结束于 8 月中旬。淮河流域区雨季只持续 6 个旬次,比南方各区的雨季长度显然偏短。

　　淮河流域 4—9 月降水总量的年际振幅比长江中下游要小一些。该区域平均夏半年降水总量的常年值(1951—1980 年平均)是 681 mm,极大值(1963 年 4—9 月)是 979 mm,极小值(1966 年 4—9 月)是 366 mm,最大振幅是 613 mm。图 1.33 是淮河流域区 15 个站点平均的 4—9 月降水总量历史演变曲线图。由图 1.33 可见,淮河流域夏半年(4—9 月)降水总量的超常年份有 18 年,占全部年份的 51%,而逊常年份则占 49%。其中 6—8 月降水总量的超常年份有 19 年,占全部年份的 54%,逊常年份只占 46%。夏半年降水总量的超常年份多于逊常年份是淮河流域区的一个特点,是与上述区域所不同的。但该区春季降水总量的分布特点与夏季不同,春季 3—5 月降水总量的超常年份只有 15 年,只占全部年份的 43%。而逊常年份占 57%,其中,4—5 月降水总量的超常年份只有 12 年,只占 34%,而逊常年份却占 66%,其距平趋势为偏态分布,所以,淮河流域的春旱也是灾害性天气之一。4—9 月降水总量超过 790 mm 的明显多雨年份有 1954,1956,1963,1964,1969,1979,1982,1984 年。4—9 月降水总量少于 580 mm 的明显少雨年份有 1953,1959,1961,1966,1976,1978,1981 年。3—5 月降水总量少于 130 mm 的明显少雨年有 1953,1962,1968,1978,1981,1982,1984 年。从 4—9 月降水总量历史演变特点来看,超常年份和逊常年份都具有持续性,超常年最长可持续 4 年,逊常年最长可持续 3 年。1951—1953 年持续少雨,有 1 年明显少雨。1954—1961 年多雨年和少雨年交替出现,都不持续,其中有两年降水明显偏多,有两年明显偏少。1962—1965 年连续 4 年多雨,其中有两年降水明显偏多。1966—1968 年持续偏少,其中有一年明显偏少。1969—1971 年持续偏多。1972—1973 年持续偏少。1974—1975 年持续偏多。1976—1978 年持续偏少。1979—1984 年是降水偏多时期,其中只有 1981 年降水偏少,其余 5 年均偏多,有两年明显偏多。1985 年又较常年同期偏少。

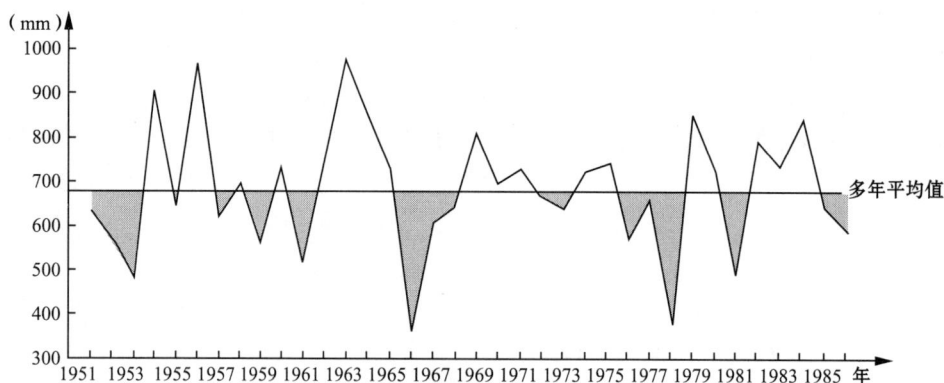

图 1.33　淮河流域区 15 个站点平均的 4—9 月降水总量历史演变曲线

　　历年淮河流域区平均 4—9 月逐旬降水分布特点如下:

　　1951 年无明显旱涝现象。有两个降水相对偏少时段。第一段是 4 月上旬到 5 月上旬,4 旬降水总量只有 43 mm,较常年同期偏少五点四成。第二段是 6 月上旬到 7 月上旬,4 旬降水总量只有 129 mm,较常年同期偏少二点九成。7 月中旬降水相对偏多,旬降水量有 128 mm,对解除旱象很有利。

　　1952 年 5 月下旬到 8 月中旬,持续 9 旬降水偏少,9 旬降水总量只有 230 mm,较常年同期偏少四点七成,夏旱较明显。8 月下旬到 9 月上旬降水偏多,两旬降水总量有 196 mm,较常年同期偏多一点五倍,对缓和旱情十分有利。

　　1953 年是大旱年,有两段少雨干旱期。第一段是 4 月上旬到 6 月上旬,7 旬降水总量只有 55 mm,较常年同期偏少六点八成。第二段是 8 月中旬到 9 月下旬,5 旬降水总量只有 56 mm,较常年同期也偏少六点八成。这一年春旱和秋旱较明显。6 月中旬到 8 月上旬降水分布较均匀。

　　1954 年是大涝年,7 月上旬到 8 月中旬降水持续偏多,5 旬降水总量有 600 mm,较常年同期偏多一倍,7 月上中旬是降水主要集中期,两旬降水总量有 360 mm,较常年同期偏多一点五倍,发生了较大的洪涝。9 月降水量只有 25 mm,较常年同期偏少七点一成。

　　1955 年 4 月下旬到 6 月中旬降水持续偏少,6 旬降水总量只有 60 mm,较常年同期偏少六点二成,初夏有旱象。后期降水分布较均匀。

　　1956 年也是大涝年,主要降水集中期是 6 月,6 月降水总量有 362 mm,较常年同期偏多二点三倍,其中,6 月上旬有 201 mm,较常年同期偏多五点五倍。4—5 月和 7—9 月降水分布较均匀。这一年 6 月降水是近 30 多年来同期最大值。

　　1957 年夏半年前期降水分布较均匀,但后期的 7—9 月降水分布不均。7 月 3 旬降水持续偏多,3 旬降水总量有 293 mm,较常年同期偏多四点七成。8—9 月持续少雨,6 旬降水总量只有 83 mm,较常年同期偏少六点四成。这一年 7 月有涝象,而 8,9 月有秋旱。

　　1958 年 5 月上旬到 6 月中旬的 5 旬降水总量只有 74 mm,较常年同期偏少四点三成。而 8 月上中旬降水总量有 179 mm,较常年同期偏多七点九成。这一年有初夏旱象。

　　1959 年伏旱较重。7 月上旬到 8 月中旬连续降水明显偏少,5 旬降水总量只有 114 mm,较常年同期偏少六点二成。

　　1960 年夏半年无明显旱涝象。降水相对集中期是 6 月中旬到 7 月上旬,3 旬降水总量有 236 mm,较常年同期偏多五点七成。

　　1961 年夏半年降水总量明显偏少,只有 518 mm,较常年同期偏少二点四成。但由于逐旬降水分布较均匀,有干旱而不十分严重。

　　1962 年春季 3—5 月降水总量只有 101 mm,较常年同期偏少四点八成,春旱较明显。后期降水分布较均匀,无明显旱涝象。降水相对集中期是 7 月下旬到 8 月中旬,3 旬降水总量有 221 mm,较常年同期偏多四成。

　　1963 年是大涝年,7 月上旬到 8 月下旬降水持续偏多,7,8 月降水总量有 569 mm,较常年同期偏多六点六成。8 月上旬是降水集中高峰期,旬降水量有 144 mm,较常年同期偏多一点七倍。但这一年降水集中强度没有 1954 年和 1956 年大。

　　1964 年 4,5 月降水持续偏多,4—5 月降水总量有 333 mm,较常年同期偏多一点三倍,由于逐旬降水分布较均匀,故有春涝而不严重。后期 6 月上旬到 7 月中旬连续 5 旬降水偏少,5 旬降水总量只有 142 mm,较常年同期偏少四点三成,有旱象,但 7 月下旬降水明显偏多,使旱象得到解除。

　　1965 年是先旱后涝年。初夏 5,6 月降水持续明显偏少,6 旬降水总量只有 93 mm,较常年同期偏少四点九成,初夏有旱象。但 7 月上旬到 8 月上旬连续 4 旬降水明显偏多,4 旬降水总量有 444 mm,较常年同期偏多七点五成,其中,7 月上中旬降水明显集中,两旬降水总量有 285 mm,较常年同期偏多一倍,有洪涝现象。

　　1966 年是大旱年,4—9 月降水总量只有 366 mm,较常年同期偏少四点六成。其中以伏秋旱为更重,8 月上旬到 9 月下旬连续 6 旬降水明显偏少,6 旬降水总量有 54 mm,较常年同期偏少七点六成。

1967 年夏半年降水分布相对较均匀,无明显旱涝象。

1968 年由于降水分布不均匀,有先旱后涝现象。5 月中旬到 6 月中旬连续 4 旬降水明显偏少,4 旬降水总量只有 25 mm,较常年同期偏少七点六成,有初夏旱。后期 7 月中旬降水明显偏多,旬降水量有 198 mm,较常年同期偏多一点八倍,有短期洪涝现象。

1969 年 5 月下旬到 6 月下旬连续 4 旬降水偏少,4 旬降水总量只有 51 mm,较常年同期偏少六点一成,有初夏旱。7 月上中旬降水明显偏多,两旬降水总量有 211 mm,较常年同期偏多四点九成,其中 7 月中旬有 130 mm,有涝象。

1970 年夏半年降水分布较均匀,无明显旱涝象。

1971 年 6 月上旬到 7 月上旬降水持续偏多,4 旬降水总量有 328 mm,较常年同期偏多八点一成,有涝象。但降水集中强度不大,雨涝不重。7 月中旬到 8 月中旬降水持续偏少,4 旬降水总量只有 110 mm,较常年同期偏少五点二成,有伏旱。

1972 年 4 月上旬到 5 月中旬连续 5 旬降水偏少,5 旬降水总量只有 62 mm,较常年同期偏少四点八成。6 月下旬到 7 月上旬降水较集中,两旬降水总量有 240 mm,较常年同期偏多九成,有洪涝现象。

1973 年夏半年降水分布较均匀,无明显旱涝象。

1974 年夏半年前期降水分布较均匀,7 月下旬至 8 月中旬连续 3 旬降水偏多,3 旬降水总量有 251 mm,较常年同期偏多五点九成,有涝象。

1975 年夏半年前期无明显旱涝象,8 月上中旬为降水相对集中期,两旬降水总量有 172 mm,较常年同期偏多七点二成。其中,8 月上旬降水量有 99 mm,较常年同期偏多八点七成。这一年 8 月上旬在河南驻马店等地区出现了特大暴雨,由于暴雨中心强度特强,洪水冲垮了水库而造成了特大洪涝。这一年的洪涝与其他洪涝年相比,暴雨中心的降水特大,但大暴雨的范围比较小。所以,在所选 15 个代表站的平均降水量上反映的不十分明显。

1976 年夏半年降水总量明显偏少,但逐旬降水的分布比较均匀,干旱不太明显。5 月上旬到 6 月中旬为降水相对偏少期,5 旬降水总量只有 91 mm,较常年同期偏少三成。

1977 年夏半年降水总量接近常年。5 月下旬到 6 月下旬连续 4 旬降水明显偏少,4 旬降水总量只有 53 mm,较常年同期偏少六成,有初夏旱。但 7 月降水偏多,使旱情得到解除。

1978 年是大旱年,4—9 月降水总量只有 379 mm,较常年同期偏少四点四成,仅次于 1966 年。这一年主要是春旱和伏秋旱。4 月上旬到 5 月中旬的 5 旬降水总量只有 28 mm,较常年同期偏少七点七成,春旱较重。后期 7—9 月降水持续明显偏少,3 个月降水总量只有 242 mm,较常年同期偏少四点四成,伏秋连旱。这一年几乎无雨季,6 月下旬为相对最大降水期,旬降水量也只有 63 mm,其次是 7 月中旬降水量有 57 mm,其余各旬降水量均在 40 mm 以下。

1979 年夏半年降水较丰沛,无明显少雨干旱期。7 月和 9 月为两段降水集中期,月降水量分别有 284 mm 和 191 mm,分别较常年同期偏多四点二成和一点二倍。这一年有伏涝和秋涝现象。

1980 年夏半年降水较丰沛,无明显少雨干旱期。由于降水分布较均匀,也无明显涝象。6 月下旬和 8 月下旬为降水集中期,旬降水量分别有 115 mm 和 100 mm。

1981 年夏半年降水明显偏少,4—9 月降水总量只有 491 mm,较常年同期偏少二点八成。春季 3—5 月降水总量只有 90 mm,是近 30 多年来同期最小值,较常年同期偏少五点四成。

1982 年是大涝年。前期 4 月中旬到 5 月中旬明显少雨,4 旬降水总量只有 37 mm,较常年同期偏少六点四成,有春旱。这一年雨季开始得晚,7 月上旬雨季才开始,7 月中旬到 8 月中旬连续 4 旬降水明显偏多,4 旬降水总量有 468 mm,较常年同期偏多一点一倍。其中,7 月下旬和 8 月中旬的降水量分别有 167 mm 和 124 mm,分别较常年同期偏多一点九倍和一点六倍,发生了较大的洪涝。

1983 年夏半年降水较丰沛,但逐旬降水分布较均匀,无明显旱涝象。7 月下旬的降水量为最大,有 104 mm,较常年同期偏多七点九成。4 月上旬到 5 月上旬连续 4 旬降水偏少,4 旬降水总量有 52 mm,较常年同期偏少四点五成。

1984 年 6 月中旬、7 月下旬和 9 月上旬为降水集中期,旬降水量分别有 91,115 和 128 mm,分别较常年同期偏多二点八倍、一倍和二点六倍。这一年 7 月下旬和 9 月上旬有涝象,9 月降水量有 212 mm,是近 30 多年来的同期最大值。

1985 年后春降水偏多,夏季有旱象。4 月下旬到 5 月下旬持续偏多,4 旬降水总量有 207 mm,较常年同期偏多一点一倍。其中,5 月上中旬两旬降水总量有 143 mm,较常年同期偏多一点九倍。6 月上旬到 9 月上旬降水持续偏少,10 旬降水总量只有 318 mm,较常年同期偏少三点五成,夏旱较明显。

1.2.6.9　汉水渭河流域区

汉水渭河流域区在黄河中上游区之南,长江中上游区之北,淮河流域区之西。该区包括汉水中上游流域和渭河流域,以陕西南部地区为主,也包括甘肃南部和河南西北部地区。汉水渭河流域区平均常年雨季大致可分两段,即 7 月和 8 月中旬到 9 月中旬两段,雨季相对高峰期是 7 月上旬和 9 月上旬。汉水渭河流域区 4—9 月降水总量的常年值(1951—1980 年同期平均值)有 533 mm,极大值(1984 年 4—9 月)有 732 mm,极小值(1977 年 4—9 月)只有 418 mm,最大振幅是 314 mm。图 1.34 是汉水渭河流域 9 个站点平均的 4—9 月降水总量的历史演变曲线图。由图 1.34 可知,汉水渭河流域区夏半年(4—9 月)降水总量的超常年份有 17 年,占全部年份的 49%,逊常年份占 51%。其中,6—8 月降水总量的超常年份和逊常年份所占比例与 4—9 月相同。在超常年份中,4—9 月降水总量超过 650 mm 的明显多雨年有 1956,1958,1964,1981,1983,1984 年。4—9 月降水量在 480 mm 以下的明显少雨年有 1951,1959,1969,1971,1972,1977 年。4—9 月降水总量的历史演变特点是:1951—1958 年是多雨年和少雨年交替出现,不持续。正距平年份的 4—9 月降水总量都在 600—665 mm 之间,而负距平年份的 4—9 月降水总量都在 465—515 mm 之间。1959—1962 年为少雨期,有 1 年明显偏少,3 年接近常年稍偏少。1963—1964 年持续偏多,其中,有 1 年降水明显偏多。1965—1966 年降水持续偏少。1967—1968 年又持续偏多。1969—1979 年是少雨阶段,11 年中只有 3 年的 4—9 月降水总量接近常年稍偏多,其余 8 年的 4—9 月总量均在 410—510 mm 之间,均较常年同期偏少或明显偏少。1980—1985 年连续 6 年降水较常年同期偏多,其中有 3 年明显偏多。6—8 月降水总量的持续性更为突出,例如,1952—1954 年、1961—1965 年、1979—1984 年的 6—8 月均为降水连续偏多阶段。而

1966—1975 年的 6—8 月连续 10 年降水偏少。

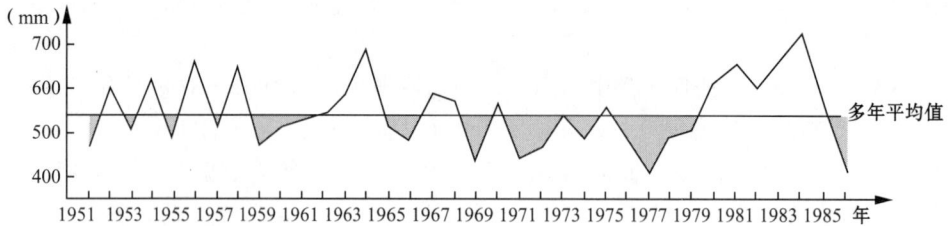

图 1.34　汉水渭河流域区 9 个站点平均的 4—9 月降水总量历史演变曲线

4—9 月逐旬降水量的历年分布特点如下：

1951 年初夏旱较重。4 月下旬到 6 月下旬连续 7 旬降水偏少，7 旬降水总量只有 96 mm，较常年同期偏少四点六成。7 月上旬降水量有 73 mm，使前期旱情得到了缓和。9 月上旬降水较集中，旬降水量有 85 mm，较常年同期偏多一倍。

1952 年 8 月有涝象。前期降水分布较均匀。8 月上中旬降水较集中，两旬降水总量有 142 mm，较常年同期偏多一点三倍，有涝象。

1953 年夏半年有两段降水持续偏少期和一段偏多期。4 月中旬到 5 月中旬和 8 月上旬到 9 月上旬这两段为降水偏少期，两个 4 旬降水总量分别为 58 mm 和 88 mm，分别较常年同期偏少三点三成和三点八成。在这两段降水偏少期中间有一段降水明显偏多期，即 6 月中旬到 7 月下旬连续 5 旬降水偏多，5 旬降水总量有 246 mm，较常年同期偏多三点八成。

1954 年夏半年降水分布相对较均匀，无明显少雨干旱期。8 月上中旬降水相对较集中，两旬降水总量有 128 mm，较常年同期偏多一点一倍，有涝象。

1955 年春初夏连旱较明显。7—9 月降水较充沛，但无明显涝象。4—6 月连续 9 旬降水偏少，9 旬降水总量只有 110 mm，较常年同期偏少四点七成。9 月降水量有 146 mm，秋汛较明显。

1956 年是洪涝年，降水主要集中期是 6 月和 8 月中下旬，降水量分别有 204 mm 和 179 mm，均较常年同期偏多一点五倍，在这两段时间中都有洪涝现象。

1957 年降水集中期是 7 月中旬，旬降水量有 107 mm。较常年同期偏多一点七倍，有短期洪涝现象。后期 7 月下旬到 9 月下旬连续 7 旬降水偏少，7 旬降水总量只有 124 mm，较常年同期偏少四点八成。这一年有先涝后旱现象。

1958 年是大涝年。7 月上中旬和 8 月上中旬降水较集中，两旬降水总量分别有 133 mm 和 170 mm，分别较常年同期偏多五点五成和一点七倍。其中，8 月中旬的降水最为集中，旬降水量有 121 mm，较常年同期偏多二点六倍，发生了较大的洪涝。

1959 年 4—9 月降水总量较常年同期偏少，但逐旬降水分布较均匀，无明显旱涝象。

1960 年，5 月下旬到 7 月中旬连续 6 旬降水量只有 131 mm，较常年同期偏少三点三成，有旱象。8 月中旬到 9 月上旬连续 3 旬降水偏多，3 旬降水总量有 180 mm，较常年同期偏多五点八成，有涝象。

1961 年夏半年逐旬降水分布较均匀，无明显旱涝象。

1962 年是先旱后涝年。5 月中旬到 7 月上旬连续 6 旬降水偏少，6 旬降水总量只有 114 mm，较常年同期偏少三点八成，有夏旱。后期，7 月中旬到 8 月下旬连续 5 旬降水偏多，5 旬降水总量有 274 mm,较常年同期偏多六成,盛夏有涝象。

1963 年夏半年前期降水分布较均匀,无明显旱涝象。8 月中旬到 9 月下旬连续 5 旬降水偏多,5 旬降水总量有 243 mm,较常年同期偏多二点八成,秋汛较明显。

1964 年春天多雨,秋天有涝。这一年夏半年降水总量较常年同期明显偏多,但 6—8 月逐旬降水分布较均匀。春天 4—5 月降水总量有 200 mm,是近 30 多年来同期最大值,较常年同期偏多五点六成,有涝象。9 月降水量有 183 mm,较常年同期偏多七点六成,秋汛很明显。

1965 年秋天有旱象。8 月中旬到 9 月下旬的 5 旬降水总量只有 116 mm,较常年同期偏少三点四成,有秋旱。前期降水分布较均匀,7 月上中旬为降水相对集中期,两旬降水总量有 126 mm,较常年同期偏多四点七成。

1966 年 5 月上旬到 7 月中旬持续降水偏少,8 旬降水总量只有 184 mm,较常年同期偏少三点三成,春夏连旱。7 月下旬降水量有 74 mm,对前期旱情的缓和有益。

1967 年盛夏有旱。7 月中旬到 8 月下旬连续 5 旬降水偏少,5 旬降水总量只有 103 mm,较常年同期偏少四成。9 月上旬降水量有 75 mm,较常年同期偏多七点九成,对缓和前期旱情有益。

1968 年初夏有旱象,初秋有涝。5 月中旬到 7 月上旬降水持续偏少,6 旬降水总量只有 138 mm,较常年同期偏少二点五成。9 月上中旬降水总量有 156 mm,较常年同期偏多一点一倍,秋汛很明显,部分地区有洪涝。

1969 年 5—8 月降水持续偏少,4 个月降水总量只有 233 mm,较常年同期偏少三点八成,春末连夏旱情较重。9 月下旬降水偏多,旬降水量有 81 mm,较常年同期偏多一点九倍,部分地区有洪涝。

1970 年夏半年逐旬降水分布较均匀,无明显旱涝象。

1971 年伏秋连旱较明显。7—9 月降水持续偏少,3 个月降水总量只有 211 mm,较常年同期偏少三点五成。

1972 年盛夏有干旱。6 月中旬到 7 月上旬为降水相对偏多期,3 旬降水总量有 150 mm,较常年同期偏多四成。7 月中旬到 8 月中旬降水持续偏少,4 旬降水总量只有 54 mm,较常年同期偏少五点九成,盛夏干旱较重。

1973 年夏半年降水分布较均匀。8 月下旬至 9 月上旬的降水相对集中,两旬降水总量有 120 mm,较常年同期偏多五成。

1974 年有伏旱。6 月中旬到 7 月下旬连续 5 旬降水偏少,5 旬降水总量只有 98 mm,较常年同期偏少四点五成,伏旱较明显。9 月上中旬降水较集中,两旬降水总量有 121 mm,较常年同期偏多五点九成。

1975 年有秋涝。4—8 月的逐旬降水分布较均匀,无明显旱涝象。9 月降水较集中,月降水量有 174 mm,较常年同期偏多六点七成,秋汛较明显。

1976 年 6 月上旬到 8 月中旬的降水持续偏少,8 旬降水总量只有 195 mm,较常年同期偏少二点六成,夏旱较明显。8 月下旬降水较集中,旬降水量有 112 mm,较常年同期偏多一点九成,不但使前期旱情得到缓和或解除,部分地区还有洪涝现象。

1977 年有明显的伏秋连旱。7 月中旬到 9 月下旬连续 8 旬降水偏少,8 旬降水总量只有 148 mm,较常年同期偏少四点六成,伏秋连旱较重。

1978 年盛夏有些旱象。7 月下旬到 8 月下旬为降水相对偏少期,4 旬降水总量有 80 mm 较常年同期偏少四成。

1979 年春初夏连旱,4—6 月降水总量只有 139 mm,较常年同期偏少三点三成。7 月降水较多,月降水量有 178 mm,较常年同期偏多四点八成,对解除前期旱情十分有利。

1980 年夏半年降水较丰沛,但分布相对较均匀,无明显涝象。8 月下旬为降水相对集中期,旬降水量有 75 mm,较常年同期偏多九点七成,局部地区有涝象。

1981 年春末有旱,夏秋有洪涝。4 月下旬到 5 月下旬连续 4 旬降水偏少,4 旬降水总量只有 50 mm,较常年同期偏少四点九成,有旱象。后期有两段降水明显偏多期,即 6 月下旬到 7 月中旬和 8 月上旬到 9 月上旬。第一段 3 旬降水总量有 176 mm,较常年同期偏多四点八成。第二段 4 旬降水总量有 286 mm,较常年同期偏多一倍,其中,8 月中旬和 9 月上旬的降水量分别有 90 mm 和 84 mm,分别较常年同期偏多一点六倍和一倍,有较大的洪涝。

1982 年是先旱后涝年。5 月上旬到 7 月中旬连续 8 旬降水偏少,8 旬降水总量只有 146 mm,较常年同期偏少四成,干旱较明显。后期 7 月下旬到 9 月上旬降水持续偏多,5 旬降水总量有 331 mm,较常年同期偏多八点八成,其中,7 月下旬的降水最为集中,旬降水量有 110 mm,较常年同期偏多二点二倍,有较大的洪涝。

1983 年夏半年降水总量较常年同期偏多二点四成,降水较丰沛。但集中强度没有前两年大,所以涝情也相对较轻。旬降水量超过 50 mm 的旬次有 6 个旬次,但都不连续,这 6 个旬次分别是 5 月下旬,6 月下旬,7 月下旬,8 月中旬,9 月上、下旬。其中最大和次大旬降水量是 7 月下旬和 9 月下旬,分别有 85 mm 和 71 mm,均较常年同期偏多一点五倍,部分地区有涝象。其余 4 旬降水量均在 50—60 mm 之间。

1984 年夏半年降水总量是近 30 多年来最大的一年。5 月中旬到 8 月中旬的旬降水量持续较常年同期偏多。其中 7 月降水较集中,月降水量有 183 mm,较常年同期偏多五点三成。另外,9 月降水量有 219 mm,也是近 30 多年来同期降水最大的一年,其中,9 月上旬和下旬的降水量分别有 108 mm 和 87 mm,分别较常年同期偏多一点六倍和二点一倍。这一年伏涝和秋涝都较明显。

1985 年无明显旱涝象。6 月中旬到 8 月上旬降水持续偏少,6 旬降水量有 169 mm,较常年同期偏少一点八成。其余时间降水分布相对较均匀。

1.2.6.10　海河流域区

海河流域区在黄河下游之北,东临渤海。该区包括北京、天津、河北、河南北部和山东西北部地区。海河流域区平均常年雨季开始于 7 月上旬,结束于 8 月下旬。即在淮河流域雨季的最高峰值期,海河流域便进入雨季,本区雨季峰值期是 7 月下旬到 8 月上旬。

海河流域 4—9 月降水总量的常年值(1951—1980 年平均)只有 505 mm,较淮河流域的同期常年值要少 176 mm。极大值(1964 年 4—9 月)是 771 mm,极小值(1968 年 4—9 月)是 284 mm,最大振幅是 487 mm,接近同期常年值。图 1.35 是海河流域 10 个站点平均的 4—9 月降水总量的历史演变曲线图。由图 1.35 可见,海河流域区夏半年(4—9 月)降水总量的超常年份有 15 年,占全部年份的 43%,逊常年占 57%。其中,盛夏雨季 7—8 月降水总量的超常年份和逊常年份分别占 51% 和 49%。春季 3—5 月和 4—5 月的降水总量的正负距平趋势历年都相同,超常年份只有 13 年,占全部年份的 37%,而逊常年份则占 63%。所以,春季降水总量的距平趋势是偏态分布,大多数年份有春旱,有"春雨贵如油"之说。4—9 月降水总量超过 600 mm 的明显多雨年份有 1954,1956,1959,1963,1964,1973,1977 年。4—9 月降水总量在 400 mm 以下的明显少雨年有 1951,1952,1957,1965,1968,1972,1980,1981,1983 年。4—9 月降水总量的演变特点是:1951—1952 年降水持续明显偏少。1953—1964 年为降水偏多时期,12 年中只有 3 年较常年同期偏少,其余 9 年降水均较常年同期偏多,其中有 5 年为降水明显偏多年。1965—1984 年为降水偏少时期,20 年中只有 5 年较常年同期偏多,其中,只有 3 年为明显偏多年,有 2 年接近常年,其余 15 年均较常年同期偏少,其中有 5 年为明显偏少年,特别是 1979—1984 年夏季连续 6 年少雨。1985 年降水接近常年稍偏多。

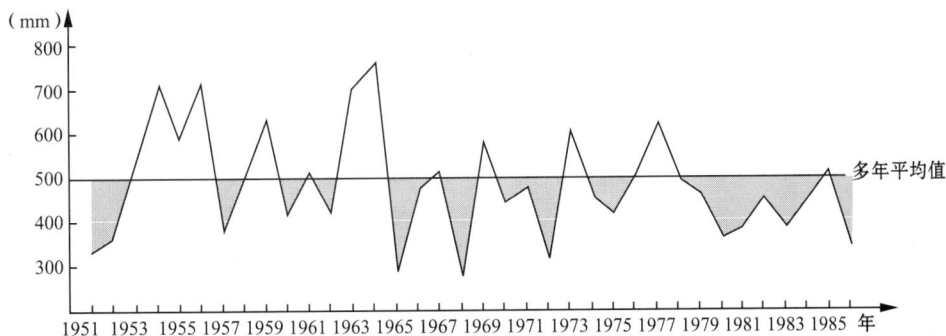

图 1.35　　海河流域 10 个站点平均的 4—9 月降水总量历史演变曲线

历年 3—9 月逐旬降水分布特点如下:

1951 年春旱较重,3 月上旬到 5 月中旬连续 8 旬降水总量只有 13 mm,较常年同期偏少七点三成。另外,7 月上旬到 8 月上旬连续 4 旬降水偏少,4 旬降水总量只有 114 mm,较常年同期偏少三点七成。

1952 年夏半年降水总量明显偏少,但逐旬降水分布较均匀,无明显旱象。7 月下旬降水量有 116 mm,较常年同期偏多六点三成,但其前后期降水偏少,无明显涝象。8 月上旬到 9 月上旬降水持续偏少,4 旬降水总量只有 76 mm,较常年同期偏少五点八成。

1953 年 3—4 月降水明显偏少,6 旬降水总量只有 15 mm,较常年同期偏少五点二成。有早春旱象,但在 5 月上中旬就得到了缓和或解除。8 月为降水集中期,月降水量有 229 mm,较常年同期偏多四点三成,其中 8 月上旬有 109 mm,东部地区有涝象。

1954 年 6 月上旬到 8 月中旬除 7 月下旬偏少外,其余各旬降水均偏多,8 旬降水总量有 600 mm,较常年同期偏多六点五成,其中,8 月上旬降水量有 141 mm,较常年同期偏多九点九成,这一年是大涝年。

1955 年 3 月上旬到 5 月中旬的 8 旬降水总量只有 34 mm,较常年同期偏少三点一成。后期 8 月中旬到 9 月中旬连续 4 旬降水偏多,4 旬降水总量有 330 mm,较常年同期偏多一点六倍,其中,8 月中旬有 151 mm,较常年同期偏多一点八倍,有涝象。

1956 年,6 月 3 旬降水持续偏多,月降水量有 201 mm,较常年同期偏多一点九倍。7 月下旬到 8 月上旬的降水又较集中,两旬降水总量有 285 mm,较常年同期偏多一倍,其中,8 月上旬降水量有 198 mm,较常年同期偏多一点八倍,这一年是大涝年。

1957 年夏半年降水分布较均匀,无明显旱涝象。

1958 年 5 月中旬到 6 月下旬连续 5 旬降水偏少,5 旬降水总量有 54 mm,较常年同期偏少四点二成,有旱象。7 月中旬降水较集中,旬降水量有 140 mm,使前期旱象得到解除。

1959 年 4 月上旬到 5 月下旬连续 6 旬降水偏少,6 旬降水总量只有 36 mm,较常年同期偏少三点七成,有春旱。后期 6—8 月降水总量有 542 mm,较常年同期偏多三点六成。其中,7 月下旬降水较集中,旬降水量有 125 mm,较常年同期偏多七点六成,这一年雨涝较明显。

1960 年干旱较明显,3 月上旬到 6 月中旬降水持续偏少,11 旬降水总量只有 53 mm,较常年同期偏少五成,春旱连初夏旱较明显。7 月降水偏多,使旱情得到缓和或解除。后期 8 月上旬到 9 月中旬降水又持续偏少,5 旬降水总量只有 96 mm,较常年同期偏少五点一成。有伏秋旱。

1961 年 4 月上旬到 7 月上旬为降水明显偏少时段,10 旬降水总量只有 95 mm,较常年同期偏少四点四成,春旱连初夏旱较明显。7 月中下旬降水较集中,两旬降水总量有 203 mm,使前期旱情得到了解除。

1962 年 4 月中旬到 7 月中旬降水持续偏少,10 旬降水总量只有 133 mm,较常年同期偏少三点九成,春夏连旱。7 月下旬降水较大,旬降水量有 133 mm,使前期旱情得到了解除。

1963 年是大涝年,主要降水集中期是 8 月上旬,旬降水量有 361 mm,较常年同期偏多四点一倍,在太行山东侧发生了特大的洪涝现象。这一年 6—7 月降水只有 166 mm。春季降水也明显偏多。

1964 年春雨和伏雨都较多。4 月上中旬降水总量有 109 mm,较常年同期偏多七点四倍,有春涝现象,是近 30 多年来春季降水最多的一年。后期 7 月上旬到 9 月中旬降水又持续偏多,8 旬降水总量有 570 mm,较常年同期偏多五点五成,雨涝较明显,但降水集中强度较 1963 年要小得多。

1965 年是大旱年,最大旬降水量出现在 7 月上旬,旬降水量为 45 mm。5—9 月降水总量只有 256 mm,较常年同期偏少四点七成。这一年是秋夏连续明显干旱年。

1966 年夏半年降水总量接近常年,前期有春旱,后期夏季逐旬降水分布较均匀,无明显旱涝现象。4 月上旬到 5 月中旬连续 5 旬降水总量只有 18 mm,较常年同期偏少五点五成。9 月降水也较少,只有 11 mm,较常年同期偏少七点八成,有秋旱现象。

1967 年夏半年降水总量接近常年,逐旬降水分布也较均匀,无明显旱涝象。

1968 年是大旱年,3—9 月降水总量只有 287 mm,较常年同期偏少四点四成。其中,7 月下旬到 9 月上旬连续 5 旬降水总量只有 112 mm,较常年同期偏少五点五成。这一年春夏秋连旱,以伏旱最重。

1969 年 5 月中旬到 6 月下旬连续 5 旬降水偏少,5 旬降水总量只有 52 mm,较常年同期偏少四点四成,有初夏旱象。后期 7—9 月无明显旱象。8 月中旬为降水集中期,旬降水量有 111 mm,较常年同期偏多一点一倍,有涝象。

1970 年夏半年降水总量接近常年,逐旬降水分布也较均匀,无明显旱涝象。

1971 年夏半年降水总量接近常年,无明显少雨干旱期。6 月下旬为降水集中期,旬降水量有 105 mm,较常年同期偏多二点六倍。

1972 年也是大旱年,3—9 月降水总量只有 329 mm,较常年同期偏少三点六成。其中,3 月上旬到 7 月上旬连续 13 旬降水总量只有 74 mm,较常年同期偏少五点九成。这一年是春夏连旱年。

1973 年 3—4 月降水偏少,6 旬降水总量只有 14 mm,较常年同期偏少五点五成,有旱春旱。后期无明显少雨干旱期。6 月上旬到 7 月上旬为降水集中期,4 旬降水量有 225 mm,较常年同期偏多九点七成,有洪涝现象。另外,8 月中下旬降水持续偏多,两旬降水总量有 148 mm,较常年同期偏多六点六成。

1974 年 3 月上旬到 5 月上旬降水持续偏少,7 旬降水总量只有 15 mm,较常年同期偏少六点三成。6 月上旬到 7 月上旬降水又持续偏少。4 旬降水总量只有 56 mm,较常年同期偏少五点一成,有春夏旱。7 月下旬到 8 月上旬降水偏多,两旬降水总量有 195 mm,较常年同期偏多三点七成,使前期旱情得到解除。

1975 年夏半年降水总量较常年同期偏少,但逐旬分布较均匀,无明显旱涝象。

1976 年 3—5 月降水偏少,9 旬降水总量较常年同期偏少四点八成,有春旱。7 月中旬降水较多,有 131 mm,但其前后降水较少,无明显涝象。

1977 年夏半年前期降水分布较均匀,无明显旱涝象。后期降水分布不均,7 月下旬和 8 月上旬降水总量有 264 mm,较常年同期偏多八点六成,其中 7 月下旬有 170 mm,较常年同期偏多一点四倍,有洪涝现象。8 月中旬到 9 月下旬降水持续偏少,5 旬降水总量只有 42 mm,较常年同期偏少七成,秋旱较明显。

1978 年有春旱,3 月上旬到 5 月上旬连续 7 旬降水总量只有 12 mm,较常年同期偏少七点一成。后期降水较丰沛,无明显旱象。7 月下旬和 8 月下旬的降水相对较集中,分别较常年同期偏多六点一成和一点八倍,北部有涝象。

1979 年夏半年降水总量接近常年,逐旬分布也较均匀,无明显旱涝象。

1980 年夏半年前期降水分布较均匀,无明显旱涝象。后期 7 月上旬到 8 月上旬连续 4 旬降水偏少,4 旬降水总量只有 87 mm,较常年同期偏少六点四成,伏旱较重。

1981 年 3 月上旬到 6 月上旬,连续 10 旬降水总量只有 43 mm,较常年同期偏少五点一成。有春初夏连旱现象。后期常年降水集中期明显少雨,7 月下旬和 8 月上旬的两旬降水总量只有 72 mm,较常年同期偏少四点九成,有伏旱。8 月中旬降水相对较多,有 84 mm,对缓和伏旱有好处。但 8 月下旬到 9 月下旬连续 4 旬少雨,4 旬降水总量只有 38 mm,较常年同期偏少五点五成,秋旱较明显。

1982 年夏半年(4—9 月)降水总量比 1981 年增加 64 mm,但仍较常年同期偏少。3 月上旬到 5 月上旬的 7 旬降水总量只有 23 mm,较常年同期偏少四点四成,有春旱。后期降水分布较均匀,无明显旱涝象。7 月下旬到 8 月上旬降水相对较集中,两旬降水总量有 303 mm,较常年同期偏多四点三成,部分地区有洪涝。

1983 年夏半年(4—9 月)降水总量较 1982 年要偏少,与 1981 年相等。这一年春季降水较多,4 月下旬和 5 月中下旬的降水量都有 48 mm,分别较常年同期偏多四点三倍和一倍。后期 6—8 月降水总量只有 226 mm,较常年同期偏少四点三成,夏旱较明显。

1984 年夏半年(4—9 月)降水总量与 1982 年相等。前期降水分布较均匀,无明显旱象。7 月中下旬降水较少,两旬降水总量只有 42 mm,较常年同期偏少六点七成,有伏旱。但 8 月上旬降水较集中,旬降水量有 131 mm,较常年同期偏多八点五成,使前期伏旱得到解除。8 月中旬到 9 月中旬降水相对偏少,4 旬降水总量只有 91 mm,较常年同期偏少二点七成。

1985 年初春有旱象,初夏无旱涝,盛夏偏旱,初秋多雨。4 月降水偏少,月降水量只有

11 mm,较常年同期偏少五成,有旱象。7 月中旬到 8 月中旬降水持续偏少,4 旬降水总量只有 183 mm,较常年同期偏少二点七成。8 月下旬到 9 月下旬降水持续偏多,4 旬降水总量有 151 mm,较常年同期偏多七点八成,旱情得到解除。

1.2.6.11　黄河中上游区

黄河中上游区在海河流域区之西,在汉水渭河流域区之北,该区主要包括河套和山西等地区。黄河中上游区域平均常年雨季开始于 7 月上旬,结束于 9 月上旬,7 月下旬是雨季峰值期。黄河中上游区 4—9 月降水总量的常年值(1951—1980 年平均)有 340 mm,极大值(1964 年 4—9 月)有 501 mm,极小值(1965 年 4—9 月)有 201 mm,最大振幅是 300 mm。图 1.36 是黄河中上游区 10 个站点平均的 4—9 月降水总量的历史演变曲线图。由图 1.36 可知,黄河中上游区夏半年(4—9 月)降水总量的超常年份有 19 年,占全部年份的 54%,逊常年份占 46%。其中,6—8 月降水总量的超常年份有 16 年,7—8 月降水总量的超常年份有 15 年,分别占全部年份的几率是 46% 和 43%,逊常年份分别占 54% 和 57%。6—8 月降水总量的历年正负距平趋势与 4—9 月和 7—8 月的降水总量的历年正负距平趋势的 35 年相关概率都是 91%。4—9 月降水总量达到 400 mm 以上的明显多雨年份有 1956,1958,1961,1964,1967,1976,1985 年。4—9 月降水总量在 270 mm 以下的明显少雨年份有 1957,1962,1965,1972,1974,1980,1982 年。4—9 月降水总量的历史演变特点是:1951—1955 年是少雨时期,这 5 年中只有 1 年接近常年稍偏多,其余 4 年均较常年同期偏少。1956—1967 年,这段时期的演变特点是 1～2 年多雨与 1～2 年少雨相互交替出现,这段时期有 5 个明显多雨年,有 3 个明显少雨年,峰谷比较清楚。1968—1974 年也是降水偏少时期,7 年中有 5 年的降水偏少,只有 2 年接近常年稍偏多。1975—1979 年连续 5 年多雨。1980—1982 年以少雨为主,1 年接近常年,2 年明显偏少。1983—1984 年接近常年稍偏多。1985 年降水明显偏多。

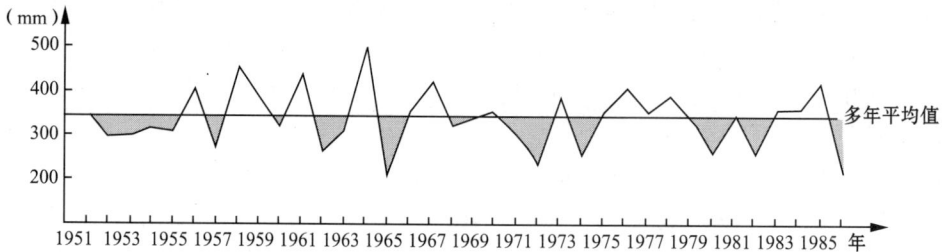

图 1.36　黄河中上游区 10 个站点平均 4—9 月降水总量历史演变曲线

历年 3—9 月逐旬降水分布特点如下:

1951 年夏半年降水分布较均匀,无明显旱涝象。

1952 年夏半年前期降水分布均匀。后期的 8 月中旬到 9 月下旬连续少雨,5 旬降水总量只有 61 mm,较常年同期偏少五成,有秋旱。

1953 年夏半年降水分布较均匀,无明显旱涝象。

1954 年夏半年降水分布较均匀,无明显旱涝象。

1955 年春夏有旱,秋有涝。3—8 月的 6 个月降水总量只有 196 mm,较常年同期偏少三点三成。9 月上旬降水较集中,有 88 mm,较常年同期偏多二点二倍。

1956 年夏季有涝,秋有旱。夏季有两段降水集中期,分别是 6 月上旬到 7 月上旬和 7 月下旬到 8 月中旬,前一段 4 旬降水总量有 160 mm,后一段 3 旬降水总量有 135 mm,分别较常年同期偏多一点三倍和三点四成。后期 8 月下旬到 9 月下旬的 4 旬降水总量只有 42 mm,较常年同期偏少五点三成。

1957 年盛夏和秋都有旱。7 月下旬到 8 月中旬的 3 旬降水总量只有 19 mm,较常年同期偏少八点一成,9 月降水量也只有 26 mm,较常年同期偏少五点六成。在这两段少雨干旱期中间的 8 月下旬降水相对偏多,有 39 mm,对减轻旱情有利。

1958 年盛夏有洪涝。6 月下旬到 8 月中旬降水持续偏多,6 旬降水总量有 274 mm,较常年同期偏多五点七成,其中,7 月中旬和 8 月上中旬降水最为集中,降水量分别有 67 mm 和 107 mm,分别较常年同期偏多一点六倍和六点五成。后期 8 月下旬到 9 月下旬的降水相对偏少,4 旬降水总量有 70 mm,较常年同期偏少二点二成。

1959 年春季有旱,盛夏有洪涝。4—5 月降水总量只有 27 mm,较常年同期偏少五成。而 7 月中旬到 8 月中旬降水持续偏多,4 旬降水总量有 216 mm,较常年同期偏多七成。其中,8 月上中旬降水总量有 139 mm,较常年同期偏多一点一倍。

1960 年有两段少雨干旱期,第一段是 5 月中旬到 6 月下旬,5 旬降水总量只有 27 mm,较常年同期偏少五点六成。第二段是 8 月中旬到 9 月中旬,4 旬降水总量有 55 mm,较常年同期偏少四点八成。9 月下旬降水有 68 mm,较常年同期偏多三点三倍,使旱情得到缓和。

1961 年前期降水分布较均匀,后期盛夏有涝象。7 月中下旬和 8 月中下旬的降水总量分别有 92 mm 和 102 mm。分别较常年同期偏多四点八成和六点二成。

1962 年夏半年降水总量明显偏少,春夏连旱,旱情较重。3 月上旬到 7 月上旬的降水总量只有 52 mm,较常年同期偏少六点一成。

1963 年主要少雨干旱期是 7 月中旬到 9 月上旬,6 旬降水总量只有 116 mm,较常年同期偏少三点七成。

1964 年夏半年降水总量有 501 mm,是近 30 多年来同期极大值年,但降水集中强度没有 1958 年和 1959 年大,有洪涝而程度不是很重。4—5 月降水总量有 127 mm,较常年同期偏多一点四倍,有春涝现象。6 月下旬到 7 月中旬降水总量有 115 mm,较常年同期偏多五点五成,有伏涝。8 月中旬有 62 mm,9 月上中旬有 89 mm,分别较常年同期偏多九点四成和二点一倍,有秋涝。

1965 年是大旱年。4—9 月的最大旬降水量出现在 4 月下旬,有 33 mm。其余各旬降水量均在 30 mm 以下。5—9 月降水总量只有 157 mm,较常年同期偏少五成,夏秋连旱,旱情严重。

1966 年有春旱和伏涝。4 月中旬到 5 月中旬连续 4 旬降水偏少,4 旬降水总量只有 13 mm,较常年同期偏少六点三成。7 月中下旬降水总量有 127 mm,较常年同期偏多一倍,其中,7 月下旬降水量有 82 mm,较常年同期偏多一点三倍。

1967 年 8,9 月有洪涝。1967 年夏半年降水总量较丰沛,3—7 月降水分布较均匀,无明显旱涝象。8 月上旬到 9 月下旬降水持续偏多,6 旬降水总量有 232 mm,较常年同期偏多五成,其中,8 月下旬有 61 mm,是峰值期,较常年同期偏多九点七成。

1968 年降水分布不均匀,是先旱后涝年。5 月中旬到 7 月上旬连续 6 旬降水偏少,6 旬降水总量只有 46 mm,较常年同期偏少四点九成,初夏有旱。后期 8 月上旬到 9 月上旬降水持续偏多,4 旬降水总量有 192 mm,较常年同期偏多五点六成,有洪涝。

1969 年夏半年降水总量接近常年,但分布不均。5 月下旬到 7 月中旬连续 6 旬少雨,6 旬降水总量有 69 mm,较常年同期偏少三点六成,有夏旱。7 月下旬到 8 月上旬的降水相对集中,两旬降水总量有 98 mm,较常年同期偏多四点二成,对解除前期旱情有好处。但 8 月中旬到 9 月中旬连续 4 旬降水偏少,4 旬降水总量只有 41 mm,较常年同期偏少六点一成,有秋旱。9 月下旬降水较多,有 66 mm,使前期旱情得到解除。

1970 年 6 月中旬到 7 月下旬为连续少雨干旱期,5 旬降水总量有 75 mm,较常年同期偏少三点八成。8 月降水量有 123 mm,较常年同期偏多二点八成,使前期旱情得到了解除。

1971 年 6 月下旬到 7 月上旬的降水量有 93 mm,较常年同期偏多九点四成。7 月中旬到 8 月上旬为降水偏少期,3 旬降水总量有 44 mm,较常年同期偏少五点四成。

1972 年是大旱年,春旱和盛夏旱较明显。4 月上旬到 5 月中旬降水持续偏少,5 旬降水总量有 16 mm,较常年同期偏少六点一成。5 月下旬到 7 月上旬的降水分布较均匀。7 月中旬到 8 月中旬连续 4 旬少雨,4 旬降水总量只有 60 mm,较常年同期偏少五点三成。

1973 年春季有干旱盛夏有洪涝。3 月上旬到 6 月上旬降水总量只有 47 mm,较常年同期偏少三点七成。6 月中旬到 7 月中旬的降水持续偏多,8 月中旬到 9 月下旬的降水也持续偏多。其中,8 月中下旬为降水集中期,两旬降水总量有 129 mm,较常年同期偏多一倍。

1974 年春夏降水较少,4—8 月降水总量只有 185 mm,较常年同期偏少三点四成。其中,4 月和 8 月的降水量较常年同期明显偏少,月降水量分别为 6 mm 和 33 mm,分别较常年同期偏少七点四成和六点六成。

1975 年夏半年降水分布相对较均匀。7 月下旬为最大旬降水量有 63 mm,但其前后旬的降水较少,无明显旱涝象。

1976 年初夏有旱,盛夏有洪涝。5 月上旬到 6 月上旬连续 4 旬降水偏少,4 旬降水总量只有 17 mm,较常年同期偏少五点九成,有干旱。7 月中旬到 8 月下旬降水持续偏多,5 旬降水总量有 271 mm,较常年同期偏多七点二成。其中,8 月上旬为降水集中高峰期,旬降水量有 89 mm,较常年同期偏多一点七倍。8 月降水量有 185 mm,是同期极大年。

1977 年 5 月上旬到 6 月中旬连续 5 旬降水总量只有 34 mm,较常年同期偏少三点五成。6 月下旬到 7 月上旬的降水相对较集中,两旬降水总量有 99 mm,较常年同期偏多一点一倍。部分地区有洪涝。

1978 年春季有旱,伏秋有涝。4 月上旬到 5 月中旬连续 5 旬降水总量只有 14 mm,较常年同期偏少六点六成,春旱较明显。盛伏 7 月中旬到 8 月上旬的 3 旬降水总量有 151 mm,较常年同期偏多五点九成,其中,7 月下旬降水量有 75 mm,较常年同期偏多一点一倍,有洪涝。8 月下旬到 9 月上旬降水持续偏多,两旬降水总量有 102 mm,较常年同期偏多七点六成。

1979 年也是先旱后涝。4 月上旬到 6 月上旬连续 7 旬降水总量只有 25 mm,较常年同期偏少六点一成,干旱较明显。7 月上旬和下旬的降水较集中,旬降水量分别有 60 mm 和 78 mm,分别按常年同期偏多一点一倍和一点二倍,有洪涝。

1980 年夏半年降水较少,最大旬降水量只有 37 mm(9 月上旬),其余各旬降水量均不足 30 mm。盛夏 7—8 月降水总量只有 120 mm,较常年同期偏少三点六成,伏旱较明显。

1981 年春旱较明显。4 月下旬到 5 月下旬连续 4 旬降水偏少,4 旬降水总量只有 8 mm,较常年同期偏少八成。后期,7 月上中旬和 8 月中旬降水较集中,降水量分别为 90 mm

和 66 mm,分别较常年同期偏多六点四成和一点一倍。在这两段多雨期中间的 7 月下旬和 8 月上旬降水总量只有 29 mm,较常年同期偏少五点八成。这一年黄河上游特别是龙羊峡在 9 月上旬有较大的洪涝。

1982 年春夏有旱。4 月上旬到 7 月中旬连续 11 旬降水总量只有 80 mm,较常年同期偏少四点六成,春夏连旱。7 月下旬到 8 月上旬的降水总量有 104 mm,较常年同期偏多五点一成,对缓和或解除前期旱情有益。

1983 年春秋多雨而有伏旱。3—5 月降水总量有 122 mm,较常年同期偏多八点八成,其中,5 月中下旬降水总量有 75 mm,较常年同期偏多二点四倍。7—8 月降水持续偏少,6 旬降水总量只有 111 mm,较常年同期偏少四点一成。9 月降水明显偏多,月降水量有 94 mm,较常年同期偏多五点九成,对缓和伏旱有好处。

1984 年夏半年 6 月中旬到 7 月上旬为降水相对集中期,3 旬降水总量有 96 mm,较常年同期偏多六点三成。而 7 月中旬到 8 月中旬为降水相对偏少期,4 旬降水总量只有 87 mm,较常年同期偏少三点一成。盛夏有干旱。

1985 年后春多雨有涝象,夏季少雨有干旱。5 月上旬到 6 月上旬降水持续偏多,4 旬降水总量有 121 mm,较常年同期偏多二倍,有涝象。6 月中旬至 8 月中旬降水持续偏少,7 旬降水总量只有 126 mm,较常年同期偏少三点二成,夏旱较明显。8 月下旬到 9 月中旬降水较集中,3 旬降水总量有 161 mm,较常年同期偏多一点二倍,伏旱得到解除。

1.2.6.12　山东区

山东区在黄河下游,该区包括山东省在黄河以南的大部地区。山东区域平均常年雨季开始于 6 月下旬,与淮河流域相同,结束于 9 月上旬。雨季长度为 8 个旬次,7 月下旬是雨季最高峰值期。山东区 4—9 月降水总量的常年值(1951—1980 年同期平均)有 630 mm,极大值(1964 年 4—9 月)有 1022 mm,极小值(1981 年 4—9 月)只有 334 mm,最大振幅 688 mm,超过了常年同期值。图 1.37 是山东区 6 个站点平均的 4—9 月降水总量的历史演变曲线图。由图 1.37 可见,山东区夏半年(4—9 月)降水总量超常年份有 16 年,占全部年份的 46%,逊常年份占全部年份的 54%。夏季 6—8 月降水总量的正负距平年数所占几率分别为 43% 和 57%。春季 3—5 月降水总量的正负距平年数所占几率分别为 40% 和 60%。在 4—9 月降水总量的超常年份中,4—9 月降水总量超过 730 mm 的明显多雨年份有 1956, 1960,1962,1963,1964,1970,1971 年。4—9 月降水总量在 530 mm 以下的明显少雨年有 1952,1958,1959,1966,1968,1977,1981,1982,1983 年。4—9 月降水总量的历史演变特点是:1951—1955 年以少雨年为主,5 年中有 3 年较常年同期偏少,有 2 年较常年同期偏多,但这 5 年的 4—9 月降水总量均在 510—700 mm 之间,距平振幅不十分大,1956—1957 年接近常年或偏多。1958—1959 年连续较常年同期明显偏少。1960—1964 年连续 5 年降水偏多,其中有 4 年较常年同期明显偏多,4 年中有 1 年是极大值年。1965—1969 年连续 5 年降水偏少,其中有 2 年较常年同期明显偏少。1970—1971 年连续 2 年降水明显偏多。1972—1973 年连续 2 年接近常年同期稍偏少。1974—1976 年连续 3 年接近常年同期稍偏多。1977—1983 年连续 7 年降水偏少,7 年中有 4 年是明显少雨年,特别是 1981—1983 年连续 3 年降水明显偏少,其中有 1 年是历年中同期极小值。1984—1985 年接近常年同期稍偏多,较 1983 年同期增加了 200 mm。由上述情况可知,山东区 4—9 月降水总量的距平趋势演变特点是有较好的持续性的,超常年和逊常年都有持续性。6—8月降水总量的距平趋势也有类似的特点。

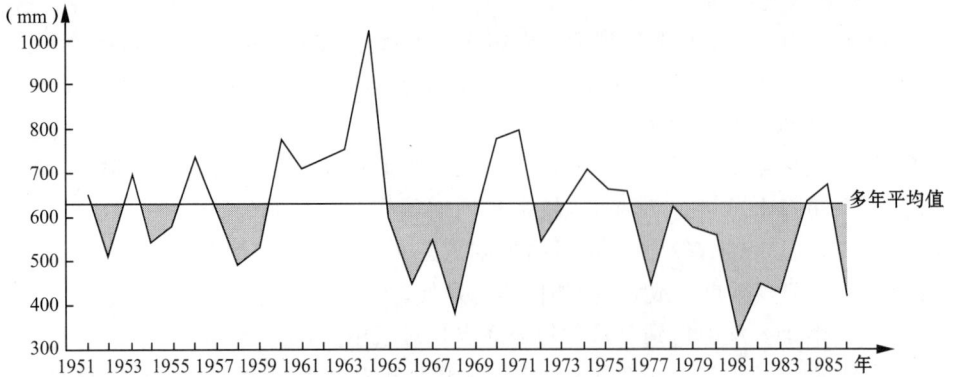

图 1.37 山东区域 6 个站点平均的 4—9 月降水总量历史演变曲线

历年 3—9 月逐旬降水分布特点如下:

1951 年 6 月上旬到 7 月中旬为降水相对偏少期,5 旬降水总量只有 126 mm,较常年同期偏少四点五成,有旱象。7 月下旬到 8 月上旬的降水量有 300 mm,较常年同期偏多一点三倍,有洪涝现象。后期 8 月中旬到 9 月下旬降水持续偏少,5 旬降水总量只有 118 mm,较常年同期偏少三点六成,有秋旱。

1952 年,5 月降水量只有 19 mm,较常年同期偏少五点六成,有春旱。后期 7 月上旬到 8 月中旬连续 5 旬降水偏少,5 旬降水总量只有 173 mm,较常年同期偏少四点八成,伏旱较明显。

1953 年初夏降水持续偏多,5 月上旬到 6 月中旬连续 5 旬降水总量有 194 mm,较常年同期偏多一点二倍。7 月中旬到 8 月上旬的 3 旬降水总量有 294 mm,较常年同期偏多四点六成,其中,8 月上旬有 139 mm,较常年同期偏多一点四倍,有涝象。但 8 月中旬到 9 月下旬连续 5 旬降水总量只有 87 mm,较常年同期偏少五点三成,有秋旱。

1954 年主要降水偏少期是 6 月中旬到 7 月下旬,5 旬降水总量只有 121 mm,较常年同期偏少五点七成,夏旱较明显。8 月上旬到 9 月上旬降水持续偏多,对缓和或解除前期旱情有益。

1955 年 3—6 月降水总量只有 91 mm,较常年同期偏少五点三成,春旱和初夏旱较明显。7 月上中旬降水总量有 244 mm,较常年同期偏多七点七成,有利于前期旱情的解除。7 月下旬到 8 月下旬连续 4 旬降水总量为 132 mm,较常年同期偏少四点四成,有旱象。9 月降水有 120 mm,较常年同期偏多五成。

1956 年夏半年无明显降水偏少干旱期。6 月下旬降水量有 126 mm,较常年同期偏多一点七倍。7 月降水较少,月降水量只有 112 mm,较常年同期偏少四点七成。这一年秋涝较明显,8 月下旬到 9 月上旬的降水总量有 228 mm,较常年同期偏多一点七倍。其中,9 月上旬降水量有 163 mm,较常年同期偏多二点九倍,秋涝较明显。

1957 年夏半年降水主要集中期是 7 月上中旬,两旬降水总量为 384 mm,较常年同期偏多一点八倍,其中,7 月中旬降水量有 252 mm,较常年同期偏多二点六倍,发生了洪涝。后期 7 月下旬到 9 月下旬连续 7 旬降水偏少,7 旬降水总量只有 112 mm,较常年同期偏少六点五成,其中,9 月基本无雨,秋旱较重。

1958 年是大旱年,5—7 月降水总量只有 204 mm,较常年同期偏少四点二成。

1959 年 7 月中旬到 8 月中旬为降水相对偏少期,4 旬降水总量只有 122 mm,较常年同期偏少五点四成,伏旱较明显。

1960 年降水相对集中期是 6 月下旬到 7 月上旬和 7 月下旬,降水量分别有 270 mm 和 153 mm,分别较常年同期偏多一点四倍和一倍,有洪涝。

1961 年有春旱和秋涝,3—4 月降水总量只有 36 mm,较常年同期偏少三点九成。9 月降水量有 207 mm,较常年同期偏多一点六倍,是近 30 多年来的同期极大值。

1962 年春旱较重,盛夏有洪涝。3—5 月降水总量只有 34 mm,较常年同期偏少六点七成。盛夏 7 月中旬到 8 月中旬连续 4 旬降水偏多。4 旬降水总量有 449 mm,较常年同期偏多七成。

1963 年春雨较多,伏天有洪涝,秋天有干旱。4 月上中旬和 5 月上中旬的降水总量分别有 65 mm 和 96 mm,分别较常年同期偏多一点六倍和二点三倍。7 月降水量有 368 mm,较常年同期偏多七点三成。9 月降水量只有 18 mm,较常年同期偏少七点七成。

1964 年是大涝年。春季 4、5 月降水就较多,4 月降水量和 5 月中旬降水量分别有 114 mm 和 42 mm,分别较常年同期偏多一点九倍和二点二倍。7 月上中旬降水总量有 259 mm,较常年同期偏多八点八成。8 月上旬到 9 月中旬降水又持续偏多,5 旬降水总量有 435 mm,较常年同期偏多九点三成。这一年 4—5 月和 7—9 月的降水总量都是历年同期极大值。

1965 年 5 月上旬到 6 月上旬降水明显偏少,4 旬降水总量只有 21 mm,较常年同期偏少六点九成,初夏旱较明显。7 月上旬降水有 91 mm,对缓和旱情有益。7 月下旬到 8 月中旬降水持续偏多,3 旬降水总量有 296 mm,较常年同期偏多五点三成,有涝象。8 月下旬到 9 月下旬连续少雨,4 旬降水总量只有 34 mm,较常年同期偏少七点二成,有秋旱。

1966 年夏半年降水较少。其中,有两段降水明显偏少期,第一段是 5 月上旬到 6 月中旬,5 旬降水总量只有 52 mm,较常年同期偏少四点二成,第二段是 8 月中旬到 9 月下旬,5 旬降水总量只有 74 mm,较常年同期偏少六成。这一年初夏旱和秋旱较明显。

1967 年 4 月中旬到 5 月下旬,连续 5 旬降水总量只有 34 mm,较常年同期偏少五点三成,有春旱。7 月下旬到 8 月上旬的降水也较少,两旬降水总量只有 63 mm,较常年同期偏少五点二成,有旱象。但 8 月中旬降水量有 100 mm,对缓和或解除旱情有好处。

1968 年是大旱年,只有 7 月中旬和 8 月中旬的降水量有 76 mm,其余各旬降水均在 35 mm 以下。4 月中旬到 9 月下旬的降水量只有 361 mm,较常年同期偏少四点二成。

1969 年 4 月中旬到 5 月下旬降水持续偏多,5 旬降水总量有 122 mm,较常年同期偏多六点九成。后期,6 月上旬到 8 月中旬,除 7 月下旬的降水较常年同期稍偏多外,其余各旬均偏少,6 月上旬到 8 月中旬降水总量只有 271 mm,较常年同期偏少三点六成,其中,6 月上旬到 7 月中旬连续 5 旬降水总量只有 113 mm,较常年同期偏少五点一成,夏旱较明显。这一年秋雨较多,9 月降水量有 163 mm,较常年同期偏多一倍。

1970 年夏半年降水主要集中期是 7 月下旬,旬降水量有 233 mm,较常年同期偏多二点一倍,有短期洪涝。其余时间降水分布较均匀,无明显少雨干旱期。

1971 年是大涝年。前期 4 月下旬到 5 月下旬连续 4 旬降水偏少,4 旬降水总量只有 19 mm,较常年同期偏少六点八成,有春旱。后期 6 月下旬到 7 月上旬和 8 月降水量分别有

260 mm 和 315 mm,分别较常年同期偏多一点三倍和九点六成。

1972 年 6 月降水量只有 20 mm,较常年同期偏少七点九成,是近 30 多年来同期降水极小值。7 月中旬到 8 月上旬的 3 旬降水总量只有 100 mm,较常年同期偏少五成。这一年夏旱较明显,旱情在 8 月中旬到 9 月上旬逐步得到解除。

1973 年春雨较多,4 月下旬到 5 月上旬降水总量有 105 mm,较常年同期偏多二点五倍,无春旱。后期降水分布较均匀,无明显旱涝象。

1974 年春季降水较充沛,无春旱现象。6 月中旬到 7 月中旬连续 4 旬降水偏少,4 旬降水总量只有 106 mm,较常年同期偏少四点九成,有伏旱。7 月下旬到 8 月中旬的 3 旬降水总量有 365 mm,较常年同期偏多八点八成,有洪涝。

1975 年 4 月降水明显偏多。但 5—6 月降水明显偏少,两个月的降水总量只有 62 mm,较常年同期偏少五点四成,初夏旱象较明显。但 7 月降水偏多,使前期旱情逐步解除。

1976 年降水主要集中期是 7 月下旬和 8 月中旬,旬降水量分别有 110 mm 和 131 mm,分别较常年同期偏多四点七成和一点一倍。但这一年夏半年逐旬降水分布较均匀,无明显旱涝象。

1977 年夏半年降水总量明显偏少,前期降水分布较均匀。后期 7 月下旬到 9 月下旬降水明显偏少,7 旬降水总量只有 140 mm,较常年同期偏少五点六成,有明显的夏秋连旱现象。

1978 年前期有春旱,后期有洪涝。4—5 月降水总量只有 35 mm,较常年同期偏少五点八成。7 月上旬降水较集中,有 174 mm,较常年同期偏多一点六倍,有短期洪涝。另外,8 月上中旬的降水也较多,两旬降水总量有 170 mm,较常年同期偏少四点三成。

1979 年夏半年主要少雨干旱期是 7 月上旬到 9 月上旬,7 旬降水总量只有 258 mm,较常年同期偏少三点八成,有伏秋连旱现象。

1980 年夏半年主要降水偏少干旱期是 7 月上旬到 8 月下旬,6 旬降水总量只有 187 mm,较常年同期偏少五成,伏旱较明显。

1981 年是大旱年。4—9 月降水总量只有 334 mm,较常年同期偏少四点七成。这一年最大旬降水量在 7 月上旬,只有 68 mm。这一年是春、夏、秋连续大旱之年。4—9 月的降水总量是历年同期极小值。

1982 年夏半年降水总量也明显偏少,4—9 月降水总量只有 458 mm,较常年同期偏少二点七成。这一年主要有两段降水偏少干旱期,第一段是 3 月上旬到 5 月上旬,7 旬降水总量只有 32 mm,较常年同期偏少四点八成。第二段是 7 月中旬到 9 月下旬,8 旬降水总量只有 238 mm,较常年同期偏少三点八成,也是明显干旱年。

1983 年夏半年降水总量也明显偏少,5—8 月降水总量只有 298 mm,较常年同期偏少四点二成,夏旱较明显。

1984 年夏半年降水总量接近常年,分布也较均匀,无明显旱涝象。7 月上旬是降水集中期,旬降水量有 115 mm,较常年同期偏多六点九成,有些涝象。

1985 年后春多雨,夏旱明显,夏末初秋降水偏多。4 月下旬到 5 月中旬降水相对较集中,3 旬降水总量有 116 mm,较常年同期偏多一点七倍。5 月下旬到 7 月上旬降水持续偏少,5 旬降水总量只有 78 mm,较常年同期偏少五点六成,夏旱明显。8 月中旬到 9 月中旬降水又持续偏多,其中,8 月中旬降水较集中,旬降水量 121 mm,较常年同期偏多九点五成。

1.2.6.13　辽河流域区

辽河流域区在东北南部,该区域平均常年雨季从 7 月上旬开始到 8 月下旬结束,开始和结束旬次均与海河流域区相同。最高峰值期在 7 月下旬,这与黄河中上游区及西南区相同。辽河流域区 4—9 月降水总量的常年值(1951—1980 年同期平均)是 549 mm,极大值(1985 年 4—9 月)是 755 mm,极小值(1980 年 4—9 月)是 383 mm,最大振幅是 372 mm。图 1.38 是辽河流域区 10 个站点平均的 4—9 月降水总量历史演变曲线图。由图 1.38 可知,4—9 月降水总量的超常年份有 17 年,占全部年份的 49%,逊常年份占 51%。6—8 月降水总量的超常年份和逊常年份的比例与 4—9 月降水总量的比例相同。6—8 月和 4—9 月降水总量的相关概率有 94%,距平趋势的历史演变特点基本相同。在超常年份中,4—9 月降水总量超过 640 mm 的明显多雨年份有 1951,1953,1954,1959,1964,1985 年。在逊常年份中,4—9 月降水总量在 450 mm 以下的明显少雨年份有 1952,1965,1968,1972,1980,1981,1982 年。4—9 月降水总量的历史演变特点是:1951—1964 年是多雨时期,14 年中只有 3 年降水偏少,有 11 年降水偏多。其中有 5 个降水明显偏多年。而且,多雨年有持续性,少雨年都不持续。1965—1974 年是 1~2 个超常年和 1~2 个逊常年交替出现,这 10 年中有 5 个多雨年和 5 个少雨年,在少雨年中有 3 个明显少雨年。1975—1984 年是少雨时期,4—9 月降水总量连续 10 年较常年同期偏少。1985 年是近 30 多年来 4—9 月降水总量的极大值年,降水总量有 755 mm,比 1984 年增加 200 多毫米。

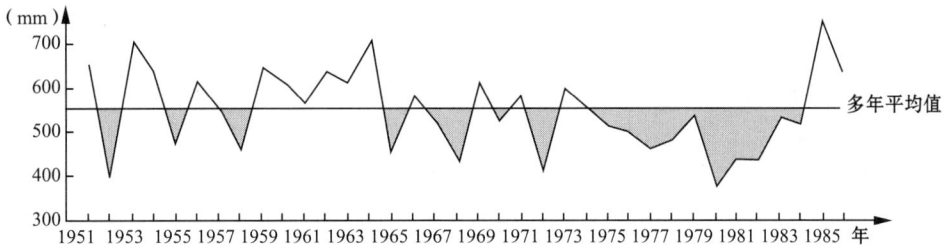

图 1.38　辽河流域区 10 站点平均的 4—9 月降水总量历史演变曲线

历年 4—9 月逐旬降水分布特点如下:

1951 年夏半年降水分布不均。4 月上旬到 5 月中旬连续 5 旬降水总量只有 30 mm,较常年同期偏少四点六成,有旱象。5 月下旬到 6 月上旬降水持续偏多,两旬降水总量有 109 mm,较常年同期偏多一点一倍,对前期旱情的解除十分有利。6 月中旬到 7 月中旬降水又持续偏少,4 旬降水总量只有 89 mm,较常年同期偏少四点六成,有伏旱。7 月下旬到 8 月中旬降水又持续偏多,3 旬降水总量有 293 mm,较常年同期偏多六点五成,有涝象。

1952 年有伏旱。6 月中旬到 7 月中旬连续 4 旬降水明显偏少,4 旬降水总量只有 67 mm,较常年同期偏少五点六成,夏旱明显。

1953 年盛夏有洪涝,初秋降水偏少。5 月中旬到 8 月中旬连续 10 个旬中,只有 8 月上旬降水接近常年稍偏少,其余各旬均较常年同期偏多,10 旬降水总量有 608 mm,较常年同期偏多五点四成。其中,7 月中下旬和 8 月中旬降水较集中,降水量分别有 213 mm 和 115 mm,分别较常年同期偏多六点五成和一点五倍,有洪涝。8 月下旬到 9 月下旬降水持续偏少,4 旬降水总量只有 68 mm,较常年同期偏少三点八成。

1954年夏半年降水较充沛。7月下旬到9月中旬连续6旬降水总量有395 mm,较常年同期偏多四点六成。其中,8月下旬降水较集中,旬降水量有102 mm,较常年同期偏多一点三倍,有涝象。

1955年盛夏旱情较重,7月下旬到8月下旬降水持续偏少,4旬降水总量只有67 mm,较常年同期偏少七成,干旱较严重。

1956年春夏降水分布相对较均匀,无明显旱涝象,初秋有涝象。9月上旬降水较集中,旬降水量有104 mm,较常年同期偏多二点六倍,有涝象。

1957年前期雨水少,盛夏雨水多。4月中旬到6月下旬连续8旬降水总量只有190 mm,较常年同期偏少二点五成。7月下旬到8月下旬降水持续偏多,4旬降水总量有303 mm,较常年同期偏多三点六成,无明显旱涝象。

1958年夏半年降水偏少,干旱较严重。5—7月降水持续偏少,3个月降水总量只有201 mm,较常年同期偏少三点四成,旱情较严重。8月上旬降水量有111 mm,较常年同期偏多九点一成,对缓和或解除前期旱情有好处。8月中旬至9月上旬降水又持续偏少,3旬降水总量只有73 mm,较常年同期偏少三点九成。

1959年初夏有旱象,盛夏和初秋降水较充沛。5月中旬到6月上旬降水持续偏少,3旬降水总量只有31 mm,较常年同期偏少五点二成。7月下旬到9月下旬降水持续偏多,7旬降水总量有375 mm,较常年同期偏多三成。

1960年春天有旱象,8月上旬有涝象。4月上旬到5月上旬连续4旬降水明显偏少,4旬降水总量只有25 mm,较常年同期偏少四点二成。8月上旬降水较集中,旬降水量有131 mm,较常年同期偏多一点二倍。

1961年初夏有干旱。4月中旬到6月下旬连续少雨,8旬降水总量只有94 mm,较常年同期偏少三点九成,后春到初夏旱象较明显。后期降水较充沛,分布相对较均匀。7月上中旬降水总量有149 mm,较常年同期偏多五点四成,对缓和或解除前期旱情十分有利。

1962年盛夏多雨有涝象。7月上旬到8月上旬降水持续偏多,4旬降水总量有321 mm,较常年同期偏多四成。

1963年初夏和后夏初秋有旱象,7月有洪涝。5月下旬到6月下旬持续少雨,4旬降水总量只有71 mm,较常年同期偏少三点四成,有旱象。7月降水量有311 mm,较常年同期偏多八点二成,其中7月中旬降水量有162 mm,较常年同期偏多一点九倍,有较大的洪涝。8月上旬到9月上旬降水又持续偏少,4旬降水总量只有102 mm,较常年同期偏少四点二成,有旱象。

1964年盛夏有洪涝。7月下旬到8月中旬降水持续偏多,3旬降水总量有313 mm,较常年同期偏多七点六成,其中7月下旬降水量有144 mm,较常年同期偏多九点五成,有较大的洪涝。

1965年夏末初秋有旱象。7月中下旬降水总量只有82 mm,较常年同期偏少三点六成。但8月上旬降水量有101 mm,较常年同期偏多七点四成。8月中旬到9月下旬降水持续偏少,5旬降水总量只有96 mm,较常年同期偏少三点八成,有旱象。

1966年夏半年前期降水分布较均匀,8月中下旬降水偏多,9月降水特少。8月中下旬降水总量有158 mm,较常年同期偏多七点八成。9月降水量只有17 mm,较常年同期偏少七点四成,有旱象。

1967年初秋有旱象。9月降水量只有30 mm,较常年同期偏少五点五成,有干旱。前期无明显旱涝象。

1968 年夏半年降水明显偏少,春旱和盛夏旱较明显。4 月中旬到 5 月中旬连续 4 旬降水总量只有 26 mm,6 月下旬到 8 月上旬连续 5 旬降水总量只有 142 mm,这两个时段的降水总量均较常年同期偏少四点五成。春旱和盛夏旱都比较明显。

1969 年盛夏有洪涝。7 月中下旬降水总量有 171 mm,较常年同期偏多三点三成。8 月中旬到 9 月上旬降水总量有 240 mm,较常年同期偏多一倍。

1970 年 4 月、6 月、8 月少雨有旱象,7 月多雨。4 月、6 月、8 月的月降水量分别只有 10 mm、60 mm、87 mm,分别较常年同期偏少六点八成、三成、四点一成。7 月降水量有 227 mm,较常年同期偏多三点三成。

1971 年 4 月降水偏少,后期降水充沛而分布均匀,无明显旱象和涝象。4 月降水量只有 13 mm,较常年同期偏少五点八成,有春旱。

1972 年 8 月上旬降水偏多,但其前后 4 个旬降水量持续偏少有干旱。6 月下旬到 7 月下旬连续 4 旬降水总量只有 95 mm,较常年同期偏少五点三成。8 月上旬降水量有 100 mm,十分有利于前期旱情的解除。但 8 月中旬到 9 月中旬又持续少雨,4 旬降水总量只有 97 mm,较常年同期偏少三成。

1973 年夏半年降水较充沛,7 月中旬和 8 月下旬降水量分别有 120 mm 和 110 mm,分别较常年同期偏多一点二倍和一点五倍,有洪涝。

1974 年中夏有旱。6 月中旬到 7 月下旬降水持续偏少,5 旬降水总量只有 148 mm,较常年同期偏少三点五成,有干旱。8 月上旬降水较集中,旬降水量有 96 mm,有利于前期旱情的缓和或解除。

1975 年 7 月下旬有涝象,8 月有旱象。7 月下旬降水量有 120 mm,较常年同期偏多六点二成,有涝象。8 月降水量只有 67 mm,较常年同期偏少五点五成,有旱象。

1976 年伏天有旱象。7 月上中旬降水总量只有 36 mm,较常年同期偏少六点三成,有伏旱,其余时间降水分布尚较均匀。

1977 年 7 月下旬到 8 月上旬降水偏多有涝象。春季和夏末初秋有旱象。4 月上旬到 5 月上旬连续 5 旬降水总量只有 38 mm,较常年同期偏少三点二成,有春旱。7 月下旬到 8 月上旬降水总量有 189 mm,较常年同期偏多四点三成。8 月中旬到 9 月下旬降水持续偏少,5 旬降水总量只有 51 mm,较常年同期偏少六点七成,干旱较明显。

1978 年 4—7 月降水总量只有 248 mm,较常年同期偏少二点六成,春夏连旱。

1979 年 7 月中旬降水相对较集中,有涝象,8—9 月降水偏少有干旱。夏半年前期降水较充沛。7 月中旬降水量有 106 mm,较常年同期偏多九点三成,有涝象。7 月下旬到 9 月下旬降水持续偏少,7 旬降水总量只有 172 mm,较常年同期偏少四成,后夏初秋连旱较明显。

1980 年夏半年降水异常偏少,干旱较明显。7—9 月降水总量只有 212 mm,较常年同期偏少四点五成,盛夏初秋连旱较严重。

1981 年夏半年降水明显偏少,后夏初秋连旱较明显。4 月降水量只有 12 mm,较常年同期偏少六点一成,有春旱。5 月降水偏多,有利于前春旱的解除。7 月中旬到 9 月下旬降水持续偏少,8 旬降水总量只有 234 mm,较常年同期偏少三点二成,干旱较明显。

1982 年夏半年降水明显偏少,干旱较严重,4 月降水量只有 17 mm,较常年同期偏少四点五成。6—7 月降水持续偏少,6 旬降水总量只有 151 mm,较常年同期偏少四点一成。9

月降水量只有 27 mm,较常年同期偏少五点九成。

　　1983 年后春明显多雨,初夏少雨有旱象。4 月下旬到 5 月中旬降水持续偏多,3 旬降水总量有 109 mm,较常年同期偏多一点九倍。5 月下旬到 6 月中旬连续 3 旬降水偏少,3 旬降水总量只有 43 mm,较常年同期偏少四点四成,有旱象。

　　1984 年后春有干旱。5 月降水量只有 19 mm,较常年同期偏少六成,后春旱较明显。6 月下旬到 7 月下旬连续 4 旬降水总量只有 126 mm,较常年同期偏少三点八成,中夏有旱象。

　　1985 年是特大洪涝年,6 月下旬到 9 月上旬降水持续偏多,8 旬降水总量有 611 mm,较常年同期偏多六点一成。其中,7 月上旬和 8 月中旬降水特多,分别为 101 mm 和 134 mm,较常年同期分别偏多一点四倍和一点九倍,洪涝严重。

1.2.6.14　松花江流域区

　　松花江流域区在东北东部,该区域平均常年雨季从 7 月上旬开始到 9 月上旬结束,开始和结束旬次均与黄河中上游区相同,最高峰值期在 7 月下旬,与辽河流域区相同。松花江流域区 4—9 月降水总量的常年值(1951—1980 年平均值)是 451 mm,极大值(1960 年 4—9 月)是 581 mm,极小值(1979 年 4—9 月)是 337 mm,最大振辐是 244 mm。图 1.39 是松花江流域区 9 个站点平均的 4—9 月降水总量历史演变曲线图。由图 1.39 可知,4—9 月降水总量的超常年份有 20 年(包括一个正常年),占全部年份的 57%,逊常年份占 43%。6—8 月降水总量的超常年份占 54%,逊常年份占 46%。6—8 月降水总量的距平趋势与 4—9 月降水总量的距平趋势基本相同,相关概率为 91%。本区域 4—9 月降水总量与辽河流域同期降水总量的相关概率为 74%。在超常年份中,4—9 月降水总量超过 530 mm 的明显多雨年份有 1957,1959,1960,1963,1981 年。4—9 月降水总量在 380 mm 以下的明显少雨年份有 1954,1958,1967,1970,1975,1976,1977,1979 年。4—9 月降水总量的历史演变特点是:1951—1966 年是降水偏多时期,16 年中只有 3 年降水偏少,有 13 年降水偏多。多雨年的持续性较明显,如 1951—1952,1955—1957,1959—1966 年均为持续多面年。5 个明显多雨年中有 4 年在这个时期之中。1967—1980 年为少雨时期,14 年中只有 3 年为一般性多雨年,而且不持续,有 11 年少雨,其中有 6 个明显少雨年,特别是 1975—1980 年为降水持续偏少期。1981—1985 年又是以多雨年为主,5 年中有 4 年降水偏多,只有 1 年降水偏少。由上述特点可知,松花江流域区近几年已转入多雨阶段。

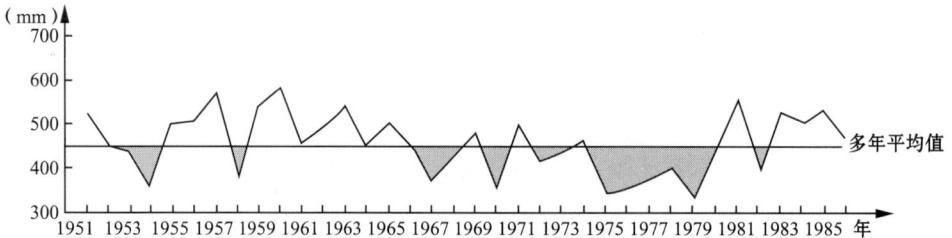

图 1.39　松花江流域区 9 站点平均的 4—9 月降水总量历史演变曲线

　　历年 4—9 月降水总量历史演变特点如下:

　　1951 年夏半年降水较充沛,分布相对较均匀,无明显旱涝象。7 月中旬到 9 月下旬降水量持续较常年同期偏多,8 旬降水总量有 337 mm,较常年同期偏多二点五成。但最大旬降水量只有 56 mm,降水集中强度不大,无明显涝象。

1952 年后春中夏有旱象,7 月下旬有涝象。5 月降水量只有 21 mm,较常年同期偏少五点一成,有后春旱。6 月中旬到 7 月中旬降水又持续偏少,4 旬降水总量只有 86 mm,较常年同期偏少三点五成,有夏旱。7 月下旬降水量有 106 mm,较常年同期偏多一倍,不但使前期干旱得到解除,同时也有涝象。

1953 年夏半年降水总量接近常年,但降水分布不均匀,有三个少雨干旱时段。第一段是 4 月上旬至 5 月上旬降水持续偏少,4 旬降水总量只有 14 mm,较常年同期偏少五点六成,有春旱。接着连续 3 旬降水偏多,5 月中旬到 6 月上旬 3 旬降水总量有 120 mm,较常年同期偏多一点一倍,使前期旱情彻底解除。但 6 月中下旬降水又明显偏少,两旬降水总量只有 17 mm,较常年同期偏少六点九成,有初夏旱。7 月多雨使前期干旱得到解除。但 8 月中旬到 9 月中旬降水又持续偏少,4 旬降水总量只有 58 mm,较常年同期偏少五点二成,初秋有干旱。

1954 年是少雨年,夏旱较重。4 月上旬到 5 月上旬连续 5 旬降水总量只有 30 mm,较常年同期偏少三点五成,有春旱。6 月下旬到 8 月中旬持续少雨,6 旬降水总量只有 104 mm,较常年同期偏少五点五成,夏旱较严重。

1955 年春天降水分布较均匀,6—9 月期间的降水分布是两头多中间少。6 月中旬到 7 月上旬降水总量有 159 mm,较常年同期偏多七点一成。7 月中旬到 8 月下旬降水持续偏少,5 旬降水总量只有 140 mm,较常年同期偏少三点一成,有旱象。9 月上旬降水量有 70 mm,较常年同期偏多一点五倍,使前期旱情得到解除。

1956 年 7 月多雨有涝,8 月少雨有旱。这一年夏半年前期降水分布均匀。7 月降水较集中,月降水量有 210 mm,较常年同期偏多六成,有涝象。8 月降水量只有 65 mm,较常年同期偏少四点一成,特别是 8 月中下旬明显少雨,两旬降水总量只有 27 mm,较常年同期偏少六点二成,有干旱。9 月上中旬多雨使旱情得到解除。

1957 年是大涝年。夏半年前期降水分布较均匀,无明显旱涝象。7 月下旬到 9 月上旬持续多雨,5 旬降水总量有 325 mm,较常年同期偏多七成,其中 7 月下旬和 8 月下旬降水量分别有 91 mm 和 98 mm,分别较常年同期偏多七点二成和一点六倍,发生了较大的洪涝。

1958 年初夏少雨有干旱。5 月中旬到 6 月下旬持续少雨,5 旬降水总量只有 76 mm,较常年同期偏少三点二成,有旱象。

1959 年夏末初秋多雨有涝象。8 月上旬到 9 月中旬持续多雨,5 旬降水总量有 256 mm,较常年同期偏多六成,其中,8 月下旬降水量有 84 mm,较常年同期偏多一点三倍,有雨涝。

1960 年春天少雨,后夏初秋多雨,有涝象。4 月上旬至 5 月上旬连续 4 旬降水量只有 22 mm,较常年同期偏少三点一成。8 月上旬降水量有 79 mm,较常年同期偏多一倍,8 月下旬至 9 月下旬持续多雨,4 旬降水总量有 181 mm,较常年同期偏多七点六成,有涝象。

1961 年春,初夏和初秋少雨,盛夏多雨有涝象。4 月上旬到 5 月上旬连续 4 旬降水量只有 17 mm,较常年同期偏少四点七成,有春旱。5 月中旬降水量有 25 mm,有利于前期旱情的缓和。5 月下旬到 6 月中旬的降水总量只有 45 mm,较常年同期偏少三点八成,有旱象。6 月下旬到 8 月中旬持续多雨,其中 7 月上旬到 8 月上旬的 4 旬降水总量有 241 mm,较常年同期偏多四点二成,有涝象。8 月下旬到 9 月中旬连续少雨,3 旬降水总量只有 49 mm,较常年同期偏少四点四成,有旱象。

1962 年初夏有旱,盛夏有涝。4 月中下旬、5 月中下旬、6 月中下旬和 8 月上中旬的降水量都较常年同期偏少,两旬降水总量分别有 9 mm、17 mm、32 mm、36 mm,分别较常年同期偏少四点七成、四点八成、四点二成、五点一成。其中,5 月中旬到 6 月下旬降水总量只有 77 mm,较常年同期偏少三点一成,有旱象。7 月降水量有 198 mm,较常年同期偏多五点一成,有雨涝。8 月下旬到 9 月下旬持续多雨,8 月下旬到 9 月中旬的 3 旬降水总量有 129 mm,较常年同期偏多四点八成,有涝象。

1963 年初夏有旱象,盛夏有涝象。5 月中旬到 6 月中旬持续少雨,4 旬降水总量只有 52 mm,较常年同期偏少四成,有旱象。6 月下旬到 8 月上旬持续多雨,5 旬降水总量有 268 mm,较常年同期偏多三点三成,其中 7 月中下旬降水总量有 135 mm,较常年同期偏多四点五成,有涝象。

1964 年春秋少雨有旱象,后夏多雨有涝象。4 月上旬到 6 月上旬连续 7 旬降水量只有 52 mm,较常年同期偏少四点二成,春初夏连旱。盛夏 7 月下旬到 8 月下旬持续多雨,4 旬降水总量有 221 mm,较常年同期偏多三点六成,有涝象。9 月降水量只有 38 mm,较常年同期偏少四点二成。

1965 年春初夏连旱,盛夏有洪涝。4 月上旬到 6 月中旬连续 8 旬降水总量只有 61 mm,较常年同期偏少四点九成,春初夏连旱较明显。后期 6 月下旬到 8 月下旬持续多雨,7 旬降水总量有 391 mm,较常年同期偏多四点七成,其中 7 月中旬到 8 月上旬的降水总量有 212 mm,较常年同期偏多六点一成,部分地区有洪涝。

1966 年后春、初秋有旱象。5 月和 9 月降水量分别只有 18 mm 和 26 mm,分别较常年同期偏少五点二成和六点一成,后春和初秋有旱象。其余时间降水分布较均匀。

1967 年有两个明显少雨干旱时段。第一段是 6 月中旬到 7 月上旬的 3 旬降水总量只有 44 mm,较常年同期偏少五点三成,有干旱。7 月中旬降水量有 76 mm,较常年同期偏多九成,有利于前期旱情的解除。第二段是从 7 月下旬到 9 月中旬连续 6 旬降水总量只有 125 mm,较常年同期偏少四点一成,其中 8 月上中旬和 9 月上中旬有干旱。

1968 年有两段少雨期。4 月中旬到 5 月上旬明显少雨,3 旬降水总量只有 8 mm,较常年同期偏少七成,有旱象。6 月下旬到 8 月上旬持续少雨,5 旬降水总量只有 131 mm,较常年同期偏少三点三成,有夏旱。

1969 年盛夏有洪涝。7 月中下旬和 8 月中下旬的降水量分别有 129 mm 和 152 mm,分别较常年同期偏多三点九成和一点一倍,有洪涝。9 月降水明显偏少,月降水量只有 23 mm,较常年同期偏少六点四成。

1970 年 4 月、6 月、8 月降水明显偏少有干旱。4 月降水量只有 6 mm,较常年同期偏少七点三成。6 月上旬到 7 月上旬降水总量只有 59 mm,较常年同期偏少五成。8 月降水量只有 61 mm,较常年同期偏少四点五成。这一年干旱较明显。

1971 年春天有旱。4 月上旬到 5 月上旬持续少雨,4 旬降水总量只有 18 mm,较常年同期偏少四点四成,有春旱。其余时间的降水分布相对较均匀,无明显旱涝象。

1972 年春、夏末初秋少雨有干旱。4 月上旬到 5 月上旬持续明显少雨,4 旬降水总量只有 11 mm,较常年同期偏少六点六成,春旱较明显。8 月中旬到 9 月中旬持续明显少雨,4 旬降水总量只有 84 mm,较常年同期偏少三点一成,有旱象。

1973 年有两段少雨期。6 月上旬到 7 月上旬和 8 月下旬到 9 月下旬持续少雨,4 旬降水总量分别只有 77 mm 和 54 mm,分别较常年同期偏少三点四成和四点八成。中夏和初秋有旱象,这两段少雨期的前期降水较充沛。

1974 年夏半年降水分布相对较均匀,最长连续少雨旬数只有两旬,也无降水明显集中期。4 月上中旬、5 月中下旬、7 月中下旬、8 月中下旬的降水较少,两旬降水总量分别有 7 mm、21 mm、47 mm 和 47 mm,分别较常年同期偏少四点六成、三点四成、四点九成和三点四成。但在这几段少雨期的前后期降水较多。所以有春旱和盛夏旱,但旱情不太严重。

1975 年有两段少雨干旱期。4 月中旬到 5 月上旬降水总量只有 10 mm,较常年同期偏少六点三成,有春旱。7 月中旬到 9 月上旬持续少雨,6 旬降水总量只有 119 mm,较常年同期偏少四点八成。后夏初秋干旱较明显。

1976 年夏半年降水明显偏少,有两段明显少雨干旱期。6 月下旬到 7 月中旬持续少雨,3 旬降水总量只有 38 mm,较常年同期偏少六点三成,伏旱较重。后期 8 月下旬到 9 月下旬又持续明显少雨,4 旬降水总量只有 43 mm,较常年同期偏少五点八成,初秋干旱较明显。

1977 年前夏多雨有涝象,后夏初秋少雨有干旱。5 月上旬到 7 月上旬持续多雨,7 旬降水总量有 221 mm,较常年同期偏多六点三成,7 月上旬降水量有 75 mm,较常年同期偏多九点七成,有洪涝。8—9 月连续少雨,6 旬降水总量只有 57 mm,较常年同期偏少六点八成,干旱较严重。

1978 年夏末初秋有旱象。夏半年前期降水分布相对较均匀,夏末初秋有旱象。8 月上旬到 9 月上旬连续 4 旬降水总量只有 91 mm,较常年同期偏少三点四成,有旱象。

1979 年后春旱较明显,盛夏也有干旱。4 月下旬到 5 月下旬连续 4 旬降水总量只有 19 mm,较常年同期偏少六点三成,干旱较重。7 月上旬到 8 月下旬连续少雨,两月降水总量只有 148 mm,较常年同期偏少三点九成,盛夏有干旱。

1980 年后夏有旱象。7 月中旬到 8 月中旬持续少雨,4 旬降水总量只有 93 mm,较常年同期偏少四点四成,有干旱。8 月下旬到 9 月中旬多雨,使前期旱情得到解除。

1981 年盛夏有洪涝。6 月下旬到 7 月上旬两旬降水总量有 146 mm,较常年同期偏多一点三倍。7 月下旬到 8 月下旬又持续多雨,4 旬降水总量有 230 mm,较常年同期偏多四点一成。其中 7 月下旬到 8 月中旬降水总量有 191 mm,较常年同期偏多五点二成。这两段降水集中期都有洪涝。

1982 年初夏干旱较重,后夏多雨有涝。5 月中旬到 7 月上旬持续明显少雨,6 旬降水总量只有 54 mm,较常年同期偏少六点四成,干旱较严重。后期,7 月中旬到 8 月中旬期间只有 7 月下旬降水偏少,其余各旬次降水均偏多。其中,8 月降水量有 160 mm,较常年同期偏多四点五成。有涝象。

1983 年夏半年降水较充沛,盛夏多雨有涝象。6 月上中旬和 7 月中下旬降水较集中,两旬降水总量分别有 97 mm 和 122 mm,分别较常年同期偏多八成和三点一成,有涝象。另外,4 月下旬降水也较集中,旬降水量有 56 mm,较常年同期偏多五点二倍。

1984 年夏半年降水较充沛,后夏多雨有洪涝。8 月中旬到 9 月上旬持续多雨,3 旬降水总量有 173 mm,较常年同期偏多七点五成,其中 8 月中下旬降水较集中,两旬降水总量有 140 mm,较常年同期偏多九点七成,有洪涝。

1985 年夏涝明显。6 月下旬到 8 月下旬降水持续偏多,7 旬降水总量有 371 mm,较常年同期偏多三点九成,与 1965 年同期接近,洪涝现象较明显。

第2章　大旱大涝的成因分析

　　我国地域辽阔,地形复杂,是一个多旱涝的国家。一般性的旱涝几乎年年都有,但发生干旱和洪涝的时间、地区、范围大小和程度强弱则有较大的年际变化。我国东部大部地区是主要农业区,其中江淮流域和华北地区又是夏季降水变率较大易发生旱涝的农业区。在论述旱涝的预报以前,先分析一下旱涝的成因是必要的。下面我们将对我国东部地区夏半年发生大旱大涝的成因作一些分析。

2.1　大旱大涝的成因概述

　　俗话说"冰冻三尺,非一日之寒",大旱的形成亦非几日少雨之因,而是长时期持续明显少雨的结果。例如,1978年江淮流域发生的大旱是春、夏、初秋连续大范围少雨而形成的特大干旱年。对大多数地区来说,大旱年的形成一般来说也有连续5—8旬的持续少雨时段。当然,也还有少数地区的少数年份,在农作物需水的重要时段内连续2—3旬持续明显少雨也会形成较重的旱情。但大涝的形成有长有短,有的大涝年是长时期持续性多暴雨和大暴雨而致的洪涝。例如,1954年江淮流域发生的大涝是连续5—7旬大范围多暴雨和大暴雨天气而形成的特大洪涝年。也有的年份是在几日内骤降特大暴雨而形成的洪涝。例如,1975年淮河上游的特大洪涝是在8月上旬中期的四天(5—8日)内降下了罕见的特大暴雨而形成的。又如1981年长江上游四川盆地的特大洪涝是在7月中旬初的两三天内连降大暴雨和山洪爆发而形成的洪涝。对大多数地区的大涝年来说,一般有持续3—6旬的多暴雨和大暴雨天气而致。

　　为什么在同一地区的同一季节内有的年份发生大旱而有的年份又发生大涝呢?为什么在同一年的同一季节内有的地区有大涝而有的地区有大旱呢?这是因为我国是位于欧亚大陆东南部,东临大海,幅员辽阔,有漫长的海岸线,而且在我国西部有青藏高原这样一个特殊的地形条件。所以,我国是典型的季风气候国家,冬季盛行冬季风,夏季盛行夏季风。这季风是由于太阳辐射的季节变化和海陆的热力差异以及青藏高原的特殊地形条件的影响而形成的。

　　冬季,海洋是热源,大陆是冷源。海面的温度高于陆面,海面上的空气团因受海洋的加热作用而上升形成低压区,例如太平洋北部的阿留申群岛和大西洋北部的冰岛是两个主要低压区。在低纬度的大洋上,副热带高压比较弱小。而陆面上的空气团因受下垫面的冷却作用而下沉形成高压区,例如在陆面上蒙古和北美是两个主要的高压区。

　　夏季,大陆变成了热源,特别是青藏高原是一个强热源,在较湿润的青藏高原东部和其他多雨的大陆面主要通过感热和潜热两种方式向空气加热,在干旱的青藏高原西部和其他干燥地区主要通过感热向空气输送热量。在陆面上的空气团因受到下垫面的加热作用而上升形成低压区,例如印度和北美是两个主要低压区。在海洋上,由于海洋相对陆地是冷源,海面对空气有冷却作用而使空气下沉,因而使得大西洋副热带高压和太平洋副热带高压大大加强并显得十分活跃。

我国的气候主要受冬季的蒙古高压和阿留申低压与夏季的印度低压和太平洋副热带高压这四个半永久性大气活动中心的影响,是一个盛行季风气候的国家。冬季由于蒙古高压比较强大,而太平洋副热带高压比较弱小。一般来说,冷空气由北直驱南下。所以我国大部地区受北方来的干冷空气的控制和影响,盛行冬季风,天气寒冷少雨,多干旱天气而无雨涝现象。夏季由于太平洋副热带高压比较强大活跃,印度低压开始建立并逐渐强大,我国大部地区受来自东南和西南方向的暖湿气流的影响。一般来说北方来的干冷气团要受到南方来的暖湿气团的阻挡,由于冷暖空气团相持产生作用,冷空气比暖空气重而锲入暖空气之下,暖空气被迫抬升而造成层结不稳定的形势产生降雨。所以在夏季,我国大部地区盛行夏季风,降水也比较丰沛。

但同样在夏季,由于西太平洋副热带高压的强弱、大小和西进北上的时间、活动范围有较大的年际变化;印度低压建立的早晚和强弱程度各年也有较大的差异,北方来的冷空气强弱程度各年也不一样。所以,每年雨带位置、范围大小和程度强弱是有较大的年际变化的。由于每年冷暖空气团相遇的地理位置不同,雨带的位置也就不同,因而每年发生洪涝的区域也有差异。通常来说,主要洪涝区发生在主要多雨带之中,洪涝区域将随雨带的摆动而变动。一般在同一种性质的空气团控制的地区,例如在副热带高压稳定控制的地区和冷空气团长期停留的地区就易少雨干旱。虽然,总的来说夏季的降水比冬季丰沛,但在夏季大陆是热源,下垫面水分蒸发快,蒸发量大,夏季农作物正在强盛时期,需水量也大。如果遇上少雨年份,雨水也供不应求,形成干旱现象。

在夏半年,有的年份,西太平洋副热带高压较强呈带状西伸,但其脊线和北界位置较偏南,这时北方来的冷空气就可顺利地到达我国较南地区才与副热带高压相遇,冷暖气团在华南或江南南部交绥。在这种形势下,主要多雨带位置就较偏南,即在华南或江南南部,在多雨带中的部分地区有洪涝发生。缺乏水汽来源的华北地区和长江中下游地区是少雨干旱地区。

有的年份,西北太平洋副热带高压比较强大,西伸并控制了华南和江南南部地区。来自北方的冷空气常常在江淮流域与之相遇,暖湿的偏南气流和干冷的偏北气流在江淮流域频繁地交绥。在这类年份中,一般江淮流域是多雨带中心地带,并有洪涝发生。而在被副高控制的华南和江南南部地区多为炎热干烧天气。在北方大部地区也因缺乏水汽来源而常是少雨干旱天气。

有的年份,副高西伸并北跳控制了整个江南和长江中下游地区,西南部的印缅低槽较深或者切断低压较强,孟加拉湾的水汽得以通过西南气流与东南海洋上的水汽通过东南气流汇合成一支水汽充足的强大的偏南气流,从西南向东北方向输送。在这类年份中,往往在黄淮、江淮、汉渭流域直至长江上游有一条东北—西南向的多雨带,并在其中的部分地区有洪涝发生。而在副高控制下的南方大部地区和缺乏水汽来源的华北到西北东部地区为少雨区。

有的年份,西太平洋副高成块状型向西向北伸展,控制了江淮流域的大部地区,北方中纬度的东亚大槽偏东偏深,使华北地区处在槽后。在这种形势下,往往在我国东部地区形成两支雨带,即分别在北方和南方有两支多雨带。而在中部的江淮流域就为少雨干旱年份。

有的年份,西太平洋副热带高压很不稳定,暖冷空气团相互交绥的地区也较为多变。这类年份,大旱大涝现象一般较为少见,气候正常适宜。

但有的年份,在有的地区虽然具备上述多雨条件的天气形势持续时间不长,但各种多雨条件特别典型且同时出现,则可在几日内造成特大暴雨或因山洪爆发而造成洪涝。一般来说,这类年份的洪涝区域范围比上述多雨天气形势长期稳定的年份要小。

还有的年份,西北太平洋副高偏弱偏东,中国大部地区因缺乏水汽来源而为少雨天气。或主要靠印缅槽从孟加拉湾带来的水汽与偏西路径的冷空气的相互作用,在我国西部地区形成多雨区,为东旱西涝的天气形势。

2.2 大旱大涝同期大气环流特征的对比分析

上面我们对旱涝的成因作了一般性概述。为了对具体地区的大旱大涝的成因有进一步的认识,下面将列举几个大旱大涝的例子,对它们的同期大气环流特征作一下对比分析。为考虑到我国西部的青藏高原这个特殊地形的影响,我们可选择 500 hPa 这个有代表性的高度层次的大气环流来作具体分析。

2.2.1 江淮流域特大干旱年(1978)与特大洪涝年(1954)的同期环流特征对比分析

江淮流域是降水变率较大多旱涝的地区,而长江流域和淮河流域的旱涝年是不尽相同的,这与西北太平洋副热带高压的位置有密切的关系。但我们可以先来剖析一下长江流域和淮河流域的大部地区都有持续时间较长的干旱或洪涝的年份作为例子,即举江淮流域特大洪涝年(1954)与特大干旱年(1978)为例,进一步分析一下它们的同期环流形势场和距平场的异同之点,可以加深我们对大旱大涝成因的认识。由于 1954 年的大涝和 1978 年的大旱持续时间都较长,所以我们取较长时间的平均环流场来分析。图 2.1 和图 2.2 分别是 1954 年 5—8 月和 1978 年 5—8 月平均北半球 500 hPa 高度场。从图 2.1 可以看出,乌拉尔山西部的欧洲上空是一个高气压脊,乌拉尔山东部的西伯利亚上空是一个低气压主槽,欧洲西部沿海也是一个槽区,中国东北至黄河中下游上空又是一个低气压槽。江淮流域不断的受到西北气流的影响,西风锋区比较偏南,在 $30°\sim50°N$ 之间。在低纬度,西北太平洋副热带高压比较强大,且呈带状西伸,西脊点达 100°E,华南大部地区处在副热带高压控制之下为少雨干旱天气。全国大部地区水汽比较充沛、降水较多,特别是江淮流域大部地区正处在西风锋区和西太平洋副热带高压强烈交绥地带,是多雨带中心地区,故在江淮流域形成了百年少遇的特大洪涝。在西半球,北美西部上空是一个高气压脊,北美洲的东部上空是一个低气压槽。低纬度大西洋副热带高压呈带状向西伸过加利福尼亚半岛进入太平洋,向东伸到亚洲的阿曼湾,美洲大部、非洲北部和欧洲东部等大部地区都在高气压控制之下。从图 2.2 可以看出,在 1978 年 5—8 月 500 hPa 平均高度场上,极涡偏在西半球,极涡中心在加拿大北部的伊丽莎白女王群岛上空,中心强度要比 1954 年同期偏强 160 gpm,出现了

5360 gpm 的闭合圈。欧亚中纬度地区环流较平直,槽脊不明显,冷空气活动较少较弱。仅在贝加尔湖东部有一个浅槽,冷空气活动路径偏北偏东。低纬度西太平洋副热带高压在 140°E 以东,比 1954 年同期偏东 40 个经度,江淮流域严重地缺乏水汽来源,造成严重的干旱天气。

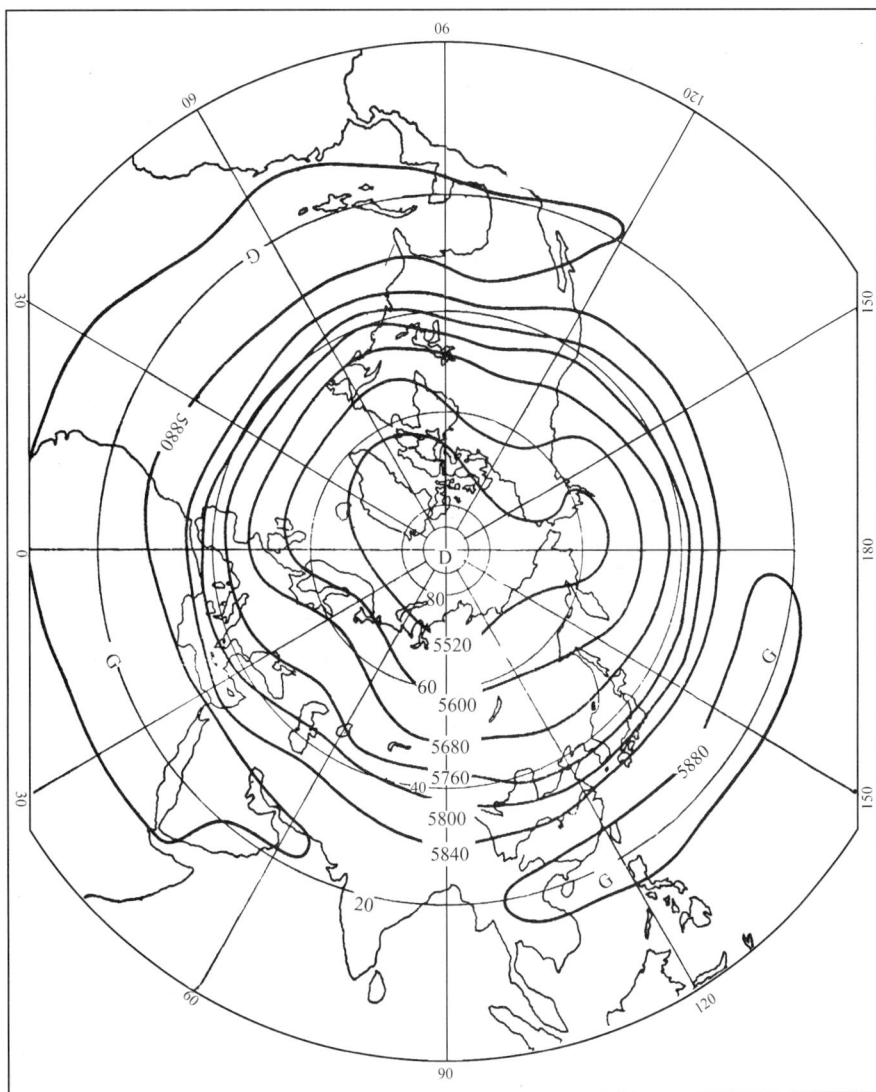

图 2.1　1954 年 5—8 月平均北半球 500 hPa 高度场(gpm)

1978 年 1 月至 5 月副高一直偏强偏西,平均西脊点在 100°E,但脊线位置较偏南,华南大部地区处在副高的北侧,水汽充足,特别是 4、5 月份降水丰沛,较常年同期明显偏多。6 月第 1 候副高东退到 120°E 以东,而且位置偏南,北界在 25°N 以南;6 月第 2 候又西进到达 108°E,并且北抬控制了华南大部地区,第 3 候、第 4 候的副高主体东退到了 130°E 以东的洋面上。但大陆上有一小环副高控制了华南部分地区;第五候副高明显北

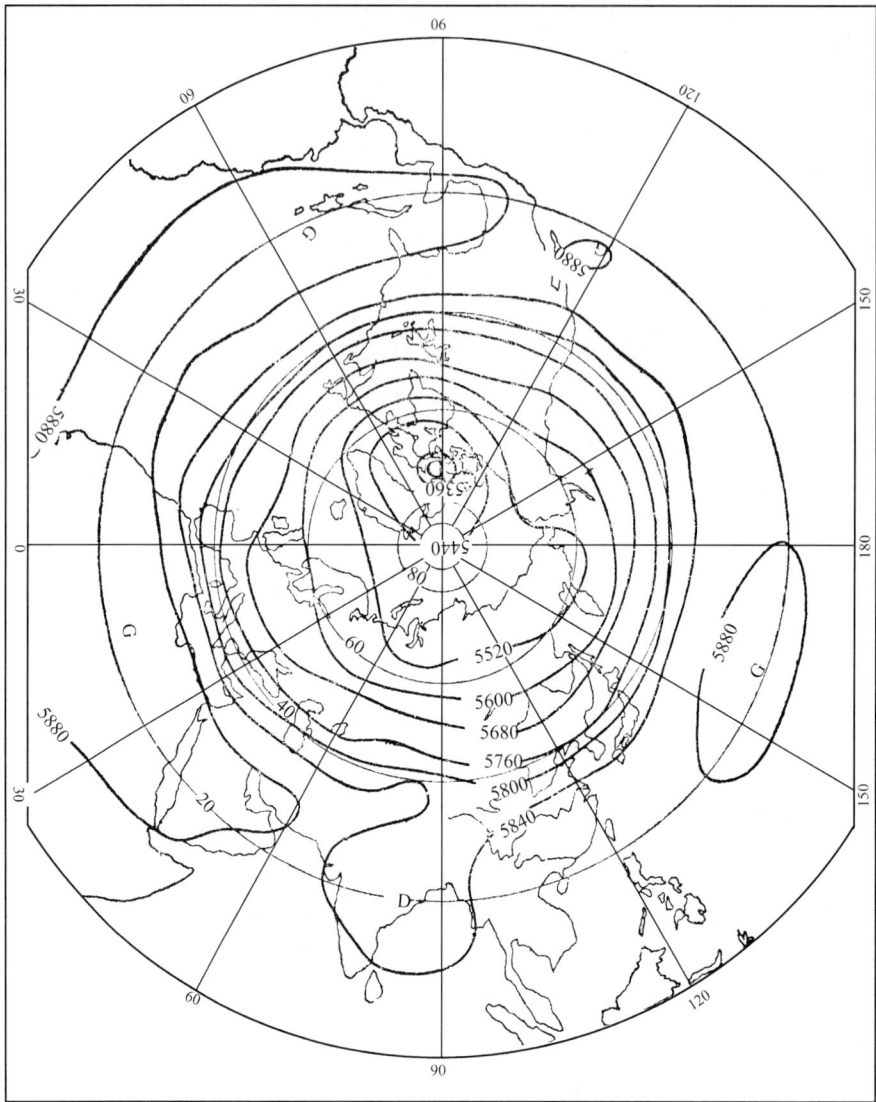

图 2.2　1978 年 5—8 月平均北半球 500 hPa 高度场(gpm)

跳,并向西进了 5 个经度,但仍在 125°E 以东的洋面上;第 6 候副高继续西进到达 112°E,
控制了长江以南大部地区;7 月第一候副高进一步向西伸了 7 个经度,向北进了 4 个纬
度,第 2 候副高西进到达 90°E,第 3 候西脊点仍稳定在 90°E,7 月上半月的副高特别强
大,脊线位置偏北,西脊点偏西。黄河以南大部地区均在副高的控制之下,气温异常偏
高,持续高温酷热少雨干旱天气。7 月第 4 候副高主体突然东退到 160°E 以东的洋面上;
7 月第 5 候副高又西伸到达 122°E,但位置偏北,控制了日本—朝鲜半岛;7 月第 6 候至 8
月第 1 候副高又东退到了 130°E 以东的洋面上;8 月第 2 候、第 3 候副高又西伸到 118°E,
北界到达 38°N,再一次控制了长江和淮河的下游地区,第 4 候副高又东退到了 130°E 以
东的洋面上,远离大陆,第 5 候副高又明显西伸北进,西脊点到 110°E,北界到达 40°N,北

京上空 500 hPa 等压面上的高度值达 5900 gpm,副高控制了江南到华北的广大地区,造成大范围少雨炎热天气,这种形势有利于华北北部和西北东部地区的降水;第 6 候副高稍有南退,但又西伸了 10 个经度,从长江流域到黄河下游的广大地区都在副高控制之下。由此可知,1978 年从初夏到盛夏,西太平洋副热带高压不是偏东或偏南,远离江淮流域,就是偏西偏北,控制江淮流域的广大地区。很少有冷暖气团在江淮流域相遇交锋,所以使得江淮流域广大地区长期明显少雨而形成特大干旱。其中,在副高强盛时期的西伸北进过程中,在河套大部地区和华北北部、东部到黄河下游地区形成了较大的降水,在河北东北部有较大的局地洪涝。云南和华南沿海降水基本接近常年,全国其余大部地区降水偏少,长江中下游和淮河流域的降水特少。

1954 年 5—7 月间来自南方和北方的强大的暖冷气团长期在江淮流域相互作用,只有华南大部、西南延边地区、山东省区和黑龙江省区降水偏少,全国其余大部地区降水偏多,江淮流域降水特多。从 500 hPa 候平均图可见,从 5 月第 1 候到 7 月第 6 候的绝大部分候次,西北太平洋副高脊点基本稳定在 90°～105°E 之间,有 4 个不连续的候次,西太平洋副热带高压和伊朗高压打通。但西北太平洋副高北界始终稳定在 25°～26°N 之间,副高脊线稳定在 20°～22°N,江淮流域和全国大部地区水汽十分充足,冷暖气流频繁地在江淮流域剧烈地交锋,因而多暴雨、大暴雨和特大暴雨的天气。1954 年 5—7 月江淮流域的洪涝是时间持续最长、范围最广、程度最严重的一年。一直到 8 月第 1 候,西太平洋副高开始北跳,北界到达 34°N 以北地区,江淮流域的雨势开始减弱,华北地区又降了较大的暴雨,在华北平原又造成了洪涝。

以上分析了特大洪涝年和特大干旱年的 5—8 月同期环流特点和特大旱涝的成因,那么相对于一般年份来说,这两年的环流有什么异常的地方呢?我们可以进一步看看 1954 年和 1978 年的 5—8 月北半球 500 hPa 平均高度距平场的分布特点。图 2.3 和图 2.4 分别是 1954 年和 1978 年 5—8 月北半球 500 hPa 平均高度距平场,由这两张距平趋势图可见,这两年的距平分布趋势是有较大差异的。

1954 年 5—8 月 500 hPa 的平均距平趋势在整个极地和美洲大部及东太平洋中部、欧洲大部和亚洲北部与南部是广阔的正距平区。其中,欧洲和加拿大上空为正距平中心区,高度值较常年同期偏高 60～80 gpm。而亚洲中纬度和北太平洋及赤道太平洋区、大西洋中部和南部、欧洲西南部及北非上空是一宽广的负距平区。其中,中心附近高度值比常年同期偏低 20～50 gpm。江淮流域正好处在低纬度正距平区和中纬度负距平区的交界地带。

1978 年 5—8 月 500 hPa 平均高度距平场与 1954 年同期相比,除了欧洲西部到大西洋中、南部以外,北半球其余大部地区的距平趋势基本上与 1954 年同期相反。从东极地到北大西洋,美洲中部、北太平洋、日本海直到亚欧中纬度及北非上空为漫长的正距平区。而东极地到加拿大上空和从库页岛一直到 50°～70°N 的亚欧上空,以及除了非洲以外的低纬度地区,是漫长的负距平带。其中,北美、西欧、鄂霍茨克海上空是负距平中心区,这些区域的中心位势高度较常年同期偏低 40～80 gpm。从长江流域到黄河流域的大部地区都在正距平区之中。

综合这两年的主要异常特征是:在 5—8 月 500 hPa 平均高度距平场上,亚洲的高、中、低纬度上空,1954 年是"＋－＋"的距平趋势,而 1978 年是"－＋－"的距平趋势。1954 年在

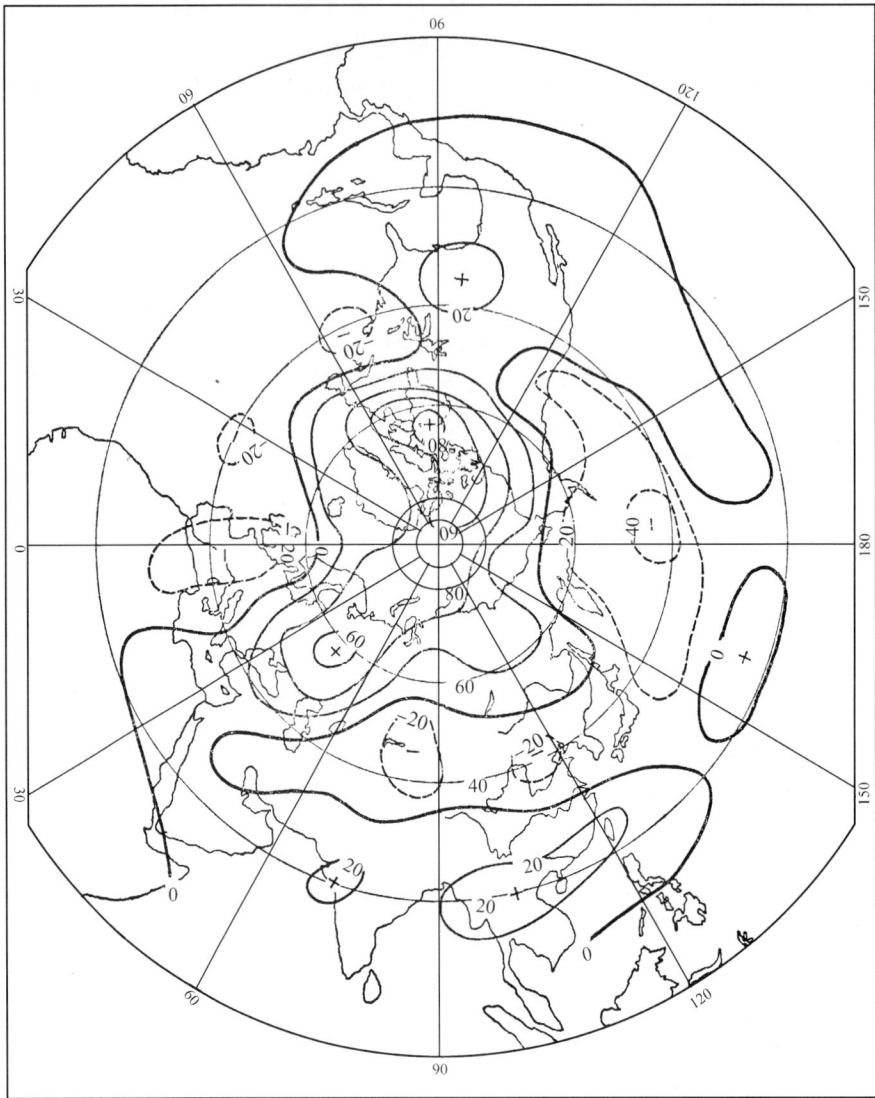

图 2.3　1954 年 5—8 月平均北半球 500 hPa 高度(gpm)距平场

北美、欧洲是明显的正距平中心区,而北太平洋和北大西洋是负距平中心区;1978 年在北美、欧洲是明显的负距平中心区,而北太平洋是正距平中心区,北大西洋也是正距平区。由此可见,1954 年夏季和 1978 年夏季的江淮流域天气是极端相反的,形成这种相反天气的大气环流形势的分布趋势也是有相反的特点。

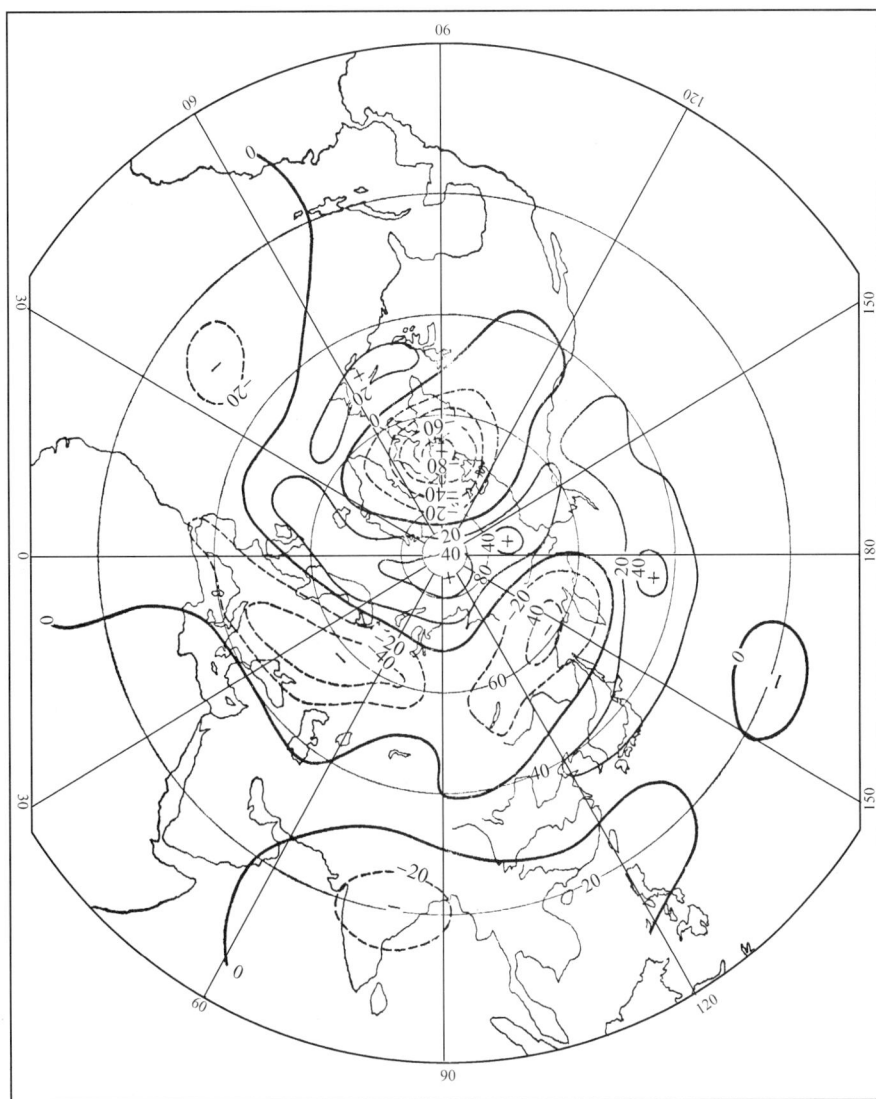

图 2.4　1978 年 5—8 月平均北半球 500 hPa 高度(gpm)距平场

2.2.2　6 月北涝南旱年(1956)与北旱南涝年(1962)的同期环流对比分析

　　6 月正是初夏季节,一般来说,北方大部地区常未进入雨季,南方大部地区已是雨季盛行季节。6 月在南方发生洪涝现象并不罕见,但 6 月在北方发生大范围多雨洪涝现象却是十分少见。而 1956 年 6 月的天气特别反常,南方大部地区该降雨而雨不多出现了干旱现象,北方大部地区提前一个月进入雨季,而且大雨倾盆,雨势猛烈,造成大范围洪涝现象。这年 6 月,江南大部、华南大部,云贵大部等地区的月降水量较常年同期偏少二成到七成左右;而长江干流及其以北的绝大部分地区的月降水量较常年同期偏多五成以上。其中,黄河流域、海河流域、淮河流域和长江上游等广大地区较常年同期偏多一倍到三倍。而 1962 年 6 月的降水距平在全国的分布趋势却正好与 1956 年 6 月的分布趋势相反。1962 年 6 月,江南大部、华南大部、西南大部等地区的月降水量比常年同期偏多二成以上,其中江南南部地区即江西大部、福建西部、浙江西南部一带较常年同期偏多一倍到两倍左右。西藏东部和云南西部也较同期偏多一倍左右。而长江干流及其以北的绝大部分地区的月降水量则比常年同期偏少二成以上。其中,黄河以北大部地区较常年同期偏少三点五成到七成左右。由此可见,这两年 6 月降水的距平分布趋势基本上是反向的趋势。

那么,为什么同在 6 月份,有的年份是北涝南旱,而有的年份是北旱南涝呢? 为了搞清它们的成因,我们还是要从它们的同期大气环流形势的对比分析着眼,分析一下它们各自的异常天气形势特点。

从北半球 500 hPa 月平均高度场和距平场上可以看出它们的特征。

(1)1956 年 6 月,在北半球 600 hPa 高度场上,有三个高气压脊和六个低气压槽。三个高气压脊是:①在北美洲上空是一个由低纬度大西洋副热带高压与中高纬度的暖高压脊叠加成的特别强大的高压。②欧洲上空也是一个强大的高气压脊。③亚洲的中国东北的黑龙江到前苏联的东北部上空也是一个高气压脊区。六个低压槽是:①在亚洲上空有两个槽。从新地岛到巴尔喀什湖上空是一个深厚的低气压,从中国东北南部到长江上游的上空也是一个低压槽区。②在欧洲西部沿海上空也是一个较大的低压槽区。③另外两个低气压槽分别在北美大高压的两侧,即在北美东部上空和西部沿海上空也有两个低气压槽。在这种形势下,大西洋—欧洲盛行 E 型环流天气,即在大西洋东岸附近是槽,在欧洲是脊的大气环流型,全月有 25 天 E 型大气环流天气。由于在新西伯利亚上空是一低气压主槽,在中国北方上空又有一个低气压槽,则就使得中国北方不断有较强冷空气入侵。

(2)1962 年 6 月,在北半球 500 hPa 高度场上,与 1956 年同期相比,大槽大脊少,有两个高气压浅脊和四个低气压槽。两个高气压浅脊分别在北美上空和中国西北部上空。四个低气压槽分别在欧洲上空、西北太平洋上空、东北太平洋上空和亚洲东部沿海上空。在这种形势下,大西洋—欧洲环流较平直,全月有 14 天 W 型即纬向型大气环流,有 10 天与 E 型环流相反的 C 型环流天气,只有 6 天是 E 型环流。由于欧洲为低压槽区,我国西北上空为高气压区,高纬度亚洲上空环流较平直,东亚大槽偏在亚洲的东部沿海地区,这就使得冷空气路径偏东偏北而且强度偏弱。

(3)与常年 6 月北半球 500 hPa 形势相比。在欧洲上空,1956 年为强大的正距平中心区,高度值较常年同期偏高 40~120 gpm,而 1962 年为负距平中心,高度值较常年同期偏低 40~110 gpm。在大西洋北部上空,1956 年为正距平中心区,而 1962 年却为负距平中心区;在北美上空,1956 年为强大的正距平中心区,而 1962 年则为一般的正距平区;在太平洋北部都是西高东低的趋势;在西伯利亚上空,1956 年为负距平,而 1962 年为正距平区。

从以上的环流对比分析可知,1956 年 6 月在欧洲是高压脊,西伯利亚是低气压大槽,中国东部上空也为槽区,所以长江以北广大地区不断受到较强的西北气流入侵。而 1962 年 6 月在欧洲是低气压槽,我国西北部是浅高压脊区,东亚大槽偏东,高纬度亚洲上空环流较平直,所以长江以北广大地区的冷空气活动较弱较少。

(4)我们再进一步对比分析一下这两年 6 月份低纬度西北太平洋副热带高压和印度低压的情况。1956 年 6 月印度低压被切断,而且低压十分弱小。东部月平均西太平洋副热带高压主体西伸到海南岛,在缅甸上空有一环小高压。从副高逐候的活动情况来看,6月第1候西太平洋副高控制中国台湾岛,还没有到达大陆;第2候西太平洋副高西进了7个经度,西脊点到达110°E,北抬了2～3纬度,北界到达27°N,脊线在23°N左右,正好控制了华南和江南大部地区。这时北方欧洲上空为强脊;西伯利亚上空为深低气压槽;东北低压也较强。在这种天气形势下,我国北方大部地区普降大到暴雨,尤其在长江下游和淮河流域直到汉水、渭河一带形成了一条大暴雨到特大暴雨带,淮河流域大部地区的6月上旬降水量在200 mm以上,雨带中心旬降水量有350～450 mm。第3候副高有明显的向南向东撤退,西脊点退到115°E,脊线退到17°N,北界在20°N;第4候40°～90°E之间的西伯利亚和中国新疆上空为一强大而深厚的冷槽,而西太平洋副高又突然向北跳了8个纬度,呈东北—西南向。西脊点还在115°E,但脊线到了25°N附近,这次跳跃又在长江流域及北方大部地区造成了较大的降水。第5候副高又向西进了5个经度到达110°E,并向北抬到30°N附近,长江以南大部地区都在副高控制之下,同时,西伯利亚冷槽变得更加深厚。在这种天气形势下,长江流域及北方大部地区又一次普降了暴雨和大暴雨。其中,四川盆地降了特大暴雨,绵阳和重庆的旬降水量在350 mm以上。第6候副高向南退了5个纬度,但西进了15个经度,控制了华南、江南南部和西南部分地区。由此可知,1956年6月长江以南大部地区由于差不多有一半时间被西太平洋副高所控制,北方来的冷空气被西太平洋副高阻挡在长江及其以北地区,很少有冷暖空气在南方地区相互交换和作用,所以南方为少雨干旱天气。而在北方地区由于冷暖空气的相互作用和强烈交锋,就产生了大暴雨和特大暴雨,造成了多雨洪涝现象。

1962年6月的天气形势与1956年同期基本相反,印缅低压槽较深,5840 gpm等高线比1956年同期偏南,能将孟加拉湾的水汽随着西南气流输送到我国的南部上空。月平均西太平洋副高西伸脊点也到达海南岛,北界正好到达广东沿海地区。从候平均副高活动情况来看,6月第1候,西太平洋副高西伸到达102°E,北界到达28°N,长江以南大部地区都在副高控制之下,但由于欧亚环流较平直,缺乏冷空气活动,没有造成太大的降水。第2候、第3候副高东退到130°E以东,北界到达41°N,控制了日本。第4候副高南退到27°N以南,脊线在20°N,而且西进了15个经度,到达115°E,副高有一角伸向大陆,印缅为一较深的低气压槽,西南气流较强盛,我国北方大部为高压区。在这种天气形势下,长江以南大部地区降了暴雨和大暴雨,在江南中部地区降了特大暴雨。江西的大部地区,6月中旬降水量有200～350 mm。第5候持续第4候的环流特点,继续在江南和华南大部地区造成较大的降雨。其中,在江南中部地区的较大范围内降了200～300 mm的特大暴雨。所以在6月第4候到第5候里,长江以南大部地区降了暴雨和大暴雨。其中,在江南中部即江西大部、湖南东部和浙江西部等地区降了特大暴雨,造成了洪涝现象。而由于中纬度欧亚环流较平直,在长江以北大部地区又因受高气压浅脊的影响,较少有冷空气活动,北方大部地区因缺乏水汽来源和暖冷气流的相互作用而造成了少雨干旱天气。

2.2.3 "63.8","75.8","81.7"洪涝成因简析

上面我们对比分析了1954年与1978年的夏季江淮流域大范围长时间的洪涝和干旱的天气成因,也对比分析了1956年6月北涝南旱和1962年6月北旱南涝的天气成因。经过

两对大旱大涝例子的成因对比分析,我们可以大概知道,造成洪涝的主要天气系统是西太平洋副热带高压和中纬度的西风带,由于这两个天气系统分别从东南海洋上带来了暖湿气流和从北方带来了干冷气流,冷暖气流相互作用强烈交锋产生较大的降水而造成洪涝。而干旱就是因为长期缺乏水汽来源,没有较强冷暖空气的相互作用所致。

除了以上分析到的洪涝成因外,还有台风特别是强台风登陆,有时也会造成较大的洪涝。著名的"75.8"河南西部洪涝就是登陆台风起了主要作用,有名的"63.8"华北中部洪涝也与海上台风有一定的关系。"63.8"华北中部洪涝,"75.8"河南西部洪涝和"81.7"四川盆地洪涝是三大著名洪涝事件。为了对洪涝的成因有进一步的了解,我们再来分析一下这三个洪涝事件的大概天气成因。

2.2.3.1 "63.8"洪涝成因简析

1963年8月上旬在华北的北京—石家庄—保定—邢台直到河南的南阳一带降了特大暴雨,特大暴雨区是呈南北纵向型带状分布。华北中部和河南北部、西部等大部地区旬降水量在300 mm以上,其中石家庄—郑州一带是暴雨中心地带,旬雨量有600~800 mm,造成了有名的"63.8"洪涝事件,这次洪涝是近几十年华北地区最大的一次洪涝。

那么,是什么原因造成了这次洪涝事件呢?由图2.5可见,在欧亚500 hPa旬平均高度场上,莫斯科以西的欧洲西部是一个强大的高气压脊,乌拉尔山到咸海和巴尔喀什湖是一个深厚而宽阔的低气压槽;贝加尔湖到我国西北部又是一个高气压脊;我国东北北部经华北中部到淮河上游有一条东北—西南向的低气压槽。也就是说,在欧亚中纬度是两脊两槽型,从西欧到东亚是脊—槽—脊—槽的大气环流分布型。在东亚大槽东边有一个位置较常年明显偏北的呈西北—东南向的西太平洋副高,这个副高主体控制了朝鲜半岛和辽东半岛,它不断地将东边海洋上的水汽向华北地区输送。在这个副高体南面的海洋上有一台风即6308号台风,这个台风从8月4日到9日在副高南缘的东南气流引导下不断地由南向北偏西方向挺进,直到8月10日这个强台风在日本登陆后又穿过副高主体进入日本海,转向了东北方

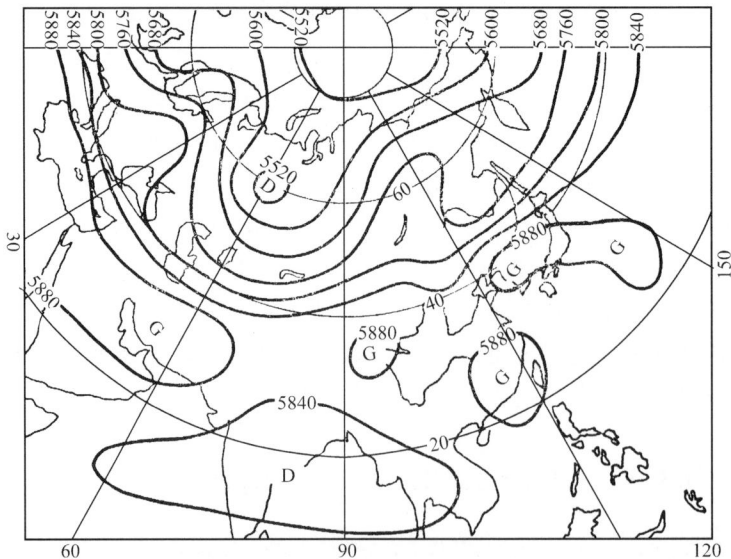

图2.5 1963年8月上旬欧亚500 hPa平均高度场(gpm)图

向。另外,在中国东南部又有一环副高体控制了长江中下游到台湾的广大地区,它不断地将东南海洋上的水汽向长江以北地区输送。印缅低压也比较大,它也将孟加拉湾的水汽向长江上游和淮河上游一带输送。在长江和黄河的发源地青藏高原上还有一小环 5880 gpm 闭合圈,这个小高压正好处在贝加尔湖到新疆的高压脊南部。在这种形势下,我国从长江上游到黄淮、华北、东北南部等大部地区水汽十分充足。从北京到太行山及河南北部、西部等地区正好处在东亚大槽的东侧,不断受到西北方向下来的较强冷空气的侵蚀;在东边、南边和西边是三个高气压体。东边和南边两环副高从东部和南部海洋上带来的偏东偏南暖湿气流不断的与西北干冷气流在这一带地区上空发生了强烈的相互作用和交锋,从而产生特大暴雨。由于东亚大槽的西侧是一个强大的高气压体,在高气压体西部又是一个强大而宽阔的乌拉尔山大槽,西部的大槽大脊强大而稳定,这就使得东亚大槽得以稳定,由于东亚大槽的稳定,又使得华北上空有冷空气侵入,所以在华北中部到河南北部及西部一带的特大暴雨持续了较长的时间。特大暴雨带是呈南北纵向型,特大暴雨带中心轴线正好沿着 115°E,特大暴雨带南端在河南的南阳,北端到北京,最强的暴雨中心在太行山附近,这与太行山的地形对气流的强迫抬升作用有关。

2.2.3.2 "75.8"洪涝成因简析

1975 年 8 月上旬在河南西部发生了特大洪涝事件。这次洪涝虽然区域范围不大,但由于暴雨强度特大,再加上水库垮坝,造成的损失是惨重的。由图 2.6 可见,1975 年 8 月上旬,在欧亚旬平均 500 hPa 的形势场上:西欧是高气压脊;从黑海直到 30°N 地区是一个低气压槽;黑海到咸海为高气压区;从西伯利亚一直到巴尔喀什湖和我国新疆地区又是一个十分深厚而宽阔的低气压槽区,西伯利亚有一个 5600 gpm 等高线闭合圈,同时极涡也偏在东极地;中国东北是一个高气压脊区;鄂霍茨克海到日本海是一个大低气压区,低纬度印缅低气压特别强大,5840 gpm 等高线向东伸到了太平洋上空,中间还有一个

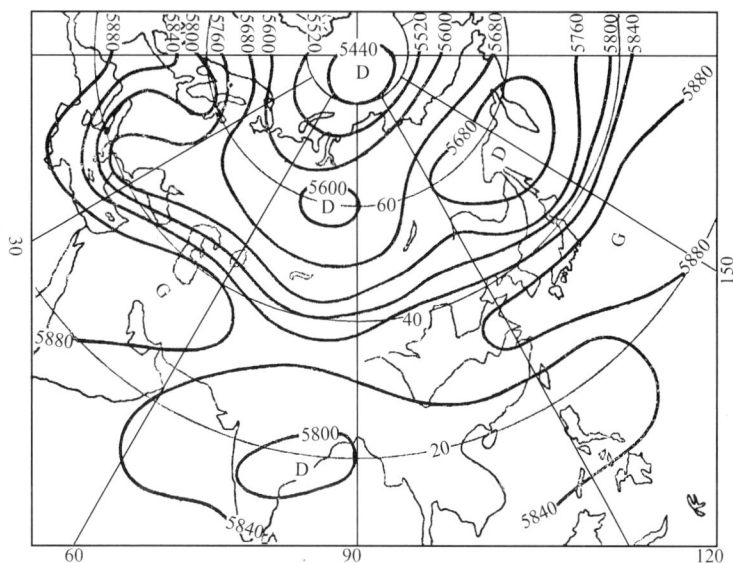

图 2.6　1975 年 8 月上旬欧亚 500 hPa 平均高度(gpm)图

5800 gpm 的闭合等高线；西太平洋副高也很强大，位置较常年偏北，脊线到了 30°N 左右，北界逼近黄河下游地区，西脊点伸到 115°E 即伸到了河南驻马店和信阳的东侧，长江中下游到黄淮的大部地区为副高所控制。河南省大部地区正好处在西太平洋副高西侧和印缅低压的北侧，处在东南气流和西南气流交汇地区，水汽来源十分充足。西伯利亚上空冷槽也较强大。

实际上，河南"75.8"特大洪涝是在 8 月 4—8 日期间造成的，其中尤其是 5—7 日三天的特大暴雨。可以说，造成这次特大洪涝的主要天气系统是上述欧亚天气形势与登陆台风相配合就更加促成了这次罕见的特大暴雨。7 月 30 日在西太平洋的赤道辐合带上有一个强台风生成，其编号为 7503 号。由于在这个台风北边有一个强大的副高体，使得台风北上受阻，这个台风在副高南缘偏东气流引导下，先向西行后又向西北方向前进，于 8 月 3 日在台湾花莲登陆，后又穿过台湾海峡于 4 日凌晨在福建晋江再次登陆。台风二次登陆以后继续向西北方向前进，经赣南、湘北后又转向东北方向垮过长江继续前进，于 6 日 20 时到达河南的桐柏山区，7 日 08 时到达泌阳县附近的二郎山区，此后又折向西南，于 8 日 14 时在湖北大巴山区消失。

8 月 5 日台风中心离河南还较远，河南西部地区 5 日的大暴雨主要是低层东风扰动的雨区与西风槽前雨区相合并。低层偏东风急流轴线从上海伸展到郑州；500 hPa 偏南强风速轴线从汉口伸展到驻马店附近；300 hPa 西风槽线位于 111°E 附近。由于东风扰动轴线和暖锋、暖锋又和中尺度切变线都在河南的南阳到驻马店之间相交，交点附近有强烈的低层辐合和对流活动。而且由于高空西风槽与低层东风扰动的上下叠加和相互作用，中低层急流的相互作用，都加强了强对流天气，于是在多种天气特征线的交点附近就产生了特大暴雨。8 月 6 日台风已进入河南省南部山区，并在河南省区内停滞少动。因为台风东侧的 500 hPa 上空是强大的西太平洋副高，西南部又是一个强大的印度低压，这种形势使得能量和水汽源源不断的输送给台风，同时，在台风北边是高压区，阻挡了强冷空气对台风的侵入，因而台风的暖心结构得以保持，所以这个台风登陆以后迟迟不消失，一般台风登陆后一到两天就消失，可 7503 号台风在大陆上维持了 4 天多，并在河南省内停滞了 30 多个小时，这在陆地上停留时间之长是罕见的。在这个台风的三次缓慢转向和停滞少动的过程中，由于台风和副高南缘的低层东风急流以及西边高空西风槽等天气系统的相互强烈作用而产生了比 5 日更大的特大暴雨。真是大雨倾盆、雷电交加，下面已是水淹田舍不见地，上面还是暴雨倾盆不见天。同时由于降雨太急太大，水库一时承受不了大水的截击而被冲垮，天上暴雨不止，地上洪水冲泻，因而造成了令人难忘的"75.8"洪水悲惨事件。据水电部调查记录，在河南省的驻马店到南阳、信阳到周口这一区域内，4—8 日的降水总量大于 600 mm 的区域面积有 8960 多平方公里，大于 400 mm 的区域面积有 18900 多平方公里，特大暴雨中心降水总量超过 1600 mm。这次洪涝强度实是罕见。

2.2.3.3 "81.7"四川盆地洪涝成因简析

1981 年 7 月中旬前期，在四川盆地西部、中部和北部广大地区发生了大暴雨和特大暴雨并引起了山洪爆发而造成了当地百年少遇的特大洪涝。四川盆地位于长江上游，地处青藏高原的背风区，盆地内丘陵起伏，故风力微弱，湿度较浓，雨季较长，夏季降水丰沛，初秋秋雨亦较丰润，是典型的副热带湿润气候。盛产各种副热带植物，自古有"天府之国"之誉。一般年份,四川盆地在夏季暴雨较为常见,但由于盆地各部雨季高峰参差不齐,有互相调节作用,就盆地大部地区平均降水量来看,其年际变化比东部地区要小,所以大旱大涝并不多见。"81.7"特大洪涝的形成是有特殊的天气形势造成的。由图2.7可见,在1981年7月中旬欧亚500 hPa平均高度场上基本上反映出了这种特殊的天气形势特点。在四川盆地的西北部到贝加尔湖上空为一长波大槽,处在槽前的四川盆地有强大的西北气流侵入;在盆地东边有强大的西太平洋副高和华北长波高压叠加而成的东部纵向型高压坝。四川盆地处在副高西侧,东南海洋上的水汽不断通过副高南缘的偏东气流向长江上游输送;在盆地西南方有一个强大的印盂低压,孟加拉湾的水汽通过这个低压也不断地随着西南气流向处在低压东北部的长江上输送。与常年同期相比较,中纬度长波大槽明显偏深,印盂低压也较常年偏北偏强,西太平洋副高较常年明显偏北(脊线在30°N左右)偏西(西脊点在105°~110°E之间)偏强,控制了江南,长江中下游和淮河流域大部地区。在这种三大天气系统都较常年同期明显偏强而且都向四川盆地逼近的特殊天气形势下,即盆地东侧是副高与华北长波高压叠加成的纵向高压坝,盆地西侧是长波大槽与印盂低压连成的经向低压带、高压坝和低压带在长江上游形成对峙局面,由东南气流和西南气流交汇成一支强大的偏南暖湿气流与强劲的西北干冷气流正好在四川盆地上空强烈交锋和相互作用,产生了特大暴雨,又引起了山洪爆发,因而造成了特大洪涝。更具体一点来说,7月12日在长波大槽南端的川西高原上诱出一低涡,同时也促使中低层西南低涡剧烈发展,呈北槽南涡型,槽后高空的偏北气流引导地面冷空气南下。这时在盆地东部形成一支东南风低空气流。13日长波槽发展到最强,低涡移入盆地,激发强对流运动的发展,产生了特大暴雨。大暴雨带与长波槽轴一致,大暴雨区与低涡相吻合,并且雨带随长波槽缓慢东移,大暴雨带也东移,12—13日降水也最强,大暴雨形势既典型又特殊且稳定,因而出现了大范围的大暴雨和特大暴雨,大暴雨移动方向又和洪水流向相同,强降水加山洪爆发几乎全部形成迳流,使江河猛涨,汇入长江,致使长江上游出现较大洪峰,洪峰最高水位高

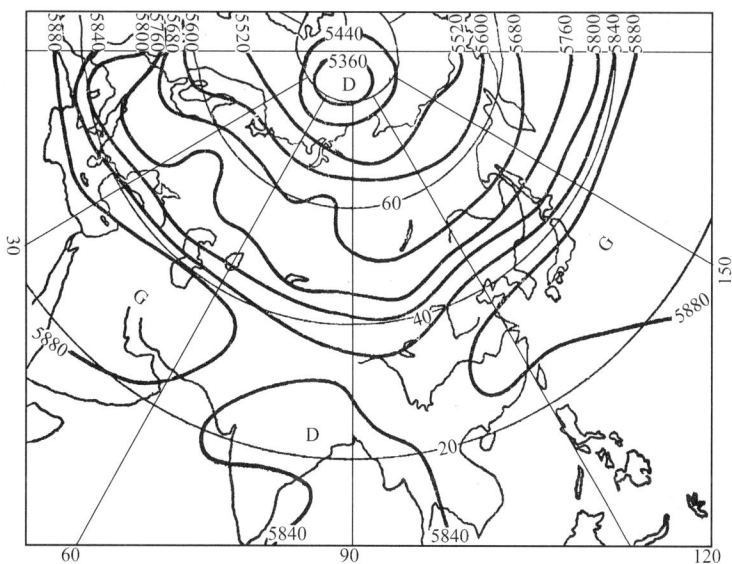

图 2.7　1981 年 7 月中旬欧亚地区 500 hPa 平均高度场(gpm)图

度仅次于 1954 年。"81.7"暴雨中心强度虽然要比"75.8"和"63.8"的暴雨中心强度明显地小,但与盆地自身的历年相比,这次大暴雨的区域面积是建国后最大的一次,面上暴雨总量最大。过程降水总量在 200 mm 以上的区域面积约为 63700 多平方公里,与"75.8"同级雨量面积相比,要大 2 万平方公里。另外,这次特大洪涝的形成,也与四川盆地的特殊地形有关,其中山洪爆发也是造成洪涝的一个重要因素。

第 3 章　雨季旱涝前期大气环流特征对比分析和遥相关高度因子调查研究

大旱大涝的成因即同期 500 hPa 环流特点在上面已经进行了分析。从长期预报着眼，更关心的是在旱涝发生前的大气环流形势有什么奇异的特点，即要了解旱涝发生前一个月或一个季甚至更长时间以前的大气环流有什么异常特征，这才能为我们作一个月或一个季的长期天气预报提供一定的前期高度信息。

英国的沃克（Walker）为了改进印度季风雨的预报，早在 1923 年就对印度季风雨和前期全球各地气象参数之间的相关系数做了世界范围的调查。并对全球各地气象要素的同期和前期相互关系进行了研究。1924 年沃克发现了行星大气气压场的一种重要振动——南方涛动、北大西洋涛动、北太平洋涛动。这三大涛动的发现为继他之后的许多气象工作者广泛开展遥相关因子的调查和应用打下了重要的理论基础，三大涛动也可以说是当今"大圆路径"理论的基础，同时也给长期天气预报以一定的启发。

在长期动力数值预报模式投入降水预报的实际业务中使用并取得成效之前，在前期大气环流场及其他预报因子中寻找与旱涝有优相关关系的预报因子，并据以此来做旱涝的长期天气预报，即在诊断分析和长期预报中相关分析研究工作是较为广泛的。

在本书中也是采用相关系数和相关概率来检验和衡量预报因子指标与预报对象之间是否存在关系及其关系的密切程度的。

$$\text{相关系数}\qquad r = \frac{S_{12}}{S_1 \cdot S_2}$$

式中　　$S_1^2 = \frac{1}{n}\sum_{i=1}^{n}(x_i - \bar{x})^2, \bar{x} = \frac{1}{n}\sum_{i=1}^{n}x_i$

$S_2^2 = \frac{1}{n}\sum_{i=1}^{n}(y_i - \bar{y})^2, \bar{y} = \frac{1}{n}\sum_{i=1}^{n}y_i$

协方差　　$S_{12} = \frac{1}{n}\sum_{i=1}^{n}(x_i - \bar{x})(y_i - \bar{y})$

相关概率　　$P = \frac{n}{m} \times 100\%$

式中 n 是某一特指事件出现的次数，m 是全部样本数。例如，在 35 年中出现了 7 次洪涝，则出现洪涝的概率（或几率）$P = \frac{7}{35}100\% = 20\%$。

通过用相关系数和相关概率对大量预报因子特征量和环流场进行了调查，其结果表明对旱涝有指示意义的遥相关大气环流因子并不是普遍存在的。但在旱涝发生前的某些关键月份或关键地区的大气环流还是有一定反映的。例如，由调查分析可知，1 月是长江中下游和黄河中上游夏半年旱涝的前期关键月，2 月是华南地区和淮河流域夏半年旱涝的前期关键月，3 月是海河流域夏季旱涝的前期关键月。旱年和涝年在这些关键月中的北半球高度平均距平场的分布趋势基本上是相反的。而且在前期这些关键月中的主要区域高度趋势与后期旱涝之间存在着较好的相关关系,对旱涝预报有一定的指示意义。因为月平均高度场基本上滤掉了高频波系统,月平均环流的超长波系统对长期天气预报有一定的指示意义。在此,我们把与旱涝有较好相关关系的关键区域的月平均高度值或环流特征量称之为大气环流因子。下面我们将分区对旱涝的前期关键月北半球高度平均距平场的分布特点及与旱涝有遥相关关系的大气环流因子进行对比分析和讨论。

3.1　长江中下游(6～7区)雨季旱涝的前期1月北半球 500 hPa 高度趋势概述和遥相关高度因子的分析研究

3.1.1　长江中下游梅雨期5—7月旱涝的前期1月500 hPa 高度距平场的对比分析和遥相关高度因子的分析

从长江中下游5—7月梅雨期总降水量的环流因子调查中发现,1月是长江中下游地区梅雨期旱涝的关键月,1月亚欧 500 hPa 高度趋势对长江中下游梅雨量的大小趋势有一定的指示意义。图 3.1 是长江中下游地区(19 站平均)5—7 月降水总量 $R_{5\sim7}>645$ mm 的 8 个水梅年(1954,1956,1969,1970,1973,1977,1980,1983)的平均 1 月 500 hPa 北半球高度距平场的分布图。由图 3.1 可见,从极地到北非和从极地到西北太平洋是广阔的正距平区,正距平中心平均较常年同期偏高 20～60 gpm。而从东欧的里海向南到印度向东到中国沿海地区是一广阔的负距平区,负距平中心区在咸海和巴尔喀什湖之间,较常年同期平均偏低 20～40 gpm。在阿拉斯加到北美洲西部海岸地区也是负距平区,平均较常年同期偏低 20～40 gpm。图 3.2 是长江中下游地区 5—7 月降水总量 $R_{5\sim7}<455$ mm 的 8 个旱梅年(1961,1963,1965,1966,1968,1972,1978,1981)的平均 1 月 500 hPa 北半球高度距平分布图。由图 3.2 可见,极地是负距平,地中海和欧洲大陆也是负距平区,北太平洋到中国东部沿海及亚洲低纬地区又是一负距平带,负距平中心区平均较常年同期偏低 20～40 gpm,而从东欧到亚洲大部地区与阿拉斯加到北美洲东部地区是两个相连的正距平区,正距平中心区分别在乌拉尔山和加拿大西部,平均较常年同期偏高 20～40 gpm。

由此可见,水梅年和旱梅年的平均 1 月 500 hPa 高度距平趋势基本上是相反的。从地中海—巴尔喀什湖—西北太平洋—阿拉斯加的距平趋势符号来看,水梅年是呈＋—＋—分布形势,而旱梅年却呈现—＋—＋分布形势。

再从水梅年和旱梅年的平均 1 月 500 hPa 高度场来看(图略),水梅年在欧洲西部沿海是一个浅高压脊,在乌拉尔山是一个低压槽区。极涡较常年偏南偏东,在鄂霍次克海的西北部;而旱梅年在欧洲西部是一个低压槽区,从萨哈林岛到日本北部是一个狭窄的槽区,这两个低压槽之间的波长要比水梅年长 30 个经度左右。

从长江中下游梅雨期降水总量 $R_{5\sim7}$ 在 1 月这个关键月中的关键区来看,主要是在 35°～45°N、70°～100°E 范围内,即在新疆到西藏高原上空。1951—1985 年的 $R_{5\sim7}$ 与这个范围的格点高度值的反相关系数有 −0.45 至 −0.57,相关信度有 0.01 至 0.001。

从青藏高原(25°～35°N,80°～100°E)7 点 1 月 500 hPa 高度距平的累积值来看,与长江中下游的梅雨有反相关关系,8 个水梅年的高原高度距平累积值均≤0 gpm(8/8);而 8

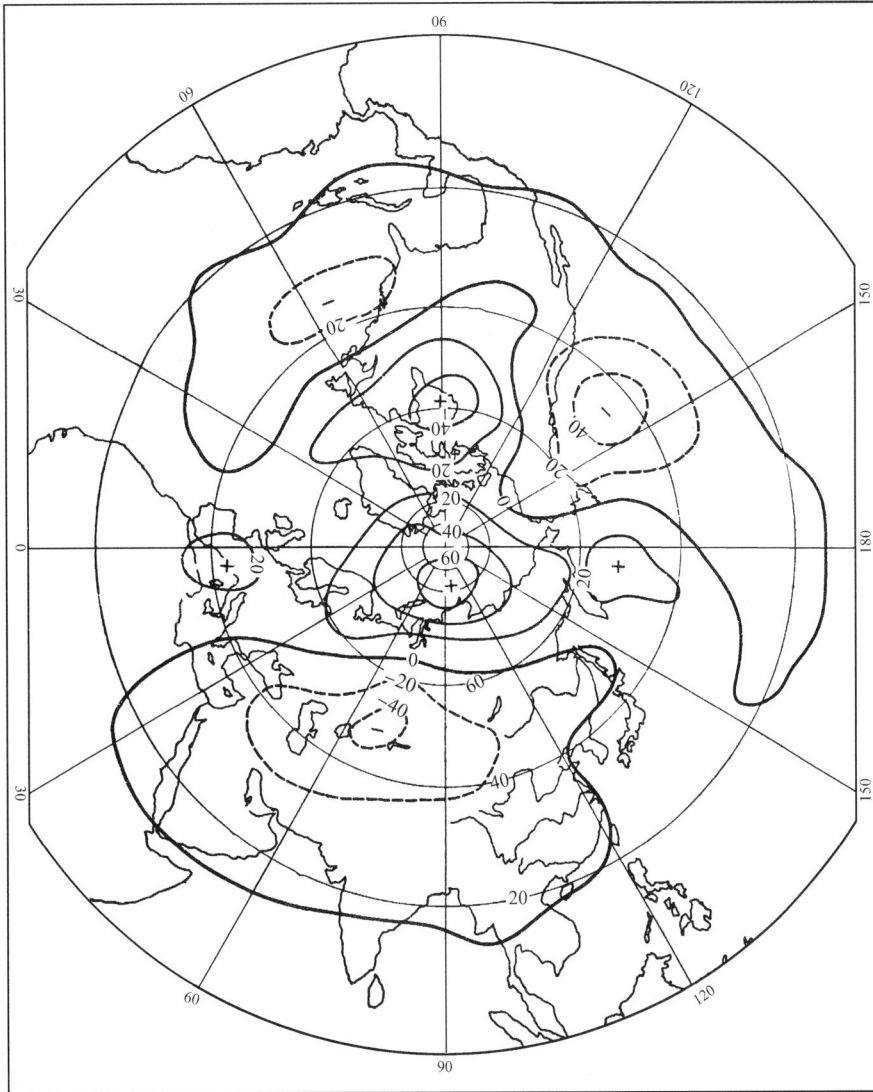

图 3.1　长江中下游地区 8 个水梅年的平均 1 月 500 hPa 北半球高度(gpm)距平场的分布

个旱梅年中有 5 年高原高度距平累积值＞100 gpm(5/8),还有 3 年(1968,1978,1981)不符合这个关系。从高原 2—4 月的高度距平累积值来看,多数年份与 1 月的高度距平趋势相反,水梅年 2—4 月高原高度距平累积值之和＞0 gpm,而旱梅年则＜0 gpm,16 年中有 11 年符合此关系。这说明 1 月青藏高原 500 hPa 高度的低(高)对长江中下游地区梅雨的多(少)有一定的指示意义,而 2—4 月青藏高原高度场对长江中下游梅雨却有正相关趋势,但关系不太好。2—4 月孟加拉湾的 500 hPa 高度与长江中下游的梅雨有较好的正相关关系,8 个水梅年 2—4 月孟加拉湾的高度距平累积值均≥10 gpm,而 8 个旱梅年中有 7 年 2—4 月孟加拉湾的高度距平累积值≤0 gpm,只有 1961 年例外。另外,4 月南海高压的强弱对长江中下游的梅雨有临阵指示意义,8 个水梅年中有 7 年的 4 月南海高压的面积指数(5×5 经纬度格点上的高度≥5880 gpm 的点数,下同)有 5～7,强度指数(面

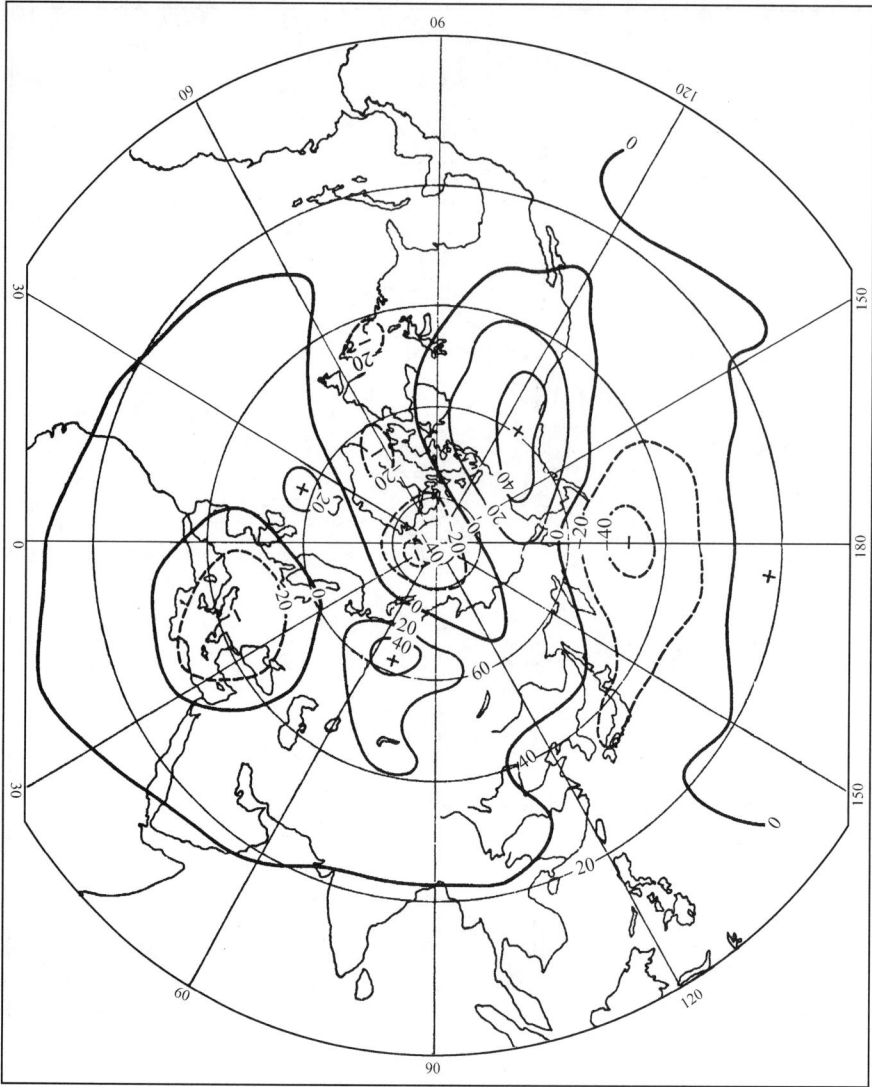

图 3.2　长江中下游地区 8 个旱梅年的平均 1 月 500 hPa 北半球高度(gpm)距平场分布图

积指数的加权值,例如 5880 gpm 为 1,5890 gpm 为 2,……,下同)有 6~17;而 8 个旱梅年中有 7 年的 4 月南海高压面积指数只有 0~4,强度指数只有 0~5。由此可见,水梅年前期 4 月南海高压偏强,而旱梅年则偏弱。

　　大多数水梅年(1954,1956,1969,1980,1983)在梅雨期来临之前的 4 月 500 hPa 高度图上显示出西太平洋副热带高压明显偏强西伸,大西洋高压也偏强东伸,这两个高压相接形成一强大的高压带;而旱梅年在 4 月 500 hPa 高度图上一般显示出西太平洋副高偏弱,西脊点在 105°E 以东,没有出现伊朗高压与西太平洋高压打通的现象。

表 3.1　长江中下游地区水(旱)梅年前期 500 hPa 高度特征值对比表(表中高度单位为 10 gpm)

地区／特征量／时段／年份	长江中下游 (19站平均) 降水量距平百分率(%) 5—7月	新疆 (35°~45°N 70°~100°E) 10点高度距平累积值 1月	青藏高原 (25°~35°N 80°~100°E) 7点高度距平累积值 1月	青藏高原 2—4月	孟加拉湾 (10°~20°N 80°~100°E) 8点高度距平累积值 2—4月	南海 (100°~120°E) ≥5880 gpm 的 5×5 格点数 4月
水梅年 1954	141	−14	−10	51	37	7
1956	27	−15	−2	55	22	5
1969	49	−69	−19	15	13	6
1970	28	−2	−7	−10	2	2
1973	35	−21	0	26	5	6
1977	29	−42	−10	22	1	5
1980	28	−17	−12	−21	11	7
1983	51	13	−8	−70	16	7
界值	>25	≤−15	≤0	≥15	≥1	≥5
概率	(8/8)	(6/8)	(8/8)	5/8	8/8	7/8
旱梅年 1961	−28	21	17	−8	7	4
1963	−12	61	14	25	−7	4
1965	−23	38	23	−14	−3	1
1966	−15	36	26	44	0	1
1968	−18	−23	−12	−29	−19	3
1972	−23	−3	14	−31	−24	3
1978	−30	−13	−17	−25	−10	4
1981	−24	−2	−11	−21	−9	6
界值	<−10	≥−3	>10	≤−8	≤0	≤4
概率	8/8	6/8	5/8	6/8	7/8	7/8

对于夏季 6—8 月的降水总量,长江中游(6 区)和下游(7 区)两个地区的遥相关大气环流因子尚各有自己的特点。

3.1.2　长江中游夏季旱涝的前期优相关高度因子的对比分析

长江中游夏季 6—8 月旱涝的前期高度因子与长江中下游梅雨期 5—7 月旱涝年的前期高度因子基本一致。其中以 3—4 月孟加拉湾的高度与 4—5 月南海高压的强弱对长江中游地区夏季旱涝的指示性相对较优。如表 3.2 所示,夏季 6—8 月降水量距平百分率≥20% 的 4 个夏涝年,前期 3—4 月孟加拉湾地区的高度均较常年同期偏高;而夏季 6—8月降水量距平百分率≤−20% 的 10 个夏旱年中有 8 年孟加拉湾 3—4 月的高度较常年同期偏低。4 个夏涝年的 4—5 月南海高压也明显偏强;而 10 个夏旱年中有 7 年的 4—5 月南海高压较常年同期偏弱,有 2 年与常年接近。从 1951—1985 年的全部年份来看,6—8月降水量与 3—4 月孟加拉湾的高度和 4—5 月的南海高压强度的相关系数的信度有0.01 至 0.001,相关概率有 74%。由此可见,3—4 月孟加拉湾地区的 500 hPa 高度和4—5 月南海地区的高压强弱对长江中游的夏涝夏旱的发生有一定的指示性,在长江中游的旱涝预报中有一定的参考价值。

表 3.2　长江中游夏旱夏涝年前期 500 hPa 高度因子对比表（表中高度单位为 10 gpm）

年份 时段 特征量	地区	长江中游	孟加拉湾	南海	
		6—8 月	3—4 月	4—5 月	
		降水量距平百分率（%）	两个月高度距平累积值之和	高压面积指数	高压强度指数
夏涝年	1954	108	37	14	25
	1969	88	13	12	17
	1980	88	11	14	21
	1983	41	16	14	30
界值		≥20	≥10	≥12	≥17
概率		4/4	4/4	4/4	4/4
夏旱年	1959	−38	16	7	9
	1961	−30	6	9	12
	1967	−32	−19	0	0
	1971	−22	−32	1	1
	1972	−16	−24	3	3
	1974	−30	−29	0	0
	1976	−33	−19	1	1
	1978	−32	−10	9	9
	1981	−33	−9	11	17
	1985	−20	−12	1	1
界值		≤−20	≤−9	≤9	≤12
概率		10/10	8/10	9/10	9/10

3.1.3　长江下游夏季旱涝的前期遥相关高度因子的对比分析

长江下游地区夏季旱涝的前期遥相关高度因子有的与长江中下游 5—7 月梅雨期旱涝的高度因子相同。但还有它本身的优遥相关区，长江下游夏季旱涝的前期时间和空间的最远最优遥相关高度因子是在上一年 11 月哈得孙湾上空 500 hPa 上。这个关键区（55°～65°N、80°～110°W）的 11 月高度对长江下游地区夏季降水总量和旱涝趋势有较好的指示性。即 11 月 500 hPa 哈得孙湾地区 10 点平均高度≥5290 gpm 的次年，长江下游地区夏季 6—8 月降水总量较常年同期偏多（12/12）；11 月 10 点平均高度≤5270 gpm 的次年，长江下游 6—8 月降水总量则较常年同期偏少（15/16），只有 1983 年例外。11 月 10 点平均高度＝5280 gpm 的年份，指示性不好，这样的年份共有 6 年，其中有 4 年对应次年长江下游夏季少雨，有 2 年对应次年长江下游夏季多雨。总的来说，如果按距平趋势分两级求相关的话，其相关概率有 91%（31/34），相关系数信度有 0.001。这个高度因子从 1978 年初发现以来，在近 8 年的预报使用中经受了考验，只有 1983 年错了，1985 年正好在界值上不太好判别，其余 6 年均符合上述正相关关系。

另外，在同年 1 月 500 hPa 的巴尔喀什湖地区（40°～50°N、65°～85°E）和伊朗高原地区（25°～35°N、50°～70°E）的 7 点平均高度对长江下游 6—8 月降水总量也有一定的反相关关系。巴尔喀什湖 7 点平均 1 月 500 hPa 高度≤5500 gpm，长江下游地区夏季 6—8 月降水总量较常年同期偏多；1 月 7 点平均高度≥5510 gpm，长江下游地区夏季 6—8 月降水较常年同期偏少,1951—1985 年相关概率有 74%,相关系数的信度达 0.001。1 月伊朗高原的高度与长江下游 6—8 月的降水量也有反相关关系,相关概率有 71%,相关系数的信度接近 0.001。由表 3.3 可见长江下游夏季 6—8 月旱涝年的前期高度因子的对比关系,1983 年比较特殊,前期 4 个高度因子有 3 个是不符合的,即上一年 11 月的哈得孙湾高度与 1 月的巴尔喀什湖和伊朗高原的高度趋势都没有反映出 1983 年长江下游的多雨趋势,只有 4—5 月南海高压明显偏强这个近期高度因子反映出来了。

表 3.3　长江下游夏旱夏涝年前期 500 hPa 高度因子对比表(表中高度单位为 10 gpm)

年份 \ 地区 时段 特征量	长江下游 6—8 月 降水量距平 百分率(%)	哈得孙湾 11 月(上一年) 10 点平均高度	巴尔喀什湖 1 月 7 点平均高度	伊朗高原 1 月 7 点平均高度	南海 4—5 月 高压面积指数和
夏涝年 1954	103	533	546	567	14
1969	56	528	540	568	12
1974	23	531	545	567	0
1975	20	533	551	569	3
1977	26	529	545	565	11
1980	56	532	549	568	14
1983	21	521	552	571	14
界值	≥20	≥529	≤550	≤569	≥11
概率	7/7	5/7	5/7	6/7	5/7
夏旱年 1958	−42	526	556	574	10
1961	−22	523	555	572	9
1963	−32	523	560	573	9
1966	−23	525	555	576	2
1967	−39	518	552	572	1
1968	−42	524	548	568	0
1978	−57	524	551	570	9
1985	−25	528	552	570	4
界值	≤−20	≤527	≥551	≥570	≤9
概率	8/8	7/8	7/8	7/8	7/8

3.2　黄河中上游(11 区)夏半年旱涝的前期 1 月北半球 500 hPa 和 100 hPa 高度趋势概述和遥相关高度因子的分析

前面对比分析了长江中下游地区水梅年和旱梅年的 1 月北半球 500 hPa 平均高度趋势,水梅年和旱梅年在 1 月 500 hPa 亚欧地区的高度距平趋势的分布基本上是相反的。在调查分析中发现,1 月高度形势不但对长江中下游地区的梅雨量和夏季旱涝有一定的指示意义,而且对黄河中上游夏半年 4—9 月降水总量和旱涝也有较好的指示意义。但关键区域并不相同。长江中下游的旱涝在 1 月的关键区在亚欧上空,而黄河中上游的旱涝在 1 月的关键区在北太平洋和加拿大上空。

图 3.3 是黄河中上游 4—9 月降水总量距平百分率≥20% 的 5 个涝年(1958,1961,

1964,1967,1985)的平均 1 月 500 hPa 高度距平分布图。由图 3.3 可见,在北太平洋地区是一强大的负距平区,负距平中心在阿留申地区,其中心值达－120 gpm。在这个负距平区的东侧,即在加拿大地区到冰岛是一个正距平区,加拿大西北部是一个正距平中心,其中心值达 60 gpm。从亚洲到赤道太平洋地区也是一个广阔的正距平区。图 3.4 是黄河中上游 4—9 月降水总量距平百分率≤－20％的 7 个旱年(1957,1962,1965,1972,1974,1980,1982)的平均 1 月 500 hPa 高度距平分布图。由图 3.4 可见,在北太平洋地区是一个强大的正距平区,正距平中心在阿留申及其东南侧,其中心值有 80 gpm。在这个正距平区的东侧,即在加拿大地区到冰岛是一个负距平区,负距平中心在加拿大西北部,中心值有－90 gpm。赤道太平洋地区和西亚地区是负距平区。由此可见,黄河中上游 4—9 月的旱涝年在前期 1 月 500 hPa 平均高度距平场的距平趋势分布是基本相反的,特别是在北太平洋到加拿大上空,

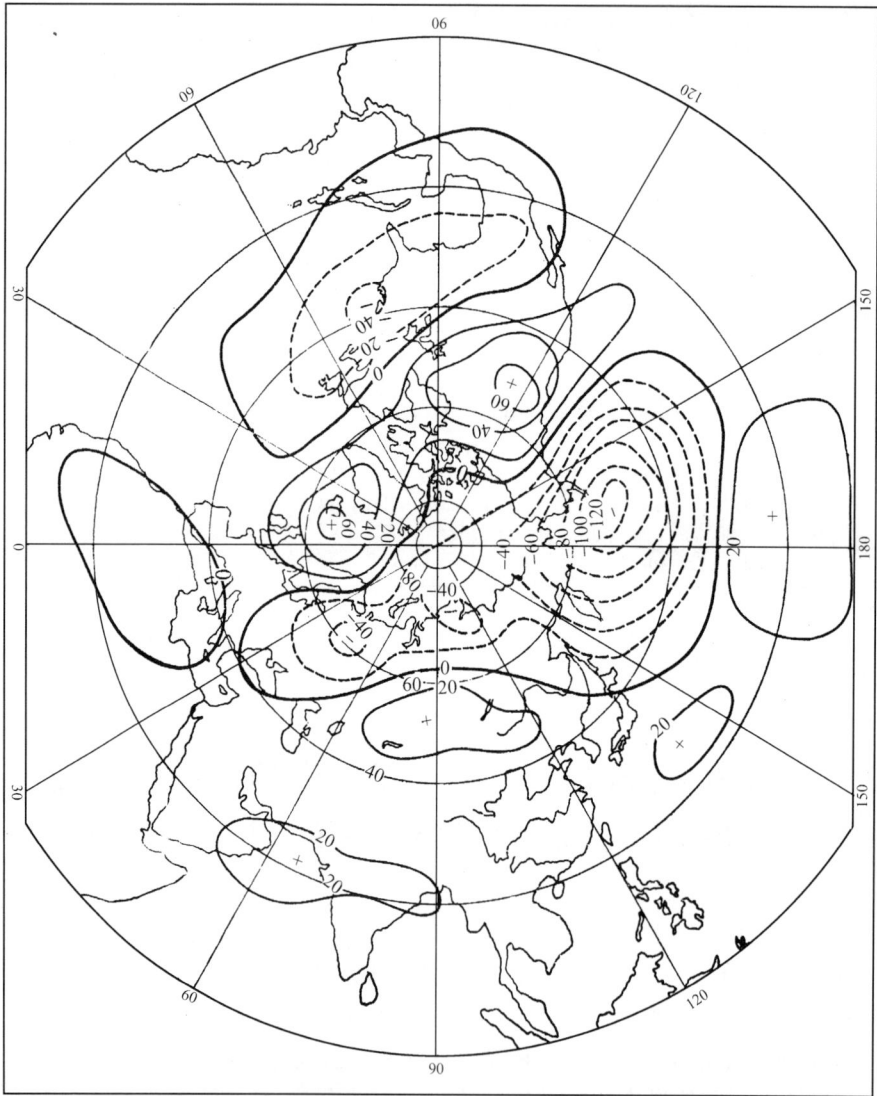

图 3.3　黄河中上游 5 个夏半年涝年的平均 1 月 500 hPa 高度(gpm)距平分布图

是两个相反的距平中心区。

在 5 个涝年和 7 个旱年的平均 1 月 500 hPa 高度图上(图略)可见,涝年的 1 月 500 hPa 高度显示出,有两个 5040 gpm 极涡闭合圈,一个在东半球,一个在西半球;而旱年的 1 月 500 hPa 高度图上只有一个 5040 gpm 极涡闭合圈,在西半球。涝年的东亚大低压槽在鄂霍次克海上空,比较宽大;而旱年的东亚大低压槽在外兴安岭北部上空,比较狭窄。涝年在欧洲到地中海上空是一个低压槽,旱年的这个大低压槽在乌拉尔山到里海一带,比涝年偏东 20～30 个经度。涝年在北美洲沿岸和北太平洋是两个高压脊,而旱年的阿拉斯加是一个浅高压脊,大西洋欧洲环流比较平直。在低纬度,涝年西太平洋副热带高压有一定的势力,平均有 9 个格点的高度≥5880 gpm。印度半岛到阿拉伯海上也有 3 个 5880 gpm 的格点;而旱年的整个低纬度地区高度都不到 5880 gpm,西太平洋上只出现两个 5870 gpm 的高度点。

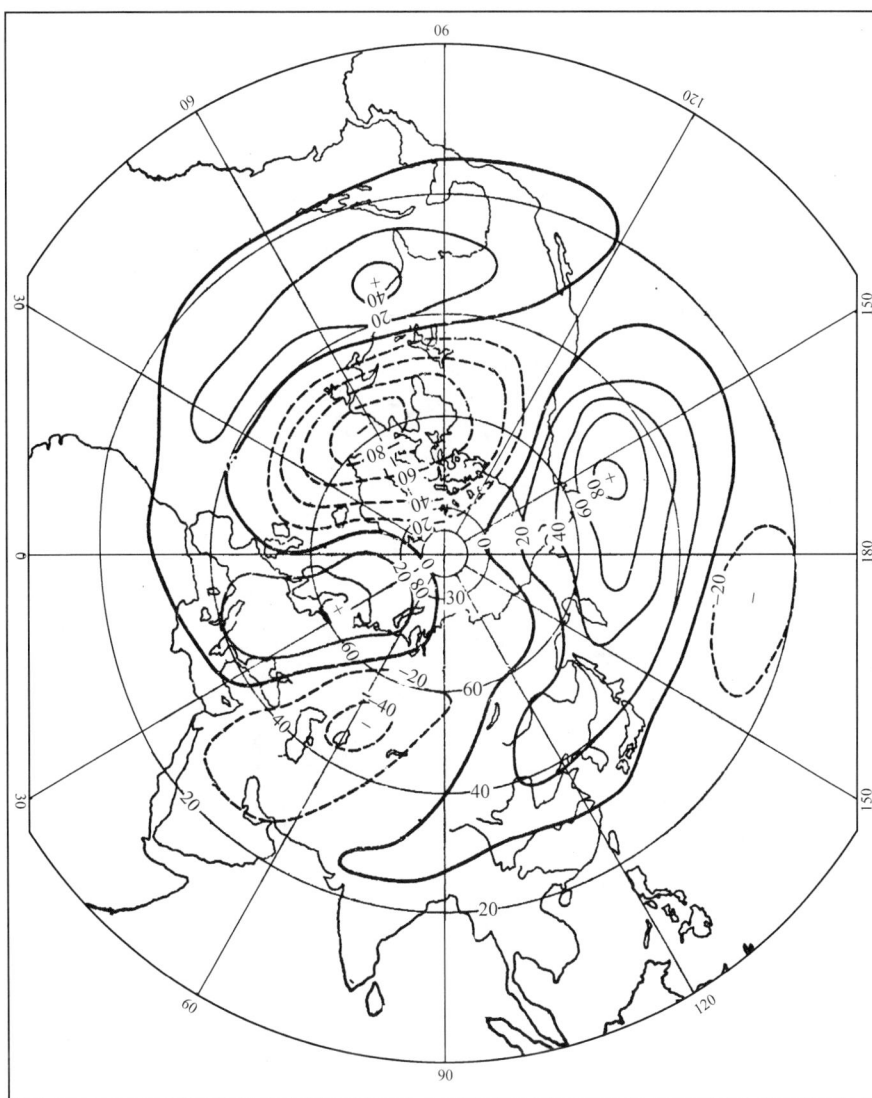

图 3.4　黄河中上游 7 个夏半年旱年的平均 1 月 500 hPa 高度(gpm)距平分布图

　　同样,在1月100 hPa上涝年和旱年的高度距平趋势也呈现出相反的趋势。图3.5和图3.6分别是黄河中上游4—9月的5个涝年和7个旱年的平均1月100 hPa高度距平分布图。由图3.5可见,北太平洋和北非地区是负距平区,北半球其余大部地区是正距平区。阿留申群岛是负距平中心,中心最大距平值有−90 gpm,加拿大西北部是正距平中心区,中心最大距平值达80 gpm。由图3.6可见,北太平洋和欧洲及北美洲南部是正距平区,北半球其余地区是正距平区。阿留申群岛是正距平中心区,中心最大距平值有100 gpm;加拿大北部是负距平中心区,中心最大距平值有−190 gpm。

　　从1956—1985年黄河中上游4—9月降水总量与1月北半球100 hPa计算的相关系数和概率来看,最好的相关区在阿留申群岛地区(40°N、180°～160°W,50°N、170°E～150°W,60°N、180°～160°W),其中有8点相关系数在−0.51至−0.68,相关信度达0.01至0.001。

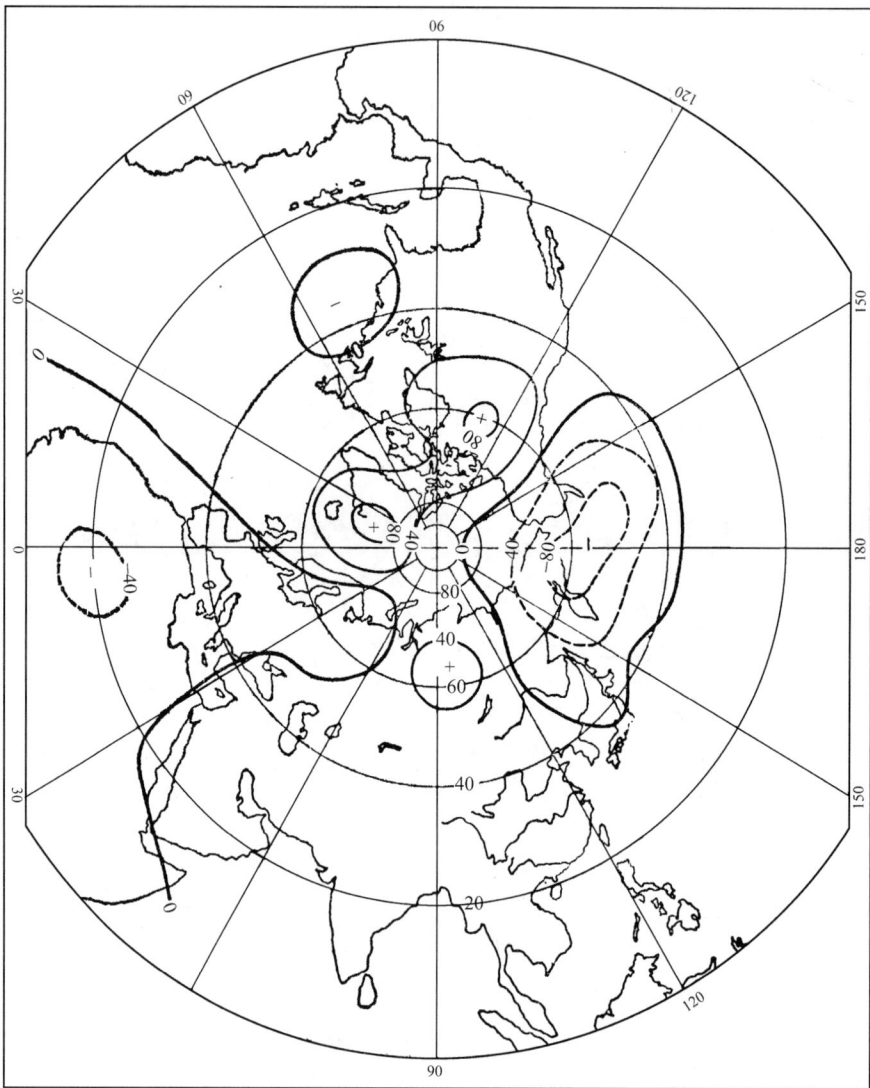

图3.5　黄河中上游5个夏半年涝年的平均1月100 hPa高度(gpm)距平分布图

阿留申地区 1 月 100 hPa 上 11 个格点的平均高度距平值与黄河中上游地区 4—9 月降水量
的反相关概率有 90%（27/30），上述 12 个旱涝年都符合这个反相关关系。1951—1985 年黄
河中上游 4—9 月降水总量与 1 月北半球 500 hPa 高度的相关系数最高区域也是在阿留申
地区附近（40°～55°N、170°～150°W），相关系数有 −0.46 至 −0.59，信度有 0.01 至 0.001。
4—9 月降水量距平值与这 7 点平均 1 月 500 hPa 高度距平值的负相关概率有 83%（29/
35）。12 个旱涝年中有 11 个符合这负相关关系，只有 1965 年例外。另外，在加拿大西北部
地区（55°～65°N、110°～90°W）是一个正相关区，1951—1985 年的正相关概率有 74%（26/
35），正相关系数有 0.46 至 0.52，信度也达 0.01 至 0.001。5 个涝年和 7 个旱年的前期 1 月
大气环流因子的对比关系如表 3.4 所示。5 个涝年在阿留申地区的 1 月 100 hPa 上 11 点平
均高度均较常年同期偏低 30～100 gpm，7 个旱年均较常年同期偏高 30～110 gpm；在阿留

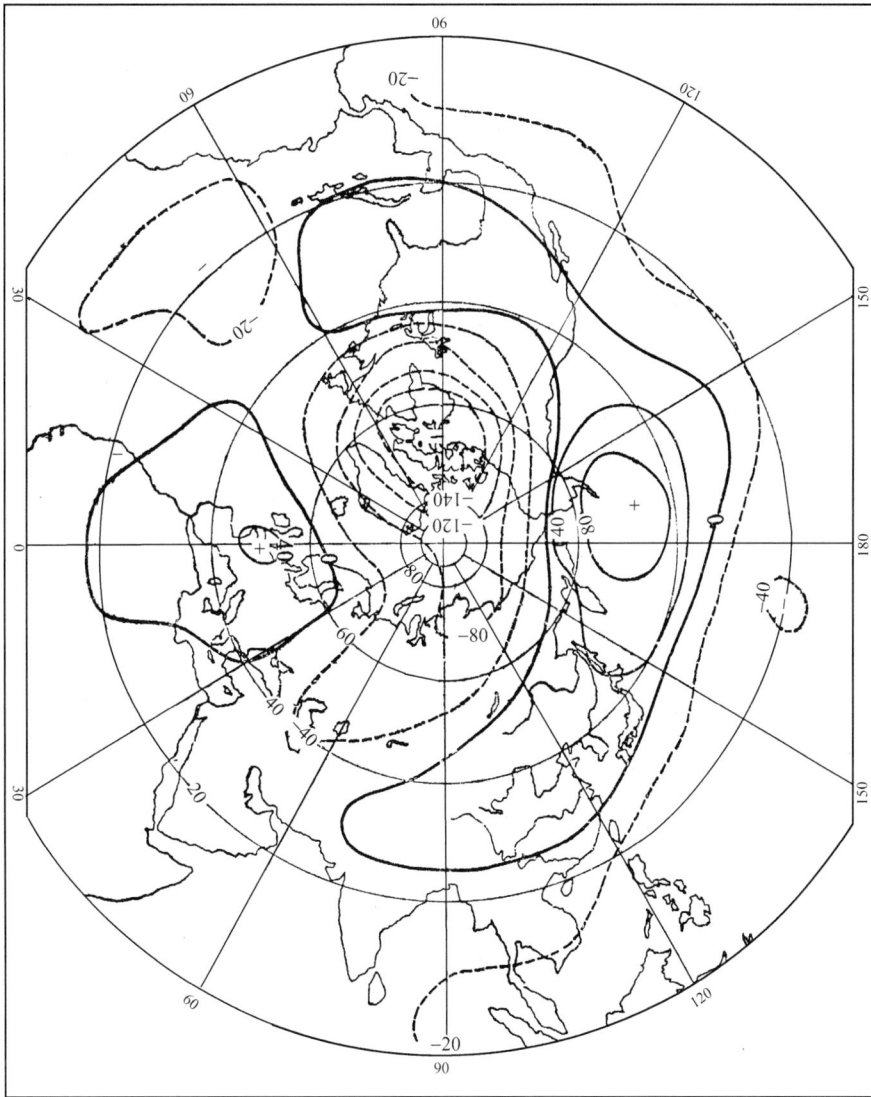

图 3.6　黄河中上游 7 个夏半年旱年的平均 1 月 100 hPa 高度（gpm）距平分布图

申附近的 1 月 500 hPa 上 7 点平均高度,5 个涝年均较常年同期偏低 20～140 gpm,7 个旱年中有 6 个较常年同期偏高 30～220 gpm;在加拿大西北部地区的 1 月 500 hPa 上 7 点平均高度,5 个涝年中有 4 个较常年同期偏高,7 个旱年中有 5 个较常年同期偏低;在 1 月 500 hPa 西太平洋到中南半岛地区(100°E～180°),5 个涝年的西太平洋副热带高压脊线的东西向长度均有 20～65 个经度之长,7 个旱年中有 6 年的西太平洋副热带高压脊线长度仅有 0～15 个经度。由此可见,1 月高度场上的上述几个大气环流因子对黄河中上游地区夏半年4—9 月的旱涝趋势有一定的指示性和预报意义。

表 3.4　黄河中上游夏半年 4—9 月旱涝的前期 1 月 500 hPa 和 100 hPa 高度因子对比表

(表中高度单位为 10 gpm)

地区 特征量 年份		黄河中上游 降水量距平 百分率(%)	阿留申 100 hPa 上 11 点 平均高度距平	阿留申附近 500 hPa 上 7 点 平均高度距平	加拿大 500 hPa 上 7 点 平均高度距平	西太平洋 副高脊线东西 长度(经度)
夏涝年	1958	33	−7	−13	11	65
	1961	27	−8	−13	4	30
	1964	48	−5	−10	0	30
	1967	24	−3	−2	−2	20
	1985	27	−10	−14	8	25
界值		≥20	≤−3	≤−2	≥0	≥20
概率		5/5	5/5	5/5	4/5	5/5
夏旱年	1957	−20	11	22	−9	0
	1962	−23	9	7	−6	10
	1965	−41	6	−3	1	10
	1972	−32	3	7	−13	0
	1974	−25	10	11	−9	0
	1980	−23	5	3	3	15
	1982	−22	10	5	−9	20
界值		≤−20	≥3	≥3	<0	≤15
概率		7/7	7/7	6/7	5/7	6/7

3.3　华南地区(1 区)夏半年旱涝的前期 2 月北半球 500 hPa 和 100 hPa 高度趋势的概述和遥相关因子的分析

上面概述和分析了 1 月大气环流对长江中下游和黄河中上游的夏半年旱涝的指示关系。本节将分析 2 月 500 hPa 和 100 hPa 高度场对华南地区夏半年旱涝的关系。

华南地区夏半年 4—9 月是雨季,所以夏半年降水总量的多少与旱涝的关系比较密切。在调查中发现,2 月高度场对华南 4—9 月降水总量有较好的指示性。图 3.7 是华南地区夏半年 4—9 月降水总量距平百分率≥10%的 4 个多水年(1959,1961,1972,1973)平均 2 月 500 hPa 高度距平分布图;图 3.8 是华南地区夏半年 4—9 月降水总量距平百分率≤−10% 的 5 个少水年(1956,1963,1969,1977,1983)平均 2 月 500 hPa 高度距平分布图。由图 3.7 可见,从北大西洋和北美洲一直到极地向东到亚洲西部地区都是负距平区,负距平中心区在格陵兰岛,较常年同期平均偏低 110~140 gpm。在大西洋—欧洲和太平洋—东亚地区是广阔的正距平区,东欧和阿留申是两个正距平中心区,东欧较常年同期平均偏高 80~90 gpm,阿留申较常年同期平均偏高 40~60 gpm。再由图 3.8 可见,距平分布趋势基本上与图 3.7相反,从北大西洋、北美洲通过极地再向东到亚洲西部地区都是正距平区,正距平中心在格陵兰岛,较常年同期偏高 70~80 gpm。从亚洲东部到北太平洋再向东一直到欧洲的中纬度地区是漫长的负距平带,日本、东北太平洋、东欧是 3 个负距平中心区。东欧较常年同期偏低 50~80 gpm。对比图 3.7 和图 3.8 可见,华南夏半年多水年在北大西洋出现负距平中心,而在欧洲是正距平中心,在北大西洋—欧洲呈现出—＋两个相反趋势的距平中心,即 2月 500 hPa 高度在北大西洋和欧洲地区是西低东高型;而少水年则相反,北大西洋出现了正

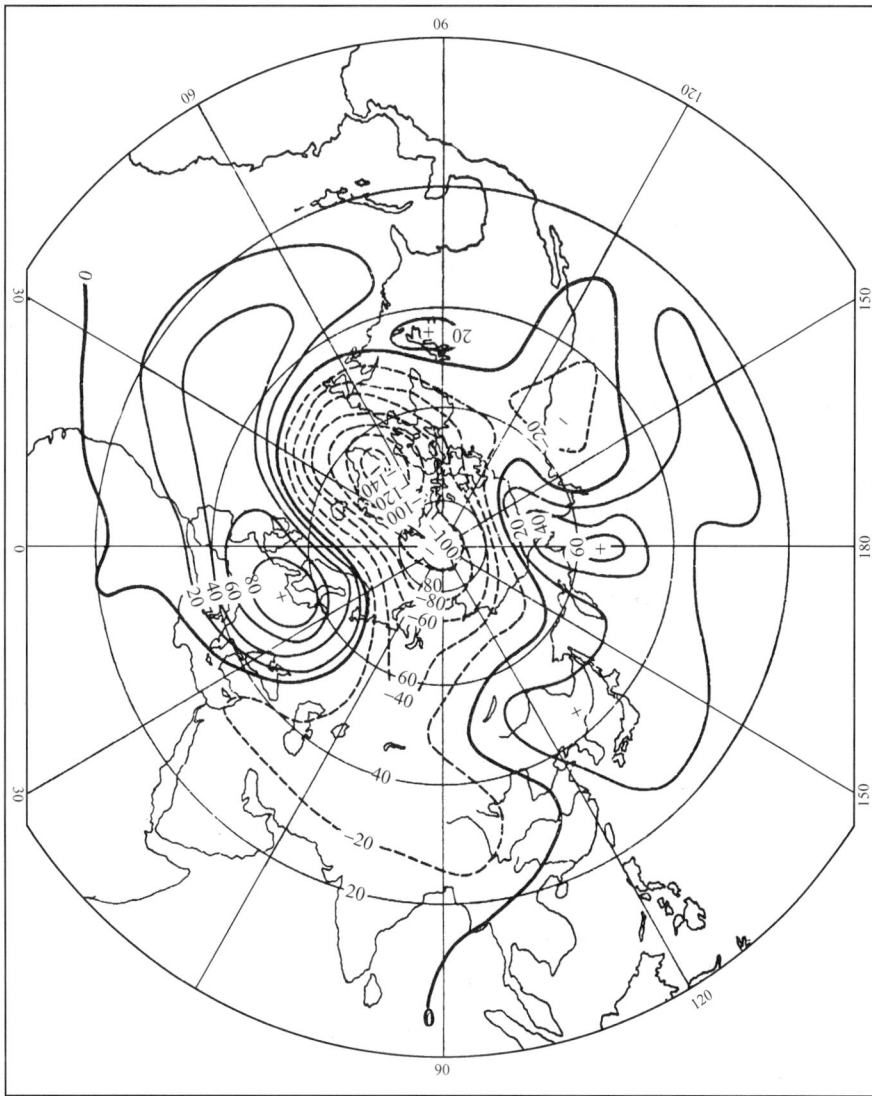

图 3.7　华南地区 4—9 月 4 个涝年的北半球 2 月 500 hPa 平均高度(gpm)距平分布

距平中心,而在欧洲是负距平中心,在北大西洋—欧洲呈现出+—两个相反趋势的距平中心,即在北大西洋和欧洲地区的高度是西高东低型。

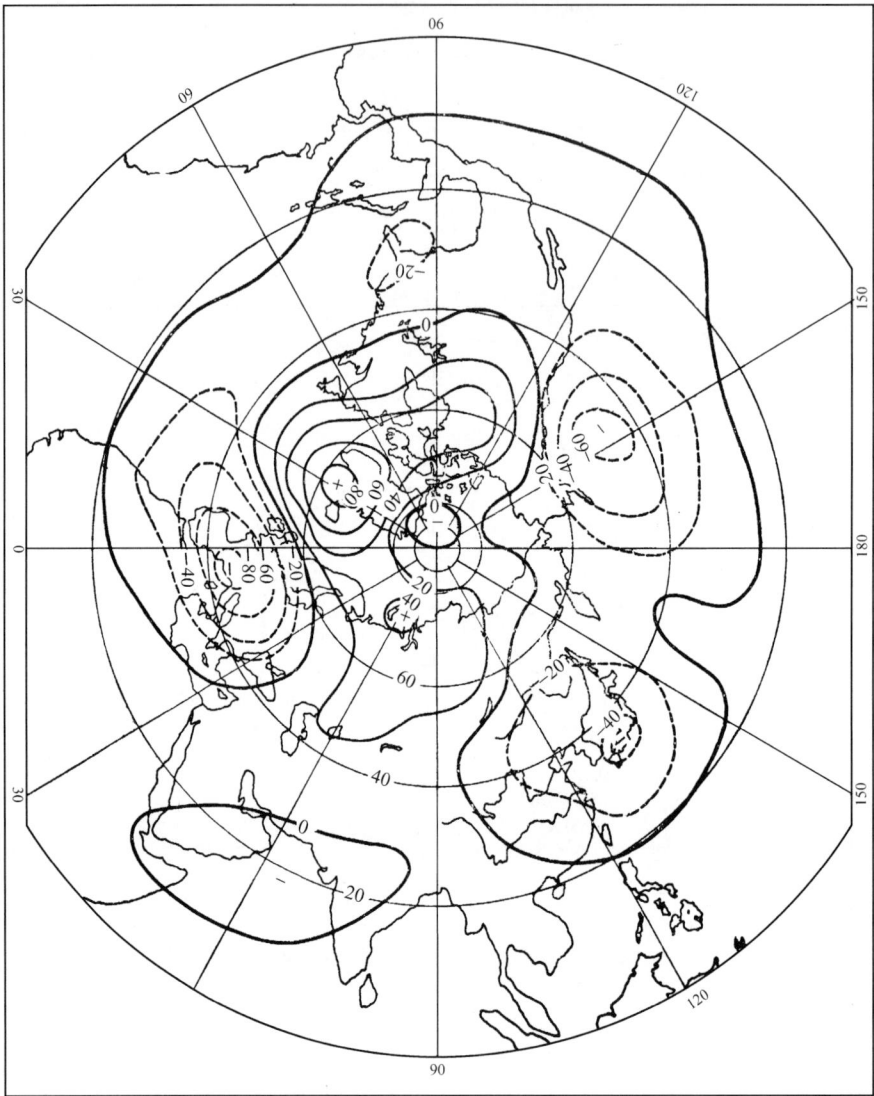

图 3.8 华南地区 4—9 月 5 个旱年的北半球 2 月 500 hPa 平均高度(gpm)距平分布

图 3.9 和图 3.10 分别是 4 个多水年和 5 个少水年的平均 2 月 100 hPa 高度距平分布图。由图可见,多水年和少水年的平均 2 月 100 hPa 高度距平分布趋势基本上也是相反的。多水年从北美洲到亚洲北部是负距平区,在加拿大北部是负距平中心区,较常年同期偏低120～170 gpm。北半球其余大部地区为正距平区,欧洲是一个正距平中心区,较常年同期偏高 120～160 gpm;而少水年从北美洲到亚洲北部地区是正距平区,在加拿大北部和乌拉尔山有两个正距平中心区,较常年同期偏高 80～90 gpm。北半球其余大部地区为负距平区,东欧是一个负距平中心区,较常年同期偏低 80～110 gpm。

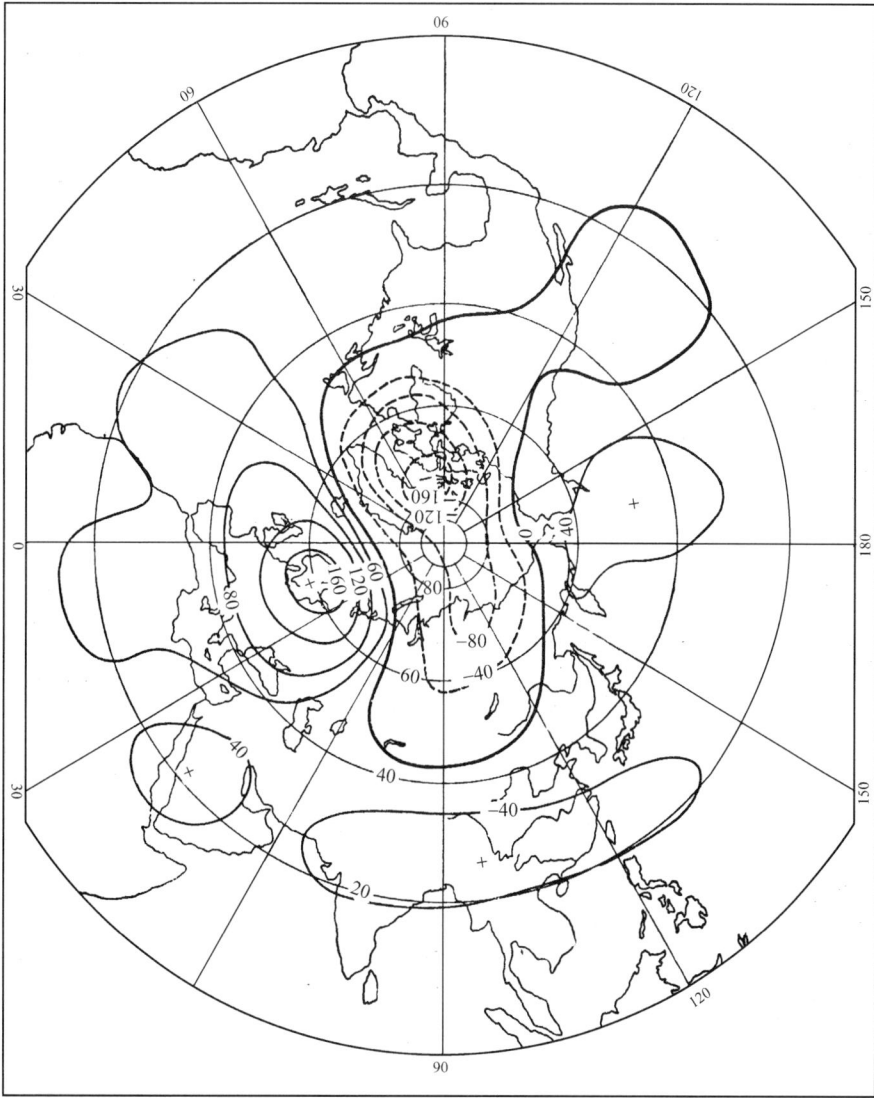

图 3.9　华南地区 4—9 月 4 个涝年的北半球 2 月 100 hPa 平均高度(gpm)距平分布

再由图 3.7 与图 3.9、图 3.8 与图 3.10 分别对比可见,无论是多水年还是少水年的 2 月 500 hPa 和 100 hPa 高度距平分布趋势都比较相似。

从时间和空间的高度场的全面调查中发现,华南地区夏半年降水量的最优遥相关区是在 2 月 500 hPa 的格陵兰地区(65°～80°N、65°W～0°)和 100 hPa 的西欧(40°～50°N、20°W～20°E,60°N、10°W～10°E)地区。如图 3.11 所示,在格陵兰上空 500 hPa 上的是负相关关系,负相关系数有 -0.50 至 -0.71,负相关系数在 -0.60 以上的格点有 7 个(40°～10°W、70°～75°N),负相关系数最高区在格陵兰海边(75°W、20°N)。在西欧上空 100 hPa 上的是正相关关系,正相关系数有 0.45 至 0.64,正相关系数最高区在大不列颠岛东南端附近(0°E、50°N)。

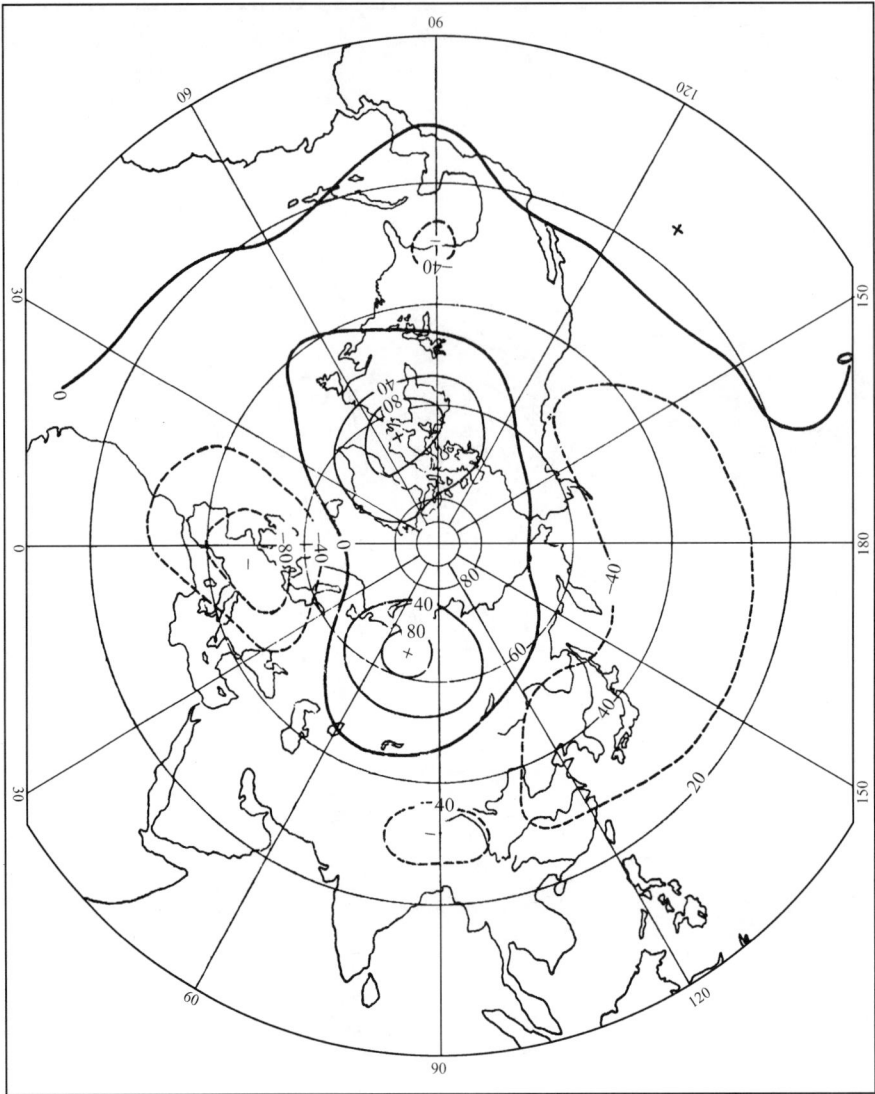

图 3.10　华南地区 4—9 月 5 个旱年的北半球 2 月 100 hPa 平均高度(gpm)距平分布

这两个遥相关区表明,2 月在格陵兰上空 500 hPa 上的高度越低、在西欧上空 100 hPa
上的高度越高,则对华南地区夏半年的降水越有利。反之,2 月在格陵兰上空 500 hPa 上的
高度越高和在西欧上空 100 hPa 上的高度越低,则对华南地区夏半年的降水越不利。华南
夏半年多水年和少水年的这两个关键区的高度趋势对应关系如表 3.5 所示。4 个多水年的
2 月 100 hPa 上西欧地区 13 点平均高度均较常年同期偏高 80～120 gpm,而 5 个少水年均
较常年同期偏低 10～120 gpm。4 个多水年在格陵兰上空 500 hPa 上的 28 点平均高度均较
常年同期偏低 30～140 gpm,而 5 个少水年中有 4 年较常年同期偏高 50～70 gpm。

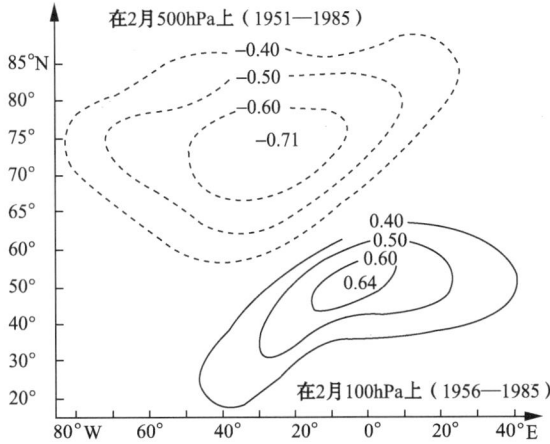

图 3.11　华南地区夏半年降水量的最优遥相关区

表 3.5　华南地区 4—9 月多水年和少水年与 2 月高度因子的对比关系（表中高度单位为 10 gpm）

多水年和少水年 特　征　值	多水年				少水年				
	1959	1961	1972	1973	1956	1963	1969	1977	1983
4—9 月降水量距 平百分率(%)	24	10	11	33	−22	−24	−14	−12	−10
东欧上空 100 hPa 上 13 点平均距平	9	12	8	8	−12	−7	−9	−1	−5
格陵兰上空 500 hPa 上 28 点高度平均距平	−14	−9	−3	−12	7	6	5	5	−2

由上述关系的分析可知,华南地区在其雨季来临之前,在其上游地区的 2 月格陵兰上空的 500 hPa 上的高度和 2 月西欧上空的 100 hPa 上的高度对夏半年的旱涝有较好的指示性。

3.4　淮河流域(8 区)夏季旱涝的前期 2 月北半球 500 hPa 和 100 hPa 高度趋势的概述和优相关高度因子的分析

上面分析了 2 月高度场对华南地区夏半年降水总趋势的指示性。实际上 2 月高度场不但对华南夏半年旱涝有预报意义,而且对淮河流域夏季旱涝也有较好的指示意义。

图 3.12 是淮河流域夏季 6—8 月降水量距平百分率≥30％的 5 个夏涝年(1954,1956,1963,1965,1982)平均北半球 2 月 500 hPa 高度距平分布图,图 3.13 是 6—8 月降水量距平百分率≤−30％的 5 个夏旱年(1959,1966,1973,1978,1985)的平均北半球 2 月 500 hPa 高度距平分布图。由图 3.12 可见,从北大西洋穿过极地到北太平洋以及亚洲大部和美国大部地区是正距平区,其中北太平洋的阿留申群岛和北大西洋的冰岛是两个正距平中心区,其高度较常年同期偏高 60～80 gpm;在西太平洋和中太平洋上是负距平区,负距平中心区在日

本东南部的海洋上,其高度较常年同期偏低 40 gpm。另外,在大西洋中部到乌拉尔山又是一强大的负距平区,负距平中心在地中海,其高度较常年同期偏低 80 gpm。加拿大也是一个负距平区,其高度较常年同期偏低 20~60 gpm。

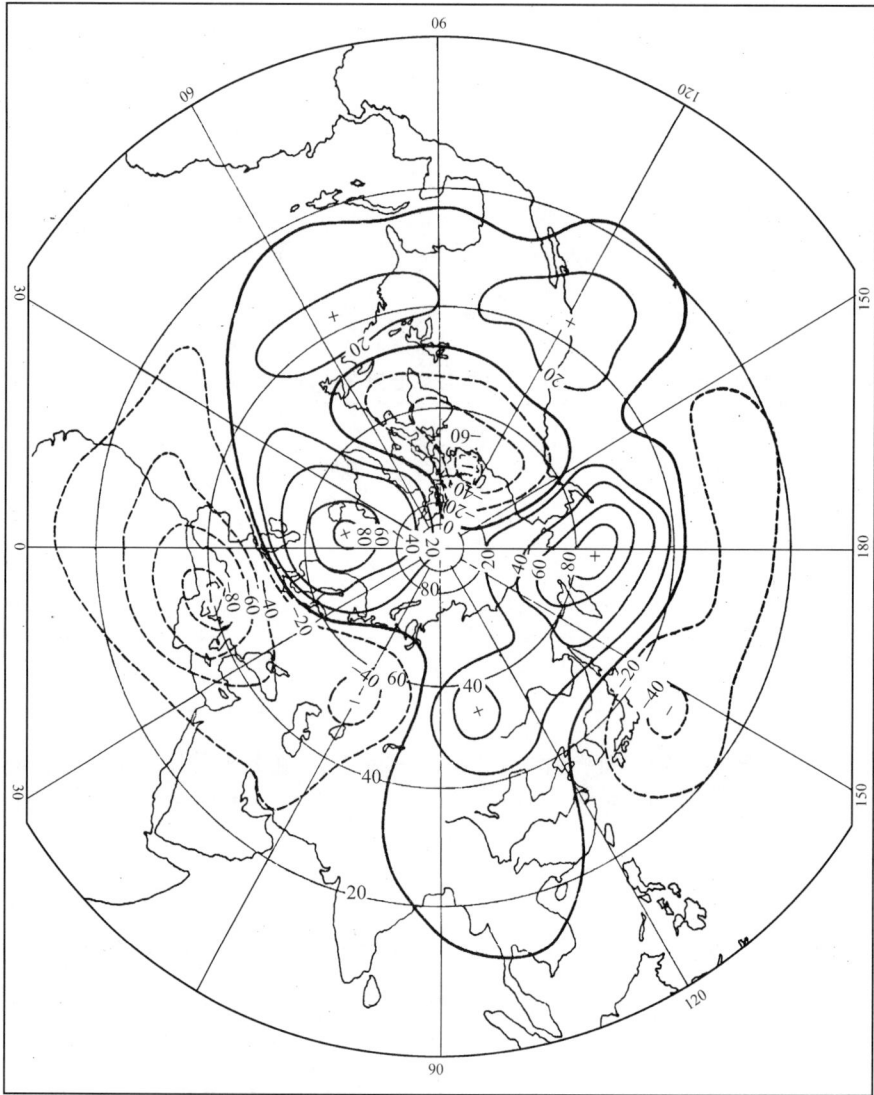

图 3.12　淮河流域 6—8 月 5 个涝年的北半球 2 月 500 hPa 平均高度(gpm)距平分布

在 5 个涝年的平均 2 月 500 hPa 高度图(图略)上,北太平洋和北大西洋是两个高压脊区;从欧洲到地中海是一个大低压槽区,另外两个大低压槽区分别在北美西部大陆和鄂霍茨克海经日本东南侧直到琉球群岛和马里亚纳群岛的中间地区。整个北半球中高纬度呈三槽两脊型,极涡偏在西半球,中心值为 5010 gpm。在低纬度地区,副热带高压已不见踪影,5880 gpm 等高线已消声匿迹。

由图 3.13 可见,夏旱年的平均 2 月 500 hPa 高度距平分布趋势与夏涝年相反。从北美洲南部地区到北大西洋穿过极地到欧亚北部大陆和千岛群岛,是一漫长的负距平区,北大西洋、乌拉尔山西部和苏联的东西伯利亚是 3 个负距平中心区,其高度较常年同期偏低 40—50 gpm。加拿大上空是一个正距平区,在 40°N 以南的中低纬度地区基本上也是正距平区,西太平洋和地中海是两个正距平中心区,其高度较常年同期偏高 20~40 gpm。

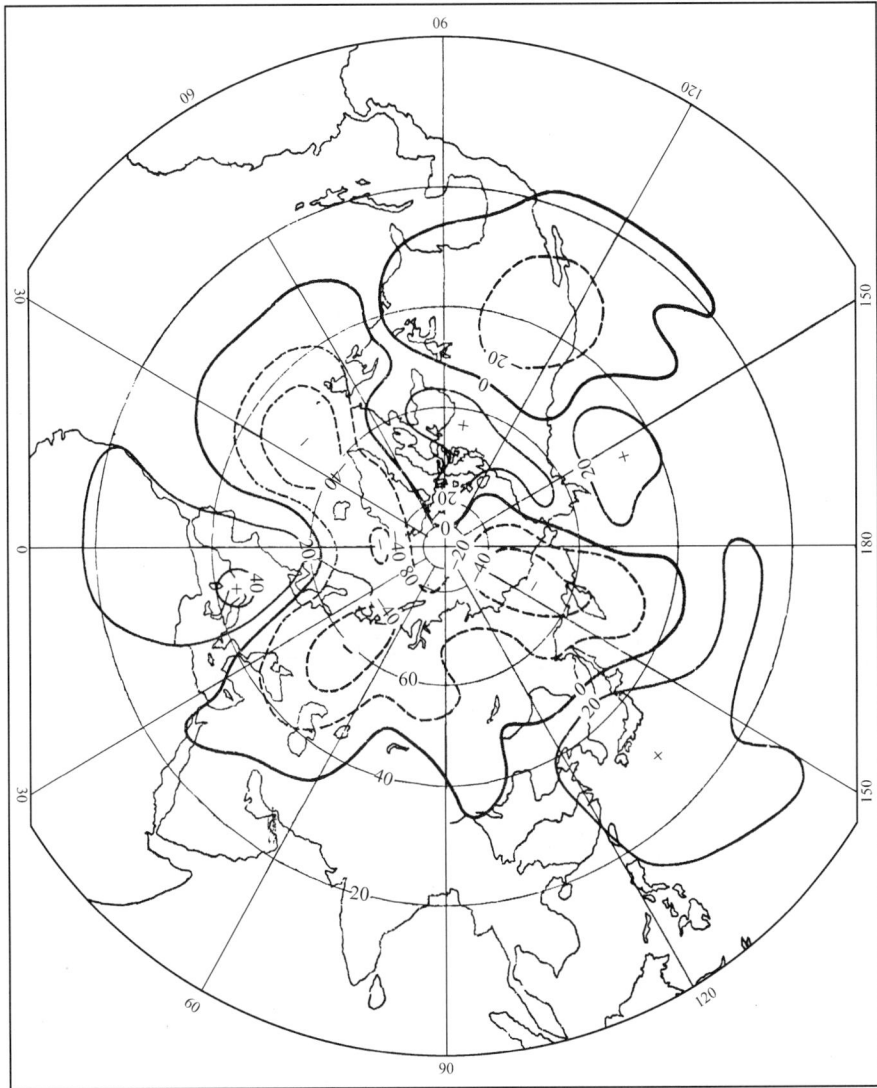

图 3.13 淮河流域 6—8 月 5 个旱年的平均北半球 2 月 500 hPa 高度(gpm)距平分布

在 5 个旱年的平均 2 月 500 hPa 高度图(图略)上,也是三槽两脊型,在欧洲西部沿海和北美洲西部沿海是两个高压脊,乌拉尔山西部、北美洲西部和中国东北平原到鄂霍茨克海是三个大低压槽区。极涡中心在西极地,中心值为 5040 gpm。在低纬度地区,西太平洋副热带高压偏强且呈带状西伸到中南半岛上。

由上述的分析可知,淮河流域夏涝年和夏旱年在 2 月 500 hPa 高度场的大气环流特点是不同的,高度距平趋势也是相反的。其特点可归结如下,在地中海—乌拉尔山—贝加尔湖—堪察加半岛—西太平洋—北美洲北部等 6 个地区的 2 月 500 hPa 高度距平趋势符号是,夏涝年为－－＋＋－－,而夏旱年为＋－－－＋＋。6 个地区只有乌拉尔山地区的符号相同,其余 5 个地区的符号均相反。

上述 4 个夏涝年(1956,1963,1965,1962)和 5 个夏旱年(同前)的平均 2 月 100 hPa 高度距平趋势分布特点基本上也是相反的。如图 3.14 和图 3.15 所示,夏涝年平均 2 月 100 hPa 高度距平趋势分布特点是从贝加尔湖到北太平洋和北大西洋是两个正距平区,北太平洋的阿留申群岛和北大西洋的冰岛是两个正距平中心区,其高度较常年同期偏高 60～

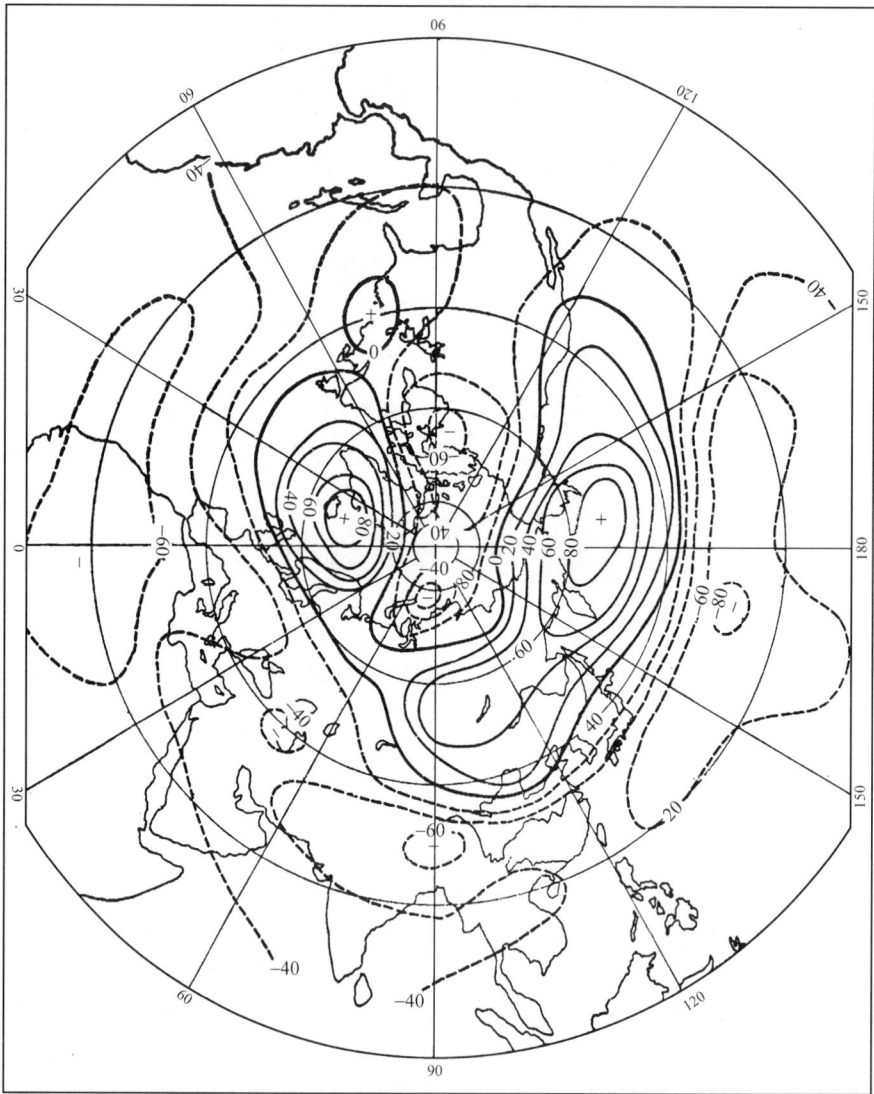

图 3.14　淮河流域 6—8 月 4 个涝年的平均北半球 2 月 100 hPa 高度(gpm)距平分布

80 gpm。北半球其余地区为广大的负距平区。而夏旱年平均 2 月 100 hPa 高度距平趋势分布特点是，从日本北部到美国西部地区是负距平，负中心在堪察加半岛和美国旧金山，其高度较常年同期偏低 40 gpm。北半球其余大部地区是正距平。

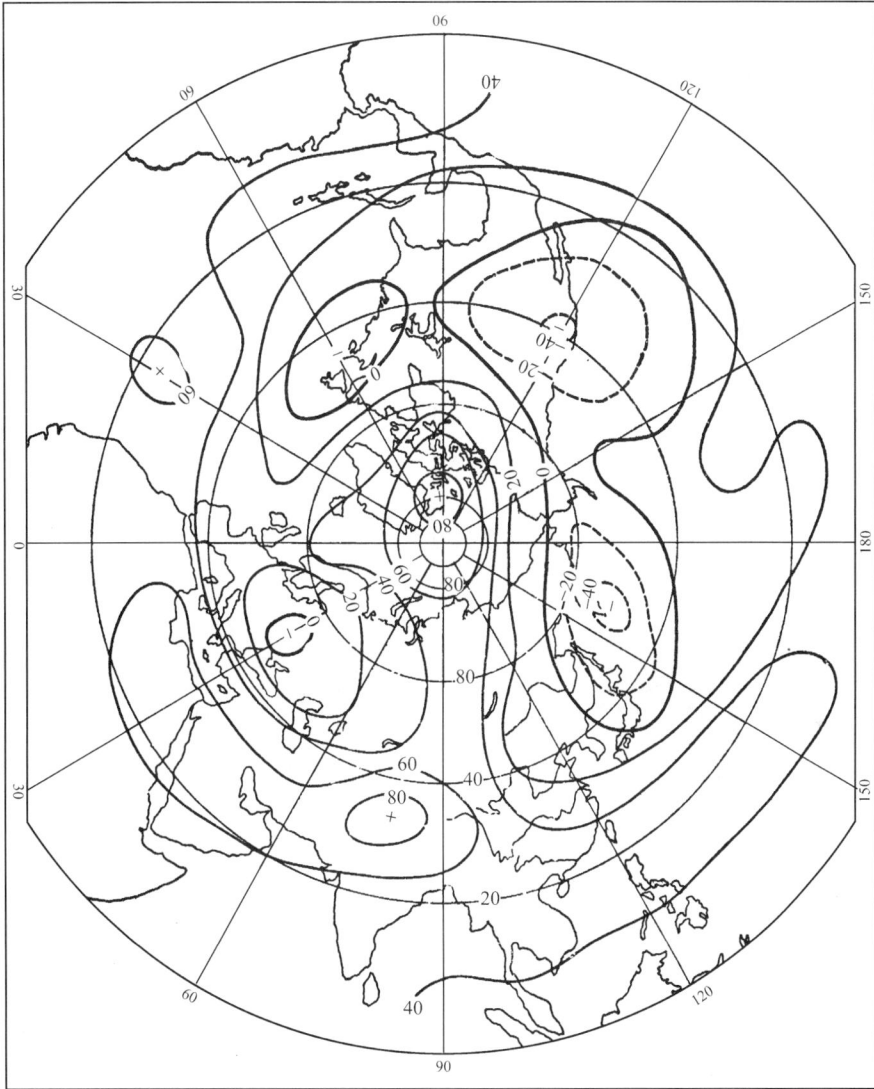

图 3.15　淮河流域 6—8 月 5 个旱年的平均北半球 2 月 100 hPa 高度(gpm)距平分布

　　淮河流域 6—8 月降水总量与 2 月 500 hPa 高度场的 1951—1985 年相关关系如图 3.16 所示，较好的遥相关区主要有 3 个。第一个在非洲北部到地中海地区，负相关系数最高值有 −0.60，信度达 0.001 的格点有 8 个。第二个在西太平洋上，负相关系数最高值达 −0.54，信度达 0.01 的格点有 9 个。第三个在堪察加半岛及东西伯利亚，正相关系数最高值有 0.54，信度达 0.01 的格点有 14 个。

　　淮河流域夏季 6—8 月降水量与 2 月 100 hPa 高度场的 1956—1985 年相关关系如图

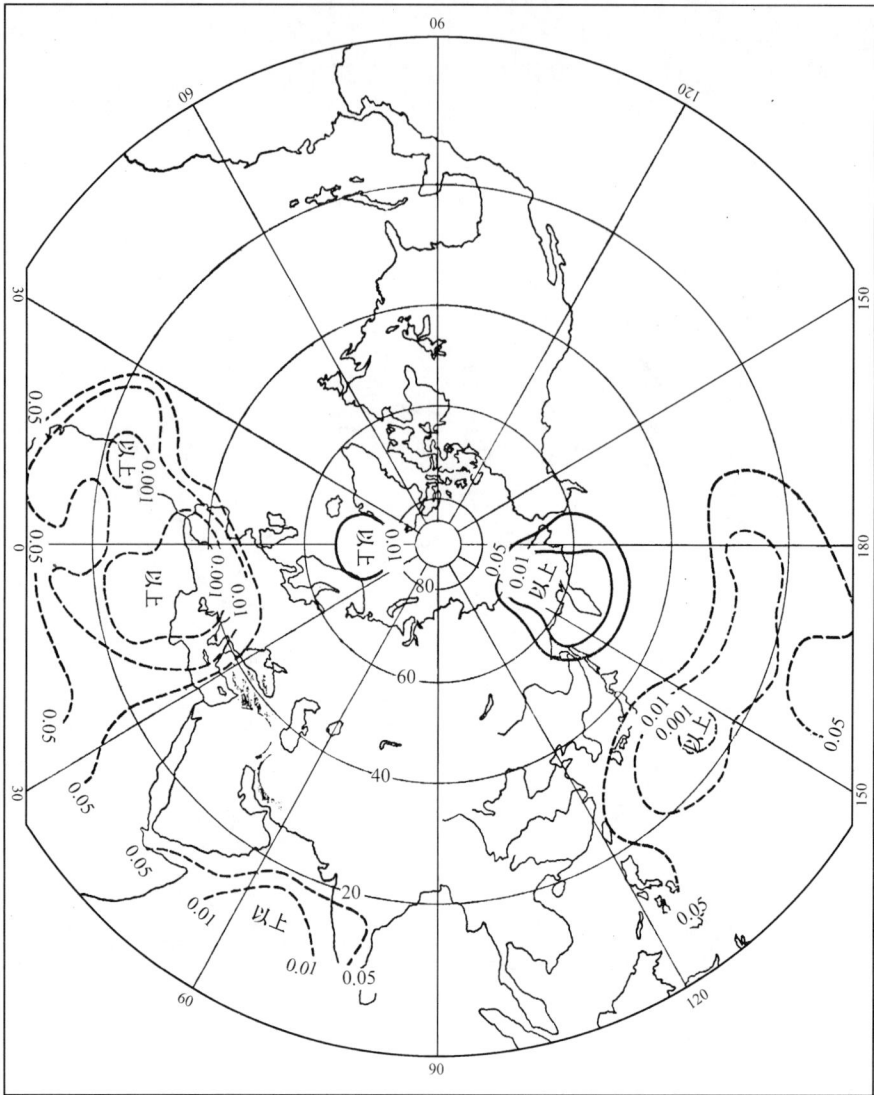

图 3.16　1951—1985 年淮河流域夏季 6—8 月降水量与北半球 2 月 500 hPa 高度场相关关系
（图中线条为相关信度等值线；虚线为负相关，实线为正相关）

3.17 所示,在 40°N 以南地区,从东大西洋到西太平洋地区,相关信度都在 0.05 以上,其中最优遥相关区在西太平洋的马里亚纳群岛和非洲北部地区,相关系数最大值分别有－0.63和－0.66,信度达 0.001 的格点分别有 3 个和 4 个。这两个优相关区与 500 hPa 上的优相关区的位置基本上是对应的。这说明淮河流域夏季 6—8 月降水量在 2 月平均大气环流场的低纬度地区的两个优相关区比较深厚,从对流层上部一直深透到平流层里。由此可见,北半球 2 月高度趋势对夏季淮河流域的旱涝有较好的指示意义。

　　除了 2 月 500 hPa 和 100 hPa 高度场对淮河流域夏季旱涝有较好的指示性外,在 1 月500 hPa 高度场上的阿留申群岛西部附近还有一个对淮河流域夏季旱涝有一定指示意义的遥相关区,相关系数有 0.44～0.56,相关信度达 0.001 的有 4 个格点。再往前追查,淮河流

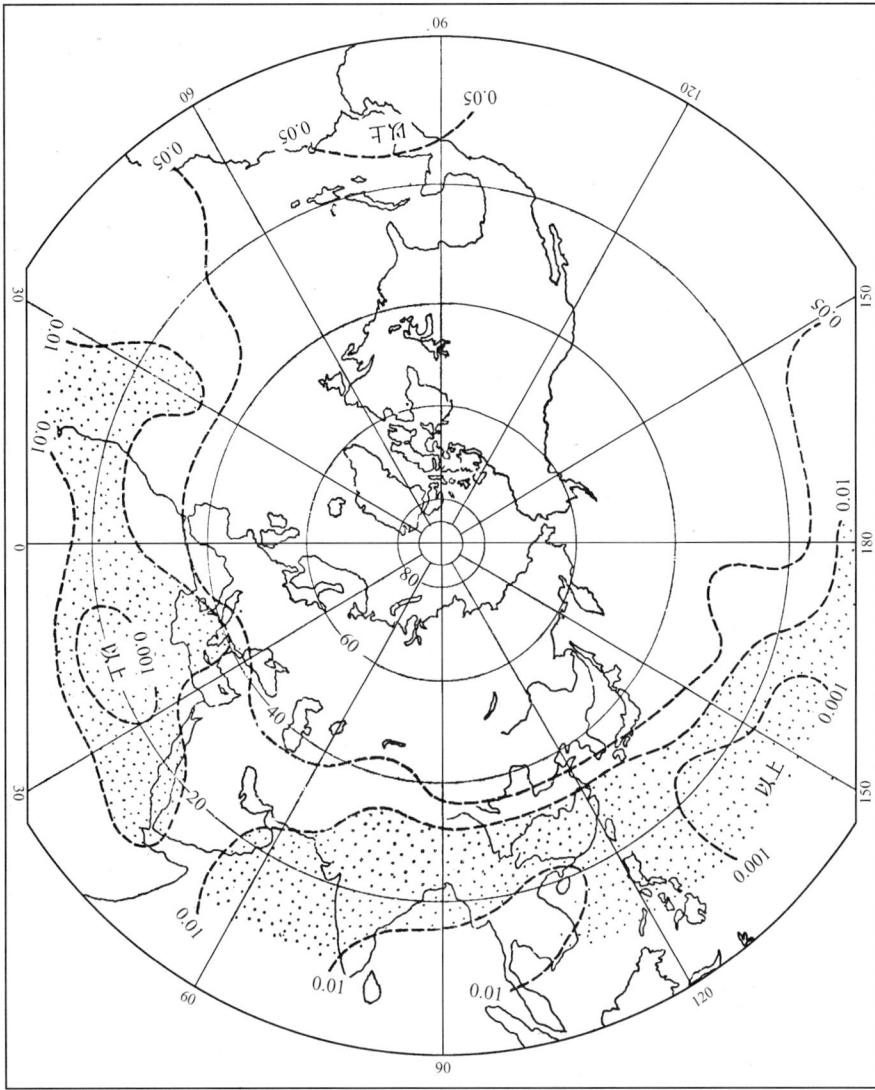

图 3.17　1956—1985 年淮河流域夏季 6—8 月降水量与北半球 2 月 100 hPa 高度场相关关系

域夏季旱涝在西欧上空 11 月 500 hPa 上还有一个遥相关区,相关系数有 0.45～0.63,信度达 0.001 的格点有 2 个。

　　淮河流域夏涝夏旱年的前期大气环流遥相关因子的各年对比关系如表 3.6 所示。对 500 hPa 西太平洋副热带高压来说,夏涝年前期的 1—3 月副高持续偏弱,5 个夏涝年的 3 个月副高面积指数之和只有 5～14 个,3 个月副高强度指数之和也都只有 6～14 个。而 5 个夏旱年中有 4 年在前期 1—3 月副高持续偏强,3 个月副高面积指数有 29～47,强度指数有 42～89,只有 1985 年不符合这个关系,但 1985 年 1—3 月的副高仍比 5 个夏涝年的同期副高偏强。在 2 月 100 hPa 高度场上,在低纬度地区的 66 点平均高度值显示出更好的关系,4 个夏涝年均较常年同期平均偏低 40～130 gpm,5 个夏旱年均较常年同期偏高 10～80 gpm,

夏涝年和夏旱年之间在低纬度地区的平均高度一般要相差 50～210 gpm。其他几个遥相关区的各年区域平均高度距平值也表明,在大多数夏涝和夏旱年中呈现出相反的距平趋势。以上讨论分析到的大气环流因子在淮河流域夏季旱涝中都有一定的指示性和预报意义。

表 3.6　淮河流域夏涝夏旱年前期的大气环流遥相关因子对比表(表中高度单位为 10 gpm)

年份	时段特征量/范围	淮河流域	500 hPa					100 hPa
			阿留申	东西伯利亚	日本海沟	地中海	西太平洋	南亚北非
			160°～180°E 45°～55°N	150°～170°E 60°～70°N	140°～160°E 20°～30°N	5°W～20°E 25°～40°N	110°～180°E	30°W～160°E 10°～30°N
		6—8月	1月	2月	2月	2月	1—3月	2月
		降水量距平百分率(%)	7点平均高度距平值	8点平均高度距平值	7点平均高度距平值	12点平均高度距平值	副高强度指数之和	66点平均高度距平值
夏涝年	1954	56	6	6	0	−8	6	
	1956	64	18	6	−4	−12	6	−13
	1963	35	6	3	−5	−5	11	−4
	1965	31	−1	4	−3	−5	8	−4
	1982	41	2	10	−1	0	14	0
界值		≥30	≥−1	≥3	≤−1	≤0	<15	≤0
概率		5/5	5/5	5/5	4/5	5/5	5/5	4/4
夏旱年	1959	−30	9	−8	5	2	42	3
	1966	−48	−9	−13	3	7	46	8
	1973	−31	−4	−3	4	−3	89	8
	1978	−36	−7	−5	0	2	79	1
	1985	−34	−11	8	−1	6	16	4
界值		≤−30	≤−4	≤−3	≥0	≥2	>40	≥1
概率		5/5	4/5	4/5	4/5	4/5	4/5	5/5

3.5　海河流域(10 区)夏季旱涝的前期 3 月 500 hPa 高度趋势的概述和遥相关高度因子的分析

上面已经分析和讨论了 1 月高度场对长江中下游地区梅雨期旱涝和黄河中上游地区夏半年旱涝的指示关系,也分析和讨论了 2 月高度场对华南地区夏半年多水和少水趋势和淮河流域夏季旱涝的指示关系。本节将分析和讨论 2 月和 3 月 500 hPa 环流场对海河流域夏旱夏涝的指示性和指示关系。2 月和 3 月相比,3 月 500 hPa 高度场对海河流域夏季旱涝的指示性更显著一些,所以我们首先来对比分析一下 3 月 500 hPa 高度的距平分布趋势。图 3.18 是海河流域夏季 6—8 月降水量距平百分率≥20% 的 7 个夏涝年(1954,1956,1959,1963,1964,1973,1977)的平均北半球 3 月 500 hPa 高度距平分布图。图 3.19 是海河流域夏季 6—8 月降水量距平百分率≤−20% 的 7 个夏旱年(1951,1952,1965,1968,1972,1980,1983)的平均北半球 3 月 500 hPa 高度距平分布图。由图 3.18 可见,夏涝年在 3 月 500 hPa 上,欧洲上空是一强大的正距平中心区,高度较常年同期偏高 40～70 gpm。除欧洲以外的 60°N 以北高纬度地区和北大西洋是负距平区,靠北太平洋一侧的北冰洋区和格陵兰岛南部

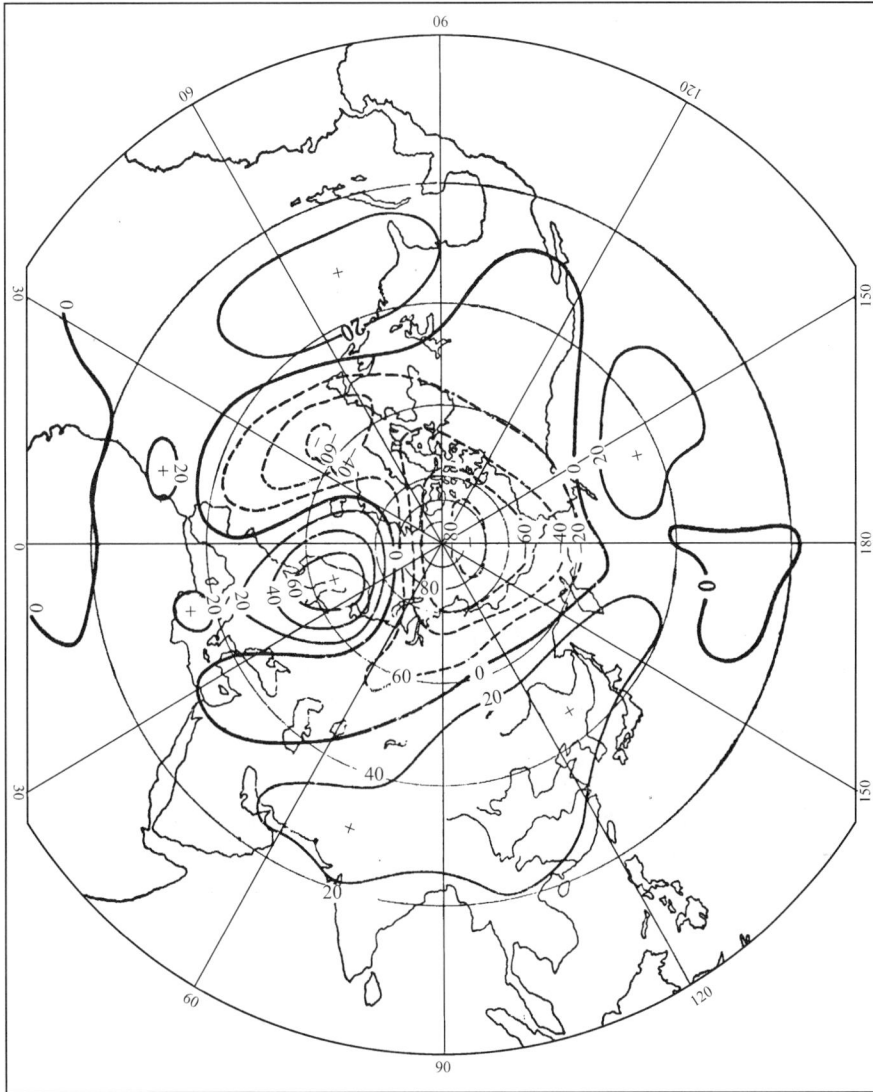

图 3.18　海河流域 6—8 月 7 个涝年的平均北半球 3 月 500 hPa 高度(gpm)距平分布图

的北大西洋上是两个负距平中心区,高度较常年同期偏低 40～80 gpm。整个北半球中低纬
度地区,基本上是正距平趋势,其中印度北部和中国大部地区为正距平中心区,其高度较常
年同期偏高 20～30 gpm。阿留申群岛的南部也是一个正距平中心区,其高度较常年同期偏
高 20～30 gpm。图 3.19 的高度距平分布趋势与图 3.18 则大致相反,在 60°N 以北的高纬
度地区只有欧洲地区是负距平区,其高度较常年同期偏低 30～40 gpm。高纬度其他地区为
正距平区,极地高度较常年同期偏高 30～40 gpm,北大西洋高度较常年同期偏高 40～
60 gpm,是正距平中心区。在 40°N 以南的低纬度地区,从南亚地区到中太平洋都是负距
平。其中,从印度北部到中国西南部和阿留申群岛的南部地区是两个负距平中心区,其高度
较常年同期偏低 20～30 gpm。对比图 3.18 和图 3.19 可知,在北大西洋—欧洲—北冰洋—

印度北部到中国南部—阿留申群岛这 5 个主要地区的 3 月 500 hPa 高度距平趋势的符号是,夏涝年为－＋－＋＋,而夏旱年为＋－＋－－。

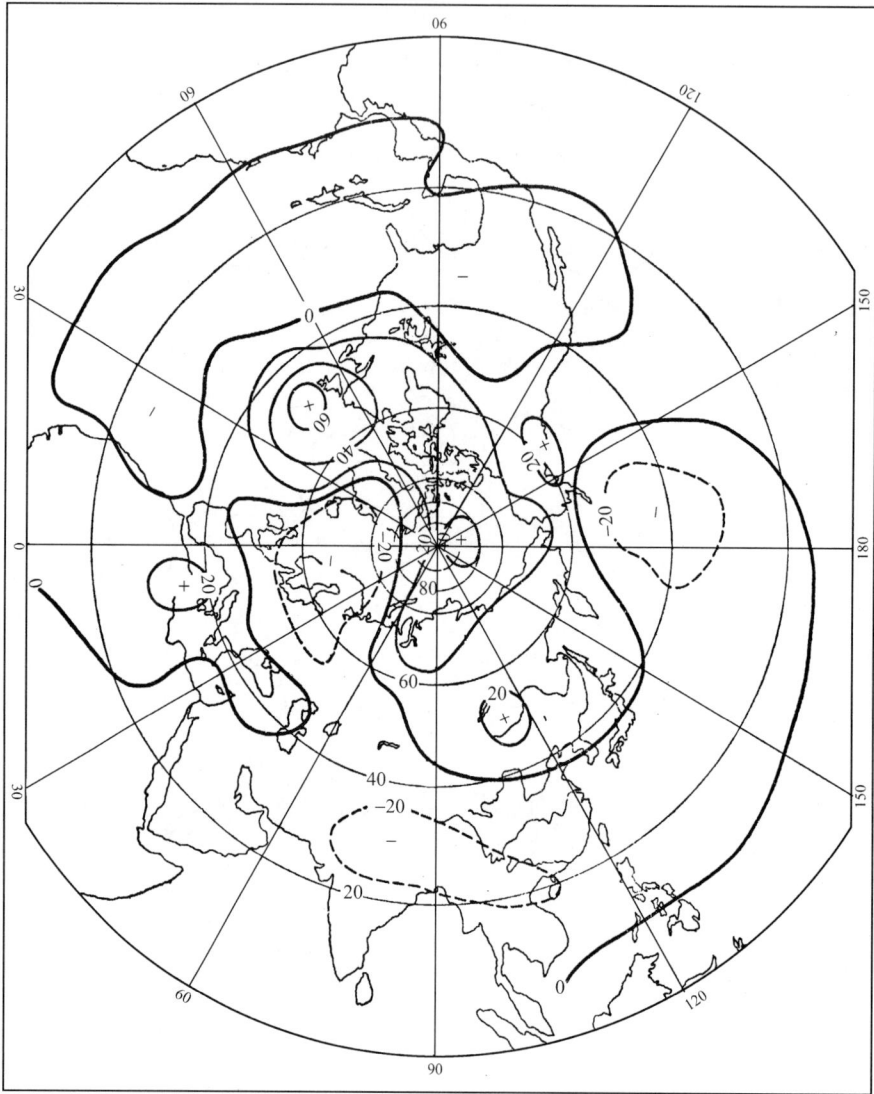

图 3.19　海河流域 6—8 月 7 个旱年的平均北半球 3 月 500 hPa 高度(gpm)距平分布图

从 7 个夏涝年的平均北半球 3 月 500 hPa 高度图(见图 3.20)和 7 个夏旱年的平均北半球 3 月 500 hPa 高度图(图 3.21)可以看出,夏涝年极涡较深,极地出现了 5040 gpm 等高线闭合圈,中心最低高度为 5010 gpm。而夏旱年极涡较弱,5120 gpm 等高线闭合圈缩在西极地,中心最低高度值有 5090 gpm,在大西洋欧洲地区,夏涝年槽脊较明显,欧洲西部及其沿海地区是一个低压槽,而在北大西洋西部和北美洲东部沿海和乌拉尔山西侧是两个低压槽。而夏旱年在大西洋欧洲地区的环流较平直,没有高压脊,也没有明显的低压槽,在东半球低纬度地区,夏涝年西太平洋副高偏强,且呈带状明显西伸到中南半岛上,西部的印度高压也较强大,副高中心出现了 5890 gpm 的高度值,5840 gpm 等高线在 20°N 以北。而夏旱年西太平洋副热带高压明显偏弱偏东,副高体在 140°E 以东地区,而且印度高压也较弱小,5840 gpm 等高线向南伸到中南半岛上,5800 gpm 等高线却与夏涝年的 5840 gpm 等高线的位置相近。

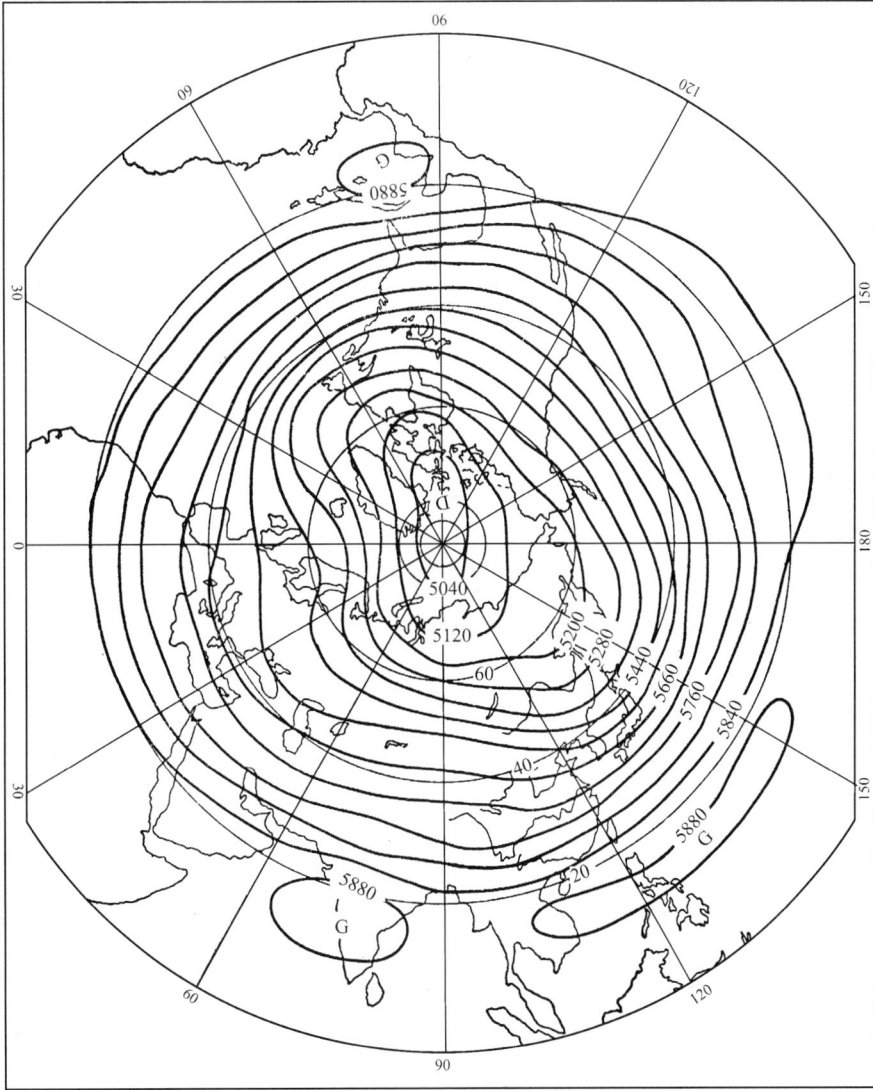

图 3.20　海河流域 6—8 月 7 个涝年的平均北半球 3 月 500 hPa 高度(gpm)图

由海河流域夏季 6—8 月、盛夏 7—8 月和夏半年 4—9 月的降水总量分别与前半年北半球 500 hPa 高度场进行相关调查。从调查结果来看,遥相关区基本相同也较稳定。主要是在 2 月和 3 月的亚洲低纬度地区和靠北太平洋一侧的北冰洋地区,在中纬度地区没有发现优相关区。

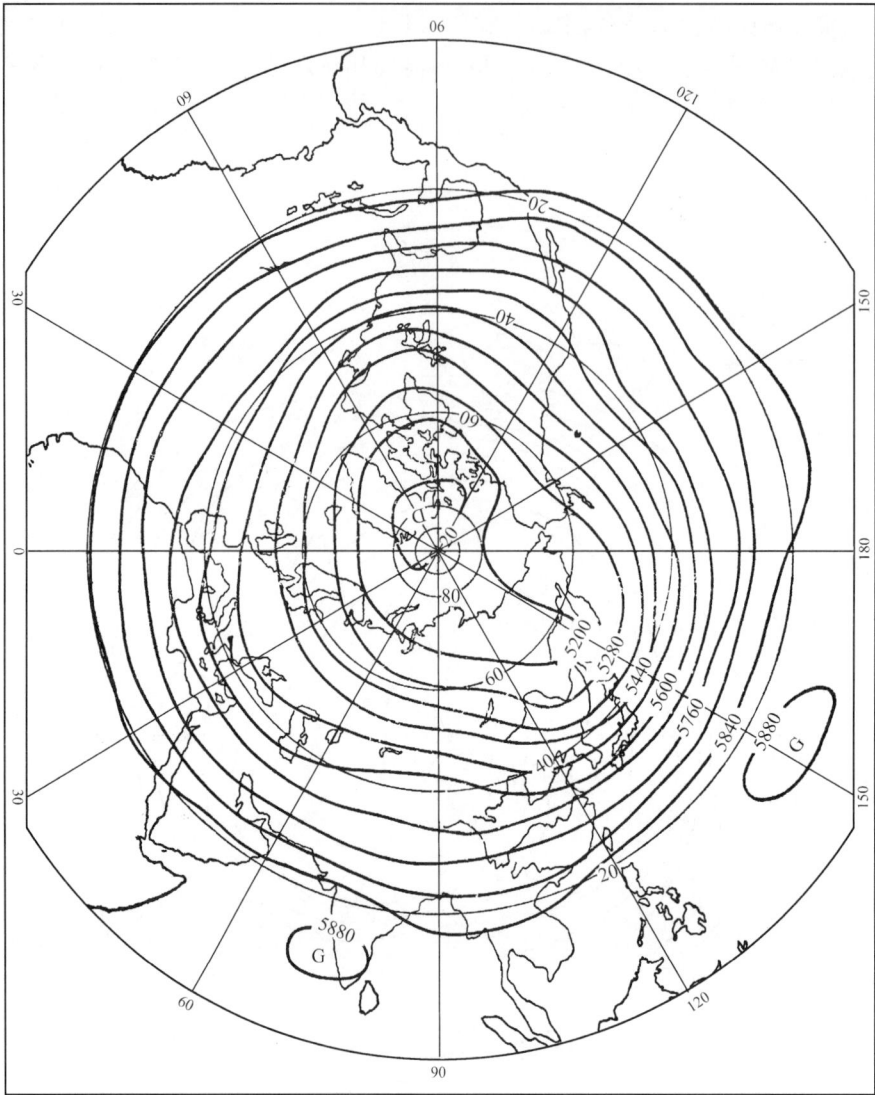

图 3.21　海河流域 6—8 月 7 个旱年的平均北半球 3 月 500 hPa 高度(gpm)图

　　图 3.22 是 1951—1985 年海河流域 6—8 月降水量与 2 月 500 hPa 高度的相关系数分布图,遥相关区在中国的西南部到印度的东北部,其中有 7 个格点的相关信度达0.001,相关系数最高值在孟加拉湾,有 0.65。图 3.23 是 1951—1985 年海河流域 6—8月降水量与北半球 3 月 500 hPa 高度的相关系数分布图,优相关区仍在亚洲南部地区,其范围比 2 月的更大,向东向西都有扩大。相关最好的中心区在中国长江以南地区,有 6 个格点(20°~30°N、95°~115°E)的相关系数大于 0.60。其中,相关系数最大值出现在中国云南到缅甸地区,有两个格点(25°N、95°~105°E)的相关系数达 0.65。在南亚地区共有15 个格点的相关信度达 0.001。再由图 3.24 可见,盛夏 7—8 月降水量与 3 月 500 hPa的优相关区与 6—8 月降水量的优相关区基本一致,相关最好的中心区在印度的纳巴达河下游地区,有两个格点(20°~25°N、70°~75°E)的相关系数为 0.62。在南亚地区共有 13

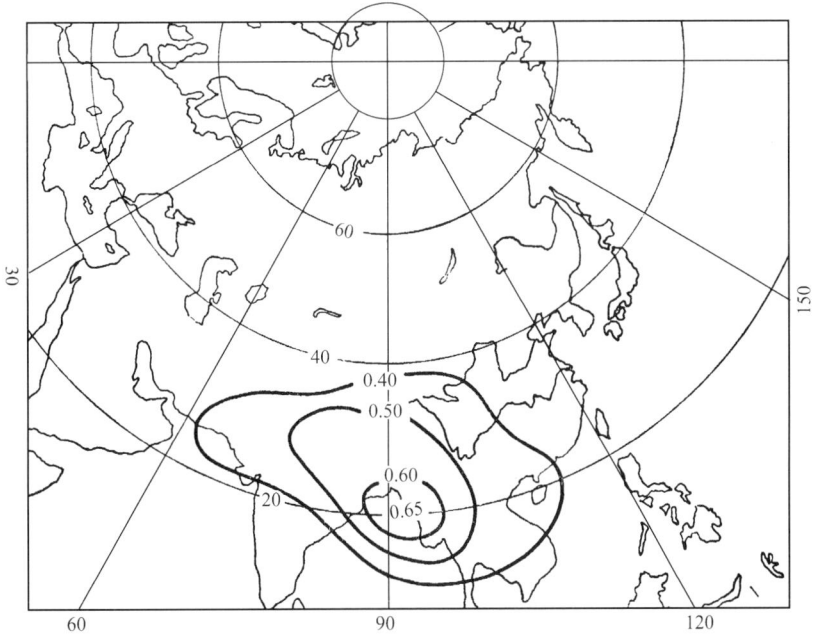

图 3.22　1951—1985 年海河流域 6—8 月降水量与北半球 2 月 500 hPa 高度场相关系数

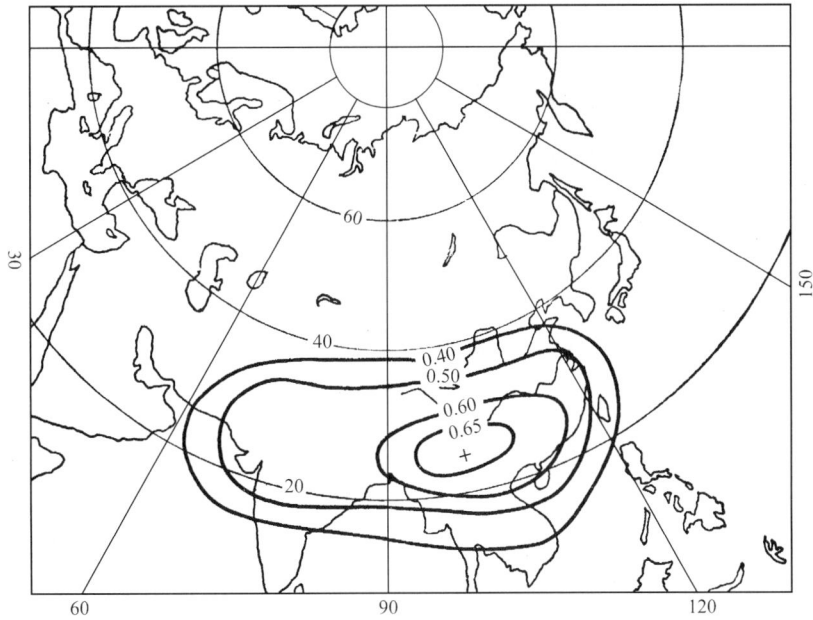

图 3.23　1951—1985 年海河流域 6—8 月降水量与北半球 3 月 500 hPa 高度的相关系数

个格点的相关信度达 0.001。4—9 月降水总量与 3 月南亚地区 500 hPa 高度的相关区基本上与图 3.24 相似,有 16 个格点的相关信度达 0.001,优相关中心在中国西南部(20°~25°N、95°~100°E),相关系数有 0.62。

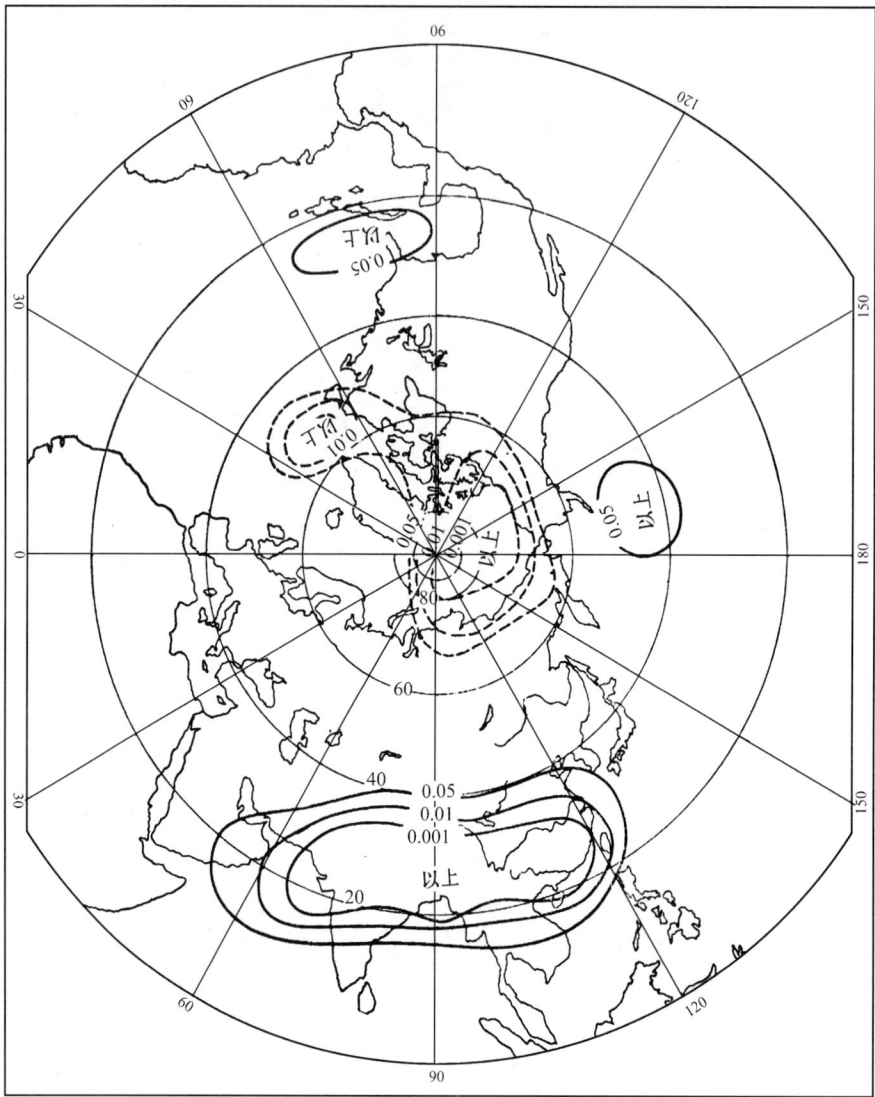

图 3.24　海河流域盛夏 7—8 月降水量与 3 月 500 hPa 高度场的相关关系

　　由上述相关关系和检验分析可知,海河流域夏半年、夏季、盛夏的降水总量与南亚地区的 2 月和 3 月 500 hPa 高度相关都较好,都是正相关关系。正相关关系表明 2 月、3 月南亚地区 500 hPa 高度持续偏高,则有利于后期西太平洋副高的西伸加强北跃,因而对海河流域的雨季降水十分有利,易造成夏涝。如果 2 月、3 月南亚地区 500 hPa 高度持续偏低,则不利于后期西北太平洋副高的加强北跃,因而不利于海河流域的夏季降水,易造成夏旱。

　　另外,在高纬度地区,如图 3.24 所示,在靠北太平洋一侧的北冰洋上 3 月 500 hPa 高度与海河流域雨季降水有较好的负相关关系。7—8 月降水量的优相关区(75°~85°N、90°E~180°~120°W)相关系数有 0.53~0.64,信度达 0.001。6—8 月和 4—9 月降水量的优相关区(75°~85°N、160°E~180°~130°W)相关系数分别有 0.51~0.61 和 0.51~0.63,相关关系都是显著的。

海河流域夏旱夏涝年与前期的上述这3个高度因子的对比关系如表3.7所示。夏涝年从印度东部到中国西部地区的2月500 hPa上10点平均高度有5760～5790 gpm,而夏旱年只有5710～5750 gpm,夏涝年比夏旱年平均偏高40 gpm。在3月500 hPa高度场上,从印度西部到中国东部地区的16点平均高度,夏涝年有5800～5830 gpm,而夏旱年只有5770～5790 gpm,夏涝年比夏旱年平均偏高30 gpm。在高纬度地区即在靠北太平洋一侧的北冰洋地区,3月500 hPa上24点平均高度夏涝年只有5030～5120 gpm,夏旱年有5130～5310 gpm,夏涝年比夏旱年平均偏低110 gpm。与常年同期相比,夏涝年2月南亚地区平均高度较常年同期偏高,只有1年与常年相等。3月南亚地区平均高度较常年同期偏高,北冰洋地区平均高度较常年同期明显偏低;夏旱年2月南亚地区平均高度较常年同期明显偏低。3月南亚地区平均高度较常年同期偏低或相等,北冰洋地区平均高度较常年同期偏高或相等。

表3.7　海河流域夏旱夏涝年前期的500 hPa高度因子对比表(表中高度单位为10 gpm)

年份	海　河　流　域 降水量距平百分率(%)			南亚 20°～30°N 75°～105°E 10点平均高度	南亚 20°～30°N 65°～115°E 16点平均高度	北冰洋 75°～85°N 160°E～130°W 24点平均高度
	4—9月	6—8月	7—8月	2月	3月	3月
夏涝年 1954	44	58	40	579	582	508
1956	44	54	25	578	581	508
1959	28	36	34	576	582	505
1963	41	42	60	579	580	504
1964	53	29	43	577	581	503
1973	22	29	23	578	581	511
1977	26	32	26	578	583	512
界值	≥20	≥20	≥20	≥576	≥580	≥512
概率	7/7	7/7	7/7	7/7	7/7	7/7
夏旱年 1951	−33	−41	−42	571	577	531
1952	−27	−27	−27	575	577	517
1965	−42	−43	−43	574	579	513
1968	−44	−51	−51	574	577	513
1972	−35	−36	−30	573	577	514
1980	−26	−32	−47	575	579	517
1983	−22	−43	−44	573	577	521
界值	≤−20	≤−20	≤−20	≤575	≤579	≤513
概率	7/7	7/7	7/7	7/7	7/7	7/7

从西太平洋副热带高压的位置来看,多数夏涝年前期2—4月副高位置偏北,多数夏旱年前期2—4月副高位置偏南。

3.6　其他地区旱涝的前期遥相关高度因子简析

上面对比分析了华南、长江中下游,淮河流域、海河流域和黄河中上游地区的前期关键月北半球 500 hPa 上的高度距平趋势的分布特点和前期遥相关环流因子。通过对上述区域旱涝的对比分析,我们基本上了解了夏半年或雨季旱涝年在前期关键月的关键区高度趋势或其他遥相关高度因子的趋势是相反的,这就为旱涝的长期预报提供了一定的基础。下面我们再对其他几个区域的遥相关高度因子分别进行分析和讨论。

3.6.1　江南地区(2 区)夏季多雨和少雨的前期环流因子简析

江南地区夏季降水量在前期同年各月中未调查到理想的高度因子,在前一年中有两个相对较好一些的遥相关高度因子。其中一个是在上一年 8 月 500 hPa 的乌拉尔山地区(55°～65°N、45°～65°E)。该地区的 8 点平均高度与江南地区夏季 6—8 月降水量有一定的正相关关系,相关系数有 0.55,相关信度达 0.001,相关概率有 82%(26/34)。夏季降水量距平百分率≥10%的 10 个多雨年中有 8 年,其前一年 8 月上述地区 8 点平均高度≥5640 gpm,夏季降水量距平百分率≤-10%的 13 个少雨年中有 12 年,其前一年 8 月上述地区 8 点平均高度≤5630 gpm,即有 87%的多雨和少雨年符合这个正相关关系。另一个是在上一年 11 月 500 hPa 的白令海峡地区(60°～70°N、160°W～180°),该地区的 8 点平均高度与江南地区夏季降水量有一定的负相关关系。江南 10 个夏季多雨年,其前一年 11 月该地区 8 点平均高度均≤5220 gpm,13 个夏季少雨年中有 8 年,其前一年 11 月该地区 8 点平均高度≥5230 gpm。

在夏季 6—8 月中,6 月正是江南雨季,而 7—8 月正是江南盛伏之季。对于江南 6 月降水量来说,有两个优相关因子。其中一个高度因子是上一年 8 月 500 hPa 上的南海高压,从 1951—1984 年 8 月南海高压的强度指数与次年江南 6 月降水量的相关系数有 0.66。另一个高度因子是同年 4 月 500 hPa 上千岛(45°～55°N、150°～170°E)地区的 7 点高度与江南 6 月降水量的相关系数有 0.61。这两个遥相关高度因子相关信度均达 0.001。

6 月多雨(月降水量距平百分率≥20%)和少雨(月降水量距平百分率≤-20%)年与这两个高度因子的对比关系如表 3.8 所示。7 个 6 月多雨年中有 6 年,其前一年 8 月南海高压的强度指数有 2～ll;而 9 个 6 月少雨年中有 7 年,其前一年 8 月南海无 5880 gpm 的高度值,其中有 1 年仅有 1 个 5880 gpm 的高度点。在同年 4 月千岛地区的 7 点平均高度值,大多数江南 6 月多雨年其高度较常年同期偏高,江南 6 月少雨年其高度较常年同期偏低。总的来说,这两个高度因子对江南 6 月多雨和少雨趋势有一定的指示意义。

表 3.8　江南 6 月多(少)雨年的前期 500 hPa 高度因子对比表(表中高度单位为 10 gpm)

年份	地区 时段 特征值	江南 6 月 降水量距平百分率(%)	南海 100°~120°E 上一年 8 月 高压强度指数	千岛 45°~55°N 150°~170°E 4 月 7 点平均高度距平
多雨年	1954	81	11	5
	1962	71	7	15
	1964	35	10	−1
	1968	50	7	4
	1976	26	0	−4
	1977	37	4	0
	1982	35	2	9
界值		≥20	≥2	≥0
概率		7/7	6/7	5/7
少雨年	1952	−28	0	−1
	1953	−25	0	−6
	1956	−39	0	−5
	1957	−29	0	−3
	1958	−40	0	−6
	1960	−25	0	−3
	1980	−44	1	−7
	1981	−33	4	0
	1985	−33	6	6
界值		≤−20	≤1	<0
概率		9/9	8/9	7/9

　　江南地区的 7—8 月正是伏旱季节,1 月东极地 500 hPa 高度对盛伏季节 7—8 月的伏旱有一定指示意义,极地(50°W~180°~170°E、80°~85°N)50 点(10×10 经纬格点)平均 1 月 500 hPa 高度与江南地区 7—8 月降水量距平趋势的总相关概率有 74%(26/35)。特别是 7—8 月降水量距平百分率在−15%至−40%,即有伏旱的 10 年(1951,1956,1957,1962, 1963,1964,1966,1967,1971,1978),在上述地区 1 月 500 hPa 的 50 点平均高度均≤5100 gpm,其中有 9 年这 50 点平均高度均≤5040 gpm,较常年同期明显偏低。只有个别年份接近常年。如果上述地区 1 月 500 hPa 高度较常年同期偏高,则盛夏江南一般无明显的伏旱现象。

3.6.2　贵州区(3 区)6 月多雨和少雨与上一年 12 月 500 hPa 冰岛地区高度的相关简析

　　贵州区雨季降水量在前期高度场上并无令人满意的遥相关因子。相对有一些参考意义的高度因子是上一年 12 月 500 hPa 冰岛地区(60°~70°N、35°~5°W)的高度与次年贵州区的 6 月降水量有一定的相关关系。其正相关系数有 0.53,信度达 0.001,相关概率有 70%。其中,9 个 6 月多雨年(6 月降水量距平百分率≥20%)中有 8 年,在上一年 12 月 500 hPa 冰岛地区的 10 点平均高度较常年同期偏高,只有 1 年例外,11 个 6 月少雨年(6 月降水量距平百分率≤−20%)中有 8 年,在上一年 12 月这 10 点平均高度较常年同期偏低,有 3 年例外。由此可见,有 80% 的 6 月多雨和少雨年是符合这个正相关关系的。

3.6.3　西南区(4 区),夏季旱涝的前期遥相关高度因子的对比分析

夏季 6—8 月正是西南地区的雨季,但该区域夏季降水量距平百分率的变化不是很大,在−21% 至 23% 之间。夏季多雨(6—8 月降水量距平百分率≥10%)年有 7 个,夏季少雨(6—8 月降水量距平百分率≤−10%)年有 11 个。这 7 个夏季多雨年和 11 个夏季少雨年的前期遥相关高度因子的对比情形如表 3.9 所示。即夏季多雨年前期上一年 10 月地中海东部地区 500 hPa 高度、同年 2 月前苏联西北部地区 500 hPa 高度、同年 3 月中国东北部地区 500 hPa 高度和 3 月西欧地区的 100 hPa 高度大多较常年同期偏低,夏季少雨年则大多较常年同期偏高。即上述这 4 个遥相关区与西南地区夏季 6—8 月降水量都是负相关关系,负相关系数有 0.55~0.61,信度达 0.001。这 4 个高度因子对西南地区夏季降水的多少有一定的指示性。

表 3.9　西南地区夏季多(少)雨年前期高度因子对比表(表中高度单位为 10 gpm)

年份 \ 地区特征值	西南 6—8 月降水量距平百分率(%)	地中海东部 25°~30°N 25°~35°E 上一年 10 月 500 hPa 5 点平均高度距平	前苏联西北部 60°~70°N 5°~25°E 同年 2 月 500 hPa 7 点平均高度距平	中国东北部 40°~50°N 115°~135°E 同年 3 月 500 hPa 7 点平均高度距平	西欧 40°~50°N 0°~20°E 同年 3 月 100 hPa 6 点平均高度距平
夏季多雨年 1952	15	−1	−6	0	
1954	10	0	6	−2	
1958	14	0	−11	−3	−8
1966	23	−4	−8	−3	−5
1968	22	−3	−4	1	−1
1971	15	−1	1	−3	−7
1984	11	−1	10	−8	−3
界值	≥10	<0	<0	<0	<0
概率	7/7	5/7	4/7	5/7	5/5
夏季少雨年 1953	−15	2	0	3	
1956	−18	2	8	2	2
1959	−21	0	12	10	9
1967	−12	0	2	0	5
1972	−14	0	10	4	5
1977	−13	1	−1	1	7
1979	−11	0	−1	−1	1
1980	−10	0	7	−2	−4
1981	−10	0	3	2	5
1982	−14	3	11	−1	8
1983	−10	−1	5	3	2
界值	≤−10	≥0	≥0	≥0	≥0
概率	11/11	10/11	9/11	8/11	9/10

3.6.4　长江上游(5 区)夏季旱涝的前期遥相关高度因子的对比分析

长江上游夏季降水量在 500 hPa 上有 3 个遥相关高度因子。一个是上一年 11 月墨西哥湾地区(20°～30°N,95°～75°W),另一个是在同年 2 月冰岛南部海上(45°～55°N、30°～10°W),再一个是在同年 4 月孟加拉湾地区(10°～20°N、80°～100°E)。这 3 个遥相关区的高度与长江上游 6—8 月降水量都是正相关关系,它们与 1951—1985 年长江上游 6—8 月降水量的相关系数有 0.48～0.52,信度达 0.01～0.001,距平趋势相关概率也有 71%至 80%,对长江上游的旱涝趋势有一定的预报意义。从长江上游 6—8 月降水量距平百分率≥15%的 7 个多雨年和 6—8 月降水量距平百分率≤-10%的 9 个少雨年来看,大多数夏季多雨年在前期的这 3 个关键区高度较常年同期偏高,大多数夏季少雨年则较常年同期偏低,有 88%至 94%的夏季多雨和少雨年符合这个正相关关系。每个高度因子与夏季(6—8 月)降水的具体关系如表 3.10 所示。

表 3.10　长江上游夏季多(少)雨年前期 500 hPa 的遥相关高度因子对比关系(表中高度单位为 10 gpm)

年份 \ 地区 特征值		长江上游 6—8 月降水量距平百分率(%)	墨西哥湾 上年 11 月 7 点高度距平累积值	冰岛南部 同年 2 月 7 点高度距平累积值	孟加拉湾 同年 4 月 8 点高度距平累积值
夏季多水年	1954	21	1	3	21
	1956	32	16	9	10
	1958	22	7	3	17
	1961	19	7	-2	1
	1973	21	1	11	5
	1983	18	6	10	8
	1984	24	-2	9	0
界值		≥15	≥1	≥3	≥0
夏季少水年	1957	-10	-2	-13	0
	1963	-15	-16	-8	-4
	1964	-11	-7	-2	-3
	1969	-20	-7	0	8
	1971	-11	-19	-2	-21
	1972	-33	-4	-10	-16
	1976	-11	3	0	-8
	1978	-20	-5	-7	-5
	1982	-13	-4	-8	-7
界值		≤-10	≤-2	≤0	≤3
概率		7/7	8/9	9/9	7/9

另外,长江上游 7 月的旱涝趋势与 3、4、5 月西太平洋和南海(100°E～180°)的副热带高压东西向脊线长度(简称副高轴长,下同)的关系较好,这 3 个月的副高脊线长度与长江上游 7 月降水量的 35 年(1951—1985)相关系数分别有 0.52,0.59,0.53,相关信度均达 0.001 以上,相关概率分别有 63%,63%和 69%。在 12 个 7 月多雨(7 月降水量距平百分率≥10%)年(1951,1954,1955,1957,1958,1960,1970,1973,1977,1981,1983,1984)中,有 10 年的 3—5 月副高线平均长度有 38～80 个经度,只有 1957,1960 年例外;

在 9 个 7 月少雨(7 月降水量距平百分率≤-10%)年(1959,1964,1766,1967,1971,1972,1974,1975,1976)中,有 8 年 3—5 月副高脊线平均长度只有 2~21 个经度,只有 1959 年例外。即有 86%(18/21)的 7 月多雨和少雨年与前期春季 3—5 月副高平均脊线长度趋势成正相关关系。这是因为夏季副高脊长一般与春季副高脊长有较好的持续性,春季(3—5 月)副高平均脊长偏长之年,一般 7 月副高脊长也偏长,而且副高脊长偏长之年多数西伸也较明显,这就有利于将东南海洋上的水汽输送到长江上游地区,就有利于 7 月长江上游地区的降水。反之,春季副高脊长偏短之年,一般 7 月副高脊长也偏短,副高脊长偏短则多数西伸也不明显,东南海洋上的水汽就不易输送到长江上游地区,因而对长江上游 7 月的降水不利。由此可见,春季副高的脊长对长江上游 7 月降水有较好的指示意义,在预报中也有参考价值。

3.6.5　汉水谓河流域(9 区)夏季旱涝的前期遥相关高度因子的对比分析

汉水渭河流域夏季旱涝在前期大气环流场中有 2 个较好的遥相关因子,一个是上一年 10 月大西洋(55°~25°W)地区 500 hPa 上的高压面积指数(≥5880 gpm 的 5×5 经纬格点数),即 10 月 500 hPa 大西洋地区的高压面积指数与次年夏季 6—8 月汉水渭河流域的降水之间存在着正相关关系,1951—1985 年的正相关系数有 0.54,相关信度有 0.001,相关概率有 74%。另一个是同年 1 月 100 hPa 上的冰岛—白海地区(10°W~30°E、60°N 和 80°N、20°W~40°E、70°N),该区域 17 点平均高度与汉渭夏季降水量(1956—1985 年)的相关系数有-0.48. 至-0.65,相关信度有 0.01 至 0.001,其中有 4 个格点(60°~70°N、10°~20°E)的相关系数有-0.63 至-0.65。这两个高度因子与汉渭地区夏季多雨和少雨年的对应关系如表 3.11 所示。10 个夏季多雨(6—8 月降水量距平百分率≥10%)年(1952,1954,1956,1958,1962,1980,1981,1982,1983,1984)中有 9 年,其前一年 10 月 500 hPa 大西洋高压偏强,面积指数有 8~14;而 9 个夏季少雨年(6—8 月降水量距平百分率≤-10%的 1959,1967,1969,1971,1972,1973,1974,1975,1977)中有 8 年,其前期 10 月大西洋高压偏弱,面积指数只有 0~3。其中夏季涝年(1956,1958,1981,1984)和旱年(1969,1974,1977)都符合这个关系。在 1 月 100 hPa 的冰岛—白海地区,8 个夏季多雨年中有 7 年在上述地区 17 点平均高度较常年同期明显偏低,而 9 个夏季少雨年中有 7 年这 17 点平均高度较常年同期偏高或接近常年稍偏低。

另外,西太平洋—南海(100°E~180°)地区副热带高压的 5 月轴线长度与汉渭地区 7 月降水量也有正相关关系,1951—1985 年的相关系数有 0.51,相关概率有 74%。在汉渭地区 7 月降水量距平百分率≥20%的 11 个 7 月多雨年中,有 8 年 5 月副高脊长≥55 个经度;在 7 月降水量距平百分率≤-20%的 6 个 7 月少雨年中,有 5 年 5 月副高脊长≤45 个经度。因为汉渭地区与长江上游地区比较接近,所以 5 月副高脊长与 7 月降水的相关也基本类似。

表 3.11　汉水渭河流域夏季多(少)雨年前期大气环流因子对比关系(表中高度单位为 10 gpm)

年份	地区 时段 特征值	汉水渭河流域 6—8 月 降水量距平百分率(%)	大西洋地区 上一年 10 月 500 hPa 高压面积指数	冰岛—白海地区 同年 1 月 100 hPa17 点平均高度距平
夏季多雨年	1952	11	9	
	1954	23	12	−14
	1956	62	14	−10
	1958	47	11	−17
	1962	22	14	0
	1980	29	13	−25
	1981	46	14	−4
	1982	26	1	−22
	1983	15	9	−21
	1984	32	8	
界值		≥10	≥8	≤−4
概率		10/10	9/10	7/8
夏季少雨年	1959	−13	12	−5
	1967	−10	0	3
	1969	−34	3	14
	1971	−10	2	−5
	1972	−12	1	18
	1973	−16	1	6
	1974	−31	0	−2
	1975	−13	0	0
	1977	−20	0	23
界值		≤−10	≤3	≥−2
概率		9/9	8/9	7/9

3.6.6　山东区(12 区)夏季旱涝的前期高度因子的对比分析

　　山东区在黄河下游,处在海河流域的东南部,但其旱涝年与海河流域有较大的差别,所以,其前期高度因子也不相同。山东区夏季 6—8 月降水量在上一年 10 月 500 hPa 上有两个遥相关区。一个是西藏高原区(25°~35°N、80°~100°E),另一个是日本暖流区(30°~40°N、135°~155°E)。西藏高原 10 月高度与次年山东 6—8 月的降水量相关系数(1951—1985)有 0.60,信度达 0.001,相关概率有 75%。日本暖流区的 10 月高度与次年山东 6—8 月降水量的相关系数有 0.58,相关概率有 78%。从 6—8 月降水量距平百分率≥20% 的 6 个夏涝年(1958,1961,1963,1964,1965,1972)和 6—8 月降水量距平百分率≤−20% 的 10 个夏旱年(1959,1960,1967,1969,1970,1973,1978,1982,1983,1984)来看,6 个夏涝年的上一年 10 月西藏高原 7 点高度距平累积值均在 0~140 gpm 之间,其中有 3 年≥100 gpm,10 个夏旱年中有 8 年的上一年 10 月西藏高原 7 点高度距平累积值有 −140~−10 gpm。6 个夏涝年中有 5 年的上一年 10 月日本暖流区 7 点高度距平累积值有 70~290 gpm。10 个夏旱年中有 9 年的上一年 10 月日本暖流区 7 点高度距平累积值有 −210~0 gpm。山东区 6—8 月降水量与前期 1 月的乌拉尔山区(60°~70°N、50°~75°E)500 hPa 高度有反相关关系,相关系数(1951—1985)有 -0.60,相关信度达 0.001,负相关概率有 77%。6 个夏涝年的前期 1 月乌拉尔山 7 点高度距平累积值有 -1040～-30 gpm。10 个夏旱年中有 8 年的前期 1 月乌拉尔山 7 点高度距平累积值在 80～430 gpm 之间。该区夏季降水量与上一年 9 月西太平洋副高北界位置也有较好的相关关系,1951—1985 年的相关系数有 0.59,信度达 0.001。6 个夏涝年其上一年 9 月西太平洋副高北界位置均到达 31°～34°N,10 个夏旱年其上一年 9 月西太平洋副高北界位置均在 27°～30°N 之间。即夏涝年的上一年 9 月西太平洋副高北界位置较常年同期偏北或明显偏北,而夏旱年其上一年 9 月副高北界位置则较常年同期偏南或基本接近,16 个夏季旱涝年全部符合这个正相关关系。

另外,山东区 7 月降水量与前期 3 月的日本暖流区 500 hPa 高度有反相关关系,负相关系数(1951—1985)有 0.51,负相关概率有 76%。8 个 7 月多雨年(7 月降水量距平百分率≥20%)中有 6 年,其前期 3 月日本暖流区 7 点高度距平累积值在 -540～-50 gpm 之间;14 个 7 月少雨年(7 月降水量距平百分率≤-20%)中有 12 年,其前期 3 月日本暖流区 7 点高度距平累积值在 60～890 gpm 之间。即有 82%(18/22)的 7 月多雨和少雨年符合这个反相关关系。7 月降水与上一年 10 月东太平洋(175°～115°W)地区的高压强度指数也有正相关关系,相关系数有 0.56,相关概率有 72%。

3.6.7　辽河流域(13 区)夏季旱涝的前期高度因子的简析

从辽河流域夏季 6—8 月的降水量来看,其前期较好的高度因子是上一年 9 月西藏高原(25°～35°N,80°～100°E)500 hPa 上的高度,1951—1984 年的正相关系数有 0.52,信度接近 0.001,正相关概率有 85%。但 1985 年辽河流域夏季发生了特大洪涝,其上一年 9 月西藏高原的高度却是偏低较明显,不符合这个正相关关系。

7 月降水量在前期 2 月 500 hPa 上有两个相关区,一个是在阿富汗至印度西北部地区(25°～35°N、60°～80°E)。该区域 7 点高度与辽河流域 7 月降水量的 1951—1985 年相关系数有 0.45～0.56,7 点平均高度与 7 月降水量的相关概率有 74%。从 7 个 7 月多雨年(7 月降水量距平百分率≥20%)和 10 个 7 月少雨年(7 月降水量距平百分率≤20%)来看,有 88%的 7 月多雨和少雨年符合这个正相关关系。7 月多雨年其前期 2 月这 7 点平均高度有 5710～5760 gpm,1985 年 7 月洪涝亦符合这个关系,7 年中只有 1 年例外。7 月少雨年其前期 2 月这 7 点平均高度只有 5640～5700 gpm,10 年中也只有 1 年例外。另一个相关区在百慕大群岛附近(20°～30°N、75°～55°W),正相关系数有 0.45 至 0.52,相关信度可达 0.01 至 0.001,相关概率有 74%。7 个 7 月多雨年,其前期 2 月这个区域的 7 点平均高度均有 5810～5850 gpm,1985 年 2 月这 7 点平均高度有 5830 gpm,明显多雨趋势符合这个关系。10 个 7 月少雨年,其前期 2 月这 7 点平均高度只有 5750～5800 gpm,只有 2 年例外。

3.6.8　松花江流域(14 区)夏季旱涝的前期高度因子的简析

松花江流域夏季 6—8 月降水量和夏半年 4—9 月降水量与上一年 5 月西太平洋副高北界位置有一定的正相关关系,1951—1984 年的相关系数分别有 0.55 和 0.59,信度达 0.001。相关概率分别有 79%和 76%。一般来说,夏涝年其上一年 5 月西太平洋北界位置到达 21°～24°N，夏旱年其上一年 5 月西太平洋副高北界位置只到达 16°～19°N。但 1985 年夏季发生了洪涝，这个大气环流因子并没有反映出来。

　　7 月降水量与上一年 12 月阿留申地区(50°～60°N，170°E～170°W)500 hPa 上 8 点高度值有正相关关系，相关系数有 0.60，信度达 0.001，相关概率有 71%。有 87%(13/15)的 7 月多(少)雨(月降水量距平百分率≥20% 或≤−20%)年符合这个正相关关系。另外，7 月降水量与同年 2 月 500 hPa 的中国渤海—日本海地区(35°～45°N、120°～140°E)的 7 点高度值有反相关关系，相关系数有 −0.55，信度达 0.001，相关概率有 80%(28/35)。有 87%(13/15)的 7 月多(少)雨年符合这个反相关关系。

3.7　极涡与旱涝的相关分析

　　上面重点分析了旱涝与前期高度场的某些固定的遥相关区高度趋势之间的相关关系和前期副热带地区的大气环流特征量即副热带高压(西太平洋高压，南海高压、伊朗高压)与夏季旱涝之间的关系。由上分析可知，前期副热带高压对夏季旱涝的指示性，对不同地区则从不同的侧重面来体现，长江上游、汉水渭河流域和黄河中上游地区的夏季旱涝或月降水与前期西太平洋和南海地区的副高主体的东西脊长或与大西洋地区的高压有较好的相关关系。长江中下游和江南地区的夏季旱涝则与前期南海高压的大小和强弱之间的相关关系更为显著。淮河流域夏季旱涝与前期西太平洋副高的强度有关。而北方地区的海河流域、辽河流域、松花江流域夏季旱涝则与前期副高的南北位置之间的关系相对较密切。

　　由于旱涝的形成既与副热带地区的大气系统有关，也与西风带环流有关。而西风环流又与极地涡旋有着十分密切的关系，所以极涡在旱涝的形成中也有一定的作用。对某些地区某些时段来说，极涡对旱涝的作用还是十分显著的。因此，在本节将侧重分析一下极涡与旱涝的关系。为了能恰切地描述极涡的面积，李小泉、刘宗秀采用下列公式来取极涡的面积 S，

$$S = \left(\int_{\varphi}^{\frac{\pi}{2}} \int_{\lambda_1}^{\lambda_2} R^2 \cos\phi \, d\phi \, d\lambda \right) \times 10^{-5} = \left[R^2 (1 - \sin\phi)(\lambda_2 - \lambda_1] \times 10^{-5} \right.$$

式中 S 为经度 $\lambda_2 - \lambda_1$ 范围内的极涡面积，ϕ 表示极涡外围边界与经度 λ 相交的纬度，R 是地球半径($R = 6378$ 公里)。他们又将极区等分成 4 个区(Ⅰ区：60°～150°E；Ⅱ区：150°E～120°W；Ⅲ区：120°W～30°W；Ⅳ区：30°W～60°E)。并分别取 5480，5520，5600，5680，5720，5640，5560 gpm 等高线为 1 月、2—4 月和 12 月、5—6 月和 9 月、7—8 月、10 月、11 月的 500 hPa 北半球极涡外界的等高线。再分别求出全极区和分极区的极涡面积。

　　现就他们计算的极涡面积指数分别与上述 14 个区 4—9 月及夏季降水量进行普查。发现极涡与降水之间存在着一定的相关关系。就同期而言，以 7 月的 Ⅰ 区极涡面积与同期长江下游(7 区)的降水量之间的相关关系最为显著，1951—1985 相关系数达 −0.69，信度达 0.001，相关概率达 86%。这个显著的相关关系说明在 7 月份，长江下游地区的旱涝与亚洲一侧的这个分极区的同期极涡面积大小有着十分密切的关系，这个区域的极涡面积偏小(≤ 150×10^5 km²)，即 5720 gpm 等高线偏北，则长江下游易多雨有涝；Ⅰ区极涡面积偏大(≥ 154×10^5 km²)，即 5720 gpm 等高线偏南，则长江下游易少雨干旱。而且，7 月 Ⅰ 区极涡面

积与同期长江中游(6 区)、江南(2 区)和贵州区(3 区)的降水量之间也有一定的反相关关系,相关系数分别有 −0.54、−0.48 和 −0.49,相关信度可达 0.01 至 0.001。长江上游 9 月的秋雨与同期Ⅲ区极涡面积也有一定的反相关关系,相关系数有 −0.55,信度达 0.001,相关概率有 77%。这说明 9 月份靠着北美洲这个极区的极涡面积偏小(大)对长江上游同期降水有利(不利)。

就前期极涡与后期夏季降水的关系而言,以松花江(14 区)8 月的降水量与前期Ⅲ区 6 月极涡面积的正相关最显著,相关系数有 0.68。相关信度达 0.001,相关概率有 77%。这意味着 6 月 5680 gpm 等高线在 120°～30°W 之间的位置偏南(北)就有利(不利)于后期 8 月松花江流域的降水。即Ⅲ区 6 月极涡面积偏大(偏小)则 8 月松花江流域就易涝(旱)。1985 年 6 月Ⅲ区极涡面积达 177×10⁵ 平方公里,较常年明显偏大,8 月松花江流域出现了较大洪涝。历史上大多数旱涝年也都符合这个关系。可以说,Ⅲ区 6 月 5680 gpm 等高线的南北位置对松花江流域的 8 月旱涝有着较好的指示意义。另外,淮河流域和汉水渭河流域(8 区和 9 区)的 8 月降水量与前期 3 月Ⅳ区的极涡面积也有一定的正相关关系,相关系数分别有 0.47 和 0.49,信度达 0.01,相关概率分别有 74% 和 77%。

从极涡面积与降水之间的遥相关时间长度来看,最长有接近一年半的时效。例如贵州区(3 区)4—9 月的降水量与上一年 3 月Ⅲ区极涡面积之间也有负相关关系,相关系数为 −0.50,相关信度达 0.01,相关概率有 74%。其中,以 8 月降水量与Ⅲ区 3 月极涡面积的负相关关系较为显著,相关系数达 −0.62,相关概率为 76%。大多数旱涝年都符合这个负相关关系。西南区(4 区)8 月降水量与上一年 4 月Ⅰ区极涡面积也有一定的负相关关系,相关系数为 −0.47,相关概率为 71%。淮河流域 9 月降水量与上一年 12 月极区极涡面积的正相关系数有 0.47,相关概率有 71%。辽河流域 4—9 月降水量与上一年 11 月Ⅰ区极涡面积的正相关系数有 0.52,相关概率有 69%。

在统计分析中也发现中国降水量的多少对后期极涡面积有一定的反馈作用。例如,9 月Ⅵ区极涡面积与 8 月黄河中上游(11 区)的降水量呈正相关,而与 8 月淮河流域(8 区)的降水量呈负相关。相关系数分别为 0.49 和 −0.50,信度达 0.01,相关概率分别有 71% 和 77%。全极区 11 月的极涡面积又与前期黄河中上游区的 7 月降水量呈负相关,相关系数有 −0.58,信度达 0.001,相关概率有 71%。

由本节分析到的关系可知,极涡与中国降水之间无论是同期还是前后期之间都存在一定的相关关系,在旱涝预报中有一定的参考意义。因此,在旱涝预报中不但要注意到中纬度西风带和低纬度副热带大气环流系统之间的相互作用,还应考虑到极涡的活动状况。

第 4 章 中国旱涝与海气相互作用

4.1 热带地区的海气相互作用

热带地区的海气相互作用突出地表现在厄尔尼诺(El Nino)现象和南方涛动(Southern Oscillation)之间的密切相关和联系中,在厄尔尼诺事件发生的同期即伴随南方涛动低指数的出现,气象学家们把这种现象称作 ENSO 现象。

厄尔尼诺现象意指南美西海岸冷洋流区的海水表层温度在圣诞节前后异常升高的现象,当地的人们称厄尔尼诺现象为圣婴。这个现象引起了广大气象学家和海洋学家的兴趣和重视,现在大家把赤道东太平洋冷水区海表温度异常增暖现象叫厄尔尼诺现象,它与南半球夏季这一信风较弱的季节相一致。在发生厄尔尼诺现象期间,附近海域鱼资源消失,以鱼为食的沿海鸟群大量飞离或死亡。厄瓜多尔和秘鲁北部沿海地区产生强烈的暴雨。其实,各个厄尔尼诺事件发生的时段也并不完全一致,有的在春季就开始增温,有的则在夏季才开始增温,还有在秋季开始增温的。但暖峰一般出现在圣诞节附近,少数也有超前或落后于圣诞节的。

南方涛动是沃克(G. T. Walker)在 1924 年首先命名的,它是大气环流的一种大尺度低频振荡,是行星大气气压场的一种重要振动。南方涛动意指东南太平洋副热带高压和印度尼西亚赤道低压之间的空气交换,它表示南太平洋高压与印度洋低压之间存在着反位相趋势的联系,即当印度洋地区的气压为正距平时,东南太平洋及南美一带地区的气压为负距平,反之亦然。

厄尔尼诺现象是海洋的现象,而南方涛动是大气现象,这是两种不同的介质,但他们的活动却相互作用和相互制约。一方面,海洋通过表面温度的变化对大气加热场产生变化,另一方面,大气又通过风向和风速的变化使海洋产生风吹流和上翻运动,从而使海表温度的分布产生变化。即海洋通过热力对大气产生影响,而大气又通过动力对海洋产生影响。

为了解释南方涛动现象,Bjerkness(1969)提出了在赤道附近地区存在沃克环流——一种东西向行星尺度的垂直环流圈,这种纬向垂直环流圈的变动及其影响已被许多气象科学家们充分注意和深入研究。沃克环流在东太平洋为下沉气流,在印度尼西亚上空为上升气流,在这个环流控制下,赤道太平洋低层大都为东风气流,高层为西风气流。在厄尔尼诺现象爆发期间,纬向沃克环流减弱,经向哈得莱(Hadley)环流加强。

Madden 等首先发现在热带太平洋地区纬向风有 40～50 天振荡现象,其后又证明这种现象在全球热带都有。现在,普遍认为大气低频变化是一种全球性现象。这种 40 天左右周期的根源有的认为是季风爆发引起的,有的认为是海气耦合作用的结果。刘家铭的模拟试验结果则认为 40～50 天的振荡周期是大气环流本身固有的,与季风爆发、海气耦合作用无关。他的试验表明低频波总是绕地球由西向东传,40～50 天左右绕地球转一周后又回到原来的位置。也有人认为纬向大气环流的这种 40 天左右的周期振动与地球自转角速度的变化周期相吻合,低频振荡可能与地球自转速率的变化有关。刘雅章用 1960—1975 年的 15 年观测资料做了大型环流模型的数值试验,发现厄尔尼诺现象是由于海气耦合作用的结果。

刘家铭教授形象地把热带地区大气环流的低频振荡规律比作是热带地区的心脏跳动,而厄尔尼诺现象的发生就好比是热带地区得了一个心脏病,使得规律性的低频振荡出现了异常现象。但这种异常现象从发生到消失较有规律,一般从发生到消失先后持续 16～24 个月即恢复正常。然而这种异常现象从消失到再次发生是无明显规律的,一般有 2～7 年周期。ENSO 现象的发生根源何在? 有待进一步深入研究。

为了表征沃克环流的强弱,人们用南方涛动指数 SOI(Southern Oscillation Index)来表示沃克环流的强度。有关 SOI 的版本很多,沃克最早使用气压、温度和降雨的综合指标得出了南方涛动指数;后来(1965)Troup 精练了这一指数,仅保留了测站气压,并在澳大利亚得到了广泛应用,Berlage(1957)开始简单的用雅加达的气压来表示 SOI,后来他又发现太平洋—印度洋年平均气压场是反相关的,中心分别位于雅加达和东南太平洋的伊斯特岛上,因此,他认为该两地气压差本身即可作为环流指数来反映南方涛动的强弱。Kidson (1975),Wright(1975)和 Trenberth(1976)从对几个相距很远的测站气压的主分量分析得出了南方涛动指数。近几年来,对南方涛动指数的兴趣又有很大复活,在反复的比较中,目前一般都用澳大利亚西北沿海的达尔文(Darwin)和中南太平洋上的塔希提岛(Tahiti)这两个测站的气压差$(P_T - P_D)$来表示南方涛动指数。但对这个气压差采取的处理方法有些不同,Troup 将上述气压差进行标准化后作为 SOI;Trenberth 将这两个测站点气压分别标准化后再求其差值作为 SOI;美国气候分析中心(CAC)综合了他们俩人的方法,即先将这两个测站气压分别标准化后再求其差值,然后又将其差值再进行一次标准化后得 SOI。这三种处理结果并无多大差别,三者相关信度很高。本书涉及到的 SOI 资料是采用 CAC1986 年 3 月的"气候诊断公报"上提供的。

4.1.1　南方涛动指数与赤道东太平洋海温的同期相关关系

沃克环流与赤道东太平洋海温互相关密切程度可以由南方涛动指数(SOI)与赤道东太平洋海表温度(SST)的相关关系来表明,在此,我们采用中国科学院地理研究所和上海中心气象台联合整编的 SST 历史资料。图 4.1 是 SOI 与同期赤道(0°)东太平洋 SST 的 35 年资料长度的相关系数逐点(每隔 5 个经度)逐月分布图。由图 4.1 可见南方涛动指数与赤道太平洋地区的同期相关关系,5 月和 6 月的逐点相关系数均在 -0.10 到 -0.44 之间,除 180°,0°这个点外,置信水平均在 0.01 以下。7 月和 8 月相关关系较 5 月和 6 月有所提高,局部地区有明显的提高。9 月相关关系最明显,从 180°到 85°W 的各点相关系数均在 -0.46 到 -0.85 之间,信度均达 0.01 以上,其中有 70% 的点信度超过 0.001,赤道东大平洋西部地区(0°、165°～150°W)的 4 点相关系数均有 -0.72 到 -0.85。10 月在赤道东太平洋的中部相关关系有明显的下降,信度下降到 0.01 以下。11 月到 2 月相关关系比较稳定,绝大多数地区的相关信度都在 0.01 到 0.001 以上。3 月和 4 月只有在赤道东太平洋的中部地区(0°、140°～120°W)相关信度还较高,其东部和西部地区的相关性较差。总的来说,SOI与赤道东太平洋地区的相关关系以秋冬较明显,春夏则次之,9月最好,5月最差。赤道东太平洋的西部地区相关较显著,持续时间较长,东太平洋东部地区相关没有西部地区显著,持续时间也没有西部地区长。各地最高相关系数及其出现的月份如表4.1所示。

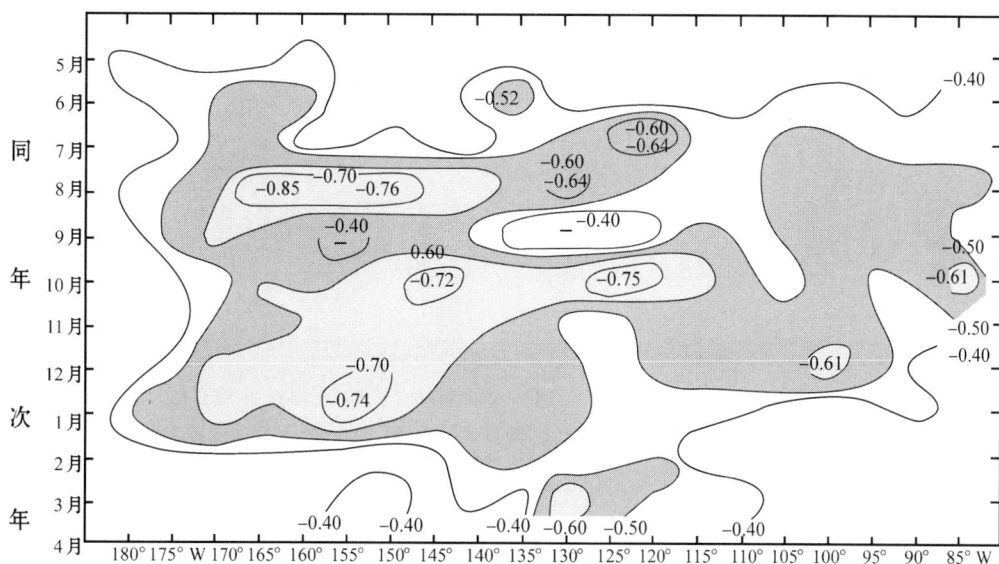

图 4.1　南方涛动指数(SOI)与同期赤道(0°)东太平洋 SST 的 35 年(1951—1985)
相关系数逐点逐月分布图

表 4.1　SOI 与赤道(0°)东太平洋 SST 各点的同期相关系数最高值及其出现的月份

经度(W)	180°	175°	170°	165°	160°	155°	150°	145°	140°	135°
相关系数	−0.50	−0.56	−0.64	−0.85	−0.72	−0.76	−0.76	−0.72	−0.64	−0.63
月份	2	2	2	9	9	9	9	11	9,11	11
经度(W)	130°	125°	120°	115°	110°	105°	100°	95°	90°	85°
相关系数	−0.64	−0.75	−0.70	−0.61	−0.60	−0.55	−0.61	−0.58	−0.56	−0.61
月份	9,4	11	11	11	12	9	1	1	10	9,11

4.1.2　南方涛动指数与热带东太平洋地区海温场的相关关系

从 SOI 与热带东太平洋地区(10°S～10°N、180°～80°W)海温场的相关关系来看,两者的相关关系是密切的,不但同期有较好的相关关系,其滞后效应也较显著。在表4.2和4.3中,我们分别给出了热带东太平洋地区(共 101 个格点)的 SST 与 SOI 的各月最高相关系数值和信度超过 0.01 的点数。

表 4.2　热带东太平洋(10°S~10°N,180°~85°W)地区 101 个格点 SST 与 SOI 的各月最高相关系数值
(1951—1985)

SSST月份＼SSOI月份	1	2	3	4	5	6	7	8	9	10	11	12
1	−0.73	−0.74	−0.57	−0.53	−0.45	−0.45	−0.42	−0.30	−0.28	−0.33	0.40	0.34
2	−0.78	−0.74	−0.58	−0.55	−0.40	−0.43	−0.36	−0.43	−0.33	−0.29	−0.32	−0.40
3	−0.68	−0.77	−0.59	−0.67	−0.49	−0.46	−0.46	−0.39	−0.50	−0.49	−0.41	−0.41
4	−0.65	−0.58	−0.56	−0.64	−0.47	−0.45	−0.47	−0.50	−0.46	−0.52	−0.55	−0.49
5	−0.54	−0.51	−0.59	−0.59	−0.50	−0.50	−0.62	−0.59	−0.54	−0.53	−0.44	−0.41
6	−0.41	−0.46	−0.58	−0.61	−0.58	−0.53	−0.61	−0.63	−0.60	−0.53	−0.52	−0.44
7	−0.58	−0.52	−0.43	−0.52	−0.58	−0.56	−0.55	−0.63	−0.60	−0.50	−0.54	−0.55
8	−0.35	−0.44	−0.50	−0.54	−0.53	−0.64	−0.64	−0.71	−0.55	−0.55	−0.55	−0.57
9	0.53	0.52	0.42	−0.58	−0.59	−0.57	−0.67	−0.79	−0.85	−0.72	−0.69	−0.66
10	−0.33	−0.38	−0.34	−0.47	−0.55	−0.59	−0.68	−0.72	−0.84	−0.63	−0.67	−0.66
11	0.33	−0.29	−0.40	−0.51	−0.60	−0.64	−0.73	−0.76	−0.82	−0.70	−0.75	−0.63
12	0.27	−0.30	−0.42	−0.62	−0.54	−0.70	−0.69	−0.77	−0.82	−0.69	−0.77	−0.68

表 4.3　热带东太平洋(10°S~10°N、180°~85°W)地区 101 个格点中 SST 与 SOI 的
相关(1951—1985)信度大于 0.01 的点数

SSST月份＼SSOI月份	1	2	3	4	5	6	7	8	9	10	11	12
1	60	60	25	14	5	2	2	0	0	0	0	0
2	54	51	23	17	0	1	0	1	0	0	0	0
3	38	44	14	18	2	3	4	0	1	5	0	0
4	17	13	19	13	6	2	2	6	0	3	1	2
5	7	3	8	10	3	10	20	27	11	7	1	0
6	1	1	6	12	14	8	25	35	24	12	6	3
7	2	1	1	10	15	7	29	37	29	8	3	14
8	0	1	3	10	17	29	40	49	53	19	26	17
9	0	0	0	5	15	30	41	58	65	36	26	31
10	0	0	0	6	19	35	66	76	72	46	28	32
11	0	0	0	6	25	55	63	70	75	64	52	54
12	0	0	1	8	24	47	59	65	79	74	78	55

　　由表 4.2 和表 4.3 可知,在热带东太平洋地区中,大多数月份的 SST 与大多数月份的 SOI 都有较显著的相关区,而且无论是 SST 对 SOI 的影响还是 SOI 对 SST 的影响,都有较长的滞后效应。但最明显的滞后效应是 9 月 SOI 对 9—12 月的 SST 场,这 4 个月的最大相关系数值都在−0.82 至−0.85 之间,9 月 SOI 与 9 和 10 月的 SST 最高相关点在 0°、165°W;9 月 SOI 与 11 月 SST 的最高相关点是 5°N、125°W,9 月 SOI 与 12 月 SST 的最高相关点是 0°,140°W。而且 9 月 SOI 与 9—12 各月 SST 的相关信度在 0.01 以上的点数占整个热带东太平洋地区的 64%至 78%,其中有 40%至 66%的地区相关信度超过 0.001。只有 1—3 月 SOI 对 10—12 月 SST 和 1—2 月 SST 对 9—12 月 SOI 的相关关系较差。总起来看,6—10 月南方涛动对 8—12 月的热带东太平洋海温的影响较明显,范围也较大,即

南方涛动对热带东太平洋海温场的大范围显著影响关系可滞后 6 个月以上。例如 6 月 SOI 与 12 月 SST 的相关系数最大值达 -0.70,有 7 个点的相关系数在 -0.62 至 -0.70,有 20 个点的相关系数在 -0.52 至 -0.70,有 47 个点的相关系数在 -0.42 至 -0.70,即有 47% 的地区相关信度在 0.01 至 0.001 以上。同样,热带东太平洋海温对南方涛动也有滞后效应,但相对于前者来说较弱,滞后时间也较短。

4.1.3　厄尔尼诺年[①]的南方涛动特点

上面分析了南方涛动指数 SOI 与东太平洋低纬地区海温场的相关关系,从显著的负相关关系可知,东太平洋低纬地区的海表温度与塔希提岛的地面气压呈反相关关系,而与达尔文岛的地面气压是正相关关系。也就是说南方涛动指数越低则越有利于同期和后期热带东太平洋海温的增暖,南方涛动指数越高则越有利于同期和后期热带东太平洋海温的变冷。而厄尔尼诺现象是东太平洋海温异常增暖现象,那末相应的南方涛动指数也应是明显的负值。如表 4.4 所示,由近 10 个厄尔尼诺年的南方涛动指数的分布特点可知,大多数厄尔尼诺年都有 7～11 个月是负南方涛动指数(SOI<0),即南太平洋低纬地区的气压是西高东低型。只 1976 年仅有 5 个月是负 SOI 值。而且所有的厄尔尼诺年在圣诞节之前(12 月以前)均有一个长达 4 个月以上的持续负指数值时段。负南方涛动指数值一般在春季就出现,最晚在 6 月出现,例如 1963 年和 1976 年是 6 月开始出现负 SOI。

表 4.4　厄尔尼诺年的南方涛动指数值

月份＼厄尔尼诺年	1	2	3	4	5	6	7	8	9	10	11	12	SOI<0 的月数
1951	1.3	0.5	−0.7	−1.1	−1.2	−0.5	−1.4	−0.8	−1.2	−1.5	−1.0	−0.9	10
1953	0.1	−0.7	−0.8	−0.2	−2.5	−0.5	−0.1	−1.9	−1.4	−0.2	−0.4	−0.6	11
1957	0.4	−0.4	−0.4	0.2	−1.1	−0.4	0.1	−1.1	−1.0	−0.1	−1.2	−0.5	9
1963	0.8	0.3	0.6	0.9	0.0	−1.5	−0.3	−0.4	−0.7	−1.6	−1.0	−1.4	7
1965	−0.5	0.0	0.2	−1.1	0.0	−1.5	−2.3	−1.3	−1.4	−1.2	−1.8	0.0	8
1969	−1.4	−0.8	−0.1	−0.8	0.2	−0.7	−0.6	−1.0	−1.4	−0.1	0.2	0.3	11
1972	0.3	0.6	0.4	−0.5	−2.2	−1.7	−1.9	−1.1	−1.5	−1.1	−0.4	−1.5	9
1976	1.2	1.2	1.3	0.0	0.6	−0.2	−1.2	−1.5	−1.2	0.2	0.7	−0.5	5
1982	1.0	0.0	0.0	−0.1	−0.6	−2.5	−2.0	−2.7	−1.9	−2.2	−3.2	−2.5	9
1983	−3.4	−3.5	−3.2	−2.1	0.9	−0.5	−0.9	−0.4	0.9	0.3	−0.1	−0.1	9

4.1.4　厄尔尼诺年的北太平洋海温场的分布特点

厄尔尼诺年的赤道东太平洋海温异常增暖。那末,整个北太平洋海温场的分布又有什么特点呢?由图 4.2 可见,在热带东太平洋地区($10°S～10°N$、$180°～80°W$)年平均海温距平的累积值为正值,在赤道东太平洋冷水区是一个正距平中心区,在沿赤道的 $120°～85°W$

---

① 本书定义厄尔尼诺年为赤道东太平洋月平均海温有 6 个月以上偏高且南方涛动指数有 5 个月以上为负值之年,即为厄尔尼诺年。以下同。

地区每个厄尔尼诺年的年平均海温要比常年偏高1℃以上。相反,在西北太平洋地区,年平均海温距平的累积值是负值。整个北太平洋海温场的距平分布趋势是东南高西北低,东西向的海温梯度减小,而南北向的海温梯度增大。这时,垂直纬向的沃克环流减弱,而垂直经向的哈得莱环流加强,使赤道低压和副热带高压加强。在反厄尔尼诺年,其分布趋势与之相反。

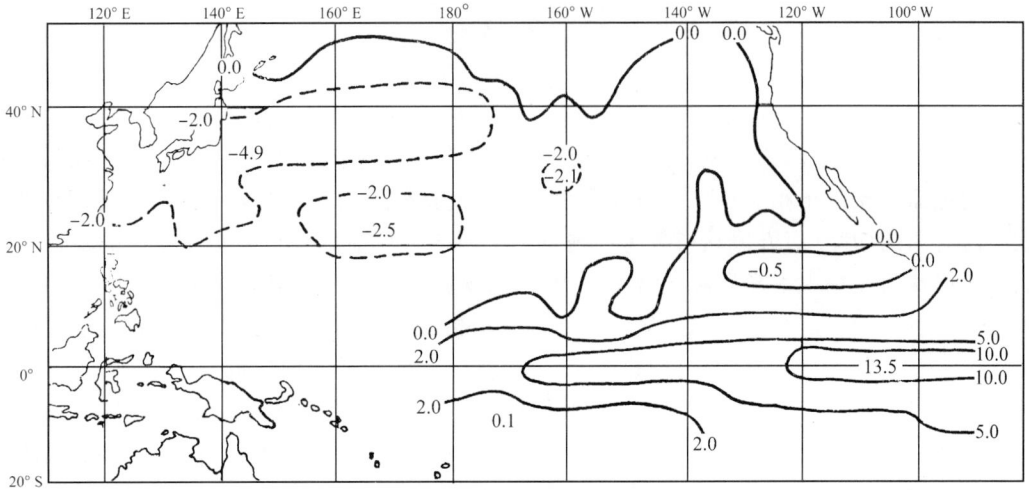

图 4.2　近 10 个厄尔尼诺年的年平均海温距平累积值(℃)

4.2　北太平洋海温场对西北太平洋副高和南海高压的滞后效应

海气相互作用不仅发生在热带地区,也存在于热带地区与副热带地区之间,而且在中纬度地区也有海气之间的相互作用。

在 20 世纪 70 年代,中国科学院地理研究所和大气物理研究所、上海气象台、长江流域办公室等单位的气象工作者在海气相互作用方面进行了较深入的研究工作,并取得了较好的研究成果,其中较为突出的一个成果是符淙斌、沙万英等在 70 年代后期就研究出了赤道东太平洋海温场对西北太平洋副高有半年左右的滞后效应,这对西北太平洋副高的长期预报作出了重要贡献。

我们又用 1951—1985 年的 35 年资料对西北太平洋副高面积指数和南海高压的面积指数与北太平洋海温场进行了全面普查,其结果表明海温对副高的滞后半年效应仍然是比较明显。

4.2.1　北太平洋海温场对西北太平洋副高的滞后效应

从 35 年(1951—1985)海温资料对西北太平洋(110°E～180°、10°N 以北)副高面积指数和脊线位置的全面普查结果来看,后冬 1—2 月 SST 与同期西北太平洋副高面积指数和脊线位置存在着显著的相关关系。以 1—2 月副高面积指数为例,由图 4.3 可见,1—2 月西北太平洋副高面积指数与赤道洋流区、加里福尼亚寒流区及菲律宾到日本一带的同期海温是正相关关系,其中与赤道洋流区($10°S\sim10°N$,$180°\sim90°W$)的相关尤为显著,相关系数信度在 0.001 以上的 $5×5$ 经纬格点总数达 60 个,占该区全部格点数的 79%,相关系数在 0.60以上的格点有 36 个,占全部格点的 47%,相关系数在 0.70 以上的有 4 个点,最高点相关系数有 0.77,在莱思群岛上($155°W$、$0°$)。在赤道洋流区的相关概率在 70% 以上的格点有 54个,占全区的 71%,相关概率在 80% 以上的格点数有 23 个,占全区的 30%,其中相关概率最高值达 91%,位于莱思群岛的西南侧($165°W$、$5°S$)。1—2 月西北太平洋副高面积指数与北太平洋北部海域的西风漂流区的 SST 是负相关关系,最高负相关系数有 -0.59,位置在$160°W$、$35°N$。

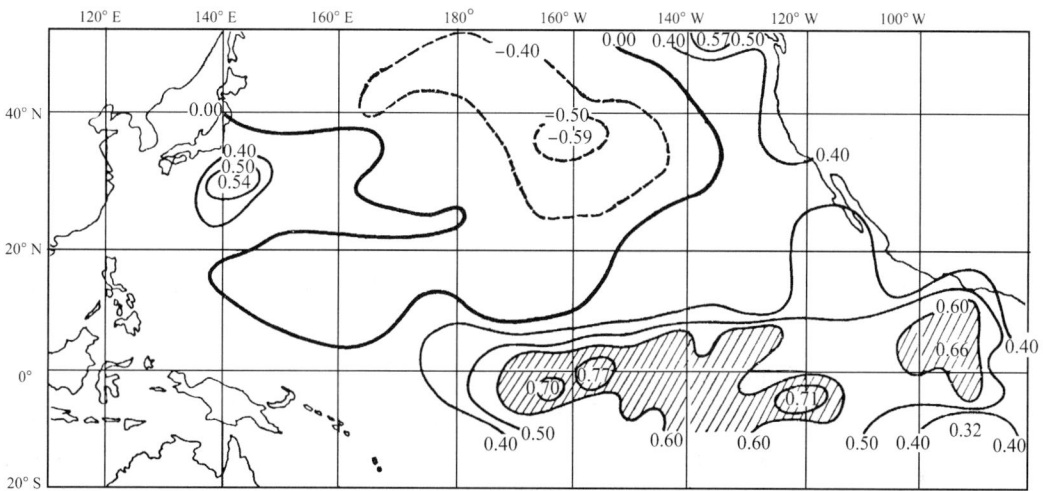

图 4.3　1—2 月西北太平洋副高面积指数与同期北太平洋 SST 场的相关系数(1951—1985)分布图

1—2 月西北太平洋副高脊线位置与北太平洋 SST 的相关关系的分布趋势与图 4.3 相似,但其相关关系在北部海域比赤道洋流区要明显,在西风漂流区存在着明显的负相关关系,在 $165°E\sim165°W$、$40°\sim45°N$ 区域中,负相关系数在 -0.50 至 -0.72 之间的格点数有10 个。在北太平洋暖流辐散区是正相关关系,相关系数有 0.51 至 0.67。

从 1—2 月 SST 场对西太平洋副高的滞后效应来看,对副高强弱的滞后效应比对副高脊线位置的滞后效应要明显得多。

北太平洋 SST 对西北太平洋副高面积大小和强弱都有明显的滞后效应的区域,是赤道洋流区和西风漂流区,滞后时效以 3～6 个月较明显。

(1)北太平洋 1—2 月 SST 与 3 月西北太平洋副高面积指数相关较好的区域是赤道洋流区和西风漂流区。在热带东赤道太平洋地区($175°W$ 以东、$5°N\sim10°S$)正相关系数在0.52 以上信度达 0.001 的格点有 21 个,相关系数在 0.60 以上的格点有 5 个。正相关中心点有两个,一个在莱恩群岛西侧海面($165°W$、$5°S$),相关系数有 0.69,另一个在莱恩群岛东侧海面($135°W$、$5°S$)相关系数有 0.66。在加里福尼亚附近海区的正相关关系也较显著,相关系数在 0.50 以上的格点有 7 个,相关系数在 0.60 以上的格点有 4 个,最高相关系数为

0.64(125°W、25°N)。在西风漂流区(175°~150°W、25°~40°N)的负相关关系较显著,负相关系数在-0.52至-0.70的格点有16个,其中相关系数在-0.60至-0.70的格点有8个,负相关系数最大区在夏威夷群岛的东北侧,即在北太平洋海盆区域中。在这个负相关区域中,负相关概率达80%互91%的格点有9个。

(2)4月西北太平洋副高面积指数与1—2月SST的优相关区域基本上与3月相似,只是在加里福尼亚附近海区的相关关系明显下降,在东赤道太平洋区仍是显著的正相关区,相关系数在0.52以上的格点有31个,其中相关系数在0.60以上的格点有9个,最高相关系数有0.66。另外,在西风漂流区仍是显著的负相关区,负相关系数在-0.52至-0.67的格点有11个,其中负相关系数在-0.60至-0.67的格点有4个(30°~35°N、160°~165°W)。但相关概率比3月有所下降。

(3)5月西北太平洋副高面积指数与1—2月SST的相关区以西风漂流区最显著。在赤道洋流区的相关关系有明显下降。在东赤道太平洋区相关信度在0.001以上的格点只有4个,但相关概率在70%以上的格点仍有30个。在西风漂流区,负相关系数在-0.52至-0.71的格点有16个,其中在-0.60至-0.71的格点有9个,相关系数最高的中心点在160°W、30°N。

(4)6月西北太平洋副高面积与1—2月SST的相关关系在赤道太平洋区又有明显的回升,相关信度达0.001以上的格点有23个,相关系数在0.60以上的格点有6个,3个高相关中心点分别在160°W、5°S;125°W、10°S和95°W、10°N,相关系数分别有0.65、0.67和0.63。在西风漂流区的相关区明显的向南收缩(20°~30°N、175°~150°W),最高相关的中心点在170°W、25°N,负相关系数在-0.52至-0.63的格点有5个。

(5)7月和8月西北太平洋副高面积指数与1—2月SST的相关关系比6月有较大的差异。在7月西北太平洋副高面积指数与1—2月SST的相关场上,只能看出正负相关趋势基本上与6月一致,但相关关系显著下降,几乎没有相关信度超过0.001的点次。8月与7月类似,但在秘鲁海流区(100°~85°W、5°S~10°N)的相关关系又有回升,相关系数在0.52以上的格点有4个。

为了更清楚地表明西北太平洋副高面积指数与1—2月SST的相关关系的时空分布特征。我们作出了图4.4和图4.5。

由图4.4可见,各月西北太平洋副高面积指数与1—2月东赤道太平洋地区SST都是正相关关系。在5°S、0°和5°N上的各月相关关系都是以同期最显著,以160°~155°W海区的滞后效应最长,直到7月还有一定的相关关系。在5°S~5°N这3个纬度上,从同期到4月的相关关系随经度的分布都较稳定,但5月有所下降,6月又有回升。由图4.5可见,在西风漂流区(30°~40°N、180°~140°W)各月都是负相关关系。在135°W以东的加里福尼亚寒流区是正相关关系。在西风漂流区的1—2月SST对西北太平洋副高强弱的优相关区在30°~35°N、170°~145°W和40°N、175°~150°W。在30°N,从同期到8月的相关系数都在0.40以上,在165°~155°W的3月至5月的负相关关系最好,有-0.62至-0.71。在35°N,3月至5月的负相关关系仍较稳定,但6月和7月的负相关关系有明显下降,负相关系数均不到-0.45。然而,8月的负相关关系又有明显的上升,在170°~145°W之间的负相关系数有-0.44至-0.59。在40°N,以3月和5月相关较明显,6月和7月较差,8月又较明显。

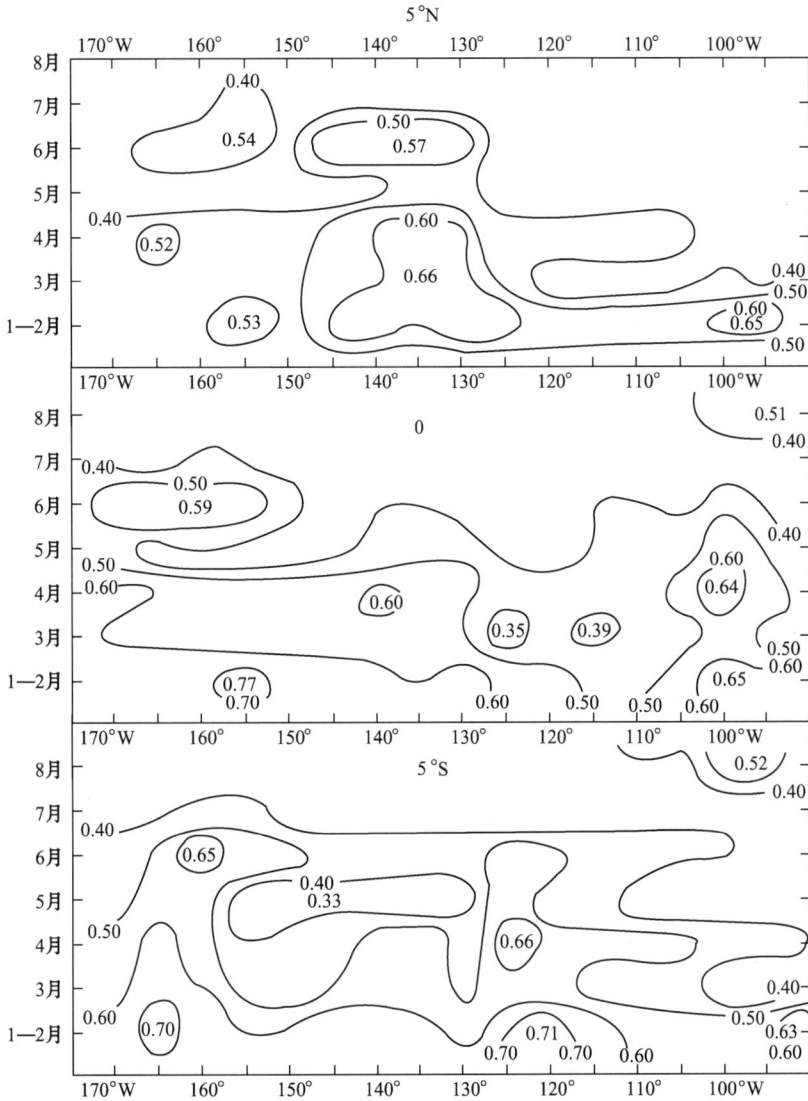

图 4.4　1951—1985 年 1—8 月西北太平洋副高面积指数与 1—2 月东赤道太平洋
SST 的相关系数时空剖面图

　　由上分析可知,由于东赤道太平洋和北部西风漂流区的 1—2 月 SST 对西北太平洋副高的大小和强弱有显著的滞后效应,则对 3—6 月和 8 月的西北太平洋副高的长期预报有重要意义,对我国南方初夏雨季和长江中下游地区的梅雨期旱涝预报也有间接的参考价值。

　　另外,赤道冷水区的 1—8 月累积海温距平值与 9—12 月的西北太平洋副高面积指数也有显著的相关关系。

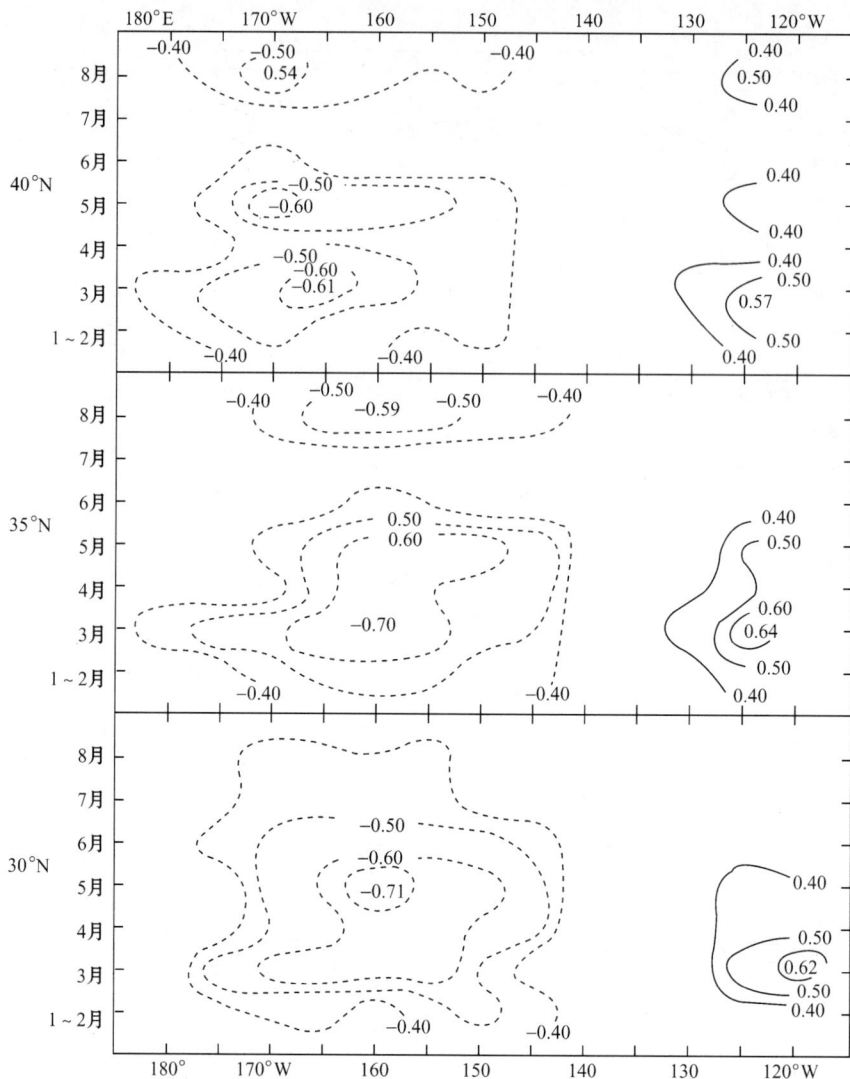

图 4.5　1951—1985 年 1—8 月西北太平洋副高面积指数与 1—2 月西风漂流区
SST 的相关系数时空剖面图

4.2.2　后冬 1—2 月北太平洋海温对南海高压的滞后效应

北太平洋 SST 不但对西北太平洋副高大小和强弱有较显著的滞后效应，而且对南海高压也有较显著的滞后效应。对后者的分析研究工作不多见，我们将对此关系进行一些分析研究，因为南海高压的强弱对我国南方地区的旱涝预报比较重要。

（1）3 月南海高压面积指数与 1—2 月 SST 的优相关区是在北太平洋暖流区（175°～150°W、25°～35°N），负相关系数在 −0.52 至 −0.64 的格点有 9 个，其中负相关系数在 −0.60 至 −0.64 的格点有 5 个，在其余海区的相关性基本上是正相关趋势，但相关关系不很显著，大都只有 0.20 至 0.45。

（2）4 月南海高压面积指数与 1—2 月北太平洋 SST 的相关系数分布趋势如图 4.6，在

东赤道太平洋区的正相关关系比 3 月有明显上升,相关信度在 0.001 以上的格点有 12 个,
相关系数在 0.60 以上的格点有 2 个,分别在 165°W、5°S 和 125°W、5°S。在北太平洋暖流区
也是负相关,负相关系数在 -0.52 至 -0.64 的格点有 8 个,高相关中心点在 160°W、30°N。

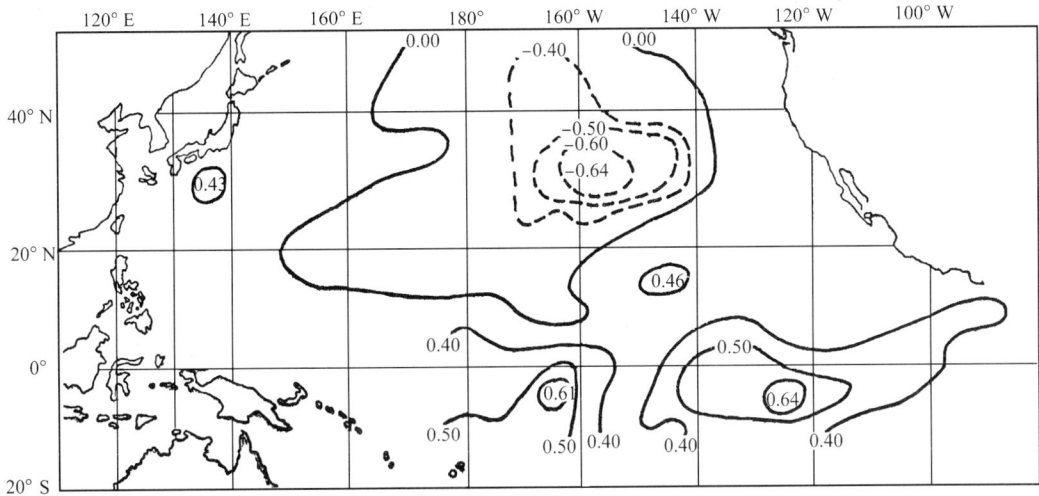

图 4.6　4 月南海高压面积指数与 1—2 月北太平洋 SST 的相关系数分布图

(3)5 月南海高压面积指数与 1—2 月 SST 的相关关系,在东赤道太平洋区的正相关关
系比 4 月有明显下降,相关信度在 0.001 以上的格点只有 4 个。但在北太平洋暖流区和西
风漂流区(175°~150°W、30°~45°N)的负相关关系有明显的提高,负相关系数在 -0.52 至
-0.72 的格点有 19 个,其中负相关系数在 -0.60 至 -0.72 的格点有 10 个,高相关中心点
在 160°W、35°N。

(4)6 月南海高压面积指数与 1—2 月 SST 的相关关系,在北太平洋暖流区有显著下降,
已找不到相关信度达 0.001 的格点,但在东赤道冷水区(140°~120°W、0°~10°S)有 10 个格
点的相关信度超过 0.001,高相关中心点在 125°W、5°S,相关系数有 0.65。

由上分析的情况可知,1—2 月北太平洋暖流区的 SST 对 3 月、4 月和 5 月南海高压的
大小和强弱有长期预报意义。1—2 月东赤道太平洋区的 SST 对 4 月和 6 月南海高压的大
小和强弱有较好的长期预报意义。换言之,为春季和初夏南海高压的长期预报提供了基础,
并对与春季和初夏南海高压有密切关系的长江中下游和江南地区的夏季旱涝有积极的预报
意义。

4.3　南方涛动对西北太平洋副高及南海高压的滞后效应

4.3.1　南方涛动对西北太平洋副高的作用

西北太平洋副热带高压是造成我国旱涝的主要副热带天气系统,许多气象工作者对西
北太平洋副热带高压进行了比较深入广泛的研究。但对南方涛动与西北太平洋副高的相互

关系方面的研究工作较为少见。

在此,我们仍用 CAC 提供的南方涛动指数(SOI)与中央气象台常用的 500hPa 西北太平洋副高面积指数(WNPI)进行了全面普查,发现西北太平洋副高的大小和强弱与南方涛动的强弱之间的相关性很显著,WNPI 与 SOI 的全年各月资料的同年和隔年的相关关系如表 4.5 所示。

表 4.5　500hPa 西北太平洋副高面积指数(WNPI)与南方涛动指数(SOI)的逐月相关系数
(1951—1985)

年份	SSOI月份 \ SWNPI月份	1	2	3	4	5	6	7	8	9	10	11	12
上一年	1	0.02	0.06	−0.11	−0.02	−0.28	0.11	0.17	0.08	0.22	−0.20	−0.14	−0.03
	2	−0.20	0.05	−0.10	0.0	−0.29	−0.02	−0.08	0.03	−0.13	−0.11	−0.05	0.01
	3	−0.07	−0.16	−0.35	−0.17	−0.48	−0.09	0.03	−0.15	−0.26	0.05	−0.03	−0.06
	4	−0.29	−0.40	−0.37	−0.40	0.40	−0.21	−0.09	−0.04	−0.07	−0.03	+0.10	0.01
	5	−0.36	−0.42	−0.26	−0.22	−0.07	−0.08	0.05	0.05	0.01	0.10	0.26	0.16
	6	−0.67	−0.67	−0.48	−0.31	−0.23	−0.24	−0.15	−0.30	−0.47	−0.13	0.17	0.04
	7	−0.56	−0.68	−0.40	−0.28	−0.21	−0.24	−0.30	−0.15	−0.21	−0.38	0.13	0.02
	8	−0.65	−0.73	−0.53	−0.52	−0.50	−0.54	−0.33	−0.42	−0.45	−0.26	+0.10	−0.06
	9	−0.68	−0.76	−0.53	−0.55	−0.41	−0.56	−0.41	−0.31	−0.46	−0.17	0.19	−0.11
	10	−0.66	−0.70	−0.51	−0.47	−0.46	−0.51	−0.41	−0.36	−0.46	−0.17	0.23	0.03
	11	−0.64	−0.59	−0.48	−0.30	−0.37	−0.55	−0.34	−0.35	−0.34	−0.14	0.03	−0.09
	12	−0.53	−0.62	−0.45	−0.41	−0.28	−0.41	−0.18	−0.19	−0.16	−0.20	−0.01	−0.14
当年	1	−0.74	−0.56	−0.59	−0.52	−0.40	−0.60	−0.38	−0.25	−0.36	−0.15	0.08	−0.08
	2	−0.62	−0.75	−0.60	−0.64	−0.50	−0.53	−0.39	−0.39	−0.45	0.24	−0.15	−0.38
	3	−0.51	−0.45	−0.56	−0.56	−0.56	−0.45	−0.36	−0.58	−0.34	0.21	−0.36	−0.24
	4	−0.30	−0.44	−0.43	−0.58	−0.46	−0.44	−0.21	−0.31	−0.20	−0.38	−0.37	−0.30
	5	−0.02	0.08	0.07	−0.06	−0.13	−0.09	−0.04	−0.15	0.10	−0.24	−0.33	−0.42
	6	0.07	0.08	−0.01	0.14	−0.18	−0.08	0.04	−0.09	−0.02	−0.25	−0.58	−0.51
	7	0.13	0.02	−0.07	−0.20	−0.20	−0.10	−0.02	−0.13	0.06	−0.23	−0.58	−0.47
	8	0.05	0.01	0.03	−0.06	−0.04	−0.12	−0.08	0.16	0.11	−0.34	−0.63	−0.61
	9	0.19	0.15	0.09	−0.03	−0.11	−0.01	0.05	−0.13	0.23	−0.13	−0.62	−0.55
	10	−0.01	−0.06	−0.21	−0.16	−0.29	−0.16	−0.12	−0.30	−0.12	−0.08	−0.60	−0.60
	11	0.16	0.20	0.19	0.22	0.02	0.0	0.04	0.07		−0.14	−0.38	−0.44
	12	0.02	−0.02	0.17	0.14	0.04	0.01	0.09	−0.06	0.02	−0.31	−0.34	−0.40

(1)SOI 与 WNPI 的同期相关关系以 1 月至 4 月较显著,相关系数有−0.56 至−0.75,信度超过 0.001。其中,1 月至 2 月的相关系数有−0.74 至−0.75,负相关概率有 77% 至 83%。但 5 月至 10 月这 6 个月的同期几乎无相关关系,信度均不到 0.10。11 月至 12 月的同期相关系数有−0.34 至−0.40,信度达 0.05 至 0.02。

(2)SOI 对 WNPI 的滞后效应时效最长可达 11 个月之久,但各月之间的差别较大。

1 月西北太平洋副高面积指数和强弱与上一年 6 月至 12 月的 SOI 都有显著的相关关系,信度均超过 0.001。也就是说南半球冬季(6—8 月)的涛动对次年北半球冬季 1 月的副高就开始有显著的影响效应,因为南方涛动指数的持续性较好,所以对西北太平洋副高的滞后效应也较稳定。其中以上一年 9 月的南方涛动指数与 1 月副高面积指数的相关关系最显著,相关系数有 −0.68,负相关概率有 80%。

2 月 WNPI 与上一年 4 月至 5 月的 SOI 的相关系数有 −0.40 至 −0.42,信度达 0.02 至 0.01。与上一年 6 月至当年 1 月的相关信度均超过 0.001,其中 8 月至 10 月的 SOI 与次年 2 月 WNPI 的相关系数有 −0.70 至 −0.76,负相关概率有 69% 至 83%,9 月 SOI 与次年 2 月 WNPI 的相关系数为最高。

3 月 WNPI 与前期 SOI 的相关性较 1 月和 2 月的 WNPI 与前期的 SOI 相关性差些,上一年 6 月至 7 月和 11 月至 12 月的 SOI 与 3 月 WNPI 的相关系数只有 −0.40 至 −0.48,信度只有 0.02 至 0.01,8 月至 10 月的 SOI 与次年 3 月 WNPI 的相关系数有 −0.51 至 −0.53,信度在 0.001 左右,但 3 月 WNPI 与同年 1 月至 2 月的 SOI 相关系数有 −0.59 至 −0.60,信度超过 0.001。

4 月 WNPI 与上一年 8 月至 9 月和同年 1 月至 3 月的 SOI 的相关信度超过 0.001。但与上一年 10 月至 12 月的相关信度却只有 0.01 左右。

5 月 WNPI 只有与同年 3 月 SOI 的相关信度超过 0.001,与上一年 3 月至 4 月、8 月至 10 月、同年 1 月至 2 月的 SOI 之间的相关信度只有 0.02 至 0.01,与前期其余月份的相关信度均不足 0.02。

6 月 WNPI 与前期 SOI 的关系又比 5 月明显,与上一年 8 月至 11 月和 1 月至 2 月的 SOI 的相关系数有 −0.51 至 −0.60,信度接近和超过 0.001。但与前期 12 月和 3 月至 4 月的相关系数却只有 −0.41 至 −0.45,信度在 0.01 左右。值得指出的是 6 月 WNPI 与前期 5 月 SOI 已无相关关系,相关系数只有 −0.09。

7 月 WNPI 与前期 1 月至 3 月和上一年 8 月至 11 月 SOI 的相关信度在 0.05 至 0.02 以上,均不足 0.01。与前期其他月份的 SOI 基本无相关关系。

8 月 WNPI 与前期 3 月 SOI 的相关系数有 −0.58,信度在 0.001 以上,与上一年 8 月 SOI 的相关信度有 0.01。与上一年 10 月至 11 月和同年 2 月的 SOI 相关信度只有 0.02 左右,与其余月份的相关关系较差。

9 月 WNPI 与前期各月 SOI 的相关信度均低于 0.001,与前期 1 月至 3 月和上一年 6 月至 11 月的 SOI 之间的相关信度有 0.05 至 0.01 以上。与其他各月基本无相关。

10 月 WNPI 与前期各月 SOI 的相关信度均低于 0.02,只有与 4 月和 8 月的 SOI 的相关信度有 0.05 至 0.02 左右,与其余各月几乎无相关关系。

11 月 WNPI 与上一年 1 月至同年 2 月的 SOI 几乎无相关关系。与同年 3 月至 5 月的相关系数有 −0.33 至 −0.37,信度在 0.05 至 0.02 之间,与同年 6 月至 10 月的相关系数有 −0.58 至 −0.63,信度均在 0.001 以上。

12 月 WNPI 与前期 8 月至 10 月的 SOI 的相关信度在 0.001 以上,与 5 月至 7 月和 11 月的 SOI 之间的相关信度只有 0.01 多。

从各月相关关系来看,1—2 月 WNPI 与上一年 6 月至同期的 SOI 有较好的相关性,不但相关关系持续,而且比较显著,负相关系数有 −0.53 至 −0.76,负相关概率有 66% 至 83%。3 月、4 月、6 月的 WNPI 与上一年 8 月至同年 4 月的 SOI 有较好的持续性相关关系,相关系数有 −0.41 至 −0.60,大多数负相关,概率也有 69% 至 80%。11 月至 12 月的 WNPI 与前期 6 月至 10 月的 SOI 也有明显的相关关系,相关系数有 −0.47 至 −0.63,大多数负相关概率有 69％至 86％。

总之,11 月至 4 月及 6 月的西北太平洋副高面积指数与前期的南方涛动指数有显著性较高的负相关关系,置信水平达 0.01 至 0.001。从上述关系可以看出,南方涛动对西北太平洋副高的影响是很显著的。南方涛动要比西北太平洋副高超前 4 至 11 个月,这对西北太平洋副高的月预报、季度预报和年度预报都有重要意义。

南方涛动指数为负值时,赤道地区的垂直东—西向沃克环流减弱,而垂直南—北向的哈得莱环流加强。南半球的大气环流相对角动量通过经向环流向北半球输送,从而使西北太平洋副高得到加强增大。南方涛动指数为正值时,沃克环流加强,哈得莱环流减弱,西北太平洋副高缺乏来自南半球大气动量的补充,因而变弱缩小。所以,南方涛动指数与西太平洋副高面积指数呈现显著的负相关关系是符合南北半球大气角动量输送原理的。另外,西北太平洋副高强弱趋势有较好的持续性,这可能与南方涛动指数的持续性有关。而南方涛动指数与秋季西北太平洋副高指数的相关关系较差,这可能与西北太平洋副高易在秋季转换有关。

由表 4.5 可见,西北太平洋副高对南方涛动也有一定的反馈作用,但这种反馈作用较小,时效也较短,仅 1 月至 3 月的 WNPI 对其后 1 至 2 个月的 SOI 有一定的反馈影响,其中以 1 月 WNPI 对 2 月 SOI 的反馈作用较明显,负相关系数有 −0.62,负相关概率有 80％。这说明南北半球大气环流是有相互作用的,主要是南方涛动超前于西北太平洋副高的变化。这与黄仕松教授等气象学家的研究工作得出的结论是一致的,他们的研究工作表明,相对角动量都是由南半球输入到北半球的,越赤道气流在南半球角动量向北半球输送中起了重要作用,把南半球富余的能量输送到北半球来,而且夏季是越赤道气流的最强盛时期。从南北半球的大气相互作用来看,夏季(6—8 月)南半球是冬季,其高度场先变,然后影响到北半球。冬季(12—2 月)北半球高度场先变,然后影响到南半球。南北半球的变动主要是通过越赤道气流传递的,索马里急流就是一支强大的越赤道气流。另外在 105°E、125°E 和 150°E 附近也可能存在三支越赤道气流。

西北太平洋副高面积指数与同期西伸脊点位置有很好的相关关系,特别是 12—8 月的同期相关信度均超过 0.001。即西北太平洋副高偏强时,一般也较向西伸展,偏弱时一般位置也较偏东。从西太平洋副高西伸脊点的位置与南方涛动指数的相关系数来看,以 1 月和 2 月关系最明显。6 月和 8—11 月的 SOI 与次年 1 月西北太平洋副高西伸脊点位置的正相关系数有 0.54 至 0.55,信度均超过 0.001;8—12 月的 SOI 与次年 2 月副高西伸脊点位置的相关系数有 0.52 至 0.68,信度均超过 0.001。1 月、2 月和 3 月的同期正相关系数分别有0.58,0.72 和 0.55,4 月同期相关系数只有 0.33。5—10 月和 12 月的同期基本无相关,相关系数均在 0.15 以下。但 8—10 月 SOI 与次年 3 月、5 月和 6 月副高西伸脊点位置的正相关系数有 0.42 至 0.52,信度有 0.01 至 0.001。由此可见,SOI 对 1—2 月和 3 月、5 月、6 月副高西伸脊点位置有一定的预报意义,其中对 1—2 月的预报意义较为明显。

西北太平洋副高的南北位置与南方涛动指数在大多数月份中都无显著关系,只有 8—10 月 SOI 与次年 2 月副高脊线位置的负相关系数有 −0.48 至 −0.53,信度有 0.01 至0.001,2 月同期相关系数也有 −0.52;2 月 SOI 与次年 7 月副高脊线位置的正相关系数有0.53,同年 4 月 SOI 与 8 月副高脊线位置的正相关系数有 0.56。这些关系对预报副高脊线的南北位置有一定的意义。

4.3.2　南方涛动对南海高压的作用

南海高压面积指数(在 100°～120°E 的 ≥5880gpm 的 5×5 经纬网格点数—SSl)与 SOI 的相关关系也较明显。1 月南海高压面积指数(SSl)与上一年 6 月和 9—12 月的 SOI 之间的相关系数有 −0.45 至 −0.52,1 月同期相关系数达 −0.59;2 月 SSI 与上一年 6 月和 8—12 月的 SOI 之间的相关系数有 −0.45 至 −0.57,同期达 −0.61;4 月 SSI 与上一年 8 月和 12 月及同年 2—3 月的 SOI 的相关系数有 −0.47 至 −0.53;5 月 SSI 与上一年 8—9 月和同年 3 月 SOI 的相关系数有 −0.45 至 −0.49;6 月 SSI 与上一年 8 月至同年 3 月 SOI 的相关系数有 −0.40 至 −0.50,7 月 SSI 与上一年 8—9 月和同年 2 月 SOI 的相关系数有 −0.42 至 −0.52,8 月 SSI 与上一年 11 月和同年 1—3 月 SOI 的相关系数有 −0.43 至 −0.51,10 月 SSI 与同年 6—9 月 SOI 的相关系数有 −0.47 至 −0.57。以上相关关系的信度均超过 0.01 至 0.001,但 3 月、9 月和 11—12 月 SSI 与前期 SOI 都无明显的相关关系。

总的来说,南方涛动指数对西北太平洋副高和南海高压的显著滞后效应,对副高的长期预报有积极意义。

4.4　中国旱涝与南方涛动

既然西北太平洋副热带高压和南海高压与南方涛动有较为密切的关系,那么与西北太平洋副高和南海高压有密切关系的中国夏半年旱涝也应该与南方涛动有一定的关系,通过上述 14 个区的夏半年逐月降水量和 6—8 月与 4—9 月季降水总量同南方涛动指数的普查结果来看,相关关系相对较好的区域和时段分析如下。

1 月 SOI 对次年长江上游的 4 月降水量,对山东和辽河流域的 6 月降水量有一定的指示性,35 年资料的相关系数分别有 0.56、−0.41 和 0.51,相关概率分别有 71%、−83% 和 −69%。这些相关关系有 1 年以上的时效,在年度预报中有一定的参考意义。

5 月 SOI 与次年江南地区 7 月降水量和黄河中上游地区 8 月降水量存在着负相关关系,负相关系数分别为 −0.53 和 −0.49,负相关概率分别有 77% 和 74%。在 10 个江南 7 月降水量距平百分率 ≤−20% 的 7 月少雨有伏旱之年中,有 8 年在其上一年 5 月的南方涛动指数为正值(SOI≥0),7 月降水量距平百分率 ≥20% 的 10 个 7 月多雨有伏涝的年份中,有 7 年在其上一年 5 月的南方涛动指数为负值(SOI≤−0.3),即江南地区有 75% 的 7 月有伏旱或伏涝的年份与上一年 5 月 SOI 存在负相关关系。同样在 12 个黄河中上游地区 8 月降水量距平百分率 ≥20% 的 8 月多雨有涝年中,有 9 年在其上一年的 5 月南方涛动指数为负值或零(SOI≤0.0);13 个 8 月降水量距平百分率 ≤−20% 的 8 月少雨有旱之年,有 10 年在其上一年 5 月南方涛动指数为正值(SOI≥0.1),即黄河中上游地区有 76% 的 8 月有伏旱或伏涝的年份与上一年 5 月 SOI 存在着负相关关系。这两个相关关系间隔时间也在 1 年以上,所以,5 月南方涛动指数对次年江南地区和黄河中上游地区的盛夏旱涝有指示意义,在年度预报中有一定的参考价值。

8 月 SOI 与次年长江中游 4—9 月降水总量和 7 月降水量的相关系数有 −0.51 和

−0.52,信度在 0.001 左右,负相关概率有 71% 和 74%。其中 4—9 月降水量距平百分率≥20% 的 5 个大涝年(1954,1969,1973,1980,1983),在其上一年 8 月 SOI 均为负值,即−2.7≤SOI≤−0.1(5/5)。相反,4—9 月降水量距平百分率≤−20% 的 8 个大旱年中,有 5 年在其上一年 8 月的 SOI 为正值(5/8)。7 月是长江中游地区伏旱和梅雨涝的关键月份,7 月有洪涝的年份中,有 80% 在其上一年 8 月 SOI 为负值,其中有 70% 为明显的负值,在 7 月有伏旱的年份中,有 69% 在其上一年 8 月 SOI 为正值。若取界值为 8 月 SOI≥0.1(或≤−0.1),则次年长江中游 7 月降水量距平百分率<10%(或≥10%),则两者的负相关概率有80%。由此可见,8 月南方涛动指数对次年长江中游地区 4—9 月降水总趋势和 7 月份的伏旱伏涝有一定的长期预报意义,在汛期预报和月预报中有一定的参考价值。

　　9 月 SOI 与次年淮河流域夏季 6—8 月降水总量距平趋势的正相关概率有 80%,但相关系数只有 0.33,信度只有 0.05。其中,6 个夏涝年(1954,1956,1963,1965,1980,1982)中,有 5 年在其上一年 9 月 SOI 为正值,即 0.1≤SOI≤1.4(5/6),8 个夏旱年(1952,1959,1961,1966,1973,1978,1981,1985)中,有 6 年在其上一年 9 月 SOI 为负值,即−1.4≤SOI≤−0.4(6/8)。总起来看,有 79% 的夏涝夏旱年与上一年 9 月南方涛动指数有正相关关系。可见 9 月南方涛动指数对次年淮河流域的夏旱夏涝有一定的指示意义,在汛期预报中有一定的参考价值。

　　3 月 SOI 与同年 7 月汉水渭河流域的降水量有显著的负相关关系,负相关系数有−0.56,信度超过 0.001,负相关概率有 80%。其中,7 月降水量距平百分率≥20% 的 11 个 7 月有涝年,其前期 3 月 SOI≤0.0 的有 10 年,有 9 年的 3 月 SOI≤−0.3(9/11);7 月降水量距平百分率≤−20% 的 6 个 7 月有伏旱年,其前期 3 月 SOI 均为正值,即 3 月 SOI≥0.0(6/6),有 5 年的 3 月 0.8≤SOI≤2.1(5/6)。即有 88% 的 7 月有旱涝之年与前期 3 月南方涛动指数之间存在着反相关关系。故 3 月 SOI 对汉水渭河流域的 7 月旱涝有积极的预报意义。

　　4 月 SOI 与山东和辽河流域两个区域的夏半年 4—9 月降水量有显著的正相关关系,正相关系数分别有 0.63 和 0.47,正相关概率分别有 83% 和 74%,信度分别超过 0.001 和 0.01。4 月 SOI 与山东 4—9 月降水总量距平百分率的历史曲线拟合情况如图 4.7 所示。

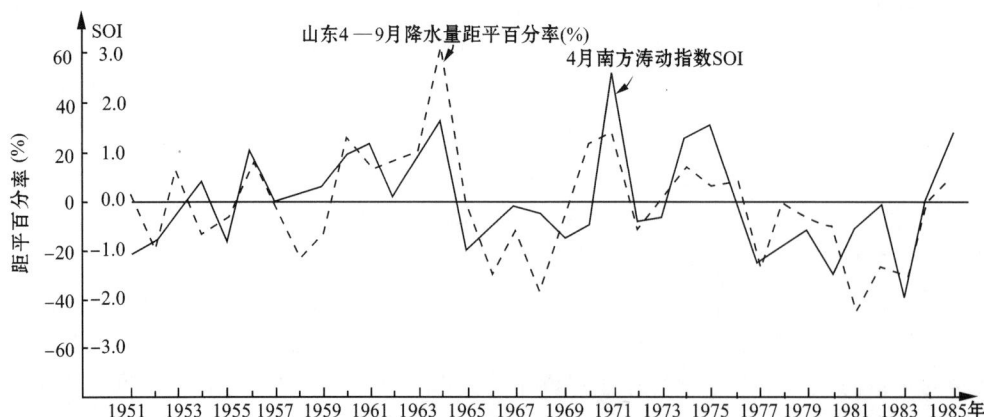

图 4.7　4 月 SOI 与山东 4—9 月降水总量距平百分率的历史演变曲线拟合图
注:——4 月 SOI,－－－4—9 月降水总量距平百分率

4 月 SOI 与山东和辽河流域 6—8 月降水总量的正相关系数有 0.53 和 0.40,没有 4—9 月的好。以上相关关系说明 4 月南方涛动的强弱,对山东和辽河流域夏半年旱涝趋势有较好的指示性。山东 6 个夏季 6—8 月降水量距平百分率≥20% 的夏涝年(1957,1960,1962,1963,1964,1971),其前期 4 月 SOI 均为正值,即 0.0≤SOI≤2.6(6/6);10 个夏季 6—8 月降水量距平百分率≤−20% 的夏旱年(1958,1959,1966,1968,1969,1972,1977,1981,1982,1983)中,有 8 年其前期 4 月 SOI 为负值,即 −2.1≤SOI≤−0.1(8/10)。即有 88% 的夏旱夏涝年与前期 4 月南方涛动指数有正相关关系。其中,1962−1964 年连续 3 个夏涝年和 1981−1983 年连续 3 个夏旱年的前期 4 月 SOI 也分别是连续 3 年正指数值和连续 3 年负指数值。

4.5　中国旱涝与厄尔尼诺现象

许多观测事实和研究成果证实了 ENSO 现象对太平洋和印度洋两个地区的降水和旱涝有密切关系。一般年份,赤道东太平洋为冷水区,而中太平洋水温相对要高,赤道太平洋海温的东西向梯度较大。这时南方涛动一般为正指数,南太平洋气压高,赤道太平洋降水少,冷水区正好是赤道干旱带,水温低时干旱带向西伸展。在厄尔尼诺现象盛行期间,冷水区水温异常升高,使得赤道太平洋海温的东西向梯度减小,沃克环流减弱,这时南方涛动为负指数,南太平洋气压低,原来在印度尼西亚的对流区东移到了赤道中太平洋,赤道太平洋的干旱带缩小,赤道中太平洋降水丰沛,赤道东太平洋沿岸地区易遭受猛烈的暴雨袭击。相反,在印度洋两岸地区则降水偏少易发生干旱现象而无洪涝。

中国旱涝与太平洋和印度洋的水汽输送关系密切,与南方涛动也有较好的联系。那么,在厄尔尼诺现象盛行之年及其前后年的我国旱涝到底有什么特点呢?我们以近 10 个厄尔尼诺年(1951,1953,1957,1963,1965,1969,1972,1976,1982,1983)为例,对主要农业区的夏半年各月降水和夏季主要雨带位置与厄尔尼诺年的关系作了具体分析。发现厄尔尼诺现象对中国降水和旱涝也有一定的影响。这可能是因为厄尔尼诺现象盛行期间,热带海温场通过对大气加热的作用不断给热带大气输送能量,副热带大气系统又不断地从热带大气系统得到能量,所以西北太平洋副高和南海高压也加强。西北太平洋副高和南海高压的加强又通过水汽输送直接影响到中国的降水和旱涝。

4.5.1　厄尔尼诺与中国夏季主要雨带位置

从中国夏季 6—8 月主要雨带位置来看,有 75% 的厄尔尼诺年夏季主要雨带位置在江、淮流域,即大多数厄尔尼诺年 6—8 月我国主要雨带位置在东部地区的中间地带。其中,主要雨带在淮河流域的有 4 年(1957,1965,1972,1982),在长江下游流域的有 3 年(1951,1969,1983),在淮河到华北南部的有 1 年(1963)。10 个厄尔尼诺年中只有 2 年(1953,1976)夏季主要雨带位置不在中间地带。

再从夏季 6—8 月降水量距平百分率的合成图来看,在厄尔尼诺年及其前后一年的多雨区和少雨区的分布特点有不同之处。在厄尔尼诺年之前一年的夏季降水量距平百分率的合成图上可见(如图4.8所示),主要雨带有两个。一个雨带在华南北部到江南南部;另一个雨带在长江上游到黄河中游及淮河流域,范围比南面的那个雨带要宽广,雨带中心在汉水上游地区。再有一个次多雨区在东北的黑龙江省区,南疆和西藏高原大部地区也以多雨为主。全国其余大部地区以少雨为主。

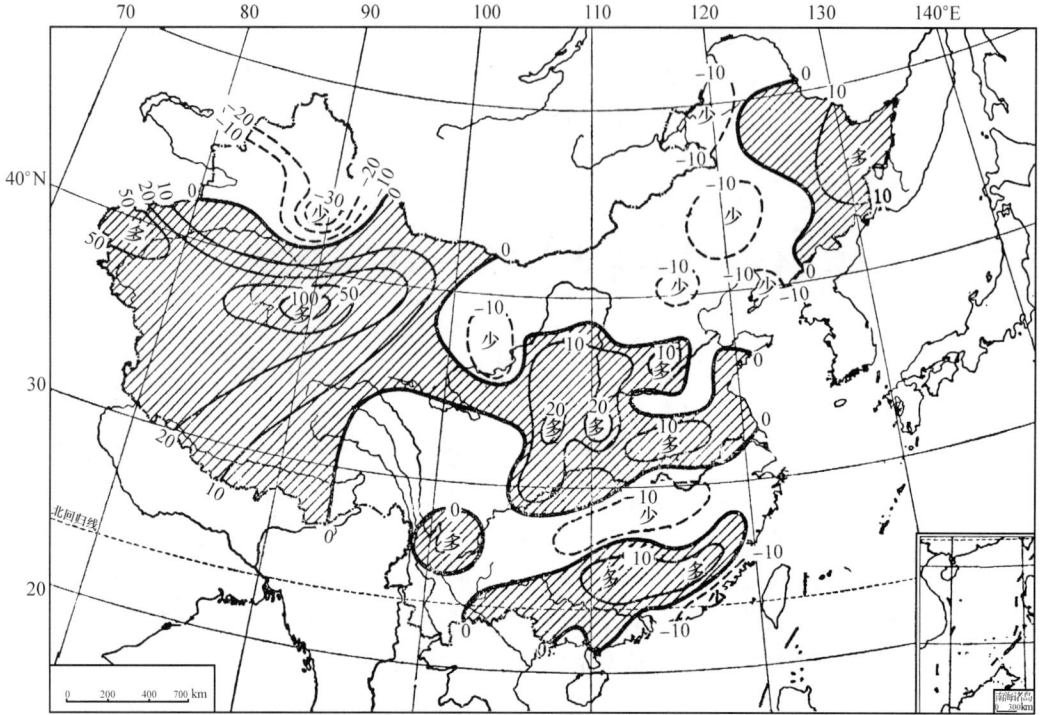

图4.8　8个厄尔尼诺前一年6—8月降水量距平百分率合成图

图4.9是10个厄尔尼诺现象盛行之年(1951,1953,1957,1963,1965,1969,1972,1976,1982,1983)平均6—8月降水量距平百分率分布图。因为赤道东太平洋海温在1983年上半年比1982年下半年还要暖,即1982—1983年这次厄尔尼诺现象的高峰在1983年,而且这两年的厄尔尼诺现象都很突出,都是强厄尔尼诺年。由图4.9可见,我国在厄尔尼诺现象盛行之年,夏季6—8月只有一个主要雨带,其位置在长江中下游到淮河流域及黄河中游。另一个雨区在东北的吉黑两省区。在南疆和西藏中部也是以多雨为主。全国其余大部地区以少雨为主,其中华北大部到西北东部地区和华南大部到江南南部地区为两个明显的少雨区,河套地区是少雨干旱中心区。另外,四川西部也是明显少雨,成都是少雨中心。成都在10个厄尔尼诺年的6—8月降水总量均较常年同期偏少。

图4.10是厄尔尼诺现象结束后的第一个非厄尔尼诺年(1952,1954,1958,1964,1966,1970,1973,1977,1984)共9年6—8月降水量距平百分率合成图。全国夏季以多雨为主。只有黄淮和江淮地区、内蒙古东南部、黑龙江的降水偏少。其中,内蒙古的锡林浩特、广东的广州等站点6—8月降水量偏少的概率达89%,其余大多数站点6—8月降水量以偏多为主。

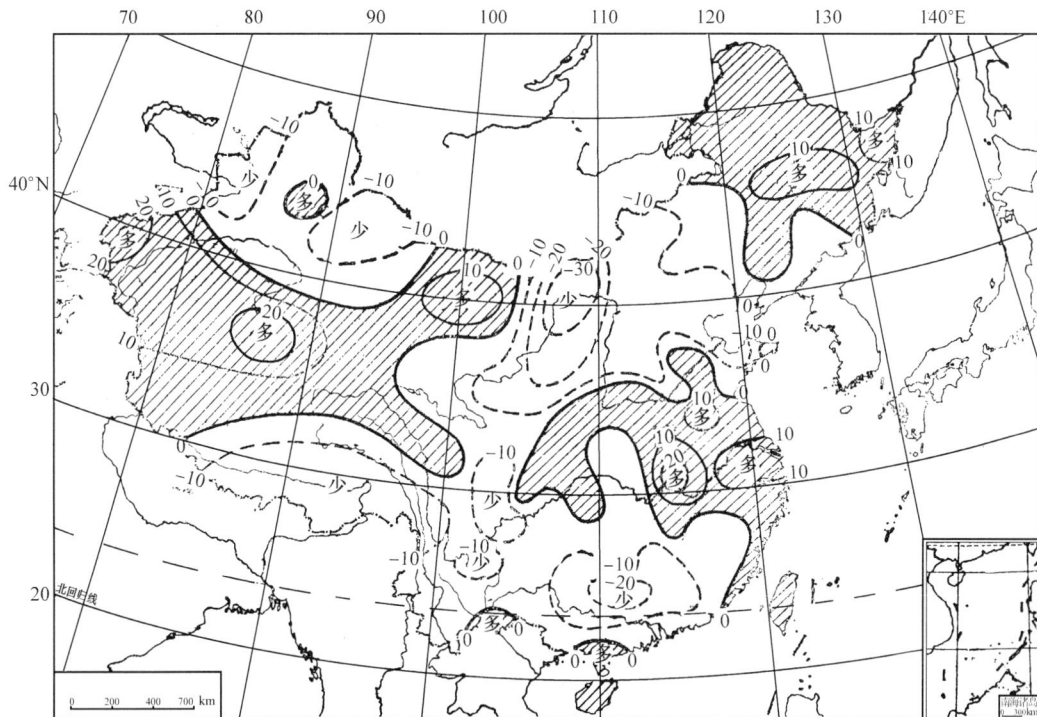

图 4.9　10 个厄尔尼诺年 6—8 月降水量距平百分率(%)合成图

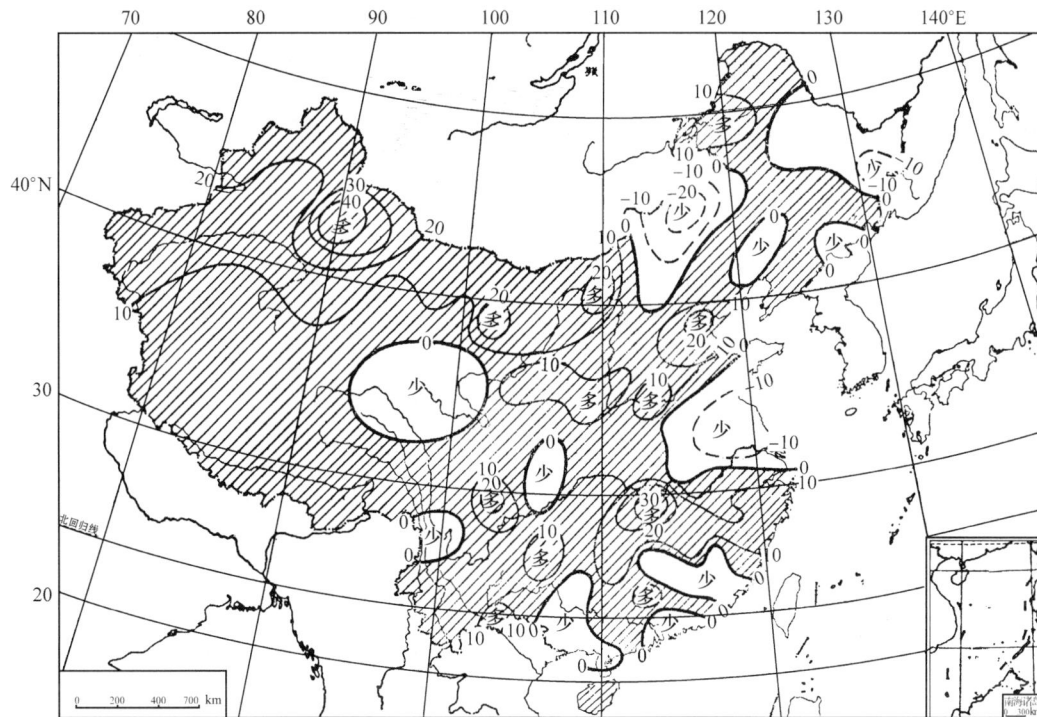

图 4.10　9 个厄尔尼诺年的次年 6—8 月降水量距平百分率(%)合成图

4.5.2　厄尔尼诺年及其前后一年各区月、季降水量的主要倾向

以上分析了厄尔尼诺现象爆发和盛行年及其前后一年的夏季降水分布总趋势。我们再进一步分析一下上述 14 个区域的夏半年逐月月降水量和 6—8,4—9 月季降水总量的距平趋势。在此用(−1)年表示厄尔尼诺现象爆发的前一年,用(＋1)年表示厄尔尼诺年的次年。则在厄尔尼诺年及其前后一年的各区域夏季和夏半年降水量距平倾向几率的分布情况综合在表 4.6 中。表中降水量距平为零的年份算作正距平之列参加统计。

表 4.6　厄尔尼诺年及其前后一年的各区域降水量距平倾向几率(％)

8 个厄尔尼诺年(−1)年各区各月降水量距平倾向几率(％)

月＼区	1	2	3	4	5	6	7	8	9	10	11	12	13	14
4	−63	50	50	50	63	−63	−63	−75	63	−88	50	−75	−63	−88
5	63	50	50	63	−63	50	−75	−75	−63	−75	−75	−88	75	−63
6	50	−63	50	−63	63	−63	50	50	63	−75	63	50	−63	63
7	−63	−63	−75	−75	50	−63	−75	−88	50	50	63	−63	50	63
8	−63	−75	75	−63	63	50	50	50	75	−75	50	50	−75	−63
9	−63	63	50	−63	50	50	63	63	63	−75	50	63	−75	63
6～8	50	50	50	50	50	50	50	−63	63	63	−63	−63	63	75
4～9	63	50	50	−63	88	63	−63	63	88	−75	−63	63	50	75

10 个厄尔尼诺年各区各月降水量距平倾向几率(％)

月＼区	1	2	3	4	5	6	7	8	9	10	11	12	13	14
4	60	60	50	50	60	60	60	−60	60	50	50	50	−60	60
5	50	−80	−60	−70	−60	−90	−70	−60	−60	50	60	60	50	50
6	−70	−60	50	−70	−80	−70	−70	50	−60	−80	−80	−80	−70	−70
7	−60	−80	−60	50	60	50	50	80	60	−80	−70	−60	50	60
8	−60	50	60	−60	−80	50	50	−60	60	50	50	60	70	60
9	50	70	50	60	−60	60	50	60	50	−70	60	−60	−80	−60
6～8	−70	−60	−80	−80	−80	−60	60	70	60	−60	−80	60	50	60
4～9	50	−80	−70	−80	−80	−70	−60	50	−70	−60	−70	50	50	60

9 个厄尔尼诺年(＋1)年各区各月降水量距平倾向几率(％)

月＼区	1	2	3	4	5	6	7	8	9	10	11	12	13	14
4	56	78	67	−67	67	78	78	56	67	−67	56	−56	56	56
5	−67	78	56	67	67	56	67	−56	56	67	67	67	−78	−56
6	−67	−56	−56	56	56	67	67	−89	56	−56	78	−78	−67	−56
7	56	67	67	67	89	78	−56	−67	78	78	−56	−56	56	56
8	−56	−56	−56	56	56	−56	56	−56	56	56	67	−67	67	−56
9	67	56	−56	56	−67	−67	67	56	67	−78	−78	56	−67	−56
6～8	56	56	67	78	67	78	56	−67	56	56	78	−78	56	56
4～9	−56	67	67	67	78	78	−56	56	78	56	78	−67	−56	−56

华南地区(1 区)，在厄尔尼诺年 6 月和 6—8 月降水量较常年同期偏少的几率都是 70%。

江南地区(2 区)，在厄尔尼诺年前一年 8 月降水量较常年同期偏少的几率有 75%。在厄尔尼诺年 5 月、7 月和 4—9 月降水量较常年同期偏少的几率有 80%。但有 70% 的年份 9 月降水量较常年同期偏多。在厄尔尼诺年的次年，4 月和 5 月降水量较常年同期偏多的几率达 78%。

贵州区(3 区)，在厄尔尼诺年的前一年，7 月降水量较常年同期偏少的几率有 75%，其中 63% 的年份 7 月明显少雨有伏旱。但 8 月降水偏多的几率有 75%，伏旱一般在 8 月可以得到缓和或解除。在厄尔尼诺年，6—8 月降水量较常年同期偏少的几率有 80%，其中有 3 年是夏旱年。4—9 月降水量较常年同期偏少的几率是 70%，接近常年的几率是 20%。在厄尔尼诺年的次年，各月降水无明显倾向性。

西南地区(4 区)，在厄尔尼诺年的前一年，7 月降水量较常年同期偏少的几率有 75%。在厄尔尼诺年，5 月和 6 月降水量较常年同期偏少的几率有 70%，6—8 月和 4—9 月降水量较常年同期偏少的几率有 80%。在厄尔尼诺年的次年，6—8 月降水量较常年同期偏多的几率有 78%。

长江上游(5 区)，在厄尔尼诺年的前一年，4—9 月降水量较常年同期偏多的几率有 88%。在厄尔尼诺年，6 月、8 月降水量和 6—8 月、4—9 月降水总量较常年同期偏少的几率都是 80%。在厄尔尼诺年的次年，7 月和 4—9 月降水量较常年同期偏多的几率分别有 89% 和 78%。长江中游(6 区)，在厄尔尼诺年的前一年，降水的距平趋势分布倾向不明显。在厄尔尼诺年，5 月降水量较常年同期偏少的几率有 90%，只有 1 年较常年同期稍偏多。6 月和 4—9 月降水量较常年同期偏少的几率是 70%。在厄尔尼诺年的次年，有 78% 的年份在 4 月和 7 月、6—8 月和 4—9 月的降水量较常年同期偏多。

由此可见，长江中游在厄尔尼诺年和其次年的降水距平主要倾向是不同的，在厄尔尼诺年 5 月、6 月和 4—9 月降水易偏少，而在次年 4 月、7 月和 6—8 月、4—9 月降水易偏多。

长江下游(7 区)，在厄尔尼诺年的前一年，5 月和 7 月降水量较常年同期偏少的几率有 75%。在厄尔尼诺年，5 月、6 月降水量较常年同期偏少的几率有 70%。在厄尔尼诺年的次年，4 月降水量较常年同期偏多的几率有 78%。

如果单独从沿长江中下游干流的 5 个代表站(上海、南京、芜湖、九江、汉口)的梅雨量来看，倾向性不显著。在厄尔尼诺年的前一年，多梅雨和少梅雨的几率相等即都是 50%。在厄尔尼诺年，多梅雨的几率为 60%，少梅雨的几率为 40%。在厄尔尼诺年的次年，多梅雨的几率为 56%，少梅雨的几率为 44%。这与梅雨季节的雨带位置有关，例如主要雨带位于长江中下游的年份(1969,1983)，梅雨也特多，主要雨带位于淮河流域之年(1963,1965,1972)，这沿江 5 站的梅雨就明显偏少。不过从上海单站来看，厄尔尼诺年的夏季 6—8 月多雨的几率有 80%。

淮河流域(8 区)，在厄尔尼诺年的前一年，4 月、5 月和 7 月降水量较常年同期偏少的几率分别有 75%，75% 和 88%，有 63% 的年份 7 月伏旱较明显。但 8 月多雨的几率有 75%，有 50% 的年份 8 月有洪涝。在厄尔尼诺年，夏季 6—8 月降水总量较常年同期偏多的几率有 70%，而且雨季峰值月即 7 月降水量较常年同期偏多的几率有 80%，其中有 70% 的厄尔尼诺年 7 月在淮河流域明显多雨有洪涝。但有 70% 的厄尔尼诺年 9 月降水量较常年同期偏少。在厄尔尼诺年的次年 6 月降水量偏少的几率有 89％。

汉水渭河流域（9 区），在厄尔尼诺年的前一年，4—9 月降水总量较常年同期偏多的几率有 88％，其中 8 月多雨的几率为 75％。在厄尔尼诺年，4—9 月降水量较常年同期偏少的几率为 70％。在其后一年，7 月和 4—9 月降水量较常年同期偏多的几率都是 78％。由此可见，该区域夏半年降水在厄尔尼诺年以偏少为主，而在其前一年和后一年则都以偏多为主要倾向。

海河流域（10 区），在厄尔尼诺年的前一年，5 月、6 月、8 月、9 月的月降水量和 4—9 月降水总量较常年同期偏少的几率均有 75％，4 月少雨几率为 88％。在厄尔尼诺年，6 月和 7 月降水量较常年同期偏少的几率是 80％，9 月少雨的几率有 70％。在厄尔尼诺年的次年，7 月多雨和 9 月少雨的几率均为 78％。总的来说，厄尔尼诺年和其前一年海河流域的降水以偏少为主要倾向。

黄河中上游（11 区），在厄尔尼诺年的前一年，5 月少雨几率为 75％。在厄尔尼诺年，6—8 月和 6 月、8 月降水量较常年同期偏少的几率均为 80％，8 月明显少雨有干旱的几率为 70％。4—9 月和 7 月降水量较常年同期偏少的几率为 70％。在厄尔尼诺年的次年，6—8 月和 4—9 月及 6 月降水量较常年同期偏多的几率为 78％。9 月少雨几率为 78％。

黄河下游（12 区），4 月和 5 月降水量在厄尔尼诺年的前一年较常年同期偏少的几率分别为 75％和 88％。6 月降水量在厄尔尼诺年及其后一年较常年同期偏少的几率分别为 80％和 78％。6—8 月降水量在厄尔尼诺年的次年为偏少的几率有 78％。

辽河流域（13 区），在厄尔尼诺年的前一年，5 月多雨的几率为 75％，8 月和 9 月少雨的几率也是 75％。在厄尔尼诺年，6 月和 9 月少雨的几率分别为 70％和 80％，而 8 月多雨的几率为 70％。在厄尔尼诺年的后一年，5 月少雨的几率为 78％。但从 6—8 月和 4—9 月季降水量来看，厄尔尼诺年及其前后年都无明显倾向性。

松花江流域（14 区），在厄尔尼诺年的前一年，4 月降水量较常年同期偏少的几率为 88％。6—8 月和 4—9 月降水量较常年同期偏多的几率均是 75％。在厄尔尼诺年，6 月少雨几率为 70％。其余月份在厄尔尼诺年和次年均无明显倾向性。

通过以上分析可知：①从夏半年 4—9 月降水总量的距平趋势来看，在厄尔尼诺现象爆发的前一年，在长江上游和汉水渭河流域及松花江流域主要倾向是多雨，几率有 75％至 88％。而在海河流域则以少雨为主，几率为 75％。在厄尔尼诺年，在江南、贵州、西南、长江中上游、汉水渭河流域和黄河中上游等地区的夏半年以少雨为主要倾向，几率为 70％至 80％。在厄尔尼诺年的次年，在长江上中游、汉水渭河流域和黄河中上游地区夏半年以多雨为主要倾向，几率为 78％。②从夏季 6—8 月降水量的距平趋势来看，在厄尔尼诺年的前一年，松花江梳域以多雨为主，几率为 75％。其余各区无明显倾向性。在厄尔尼诺年，华南、贵州、西南、长江上游和黄河中上游都以少雨为主，几率有 70％至 80％。而淮河流域多雨的几率有 70％。在厄尔尼诺年的次年，西南、长江中游、黄河中上游以多雨为主，山东以少雨为主，几率都是 78％。③从分月降水趋势来看，在厄尔尼诺年的前一年，4 月在淮河流域、海河流域、山东和松花江流域的降水量较常年同期偏少的几率有 75％至 88％。5 月在长江下游、淮河流域、海河流域、黄河流域的降水量较常年同期偏少的几率有 75％至 88％，辽河流域的 5 月降水量较常年同期偏多的几率有 75％。6 月海河流域的降水量较常年同期偏少的几率有 75％。7 月在贵州、西南、长江下游、淮河流域的降水量偏少的几率均为 75％至

88%。8 月在江南、海河流域和辽河流域少雨的几率为 75%;8 月在贵州、淮河流域和汉水渭河流域多雨的几率也有 75%。9 月在海河流域和辽河流域少雨的几率有 75%。在厄尔尼诺年,4 月降水趋势无明显倾向性。5 月降水量在江南、西南和长江中下游地区较常年同期偏少的几率有 70% 至 90%。6 月在华南、西南、长江流域、海河流域、黄河流域和东北大部地区的少雨几率有 70% 至 80%。7 月在江南、海河流域和黄河中上游的少雨几率为 70% 至 80%;7 月在淮河流域多雨的几率有 80%。8 月在长江上游和黄河中上游的少雨几率有 80%;在辽河流域多雨的几率有 70%。9 月在淮河流域、海河流域和辽河流域的少雨几率有 70% 至 80%;在江南地区多雨的几率有 70%。在厄尔尼诺年的后一年,在江南、长江中下游的 4 月降水量较常年同期偏多的几率有 78%。5 月降水量在江南偏多和在辽河流域偏少的几率有 78%。6 月淮河流域、山东少雨的几率为 78% 至 89%;而黄河中上游多雨的几率有 78%。7 月在长江中上游、汉水渭河流域和海河流域多雨的几率为 78% 至 89%。8 月各区域倾向性都不明显。9 月在海河流域和黄河中上游地区少雨几率 78%。

另外,在上述 10 个厄尔尼诺年,有 90% 的年份登陆我国的台风只有 3~7 个,接近常年或偏少,其中有 60% 的年份只有 3 至 5 个,显著偏少。

由以上分析到的相关关系可知,中国旱涝与厄尔尼诺现象的关系是明显的。但由于我国幅员辽阔,地形复杂,所以受厄尔尼诺影响的敏感区在各时段中有所变化,在同一时段内,各区域的对应关系也不完全相同。但总的来说,在我国旱涝的长期预报中,必须充分考虑到厄尔尼诺这个在热带太平洋地区发生的异常现象所带来的影响。

4.6 中国旱涝与北太平洋海温场的若干统计事实

在上一节中分析了中国旱涝与厄尔尼诺现象盛行年及其超前和落后一年的对应关系,由上面的大量统计事实表明,中国旱涝与厄尔尼诺现象的关系还是明显的。虽然,厄尔尼诺现象是赤道东太平洋冷水区 SST 异常增暖现象,但这一异常现象并非是孤立的,在本章第一节已经作过分析,它与整个北太平洋海温场的海温距平(SSTA)趋势分布有关。而在厄尔尼诺年的次年,一般来说,年平均 SSTA(图略)与图 4:2 的分布趋势相反。在东太平洋赤道冷水区的 SSTA 是负值,在北太平洋北部地区也是负值。在太平洋中部和东北部、西北部的 SSTA 是正值。但从 SSTA 的绝对值来看,要比厄尔尼诺年的 SSTA绝对值明显偏小。

既然厄尔尼诺现象的发生与整个北太平洋的 SSTA 分布有关,那么我国旱涝也不仅仅与东赤道太平洋 SST 的异常有关,其他区域的海温变化也可能对我国旱涝有影响。从大量的统计事实来看,我国旱涝与 SST 的相关关系不如西北太平洋副高与 SST 的关系明显,相关区也没有那么宽阔。这也许是因为 SST 不是造成旱涝的直接因素有关。造成旱涝的直接原因是大气环流的异常变化,而大气环流的异常变化是由于大气环流本身的演变规律和外界多方面的强迫作用所致。当然,占地球表面积 71% 的广阔洋面的冷暖是从热力作用强迫影响大气环流的重要因素之一。所以,海洋温度的变化也是形成陆地上旱涝的一个重要的间接原因。夏天海洋吸收热量贮存起来,冬天海洋又将贮存的热量释放出来,对大气起加热作用。由于海洋的热容量大,持续性好,所以用海温来做长期预报的潜力也大。然而,海洋资料的准确性是个问题,近 10 年来利用卫星观测的资料准确性较好,但由于过去海洋的历史资料大多是靠不定点不定时的船泊观测得到的,准确性较差,这在一定程度上也影响到统计关系。又因为旱涝的形成不但与同期高低纬大气环流系统的强弱和大小有关,还与天气系统的活动方式和地形有密切关系。因此,降水量与 SST 的直接统计结果表明,各区域各时段的降水量在北太平洋海温场上的敏感区也有地区和时段上的差异。

中国科学院大气物理研究所长期预报组在 20 世纪 70 年代前期就根据 1949—1972 年的 SST 资料,初步揭示了前冬北太平洋 SST 的异常对我国某些地区的汛期降水量的影响关系。并着重分析了黑潮和亲潮海区 SST 与我国雨带的变化关系。并利用这些关系对长江中下游和华北平原地区的汛期降水做了长期预报,取得了一定的成效,我们又用 1951—1985 年北太平洋 SST 场资料对我国上述 14 个主要区域的降水量和旱涝重新进行了相关统计调查,结果分析如下。

4.6.1　夏季旱、涝年的前期和同期北太平洋海温距平场的分布趋势

为了对比夏季旱涝年的前期和同期北太平洋海温距平场的分布特点,我们分别做了长江中下游(6 区和 7 区)、淮河流域(8 区)、海河流域(10 区)三个区域的夏季旱年和涝年的北太平洋海温距平场合成图,从旱年和涝年的海温距平场的合成图上大致能看出旱涝年的前期和同期北太平洋海温距平趋势的分布具有不同的特点。

4.6.1.1　长江中下游梅雨季(5—7 月)旱涝年的北太平洋海温距平场的对比分析

从长江中下游地区 5—7 月的 8 个水梅年(5—7 月降水总量距平百分率≥20%)和 8 个旱梅年(5—7 月降水总量距平百分率≤−20%)的前期冬季(12—2 月)、春季(3—5 月)和同期夏季(5—7 月)的季平均合成图(图略)上可以看出:①在水梅年,冬季在赤道东太平洋地区(10°S~10°N、180°~80°W),8 个水梅年的累积季平均海温距平趋势以正距平为主,正中心在东赤道太平洋冷水区(0°,120°~100°W),中心区平均每个水梅年较常年同期偏高 1℃以上。另一个正距平区在西北太平洋的黑潮和亲潮区,呈东北—西南向分布,正中心在亲潮区的南部海区。北太平洋的北部和中部(20°N 以北、180°~140°W)的海温距平趋势以负距平为主,负距平中心在西风漂流区的东南部。春季(3—5 月)的海温距平分布趋势大致与冬季相似,在东赤道太平洋区和西北太平洋的黑潮区为持续正距平趋势。在北太平洋的北部海区以持续负距平趋势为主。梅雨夏季(5—7 月)北太平洋海温的负距平区比冬春季的范围大,但负距平中心区仍在西风漂流区的东侧。在东南太平洋的秘鲁沿海和西太平洋的北赤道暖流辐散区仍是持续正距平趋势。②在旱年,冬季整个北太平洋的海温距平趋势以负为主,负中心分别在东赤道冷水区和西北太平洋的黑潮区。在西风漂流区和赤道逆流区则以正距平为主。春季,在西北太平洋的大部海区和东南太平洋的秘鲁沿海以负距平为主,负中心在黑潮区和北太平洋的中部地区。东北太平洋则以正距平为主。夏季整个北太平洋海温场的距平分布趋势基本上与春季相似。对比旱涝年,长江中下游地区 5—7 月多水年,在北太平洋北部的前期冬、春和同期海温距平有持续偏负的趋势,负中心在西风漂流区的东侧。东赤道太平洋区、西北太平洋的黑潮和亲潮区在冬、春季以正距平为主,夏季正距平区较前期相对变小,但黑潮区和秘鲁沿海区仍持续正距平趋势。5—7 月少水年,在北太平洋

的西部和中部冬、春、夏大范围持续负距平趋势,东北太平洋大范围春、夏季持续正距平趋势。但秘鲁沿海的冬、春为持续负距平趋势。

4.6.1.2　淮河流域夏季(6—8 月)旱涝年的北太平洋海温距平场的对比分析

在淮河流域的 5 个大涝年(夏季降水量距平百分率≥30%)和 5 个大旱年(夏季降水量距平百分率≤−30%)的前期冬季(12—2 月)、春季(3—5 月)和夏季(6—8 月)的季平均海温距平的合成图上(图略)可见:①在涝年,西风漂流区的海温在冬、春、夏基本上为持续正距平趋势,不过夏季的正距平区相对春季向东收缩。在西北太平洋海区的海温距平趋势在冬、春、夏持续负距平趋势。在东赤道太平洋区,冬、春、夏都有一条沿赤道呈东西向分布的正距平带,而且这个正距平带由冬季至夏季逐步向东和向西两端延伸,正距平趋势也不断地加强。在冬季,正距平带在赤道冷水区(0°,125°～105°W),在春季和夏季,正距平带几乎延伸到整个东赤道区(0°,180°～80°W),但在 5°N 以北和 5°S 以南海区仍以负距平趋势为主。②在旱年,西风漂流区及其东南部的海温距平在冬、春、夏持续以负为主。黑潮区冬、春海温距平趋势以正为主,夏季以负为主。东北太平洋的海温冬、春、夏持续以较明显的正距平趋势。赤道东太平洋冬季与东北部的正距平连成一个大范围的正距平区。春季沿赤道为负距平趋势,赤道南侧和北侧均为正距平趋势,在秘鲁沿海的负距平区扩大到 5°S 和 5°N。夏季东赤道海温负距平强度加强,范围也较春季有明显扩大。由此可见,淮河流域夏季旱年和涝年的前期和同期的北太平洋海温距平的总分布趋势基本上是相反的。

4.6.1.3　海河流域夏季(6—8 月)旱涝年的北太平洋海温距平场的对比分析

在海河流域的 7 个夏涝年(夏季降水量距平百分率≥20%)和 7 个夏旱年(夏季降水量距平百分率≤−20%)的前期冬季、春季和同期夏季北太平洋海温距平合成图上(图略)的分布趋势是:①在涝年,冬季(12—2 月)东南太平洋到东北太平洋和西北部以正距平为主,其中东赤道太平洋冷水区的正距平比较明显。中部和北部海区以负距平为主。春季(3—5 月),西北太平洋的正距平区向东扩大,赤道东太平洋的正距平区向西收缩到 135°W 以西。赤道东太平洋区由冬季的正距平在春季变成了负距平区。夏季(6—8 月)只有黑潮区和西风漂流区以正距平为主,其余大部地区则以负距平为主。②在夏旱年,冬季赤道东南太平洋区(0°～10°S、160°E 以东)和太平洋北部(35°N 以北、180°～150°W)海区以正距平为主,其余大部分海区以负距平为主。春季整个北太平洋海温距平场的分布趋势是西北部以负距平为主,东南部和北部以正距平为主。夏季,东赤道太平洋区(180°以东、10°N 以南)以正距平为主,其中赤道冷水区的正距平比较明显。其余大部地区以负距平为主。对比旱涝年,在冬季,太平洋东北部(30°N 以北、180°以东)海区,涝年的海温距平趋势是东高西低(以 145°W 为界)而旱年的海温距平趋势是东低西高。春季和夏季,在黑潮区和赤道东南太平洋区旱年和涝年的海温距平趋势是不同的,在涝年黑潮区以正距平为主,在赤道东南海区以负距平为主。在旱年则相反,黑潮区以负距平为主,赤道东南太平洋区则以正距平为主。

通过以上对旱涝年的北太平洋海温趋势的初步分析,大致能看出长江、淮河,海河三大江河夏季发生洪涝和干旱的同期和前期海温距平场的分布总趋势。每个区域的夏涝年和夏旱年都有不同的海温分布特点和前期征兆。前期海温场上这些不同的特点对夏旱夏涝的预报有一定的参考意义。

在用海温变化来做旱涝预报时,首先应考虑到较大范围海温场距平趋势的分布特点,再结合预报对象的具体敏感区作具体分析,而不应仅局限于单点海温的变化趋势。

4.6.2 各区域旱涝在北太平洋海温场上的若干统计关系

为了从北太平洋海温场中寻找每个区域旱涝的敏感区,我们又把区域降水量与整个北太平洋海温场逐点进行了相关系数和相关概率的调查。从调查结果来看,达到信度 0.001 的敏感区很少。下面只能就相对较好的一些敏感区作些粗浅介绍。

4.6.2.1 长江中下游雨季旱涝与前期黑潮区海温的相关关系

黑潮区($25°\sim35°$N、$125°\sim150°$E)15 点 1 月海温距平累积值(ΣSSTA)与长江中下游旱涝年有一定的正相关关系。长江中下游 19 站平均 5—7 月降水量距平百分率$\geqslant20\%$($\leqslant-20\%$)算作涝年(旱年),则 8 个涝年(1954,1956,1969,1970,1973,1977,1980,1983)的前期 1 月黑潮区海温距平累积值大多为正值,$0.6℃\leqslant\Sigma$SSTA$\leqslant11.6℃$(7/8),只有 1970 年不符合,其中大涝年 1954 年 ΣSSTA 也最大。8 个旱年(1961,1963,1965,1966,1968,1972,1978,1981)的前期 1 月黑潮区海温距平累积值大多为负值,$-32.7℃\leqslant\Sigma$SSTA$\leqslant-8.9℃$(5/8),$-32.7℃\leqslant\Sigma$SSTA$\leqslant0.2℃$(6/8),只有 1961 年和 1972 年不符合。长江中下游有 81% 的 5—7 月旱涝年不但与黑潮区 1 月海温距平的累积值有正相关关系,而且与 3,4,5 月黑潮区海温距平的累积值也有同样概率的正相关关系。但与 2 月的关系较差。

1,2,3,4,5 月的黑潮区 15 点海温距平各月累积值,在 8 个涝年的平均各月均为正值,分别有 3.3℃、0.8℃、2.0℃、4.7℃、2.0℃;而 8 个旱年的平均各月均为负值,分别有 $-9.3℃$、$-9.0℃$、$-9.4℃$、$-8.8℃$、$-3.5℃$。由此可见,冬、春黑潮区的海温距平总趋势对长江中下游雨季旱涝具有一定的指示意义,在旱涝预报中有一定的参考价值。

4.6.2.2 淮河流域夏季旱涝与前期秋、冬季海温的相关关系

在旱涝与海温的相关调查中,发现淮河流域夏季降水量在太平洋海温场上的相关区(信度达 0.01 至 0.001)比其他区域多。前面已经分析了该区域夏季旱涝年的前期冬、春和同期夏季北太平洋海温距平趋势的不同特点,其中有些关键区域的海温变化对淮河流域夏季旱涝的长期预报有较好的参考价值。再往前追查,发现秋季 9—11 月太平洋海温与次年夏季淮河流域的旱涝也有较好的相关区,如图 4.11 所示,在热带东太平洋(除沿 0° 以外)的广阔海区存在负相关关系。西风漂流区呈正相关关系。具体来说在 $5°\sim10°$S、$150°\sim115°$W 和 $5°\sim10°$N、$165°\sim125°$W 及 $10°\sim20°$N、$180°\sim160°$W 三个区域中,负相关信度达 $0.01\sim0.001$ 的格点有 20 多个。在 $40°$N、$175°$E$\sim165°$W 的 5 个格点的正相关关系的信度也都在 0.01 以上。在冬季(12—2 月)北太平洋的海温场的东北部($15°\sim25°$N、$130°\sim100°$W)也有 8 个格点的负相关信度达 0.01 至 0.001,其中墨西哥沿海($20°$N、$105°$W)的相关关系最好,相关系数有 -0.58。

从它们的相关概率来分析:①西风漂流区的 9—11 月平均海温距平 5 点累积值与次年淮河流域 6—8 月降水总量的距平趋势(1951—1985)的正相关概率有 71%。10 个大旱大涝年中有 9 个符合这个正相关关系。其中 5 个大涝年(1954,1956,1963,1965,1952)的上一年

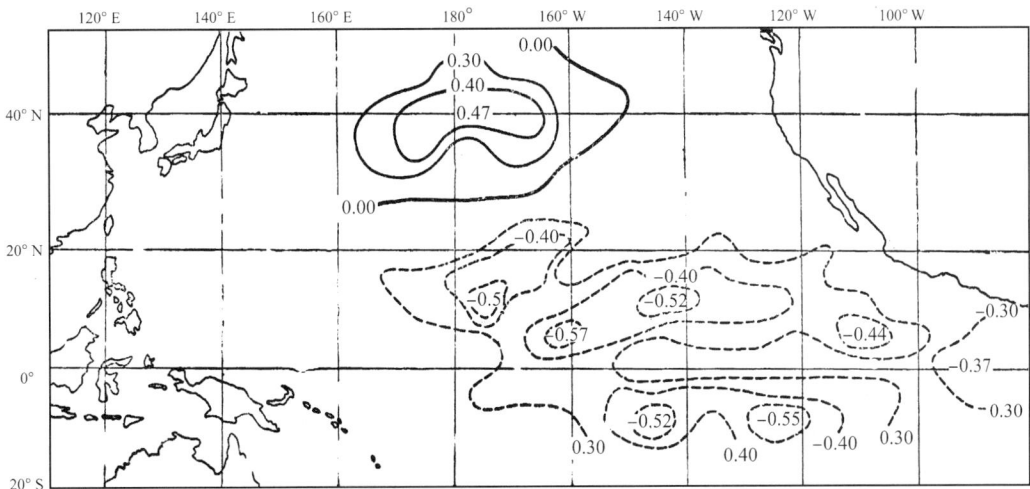

图 4.11　9—11 月太平洋海温与次年 6—8 月淮河流域降水量的相关系数(1951—1985)分布图

9—11 月这 5 点平均海温有 18.2～19.0℃(4/5),5 个大旱年(1959,1966,1973,1978,1985)的上一年 9—11 月这 5 点平均海温只有 17.1～17.4℃(5/5)。②赤道逆流区 9—11 月平均海温距平 11 点(5°N,165°～150°W,10°N,155°～125°W)累积值与次年淮河流域 6—8 月降水总量的距平趋势的负相关概率有 71%。10 个大旱大涝年中有 9 个符合这个负相关关系。其中 5 个大涝年的上一年 9—11 月这 11 点平均海温只有 26.8～28.0℃(5/5),5 个大旱年的上一年 9—11 月这 11 点平均海温有 28.5～28.7℃(4/5)。③淮河流域夏季降水量距平趋势与赤道冷水区南部 8 点(5°～10°S、130°～110°W)和南亦道暖流源头的东南部的 6 点(5°～10°S,150°～140°W)的负相关概率有 74%,10 个大旱大涝年中有 9 个符合这负相关关系。其中 5 个大涝年的上一年 9—11 月 8 点平均海温和 6 点平均海温分别只有 24.6～25.4℃(5/5)和 26.1～26.8℃(4/5),5 个大旱年的上一年 9—11 月 8 点平均海温和 6 点平均海温分别有 25.7～26.8℃(4/5)和 27.0～28.6℃(5/5)。④冬季海温场的遥相关区与秋季的遥相关区相比,已明显地向东北方向移动。从冬季的这个遥相关区(15°N、130°～120°W,20°N、120°～100°W,25°N、115～110°W)的 12—2 月 10 点平均海温来看,5 个大涝年只有 25.3～26.1℃(5/5),5 个大旱年有 26.8～27.0℃(4/5)。但总的负相关概率只有65%,由此可见,这个遥相关区的海温变化只有在异常年份才对淮河流域的大旱大涝的预报有参考意义,在一般年份的负相关关系并不好,没有多大参考价值。上述相关关系的时效较长,在淮河流域的汛期预报中有一定的参考价值。

4.6.2.3　山东、长江上游、江南和华南 4 个区域的夏季旱涝与前期秋季和冬季北太平洋海温的相关分析

秋季太平洋海温场与次年淮河流域夏季旱涝有相对较好的相关关系。另外,山东、长江上游和江南、华南 4 个区域前期秋季和冬季的北太平洋海温场上也有它们的优相关区。①山东夏季旱涝在前一年秋季的北太平洋海温场上有两个相关区,一个在亲潮区,相关信度在0.01 以上的有 4 个格点(45°～50°N、165°～170°E);另一个在西风漂流区,相关信度达 0.01

至 0.001 的格点有 10 个,最高相关系数有 0.61(45°N、170°W)。在此我们取这 10 个点(35°N、165°~160°E,40°~45°N、175°~160°E)作为遥相关区,正相关系数有 0.41 至 0.61。从这两个相关区的相关概率来看,亲潮区 9—11 月 4 点平均海温 SST≥10.0℃,则次年山东 6—8 月降水量较常年同期偏多(12/16);SST<10.0℃,则次年山东 6—8 月降水量较常年同期偏少(16/18),总的正相关概率达 82%。其中 6—8 月降水量距平百分率≥20% 和≤−20% 的 6 个夏涝年和 10 个夏旱年中的 9 个都符合这个关系,即有 94% 的旱涝年符合这个正相关关系,西风漂流区的 9—11 月平均海温距平 10 点累积值的正负趋势与次年山东 6—8 月降水总量的距平趋势符号总相关概率只有 68%,但 6 个夏涝年,其上一年 9—11 月的 10 点平均海温有 16.3~17.2℃(6/6),10 个夏旱年,其上一年 9—11 月的 10 点平均海温只有 15.0~16.0℃(8/10),即有 88% 的旱涝年符合这个正相关关系,而且,在夏季 6—8 月这个区域的正相关关系更加显著,相关系数有 0.42 至 0.61。可见,这两个遥相关区对山东的汛期旱涝长期预报都有一定的参考意义。另外,山东盛夏 8 月降水量在前期冬季(12—2 月)的平均海温场上有 3 个较好的遥相关区。一个在北太平洋海盆的西部,是正相关关系,信度在 0.01 以上的格点有 8 个,另一个在加利福尼亚寒流区,信度在 0.01 以上的格点有 5 个,再一个在赤道太平洋冷水区,信度在 0.01 以上的格点有 19 个。与东太平洋这两个区域的海温是负相关关系。这 3 个关键区对山东盛夏 8 月旱涝的长期预报有一定的指示性。② 江南地区夏季旱涝在前期秋季海温场也有一个相对较好的关键区,这个关键区在夏威夷海峡(25°N、180°~170°W,30°N、175°~170°W),这个区域的 5 点正相关系数有 0.42 至 0.53,信度达 0.01 至 0.001,总的负相关概率有 79%。其中,6—8 月降水量距平百分率≥20%(或≤−20%)的夏涝(夏旱)年有 91%(10/11)符合这个负相关关系。可见,夏威夷海峡的秋季海温对次年江南地区的夏旱夏涝是有一定指示意义的。另外,江南雨季高峰月即 5 月降水量的多少对江南地区雨季旱涝事关重要。5 月降水量在前期秋、冬季(9—12 月)的 6 个月平均海温场上有两个较好的关键区,分别在黑潮区和亲潮的南部海区,正相关系数在 0.42 至 0.56 的格点有 15 个,信度有 0.01 至 0.001。其中有 79% 的 5 月旱涝年都符合这个正相关关系。③华南 9 月降水量在前期冬季海温场上有两个遥相关区,相关区位于 160°W 以西的西北太平洋和中太平洋上,其中较大的一个相关区是在加罗林群岛附近(5°~10°N、130°~150°E,20°N、140°~145°E),这个区域的 12 个格点中有 11 个格点的相关信度在 0.01 至 0.001 以上。其中有 6 个格点的正相关系数有 0.52 至 0.63,信度在 0.001 以上,总相关概率达 71%。另一个在赤道中南太平洋的萨摩亚群岛附近(10°S、180°~160°W,5°S、180°~175°W)信度在 0.01 以上的格点有 6 个,这个区也是正相关关系,相关系数有 0.42 至 0.55。这两个相关区对华南的 9 月降水趋势有一定的指示意义。

4.7　中国旱涝对太平洋海温场和南方涛动的相关关系

在大量的统计事实中发现,我国旱涝对北太平洋海温和南方涛动指数都有相关关系,特别是对北太平洋海温的相关关系尤为明显。例如辽河流域雨季高峰月(7 月)的降水对后期 9—12 月西风漂流东区海温的正相关很明显。淮河流域雨季高峰月(7 月)的降水对后半年的赤道东太平洋冷水区海温的正相关关系和对西北太平洋东部海温的负相关关系都较明显。江南雨季高峰月(5月)的降水对后期赤道东太平洋海温也有负相关关系,而对黑潮区的海温有正相关关系。中国降水对北太平洋海温场存在有明显的相关关系。

4.7.1　中国降水对北太平洋 SST 场的相关关系

4.7.1.1　辽河流域 7 月降水对北太平洋西风漂流区东区海温的正相关关系

辽河流域(13区)7月降水是全年各月最盛时期,7月降水年际变率也甚大,特多的1963年7月降水量是特少的1972年7月降水量的4.6倍。辽河流域7月降水的多少,对其下游的西风漂流区东区(30°～45°N、175°～160°W)海温的指示性较好。辽河流域7月降水量与9—12月西风漂流区东区海温的35年(1951—1985)相关系数较高(如图4.12),信度在0.01以上的格点有14个,其中信度在0.001以上的有6个格点。相关系数在0.60以上的有3个格点,在40°N、170°W和35°N、165°W两点的相关系数分别有0.67和0.68。与北太平洋(100°W以西)其他大范围的9—12月海温几乎无相关关系。西风漂流区东区也是北太平洋暖流的下游海区,这个高相关关系,说明9—12月北太平洋暖流的下游海温高低与其上游前期7月降水量的多少关系甚为密切。辽河流域7月降水量越大,9—12月西风漂流区东区海温就越高,反之亦然。辽河流域7月降水量距平趋势与西风漂流区东区海温距平趋势的相关概率有71%～77%。

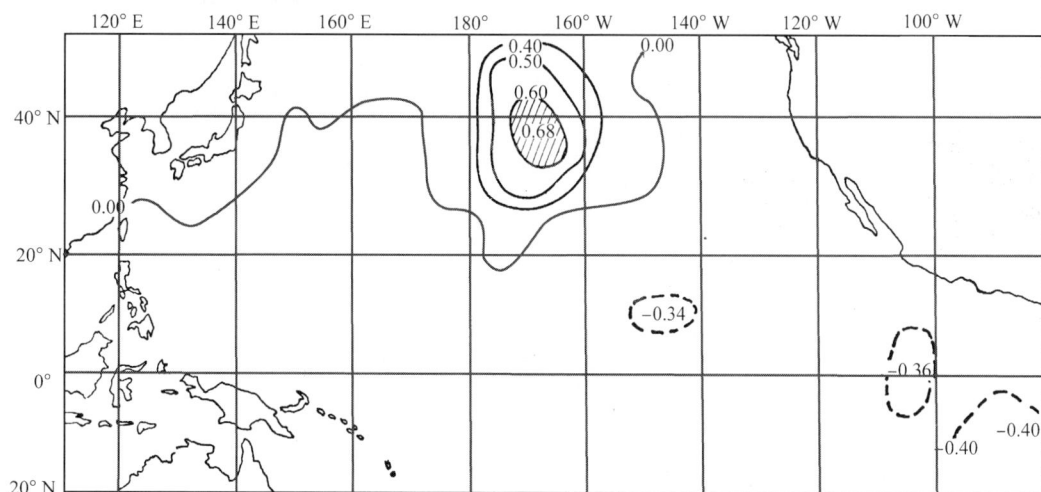

图 4.12　辽河流域 7 月降水量与 9—12 月海温的相关系数分布图

4.7.1.2　淮河流域 7 月降水对西北太平洋 SST 的负相关和对热带东太平洋 SST 的正相关关系

在上一节我们分析了淮河流域夏季旱涝的同期和前期北太平洋海温场的分布特点,也分析了夏季降水量与前期秋、冬季海温场的相关关系。由分析可见,前期秋、冬季热带东太平洋海温对夏季淮河流域的降水的影响是反相关关系。即前期秋、冬季热带东太平洋的海温越高,夏季淮河流域的降水越少,反之亦然。而淮河流域夏季降水高峰月即7月降水对后半年热带东太平洋海表温度有正相关关系。即淮河流域7月降水越多,后期热带东太平洋海表温度就越高,反之亦然。由图 4.13 可见,淮河流域 7 月降水量与 9—12 月 SST(1951—1985)的相关概率表明,9—12 月赤道东太平洋冷水区的 SST 与前期 7 月淮河流域降水量有明显的正相关关系,冷水区大部分正相关概率在 70% 以上,其中正相关概率在 80% 以上的格点有 6 个,最高相关概率有 89%(0°,90°W)。淮河流域 7 月降水量与西北太平洋 SST 则有负相关关系。为什么淮河流域 7 月降水量在其后期的热带太平洋海温场有这么大范围的正相关区域,这可能与淮河流域的地理位置有关。7 月是淮河流域雨季峰值月,淮河流域的夏季旱涝又与我国夏季雨带的位置有直接关系。淮河流域夏涝年多数夏季雨带在中间地带,淮河流域夏旱年,多数夏季雨带在黄河以北或长江以南地区。所以,淮河流域 7 月降水量的多少是与我国夏季雨带位置变化密切相关的。

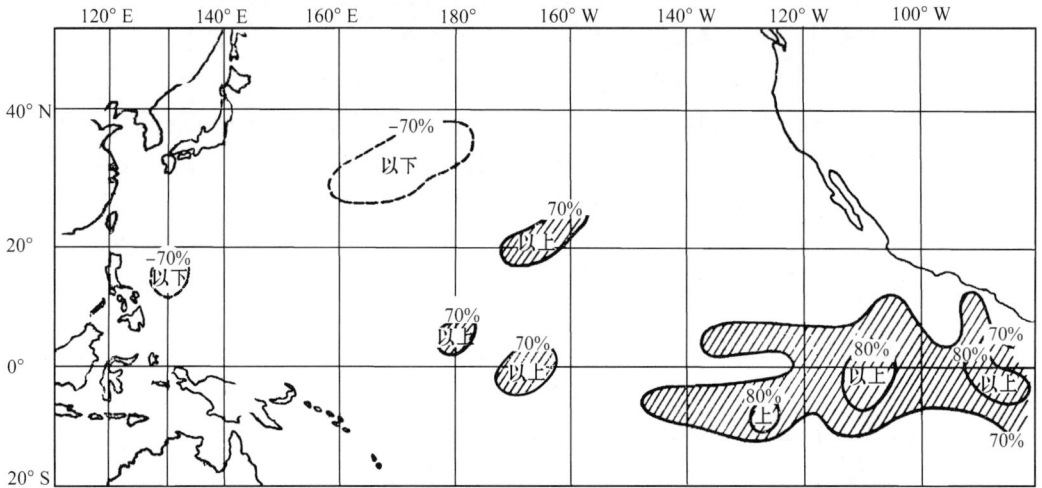

图 4.13　淮河流域 7 月降水量与 9—12 月 SST 的相关概率分布图

为了更进一步了解淮河流域 7 月降水量与北太平洋海温场的相关关系,我们将淮河流域 7 月降水量(1955—1985)与上一年 9 到 12 月,同年 1 月到 12 月,下一年 1 月到 4 月共 20 个月的北太平洋海温场进行了逐月相关系数和相关概率的计算。淮河流域 7 月降水量与西北太平洋、东北太平洋和热带东太平洋三个海区的逐月相关关系,如表 4.7 所示。

(1)淮河流域 7 月降水量与西北太平洋 SST 的相关关系:前期太平洋 SST 对淮河流域 7 月降水量有明显相关区的月份,有前一年 12 月(在巴士海峡及其东侧海区)、同年 4 月(黑潮区)、同年 5 月(黑潮区)、同年 6 月(马里亚纳海盆),其中以 6 月的负相关关系最好,在 15°～20°N,145°～170°E 范围内的 12 个格点的相关系数均有 −0.46 至 −0.65,在 −0.60 至 −0.65 的格点有 3 个。这些前期 SST 对 7 月降水的预报有指示意义。7 月降水量与 7 月西北太平洋 SST 的同期负相关区较小,达到 0.01 信度的格点比较分散。从淮河流域 7 月降水量对太平洋 SST 的相关关系来看,主要是对后期 9 月的北太平洋暖流上游区(30°～40°N、165°～180°E)较明显,有 10 个格点的相关系数达 −0.45 至 −0.59,信度有 0.01 至 0.001,对后期 10 月的黑潮区和中太平洋北部海区也有明显的相关关系,负相关系数分别有 −0.45 至 −0.59(25°～35°N、140°～150°E)和 −0.46 至 −0.64(25°N、170°～180°E)。这种相关关系在 12 月西北太平洋 SST 还较清楚。太平洋 SST 与淮河流域 7 月降水量的相关关系说明这两个区域的海表温度与淮河流域降水量是相互影响的。所以,既可以根据前期西

表 4.7　淮河流域 7 月降水量与北太平洋 SST 的逐月相关关系统计表*

		西北太平洋 10°N 以北 180°以西	东北太平洋 25°N 以北 180°以东	热带东太平洋 20°N 以南 180°以东
前一年	9 月			○3(−0.53)
	10 月			
	11 月	○2(−0.49)		
	12 月	○4(−0.54)		
同一年	1 月	○1(−0.46)	△3(0.51)	
	2 月	○4(−0.47)	△1(0.54)	△1(0.47)
	3 月		△2(0.52)○2(−0.50)	△1(0.52)
	4 月	○8(−0.53)	△3▲1(0.62)	△3(0.50)
	5 月	○6●2(−0.57)		△2(0.53)
	6 月	○14●3(−0.65)		△7(0.50)
	7 月	○8(−0.51)		△7(0.56)○1(−0.49)
	8 月	○2(−0.53)		△19▲3(0.61)
	9 月	○12●6(−0.59)		△27▲8(0.64)
	10 月	○13●4(−0.64)	○1(−0.46)	△28▲8(0.72)
	11 月	○2(−0.50)	△2(0.53)	△32▲7(0.63)
	12 月	○10●2(−0.64)	○3(−0.47)△3(0.49)	△56▲20(0.66)
后一年	1 月	○1(−0.46)	○7(−0.53)△2(0.53)	△38▲16(0.72)
	2 月	○2(−0.51)	○7●2(−0.65)	△26▲6(0.65)
	3 月		○3●2(−0.60)	△10▲1(0.65)
	4 月		○1(−0.49)	

* 注:表中○和●分别为负相关信度达 0.01 和 0.001 以上的格点数;△和▲分别为正相关信度在 0.01 和 0.001 以上的格点数,括号内为最高格点相关系数。

北太平洋中有关海区的 SST 对淮河流域 7 月降水趋势作预报,又可以根据淮河流域 7 月降水量的大小对后期太平洋中有关区域的 SST 趋势作预测。

（2）淮河流域 7 月降水量与东北太平洋 SST 的相关关系,前期 1 月到 4 月东北太平洋 SST 与淮河流域 7 月降水量是正相关,相关较明显的格点都在阿留申海沟的东南侧（45°～50°N、175°～155°W）,这些正相关关系对淮河流域 7 月的旱涝都有预报意义。7 月降水量与 5 月到 10 月的东北太平洋 SST 无明显的相关关系。但与 11 月到后一年 4 月的太平洋 SST 的负相关区逐渐向东北太平洋扩大,后一年 1 月到 3 月在东北太平洋中形成一个较明显的负相关区,正相关区逐渐向东北海岸附近收缩。

（3）淮河流域 7 月降水对热带东太平洋 SST 有明显的正反馈作用:由表 4.8 可以看出,在 7 月以前的热带东太平洋 SST 场上,没有与淮河流域 7 月降水量的相关信度达 0.001 的格点。但在 8 月到后一年 3 月的热带东太平洋 SST 场上,与淮河流域 7 月降水量的正相关关系一直比较明显。为了更清楚地表明淮河流域 7 月降水量对热带东太平洋 SST 的正相关关系,我们再给出热带东太平洋不同纬度与 7 月降水量的相关系数时空分布图,如图 4.14、图 4.15、图 4.16、图 4.17 所示。在 5°N 的东太平洋逐月各经度 SST 与淮河流域 7 月降水量的相关系数时空分布图上,冷水区（140°～95°W）的相关比较显著,滞后时效也较长,从同年 9 月到次年 1 月的相关关系都较明显,在 140°～135°W 区一直到次年 3 月还有相关关系。在中太平洋莱恩群岛东侧的相关不显著,西侧的相关较显著,但滞后时效也只到当年

12 月,在后一年 1 月 SST 场上已无相关关系。在 0°和 5°S 的东太平洋 SST 与淮河流域 7 月降水量的相关比较显著,滞后时效也较长。7 月降水对 0°SST 的正相关关系一直持续到后一年 2 月,对 5°S 上 SST 的正相关时效一直持续到后一年 3 月。对 10°S 上 SST 的显著相关区比 0°和 5°S 的显著相关区明显的向中间缩小。从 10 月到后一年 3 月在 5°S 上的最高相关系数均有 0.61 至 0.72,信度较高。上述这些高相关关系表明,淮河流域雨季峰值月的降水量对后期秋、冬季热带东太平洋的 SST 高低有较好的指示意义。所以淮河流域 7 月降水量也是热带东太平洋秋、冬季海温的一个前期指标,具有积极的长期预报意义。又如表

表 4.8　淮河流域 7 月降水量与热带东太平洋 SST(1955—1985)各纬度同年
7～12 月和次年 1～3 月相关系数最高值及经度位置

纬度 ＼ 月份	7	8	9	10	11
5°N	0.56/95°W	0.61/95°W	0.58/105°W	0.53/135°W	0.52/162°W
0°	0.52/125°W	0.51/105°W	0.64/165°W	0.60/115°W	0.56/120°W 95°W
5°S	0.43/115°W	0.52/170°W 90°W	0.55/95°W	0.72/100°W	0.63/85°W
10°S	0.44/95°W	0.58/90°W	0.52/80°W	0.58/105°W	0.58/130°W

纬度 ＼ 月份	12	1	2	3
5°N	0.52/100°W	0.60/115°W	0.52/130°W	0.47/140°W
0°	0.63/105°W	0.62/155°W 150°W 100°W	0.61/150°W	0.43/160°W
5°S	0.66/155°W	0.72/145°W	0.61/155°W	0.65/160°W
10°S	0.65/125°W	0.63/135°W	0.65/130°W	0.46/140°W

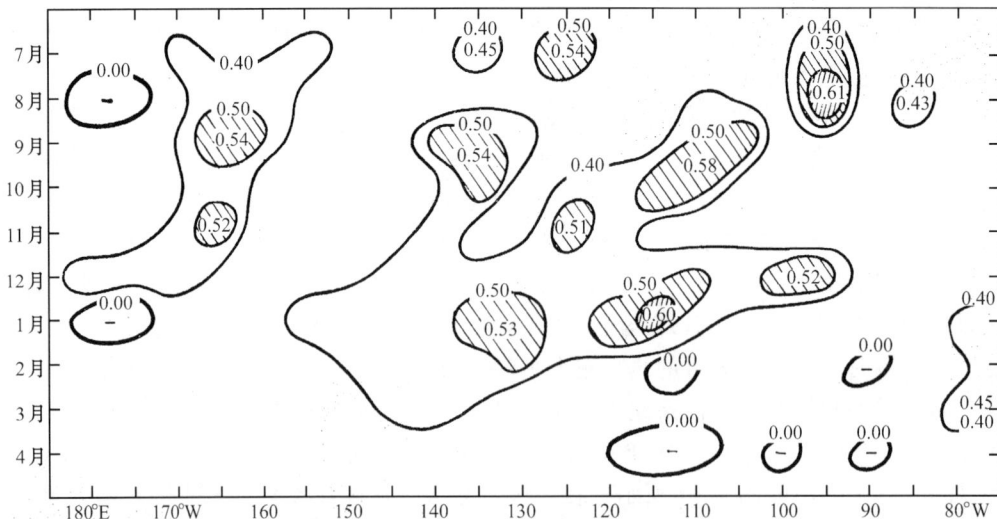

图 4.14　淮河流域(15 站平均)7 月降水量与 5°N 东太平洋逐月各
经度 SST 的 31 年(1955—1985)相关系数时空分布图

4.9 所示。淮河流域 7 月涝年(或旱年)即 7 月降水量距平百分率≥20％(或≤-20％)的年份对应后期各月赤道东太平洋冷水区 51 个格点的平均月海温距平一般为正,各月正距平概率有 80％～90％。而淮河流域 7 月旱年对应同年 8 月到后一年 3 月的赤道东太平洋冷水区的 51 点平均月海温距平一般为负距平,8 月到 12 月的负距平概率有 73％～28％。

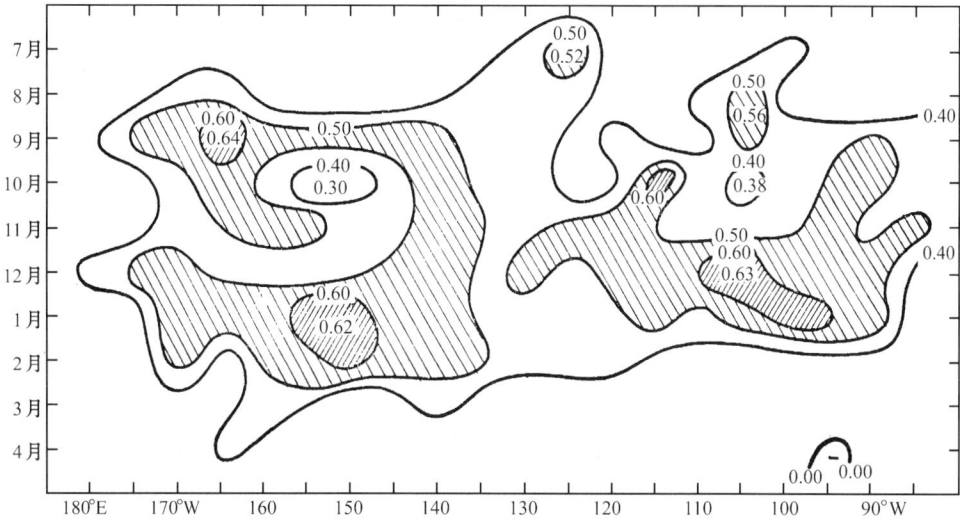

图 4.15　淮河流域(15 站平均)7 月降水量与赤道(0°)东太平洋逐月各经度
SST 的 31 年(1955—1985)相关系数时空分布图

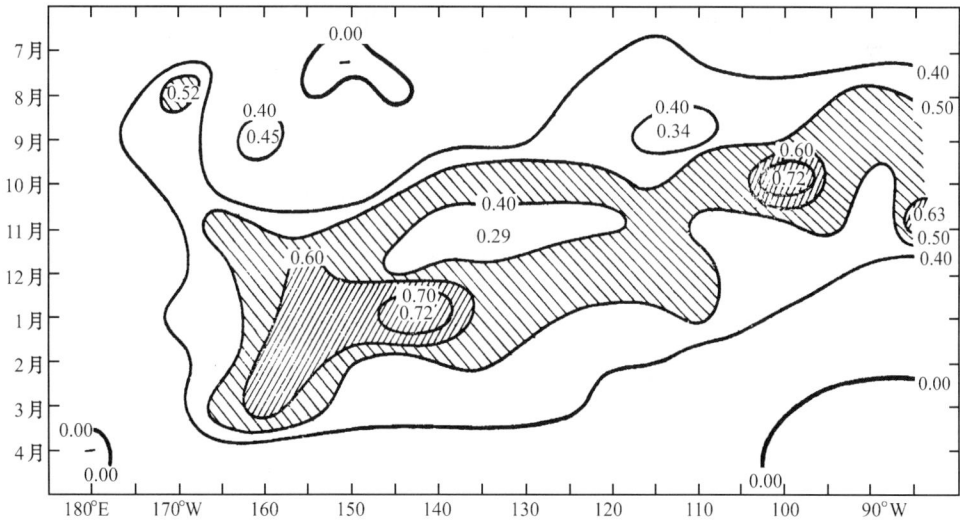

图 4.16　淮河流域(15 站平均)7 月降水量与 5°S 东太平洋逐月各经度
SST 的 31 年(1955—1985)相关系数时空分布图

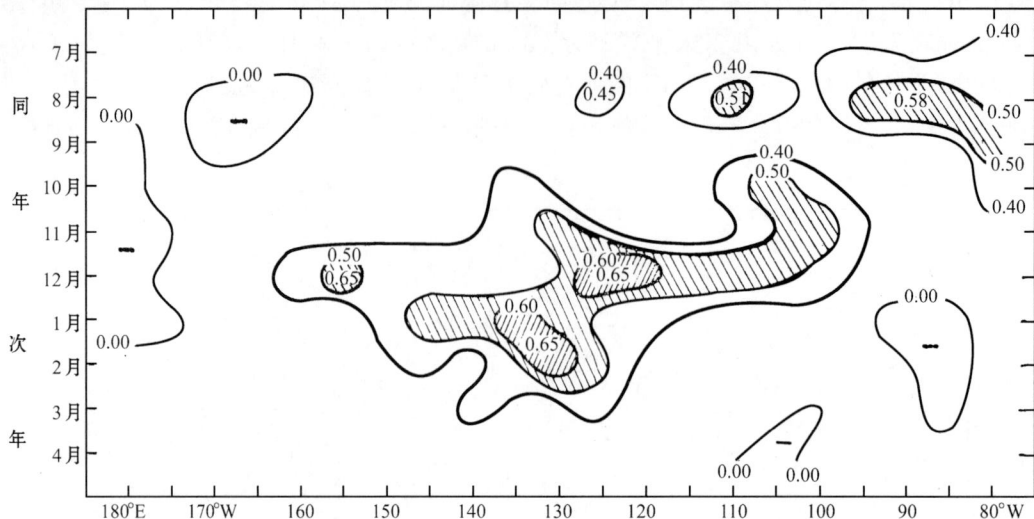

图 4.17　淮河流域(15 站平均)7 月降水量与 10°S 东太平洋逐月各经度
SST 的 31 年(1955—1985)相关系数时空分布图

表 4.9　1955—1985 年中淮河流域 7 月旱涝年与其后赤道东太平洋冷水区
(10°N～10°S,130°～80°W)51 点平均月海温距平(℃)对照表

涝年 月份	8	9	10	11	12	1	2	3
1957—1958	1.2	0.5	1.0	0.7	1.3	0.7	0.5	0.3
1963—1964	0.6	0.6	0.6	1.0	0.9	0.7	0.2	0.0
1965—1966	1.1	0.8	1.4	1.6	1.6	1.3	0.7	0.6
1968—1969	0.2	0.0	0.6	0.2	0.7	0.4	0.6	0.8
1969—1970	0.5	0.9	1.1	0.9	1.2	1.0	0.1	0.1
1977—1978	0.0	−0.2	0.4	0.5	0.1	0.2	0.0	0.5
1979—1980	−0.2	0.5	0.4	0.5	0.3	0.4	0.3	0.3
1982—1983	0.3	0.6	0.9	2.0	2.1	2.1	2.2	1.6
1983—1984	1.2	0.2	0.5	0.1	0.3	0.1	0.7	0.1
1984—1985	−0.4	−0.5	−0.6	−0.5	−0.9	−0.8	−0.8	−0.3
正距平概率	8/10	8/10	9/10	9/10	9/10	9/10	9/10	9/10

旱年 月份	8	9	10	11	12	1	2	3
1956—1957	−0.3	−0.3	−0.4	−0.3	−0.8	0.3	0.5	0.2
1959—1960	−0.2	0.1	0.0	−0.1	−0.2	0.1	0.0	0.3
1961—1962	−0.5	−0.6	−0.4	−0.1	−0.3	−0.5	−0.2	−0.6
1966—1967	−0.3	−0.3	−0.4	−0.2	−0.7	−0.4	−0.2	−0.3
1971—1972	−0.4	−0.6	−0.8	−0.8	−0.9	−0.5	0.0	0.2
1973—1974	−0.7	−1.1	−0.7	−0.6	−1.3	−1.5	−1.0	−1.0
1975—1976	−0.9	−0.7	−1.0	−0.5	−1.1	−1.2	−0.4	−0.3
1976—1977	0.5	1.1	1.4	1.1	1.1	1.0	0.4	0.6
1978—1979	−0.6	−0.8	−0.2	0.3	0.0	−0.1	0.0	0.2
1981—1982	−0.6	−0.2	0.0	−0.1	−0.3	0.0	−0.3	0.0
1985—1986	−0.6	−0.7	−0.3	−0.2	−0.4	−0.6	−0.3	−0.1
负距平概率	−10/11	−9/11	−8/11	−9/11	−9/11	−7/11	−6/11	−5/11

4.7.1.3　江南地区 5 月降水对黑潮南部海区 SST 的正相关关系和对热带东太平洋 SST 的负相关关系

5 月是江南地区雨季峰值月,江南地区 5 月降水量与同期菲律宾海盆北部海区的 SST 有较显著的正相关关系,在 20°～25°N、125°～140°E 海区的 SST 与江南 5 月降水量的正相关关系数有 0.43 至 0.72,信度达 0.01 至 0.001 以上,高相关中心在 20°N、125°E。这个正相关关系一直持续到 8 月,说明江南地区 5 月降水量对菲律宾海盆北部海区的 SST 有正相关关系,但滞后时效较短,仅 3 个月左右。江南 5 月降水量对后期热带东太平洋 SST 是负相关关系,而且负相关时效较长,大约有半年以上,其中以 10 月到 12 月的相关效应比较显著。不过,与淮河流域 7 月降水量对热带东太平洋 SST 的正相关效应相比,显著程度相对差一些。

4.7.1.4　5 月江南地区的降水和 7 月淮河流域降水与厄尔尼诺现象的关系分析

由于 5 月江南降水和 7 月淮河流域降水对热带东太平洋 SST 分别有较显著的负相关关系和正相关关系,从而可以利用这两个地区的降水量与东南太平洋发生厄尔尼诺现象的相关关系。由图 4.18 可见,在点聚图的左下方是易发生厄尔尼诺现象的区域,10 个厄尔尼诺年有 8 个在这个区域内,在这个区域内的 10 年中有 8 年是厄尔尼诺年(8/10),其中 1968 年是厄尔尼诺的前一年,1979 年也有些弱厄尔尼诺现象。相反,在这个区域之外的年份大多数不是厄尔尼诺年(26/28)。由图 4.18 表明,大多数厄尔尼诺现象盛行之年在江南 5 月降水偏少或接近常年,同时淮河流域 7 月降水较常年偏多或明显偏多。在江南 5 月降水偏多或淮河流域 7 月降水偏少之年,一般不是厄尔尼诺现象盛行之年。

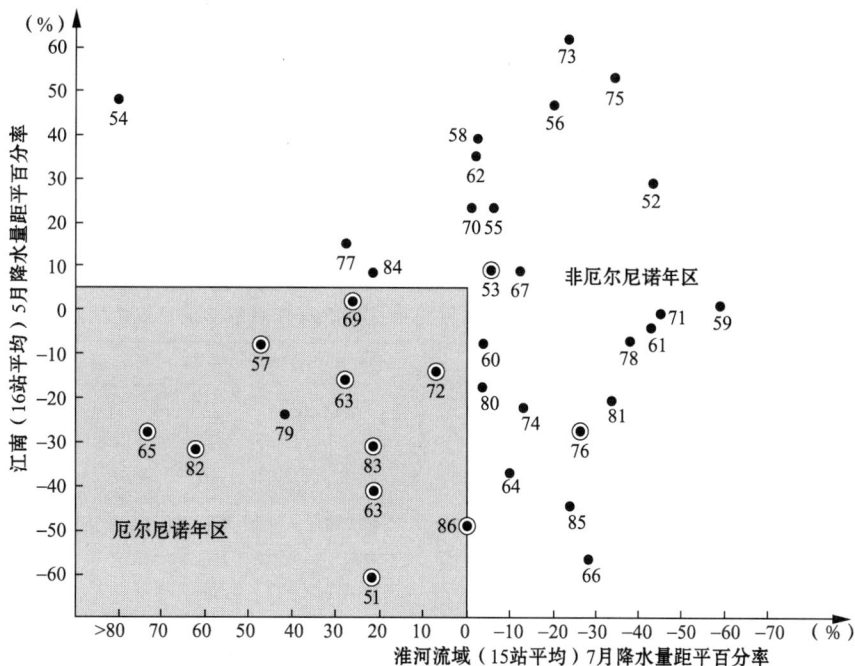

图 4.18　厄尔尼诺年与江南(16 站平均)5 月降水量和淮河流域(15 站平均)7 月降水量复相关点聚图
(注:图中带圈的点为厄尔尼诺年,不带圈的点为非厄尔尼诺年)

4.7.1.5　海河流域区和松花江流域区的 4 月降水趋势与山东区的 5 月降水趋势对来来的厄尔尼诺现象有一定的指示意义

由上述的统计概率可知,海河流域区和松花江流域区的 4 月降水趋势、山东区的 5 月降水趋势等在厄尔尼诺年的前一年均以负距平趋势特征为主要倾向。由于这些特征主要出现在厄尔尼诺现象发生之前,因此可以说这些主要倾向特征对厄尔尼诺现象的出现有一定的指示意义。若以 R_4',R_4'' 和 R_5' 分别表示海河流域区、松花江流域区的 4 月降水量距平百分率和山东区的 5 月降水量距平百分率。其中,多年平均值均取 1951—1980 年的 30 年平均值。

令
$$I = M_1 + M_2 + M_3 \tag{4.1}$$

又规定：
$$M_1 = \begin{cases} 1(R_4' < 0) \\ 0(R_4' \geqslant 0) \end{cases}$$
$$M_2 = \begin{cases} 1(R_4'' < 0) \\ 0(R_4'' \geqslant 0) \end{cases} \tag{4.2}$$
$$M_3 = \begin{cases} 1(R_5' < 0) \\ 0(R_5' \geqslant 0) \end{cases}$$

按(4.1)式和(4.2)式将历年的 I 指数值计算出来,则 I 值与厄尔尼诺事件的统计关系如表 4.10 所示。

表 4.10　1951—1987 年 I 值与厄尔尼诺事件的统计关系

I 指数值	3	2	1	0
总年数	8	15	12	2
在当年秋季至次年夏季开始爆发厄尼诺事件的次数	7	1	1	0
出现厄尔尼诺事件的几率(%)	87.5	6.7	8.3	0
比气候几率偏差率(%)	62.5	−18.3	−16.7	−25.0

表 4.11　$I=3$ 之年即海河流域区 10 点平均(R_4')和松花江流域区 9 点平均(R_4'')4 月与山东区 6 点平均(R_5')5 月的降水量距平百分率与其后厄尔尼诺事件的对应关系

年份	R_4'	R_4''	R_5'	I	东太平洋赤道海温增暖期	厄尔尼诺盛行年
1956	−24	−16	−19	3	1957 年初至 1958 年底	1975
1960	−82	−35	−36	3		
1962	−20	−16	−86	3	1963 年春至 1964 年初	1963
1968	−2	−26	−19	3	1968 年秋至 1970 年初	1969
1971	−51	−54	−70	3	1972 年春至 1973 年初	1972
1975	−42	−30	−88	3	1976 年春至 1977 年底	1976
1981	−69	−30	−65	3	1982 春至 1983 年底	1982　1983
1986	−82	−36	−37	3	1986 年秋至(1987 年底或 1988 年初)	1987

由表 4.11 可见,当海河流域区(10 点平均)4 月降水量较常年同期偏少($R_4' < 0$,$M_1 =$

1)、且松花江流域区(9 点平均)4 月降水量也较常年同期偏少($R_4''<0,M_2=1$),且山东区(6 点平均)5 月降水量也较常年同期偏少($R_5'<0,M_3=1$),这三个条件同时满足之年的 $I=3$,则在同年秋季至次年夏季开始在赤道太平洋东部的海温明显增暖,将开始出现厄尔尼诺现象的几率要比气候几率明显偏高,即 $I=3$ 的年份共有 8 年,在当年秋季至次年夏季之间开始爆发厄尔尼诺现象的次数达 7 次,几率达 87.5%(7/8)。比气候几率偏高 62.5%。$I\leqslant 2$ 的年份,在其当年或次年爆发厄尔尼诺事件的几率很小,只有 6.9%,比气候几率明显偏低。在 $I=3$ 的次年盛行厄尔尼诺现象的几率比气候几率明显偏高,在 $I\leqslant 2$ 的次年盛行厄尔尼诺现象的几率比气候几率明显偏低,这就说明 I 指数值对未来是否有厄尔尼诺现象发生有一定的预报意义,而且预报时效还比较长。

由此分析可知,中国降水对赤道东太平洋海水异常增暖现象也有一定的指示意义和预报功能。厄尔尼诺现象对中国降水的影响主要是通过副热带高压作媒介,而中国降水对厄尔尼诺现象的联系又是通过什么样的环流系统作媒介?这有待于今后更进一步的研究和对其物理机制的探讨。

4.7.2　中国降水对南方涛动的相关关系

南北半球大气环流的相互作用早被气象学家们所揭示。在 20 世纪 50 年代初期,Riehl 的研究工作表明"温带型的扰动侵入了热带地区的心脏——赤道西风带",赤道西风带作为两半球相互作用的走廊。我国降水对东南太平洋 SST 的显著相关关系,就说明北半球温带和副热带地区的降水对南半球 SST 可能有间接影响和作用。而南方涛动又与热带东太平洋 SST 存在着密切关系。所以,我国降水对南方涛动也有一定的相关关系。

第四节中分析了南方涛动对我国降水的影响关系,在分析中发现我国降水对南方涛动也有一定的相关关系。

(1)江南地区(2 区)。5 月降水量与下半年 7—12 月的各月南方涛动指数 SOI 的正相关系数有 0.40 至 0.50,置信水平达 0.02 至 0.01。江南地区 5 月降水量距平百分率≤ −10% 的 15 个 5 月少雨年中,有 11 年在下半年的 6 个月内有 4~6 个月的南方涛动指数为负(SOI≤0.0),5 月降水量距平百分率≥−10% 的 20 个 5 月多雨或正常年份中,有 14 年在夏半年 6 个月内只有 0~3 个月为负南方涛动指数值,其中 5 月降水量距平百分率> 40% 的 4 个 5 月涝年(1954,1956,1973,1975),其下半年的 6 个月的南方涛动指数均为正值(SOI≥0.0)。

(2)西南地区(4 区)。5 月降水量与下半年各月南方涛动指数的正相关系数也有 0.36 至 0.52,置信水平达 0.05 至 0.001。该区 13 站平均 5 月降水量距平百分率<10% 的 19 年中,有 15 年在下半年内有 4~6 个月是负南方涛动指数值,其中 5 月降水量距平百分率< −40% 的 7 个 5 月干旱年(1951,1958,1963,1969,1979,1982,1983),在下半年内均有 4~6 个月为负南方涛动指数值;而 5 月降水量距平百分率≥10% 的 16 个 5 月多雨年中,有 14 年在下半年内只有 0~3 个月为负南方涛动指数值。总相关概率达 83%(29/35)。由上分析可知,我国江南和西南两个地区的 5 月降水量对下半年南方涛动有一定的滞后效应,对南方涛动指数有一定的指示意义。将这两个区域的 5 月降水量距平百分率与下半年 7—12 月南方涛动指数的累积值(ΣSOI)求 1951—1980 年的回归,得回归方程:

$$Y_1 = 0.1148 + 0.722x_1 + 0.455x_2 \tag{4.3}$$

式中 x_1 和 x_2 分别为江南 15 站平均和西南 13 站平均 5 月降水量距平百分率。从 1951—1980 年的拟合情况来看,正负趋势拟合情况良好,复相关系数有 0.65。从 1981—1985 年的试报情况来看,只有 1984 年的趋势报错,其余 4 年的趋势预报都正确。这两个因子的拟合值和试报值与实况值的拟合曲线如图 4.19 所示。

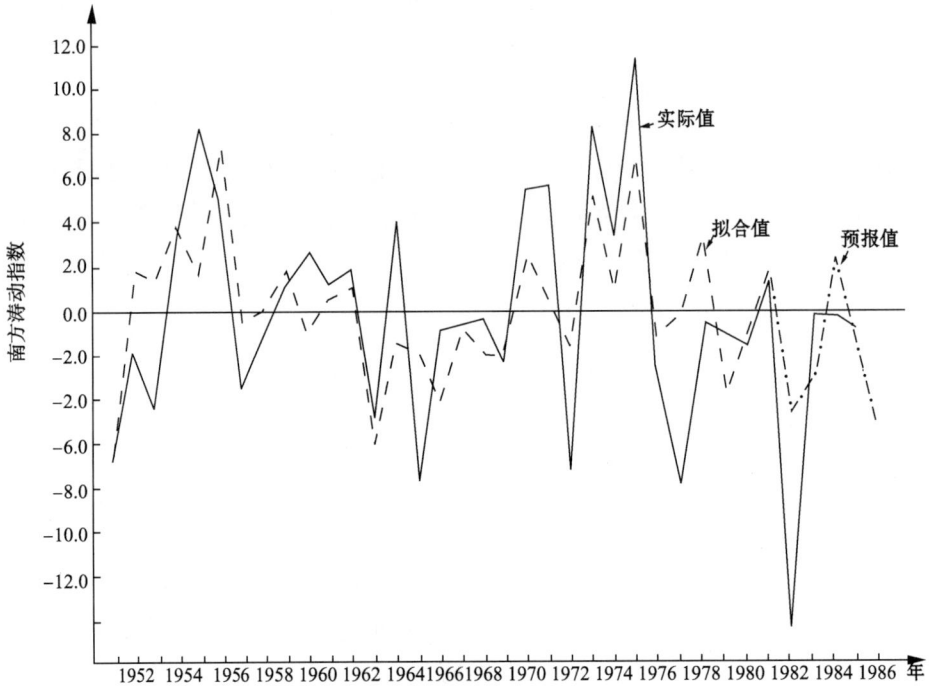

图 4.19　江南(15 站平均)和西南(13 站平均)5 月降水量距平百分率与下半年
6 个月南方涛动指数累积值的拟合及拭报曲线图
(注:——为实况值　－－－为拟合值　－·－·为预报值)

(3)淮河流域 7 月降水量与 8—11 月的南方涛动指数的负相关系数也分别有 -0.33 至 -0.50,置信水平达 0.05 至 0.01。该区 7 月降水量为正距平的 13 年中,有 11 年在下半年内有 4～6 个月为负的南方涛动指数数值,7 月降水量为负距平的 22 年中,有 16 年在下半年内只有 0～3 个月为负南方涛动指数值,即淮河流域 7 月降水量与下半年负南方涛动指数的月数成正相关关系,总相关概率为 77%(27/35)。如果将江南、西南两个区域的 5 月降水量距平百分率和淮河流域的 7 月降水量距平百分率作为 3 个因子与下半年南方涛动指数累积值(ΣSOI)求回归,则得回归方程:

$$Y_2 = -1.6135 + 0.792x_1 + 0.346x_2 - 0.379x_3 \tag{4.4}$$

式中 x_1 和 x_2 同(1)式,x_3 为淮河流域 15 站平均 7 月降水量距平百分率。1951—1985 年的回归值与实况值的复相关系数为 0.71,这 3 个因子的回归值与实况值的拟合曲线如图 4.20 所示,由图 4.20 可见,回归值和实况值的正负趋势拟合情况良好。另外,辽河流域 9 月降水量与 10—12 月的各月南方涛动指数 SOI 的正相关系数也分别有 0.45 至 0.52,置信水平达 0.01 至 0.001,相关概率也分别有 71% 至 74%。

图 4.20　江南、西南两个区域的 5 月降水量距平百分率和淮河流域 7 月降水量距平百分率
与下半年 SOI 累积值的拟合曲线(1951—1985)
(注：——实况值　－－－拟合值)

从南方涛动指数与我国降水的关系来看，两者之间存在着一定的互相关关系，其相互作用的媒介可能是热带低纬大气环流和热带 SST 场。Newell 和 Sadler 在 20 世纪 70 年代的研究工作表明，在太平洋中部和东部的对流层上部，沿着赤道存在着明显的具有西风分量的区域。只有西风才允许 Ressby 波存在，并从一个半球的温带通过赤道传到另一个半球的温带。Arking 和 Webster 等人在 80 年代的研究工作进一步指出，在赤道地区东风的出现是与扰动动能的最小值联系的，而西风则与最大值相联系并在东太平洋和大西洋表现最明显。他们还指出，在 6—8 月澳大利亚副热带急流的出现与北半球夏季南亚季风加热区通过印度洋上跨赤道的向南的非地转气流相联系。

第 5 章　中国旱涝年和厄尔尼诺年的天文背景研究

5.1　天文因子概述

　　旱涝的形成不仅仅是大气本身的演变结果,它还与下垫面的热状况及其对大气的潜热释放效应,即与海气、地气的相互作用有关,又与人类活动对大气产生的影响有关,同时又与当年的天文背景有关。因为地球表层的大气圈、水圈、岩石圈、生物圈是永远不停地相互作用的,而且这四大圈又跟着地球不停地绕太阳旋转。太阳又带着整个太阳系的行星绕银河系中心旋转,银河系本身也在运动,宇宙中万物都在运动。而大气圈要受到上至天文下至地理各方面的外源强迫运动,同时又有它自身的运动特点。从天文中就要受到太阳辐射,日、月引潮力,太阳耀斑、太阳风、太阳质子事件、太阳磁场、射电离子流及由太阳强烈活动引起的地磁暴和银河宇宙线等等许多方面的作用和影响。从地理来看,各地的地质结构、地表覆盖、地形、水陆分布等都不相同,所以,大气环流孕育各地旱涝的过程也是十分复杂的。

　　太阳—天气气候的课题在一个多世纪以来一直被国内外的不少学者在研究着,但其研究结果还没有被广泛接受。其主要原因是日地关系的物理过程尚不是十分清楚。现在通常被接受的是,大气涡度和所伴同的风暴天气条件的增加确是同某些太阳变量相伴随的,John Eddy(1976)通过广博的研究,揭露了一个强有力的统计事实——"小冰期的温度最低时段中的最冷部分恰好和太阳黑子持久的低值时段相吻合";有关地区的低温、干旱和洪涝有着 11 年或 22 年的周期性,这与太阳黑子的 11 年和 22 年周期有着位相的联系。还有长期以来认为在平均日地距离处,在大气层顶上垂直入射辐射而言的所有波长上入射辐射的总平均率是一个常数即谓太阳常数是不变的概念,近年来用飞机、火箭和人造卫星所做的各种高空测量所得到的太阳常数有一定的差异。这些观测事实进一步支持了 Abbort 的观点,Abbort 早在 1922 年就发现太阳常数和黑子数之间有正相关。而且他和其他人提出,太阳常数改变 1% 就足以引起大气环流的深刻变化。太阳常数的长期变化与黑子周期有关。他的工作表明 1940—1950 年间当黑子数从 25 约增加到 175 时,日射单调增加。其最大变化为 0.25%。而 MitcheII(1965)认为太阳总能量仅仅变化千分之一就足以引起深远的气象变化,而且通过地面和大气底部的直接加热,它们将参加到大气动力系统中去。他认为这个意义上太阳活动可能是太阳常数变化的一个标志。Volland(1977)进一步从理论上证明太阳常数改变 0.1%～0.3% 就能引起可以测量的气压变化。

　　太阳黑子数是太阳活动的基本量度,黑子愈多,表示太阳活动愈强烈。太阳黑子是日面上相当暗的,有明显界限的区域,它的本影温度比光球的有效温度约低 2000 度(K),在本影外边有一个环绕着它且比其稍亮而有明显边界的半影,黑子的平均直径约为 3700

千米,太阳黑子磁场强度比整个日面磁场要大得多。太阳活动强烈时,会造成地球磁场的突然变化即为磁暴。地球磁场变化又会影响地球自转。太阳活动强烈时,会使地球大气的电离层扰动即为电离层骚扰。因为地球不是一个均匀体,太阳通过辐射、磁暴影响地球,由于各地的地质结构、地表覆盖和地形条件也不一样,对太阳的磁暴响应也不一样。

关于黑子的记录,早在公元前 28 年中国的《汉书·五行志》就有记载:"日出黄,有黑气,大如钱,居日中央。"不过当时是用一盆油或含有墨汁的水在太阳光强大大的减弱的条件下来观测太阳的反射像而得到的观测记录。用科学的望远镜观测黑子记录是在伽利略发明望远镜之后,伽利略约于 1610 年用望远镜观测到了太阳黑子。从 1818 年起才每天有完整的太阳黑子记录。

1843 年,业余天文学家施瓦贝(Heinrich Schwabe)发现 1826—1843 年太阳黑子周期长度约为 10 年。在施瓦贝报告的推动下,沃尔夫(Rudolf Wolf)进一步发现 1700—1848 年的太阳黑子也有这个周期性,周期的平均长度是 11.1 年。

沃尔夫(苏黎世天文台创始人)定义太阳黑子相对数为

$$R = k(10g + f) \tag{5.1}$$

式中 f 是不管其大小的个别黑子的总数目,g 是黑子群数,k 是把不同天文台的计数予以标准化的因子。1818—1947 年的太阳黑子资料是较好的,1848 年以后的太阳黑子资料就更加可靠了。但在 1700—1748 和 1749—1817 年期间的黑子资料质量不是很好,有的是根据后来的黑子资料反推出来的。所以,在本书中我们主要用 1820 年以来的太阳黑子相对数来分析我国旱涝与它的对应关系的。其他许多太阳活动参数基本上都与太阳黑子有相关或一一对应的关系。

太阳一方面以辐射和磁场作用对地球和大气产生影响,同时也以引力作用影响地球和大气。从引力作用来看,太阳的引潮力是和月亮的引潮力变成合力后同时作用于地-气系统的。而且月亮对地-气系统的引潮力比太阳对地-气系统的引潮力大得多。因为月亮是地球的一颗卫星。虽然月球的半径约只有地球半径的 1/4,月球的体积约只有地球体积的 1/49,月球的质量约只是地球质量的 1/81;而太阳的半径约是地球半径的 109 倍,太阳的体积约是地球体积的 130 万倍多,太阳的质量约是地球质量的 33 万倍多。因为引潮力的大小和太阳、月亮的质量成正比,和日地、月地距离的立方成反比。日、月对地球上某一点的引潮力是日、月对地心的引潮力与日、月对地表面上那一点的引潮力之差。如从质量对引潮力的贡献来看,太阳大约是月亮的 6370 万倍多,如从日地或月地距离对引潮力的作用来看,日地距离约是月地距离的 390 倍(日地平均距离是 1.5×10^8 km,月地平均距离是 384,404 km),所以太阳对地球大气的引潮力还没有月亮对地球大气引潮力的一半大,可见月亮对大气引潮力是最大的。除日、月以外,其他行星对地球的引潮力是很小的。当日、月成水平方向作用于地球时(即新月又叫朔、满月又叫望),日、月对地球大气的引潮合力达最大,当日、月成垂直方向作用于地球时(即上弦月、下弦月),日、月对地球大气的引潮合力最小。由于月亮引潮力的变化有明显的半月周期,所以地球表层的流体也有明显的半月周期运动。月亮对地球的引潮力有半日潮、日潮和半月潮的短周期变化,也有半年、1 年的中周期变化,月赤纬还有 18.61 年的长周期变化。由于月亮在绕地球运动的同时月球又绕太阳公转,日-月-地相对运动的会合准周期为 19 年。这些周期性在地震和地表流体运动的异常事件等方面都有一定的对应关系。例如地震易发生在朔、望月附近,海水有明显的周期性潮汐现象,西北太平洋副热带高压强度和著名的厄尔尼诺事件都有较明显的 19 年周期性变化特征等等。由于日、月对地球大气的引潮力随纬度变化,所以对各地区大气的作用也不同,与各地旱涝的相关关系也有差异。

再说宇宙是无限的,正如我国古代东汉的天文学家张衡所说"宇之表无极,宙之端无穷",唐代柳宗元也说宇宙是"无中无旁"即无限。有 1,500 亿颗恒星组成的银河系可谓之大,可在宇宙中银河系还只能算作一小岛,像银河系这样的系统至今在宇宙中已发现了十几亿个。太阳只是银河系中一个微不足道的成员。然而太阳是太阳系的头,太阳是太阳系中唯一发光的气体球,它不但领导着太阳系中的九大行星和许多小行星不停地井然有序地绕银河系中心旋转,而且太阳本身也在不断地自转,太阳在赤道上自转周期为 25 天。太阳除通过辐射和引潮力来影响地球大气外,在太阳活动强烈时还能引起地磁爆、太阳质子事件和太阳耀斑等等均对地球大气产生影响。太阳风可以把太阳磁场带到它所能吹到的一切地方,太阳磁场又以激波形式对有较强磁场的地球产生压迫作用,由于太阳风风速有变化,所以太阳风对地球的影响也有变化。天文因子是既复杂又有各自的运动规律,宇宙中万物都在按一定的规律运动,形成了各种各样的会合周期。所以天文因子对地球大气的影响关系也是极其复杂的问题。本书中我们着重对太阳黑子数和日-月-地相对运动位相角的年变化与我国的旱涝进行了分析对比。在分析日-月-地相对运动位相角的年变化特征时,又侧重用有关我国国内能观测到的日全食和月全食这些天象和地球在黄道的某些特定位置上的月相的年变化来作为日-月-地相对运动年变化参量,再用这些参量与我国夏季主要雨带和旱涝作了具体的分析。并把分析出来的关系在实际长期预报中进行应用,短的用了几年,较长的用了十几年,大多数取得了较稳定较好的使用效果。同时,又用日-月-地会合准 19 年周期与著名的厄尔尼诺事件进行了分析,得出了较好的关系,这些关系对展望未来的厄尔尼诺事件有一定的实际应用价值。并在 1985 年秋就预报 1986—1987 年有一次厄尔尼诺事件,对厄尔尼诺现象的长期预报获得了首次成功。

5.2　旱涝与太阳活动的相关分析

5.2.1　近 35 年来中国降水与太阳黑子相对数的相关调查

近 35 年来(1951—1985)我国上述 14 个区的各月降水量与上一年和同年各月太阳黑子相对数(1972 年以前用的苏黎士天文台的观测资料,1973 年以后用的我国天文台的观测资料),普查结果是:从相关系数来看,显著性水平并不高,最大相关系数不到 0.45。但从相关概率来看,相关系数在 0.33 以上的同时相关概率达 70%～80% 的地区也较少。达到上述标准的有以下几个地区:

(1)汉水渭河流域的 6 月降水量距平趋势与上一年 1 月太阳黑子相对数(以 70 为界)的正相关概率有 74%(26/35)。这种正相关关系在 1970—1985 年期间显得更好些,正相关概率达 94%(15/16)。

　　(2)华南和江南两地区的 9 月降水量距平趋势与上一年 6 月太阳黑子相对数(以 70 为界)的正相关概率分别有 80%(28/35)和 74%(26/35)。

　　(3)海河流域 8 月降水量距平百分率与上年 12 月太阳黑子相对数(以 80 为界值)的反相关概率达 77%(27/35)。

　　(4)山东地区 8 月降水量距平趋势与同年 1 月太阳黑子相对数(以 40 为界)的反相关概率有 77%(27/35)。其中 1 月太阳黑子相对数<16 的 4 年(1954,1976,1985,1964)山东 8 月均为多雨年,其中有 3 年为涝年,而 1 月太阳黑子相对数>100 的 12 年中有 11 年山东 8 月降水量较常年同期偏少,有一半年份 8 月有干旱。

　　(5)海河流域 8 月降水量和 4—9 月降水总量与同年 1 月太阳黑子相对数(分别以 57 和 27 为界)的反相关概率有 71%(25/35)。1 月太阳黑子相对数<27 的 10 年中有 8 年海河流域 4—9 月以多雨为主,其中有 4 个是涝年;1 月太阳黑子相对数>111 的 10 年中有 8 年海河流域 4—9 月以少雨为主,其中有 4 个是旱年。

　　以上分析到的相关关系,由于时效较长,在降水趋势的长期预报中有一定的使用价值。因为各区域降水量与太阳黑子相对数的线性相关并不显著,所以对于为小概率事件的大旱大涝来说,似乎还不能用相关系数来表明其显著性。对于大旱大涝与太阳活动的对应关系应另作具体分析。

5.2.2　近 35 年来太阳黑子相对数的月际高相关关系的分析

　　众所周知太阳活动有 11 年和 22 年的准周期性,这一般是指年平均太阳黑子相对数的演变规律而言。多数爱好"日地关系"的学者最关心的也是年平均太阳黑子相对数,因为一般都是用年平均太阳黑子相对数与气象和水文资料作分析。但年平均太阳黑子相对数要在一年结束以后才能出来,所以在一年一度的汛期预报中是用不上当年的年平均太阳黑子相对数的。那末太阳黑子相对数的月际变化又如何呢? 其实太阳黑子相对数的月际变化不大,月际相关关系十分明显。如表 5.1a 所示,同年各月的太阳黑子相对数的相关显著水平均超过了 0.001。除 1 月和 11 月的相关系数有 0.79 外,其余各月间的相关系数均有 0.80 至 0.97,其中 2—3 月、3—4 月、5—6 月、7—8 月、9—10 月、10—11月和 11—12 月的相邻两个月的相关系数均大于 0.95。从当年各月与上一年各月的相关系数来看,1—8 月与上一年各月相关系数均有 0.65 至 0.94,信度均在 0.001 以上。9 月与上一年 12 月至 1 月的相关系数由 0.85 递减到 0.50;10 月与上一年 12 月至 3 月的相关系数由 0.81 递减至 0.46;10 月与上一年 2 月的相关系数又回升到 0.50,10 月与上一年 1 月的相关系数则降至 0.39。11—12 月与上一年后半年的各月相关系数为 0.50 至 0.80,11—12 月与上一年前半年的各月相关系数为 0.37 至 0.50。以 11—12 月与上一年 1 月相关系数为最小。从相关概率来看(表 5.1b),同年各月均有 80%～97%。当年与上一年各月相关概率为 66%～94%,其中以 11 月与上一年 6 月相关概率为最小(66%),其余均在 69% 以上。

表 5.1a　1951—1985 年太阳黑子相对数的月际相关系数(%)

月份 月份		1	2	3	4	5	6	7	8	9	10	11	12
前 一 年	1	76	66	68	71	69	66	66	65	50	39	37	37
	2	78	71	71	74	72	73	72	65	56	50	45	45
	3	79	68	69	72	70	71	69	65	54	46	41	42
	4	80	69	73	73	67	69	72	69	55	47	43	43
	5	80	74	77	79	72	71	75	71	60	52	49	50
	6	82	72	76	79	74	72	75	71	61	52	48	49
	7	85	77	81	81	75	77	77	75	63	54	50	53
	8	83	74	78	80	74	79	75	74	65	55	51	54
	9	89	80	84	87	80	85	84	81	75	69	63	66
	10	91	86	89	91	86	88	88	86	80	75	70	73
	11	90	86	88	92	89	91	92	89	84	81	77	80
	12	94	88	91	92	91	93	93	90	85	81	75	78
同 一 年	1	100	90	92	90	92	91	92	91	84	80	79	80
	2	90	100	97	93	93	91	92	90	89	84	85	85
	3	92	97	100	95	92	91	93	92	88	83	82	84
	4	90	93	95	100	94	94	94	91	93	86	83	85
	5	92	93	92	94	100	95	94	92	91	87	86	85
	6	91	91	91	94	95	100	94	90	93	89	86	87
	7	92	92	93	94	94	94	100	96	94	92	90	90
	8	91	90	92	91	92	90	96	100	91	87	89	88
	9	84	89	88	93	91	93	94	91	100	97	94	94
	10	80	84	83	86	87	89	92	87	97	100	96	97
	11	79	85	82	83	86	86	90	89	94	96	100	97
	12	80	85	84	85	85	87	90	88	94	97	97	100

　　从表 5.1 可以看出,1 月与同年各月的相关系数有 0.79 至 0.92,其中 1 月与 2—8 月的相关系数均在 0.90 以上,1 月与 9—12 月的相关系数只有 0.79 至 0.84。1 月与 11 月的相关系数最小(0.79)。1 月与上一年 4—9 月的相关系数有 0.80 至 0.94,与上一年 1—3 月的相关系数只有 0.76 至 0.79。总而言之,1 月与同年和上一年各月相关系数有 0.76 至 0.94,相关概率有 80%～94%。

　　1 月太阳黑子相对数与年平均值的绝对差值的多年(1951—1985)平均值只有 15.9,在太阳活动偏弱期的绝对差值大多数在 10.0 以下。近 35 年来太阳黑子相对数的 1 月平均值与年平均值的历史演变曲线如图 5.1 所示,两条曲线的演变规律基本上是一致的,3 个低谷年完全相同。所以,可以说 1 月太阳黑子相对数的大小趋势对全年太阳黑子相对数的大小有相当好的代表性。用 1 月太阳黑子相对数来与旱涝作相关分析,其意义在于所得出的相关关系可以在一年一度的汛期预报中应用。

表 5.1b　1951—1985 年太阳黑子相对数的月际相关概率(%)

月份＼月份		1	2	3	4	5	6	7	8	9	10	11	12
前一年	1	83	80	77	74	77	83	83	74	74	71	69	71
	2	86	77	74	77	80	86	86	77	77	74	71	74
	3	89	74	71	80	77	83	83	80	80	77	74	77
	4	89	74	71	80	77	83	83	80	80	77	74	77
	5	86	77	74	77	74	80	80	77	77	74	71	74
	6	80	71	69	71	69	74	74	71	71	69	66	69
	7	83	80	77	74	77	83	83	74	74	71	69	71
	8	91	77	74	83	80	86	86	83	83	80	77	80
	9	89	74	71	80	77	83	83	80	80	77	74	77
	10	94	80	77	86	83	89	89	86	86	83	80	83
	11	91	83	80	89	86	91	91	89	89	86	83	86
	12	89	86	83	86	89	94	94	86	86	83	80	83
同一年	1	100	86	83	83	86	80	91	91	83	89	86	89
	2	86	100	97	86	89	83	94	89	86	91	89	91
	3	83	97	100	89	91	86	91	91	89	94	91	89
	4	83	86	89	100	91	91	86	86	100	94	91	89
	5	86	89	91	91	100	94	94	94	91	91	89	86
	6	80	83	86	91	94	100	89	89	91	86	83	80
	7	91	94	91	86	94	89	100	94	86	91	89	91
	8	91	89	91	86	94	89	94	100	86	91	89	86
	9	83	86	89	100	91	91	86	86	100	94	91	89
	10	89	91	94	94	91	86	91	91	94	100	97	94
	11	86	89	91	91	89	83	89	89	91	97	100	97
	12	89	91	89	89	86	80	91	86	89	94	97	100

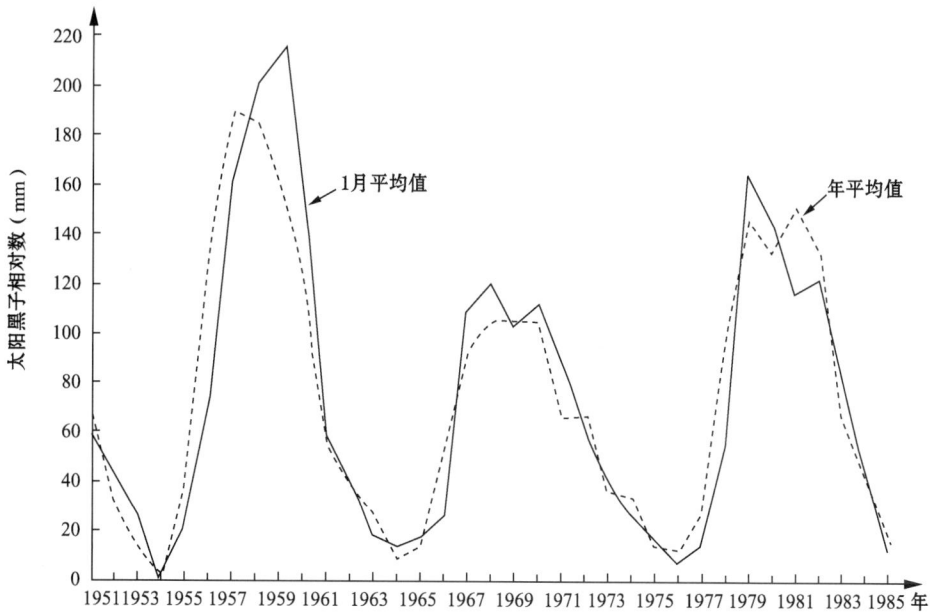

图 5.1　1951—1985 年太阳黑子相对数的 1 月平均值与年平均值的历史演变曲线

5.2.3　1821 年以来长江流域大水年的气候特征

为了分析长江流域大水年与太阳活动的关系,首先必须对长江流域大水年的划分标准及其气候特点进行简要的叙述。长江流域大水年是根据《中国近五百年旱涝等级图》上的降水等级值,并参考有关水文站的年最高水位资料进行划分的。长江流域大水年可分为三种情形:

(1)全流域性大水年,长江流域大部地区降水等级为 1～2 级,径流控制的主要水文站(宜昌、汉口、九江、大通)中的年最高水位值多数较平均值显著偏高。

(2)中下游流域大水年,宜昌以下的中下游地区及江南大部地区降水等级为 1～2 级,主要参考上海、苏州、南京、杭州、屯溪、金华,上饶、安庆、九江、南昌,武汉、岳阳、长沙、衡阳、江陵、宜昌、沅陵等 17 个站点的平均降水等级值≤2.0,或汉口、九江、大通水文站的最高水位显著偏高。

(3)上中游流域大水年,中上游流域(武汉以上)大部地区降水等级值为 1～2 级,主要参考武汉、岳阳、江陵、沅陵、安康、万县、重庆、广元、成都,宜昌等 10 站点的平均降水等级≤2.0,或宜昌、汉口水文站的年最高水位显著偏高。

根据这三条标准,在 1821—1985 年中划出来 35 个长江流域大水年,如表 5.2 所示。根据这样的标准划出来的长江大水年(包括全流域性和中下游与中上游流域性)的气候几率为21%(35/165),即平均 5 年有一个大水年。其中,全流域性大水年的气候几率为 7%,平均15 年才发生一次,中上游流域性大水年的气候几率为 6%,平均 16 年半才发生一次,中下游流域性大水年的气候几率为 8%,平均 12 年发生一次。中上游流域和中下游流域发生大水年的几率分别为 13% 和 15%。长江大水年在时间序列的分布上有不均匀性,有的时期多年无大水年,例如 1850—1866 的 17 年中没有大水年。但有的时期大水年频繁地出现,例如1831—1832—1833,1848—1849,1867,1869—1870,1935,1937—1938,1948—1949—1950,1968—1969,1980—1981,1983 年。

表 5.2　1821—1985 年期间的长江大水年

全流域大水年	中上游流域大水年	中下游流域大水年
11 年	10 年	14 年
1831	1832	1823
1848	1867	1833
1849	1896	1841
1870	1909	1869
1889	1921	1878
1931	1937	1885
1935	1938	1901
1948	1950	1911
1949	1968	1915
1954	1981	1924
1973		1962
		1969
		1980
		1983

5.2.4　长江大水年与1月太阳黑子相对数的相关分析

太阳黑子相对数除了有我们所熟知的 11 年和 22 年准周期外,还有 4～6 年高值期和低值期交替出现的规律性,例如图 5.1 所示。在这里所指的高值期和低值期是指 1 月太阳黑子相对数持续高于 50 或持续低于 50 的时期。为什么选 50 作为高值期和低值期的分界线呢? 因为 50 是 1911—1985 年黑子相对数的年平均值和 1 月值的中数,以 50 为界,高值期的年数和低值期的年数基本相近,近 74 年来,全年平均或 1 月的黑子相对数≥50 的年数与 <50 的年数均等,都是 37 年。而且在 1821—1985 年期间,1 月黑子相对数与年平均黑子相对数的距平趋势(以 50 为界值)正相关概率达 91%(150/165),1931—1983 年期间的正相关概率达 100%(53/53)。只有 5 个高、低值期的转折年份(1916,1920,1946,1961,1984)不同步。我们把 1 月太阳黑子相对数≥50 的年份叫高值期,持续<50 的年份叫低值期,高值期和低值期的某些特征年分别表示:m_b——低值期的开始年,m_f——低值期的结束年,m_s——极低年(即 1 月太阳黑子相对数<4.0 的年份),m——低值期的一般年份;M_b——高值期的开始年,M_f——高值期的结束年,M——高值期的一般年份,M_{b+1}、M_{b+2} 分别为高值期的第二、第三年。

长江大水年随 1 月太阳活动特征年的分布几率是有一定特点的。长江大水年一般易出现在 m_s、m_b 和 M_{b+1}、M_{b+2} 这 4 个特征年中。长江在 m_b 年出现大水的几率为 53%(8/15),比气候几率高出 32%,在 m_s 年出现大水的几率为 50%(8/16),比气候几率高 29%,长江在 M_{b+1} 和 M_{b+2} 年出现大水的几率均为 45%(5/11),均比气候几率高 24%。1821—1985 年中的 35 个长江大水年有 77%(27/35)是 m_s、m_b 和 M_{b+1}、M_{b+2} 这 4 个太阳活动特征年,平均几率为 49%(26/53),比气候几率高 28%。在其他太阳活动特征年(M_b、M_f、M 和 m_f、m)中,长江出现大水的几率较小,平均几率只有 7%(8/112),比气候几率低 14%。长江中下游发生大水的几率应该包括两部分,即包括全流域性大水年和中下游大水年。同样,长江中上游发生大水的几率也应该包括全流域性大水年和中上游大水年。由表 5.3 可见,长江中下游大水年有 57%(8/14)发生在低值期的开始年(m_b)和极小年(m_s),有 14%(2/14)发生在高值期的第二年、第三年。换言之,在太阳活动极弱年,长江中下游流域发生大水的几率为 44%(7/16),在低值期的开始年发生大水的几率为 40%(6/15),在高值期的第二、第三年(M_{b+1} 和 M_{b+2})发生大水的几率为 32%。长江中上游流域在高值期的第二、第三年发生大

表 5.3　1821—1985 年期间的 35 个长江流域大水年随 1 月太阳活动特征年的分布几率

太阳活动特征 项　目	m_b	m_s	m	m_f	M_b	M_{b+1}	M_{b+2}	M	M_F	总数
全流域性大水年	3	2	0	1	0	3	2	0	0	11
中下游流域大水年	3	5	2	0	1	0	2	1	0	14
中上游流域大水年	2	1	1	0	0	2	0	3	0	10
各种太阳活动特征年总数	15	16	49	15	11	11	11	26	11	165
中下游大水年总几率(%)	40	44	4	7	9	27	36	4	0	15
中上游大水年的总几率(%)	33	19	2	7	0	45	27	12	0	13
长江大水年的总几率(%)	53	50	6	7	9	45	45	15	0	21

水的几率为 36％(8/22)，其中以 M_{b+1} 年的几率最高(45％)。其次是低值期的开始年(m_b)，几率达 33％(5/15)。在高值期的结束年(M_f)长江没有大水年。在高值期的开始年和结束年长江中上游流域没有大水年，也没有全流域性大水年。在 49 个一般低值年(m)和 26 个一般高值年(M)及 22 个高值期的始终年(M_b 和 M_f)共 97 年中长江没有发生过全流域性大水年。

由上分析结果可知，长江流域大水年随太阳活动的各种特征年的分布不是均匀的，在低值期的开始年(m_b)、极小年(m_s)和高值期的第二、第三年(M_{b+1} 和 M_{b+2})长江发生大水的几率比长江大水年的气候几率要高一倍以上。在其他太阳活动特征年，长江发生大水的几率比气候几率显著偏低。长江大水年随太阳活动的不均匀分布特点给预测长江大水提供了一个天文背景。

如果把大水年与太阳活动的对应关系同日-月-地相对运动的年变化进行综合分析，则相关概率将显著提高。

5.3　中国东部地区夏季主要多雨带位置与日月视运动的相关分析

能否对我国东部地区夏季(6—8 月)主要多雨带位置作出正确估计，是关系到能否对全国旱涝趋势作出准确预报的关系问题。一般来说，每年夏季的洪涝往往发生在主要多雨带之中。因为我国幅员辽阔，夏季全国多雨或全国少雨的年份较少，往往是有的地区有洪涝而有的地区有干旱。我国夏季主要多雨带位置大致可分成偏北类、中间类和偏南类，偏北类一般在黄河以北，中间类一般在黄河以南长江以北，偏南类一般在长江流域及其以南地区。

5.3.1　日月视运动特征概述

众所周知，月球是地球的卫星，它在不停地围绕地球旋转，转一周时间长度是一个朔望月，同时月球和地球又都是太阳的卫星，它们在不停地绕太阳旋转，转一周时间长度是一个回归年。如果都以地球自转一周的时间长度"天"为基本单位长度，那么一个回归年是 365.2422 日，一个朔望月的平均长度是 29.5306 日，一个回归年应有 $\frac{365.2422}{29.5306}=$ 12.368 个朔望月，即从平均状况来看，地球绕太阳旋转一周的时间里，月球绕地球旋转 12.368 周，地球自转 365.2422 周。为了使一年内有完整的朔望月数，使每一天都有月相的意义，且适合于农时季节的特点，我国古代劳动人民科学地采用了农历这个历法。农历的历年基本上以地球绕太阳旋转周期为准，农历的历月基本上以月球绕地球旋转周期为准，农历的任何一天都有月相的意义。又根据小数 0.368 的渐近分数 $\frac{1}{2}$、$\frac{1}{3}$、$\frac{4}{11}$、$\frac{7}{19}$、$\frac{46}{125}$，采用了在 2 或 3 年中插一个闰月，11 年中插 4 个闰月，19 年中插 7 个闰月。这样在 19 年中插 7 个闰月后，经过 19 年后的农历年和公历年的时间长度就差不多相近了：19

个回归年中有 365.2422×19＝6939.60 日,19 个农历年中有 235 个朔望月即有 29.5306 ×(19×12＋7)＝6939.69 日。

古代天文学家把一个回归年分为二十四气,单数叫"节气",双数叫"中气",农历以十二个"中气"分别作为十二个月的标志,即各月都有一个"中气",规定把不包含"中气"的月份作为前一个月的闰月。在有闰月的农历年中月球绕地球转 13 周。在无闰月的农历年中月球绕地球转 12 周,所以有闰月和无闰月的年份,日-月-地三星相对运动的位相变化也是不相同的。

日全食和月全食等天象的出现也是由于日-月-地三星走到一直线上面造成的,当日-月-地三星走到一直线上时,如果月球走到太阳和地球中间,则发生日全食,如果地球在太阳和月球中间,则发生月全食。由此可见,日全食和月全食的发生是由日-月-地三星相对运动的特殊位相角造成的。在地球的不同部位所能观测到的日食和月食时间和形态也不一样。在分析中发现,我国夏季主要多雨带位置与在我国能否观测到的日全食和月全食有较好的对应关系。

5.3.2　中国能观测到日全食之年的夏季雨带位置和同期大气环流特征分析

自 1951 年以来(在阳历 2 月到 9 月,下同)在中国能观测到日全食的年份共有 8 年,即 1952,1954,1955,1961,1962,1968,1980,1981 年,日全食时间分别是 2 月 25 日、6 月 30 日、6 月 20 日、2 月 15 日、2 月 5 日、9 月 22 日、2 月 16 日、7 月 31 日。这 8 年夏季主要雨带位置有 6 年在长江流域及其以南地区,有 2 年在长江上游及以北。在这 8 年中,有闰月(指农历三月到八月这 6 个月中有闰月,下同)的年份,夏季主要雨带位置比其他无闰月(指农历三月到八月这 6 个月中无闰月,下同)的年份要明显偏南。有闰月之年夏季主要雨带位置在江南南部到华南地区,无闰月之年夏季主要雨带位置在长江流域。

在此,我们规定 I$_a$ 类天文条件为在阳历 2 月到 9 月内我国能观测到日全食且在农历三月到八月有闰月;I$_b$ 类天文条件为在阳历 2 月到 9 月内我国能观测到日全食但在农历三月到八月内无闰月。我们再分别对 I$_a$ 和 I$_b$ 两种天文条件下的夏季主要多雨带位置和同期大气环流场的分布特点进行分析和讨论。

5.3.2.1　I$_a$ 类天文条件下的夏季主要多雨带位置和降水分布趋势

满足 I$_a$ 类天文条件的年份共有 3 年(1952,1955,1968),这 3 年夏季主要多雨带位置在江南到华南地区,1952 年在江南地区及汉渭流域,1955 年在江南及华南东部,1968 年在江南南部到华南北部。这 3 年夏季 6—8 月降水量距平百分率合成图,如图 5.2 所示,夏季主要多雨带位置在长江以南,主要多雨带中心位置在江南南部和华南北部地区并有明显的洪涝现象(3/3)。另外,在淮河中上游地区和汉渭流域也有两块多雨区。长江中下游、海河流域和辽河流域则明显少雨。再从一些单站的夏季 6—8 月降水量距平趋势来看,江南到华南地区的衢县、赣州、衡阳、零陵、桂林、榕江、梧州、韶关、河源和西南地区的重庆、毕节、西昌、甘孜、昌都、拉萨等地区在这 3 年中,夏季降水量均较常年同期偏多即 3 年的夏季降水量均为正距平趋势(3/3);而在北方地区的锡林浩特、乌兰浩特、齐齐哈尔、长春、沈阳、赤锋、张家口、天津、太原、石家庄、德州、济南、菏泽、青岛、临沂和江淮地区的合肥,南京及广东的阳江、广西的南宁、贵州的贵阳等地区在这 3 年中,夏季降水量均较常年同期偏少即 3 年的夏季降水量均为负距平趋势(3/3)。

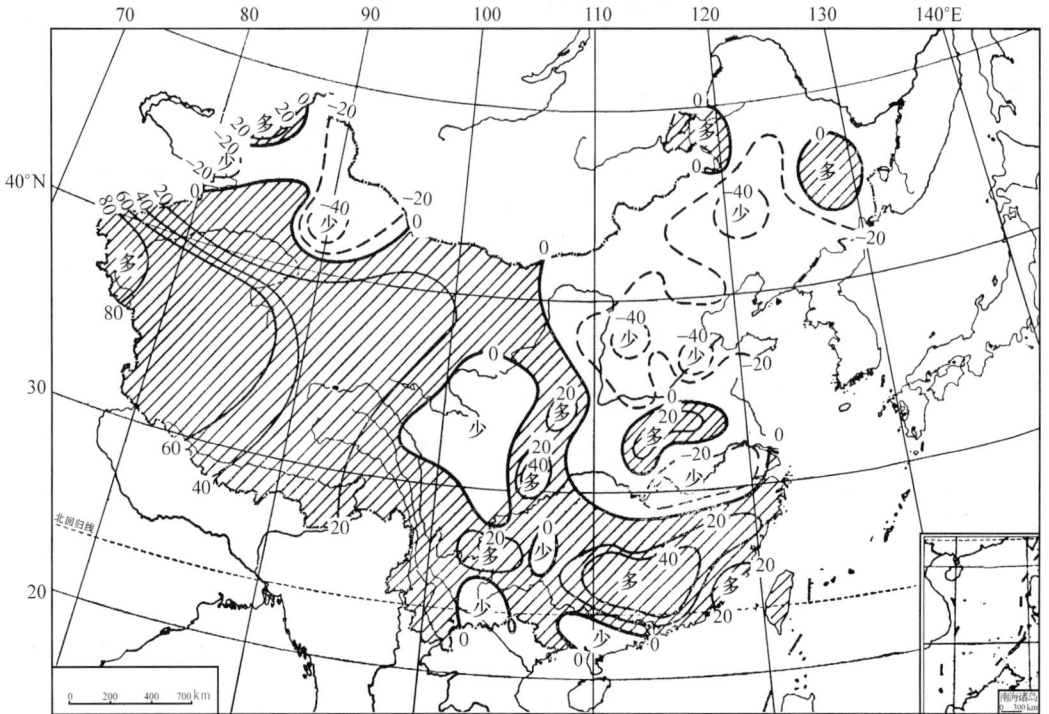

图 5.2　满足天文条件 Ia 的 3 年(1952,1955,1968)平均夏季(6—8 月)降水量距平百分率(%)分布图

5.3.2.2　Ia 类天文条件下的夏季大气环流场的分布特点

由上面的统计事实可见,在国内能观测到日全食且有闰月的年份,夏季主要多雨带位置明显偏南,即在江南南部到华南北部地区。那末为什么在 Ia 类天文条件下的夏季雨带会这么偏南呢?我们可以看一下满足天文条件 Ia 的 3 年平均夏季(6—8 月)500 hPa 大气环流场的分布特点(图 5.3)。由图 5.3 可见,在高纬度几乎没有明显高压脊,在乌拉尔山的东北部是一个低压槽。中纬度环流较平直,但西风锋区偏南,5840 gpm 等高线到达长江中游地区。西南部的印度低压较弱小。东南部的西北太平洋副高也比较偏东,在 130°E 以东地区,使北方大部地区缺乏水汽来源。但由于西风锋区异常偏南而且西北太平洋副高又较偏南,所以容易在南岭山脉一带形成稳定的华南静止锋,在江南南部和华南北部地区造成连阴多雨天气。

5.3.2.3　Ib 类天文条件下的夏季主要多雨带位置和降水分布趋势

满足 Ib 类天文条件下的年份共有 5 年(1954,1961,1962,1980,1981),这 5 年夏季主要多雨带位置在长江流域。1954 年长江流域是主要多雨带中心地带,雨带范围特别宽阔,南到江南、北到华北,在长江流域造成了特大洪涝。1961 年主要雨带在长江上游到黄河上

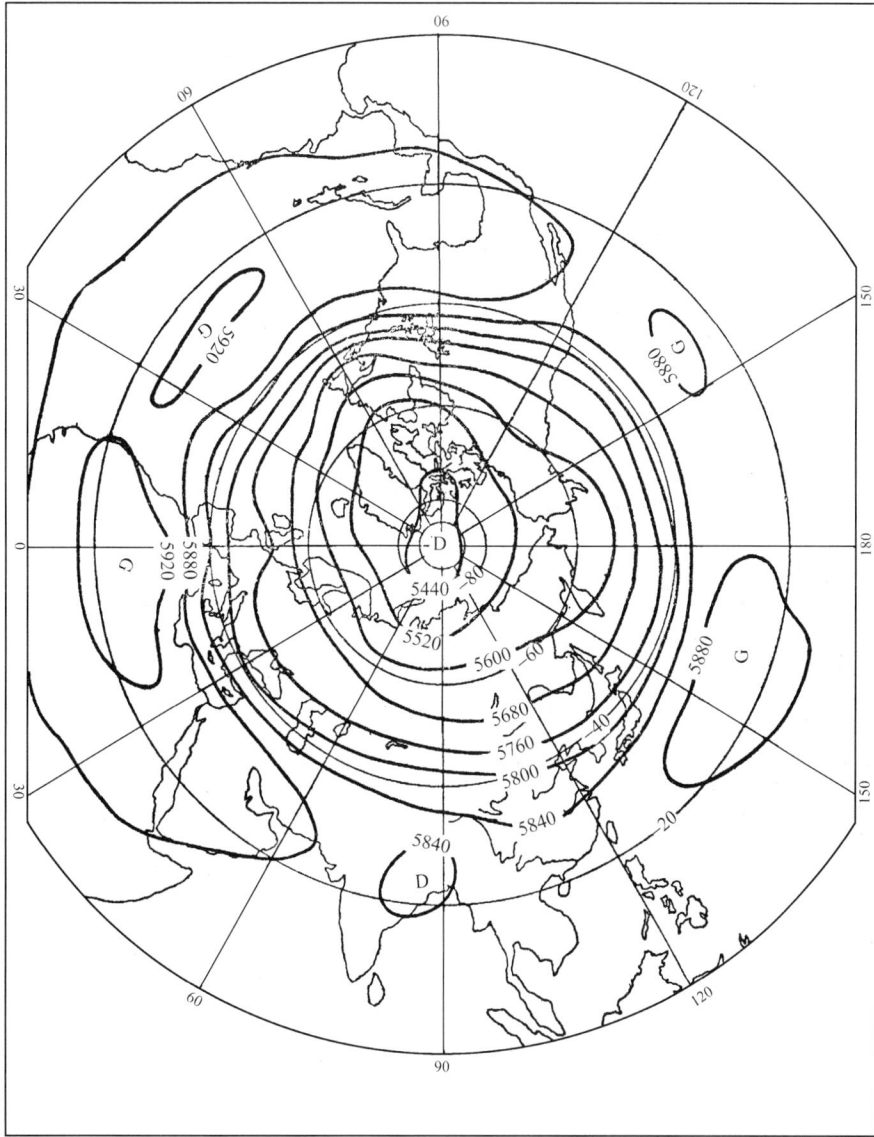

图 5.3　满足天文条件 I_a 的 3 年(1952,1955,1968)平均夏季(6—8 月)500 hPa 高度场(gpm)的大气环流分布图

游和江南南部到华南北部,在长江上游和黄河上游造成了洪涝。1962 年夏季主要雨带在长江流域和江南南部及江淮地区,在江南地区造成了较大的洪涝。1980 年夏季主要雨带在长江中下游地区并造成了较大的洪涝。1981 年夏季主要雨带位置在长江上游到黄河上游地区,并造成了长江上游的特大洪涝和黄河上游的洪涝。综合而言,这 5 年在长江中下游流域或在长江上游有较大的洪涝(5/5)。这 5 年夏季 6—8 月降水量距平百分率合成图如图 5.4。由图 5.4 可见,主要多雨带比较宽阔,但多雨带中心在长江流域。而在华南大部地区和山东地区则为少雨趋势。从单站的夏季 6—8 月降水量距平趋势来看,南方地区的南京、宁波、广昌、吉安、衡阳、零陵、宜昌、内江、成都、甘孜和北方地区的汉中、天水、榆林、伊宁、齐齐哈尔、哈尔滨等地区在这 5 年中,有 4 年夏季 6—8 月降水量较常年同期偏多(4/5),玛多在这 5 年中夏季降

水量均较常年同期偏多(5/5)。而在北方地区的乌鲁木齐、西宁、兰州、长春、北京、太原、石家庄、德州、青岛、临沂和南方地区的芷江、贵阳、西昌、梧州、阳江、汕头、河源、厦门、福州等地区在这 5 年中,有 4 年夏季降水量较常年同期偏少(4/5),海口地区在这 5 年中夏季降水量均较常年同期偏少(5/5)。

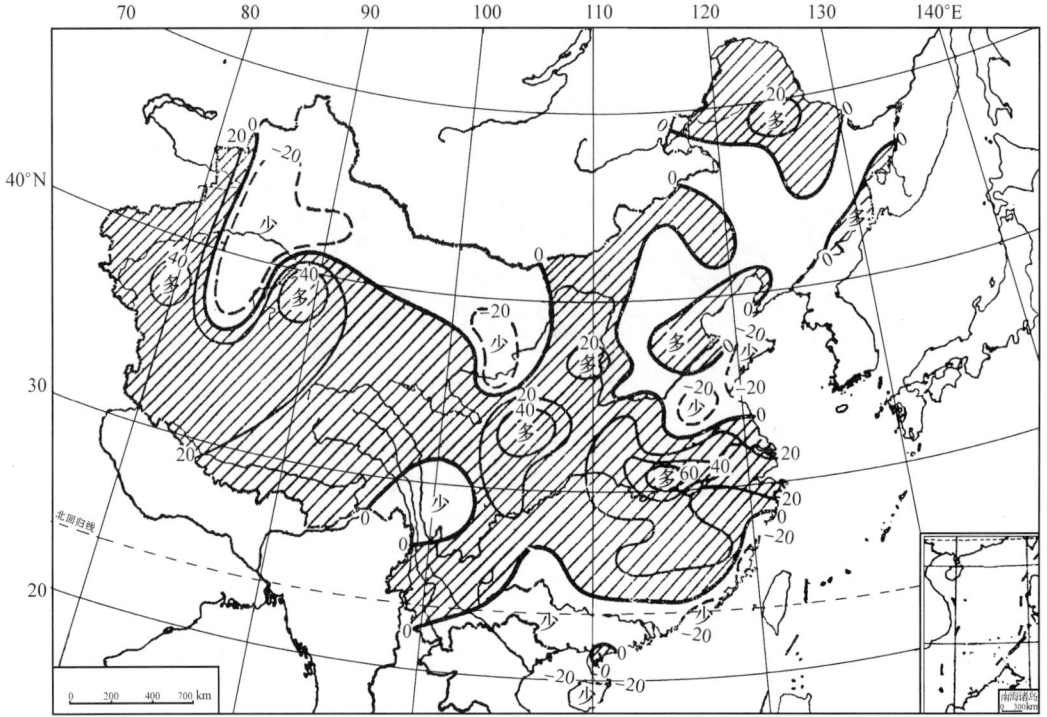

图 5.4　满足天文条件Iᵦ 的 5 年(1954,1961,1962,1680,1981)平均夏季(6—8 月)降水量距平百分率(%)分布图

5.3.2.4　Iᵦ 类天文条件下的夏季大气环流场的分布特征

由图 5.4 可见,同样在有日全食之年,无闰月年夏季主要多雨带位置比有闰月年夏季主要多雨带位置明显偏北,约偏北 5 个纬度。那末Iᵦ 类天文条件下夏季大气环流场的分布与Iₐ 类天文条件下夏季大气环流场的分布又有什么不同之处呢? 由图 5.5 可见,在 500 hPa 高度场上,在高纬度,西伯利亚的低压槽比较清楚,西风锋区比较偏南,但 5840 gpm 等高线在江淮地区,比有闰月年平均约偏北 5 个纬度。西北太平洋副高西伸比较明显,西脊点到达 110°E,整个华南地区都在副高控制之下,所以华南大部地区多晴热天气使得夏季降水偏少。西南部的印缅低压也比较强大。在这种情形下,湿热的东南气流通过西北太平洋副高南侧经我国西南上空再沿副高北侧向长江流域不断地输送水汽。同时,潮湿的西南气流又通过印缅低压的东侧向长江中上游输送水汽,因而长江流域的水汽十分充足。而且冷暖气团不断地在长江流域一带交锋,从而产生了大暴雨和特大暴雨并造成了较大的洪涝。

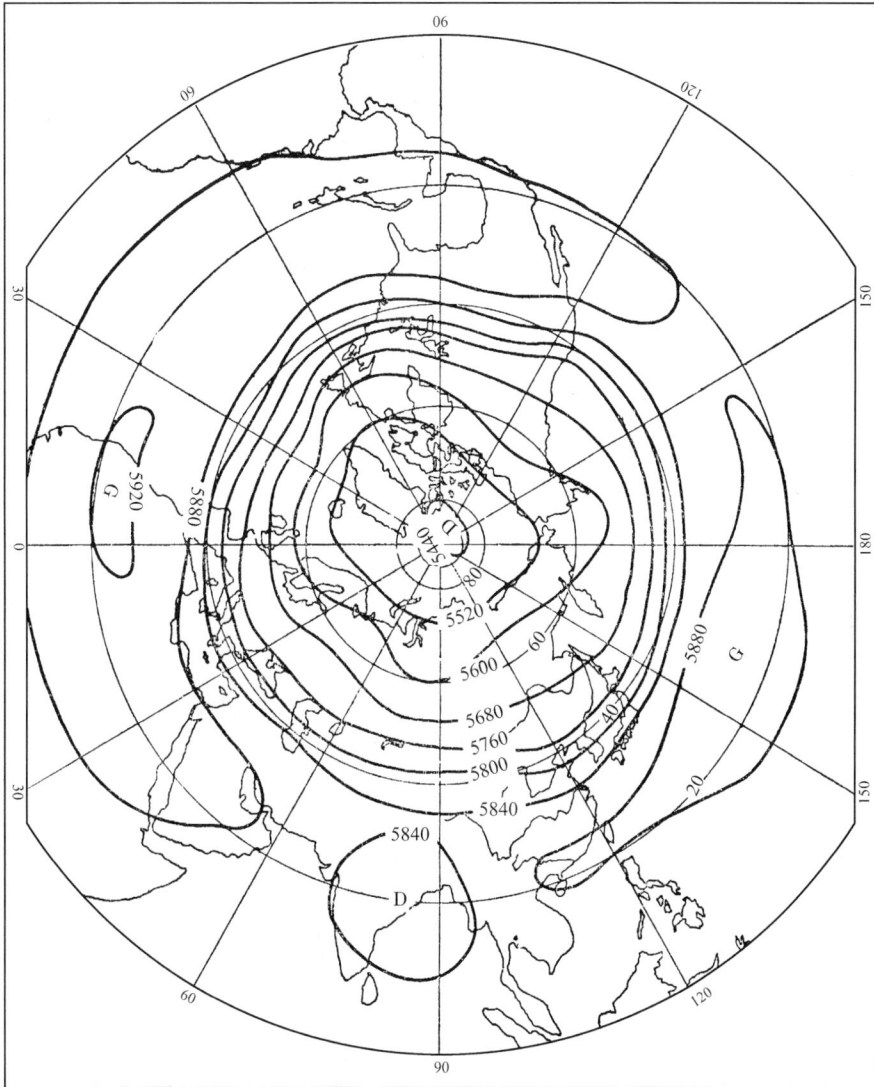

图 5.5　满足天文条件 I$_b$ 的 5 年(1954,1961,1962,1980,1981)平均夏季(6—8 月)
500 hPa 高度场(gpm)的大气环流分布图

5.3.3　中国能观测到月全食之年的夏季雨带位置和同期大气环流特征分析

在阳历同年能观测到 1 至 2 次月全食之年,在 1951—1985 年间共有 13 年(1953,1957,1960,1963,1967,1971,1972,1974,1975,1978,1979,1982,1985),1968 年国内既能观测到日全食又能观测到月全食,就归入天文条件 I$_a$ 类之中,在这里就不作考虑了。这 13 年夏季主要雨带位置都在长江以北(13/13)。在这 13 年中,有闰月(在农历三月到八月这 6 个月中有闰月)的年份,夏季主要雨带位置大多比无闰月之年要明显偏南,有闰月之年夏季主要雨带位置在江淮和黄淮地区,无闰月之年夏季主要雨带位置在华北和西北地区,只有少数在淮河流域。在此,我们规定 II$_a$ 类天文条件为在阳历年内中国能观测到月全食且在农历三月到八月里有闰月;Ⅱᵦ类天文条件为在阳历年内中国能观测到月全食且在农历三月到八月里无闰月。下面我们分别对Ⅱₐ和Ⅱᵦ两种类型天文条件下的夏季雨带位置和同期大气环流场的分布特点进行分析和讨论。

5.3.3.1　Ⅱₐ类天文条件下的夏季主要多雨带位置和降水分布趋势

满足Ⅱₐ类天文条件的年份共有7年(1957,1960,1963,1971,1974,1979,1982),这7年夏季主要多雨带位置在江淮和黄淮地区,1957年在江淮到黄淮地区,1960年在黄淮地区,1963年在黄淮地区到海河南部,1971年在江淮到黄淮地区,1974年在江淮地区到山东和广西到长江上游,1979年在淮河流域及江南西部,1982年在淮河流域及黄河下游。这7年在淮河流域造成洪涝的有5年(5/7)。这7年平均夏季降水量距平百分率合成图,如图5.6所示。由图5.6可见,这7年合成的夏季主要雨带位置在长江以北到黄河中下游地区,其中淮河流域是主要雨带的多雨中心,在江淮地区还有一个次多雨中心。长江以南和黄河以北大部地区则为少雨趋势。从单站的夏季6—8月降水量距平趋势来看,黄淮地区的徐州地区这7年夏季降水量均较常年同期偏多(7/7),长江下游的南京和上游的甘孜在这7年中有6年夏季降水量为正距平(6/7),还有黄淮地区的青岛、临沂、南阳、汉水的安康、长江上游的达县、重庆、恩施、江淮地区的蚌埠、合肥,以及新疆的喀什、内蒙古的乌兰浩特,东北的牡丹江、浙江的宁波、广东的汕头、海口和青海的玛多等地区,在这7年中也有5年夏季降水量为正距平(5/7)。而北方地区的榆林、天津、天水、西锋镇和南方的南昌等地区,在这7年中夏季降水量均较常年同期偏少(7/7),还有北方地区的兰州、银川、包头、呼和浩特、承德和南方地区的

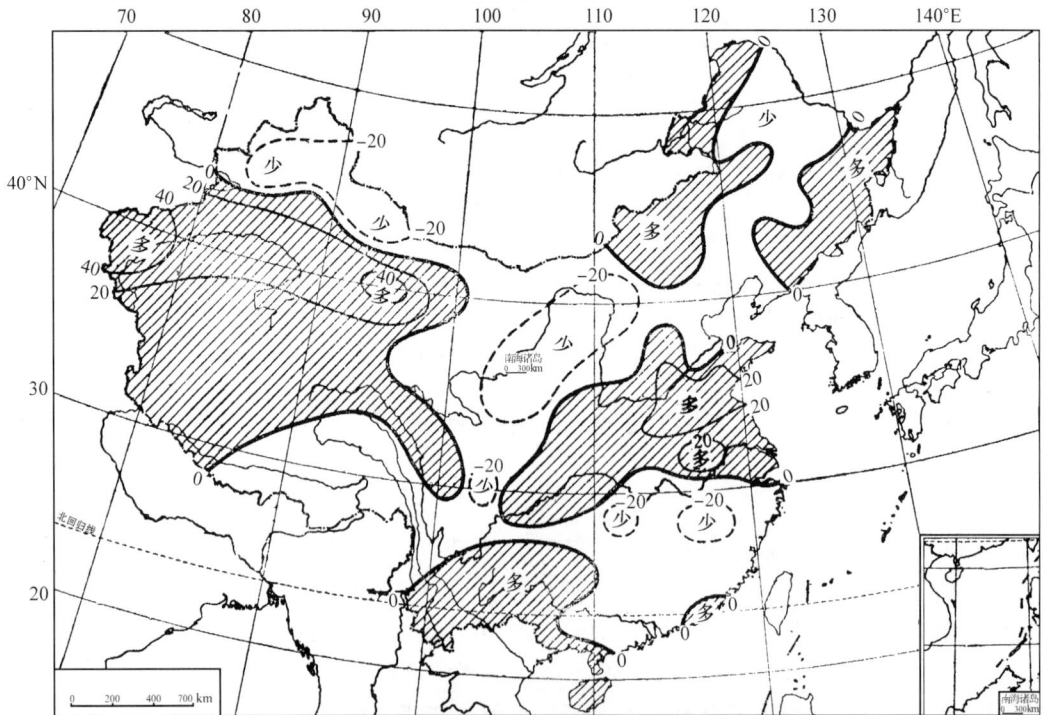

图5.6　满足天文条件Ⅱₐ的7年(1957,1960,1963,1971,1974,1979,1982)平均夏季
(6—8月)降水量距平百分率(%)分布图

九江、广昌、永安、昌都等地区,在这 7 年中也有 6 年夏季降水量为负距平(6/7),北方地区的伊宁、西宁、锡林浩特、北京、石家庄和长江上游的宜昌、成都、汉中、以及江南地区的芷江、衢县、吉安、衡阳和广东的韶关,厦门等地区,在这 7 年中也有 5 年的夏季降水量为负距平(5/7)。

5.3.3.2　Ⅱₐ类天文条件下的夏季大气环流场的分布特点

由上面分析到的大量统计事实可知,在国内能观测到月全食的年份,夏季主要多雨带位置比较偏北,即在长江以北,而在国内能观测到月全食且在农历三月到八月有闰月之年的夏季主要多雨带位置一般在长江以北到黄河中下游以南地区,即在Ⅱₐ类天文条件下的年份夏季主要雨带位置在黄淮和江淮地区,雨带中心位置多数在淮河流域。那么,满足天文条件Ⅱₐ类之年的夏季大气环流场又有什么特点呢? 图 5.7 是满足天文条件Ⅱₐ的 7 年平均夏

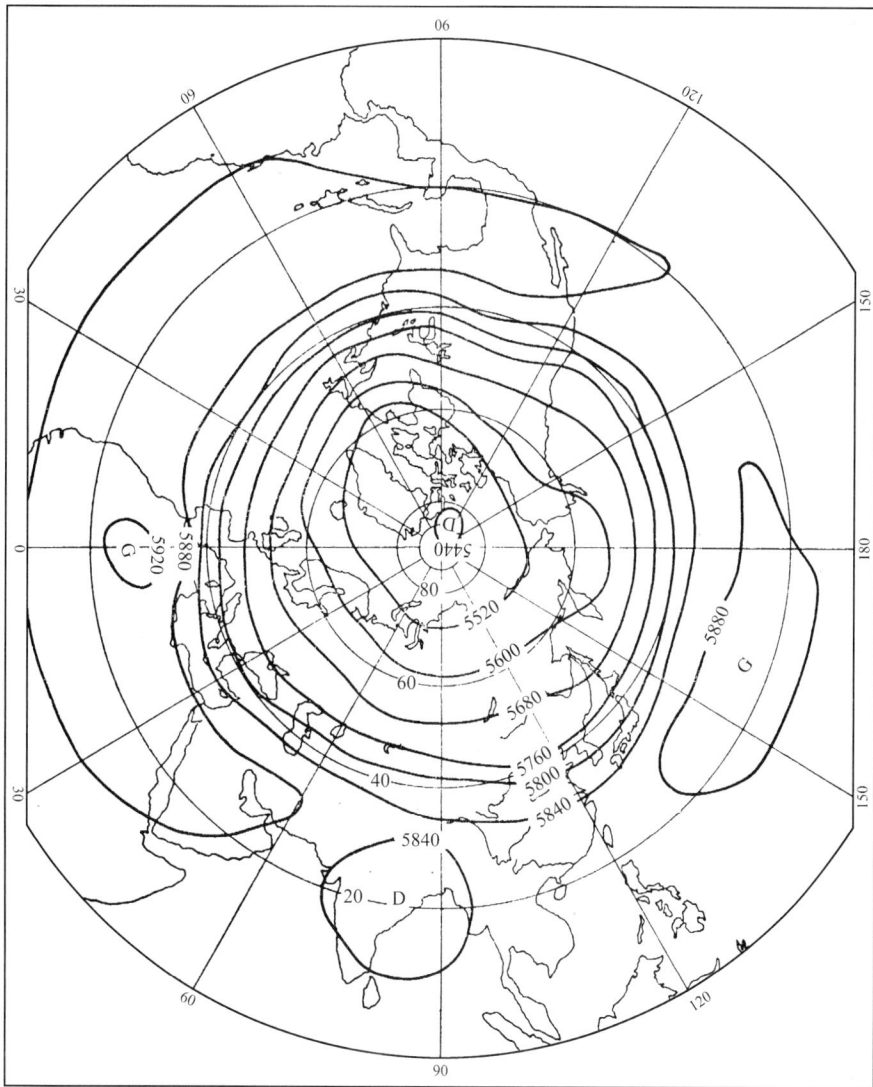

图 5.7　满足天文条件Ⅱₐ的 7 年(1957,1960,1963,1971,1974,1979,1982)平均夏季
(6—8 月)500 hPa 高度场(gpm)的环流分布图

季500hPa高度场的环流分布图。由图5.7可见,西风锋区正好在中纬地区,即在长江到黄河之间的中部地带是西风锋区,在黄淮地区到渤海一带是一个西风槽区。从夏季平均500hPa西北太平洋副高来看,南北位置比较适中,北界到达30°N,有利于淮河流域的降水。但季平均副高的东西位置比较偏东,在130°E以东。然而,从夏季月平均500 hPa高度图来看,在这7年中夏季3个月中均有1至2个月的副高比较偏西,例如,这7年中有5年7月西北太平洋副高比较偏西,西脊点到达105°~119°E,使得江淮和黄淮地区处在副高北侧,东南太平洋上的水汽不断地通过副高南侧的东风气流沿着副高南侧经西侧再到北侧向江淮和黄淮地区输送,在副高和西风锋区的共同作用下,造成江淮和黄淮地区的大暴雨。另外,西南部的西南低涡也较强,也不断的将孟加拉湾的水汽向长江上游和汉渭流域输送,从而在长江以北到黄河以南的广阔地带形成一条呈纬向型的多雨带,其中多雨带中心位置一般在淮河流域。

5.3.3.3　Ⅱ_b类天文条件下的夏季主要多雨带位置和降水分布趋势

满足Ⅱ_b类天文条件的年份共有6年(1953,1967,1972,1975,1978,1985),这6年夏季主要多雨带位置大多数在北方地区,少数在淮河流域。1953年在华北东部,1967年在华北北部,1972年在淮河中下游,1975年在淮河到长江下游,1978年在华北东部和黄河中游,1985年在东北华北中部和黄河中上游。这6年中的前5年平均夏季(6—8月)降水量距平百分率的分布趋势如图5.8所示。从这个合成图上可见,夏季主要雨带比较偏北,黄河以南大范围以少雨为主,长江流域及其以南大部地区则明显少雨有夏旱。1985年夏季(6—8月)

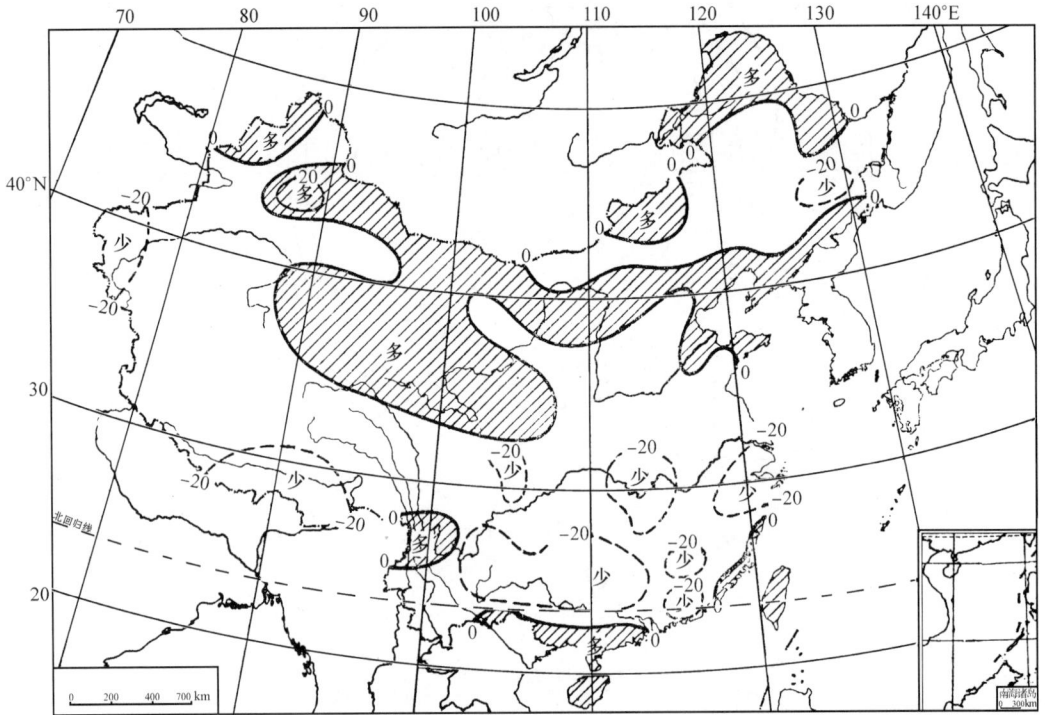

图5.8　满足天文条件Ⅱ_b的5年(1953,1967,1972,1975,1978)平均夏季(6—8月)
降水量距平百分率(%)分布图

降水量距平百分率分布如图 5.9 所示,图 5.9 和图 5.8 两张图的分布趋势比较相似,雨带比较偏北,黄河以南大范围以少雨为主,长江中游是一个少雨中心。但 1985 年在东北地区也是大范围明显多雨并有较大洪涝。从单站夏季降水趋势来看,只有青海的西宁和广东的阳江在这 6 年中有 5 年夏季降水量较常年同期偏多(5/6)。由于满足天文条件 II$_b$ 的年份,夏季雨带范围小,多雨带位置也不很稳定,所以对某一固定地区来讲,在这 6 年中夏季降水偏多的概率并不高。因为全国大范围夏季降水以偏少为主,因而对大多数单站来讲,在这 6 年中夏季降水偏少的概率则较高,例如北方的太原,西南部的重庆、内江、成都、南方的宜昌、零陵、韶关、梧州等地区在这 6 年中,夏季降水均偏少(6/6),还有北方的喀什、牡丹江、荷泽、南阳、西安、汉中和南方的武汉、芷江、长沙、宁波、衢县、广昌、赣州、衡阳、榕江、昆明、河源、广州、汕头等地区,在这 6 年中也有 5 年夏季降水偏少(5/6)。其余地区中,也有不少地区在这 6 年中有 4 年夏季降水偏少。

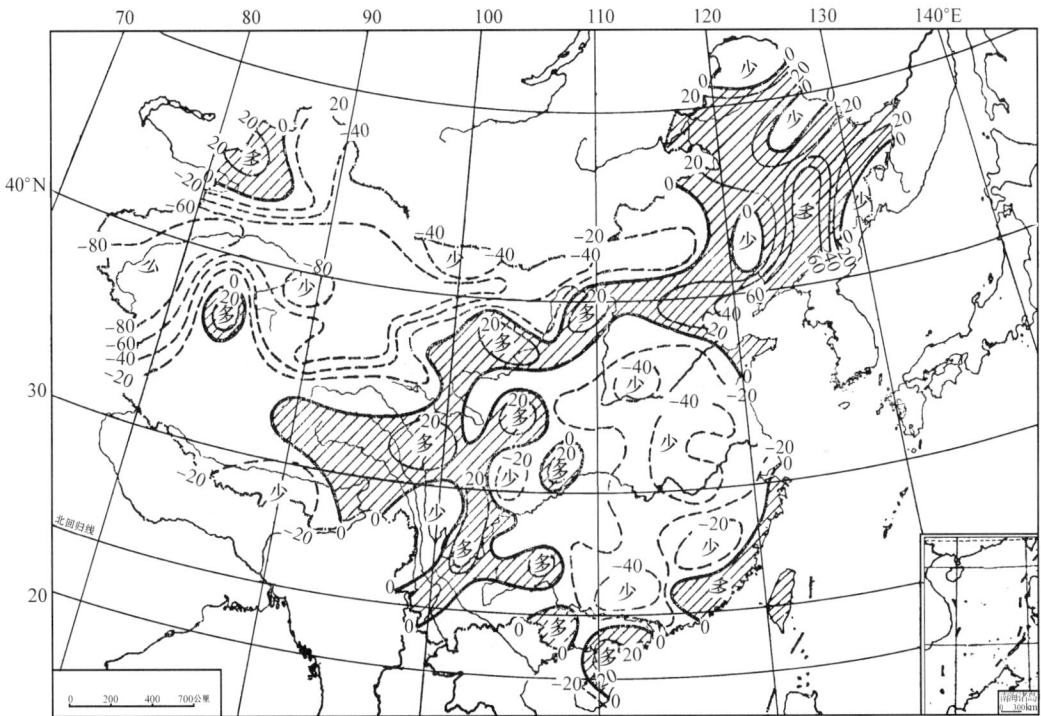

图 5.9　满足天文条件 II$_b$ 的 1985 年 6—8 月降水量距平百分率(%)分布图

5.3.3.4　II$_b$ 类天文条件下的夏季大气环流场的分布特点

II$_b$ 类和 II$_a$ 类天文条件相同之点是年内在我国能观测到月全食,而观测不到日全食,夏季雨带位置都比在我国能观测到日全食之年要偏北。II$_b$ 和 II$_a$ 类天文条件不相同之点是在农历三月到八月内有无闰月。而无闰月之年(II$_b$)夏季雨带多数又比有闰月之年(II$_a$)要偏北,范围也比较小。那末在 II$_b$ 类天文条件下造成雨带偏北和南方大范围少雨干旱的天气形势的同期大气环流的分布特点是什么呢? 由图 5.10 可见,500 hPa 极地冷涡偏在西半球,也较强。中纬度环流较平直,槽脊不明显。季平均西北太平洋副高明显偏东,在 145°E

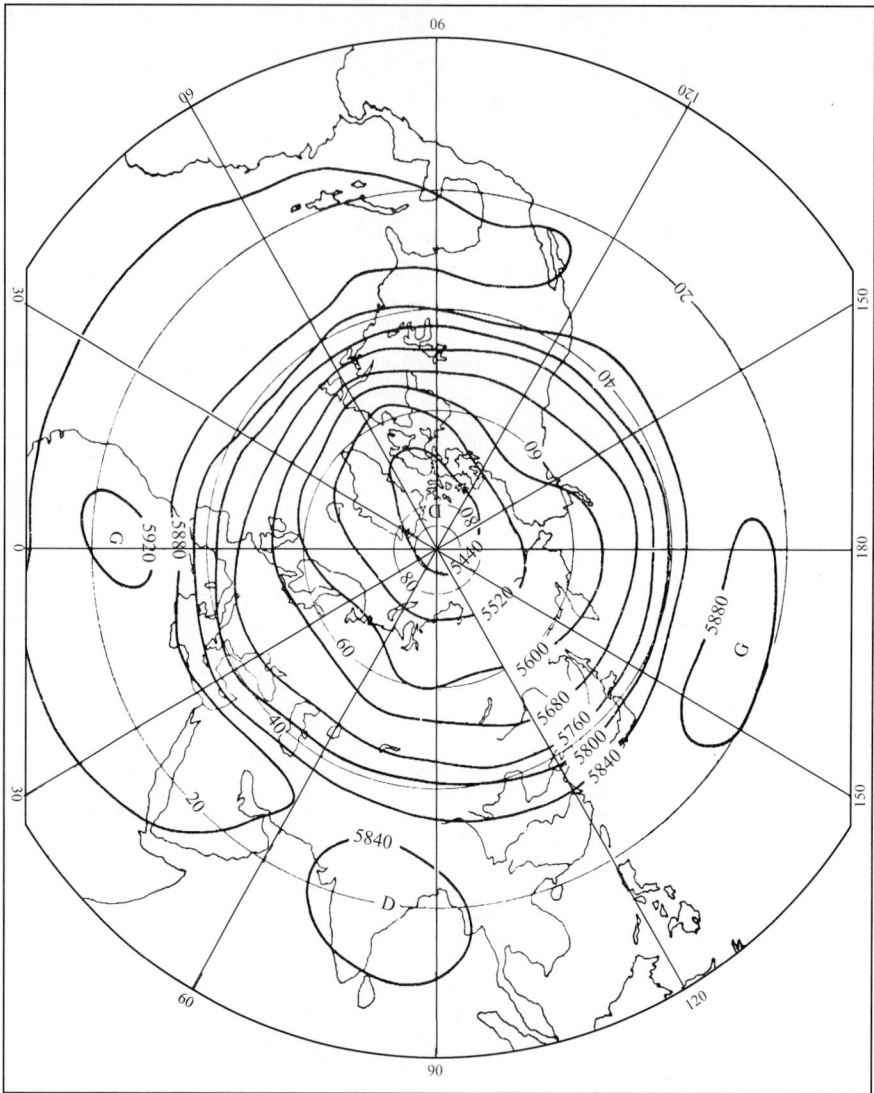

图 5.10　满足天文条件 Ⅱ_b 的 5 年(1953,1967,1972,1975,1976)平均夏季(6—8 月)
500 hPa 高度场(gpm)的环流分布图

以东,比 Ⅱ_a 类天文条件之年平均偏东 10 个经度,我国大部地区缺乏水汽来源。从分月情况来看,少数月份的西北太平洋副高也明显西伸,但其北界位置偏北,造成短时间的北方暴雨,而南方大部地区有时在副高控制下,天气闷热少雨。多数时间里副高远离大陆东退到洋面上,在我国黄河以南大部地区很少有冷暖空气的强烈作用,所以,造成大范围少雨天气趋势。

　　1985 年夏季副高强度偏弱,位置偏东偏北。特别是 8 月副高北界已到达 38°N,西脊点在 133°E,使得东北大部地区处在副高的北侧,有大量的水汽来源,在冷暖空气的相互作用和登陆台风的共同作用下,造成了较大的洪涝。而由于副高偏东偏北,使得黄河以南大部地区缺乏水汽来源而明显少雨有干旱。

5.3.4　用日月视运动特征对 1978—1985 年夏季主要多雨带位置的试报效果检验

上述几类天文背景与我国雨带的对应关系在 1977 年发现后,并在 1978—1985 年的夏季雨带预报中取得了较好的效果。在这 8 年中,只有 1983 年和 1984 年在我国观测不到日全食和月全食,既不属于 I 类天文条件,也不属于 II 类天文条件,所以不能用这两种天文类型来作夏季雨带的长期预报。其他 6 年的预报与实况对照情况如表 5.4 所示。1978,1980,1982,1985 年中的试报效果较好,夏季主要多雨带位置的预报同实况比较接近。特别是在 1978,1982 年的夏季汛期天气预报中发挥了重要作用,使这两年的夏季雨带位置和旱涝趋势预报取得了较优效果,收到了较大的经济效益。1979,1981 年夏季雨带位置的试报与实况相对照,基本上也是正确的,但比上述 4 年要差些。而对 1981 年长江上游的洪涝趋势预报也起到了积极的作用。在 1982 年的汛期预报中,其他常规工具比较矛盾,当时主要考虑了这个天文背景,1982 年国内能观测到月全食又有闰四月,满足 II$_a$ 类天文条件,预报夏季主要雨带位置在黄河中下游到长江中下游之间,即中间类雨带,这年夏季主要雨带位置的预报同实况是一致的,淮河流域和黄河下游的洪涝趋势的预报同实况也是一致的。由于洪涝趋势预报的成功而收到了较大的经济效益和社会效益,并得到了淮委等水利防汛部门的好评。

表 5.4　1978—1985 年天文特征与夏季主要雨带位置的试报检验

年份	国内能观测到(有) 国内不能观测到(无)		农历三至八月有无闰月	天文类型	夏季主要雨带位置试报与实况对比		评定
	日全食	月全食			试报	实况	
1978	无	有	无	II$_b$	黄河下游以北	华北至黄河中上游	正　确
1979	无	有	闰六月	II$_a$	黄河与长江之间	淮河流域及江南西部	基本正确
1980	有	无	无	I$_b$	长江流域	长江中下游流域	正　确
1981	有	无	无	I$_b$	长江流域	长江上游至黄河上游	基本正确
1982	无	有	闰四月	II$_a$	黄河与长江之间	长江中下游至黄河中下游	正　确
1983	无	无	无	例外	(不可报)		
1984	无	无	无	例外	(不可报)		
1985	无	有	无	II$_b$	黄河下游以北	东北、华北中部至黄河中游	正　确

5.4　华北冬麦区春季降水过程与朔望月的相关分析

朔望月是我国农历的历月长度。由于月球本身不会发光,我们所看到的月光,是太阳光照射到月球上后再反射到地球的光。所以,月球的暗与亮,圆与亏,不但与月球绕地球旋转的位置有关,也与地球相对于太阳的方位有关。因此,我们所看到的月球相貌即月相每天都有变化,出现相同月相所间隔的时间,叫做朔望月,也就是从朔到朔,或从望到望的时间。农历把朔望月作为历月,但一个朔望月的天数并不相同也并不是整数,为使每一个历月的天数是个整数,在农历中把历月分为大月和小月,大月为 30 天,小月为 29 天。农历月规定将朔日作为第一天,所以初一的月球都是以黑暗半球对着地球,因而在地球上看不见月亮。十五左右是望,月球以亮半球对着地球,在地球上看到圆而明亮的月亮,初七、八为上弦,二十二、二十三为下弦,月亮如弓形。人们通常把月球的明亮部分叫做月亮,月亮的盈亏即月相的变化是因为月地和日地的夹角的变化造成的,月地和日地的夹角(θ)在 0°到 360°之间变化。例如:朔又叫新月,这时 $\theta=0°$(日、月在地球的同一侧且三星成一直线);望又叫满月,这时 $\theta=180°$(日、月在地球的两侧且成一直线);上弦,$\theta=90°$(日地线和月地线第一次互相垂直);下弦,$\theta=270°$(日地线和月地线第二次互相垂直)。所以,朔和望时日、月对地球大气的引潮力最大,上、下弦时日、月对地球大气的引潮力最小。

在统计分析中发现,华北平原春季中等偏强的降水过程一般易发生在上弦和下弦附近,而不易发生在朔、望附近。春季降水总量和 3mm 以上的日数与春分节气日的月相有明显的对应关系。

5.4.1　华北冬麦区春季降水过程的气候特点

华北冬麦区春季降水的多少和分布对冬小麦的生长十分重要。我们选取了安阳、邢台,德州、沧县、大同、太原、石家庄、保定、天津、北京、承德和张家口等 12 个代表站来代表华北平原地区,计算出 1951—1985 年 3—5 月逐日平均降水量(指上述 12 站的平均日降水量,下同)。由 35 年逐日降水量的分布情况可以看出,华北冬麦区春季降水过程局地影响小,比较明显的降水过程,对绝大多数站点有着一致性。

5.4.1.1　春季逐日平均降水量的气候特点

以 1951—1980 年的 30 年平均值为例,在 3—5 月,日雨量 ≥0.1mm 的日数有 36 天,气候几率为 39%,日雨量 ≥1.0 mm 的日数有 14 天,气候几率为 15%,日雨量 ≥3.0 mm 的日数有 6 天,气候几率为 7%,日雨量 ≥5.0 mm 的日数有 3 天,气候几率为 3%,日雨量 ≥10.0 mm 的日数只有 1 天,气候几率为 1%。即平均 2.6 天中有 1 个雨日($R_1 \geq 0.1$ mm),平均 6.6 天中有 1 个 1 mm 以上的雨日($R_1 \geq 1.0$ mm),平均 15.3 天中有 1 个 3.0 mm 以上的雨日($R_1 \geq 2.0$ mm),平均 3—5 月中只有 1 个 10 mm 以上的雨日($R_1 \geq 10.0$ mm)。

春季雨日的年际变化也很大,0.1 mm 以上的雨日最多之年有 57 天(1964),最少之年只有 20 天(1951);1.0 mm 以上的雨日最多有 29 天(1963),最少只有 6 天(1962);3.0 mm 以上的雨日最多有 12 天(1963,1964),最少只有 2 天(1973,1976,1982);5.0 mm 以上的雨日最多达 9 天(1964),最少则无(1959,1981);10.0 mm 以上的雨日最多有 5 天(1964),最少则无(1959,1960,1961,1966,1967,1971,1972,1973,1976,1978,1981)。只有 37% 的年份春季有 15 mm 以上的雨日,只有 17% 的年份春季有 20 mm 以上的雨日,只有 9% 的年份春季有 25 mm 以上的雨日。从春季各月来看,3 月只有 17% 的年份有 5 mm 以上的雨日,35 年(1951—1985)中只有 1 年有 10 mm 以上的雨日。4 月有 51% 的年份有 5 mm 以上的雨日,有 31% 的年份有 10 mm 以上的雨日。5 月有 80% 的年份有 5 mm 以上的雨日,有 69% 的年份有 10 mm 以上的雨日。

5.4.1.2 春季降水过程的气候特点和同期环流特征

从 5 mm 以上的降水过程(日降水量≥1.0 mm 的连续降水总量≥5 mm,四舍五入,下同)来看,在春季 3—5 月中多年平均(1951—1980)只有 4 次,在近 35 年中,有 34% 的年份有 4 次,有 20% 的年份有 5~9 次,有 46% 的年份只有 1~3 次,从 10 mm 以上的降水过程来看,平均每年春季有 2 次,有 54% 的年份只有 0~1 次,有 26% 的年份有 2 次,有 20% 的年份有 3~4 次,从 15 mm 以上的降水过程来看,平均每年有 1 次,有 43% 的年份没有,有 40% 的年份有 1 次,有 17% 的年份有 2~4 次,从 20 mm 以上的降水过程来看,平均 2.1 年中才出现 1 次,有 63% 的年份没有,有 26% 的年份有 1 次,有 11% 的年份有 2 次,从 25 mm 以上的降水过程来看,平均 3.2 年中出现 1 次,即只有 29% 的年份有 25 mm 以上的大降水过程,有的年份却出现了两次(1963),有 71% 的年份未出现这样大的降水过程。所以,在华北冬麦区有"春雨贵如油"之说。

从历年 3—5 月最大过程降水量(日降水量≥2.0 mm 的连续降水总量)来看,多年平均(1951—1980)最大过程降水量有 19 mm。最大过程降水量在 25 mm 以上的有 10 年,占全部年份的 29%,35 年中春季极大降水过程是 1964 年 4 月 18—20 日,3 天降水总量达 49 mm。有 43% 的年份最大过程降水量在 13 mm 以下,最大过程降水量最小的年份(1981,1972,1959,1960)只有 7~8 mm。从历史最大过程降水量来看,持续时间最长只有 4 天,一般只有 2~3 天。最大过程降水量(R_{max})的年际变化趋势和季降水总量($R_{3\sim5}$)的年际变化趋势如图 5.11 所示。1959—1962,1965—1968,1971—1976 年是 3 个持续少雨且有明显春旱的时段,在这 3 个时段中,春季最大过程降水量大多在 15 mm 以下,大多数春季降水总量和最大过程降水量的峰值年是一致的。但 1955,1979,1980 年的趋势是相反的。1960 —1961,1968,1971—1976,1978,1981 年春季降水总量还没有 1964 年最大过程降水量大。

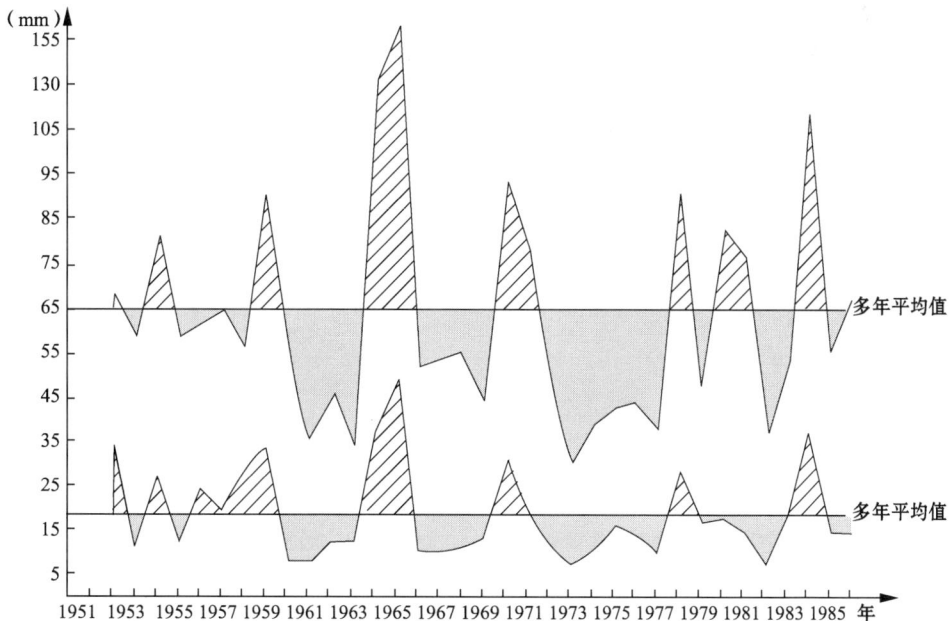

图 5.11 华北冬麦区春季 3—5 月降水总量 $R_{3\sim5}$(上)和最大过程降水量 R_{max}(下)的历史演变曲线

从上述几个较大降水过程的 500 hPa 候平均环流特征来看,大多数西风锋区在 40°～
60°N 之间,锋区等高线比较密集,在库页岛或其附近的东西部有一个太低压槽。北方极地
冷低涡偏在东半球或分成两环,东西半球各有一个低涡。西太平洋上的副热带高压,有的呈
带状向西伸展,与伊朗高压相连,有的仅在江南有一小高压体,有的副高偏东。这说明对于
春季降水过程来说,主要是西风带天气系统和极地下来的冷涡造成的,而南方的副热带高压
所起作用相对较小。

5.4.2　春季中等偏强降水过程与朔望月的对应关系

华北冬麦区春季是否有中等偏强的降水过程即有没有一场透雨是关系到冬小麦产量的
大问题。在 1951—1985 年的 3—5 月中,上述 12 站平均日雨量≥2.0 mm 的一次过程降水
总量≥15 mm 的降水过程共有 30 次。从这 30 个较大降水过程来看,它们发生的时段与朔
望月的月相有较显著的对应关系。这 30 个过程,有 50%(15 个)发生在上弦月及其附近(即
初五至十一日)的 7 天中,有 33%(10 个)发生在下弦月及其附近(农历十九至二十六日)的
8 天中,只有 12%(3.5 个)发生在新月及其附近(农历二十七至初四)的 8 天中,只有 5%
(1.5 个)发生在满月及其附近(农历十二至十八日)的 7 天中。即 30 个中等偏强的降水过
程,有 83%发生在上、下弦月及其附近的 15 天中,只有 17%发生在新月、满月及其附近的
15 天中。这中等偏强的降水过程随朔望月 5 天(当天为中日及前后各两天)滑动平均几率
分布如图 5.12 所示,上弦及其附近最高峰值期,有 10.7 次出现在初五至初九的这 5 天之
中,即在这 5 天中近 35 年来发生中等偏强降水过程的几率为 31%(10.7/35),比气候几率
(14%)高 17%,以初四至十二日和二十一至二十六日的任何 1 天为中日及其前后两天的 5
天内,出现 15 mm 以上降水过程的几率有 16%～31%,均高于气候几率。相反,以十三至
二十日和二十七至初三日的任何 1 天为中日及其前后两日的 5 天内,出现 15 mm 以上降水
过程的几率均低于气候几率,即均在 13%以下。其中农历十五至十八日这 4 天在近 35 年
来未出现过 15 mm 以上的降水过程,十三至十四日和二十九至初三日各出现了 1 次。

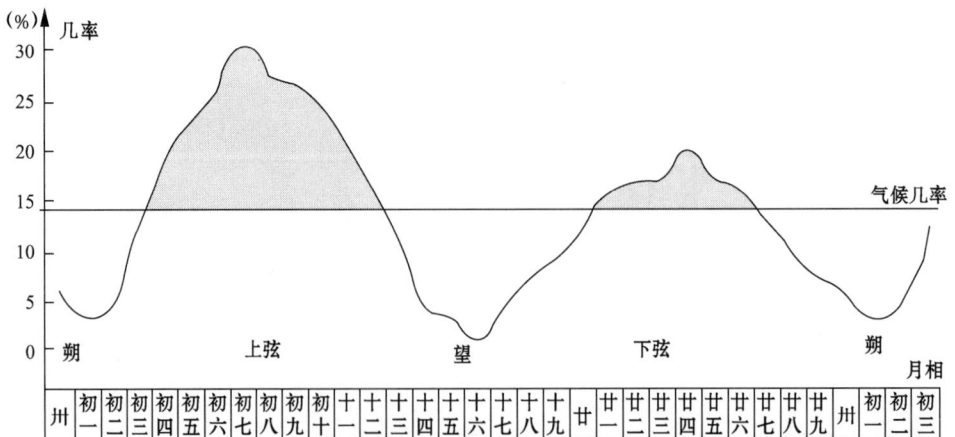

图 5.12　华北冬麦区春季 3—5 月中等以上降水过程(过程降水量≥15 mm)随朔望月的 5 天
(当天为中日及前后各两天)滑动平均几率分布图

由此可见,华北冬麦区春季 3—5 月中等偏强降水过程与月相的对应关系是很不均匀的,易发生在日、月对地球大气引力合力最小或较小的时段之中,即易发生在上弦和下弦附近,而不易发生在日、月对地球大气的引力合力最大或较大的时段里,即朔、望月附近。这种中等偏强降水过程随朔望月的偏态分布现象说明中等以上降水过程的产生与特定天文背景有较密切的关系。

5.4.3　春季降水特征量与春分日和立春日的月相之间的对应关系

春分节气日又叫春分日,太阳黄经为 0°,立春节气日又叫立春日,太阳黄经为 315°。①华北冬麦区春季降水总量和明显雨日数(上述 12 站平均日降水量≥3.0 mm 的日数)与地球在太阳黄经为 0°时的月相有较好的对应关系。春分日在朔至上弦(初一至初八日)的年份有 80%(8/10)春季总降水量($R_{3\sim5}$)偏多($R_{3\sim5}$≥65 mm),春分日在上弦后至下弦前(初九至二十一日)的年份有 87%(13/15)春季总降水量偏少($R_{3\sim5}$<65 mm)。再从明显雨日数来看,春分日在朔日后至上弦(初二至初八)的年份,春季 3—5 月明显雨日显著偏多,有 9~12天,几率为 67%(6/9),春分日在上弦后至下弦前(初九至二十一日)的年份,春季明显雨日只有 2~8 天,几率为 100%(15/,5),其中有 73%(11/15)的年份,春季明显雨日只有 2~6 天,接近常年或偏少。春分日在下弦至朔日(二十二至初一)的年份,春季明显雨日有 2~7 天的年份有 80%(8/10)。由上对应关系可见,春分日在朔后至上弦的年份春季明显雨日多数较常年同期偏多,春分日在其他月相的年份春季明显雨日多数较常年同期偏少。②华北冬麦区春季 10 mm 以上的降水过程(规定 12 站平均日雨量≥0.5 mm 的连续雨日降水总量)频次与立春日的月相也有较好的对应关系,立春日在农历二十五至初六即下弦后至上弦前的年份,其中有83%(10/12)在春季 3—5 月只有 0~1 次 10 mm 以上的降水过程,而立春日在上弦和望日附近(初七至初八日和十五至十七日)之年,这 6 年春季均有 2~4 次 10 mm 以上的降水过程(100%)。

由本节的统计事实可见,华北冬麦区的春季明显的降水过程与同期月相有关系,春季降水总量和有关特征量还与春分、立春等节气日的月相有较好的对应关系。这些关系在春季降水预报中有一定的参考价值。

5.5　中国旱涝与节气月相的相关分析

全年共有二十四个节气,每个节气长度为二十四分之一回归年。各节气在阳历里的日期每年基本上是固定的,只差 1~2 天。但其农历日期每年都有变化,变幅长度为一个朔望月。阳历又叫公历,是一种以地球绕太阳旋转规律为依据的历法;阴历又叫太阴历,是一种以月球绕地球旋转规律为依据的历法,阴阳历又叫农历,是一种阳历和阴历的合历,是以日-月-地相对运动规律为依据的历法。二十四节气的太阳黄经度从 0°到 360°,即从春分开始(太阳黄经为 0°),每隔 15°为一个节气。当地球正好位于黄道上的等分点时为节气交节日。每个节气的太阳黄经度,公历日期和农历日期如表 5.5 所示。

表 5.5　二十四节气的太阳黄经度和公历、农历日期

太阳黄经度	节气名	阳历日期	农历日期
285°	小寒	1 月 5—7 日	十一月十五日至十二月十五日
300°	大寒	1 月 20—21 日	十一月三十日至十二月三十日
315°	立春	2 月 3—5 日	十二月十五日至一月十五日
330°	雨水	2 月 18—20 日	十二月三十日至一月三十日
345°	惊蛰	3 月 5—7 日	一月十四日至二月十五日
0°	春分	3 月 20—22 日	一月三十日至二月三十日
15°	清明	4 月 4—6 日	二月十四日至三月十五日
30°	谷雨	4 月 19—21 日	三月初一日至三月三十日
45°	立夏	5 月 5—7 日	三月十四日至四月十五日
60°	小满	5 月 20—22 日	四月初一日至四月三十日
75°	芒种	6 月 5—7 日	四月十四日至五月十五日
90°	夏至	6 月 21—22 日	五月初一日至五月三十日
105°	小暑	7 月 7—8 日	五月十四日至六月十五日
120°	大暑	7 月 22—24 日	六月初一日至六月三十日
135°	立秋	8 月 7—9 日	六月十四日至七月十五日
150°	处暑	8 月 23—24 日	七月初一日至七月三十日
165°	白露	9 月 7—9 日	七月十四日至八月十五日
180°	秋分	9 月 22—24 日	八月初一日至八月三十日
195°	寒露	10 月 8—9 日	八月十五日至九月十五日
210°	霜降	10 月 23—24 日	九月初一日至九月三十日
225°	立冬	11 月 7—8 日	九月十五日至十月十五日
240°	小雪	11 月 22—23 日	十月初一日至十月三十日
255°	大雪	12 月 6—8 日	十月十五日至十一月十五日
270°	冬至	12 月 21—23 日	十一月初一日至十一月三十日

因为每个节气都有自己特定的黄道位置,所以每个节气都有明显的季节意义和气候特点,例如立春节气,意指寒冬已结束,春将回大地,气候将转暖;清明节气,意指春暖花开,春光明媚,气候宜人,小暑和大暑这两个节气意指进入暑伏天,气候变得炎热并且逐渐变得酷热,晴天时骄阳似火,雨天时湿闷难受,真是炎暑高温之时,全国大部地区最高气温出现在这两个节气里。小雪和大雪两个节气意味着天气变冷开始下雪并且逐渐变得寒冷以致积雪不化,白雪茫茫。小寒和大寒两个节气意指天气开始寒冷和十分寒冷,正是隆冬腊月,寒气逼人。全国大部地区最低气温就出现在这两个节气里。当然,由于我国地域广阔,每个节气的气候特点有一定的地区差异。但每个节气在各地区都有当地十分明确的季节含意和气候特点,我国古人就是根据这二十四个节气来安排农事耕种农田的。

5.5.1　华南前汛期旱涝与双暑和立春节气月相的相关分析

5.5.1.1　华南前汛期旱涝与"双暑"的相关关系及预报检验

在华南地区传有"六月逢双暑有米无柴煮"这句天气谚语,意指小暑日和大暑日都在农历六月之年,在汛期雨季多持续阴雨天气而使柴草潮湿烧不着。在 20 世纪 70 年代初,

笔者曾对这条天气谚语进行过具体的验证和考核。发现小暑日和大暑日都在农历六月初二至二十九日之年,华南大部地区汛期 4—6 月降水偏多,反之偏少。并用 1951—1972 年的百色、南宁、钦州、桂平,桂林、梧州、广州、湛江、韶关、河源等 10 站平均 4—6 月降水量与小暑日和大暑日的月相作点聚图(见 1977 年 10 月科学出版社出版的《天气谚语在长期预报中的应用》一书 62 页图 12)。在图中表明,如农历六月初二至二十九日有大暑日和小暑日,即谓六月"逢双暑"年,则上述 10 站平均 4—6 月降水量在 690 mm 以上,雨水偏多,如在农历六月初二至二十九日只有大暑日或小暑日,即谓六月"逢单暑"年,则 10 站平均 4—6 月降水量在 690 mm 以下,雨水偏少,相关概率为 95％(21/22)。现再用实况降水量资料来检验 1973—1985 年的预报效果,在这 13 年中只有 3 年(1975,1976,1979)不符合上述关系,属预报错年,其余 10 年两级趋势预报正确,预报正确率有 77％(10/13),预报效果尚较稳定。1977 年又在前面的基础上,把华南地区(15 站平均)4—6 月降水量分成偏少、正常、偏多三级趋势与大暑日的月相求出相关关系,如表 5.6 所示。表 5.7 是 1977—1985 年三级趋势预报与实况对照检查情况,可见分三级趋势预报效果也是良好的。

表 5.6　华南地区(15 站平均)4—6 月降水量三级趋势与大暑日的月相相关表

大暑日农历日期	初三至十一	二十七至初二　十二至十七	十八至二十六
大暑日的月相	上弦及附近	朔、望及附近	下弦及附近
4—6 月降水量(mm)	350～600	601～740	741～900
趋　　　势	偏　　少	正　　常	偏　　多
概　　　率	78％(7/9)	69％(9/13)	90％(9/10)

表 5.7　1977-1985 年华南地区 4—6 月降水量三级趋势预报检验

年份		1977	1978	1979	1980	1981	1982	1983	1984	1985
大暑日农历日期		初八	十九	三十	十二	二十二	初三	十四	二十四	初六
预报	4—6 月降水趋势	偏少	偏多	正常	正常	偏多	偏少	正常	偏多	偏少
实况	4—6 月降水量(mm)	595	759	724	707	747	592	634	742	527
	趋势	偏少	偏多	正常	正常	偏多	偏少	正常	偏多	偏少
评　定		√	√	√	√	√	√	√	√	√

5.5.1.2　华南前汛期降水与立春日月相的优相关分析

前面已经分析了前汛期降水与小暑和大暑节气日月相的相关关系,并检验了其预报效果,表明两者之间的相关关系是明显的,而且预报效果也是比较稳定的,分三级趋势预报比两级趋势预报效果更好。俗话说"一年之计在于春",那末华南前汛期 4—6 月降水的多少与前期立春节气日即立春日的月相有何关系呢? 图 5.13 是华南地区 4—6 月降水量距平百分率随立春节气日的月相 3 天滑动(当天及前后 1 天)平均值分布图。由图 5.13 可见,立春日在二十七至初八之年,华南地区 4—6 月降水总量距平百分率有 8％～34％,即以多雨为主,几率为 86％(12/14),其中立春日在朔附近即在农历二十七至初五之年,4—6 月降水量距平百分率有 11％～34％,较常年同期明显偏多,几率为 91％

(10/11),只有 1 年稍偏少,这 11 年平均 4—6 月降水量距平百分率为 15%,而立春日在望附近即在农历初九至十九日之年,4—6 月降水量距平百分率只有 −1%～47%,即以少雨为主,其中有 4 个大旱年,少雨几率为 79%(11/14),这 14 年平均 4—6 月降水量距平百分率为 −12%,立春日在农历二十至二十六日即下弦附近之年汛期降水的多少趋势不好确定。

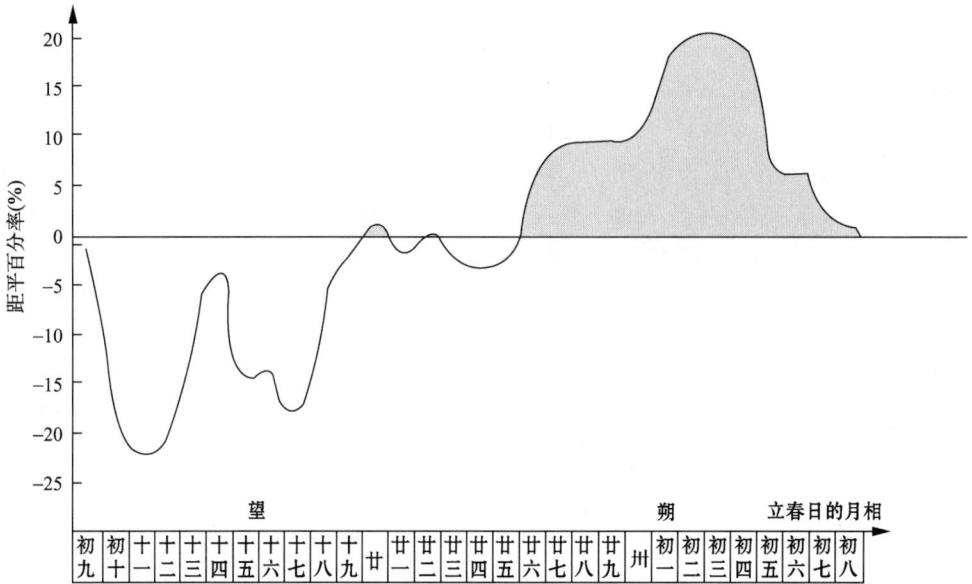

图 5.13　1951—1985 年华南地区(15 站平均)4—6 月降水总量距平百分率随立春节气日的
月相 3 天滑动(当天及前后 1 天)平均值分布图

为了检验上述相关信度,将农历初九立春之年给以最小序号,其年序号将随其立春日的农历日期的先后排列成递增序号,直至给农历初八(上弦)立春之年以最大序号,立春农历日期相同之年取其序号的平均值为其序号,同时,也将 4—6 月降水总量从小到大排列。按照秩相关系数的公式

$$\gamma_{xy} = 1 - \frac{6d^2}{n(n^2-1)} \tag{5.2}$$

式中 $d^2 = \sum_{i=1}^{n}(x_i - y_i)^2$,$x_i$ 和 y_i 分别为 x 和 y 的秩。计算得到 1951—1985 年的华南地区 4—6 月降水总量和立春日的月相之间的秩相关系数为 0.69,信度超过 0.001,可见相关是密切的。

华南地区在赤道以北北回归线以南,受到日月引潮力的影响比较明显,上述显著相关关系可能与之有关。

5.5.2　江南雨季旱涝和长江上游、山东、海河流域的 5 月降水与清明日月相的相关分析

"清明断雪,谷雨断霜"这条天气谚语反映了清明和谷雨两节气的气候特点,清明断雪意指清明节不会再下雪了,在江南地区清明节已是桃花盛开、鸟语花香的季节了。江

南地区还有"清明在月头,春秧放水流"这条天气谚语,则反映了清明日的月相与雨季大水之间的关系。"二月清明秧如宝,三月清明秧如草"和"二月清明莫浸早、三月清明莫浸迟"这两条天气谚语反映了清明节农历日期的迟早与春播天气的关系。这些天气谚语都反映了清明节气的早晚与天气气候有关,天气谚语是数代劳动人民在大自然中积累起来的经验。我们用近 35 年来的降水资料进行考核验证,发现江南地区雨季旱涝特别是 4 月降水的多少与清明日的月相有较好的对应关系,长江上游,山东、海河流域的 5 月降水和西南的 6 月降水与清明日的月相也有较好的对应关系。下面将分别对这些关系进行分析和讨论。

5.5.2.1　江南地区雨季旱涝和 4 月降水量与清明日月相的相关分析

"清明在月头,春秧放水流"意指清明节气开始日即清明日的农历日期在月头的年份,则雨季易发生大水。经考核验证发现,清明日在月头(初一至初八日)即从朔到上弦之年,江南地区(16 站平均)雨季 4—6 月降水量较常年同期偏多的几率为 67%(6/9),比 4—6 月降水偏多年的气候几率 34%(12/35)偏高 33%,这 9 年平均 4—6 月降水量距平百分率为 14%。其中 1951 年以来的 3 个大水年(1954,1962,1973)都是清明日在朔日附近(初一至初三日)即在月初之年,这 3 个大涝年 4—6 月降水总量均较常年同期偏多 3.8 至 5.7 成,这 3 个大涝年从 4 月上旬至 8 月下旬的逐旬降水量(16 站平均)距平积累值始终为正距平值。清明日在上弦后至望日(初九至十六日)的 10 年中,4—6 月降水量较常年同期偏少的几率为 90%(9/10),其中有 70% 的年份 4—6 月降水量的距平百分率为 -17% ~ -42%,为偏旱和大旱年,这 10 年平均 4—6 月降水量距平百分率为 -17%。清明日在望后朔前(农历十七至二十九日)的 16 年中,4—6 月降水量较常年同期偏少的几率为 69%,接近偏少年的气候几率,其中有两个偏涝年(1975,1977),这 16 年平均 4—6 月降水量距平百分率为 -4%。由上述关系可知,江南地区雨季 4—6 月大涝年易发生于清明日在朔日附近之年,偏旱或大旱年易发生于清明日在上弦后至望日之年,清明日在望日后至朔日前之年,一般在雨季无明显旱涝发生。

再从江南地区 4 月降水量与清明日月相之间的对应关系来看,多雨段与少雨段也较清楚,如图 5.14 所示,清明日在朔至上弦之间的年份,4 月明显多雨,清明日在下弦附近之年,4 月也是以多雨为主,清明日在上弦至望日之年,4 月明显少雨。具体来说,清明日在农历二十九至初六的 10 年,江南地区(16 站平均)4 月降水量较常年同期偏多的几率为 100%(10/10),其中有一半年份的 4 月降水量距平百分率为 29% ~ 59%,为 4 月明显多雨有涝年,这 10 年平均 4 月降水量距平百分率为 28%;清明日在农历初七至十六日(上弦至望日)的 11 年中,有 10 年 4 月降水量较常年同期偏少,即 4 月少雨的几率为 91%(10/11),其中有 6 年 4 月明显少雨,距平百分率为 -30% ~ -49%,这 11 年平均 4 月降水量距平百分率为 -22%,清明在农历十七至二十四日(望后至下弦后)的 10 年中,有 6 年的 4 月降水量较常年同期偏多,1 年等于常年,3 年较常年同期偏少,这 10 年平均 4 月降水量距平百分率为 11%,清明日在农历二十五至二十八日的 4 年,4 月降水量均较常年同期偏少,4 年平均 4 月降水量距平百分率为 -19%。

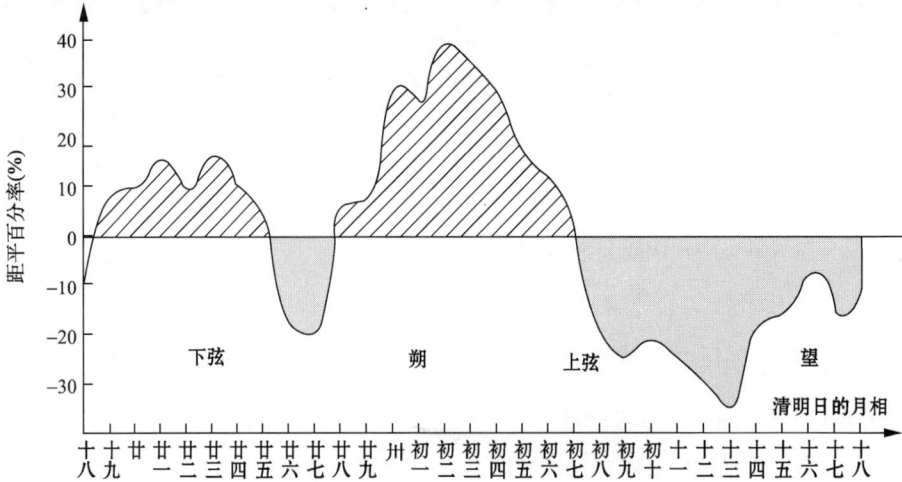

图 5.14　1951—1985 年江南地区(16 站平均)4 月降水量距平百分
率随清明日的月相 3 天滑动平均值分布图

5.5.2.2　长江上游区 5 月降水量与清明日月相的相关分析

长江上游(9 站平均)5 月降水量与清明日月相的相关关系是,清明日在农历二十六至初五之年的 5 月以多雨为主,清明日在农历其他日期之年的 5 月以少雨为主。具体来说,清明日在农历二十六至初五的 12 年中,有 10 年的 5 月降水量较常年同期偏多,偏多的几率为 83%(10/12),这 12 年 5 月降水量平均距平百分率为 14%,清明日在农历初六至二十五日的 23 年中,5 月降水量较常年同期偏少的几率为 −65%(15/23),这 23 年 5 月降水量平均距平百分率为 −5%,其中清明日在农历十七至二十日的 5 年平均 5 月降水量距平百分率为 −18%,这 5 年中有 4 年 5 月少雨,只有 1 年等于常年。

5.5.2.3　山东地区 5 月降水量与清明日的月相相关分析

山东地区(6 站平均)5 月降水量对冬小麦有重要影响,而且 5 月降水量的年际变率也十分大,最大有 114 mm(1953),最小只有 5 mm(1975)。山东地区 5 月降水量的距平趋势与清明日的月相的总相关概率有 74%(26/35)。即清明日在农历十二至二十三日的年份 5 月以多雨为主,清明日在农历二十四至十一日的年份 5 月以少雨为主。具体来说,清明日在农历十二至二十三日的 15 年中有 11 年 5 月降水量较常年同期偏多,正距平百分率有 29%～162%,其中有 3 年 5 月明显多雨有春涝的年(1953,1963,1985),这 15 年 5 月多雨的几率为 73%(11/15)。特别是清明日在望日至下弦(农历十六至二十三日)的 10 年中有 8 年 5 月明显多雨(80%),这 10 年平均 5 月降水量距平百分率为 46%,而清明日在农历二十四至十一日的 20 年中,有 15 年 5 月降水量较常年同期偏少,少雨几率为 75%(15/20),其中有 11 年的 5 月是明显少雨有旱年,距平百分率只有 −36%～−88%,特别是清明日在农历二十四至二十八日的 5 年和初五至十一日的 7 年 5 月降水量均偏少,这 5 年和 7 年的平均 5 月降水量距平百分率分别为 −42% 和 −40%。

5.5.2.4　海河流域 5 月降水量与清明日的月相相关分析

海河流域(10 站平均)5 月降水量对冬小麦的生长发育十分关键。海河流域 5 月降水量与清明日的月相也有较好的对应关系。清明日在农历初一至十一日的 13 年中,有 11 年的 5 月降水量明显偏少,即 5 月明显少雨有春旱的几率为 85%(11/13),这 13 年平均 5 月降水量的距平百分率只有－37%,清明日在农历十二至二十九日的 22 年,则 5 月以多雨为主,多雨几率为 64%(14/22),这 22 年的平均 5 月降水量的距平百分率为 24%。总的来说,海河流域 5 月降水量的距平趋势与清明日的月相之间的相关概率达 71%(25/35),清明日在朔日及其后 10 天的年份 5 月易少雨有春旱,清明日在其他月相的年份,5 月易多雨。

另外,清明日在农历二十八至初三(朔日附近)的年份 4 月易少雨有旱,几率为－100%(8/8),这 8 年平均 4 月降水量的距平百分率只有－47%。

以上分析到的相关关系,对江南雨季旱涝和北方冬麦区春季 5 月的干旱趋势等预报有一定的使用和参考价值。

5.5.3　6 月和 7 月旱涝与夏至日月相的优相关分析

黄淮地区有"夏至月头,无水养牛"等天气谚语。夏至日的太阳黄经是 90°,所对应的朔望月是农历五月。这条天气谚语意指夏至节气日即夏至日在月初之年,易少雨干旱。耕牛一般习惯在河塘湖边喝水,少雨干旱年河湖水位下降,池塘干枯,牛喝水也成问题了。而在华南地区则有"夏至月头,鹅鸭水满河"之说,意指夏至在月初之年,易多雨致使江河池塘装满了水,喜水动物鹅鸭则可在水面上欢畅游荡。经用上述 14 个区域的各月降水量资料与夏至日的月相进行考核验证,发现 6 月和 7 月降水与夏至日的月相有优相关关系。

5.5.3.1　我国北方地区在"夏至月头"年 6 月易少雨干旱

"夏至月头"经分析发现用夏至日在朔日至上弦之间为月头较好,夏至在月头之年的 6 月份,我国北方大范围易少雨干旱。6 月正是长江下游的雨季高峰月,也是淮河流域雨季开始月,又是北方大部地区由春季少雨干旱季节进入盛夏雨季的过度季节。由表 5.8 可见,夏至日在月头之年,即夏至日在朔日至上弦(初一至初八日)的年份共有 9 年(1963,1982,1955,1974,1966,1985,1977,1958,1969),这 9 年我国长江以北大部地区 6 月以少雨干旱为主。在这 9 年中,长江上游和下游地区的 6 月降水量较常年同期偏少的几率为－78%,这 9 年的 6 月降水量负距平几率比同期气候几率偏高 24%,这 9 年平均 6 月降水量距平百分率分别为－14%和－12%。在这 9 年中,淮河流域和黄河下游即山东地区的 6 月降水量较常年同期偏少的几率为－100%,分别比同期负距平气候几率偏高 43%和 34%,这 9 年平均 6 月降水量距平百分率分别为－43%和－40%,9 年中有 8 年 6 月明显少雨有干旱;在这 9 年中,汉水渭河流域的 6 月降水量较常年同期偏少的几率为－89%,比同期负距平气候几率偏高 35%,9 年平均 6 月降水量距平百分率为－23%,其中有 5 年 6 月明显少雨;在这 9 年中,海河流域和黄河中上游有 7 年 6 月降水量较常年同期偏少(－78%),分别比同期负距平气候几率偏高 12%和 27%,这 9 年平均 6 月降水量距平百分率分别为－24%和－20%;在这 9

年中,辽河流域 6 月降水量较常年同期偏少的几率为 -89%,比同期负距平的气候几率偏高 29%,9 年平均 6 月降水量距平百分率为 -13%。

表 5.8　长江、淮河、黄河、海河和辽河流域在"夏至月头"年的 6 月降水量距平百分率(%)及其负距平概率

年份	夏至日月相	长江上游	长江下游	淮河流域	汉水渭河	海河流域	黄河中上游	黄河下游	辽河流域
代表站点数		9	10	15	9	10	10	6	10
1963	五月初二	-36	-38	-60	-7	-45	-41	-62	-39
1982	五月初二	-14	-31	-40	-39	2	-50	-28	-46
1955	五月初三	-25	55	-20	-37	-37	-43	-55	-24
1974	五月初三	24	-4	-50	-6	-56	-26	-28	-11
1966	五月初四	-24	-6	-41	-34	-7	-3	-5	46
1985	五月初四	-4	-42	-39	-7	-45	-3	-62	-7
1977	五月初五	-26	26	-58	-29	59	7	-34	-1
1958	五月初六	16	-59	-19	3	-45	34	-40	-22
1969	五月初七	-38	-13	-61	-51	-40	-53	-50	-16
概　　率(%)		-78	-78	-100	-89	-78	-78	-100	-89
负距平气候几率(%)		-54	-54	-57	-54	-66	-51	-66	-60
9 年平均距平百分率(%)		-14	-12	-43	-23	-24	-20	-40	-13

5.5.3.2　汉渭和江淮流域在"夏至月中"年 6 月易多雨洪涝

"夏至月中"指夏至日在上弦后至望日(农历初九至十六日)之间,共有 9 年(1961,1980,1972,1953,1964,1983,1956,1975,1967)。这 9 年,在长江上游和下游地区、淮河流域和汉水渭河流域 6 月降水以偏多为主,这 4 个区域的 6 月降水量较常年同期偏多的几率在表 5.9 中表明。这 4 个区域 6 月降水量较常年同期偏多的几率分别有 67%~89%,分别比同期正距平气候几率偏高 21%~43%,这 9 年平均 6 月降水量距平百分率有 17%~40%,这 9 年的 6 月在汉渭和江淮流域中均有不同范围和不同程度的洪涝现象。1956 年 6 月,长江流域、淮河流域、汉水渭河流域、黄河流域和海河流域等大范围明显多雨并有洪涝,是近 35 年中我国北方大部地区 6 月降雨量同期最多之年,长江上游、汉水渭河、淮河流域、海河流域、辽河流域和黄河流域等大部地区较常年同期偏多一倍至两倍多,不少地区发生了洪涝现象。1953 年 6 月,长江下游、山东、辽河流域和汉渭 4 个地区的降水量较常年同期偏多较明显,在长江下游有洪涝现象。1961 年 6 月,在长江上游、汉水渭河直至黄河中上游地区明显多雨,部分地区有洪涝现象。1964 年 6 月,长江中下游地区及其以南地区明显多雨,有不同程度的洪涝现象。1967 年 6 月,长江上游到汉水渭河流域明显多雨,部分地区有洪涝现象。1972 年 6 月,淮河流域明显多雨有洪涝现象。1975 年 6 月,江淮两流域明显多雨,部分地区有洪涝现象。1980 年 6 上,从海河流域和辽河流域到黄河下游,再到淮河流域和长江中游明显多雨,有不同程度的洪涝现象。1983 年 6 月,长江中下游、汉水渭河及黄河中上游明显多雨,长江中下游地区有洪涝现象。

表 5.9　汉水渭河和江淮流域在"夏至月中"年的 6 月降水量距平百分率(%)和概率(%)

年份	夏至日月相	长江上游	长江下游	淮河流域	汉水渭河
代表站点数		9	10	15	9
1961	五月初九	42	−19	−23	40
1980	五月初九	8	15	91	47
1972	五月十一	−9	−6	53	6
1953	五月十二	9	48	2	25
1964	五月十二	19	30	−43	2
1983	五月十二	−1	46	4	20
1956	五月十三	106	27	235	150
1975	五月十三	13	29	39	−24
1967	五月十五	45	−19	0	42
概　率(%)		78	67	78	89
正距平气候概率(%)		46	46	43	46
9 个平均距平百分率(%)		26	17	40	34

　　由上述分析到的关系可见,夏至日在朔至上弦之年,长江及其以北大范围在 6 月份易明显少雨有干旱现象,夏至日在上弦后至望日之年,长江及其以北大范围在 6 月份易明显多雨有不同程度的洪涝现象。所以,6 月降水的多少和地区分布特点与夏至日月相的相关关系是比较显著的,也就是说,我国 6 月份的雨带强弱和范围大小与日-月-地相对运动位相的相关关系是明显的。

　　图 5.15 是淮河流域(15 站平均)6 月降水量距平百分率随夏至日月相的 3 天滑动平

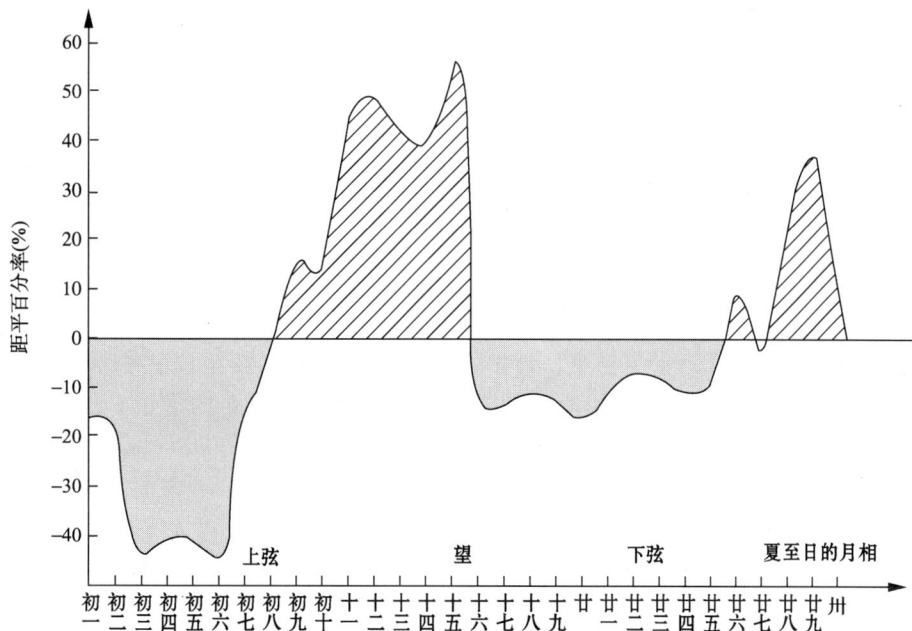

图 5.15　1951—1985 年淮河流域(15 站平均)6 月降水量距平百分率随夏至日月相的
3 天滑动平均值分布图

均值的分布趋势,在一个朔望月中,有两个多雨段和两个少雨段。在上半月的少雨段和多雨段的振幅都较大,而在下半月的多雨段和少雨段的振幅相对较小。夏至日在初二至初七日和十七至二十二日的年份,6 月降水量较常年同期偏少的几率为 84%(16/19),夏至日在农历初五至十五日和二十四至三十日的年份,6 月降水量较常年同期偏多的几率为 75%(12/16)。这个相关关系,在近几年的 6 月降水趋势预报中起到了积极的作用。

5.5.3.3　西南地区和松花江流域 6 月降水与夏至日月相的相关关系

西南地区和松花江流域的 6 月降水与夏至日月相也有较好的对应关系,但其具体的对应关系与上述区域有所不同。

(1)西南地区(13 站平均)6 月降水量的距平趋势与夏至日月相的相关关系是:夏至日在农历初七至十六日(上弦至望日)的 10 年,6 月降水量均较常年同期偏少(100%);夏至日在农历十七至二十五日(望日后至下弦后两天)的 12 年中,有 9 年 6 月降水量较常年同期偏多即偏多的几率为 75%(9/12),另外夏至日在初三至初六日的 6 年中有 5 年的 6 月降水量较常年同期偏多(83%),夏至日在农历二十六至初二的 7 年中有 6 年 6 月降水量较常年同期偏少(86%)。具体分布趋势如图 5.16 所示。

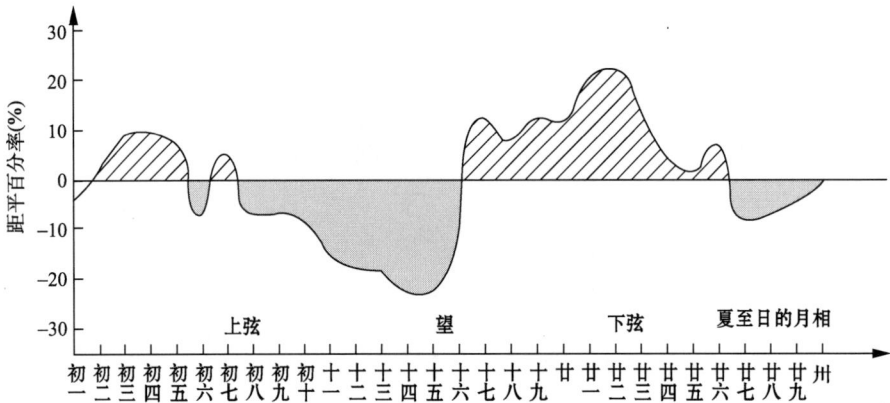

图 5.16　1951—1985 年西南地区(13 站平均)6 月降水量距平百分率随夏至日月相
的 3 天滑动平均值分布图

(2)松花江流域 6 月降水与夏至日月相的对应关系也较好,夏至日在农历二十八至初五和十二至十八日(即在朔附近和望附近)之年,6 月降水量较常年同期偏多的几率分别为82%(9/11)和 78%(7/9),8 个 6 月明显多雨年有 7 个在这两个时段中。夏至日在农历初六至十一日和十九至二十六日(上弦附近和下弦附近)之年,6 月降水量较常年同期偏少的几率分别为 80%(4/5)和 80%(8/10)。概括而言,夏至日在朔、望附近之年,松花江流域 6 月多雨的几率为 80%(16/20),夏至日在上、下弦附近之年,6 月少雨的几率为 80%(12/15)。这样的对应关系在 6 月降水预报中有较好的使用价值。

5.5.3.4　华南、江南、西南、长江中游、辽河流域及黄河中上游的 7 月降水与夏至日月相的优相关分析

上面分析了 6 月降水与夏至日月相的相关关系。7 月降水与夏至日月相也有较好的相关关系,但各区域的对应时段各有所异,下面我们分别分析讨论。

(1)华南地区(15 站平均)7 月降水与夏至日月相的相关关系比较显著,夏至日在农历二十九至初九日的 13 年中,有 12 年的 7 月降水量较常年同期偏多,即夏至日在朔日附近到上弦附近之年 7 月多雨的几率为 92%(12/13),其中 62% 是 7 月明显多雨有涝之年,这 13 年平均 7 月降水量距平百分率为 29%,夏至日在农历十一至二十八日的 22 年中,有 18 年 7 月降水量较常年同期偏少,7 月少雨几率为 82%(18/22),其中 64% 是 7 月明显少雨有旱象之年,这 22 年平均 7 月降水量距平百分率为 −19%。

(2)江南地区(16 站平均)7 月降水与夏至日月相的相关性比华南差些,但还是有一定的相关性。夏至日在农历初七至十八日(上弦到望日后两天)之年,7 月江南地区的降水较常年同期偏少的几率为 92%(12/13),只有 1 年 7 月雨水正常稍偏多;夏至日在农历十九至初六之年,7 月多雨和少雨几率都是 50%(11/22),但多雨几率比其气候几率(34%)偏高 16%,而少雨几率则比其气候几率(66%)偏低 16%。

(3)西南地区(13 站平均)7 月降水与夏至日月相的相关关系是,夏至日在农历十二至二十二日之年,7 月降水量较常年同期偏少的几率为 81%(13/16);夏至日在农历二十四至十一日之年,7 月降水量较常年同期偏多的几率为 74%(14/19)。

(4)长江中游(9 站平均)7 月降水趋势与夏至日的相关关系如表 5.10 所表明,有两个多雨段和两个少雨段。夏至日在朔附近和望附近之年 7 月易少雨干旱,少雨几率分别为 89%(8/9)和 83%(5/6),9 年和 6 年平均距平百分率均为 −26%,1959,1971,1972,1978 年等 7 月明显少雨有伏旱之年的夏至日的月相均在朔、望附近,即符合这个相关关系;夏至日在上弦附近的 5 年中有 4 年 7 月明显多雨有洪涝现象,如 1969 和 1980 两个大水年亦在其中。14 个夏至日在望后至朔前之年中有 10 年 7 月多雨,1954 年特大洪涝年的夏至日在农历二十二日(下弦),所以也在这个多雨段之中。

表 5.10　长江中游(9 站平均)1951—1985 年 7 月降水距平百分率与夏至日月相的相关关系

夏至日月相	上弦附近	望日附近	望后至朔前	朔　附　近
夏至日日期	初五至初九	十一至十七	十八至二十九	三十至初四
总年数	5	9	14	6
正距平年数	4	1	10	1
概　率(%)	80	−89	71	−83
多年平均距平百分率(%)	40	−26	19	−26

(5)黄河中上游(10 站平均)7 月降水与夏至日的相关关系是:夏至日在农历二十一至初三(下弦附近至朔附近)的 16 年中,有 13 年 7 月降水量较常年同期偏少,即少雨几率为 81%(13/16),夏至日在农历初四至二十日的 19 年中,有 12 年 7 月降水量较常年同期偏多,即多雨几率为 63%(12/19),比其气候几率(43%)偏高 20%。

(6)辽河流域(10 站平均)7 月降水量距平趋势与夏至日月相的相关关系是,夏至日在农历十二至二十一日的 13 年中,有 10 年 7 月降水量较常年同期偏多,1 年等于常年,正距平几率为 85%(11/13),夏至日在农历二十二至三十日的 10 年中,有 9 年 7 月降水量较常年同期偏少,负距平几率为 90%(9/10),夏至日在农历初一至十一日之年 7 月降水倾向性不明显,无预报意义。

5.5.4　黄河中上游 4—9 月降水总趋势与夏至日月相的相关分析

黄河中上游夏半年 4—9 月降水总趋势与夏至日月相的相关关系也比较明显,夏至日在农历初四至二十日的 19 年中,有 14 年 4—9 月降水总量较常年同期偏多,有 1 年等于常年,正距平几率为 79%(15/19),19 年平均 4—9 月降水总量距平百分率为 9%,其中有 5 个涝年(1958,1961,1964,1967,1985),但也有两个旱年在这里面。夏至日在农历十二至十九日的 10 年中,4—9 月降水总量较常年同期偏多的几率为 90%(9/10),10 年平均 4—9 月降水总量距平百分率为 13%,这 10 年中无旱年;夏至日在农历二十一至初三的 16 年中,有 12 年 4—9 月降水总量较常年同期偏少,负距平几率为 75%(12/16),其中有 5 个旱年,无涝年,16 年平均 4—9 月降水总量距平百分率为-9%。夏至日在农历二十五至初三的 10 年中,有 9 年 4—9 月降水总量较常年同期偏少,负距平几率为 90%(9/10),10 年平均 4—9 月降水总量距平百分率为-12%。可见,黄河中上游夏半年降水总趋势随夏至日月相分布有明显的偏态性,具体分布特点如图 5.17 所示。

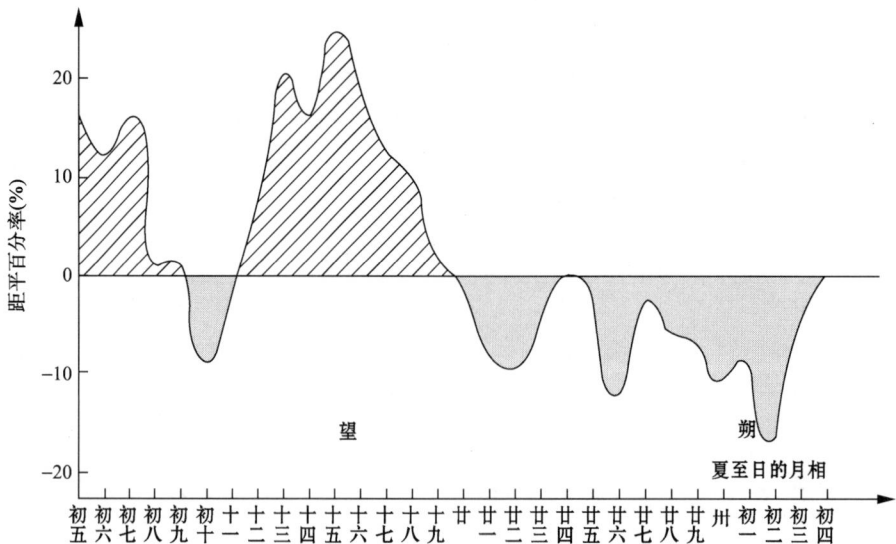

图 5.17　1951—1985 年黄河中上游(10 站平均)4—9 月降水总量距平百分率随夏至日月相的 3 天滑动平均值分布图

5.5.5　长江上游和华南地区 7 月旱涝与立秋日月相的相关分析

立秋节气日即立秋日的农历日期在六月下半月至七月上半月,一些地区有"六月秋雨不多,七月秋水满河"之说。经验证发现长江上游和华南地区 7 月降水趋势与立秋日月相的对应关系较好。

5.5.5.1　长江上游 7 月降水与立秋日月相的相关分析

长江上游(9 站平均)7 月降水与立秋日的月相之间的相关关系是,立秋日在农历初六至十三日的 10 年中,有 7 年 7 月份明显多雨有洪涝(70%),有 1 年正常稍偏多,有 1 年等于常年,只有 1 年少雨,即 7 月降水为正距平的几率是 90%(9/10)。特别是立秋日在初六至十一日的 7 年中,有 6 年的 7 月份有洪涝现象,只有 1 年 7 月正常,这 7 年平均 7 月降水量距平百分率为 23%。这个相关指标在 1981 年 7 月和 1984 年 7 月的实际长期预报的应用中发挥了重要作用,使这两次洪涝趋势预报获得了成功,收到了良好的社会效益,立秋日在农历十四至二十一日的 10 年中,有 8 年 7 月降水量较常年同期偏少,即负距平几率为 80%(8/10),另 2 年为一般多雨年,这 10 年平均 7 月降水量距平百分率为 −5%。这 10 年 7 月无明显雨涝现象。这两个 10 年的 7 月降水量距平百分率如表 5.11 所表示。另外,立秋日在农历二十二至二十六日(下弦及其附近)的 4 年 7 月降水量均较常年同期偏多(4/4),但无雨涝现象。立秋日在农历二十七至初五(朔附近)之年,7 月降水趋势不好确定。概括而言,立秋日在上弦附近之年,7 月在长江上游易明显多雨有洪涝;在下弦附近之年,7 月为一般多雨年;立秋日在望到下弦这段时间内的年份,7 月降水大多为正常偏少年;立秋日在朔附近之年,7 月降水距平趋势无明显倾向性,但无洪涝年,大多为 7 月少雨干旱或正常偏多年。

表 5.11　长江上游(9 站平均)7 月降水趋势与立秋日月相的对应关系

年　　份	1951	1954	1957	1962	1965	1970	1973	1976	1981	1984	10 年平均
立秋日农历日期	初六	初十	十三	初九	十二	初七	初十	十二	初八	十一	初六至十三日
7 月降水量距平百分率(%)	21	29	30	−1	4	25	25	−17	23	44	18%

年　　份	1968	1971	1985	1952	1955	1960	1963	1974	1979	1982	10 年平均
立秋日农历日期	十四	十八	二十一	十七	二十一	十五	十九	二十一	十六	十九	十四至二十一日
7 月降水量距平百分率(%)	−9	−36	−7	−2	19	14	−6	−16	−4	−5	−5%

5.5.5.2　华南地区 7 月降水与立秋日月相的相关分析

华南地区(15 站平均)7 月降水与立秋日月相的相关关系是,立秋日在农历十七至二十七日的 13 年中,有 12 年 7 月降水量较常年同期偏多,即 7 月多雨的几率为 92%(12/13),其中 7 月明显多雨有洪涝现象之年的几率为 62%(8/13),即在这 13 年中有 8 年 7 月有洪涝,有 4 年 7 月为一般多雨年,只有 1 年 7 月少雨;而立秋日在农历二十八至十六日的 22 年中,有 18 年 7 月降水量较常年同期偏少,即 7 月少雨的几率为 82%(18/22),其中 7 月明显少雨有干旱现象之年的几率为 55%(12/22),即在这 22 年中有 12 年 7 月降水量较常年同期偏少三成以上,有明显的伏旱现象。华南地区 1951—1985 年 7 月降水量与立秋日月相的秩相关系数为 0.44,信度超过 0.01,35 年相关总概率为 86%(30/35)。由图 5.18 可见,立秋日在下弦附近的年份,7 月降水量为明显的正距平,而立秋日在朔附近之年,则 7 月降水量为明显的负距平。

由上分析可知,长江上游地区 7 月明显多雨有洪涝之年,大多数是立秋日的月相在上弦及其附近之年,而华南地区 7 月明显多雨有洪涝之年,大多是立秋日的月相在望日后到朔日前之间的年份。

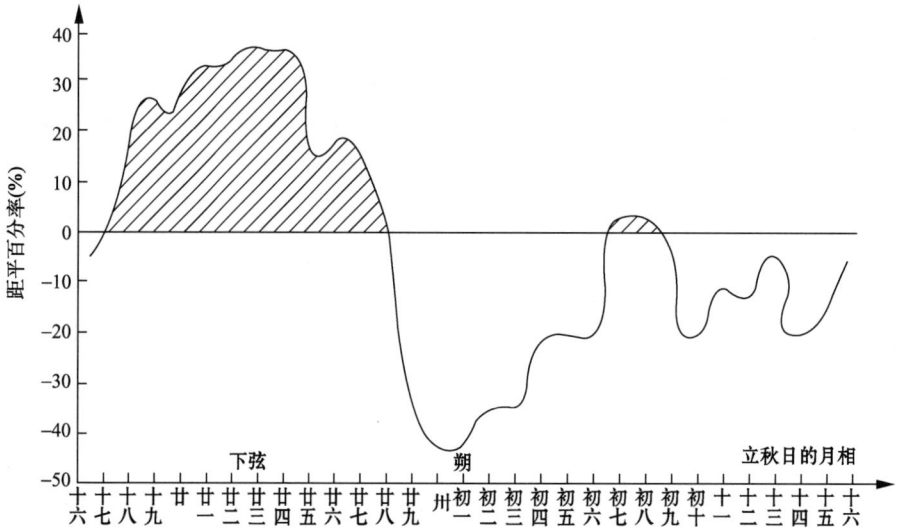

图 5.18　1951—1985 年华南地区(15 站平均)7 月降水量距平百分率
随立秋日月相的 3 天滑动(当天为中日)平均值分布图

5.5.6　海河流域盛夏 7—8 月降水趋势与芒种日月相的相关分析

海河流域(10 站平均)盛夏 7—8 月降水趋势与夏季旱涝关系极为密切。海河流域盛夏旱涝与节气日月相的关系可以芒种节气日即芒种日为例。7—8 月降水总量与芒种日月相的对应关系是,芒种日在望到朔(农历十五至初一)的年,7—8 月降水总量大多数较常年同期偏多,即正距平几率为 75%(15/20),其中有 5 个涝年;但芒种日在下弦附近(农历二十三至二十五日)的 5 年中,有 3 个是盛夏明显少雨有干旱之年,芒种日在朔后到望前(农历初二至十四日)之年,7—8 月降水总量大多较常年同期偏少,即负距平几率为 80%(12/15),其中有 6 个盛夏明显少雨干旱之年,但芒种日在上弦前 1 天(农历初六)的 3 年中,有 2 个涝年。7—8 月降水总量距平百分率随芒种日的月相的 3 天滑动平均值如图 5.19 所示。芒种日在朔望月的上半月和下半月之年,海河流域盛夏 7—8 月降水总量距平趋势基本上是相反的,即芒种日在朔望月的上半月之年,盛夏易少雨干旱,而芒种日在朔望月的下半月之年,盛夏易多雨或有洪涝。但芒种日在上弦前 1 天的年份和芒种日在下弦附近之年则相反,在下弦附近之年盛夏易少雨干旱,在上弦前 1 天之年盛夏易多雨有涝。

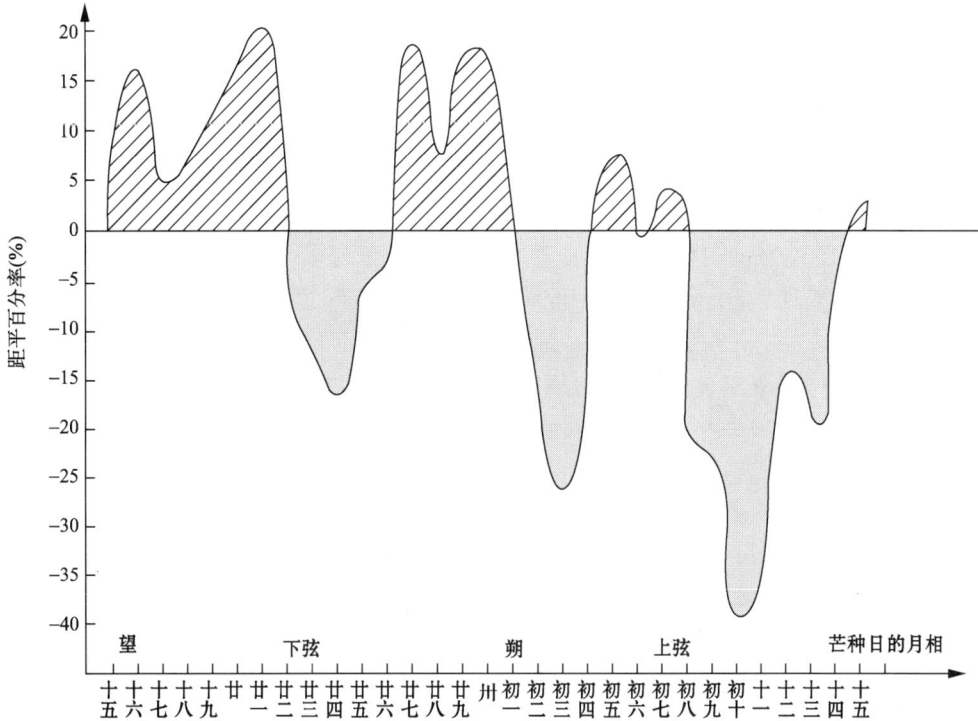

图 5.19　1951—1985 年海河流域盛夏 7—8 月降水总量距平百分率随芒种日月相的 3 天滑动平均值分布图

5.6　中国旱涝与太阳视运动的相关分析

上一节具体分析了各区域旱涝与节气日月相的对应关系,不少区域的降水和旱涝趋势与某一特定节气日即某一固定太阳黄经度的月相之间有较好的对应关系,也就是说,大部地区的旱涝趋势与当年日-月-地的相对方位有相关关系。日-月-地相对方位的年际变化还可以用另一方面的参数来表示,即可用固定月相(即固定农历日期)的太阳视黄经度(即阳历日期)来表示。例如华北地区有"端午来得早,秋雨少"这类天气谚语,端午节的月相是固定的,每年都是农历的五月初五,即上弦前两天,但端午日的公历日期最早之年在 5 月 28 日,即太阳黄经为 67°左右,最晚之年在 6 月 25 日,即太阳黄经为 94°左右,年际最大变幅约 25～27 个黄经度。端午来得早的年份其公历日期在小满节气里,即地球在黄道的位置小于黄经 75°,端午来得正常的年份其公历日期在芒种节气里,地球位于黄经 75°～89°;端午来得晚的年份其公历日期在夏至节气里,地球位于黄道的位置大于黄经 90°。端午节正常或偏早的年份,端午日在申宫里(西方称双子宫)变化,偏晚的年份就在末宫里(西方称巨蟹宫)变化,由于各宫都以本宫内星座来命名,所以端午日在不同的宫里时,其所对应的星座也不同。

由于地球绕太阳公转的轨道是近于圆的椭圆形,太阳的位置就在这个椭圆的一个焦点上。在 1 月初,地球运行到近日点,到了 7 月初,地球运行到远日点,地球在远日点和近日点时离太阳的距离相差五十万公里。地球离太阳越远,地-气所受太阳的引潮力就越小,公转的速度就越慢,地球离太阳越近,地-气所受引潮力就越大,公转的速度就越快些。可见,端午日的早晚不同即反映了地球受到的引潮力的大小也不同,地球自转速率也有差异。

经验证和考核,发现不少地区的夏季旱涝与端午日的早晚有较好的对应关系。

5.6.1　海河流域盛夏旱涝与端午日的太阳黄经度的相关分析

海河流域(10站平均)盛夏7—8月降水和旱涝趋势与端午日的太阳黄经度的大小有关,如表5.12所表明,端午来得早的年份端午日在小满节气里,其阳历日期在5月28日至6月4日的共有9年,这9年中有8年盛夏降水总量较常年同期偏少,几率为89%(8/9)。其中有5年盛夏明显少雨有干旱,有两年盛夏偏旱,只有1年正常稍偏多,这9年平均7—8月降水量距平百分率为−22%。这9年在雨季峰值期(7月下旬至8月上旬)的降水总量均在145 mm以下,较常年同期偏少的几率为89%(8/9),较常年同期明显偏少的几率为67%(6/9),这9年平均雨季峰值期的降水量距平百分率为−33%。由此可见,"端午来得早,盛夏雨水少"之关系也较显著,特别是端午日在阳历5月份的5年中,盛夏8月降水量均明显偏少有明显干旱现象,这5年平均8月降水量距平百分率为−48%;相反,端午来得晚的年份,端午日在阳历6月19—25日之年,盛夏7—8月降水总量较常年同期偏多的几率为89%(8/9),有1年正常稍偏少。这9年中有2个涝年,有1个偏涝年,9年平均盛夏7—8月降水量距平百分率为14%,9年盛夏均无旱象。端午日在阳历6月22—25日的6年中,8月降水量均为正距平趋势(6/6),其中有3年8月明显多雨有涝,这6年平均8月降水量距平百分率为38%,还有端午日在阳历10—14日的6年中有5年8月降水量较常年同期显著偏多(5/6),其中有4年8月为明显多雨有涝之年,这6年平均8月降水量距平百分率为23%。可见,盛夏海河流域的降水多少趋势和旱涝现象与某一固定月相的太阳黄经度的大小有一定的相关关系。

表5.12　海河流域(10站平均)7—8月降水趋势与端午日的早晚之间的对应关系

年　　　　份	1952	1971	1960	1979	1968	1957	1976	1965	1984	概率	9年平均
端午日阳历日期(月.日)	5.28	5.28	5.29	5.30	5.31	6.2	6.2	6.4	6.4	5月28日至6月4日	
7—8月降水量距平百分率(%)	−27	−21	−14	−14	−51	−27	7	−43	−8	−89%(−8/9)	−22%
年　　　　份	1969	1958	1977	1985	1966	1955	1974	1963	1982	概率	9年平均
端午日阳历日期(月.日)	6.19	6.21	6.21	6.22	6.23	6.24	6.24	6.25	6.25	6月19日至6月25日	
7—8月降水总量距平百分率(%)	16	4	26	2	11	9	1	60	−3	89%(8/9)	14%

端午来得正常之年,即端午日在阳历6月5—18日之年,也就是说端午日在芒种节气里的年份,盛夏降水则与芒种日的月相有关,其对应关系在上一节中已作了分析。

5.6.2　辽河和江淮流域7月旱涝与端午日的太阳黄经度的相关分析

(1)辽河流域(10站平均)在盛夏7月份,是雨季最高峰值月,所以7月份降水的多少与盛夏旱涝的关系甚为密切。该区域7月降水趋势与端午日的太阳黄经度大小也有关系。端午日在阳历5月28日到6月5日的11年中,有9年7月降水量为负距平,1年正常,1年正常偏多,7 月少雨几率为 82％(9/11),其中有 5 年是 7 月明显少雨有旱年,这 11 年 7 月均无雨涝现象。这 11 年平均 7 月降水量距平百分率为 −17％,而端午日在阳历 6 月 6—15 日的13 年中,有 10 年 7 月降水量为正距平,多雨几率为 77％(10/13),其中有 5 年 7 月明显多雨有洪涝,但有 2 年 7 月明显少雨有旱象。这 13 年平均 7 月降水量距平百分率为 12％,端午日在 6 月 17 日以后的年份,降水无明显的倾向性。7 月降水量距平趋势随端午日的阳历日期的 3 天滑动平均值的分布趋势如图 5.20 所示。

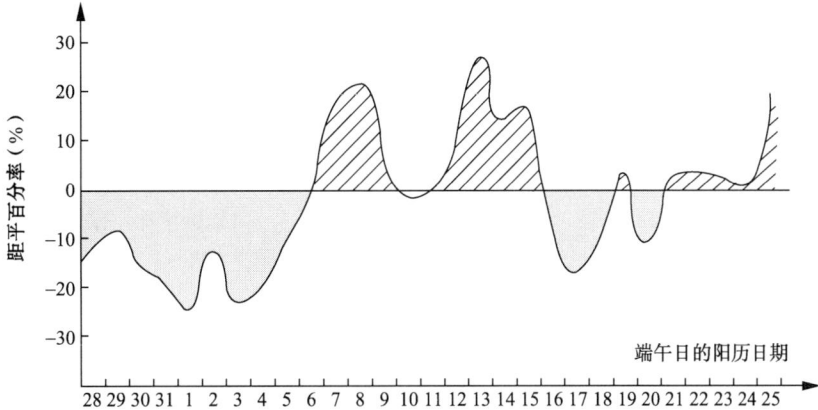

图 5.20　1951—1985 年辽河流域(10 站平均)7 月降水量距平百分率随端午日的阳历日期
的 3 天(当天及前后 1 天)滑动平均值分布图

　　(2)江淮流域 7 月旱涝与端午日的太阳黄经度也有一定的对应关系;①端午日在阳历 6月 10—15 日的年份,长江流域 7 月易少雨有伏旱现象,在这 9 年中有 8 年长江中下游地区 7月降水量均为负距平(89％),这 9 年中有 8 年在长江中游(9 站平均)或下游(10 站平均)地区至少有 1 个地区 7 月明显少雨有伏旱,其中有 5 年在长江中下游两个地区均为 7 月明显少雨有伏旱年。具体来说,在下游地区 7 月明显少雨有伏旱的几率为 78％(−7/9),在中游地区 7 月明显少雨有伏旱的几率为 67％(6/9)。1959,1972,1978 年等长江中下游 7 月大旱之年的端午日均在这个时段之中;相反,端午日在阳历 6 月 4—9 日和 17—21 日的年份,长江中下游和长江上游一般易 7 月多雨,或明显多雨有洪涝现象。端午日在阳历 6 月 4—9 日的 8 年中,上游地区 7 月降水量为正距平的几率是 100％(8/8),7 月明显多雨有洪涝的几率为 75％(6/8)。长江中游地区 7 月降水量为正距平的几率是 75％(6/8),其中有 3 年 7 月明显多雨有洪涝。长江下游地区 7 月降水量为正距平和 7 月明显多雨有洪涝的几率均为50％(4/8)。端午日在 6 月 17—21 日的 5 年中,长江上游 7 月降水量为正常偏多的几率为80％(4/5)。长江中游 7 月降水量为正距平和 7 月明显多雨有洪涝的几率均为 80％(4/5)。长江下游地区 7 月降水量为正距平的几率为 60％(3/5)。②淮河流域(15 站平均)7 月降水趋势与端午日的阳历日期也有一段相关较明显,端午日在阳历 5 月 30 日到 6 月 5 日的 8 年中,有 6 年淮河流域 7 月明显多雨有洪涝(75％),而端午日在阳历 6—14 日的 10 年中,有 9年 7 月降水量为负距平(90％),其中有 6 年为 7 月明显少雨有伏旱之年。由此可见,江淮流域盛夏 7 月降水量和旱涝趋势与端午日的阳历日期也有一定的对应关系,这个对应关系说明了江淮流域的旱涝与端午日的太阳黄经位置有关系。

5.6.3　黄河中上游8月旱涝与端午日的太阳黄经度的相关分析

黄河中上游(10站平均)8月降水趋势与端午日的太阳黄经度(即阳历日期)也有一定的对应关系。在端午日的太阳黄经度适中之年,8月易多雨有洪涝,在端午日的太阳黄经度偏小或偏大之年,大多数8月易少雨有干旱现象。

具体来说,端午日在小满节气里(阳历5月28日到6月4日)的9年中,有7年8月降水量较常年同期偏少,即8月少雨几率为78%(7/9),其中有4年8月明显少雨有干旱现象。但9年中也有2个8月明显多雨有洪涝之年。端午日在阳历6月5—13日的10年中,有9年8月降水量较常年同期偏多,多雨几率为90%(9/10),其中有7年8月明显多雨有涝象,即有涝的几率为70%(7/10)。但10年中也有1年8月明显少雨有旱象,这10年平均8月降水量距平百分率为25%,端午日在阳历6月14—19日的8年中,有6年8月明显少雨有旱象,即8月有干旱的几率为75%(6/8),其中有1年8月明显多雨有涝象,这8年平均8月降水量距平百分率为−17%,端午日在阳历6月21—22日的3年,8月降水量均较常年同期偏多(3/3),3年中有2年是8月明显多雨有涝年,这3年平均8月降水量距平百分率为21%;端午日在阳历6月23—25日的5年,8月降水量均较常年同期偏少(5/5),5年平均8月降水量距平百分率为−31%。

由上面分析到的相关关系可见,黄河中上游8月降水趋势与端午日的太阳黄经度之间有较好的相关关系。

5.6.4　黄淮和西南地区6月旱涝与端午日的太阳黄经度的相关分析

(1)淮河流域(15站平均)和汉水渭河流域(9站平均)的6月旱涝与端午日的太阳黄经度大于80°的年份,相关关系较显著,与端午日的太阳黄经度小于80°的年份,相关关系不清楚。如表5,13所示,端午日在阳历6月12—17日即端午日的太阳黄经度为81°～85°的年份,淮河流域和汉渭流域的6月降水量易较常年同期偏多,多雨的几率分别为78%和89%,9年平均6月降水量距平百分率分别为40%和34%,有89%的年份6月在淮河流域或汉水渭河流域明显多雨有洪涝;相反,端午日在阳历19—25日的年份,即端午日的太阳黄经度为87°～93°的年份,淮河流域6月降水量均较常年同期偏少(100%),其中有89%的年份为6月明显少雨有旱年,这9年平均6月降水量距平百分率为−43%;汉水渭河流域6月降水量为负距平的几率为89%(8/9),其中有5年为6月明显少雨有旱年,这9年平均6月降水量距平百分率为−23%。这9年的6月份在淮河流域和汉水渭河流域均未出现过涝象。

(2)山东(6站平均)6月旱涝与端午日的阳历日期异常偏早和偏晚的年份,有明显的相关关系。在端午来得异常偏早(端午在阳历5月28—30日)的4年,6月降水量较常年同期明显偏多有涝象(4/4),4年平均6月降水量距平百分率为71%;在端午来得偏晚(端午在阳历6月19—25日)的9年,6月降水量均较常年同期偏少(−100%),9年中有8年6月明显少雨有旱象,即有干旱的几率为89%,这9年的平均6月降水量距平百分率为−40%;端午日在阳历5月31日到6月18日的年份,关系不很清楚。

(3)西南地区(13站平均)6月降水趋势与端午日的太阳黄经度的大小也有一定的相关

关系。端午日在阳历 5 月的 5 年,6 月均为正常年份,其中有 4 年正常偏少(−80%),有 1 年正常偏多,5 年平均 6 月降水量距平百分率为 −7%;端午日在阳历 6 月 2—10 日的 12 年中,有 9 年 6 月降水量较常年同期偏多(75%),其中有 5 年 6 月明显多雨有涝象,这 12 年平均 6 月降水量距平百分率为 13%;端午日在阳历 6 月 12—19 日的 10 年,6 月降水量均为负距平(100%),这 10 年平均 6 月降水量距平百分率为 −15%;端午日在阳历 6 月 21—24 日的 6 年中,有 5 年 6 月降水为正距平(83%)。

表 5.13 淮河流域(15 站平均)和汉渭流域(9 站平均)6 月旱涝与端午日的阳历日期的相关关系

年　份	端午日的阳历日期(月.日)	6 月降水量距平百分率(%)	
		淮河流域	汉渭流域
1967	6.12	0	42
1956	6.13	235	150
1964	6.14	−43	2
1975	6.14	39	−24
1953	6.15	2	25
1972	6.15	53	6
1983	6.15	4	20
1961	6.17	−23	40
1980	6.17	91	47
正距平概率		78%(7/9)	89%(8/9)
1969	6.19	−61	−51
1958	6.21	−19	3
1977	6.21	−58	−29
1985	6.22	−39	−7
1966	6.23	−41	−34
1955	6.24	−20	−37
1974	6.24	−50	−6
1963	6.25	−60	−7
1982	6.25	−40	−39
负距平概率		−100%(−9/9)	−89%(−8/9)

5.7 厄尔尼诺年的日月视运动特征分析

厄尔尼诺年的中国天气气候和旱涝特点在前面已作过分析。厄尔尼诺年的赤道东太平洋海水异常偏暖,全球大范围的天气气候也较异常。而且,经分析发现,大多数厄尔尼诺年的日-月-地相对运动都有其相近的方位角,而厄尔尼诺年与非厄尔尼诺年的日月视运动有着不同的特征。也就是说,厄尔尼诺年有其特定的天文背景。

5.7.1 厄尔尼诺年的芒种日月相的特征分析

芒种节气日即芒种日的太阳黄经基本是固定的,即芒种日的太阳黄经为 75° 左右。近 10 个厄尔尼诺年全部发生在芒种日的月相为上、下弦和朔、望月附近(图 5.21)。具体来说,近 10 个厄尔尼诺年中,有 3 个厄尔尼诺年(1965,1976,1957)的芒种日在上弦及其后 1 天(农历七至九日),有 4 个厄尔尼诺年(1969,1972,1953,1983)的芒种日在下弦及其后两天(农历二十二至二十五日),有 2 个厄尔尼诺年(1963,1982)的芒种日在望日及其前 1 天(农历十五日),还有 1 个厄尔尼诺年(1951)的芒种日在朔日后 1 天(农历初二)。反过来看,近 35 年中,芒种日在上述 4 个时间的年份共有 14 年,其中发生了 10 个厄尔尼诺年,几率为 71%(10/14)。而芒种日在其他月相(共有 21 天)的 21 年却没有 1 个厄尔尼诺年(0/21)。

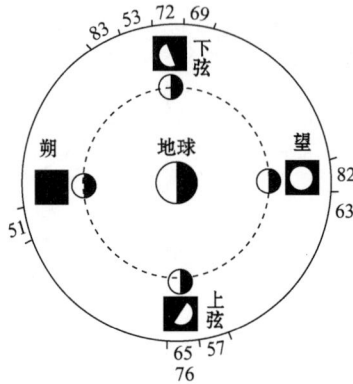

图 5.21　1951—1985 年期间厄尔尼诺年的芒种日月相

　　从长资料序列来看,这里采用的是王绍武教授根据南美沿岸海温、赤道东太平洋海温、南美降水、赤道中太平洋降水、西太平洋降水、印度干旱、南方涛动指数等 7 组指标,对近 126 年(1860—1985)间划定的 33 个厄尔尼诺年,以这 33 个厄尔尼诺年作样本,对厄尔尼诺年的气候特点和天文背景作些具体分析。

　　厄尔尼诺年的气候几率为 26%(33/126),平均 3.8 年中出现 1 个厄尔尼诺年。但实际厄尔尼诺年分布并不均匀,两个相邻的厄尔尼诺年的间距最小的可以连续出现,最大的可以相隔 6～7 年。从厄尔尼诺年的长序列分布情况来看,无明显规律性。

　　现把厄尔尼诺年与日月视运动的年变化进行对比分析,可以看出厄尔尼诺现象的发生与天体运动的特征有较好的对应关系。例如,芒种日在农历二十四日的 4 年(1866,1877,1896,1972)中有 3 个是厄尔尼诺年(3/4),而芒种日在农历十七至二十一日的 21 年中,只有 1 个厄尔尼诺年(1/21)。把 1860—1985 年期间的 126 年中的 33 个厄尔尼诺年随每年芒种日的月相作 5 天(当天及前后两天)滑动平均,其值分布如图 5.22 所示。例如,芒种日在农历十九日及其前后两天共 5 天里的年份总共有 21 年,其中只有 1 个厄尔尼诺年。所以,对应农历十九日为当天及其前后两天的 5 天(农历十七至二十一日)平均出现厄尔尼诺年的几率只有 5%(1/21),比气候几率(26%)偏低 21%;而芒种日在农历二十六日为当天及其前后两天的 5 天(农历二十四至二十八日)里的年份总共也有 21 年,其中有 9 个厄尔尼诺年。所以,这 5 天平均出现厄尔尼诺年的几率是 43%(9/21),比气候几率偏高 17%。也就是说,芒种日在下弦后 5 天(农历二十四至二十八日)的 21 年中的厄尔尼诺年要比芒种日在下弦前 5 天(农历十七至二十一日)的 21 年中的厄尔尼诺年显著偏多,前者平均 2.3 年中就有 1 个厄尔尼诺年,而后者 21 年中才有 1 个厄尔尼诺年。由图 5.22 可见,有的天文背景易发生厄尔尼诺年,有的天文背景却不易发生厄尔尼诺年,发生厄尔尼诺年的频率与月相有关。芒种日在下弦到朔日之间和上弦到望日之间的年份,是在发生厄尔尼诺年的高频天文背景下,而芒种日在望日至下弦之间和朔日至上弦之间的年份,是在发生厄尔尼诺年的低频天文背景下。

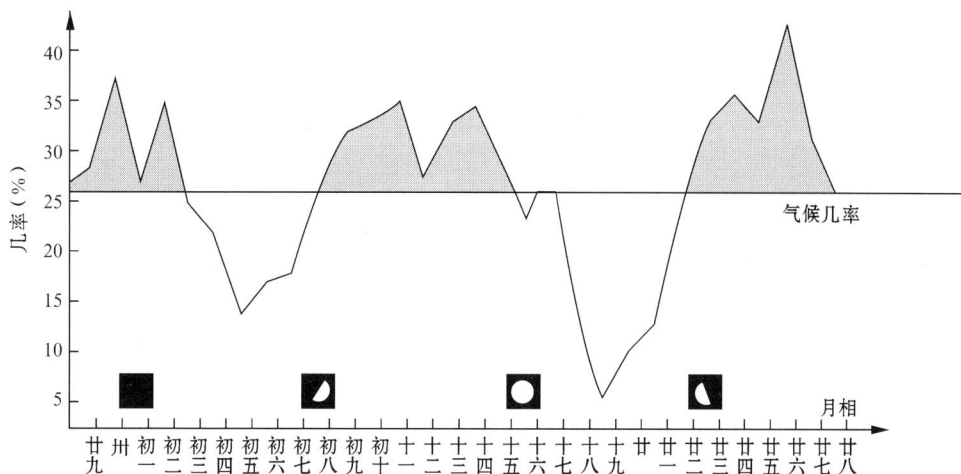

图 5.22 1860—1985 年期间厄尔尼诺年随芒种日的月相 5 天(当天及前后两天)滑动平均几率分布图

5.7.2 厄尔尼诺年的远日点月相的特征分析

厄尔尼诺年的远日点和非厄尔尼诺年的远日点相比,它们的太阳黄经度基本上是相同的,每年都是 7 月初,在这里我们取阳历 7 月 1 日为远日点的太阳黄经。然而,厄尔尼诺年的远日点月相与非厄尔尼诺年的远日点月相相比,大多数厄尔尼诺年与非厄尔尼诺年的月相各有其本身的特征。

例如,远日点月相在农历十二至二十日的 9 天中的年份共有 37 年,其中只有 4 个厄尔尼诺年,出现厄尔尼诺年的几率为 11%(4/37),比气候几率偏低 15%,然而,远日点月相在这 9 天的前 1 天和后 1 天即远日点月相在农历十一日和二十一日这两天的年份,发生厄尔尼诺年的几率特别高。远日点在农历十一日(上弦后第 3 天)的年份共有 5 年(1887,1925,1944,1963,1982),其中有 4 个是厄尔尼诺年,几率为 80%(4/5),而且 1887 年在有些文献中也被划分为厄尔尼诺年,如果算上 1887 年,这 5 年全部是厄尔尼诺年。远日点在农历二十一日(下弦前 1 天)的年份共有 6 年(1877,1896,1907,1953,1972,1983),其中除 1907 年不是厄尔尼诺年外,其余 5 个全是厄尔尼诺年,几率为 83%(5/6)。也就是说,远日点在农历十一日和二十一日的 11 年中,有 9 个或 10 个是厄尔尼诺年,几率高达 82%~91%(9/11~10/11),比气候几率偏高 56%~65%。1982—1983 年连续两年发生了强大的厄尔尼诺现象,可能与这两年都处在特别有利于发生厄尔尼诺现象的天文背景下有关。

1860—1985 年期间的厄尔尼诺年随远日点月相的 3 天(当天及前后 1 天)滑动平均几率分布情况如图 5.23 所示。远日点的月相在望日附近和朔日附近的年份,发生厄尔尼诺的几率比较小,比气候几率明显偏低。而远日点的月相在上弦前或后的年份和在下弦及其附近的年份,发生厄尔尼诺的几率显著偏高,比气候几率明显偏高。

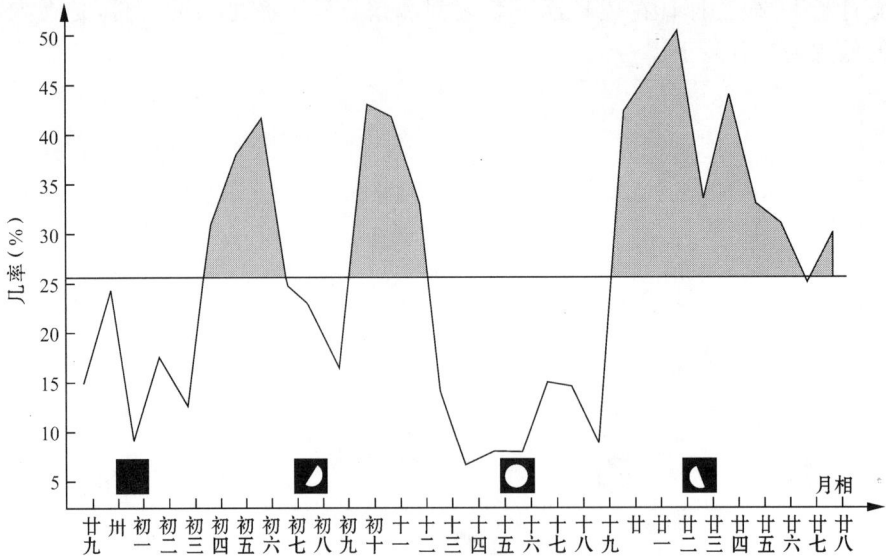

图 5.23　1860—1985 年期间厄尔尼诺年随远日点(公历 7 月 1 日)月相的 3 天
(当天及前后 1 天)滑动平均几率分布图

　　由上面分析的对应关系可见,厄尔尼诺现象的发生与日-月-地相对运动位相角的年变化有显著的相关关系。其中的物理机制值得进一步探讨。

5.8　厄尔尼诺现象和西北太平洋副高的 19 年周期性分析

　　在分析中发现,厄尔尼诺现象和西北太平洋副高的 19 年周期性比较显著,这 19 年周期性看来并非偶然,它与天文上的 19 年周期性正好相吻合。例如,朔望月和回归年的公共会合周期是 19 年,日食和月食周期也接近 19 年,月亮轨道的交点进动周期也接近 19 年。由此可见,天文背景的 19 年周期性比较显著,厄尔尼诺现象、西太平洋副高和我国旱涝的 19 年周期性,可能与其所受到的天文背景的影响有关。

5.8.1　厄尔尼诺现象的 19 年周期性分析

　　在这里仍然用王绍武教授在 1985 年 1 期《科学通报》上发表的"1860—1979 年期间的厄尔尼诺年"作为基础,把 1860—1985 年期间的 33 个厄尔尼诺年作为样本。在分析这 33 个厄尔尼诺年的规律时发现,厄尔尼诺年的出现有明显的 19 年韵律特点,我们把这 19 年韵律称作厄尔尼诺年的 19 年周期特性。有 86%(24/28)的厄尔尼诺年与其后第五个厄尔尼诺年相差 18～21 年,最长相差 22 年(2/28),最短相差 17 年(2/28),平均 19.2 年。近 10 个厄尔尼诺年则有明显的 18～19 年周期性,即前 5 个厄尔尼诺年(1951,1953,1957,1963,1965)与其后第五个厄尔尼诺年(1969,1972,1976,1982,1983)分别相差 18～19 年。例如,1951 与 1969 相差 18 年,1953 与 1972,1957 与 1976,1963 与 1982 都是相差 19 年,1965 与 1983 相差 18 年。

厄尔尼诺年的 19 年周期性与农历设置的闰月周期有较好的对应关系,如表 5.14 所表明,1860—1985 年期间的厄尔尼诺年与闰月年之间有下列对应关系:

(1)农历年中有两个二月或两个三月或两个七月或两个十月之年,即农历年中有闰二月或闰三月或闰七月或闰十月之年,共有 18 个这样的年份均未出现过厄尔尼诺年(0/18)。

表 5.14　厄尔尼诺年的 19 年周期和闰月的复相关表

序号	年份	闰月	年份	闰月	年份	闰月	年份	闰月	年份	闰月	年份	闰月	年份	闰月	厄尔尼诺年个数	年份	闰月
1	1860	三月	1879	三月	1898	三月	1917	二月	1936	三月	1955	三月	1974	四月	0	1993	三月
2	1861		1880	▲	1899	▲	1918	▲	1937		1956		1975		3	1994	
3	1862	▲八月	1881	七月	1900	八月	1919	七月	1938	七月	1957	▲八月	1976	▲八月	3	1995	八月
4	1863		1882		1901		1920		1939		1958		1977		0	1996	
5	1864	▲	1883		1902	▲	1921		1940	▲	1959		1978		3	1997	
6	1865	五月	1884	▲五月	1903	五月	1922	五月	1941	▲六月	1960	六月	1979	六月	2	1998	五月
7	1866		1885		1904		1923	▲	1942		1961		1980		1	1999	
8	1867		1886		1905	▲	1924		1943		1962		1981		1	2000	
9	1868	▲四月	1887	四月	1906	四月	1925	▲四月	1944	▲四月	1963	▲四月	1982	▲四月	5	2001	四月
10	1869		1888	▲	1907		1926		1945		1964		1983	▲	2	2002	
11	1870	十月	1889		1908		1927		1946		1965	▲	1984	十月	1	2003	
12	1871	▲	1890	二月	1909	二月	1928	二月	1947	二月	1966	三月	1985		1	2004	二月
13	1872		1891		1910		1929		1948		1967		1986		(1)	2005	
14	1873	六月	1892	六月	1911	▲六月	1930	▲六月	1949	七月	1968	七月	1987	六月	(2)	2006	七月
15	1874		1893		1912		1931		1950		1969	▲	1988		(1)	2007	
16	1875		1894		1913		1932		1951	▲	1970		1989		(1)	2008	
17	1876	五月	1895	五月	1914	▲五月	1933	五月	1952	五月	1971	五月	1990	五月	(1)	2009	五月
18	1877	▲	1896	▲	1915		1934		1953	▲	1972	▲	1991		(4)	2010	
19	1878		1897		1916		1935	▲	1954		1973		1992		(1)	2011	
1~19 行闰月数	7		7		7		7		7		7		7		49		
1~11 行▲数	3		3		3		3		3		3		3		21		
12~19 行▲数	2		2		2		2		2		2		2				
1~19 行▲数	5		5		5		5		5		5		5				

注:表中▲为厄尔尼诺年。

(2)在有闰六月年份的随后两年(例如,1873 年为有闰六月之年,随后两年指 1874—1875)的年份共有 14 年,均未出现过厄尔尼诺年(0/14)。

(3)在有闰四月的年份中,发生厄尔尼诺年的几率为 63%(5/8),比气候几率高 37%。在闰四月之年及其前一年和后一年的 3 年中,有 1~2 个是厄尔尼诺年,其概率为 88%(7/8)。

(4)在闰五月之年及其前一年和后一年的 3 年中,有 1~2 个是厄尔尼诺年,其概率为 90%(9/10)。

(5)在闰六月之年及其前一年的 2 年中,有 1~2 个是厄尔尼诺年,其概率为 57%(4/7)。

(6)在闰八月之年出现厄尔尼诺现象的几率有 75%(3/4)。在闰八月之年及其前一年的 2 年中,有 1 个是厄尔尼诺年的概率达 100%(4/4)。

(7)以闰二月年为首的 8 年(例如 1890 年为闰二月年,以它为首的 8 年即指 1890—1897)中。有 2 个并且只有 2 个厄尔尼诺年,其概率为 100%(5/5)。

(8)以闰三月年为首的 11 年中,有 3 个并且只有 3 个厄尔尼诺年,其概率为 100%(6/6)。

(9)以闰二月年或闰三月年为首的 19 年中,有 5 个并且只有 5 个厄尔尼诺年,其概率为

100%(11/11)。

在表 5.14 中可见,从 1860 年开始,每 19 年(1860—1878,1879—1897,1898—1916,1917—1935,1936—1954,1955—1973,1974—1992)中的第一年(1860,1879,1898,1917,1936,1955,1974)都给以序号 1,第二年都给以序号 2,依顺序逐年给以序号,一直到第十九年给以序号 19。

在对应序号 1,4,7~8,11~13,15~17,19 的 72 年中,只有 9 个厄尔尼诺年,几率为 13%(9/72),比气候几率低 13%,平均 8 年才出现 1 个厄尔尼诺年。然而,在对应序号 2,3,5,9,18 的 34 年中,有 18 个厄尔尼诺年,几率为 53%(18/34),比气候几率高 27%,平均不到 2 年就出现 1 个厄尔尼诺年。其中对应序号 9 和 18 的 13 年中有 9 个厄尔尼诺年,几率有 69%(9/13),比气候几率高 43%。

由上面的分析结果可知,厄尔尼诺现象的爆发与天体运动的主要韵律即周期性有明显的相关关系。这种关系隐含着厄尔尼诺现象的发生可能与日-月-地相对运动所造成的三星特定位相有关。尽管这其间的具体演变过程和物理机制还没有完全搞清楚,但厄尔尼诺现象的出现与特定的天文背景之间确实存在着显著的对应关系,而且这种对应关系具有一定的位用价值,对预测未来的厄尔尼诺现象是很有帮助的。

5.8.2　对 1986—2000 年期间厄尔尼诺年的初步展望

在表 5.14 中,可以根据闰月月份和芒种、夏至、立秋节气日、远日点的月相,将每行中的厄尔尼诺年和非厄尔尼诺年分离开,从而可对未来可能发生的厄尔尼诺年作出展望。例如,第 14 行中的闰七月年和闰六月年中的远日点在上弦(初七至初八)之年均不是厄尔尼诺年(0/4);但在闰六月年中的远日点在上弦前一天(初六)的年份(1911,1930 年)均是厄尔尼诺年(2/2)。1987 年是闰六月年,且远日点在农历初六,其天文背景与 1911,1930 两个厄尔尼诺年相似,估计 1987 年可能是厄尔尼诺年,由表 5.14 可见,在 1985—1992 年中可能有两个厄尔尼诺年,除 1987 年外,还可能有一个厄尔尼诺年。因为 1988—1989 年是闰六月年(1987)的随后两年,这样的年份在表 5.14 中有 14 个均不是厄尔尼诺年,所以 1988—1989 年很可能也不是厄尔尼诺年。1990 年处在表 5.14 中的第 17 行,该年芒种节气日的月相均与同一行中的 1876,1895,1933,1952,1971 年相同,即芒种节气日在农历十四日,这 5 年均不是厄尔尼诺年。该行中只有 1914 年的芒种节气日在农历十三日,该年是厄尔尼诺年。所以 1990 年不可能是厄尔尼诺年。1991 年在表 5.14 中的第 18 行,在该行中的远日点在农历二十一日之年(1877,1896,1953,1972)均是厄尔尼诺年(4/4),而远日点在农历十九至二十的年(1915,1934)均不是厄尔尼诺年(2/2),1991 年的远日点在农历二十,从这点看可能不是厄尔尼诺年。但从芒种节气日来看,1991 年的芒种节气日在农历二十四,与该行中的厄尔尼诺年(1877,1896,1972)相同,再若 1985—1992 年中可能有二个厄尔尼诺年的话,1991 年是一个厄尔尼诺年的可能性比其后两年要大。1992 年不是厄尔尼诺年的可能性较大,因为在同行(第 19 行)内的 6 年中只有 1935 年是厄尔尼诺年,其余 5 年均不是厄尔尼诺年,而 1992 年远日点的月相在农历初二,恰恰与这 5 年相同,唯独只有 1935 年远日点在朔日(初一)。在第 8 个 19 周中(1993—2011 年),1993 年是闰三月年,出现厄尔尼诺现象的可能性较小。1995 年是闰八月年,且该年的芒种节气日和远日点的月相与该行中的 1957 年相同,所以 1995 年是厄尔尼诺年的可能性很大。1996 年处在第 4 行,该行中没有厄尔尼诺年,所以 1996 年是厄尔尼诺年的可能性较小。1997—2000 年中还可能有一次厄尔尼诺事件。

　　由上述分析结果可以对 1986—2000 年期间可能发生的 4 次厄尔尼诺事件作一个初步展望:在 1986—1987,1990—1991,1994—1995,1998—1999 年中可能分别有一次厄尔尼诺事件发生。这仅是初步展望,具体预报还应结合当年的海温,大气环流特征、气象要素特点进行具体分析,方可作出具体补充预报。

　　在此要指出的是 1986—1987 年这次厄尔尼诺事件中厄尔尼诺现象盛行于 1987 年,作者在 1985 年秋就已作好预报,并在 1986 年春分别在"全国长期预报研讨班"上和"全国汛期预报讨论会"上作出了正式预报,目前正在盛行的厄尔尼诺现象已经证明对这次厄尔尼诺事件的预报是获得成功的。以后的几次还有待于实践的检验。

5.8.3　西太平洋副高的 19 年周期性分析

　　通过对西太平洋副热带高压的面积指数和强度指数的逐年距平趋势的分析,我们在 1979 年就发现西太平洋副高有明显的 19 年周期性相似阶段,也可以说是 19 年韵律关系,而且这个关系在后来几年的西太平洋副高的长期预报中起到了积极的作用。由图 5.24 可见,1974—1982 年的逐月西太平洋副高面积指数的距平演变趋势与 1955—1963 年的逐月演变趋势比较相似,1974 年初到 1976 年夏季,西太平洋副高持续偏弱,即持续负距平趋势。这种持续偏弱趋势正好与 19 年前的 1955 年初到 1957 年夏季的持续偏弱趋势相对应。而 1976 年秋季副高转强后,一直到 1983 年持续偏强,1976 年秋季到 1982 年的持续偏强即持续正距平趋势,正好与 1957 年秋季到 1963 年的持续偏强即持续正距平趋势相对应。但这个相似性在 1983 年以后就不好了,1983 年与 1964 年的基本趋势相反,1985 年与 1966 年的基本趋势也相反。是否由相似阶段转变成相反阶段呢? 还值得进一步观察,有待于资料序列进一步延长后再作分析。

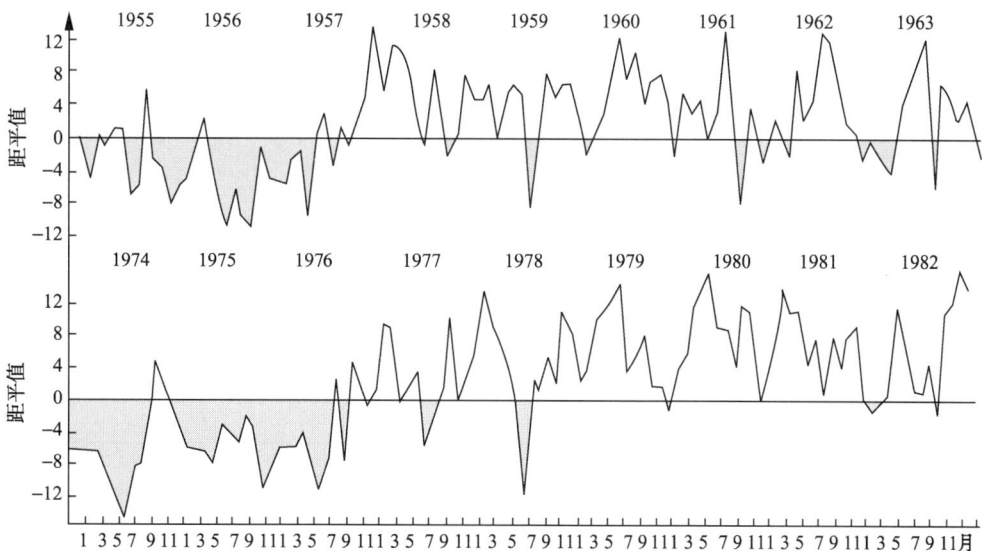

图 5.24　逐月西太平洋副高面积指数(110°E～180°,10°N 以北范围内每逢 5°,10°经纬交点上≥5880 gpm 的点数和)的距平值的相似时段(1955—1963 年与 1974—1982 年)逐年逐月演变曲线图

第6章　各区域夏半年降水和旱涝的
自相关和互相关分析

由前面的分析可知,由于我国幅员辽阔,地区广大,发生旱涝的时间在各区域并非相同,有时在这个区域有大涝,而在另一个区域又有大旱。但各区域的旱涝并非是完全孤立的,它同雨带的范围大小和南北位置的关系比较密切,在雨带中心的区域往往容易发生洪涝现象,而在远离雨带的区域往往容易发生干旱现象。所以,各区域的旱涝与同期雨带强弱、范围大小、摆动位置有关,因而各区域之间的同期降水也有一定的相关关系。对同一个区域来讲,夏半年的旱涝趋势与逐月降水的分布趋势也有较大的关系。因为在某些地区产生暴雨和洪水的过程中会有大量的潜热释放给大气,同时大量的降雨到达地面以后,又会使土壤湿度加大,改变下垫面的热状况,从而对大气环流的加热作用也有变化,这样就会使大气环流得到重新调整,在调整后的大气环流控制下又会产生新的天气形势。因此可以说,某一地区的旱涝现象不但与本区域的前期旱涝趋势有关,也与其他地区旱涝的时空分布有关系。在本章中,我们将对上述 14 个区域的夏半年降水和旱涝趋势,同本区域各月降水的自相关关系和不同区域的各月降水之间的互相关关系分别进行分析和讨论。

6.1　各区域夏半年 4—9 月降水总量同夏季及
各月降水量的自相关分析

各区域夏半年 4—9 月降水总量与各月降水量的密切程度是不相同的。为了分析夏半年旱涝与各月降水量的关系,我们计算了各区域夏半年 4—9 月降水总量与本区域各月降水量的相关系数和相关概率,其自相关系数如表 6.1 所示。

表 6.1　1951—1985 年各区域夏半年 4—9 月降水量与本区域各月和夏季 6—8 月降水量的自相关系数

月份　　区域	华南	江南	贵州	西南	长上	长中	长下	淮河	汉渭	海河	黄河中上	山东	辽河	松花江
4	0.49	0.54	0.26	0.35	0.41	0.43	0.44	0.31	0.15	0.27	0.27	0.39	0.28	0.17
5	0.44	0.70	0.11	0.43	0.44	0.50	0.66	0.44	0.33	0.44	0.35	0.28	0.07	0.12
6	0.20	0.47	0.50	0.39	0.47	0.61	0.66	0.24	0.45	0.47	0.37	0.30	0.23	0.36
7	0.10	0.52	0.55	0.41	0.24	0.84	0.60	0.52	0.25	0.58	0.44	0.55	0.72	0.55
8	0.47	0.20	0.58	0.54	0.58	0.60	0.28	0.59	0.59	0.79	0.69	0.57	0.61	0.62
9	0.36	0.25	0.18	0.41	0.22	0.18	0.32	0.42	0.47	0.34	0.40	0.48	0.26	0.42
6~8	0.51	0.70	0.85	0.79	0.75	0.92	0.82	0.80	0.75	0.95	0.80	0.87	0.95	0.89

各区域夏半年 4—9 月降水总量与其中夏季 6—8 月降水总量的自相关系数只有华南地区较低(0.51),信度在 0.001 以下,其他 13 个区域的自相关系数均在 0.70 以上,信度在 0.001 以上。其中,长江中游地区、海河流域地区、辽河流域地区的自相关系数超过 0.90,各

区域 4—9 月与 6—8 月降水量的自相关概率超过 80% 的有 10 个区:江南区(83%)、贵州区(86%)、西南区(86%)、长江中游(86%)、长江下游(83%)、黄河中上游(89%)、山东区(86%)、海河流域(89%)、辽河流域(94%)、松花江流域(89%)。另有 4 个区域在 75% 以下,华南区(69%)、长江上游(71%)、淮河流域(74%)、汉水渭河流域(71%)。

夏半年 4—9 月降水总量与其中各月降水量的相关关系各区域并不一样。各区域相关系数最高的月份分别是:华南区在 4 月(0.49)、江南区在 5 月(0.70),贵州区在 8 月(0.58)、西南区在 8 月(0.54)、长江上游区在 8 月(0.58)、长江中游区在 7 月(0.84)、长江下游区在 5 月(0.66)和 6 月(0.66)、淮河流域区在 8 月(0.63)、汉水渭河流域区在 8 月(0.59)、黄河中上游区在 8 月(0.69)、山东区在 8 月(0.57)、海河流域区在 8 月(0.79)、辽河流域区在 7 月(0.72)、松花江流域区在 8 月(0.62)。各区域相关概率最高的月份是,华南区在 4 月(69%)和 8 月(69%)、江南区在 4 月(71%)和 6 月(71%)、贵州区在 8 月(77%)、西南区在 5 月(71%)、长江上游区在 5 月(77%)、长江中游区在 8 月(74%)、长江下游区在 7 月(77%)、淮河流域区在 8 月(74%),汉水渭河流域区在 8 月(74%)、黄河中上游区在 8 月(77%)、山东区在 7 月(77%)、海河流域区在 8 月(80%)、辽河流域区在 8 月(74%)、松花江流域区在 7 月(74%)。

各区域夏季 6—8 月降水总量与其中各月降水量的相关系数如表 6.2 所示。各区域最高相关系数和相关概率所在的月份是:华南区最高相关系数(0.56)在 6 月,最高相关概率(71%)在 7 月;江南区最高相关系数(0.80)和最高相关概率(83%)均在 6 月;贵州区最高相关系数(0.68)在 7 月,最高相关概率(77%)在 8 月;西南区最高相关系数(0.64)在 8 月,最高相关概率(77%)在 6 月;长江上游区最高相关系数(0.74)和最高相关概率(86%)均在 8 月;长江中游区最高相关系数(0.87)在 7 月,最高相关概率(77%)在 6 月和 8 月;长江下游区最高相关系数(0.79)和最高相关概率(77%)均在 7 月;淮河流域区最高相关系数(0.69)在 8 月,最高相关概率(71%)在 7 月和 8 月;汉水渭河流域区最高相关系数(0.80)在 8 月,最高相关概率(74%)在 7 月;海河流域最高相关系数(0.78)和最高相关概率(80%)均在 8 月;黄河中上游区最高相关系数(0.78)和最高相关概率(83%)均在 8 月;山东区最高相关系数(0.66)和最高相关概率(80%)均在 7 月;辽河流域最高相关系数(0.70)在 7 月,最高相关概率(74%)在 8 月;松花江流域最高相关系数(0.72)和最高相关概率(80%)均在 8 月。

表 6.2　1951—1985 年各区域夏季 6—8 月降水总量与本区域各月降水量的自相关系数

月份 \ 区域	华南	江南	贵州	西南	长上	长中	长下	淮河	汉渭	海河	黄河中上	山东	辽河	松花江
6	0.56	0.80	0.62	0.53	0.55	0.68	0.66	0.41	0.56	0.61	0.55	0.36	0.26	0.27
7	0.53	0.66	0.68	0.53	0.43	0.87	0.79	0.64	0.37	0.61	0.60	0.66	0.70	0.66
8	0.35	0.17	0.63	0.64	0.74	0.69	0.45	0.69	0.80	0.78	0.78	0.61	0.69	0.72

以上各区域夏半年和夏季降水总量与其中最好的相关月份也可以说是关键月,这些关键月的雨水多少是十分重要的,若能把这些关键月的旱涝趋势把握住,则夏季和夏半年的旱涝总趋势大多也能抓住。

由表 6.1 和表 6.2 可见,夏半年 4—9 月旱涝趋势主要决定于 6—8 月的降水总量。换言之,绝大多数的区域,夏季 6—8 月降水和旱涝总趋势同夏半年 4—9 月降水和旱涝总趋势是比较一致的。而对北方地区来说,夏季降水总趋势和旱涝趋势又主要决定于盛夏7—8月降水趋势。对长江下游来说,5—7月比6—8月更重要,4—9月降水总量与5月、6月、7月降水量的相关系数均在0.60以上,而与8月降水量的相关系数只有0.28。但长江中游地区6—8月降水量与5月、6月、7月、8月降水量的相关系数均在0.50以上。只有华南地区的关键月份不显著。

6.2　各区域同期降水量的互相关分析

由于在相同时段里的降水量有较大的地区差异,这就给预报带来了较大的复杂性。但在有些区域之间也有较好的相关关系,对同一时段里的不同区域之间的互相关关系的了解,对长期天气预报也有一定的参考意义。

6.2.1　夏半年4—9月降水总量的各区域之间的互相关分析

夏半年4—9月降水总量的每两个区域之间的相关关系最好的区域是长江中游区和下游区,35年(1951—1985)相关系数有0.81,相关概率有80%;长江中游与江南地区的相关系数有0.57,相关概率有66%;长江中游与贵州地区的相关系数有0.56,相关概率有69%;长江中游与淮河流域的相关系数有0.51,相关概率有74%。即长江中游区与长江下游区、江南区、贵州区、淮河流域区的夏半年降水总量的同期相关信度均有0.01到0.001以上。长江下游区与江南区的相关系数有0.66,相关概率有69%。长江上游与汉渭流域的相关系数有0.60,相关概率有71%。海河流域与黄河中上游区和辽河流域区的相关系数分别有0.52和0.51,但相关概率只有66%和63%。山东区和辽河流域区的相关系数和相关概率分别有0.57和74%。其余各区域之间的相关关系较差。例如,长江下游区与山东区的相关系数为0.00;松花江流域区与淮河流域区和汉水渭河流域区的相关系数均只有0.02。这些区域之间的夏半年降水总量的变化趋势几乎是无关的,也就是说它们基本上是相互独立的。

6.2.2　夏季6—8月降水总量的各区域互相关分析

夏季6—8月降水总量的各区域之间的相关关系显著的不多。其中,最好的相关区是长江中游区和下游区,相关系数有0.76,但相关概率只有66%。这说明对长江中游区和下游区来说,大旱大涝之年的旱涝趋势比较一致,但对一般年份来说,夏季降水总量的距平趋势并不一定相同。长江中游区和贵州区的相关系数有0.66,相关概率有74%。长江上游区和汉水渭河流域区的相关系数有0.55,相关概率有71%。辽河流域区和松花江流域区的相关系数只有0.40,但相关概率却有80%,这两个区域的夏季降水总量距平趋势在多数年份比较一致,但有些旱涝年份的距平趋势并不一致,故相关系数不高。例如,1953,1954年夏季,辽河流域有洪涝和偏涝现象,而松花江流域却有夏旱,1965,1981年夏季,松花江流域有洪涝,而辽河流域是少雨趋势,其余区域之间的相关关系都不太显著。例如,江南区和海河流域区、贵州区和黄河中上游区、西南区和松花江流域区、辽河流域和贵州、西南、长江上中下游等 5 区、汉水渭河流域区和松花江流域区之间的夏季 6—8 月降水总量的相关系数趋近于零,也就是说这些区域的夏季降水总量的年际变化是相互独立的。

6.2.3　夏半年各月降水量的各区域互相关分析

6.2.3.1　4 月降水量的各区域互相关分析

35 年相关系数在 0.52 以上(信度在 0.001 以上)的互相关区有:华南区和江南区(0.60)、长江上游区与长江中游区(0.58)、长江上游区与汉水渭河流域区(0.52)、长江中游区与长江下游区(0.82)、长江中游区与淮河流域区(0.69)、长江中游区与山东区(0.57)、长江下游区与淮河流域区(0.54)、淮河流域区与汉水渭河流域区(0.67)、淮河流域区与海河流域区(0.60)、淮河流域区与山东区(0.83)、汉水渭河流域区与黄河中上游区(0.72)、汉水渭河流域区与山东区(0.53)、海河流域区与黄河中上游区(0.62)、海河流域区与山东区(0.72)、海河流域区与辽河流域区(0.65)、辽河流域区与山东区(0.57)、辽河流域区与松花江流域区(0.56)。

35 年正相关概率在 70% 以上的区域有贵州区与汉水渭河流域区(74%)、长江中游区与长江下游区(80%)、长江中游区与淮河流域区(71%)、长江中游区与山东区(77%)、淮河流域区与汉水渭河流域区(71%)、淮河流域区与海河流域区(80%)、淮河流域区与黄河中上游区(74%)、淮河流域区与山东区(83%)、汉水渭河流域区与黄河中上游区(80%)、海河流域区与黄河中上游区(71%)、海河流域区与山东区(86%)、长江上游区与松花江流域区是负相关关系,其负相关概率为 71%。

4 月降水量的互不相关区域有华南区与汉水渭河流域区、西南区与淮河流域区、黄河中上游区与松花江流域区等。

6.2.3.2　5 月降水量的各区域互相关分析

5 月降水量的各区域互相关关系没有 4 月的显著,有相关关系的区域也比 4 月要少。35 年相关系数超过 0.52 的区域有:江南区与长江中游区(0.65)、江南区与长江下游区(0.61)、长江中游区与长江下游区(0.77)、长江上游区与汉水渭河流域区(0.56)、淮河流域区与汉水渭河流域区(0.53)、淮河流域区与黄河中上游区(0.55)、淮河流域区与山东区(0.59)、汉水渭河流域区与黄河中上游区(0.66),海河流域区与山东区(0.55)。

35 年相关概率超过 70% 的区域有:江南区与长江中游区(74%)、长江中游区与长江下游区(83%)、长江上游区与汉水渭河流域区(71%)、淮河流域区与海河流域区(77%),淮河流域区与山东区(74%),汉水渭河流域区与黄河中上游区(77%)、海河流域区与黄河中上游区(74%)。

5 月互相独立的区域有:江南区与海河流域区、贵州区与黄河中上游区、西南区与松花江流域区、长江中游区与松花江流域区,长江下游区与山东区、海河流域区与松花江流域区等等。

6.2.3.3　6月降水量的各区域互相关分析

6月降水量的互相关信度在0.001以上的区域和相关系数是:江南区与贵州区(0.55)、贵州区与长江中游区(0.58)、长江上游区与淮河流域区(0.59)、长江上游区与汉渭流域区(0.69)、长江上游区与黄河中上游区(0.58)、长江中游区与长江下游区(0.75)、长江下游区与海河流域区(0.54)、淮河流域区与汉渭流域区(0.75)、淮河流域区与海河流域区(0.60)、淮河流域区与黄河中上游区(0.65)、淮河流域区与山东区(0.66)、汉渭流域区与海河流域区(0.54)、汉渭流域区与黄河中上游区(0.82)、汉渭流域区与山东区(0.56),海河流域区与黄河中上游区(0.66)、海河流域区与山东区(0.56)、海河流域区与辽河流域区(0.56)、山东区与辽河流域区(0.55)。

35年互相关概率在70%以上的区域和概率是:贵州区与华南区(71%)、贵州区与江南区(71%)、长江中游区与下游区(77%)、长江中游区与海河流域区(77%)、长江下游区与海河流域区(71%)、长江下游区与黄河中上游区(74%)、淮河流域区与汉渭流域区(71%)、淮河流域区与辽河流域区(80%)、汉渭流域区与黄河中上游区(71%)、海河流域区与黄河中上游区(74%)、山东区与辽河流域区(74%)。

互相独立的区域有贵州区和西南区、华南区和长江中游区、江南区和海河流域区、长江上游区和松花江流域区等等。

6.2.3.4　7月降水量的各区域互相关分析

7月是盛伏季节、雨水多以暴雨形式降落,暴雨一般有较强的局地性。所以,各区域的互相关关系不很显著。相关系数在0.52以上的区域有贵州区和长江中游区(0.72),长江中游区和长江下游区(0.71)、长江中游区和淮河流域区(0.68)、长江下游区和淮河流域区(0.53)。

相关概率在70%以上的区域有:贵州区和西南区(71%)、长江中游区和长江下游区(71%)、海河流域区和黄河中上游区(80%)、西南区和汉渭流域区是负相关,负相关概率是71%。

互相独立的区域有:华南区与松花江流域区、江南区与海河流域区、贵州区与辽河流域区、西南区与长江上中下游三个区、西南区与辽河流域区、淮河流域区与山东区、汉渭流域区与辽河流域区、黄河中上游区与山东区、黄河中上游区与松花江流域区等等。

6.2.3.5　8月降水量的各区域互相关分析

8月降水量的各区域互相关关系与7月相似,信度超过0.001的相关区域不多。只有华南区与黄河中上游区(0.53)、江南区与长江下游区(0.56)、西南区与长江上游区(0.59)、长江中游区与长江下游区(0.68)、辽河流域区与松花江流域区(0.70)。

相关概率超过70%的有西南区和长江上游区(71%)、长江中游区和长江下游区(74%)、长江中游区和淮河流域区(80%),淮河流域区和山东区(71%)、辽河流域区和松花江流域区(74%)。

互相独立的关键区有江南区和辽河流域区,江南区和松花江流域区、西南区和山东区、长江上游区和长江中游区、长江上游区和山东区、长江上游区和海河流域区、长江下游区和松花江流域区、汉渭流域区和海河流域区、海河流域区和松花江流域区等等。

6.2.3.6　9月降水量的各区域互相关分析

9月降水量的各区域互相关关系比盛夏7月和8月显著,35年相关系数在0.52以上的区域有:华南区与江南区(0.64)、江南区与长江下游区(0.75)、贵州区与长江中游区(0.59)、淮河流域区与山东区(0.54)、汉渭流域区与黄河中上游区(0.58)、海河流域区与黄河中上游区(0.69)、海河流域区与山东区(0.63)、辽河流域区与松花江流域区(0.66)。

35年相关概率超过70%的区域有:华南区与江南区(86%)、江南区与长江下游区(77%)、贵州区与辽河流域区是负相关关系,负相关概率有71%、长江上游区与淮河流域区(80%)、长江上游区与汉渭流域区(80%)、长江上游区与黄河中上游区(71%)、淮河流域区与汉渭流域区(77%)、淮河流域区与山东区(71%)、汉渭流域区与黄河中上游区(74%)、黄河中上游区与海河流域区(74%)、辽河流域区与松花江流域区(71%)。

互相独立的区域有:华南区与长江上游区、华南区与黄河中上游区、华南区与松花江流域区、江南区与长江上游区、江南区与海河流域区、贵州区与淮河流域区、贵州区与辽河流域区、长江中游区与海河流域区、长江中游区与辽河流域区、汉渭流域区与松花江流域区、黄河中上游区与辽河流域区,山东区与松花江流域区。

6.3　各区域旱涝与前期各区域降水的遥相关分析

为了进一步分析各区域旱涝与前期各区域降水的遥相关关系,我们计算了上述14个区域中每两个区域之间的夏半年4—9月降水量,夏季6—8月降水量及各月降水量的同年和隔年的相关系数和相关概率。从中发现了一些较好的区域性降水指标因子,本节对这些区域性遥相关降水因子作了具体分析。

6.3.1　华南地区旱涝的前期区域性降水因子的分析

(1)华南区(1区)夏半年4—9月降水总量与上一年江南区(2区)6月降水量的负相关关系比较明显,1951—1984年江南区6月降水量与次年1952—1985年华南区夏半年4—9月降水总量的相关系数有-0.55,信度超过0.001。虽然按距平趋势的反相关概率只有66%,但华南区15点平均夏半年4—9月降水总量距平百分率$R'_{4\sim9} \leqslant -10\%$的5个明显少雨年(1956,1963,1969,1977,1983),其上一年(1955,1962,1968,1976,1982)江南区16点平均6月降水量距平百分率$R'_6 \geqslant 14\%$(5/5);而华南区的$R'_{4\sim9} \geqslant 5\%$的8个多雨年(1952,1959,1961,1972,1973,1976,1979,1981),其上一年(1951,1958,1960,1971,1972,1975,1978,1980)江南区的$R'_6 \leqslant -12\%$(8/8)。反之,江南区$R'_6 > 0\%$的14年,其次年华南区的$R'_{4\sim9} \leqslant 4\%$(14/14)或$R'_{4\sim9} \leqslant -2\%$(10/14),江南区$R'_6 < 0\%$的20年,其次年华南区的$R'_{4\sim9} \geqslant -5\%$(19/20)或$\geqslant 0\%$(14/20)。$R'_6$与$R'_{4\sim9}$的反相关概率为71%。

(2)华南区5月降水量与上一年山东区7月降水量的负相关系数有0.58,信度超过0.001,其中,山东区6站平均7月降水量$R_7 \geqslant 210$ mm(多年平均值为213 mm)的14年中有 11 年,其次年华南区 15 站平均 5 月降水量 $R_5 < 235$ mm(11/14)。其中 8 个华南区 5 月降水量距平百分率 $R'_5 \leqslant -20\%$ 的明显少雨年,其上一年山东区 7 月降水量均较常年同期偏多(8/8),反之,山东区 $R_7 < 205$ mm 则次年华南区 $R_5 > 240$ mm(多年平均值为 240 mm)的概率为 80%(16/20)。其中,华南区 $R'_5 > 20\%$ 的 8 个明显多雨年,其上一年山东区 7 月降水量较常年同期偏少(7/8)。总的负相关概率有 79%(27/34)。由分析可知,山东区 7 月降水量的多少对次年华南区 5 月降水量的多少有反相关指示意义。

(3)华南区 15 站平均 4—6 月降水总量与次年本区域平均 7 月降水量的相关系数有 0.57,相关概率有 71%。所以,初夏 4—6 月降水总量对次年 7 月降水量有一定的指示意义。

另外,华南区 7 月降水量与上一年江南区 4 月降水量的相关系数也有 0.48,信度超过 0.01,相关概率有 71%。

6.3.2　江南、贵州、西南等地区旱涝的前期区域性降水因子的分析

(1)江南区旱涝的前期区域性降水因子较少,只有上一年西南区 6—8 月降水总量与江南区 4 月降水量有一定的反相关关系,反相关系数有 0.51,反相关概率有 74%。

(2)贵州区 6 月降水量与上一年 8 月黄河中上游区降水量的相关系数有 0.42,信度有 0.01,黄河中上游区 8 月降水量 $R_8 \geqslant 97$ mm(偏多),则次年贵州区 6 月降水量 $R_6 \geqslant 216$ mm(偏多),单相关概率为 87%(13/15),$R_8 \leqslant 88$ mm(偏少),则次年 $R_6 \leqslant 208$ mm(正常或偏少),单相关概率为 79%(15/19)。相关总概率为 82%(28/34)。若黄河中上游区 8 月降水量和贵州区 6 月降水量均以距平趋势求相关,则总相关概率为 77%。

贵州区 8 月降水量与上一年长江下游区 8 月降水量的负相关系数有 0.53,信度有 0.001。贵州区 8 月明显多雨即 8 月降水量距平百分率 $R'_8 \geqslant 20\%$ 的 8 年,其上一年长江下游区 8 月降水量的距平百分率 $R'_8 \leqslant -15\%$(8/8)或 $R'_8 \leqslant -27\%$(7/8)。反之,长江下游区 $R'_8 < -15\%$,则次年贵州区 8 月降水偏多(14/17);贵州区 8 月降水量距平百分率 $R'_8 \leqslant -30\%$ 的 8 个明显少雨年,其上一年长江下游区的 8 月降水量距平百分率 $R'_8 \geqslant 25\%$ 的明显多雨年有 6 个(6/8)。反之,长江下游区 8 月降水量距平百分率 $R'_8 > 25\%$ 的 11 年中有 10 年,其次年贵州区 8 月降水量较常年同期偏少(10/11),长江下游区 8 月降水量正常($-10\% \leqslant R'_8 \leqslant 10\%$)之年,次年贵州区 8 月降水量也正常($-10\% \leqslant R'_8 \leqslant 10\%$),而且多为正相关关系(5/5)。由分析可知,长江下游区 8 月降水量对次年贵州区 8 月降水量有较好的指示意义。

(3)西南区 13 点平均夏季 6—8 月降水总量与上一年华南区 15 点平均 7 月降水量的负相关系数有 0.64,信度超过 0.001。西南区 6—8 月降水总量距平百分率 $R'_{6\sim8} \geqslant 10\%$,其上一年华南区 7 月降水量距平百分率 $R'_7 \leqslant -10\%$(7/7)或 $R'_7 \leqslant -20\%$(6/7);西南区 $R'_{6\sim8} \leqslant -10\%$,其上一年华南区的 $R'_7 > 0\%$(9/11)或 $R'_7 \geqslant 15\%$(8/11)。反之,华南区 $R'_7 \geqslant 4\%$,次年西南区 $R'_{6\sim8} < -5\% < 12/16$,华南区 $R'_7 \leqslant -2\%$,次年西南区 $R'_{6\sim8} \geqslant -5\%$(16/18)或 $R'_{6\sim8} > 0\%$(13/18)。负相关概率有 74% 至 82%。

西南区夏季降水总量还与上一年长江上游区 9 站平均 7 月降水量距平百分率(R'_7)有一定的正相关关系。长江上游 $R'_7 > 0\%$,则次年西南区 $R'_{6\sim8} > 0\%$(14/19);长江上游区

$R'_7 < 0\%$则次年西南区 $R'_{6\sim8} \leqslant -2\%$（12/15）。总相关概率有 76%（26/34）。

若综合分析华南区和长江上游区的 7 月降水量距平百分率与次年西南区的 6—8 月降水量距平百分率的复相关关系，则如表 6.3 所示。由表 6.3 可见，长江上游区 $R'_7 \geqslant 4\%$ 且华南区 $R'_7 \leqslant -7\%$，则次年西南区 $R'_{6\sim8} \geqslant 5\%$（10/10）；长江上游区 $R'_7 \leqslant -4\%$ 且华南区 $R'_7 \geqslant 3\%$，则次年西南区 $R'_{6\sim8} \leqslant -6\%$（7/7）；在长江上游区与华南区的 R'_7 为相同距平趋势时，次年西南区的 $R'_{6\sim8}$ 趋势难定，$R'_{6\sim8} < 0\%$（7/17），$R'_{6\sim8} > 0\%$（10/17）。

表 6.3　西南区（13 点平均）夏季 6—8 月降水总量距平百分率($R'_{6\sim8}$）与上一年华南区（15 点平均）7 月降水量距平百分率(R'_7)和长江上游区（9 点平均）7 月降水量距平百分率(R'_7)的复相关对应表

区域＼年份	1951	1953	1954	1956	1957	1960	1965	1970	1983	1984	1959	1963	1971	1974	1976	1980	1982
长江上游区 R'_7(%)	21	9	29	4	30	14	4	25	20	43	−13	−6	−36	−16	−17	−4	−5
华南区 R'_7(%)	−33	−31	−61	−46	−38	−7	−14	−24	−49	−39	12	50	15	60	39	22	3

区域＼年份	1952	1954	1955	1957	1958	1961	1966	1971	1984	1985	1960	1964	1972	1975	1977	1981	1983
西南区 $R'_{6\sim8}$(%)	15	10	7	6	14	5	23	15	11	5	−7	−6	−14	−8	−13	−10	−10

另外，西南区 8 月降水量与上一年长江中游区 9 点平均 9 月降水量的相关系数有 0.50，信度超过 0.01。相关概率为 76%（26/34）。

6.3.3　长江中、下游旱涝的前期区域性降水因子的分析

（1）长江中游区 9 点平均 5 月降水量与上一年汉水渭河流域区 9 点平均夏半年 4—9 月降水总量的相关系数有 −0.53，负相关概率有 74%（25/34）。其中，汉水渭河流域 4—9 月降水量距平百分率 $R'_{4\sim9} \geqslant 5\%$ 的 15 年中，其次年长江中游 5 月降水量距平百分率 $R'_5 \leqslant -7\%$（14/15）或 $R'_5 \leqslant -10\%$（11/15），近 5 年来均符合这个反相关关系。

（2）长江下游区 10 点平均夏半年 4—9 月降水总量距平百分率($R'_{4\sim9}$)和夏季 6—8 月降水总量距平百分率($R'_{6\sim8}$)与上一年辽河流域区 10 点平均 5 月降水量距平百分率(R'_5)的相关系数分别有 0.56 和 0.59，信度均超过 0.001，相关概率分别有 74% 和 76%。辽河流域区 $R'_5 \geqslant 13\%$（$R_5 \geqslant 53$ mm），次年长江下游区 $R'_{6\sim8} > 0\%$（11/12），辽河流域区 $R'_5 \leqslant 9\%$（$R_5 \leqslant 51$ mm），次年长江下游区 $R'_{6\sim8} < 0\%$（18/22），总相关概率有 85%（29/34）。其中，长江下游区 $R'_{6\sim8} \geqslant 20\%$，其上一年辽河流域区 $R'_5 > 4\%$（7/7），长江下游区 $R'_{6\sim8} \leqslant -20\%$，其上一年辽河流域区 $R'_5 \leqslant -9\%$（6/8）。长江下游区有涝($R'_{6\sim8} \geqslant 20\%$ 或 $R'_{4\sim9} \geqslant 20\%$)的 9 年（1954，1956，1969，1973，1974，1975，1977，1980，1983）中有 8 年，其上一年辽河流域 $R'_5 \geqslant 4\%$ 或 $R'_5 \geqslant 19\%$（7/9）。反之，辽河流域 5 月降水量明显偏多($R_5 \geqslant 56$ mm)的 10 年中，次年长江下游区有涝($R'_{6\sim8} \geqslant 20\%$ 或 $R'_{4\sim9} \geqslant 20\%$)的年份有 7 个（7/10），偏多的年份有 9 个（9/10）。由此可见，辽河流域区 5 月降水量对次年长江下游区夏半年和夏季降水总趋势和旱涝趋势都有较好的指示意义，是长江下游区夏季旱涝和降水总趋势的一个较好的遥相关区域性降水指标因子，其预报时效有一年之长，对年度预报和季度预报都有一定的使用价值

和参考意义。

另外,长江下游区夏季 6—8 月降水总量距平百分率($R'_{6\sim8}$)与上一年西南区 8 月降水量距平百分率(R'_8)也有一定的相关关系。西南区 $R'_8 \leqslant -8\%$,次年长江下游区 $R'_{6\sim8} \leqslant -5\%$(12/15),西南区 $R'_8 \geqslant 3\%$,次年长江下游区 $R'_{6\sim8} \geqslant 1\%$(10/13)。

若将辽河流域区的 5 月降水量和西南区的 8 月降水量结合起来分析,则与次年长江下游区的夏季降水总趋势的复相关关系是:辽河流域区 $R'_5 \leqslant -4\%$ 且西南区 $R'_8 \leqslant 1\%$ 的年份,其次年长江下游区 $R'_{6\sim8} \leqslant -5\%$(12/12);辽河流域区的 $R'_5 \geqslant -2\%$ 且西南区 $R'_8 \geqslant -2\%$,次年长江下游区的 $R'_{6\sim8} \geqslant 1\%$(10/11)或 $R'_{6\sim8} \geqslant 10\%$(8/11)。

6.3.4　淮河流域、汉渭流域和山东地区旱涝的前期区域性降水因子的分析

(1)淮河流域区旱涝的前期区域性降水因子的相关系数不显著,信度均低于 0.001。但从相关概率来看,还有几个降水因子可供参考:①淮河流域 15 点平均 6 月降水量距平百分率(R'_6)与华南 15 点平均 5 月降水量距平百分率(R'_5)的相关系数只有 0.37,但相关概率比较好。华南区 $R'_5 \leqslant 0\%$,则淮河流域区 $R'_6 \leqslant 0\%$(15/16)或 $R'_6 \leqslant -19\%$(14/16)或 $R'_6 \leqslant -30\%$(12/16);华南区 $R'_5 \geqslant 3\%$,则淮河流域区 $R'_6 \geqslant 1\%$(12/16)或 $\geqslant 30\%$(7/16);华南区 $R'_5 \geqslant 1\%$,则淮河流域 $R'_6 \geqslant 1\%$(13/19)。距平趋势相关概率有 80%(28/35)。②淮河流域区 15 点平均 7 月降水量距平百分率(R'_7)与西南区 13 点平均 5 月降水量距平百分率(R'_5)的相关系数是 -0.45,信度超过 0.01。其相关关系是:西南区 $R'_5 \geqslant 15\%$,则淮河流域区 $R'_7 \leqslant -1\%$(14/15)或 $R'_7 \leqslant -10\%$(12/15)或 $R'_7 \leqslant -20\%$(10/15),西南区 $R'_5 \leqslant 10\%$,则淮河流域区的 $R'_7 \geqslant -5\%$(17/20)或 $R'_7 \geqslant 8\%$(12/20)或 $R'_7 \geqslant 21\%$(11/20)。相关总概率有 74% 至 89%。③淮河流域区 15 点平均 8 月降水量距平百分率(R'_8)与上一年贵州区 6 点平均 5 月降水量距平百分率(R'_5)的负相关系数为 0.44,信度超过 0.01。具体相关关系是:贵州区 $R'_5 \geqslant 0\%$,次年淮河流域区 $R'_8 \leqslant -6\%$(15/17)或 $R'_8 \leqslant -10\%$(14/17)或 $R'_8 \leqslant -20\%$(11/17);贵州区 $R'_5 \leqslant -2\%$,次年淮河流域区 $R'_8 \geqslant 9\%$(12/17)或 $R'_8 \geqslant 20\%$(9/17)。按距平趋势符号的反相关概率有 79%(27/34)。④淮河流域区 15 点平均 9 月降水量距平百分率(R'_9)与辽河流域区 10 点平均 4 月降水量距平百分率(R'_4)的相关系数是 0.43,信度超过 0.01。具体相关关系是:辽河流域区 $R'_4 \leqslant -5\%$,则淮河流域区 $R'_9 \leqslant 1\%$(16/20)或 $R'_9 \leqslant -2\%$(15/20);辽河流域 $R'_4 \geqslant 5\%$,则淮河流域 $R'_9 \geqslant 9\%$(10/12)或 $R'_9 \geqslant 20\%$(8/12)。两者相关按距平趋势的相关概率是 77%(27/35)。

(2)汉水渭河流域区 9 点平均夏半年 4—9 月降水总量距平百分率($R'_{4\sim9}$)与上一年黄河中上游区 10 点平均 8 月降水量距平百分率(R'_8)的相关系数是 -0.53,信度达 0.001。具体相关关系是:黄河中上游区 $R'_8 \leqslant -8\%$,则次年汉水渭河流域区 $R'_{4\sim9} \geqslant -2\%$(15/19)或 $R'_{4\sim9} \geqslant 10\%$(10/19),黄河中上游区 $R'_8 \geqslant 1\%$,则次年汉水渭河流域区 $R'_{4\sim9} \leqslant -4\%$(11/15),相关概率为 76%(26/34)。反之,汉水渭河流域区 $R'_{4\sim9} \geqslant 16\%$ 的 8 个洪涝和偏涝年,其上一年黄河中上游区 $R'_8 \leqslant -10\%$(8/8)或 $R'_8 \leqslant -17\%$(7/8);汉水渭河流域区 $R'_{4\sim9} \leqslant -9\%$ 的 8 个少雨和干旱年,其上一年黄河中上游区 $R'_8 \geqslant 22\%$(6/8)。

(3)①山东区 6 点平均 5 月降水量与上一年淮河流域区 15 点平均 9 月降水量的相关系

数有 0.55,信度超过 0.001。距平趋势相关概率为 74%。其中,淮河流域区 9 月降水量距平百分率 $R'_9 \geqslant 9\%$ 的 14 年中有 10 年,其次年山东区 5 月降水量距平百分率 $R'_5 \geqslant 38\%$ (10/14),淮河流域区 $R'_9 \leqslant 1\%$,则次年山东区 $R'_5 \leqslant 29\%$(19/20)或 $R'_5 \leqslant -8\%$(15/20)。②山东区 6 点平均 7 月降水量与上一年海河流域区 10 点平均 7 月下旬至 8 月上旬的雨季峰值期两旬降水总量的相关系数有 0.60,距平趋势的相关概率为 74%。其中,海河流域区两旬降水量距平百分率 $R'_{78} \geqslant 8\%$,则次年山东区 7 月降水量距平百分率 $R'_7 \geqslant 16\%$(9/13);海河流域区 $R'_{78} \leqslant 1\%$,则次年山东区 $R'_7 \leqslant 3\%$(19/21)或 $R'_7 \leqslant -20\%$(12/21)。③山东区 8 月降水量与上一年长江下游区 9 月降水量的相关系数为 0.52,距平趋势相关概率为 79%。④山东区夏季 6—8 月降水总量距平百分率($R'_{6\sim8}$)与上一年辽河流域区 7 月降水量距平百分率(R'_7)和海河流域区 7 月下旬至 8 月上旬的两旬降水量距平百分率(R'_{78})的相关系数分别有 0.57 和 0.53,信度在 0.001 以上,距平趋势的相关概率分别有 74% 和 71%。它们的复相关关系是:①辽河流域区 $R'_7 \geqslant 4\%$ 且海河流域区 $R'_{78} \geqslant -4\%$,则次年山东区 $R'_{6\sim8} \geqslant 8\%$(9/10)或 $R'_{6\sim8} \geqslant 11\%$(8/10)或 $R'_{6\sim8} \geqslant 20\%$(6/10)。②辽河流域区 $R'_7 \leqslant -2\%$ 且海河流域区 $R'_{78} \leqslant -18\%$,则次年山东区 $R'_{6\sim8} \leqslant -7\%$(9/9)或 $R'_{6\sim8} \leqslant -20\%$(8/9)。③不符合条件①和②的年份,大多数是 R'_7 与 R'_{78} 距平趋势符号相反之年(13/15),在这 15 年中,山东区 $R'_{6\sim8} < 20\%$(13/15)或 $R'_{6\sim8} < 0\%$(10/15),其中有 2 年夏旱较明显。由此可见,辽河流域区的 7 月降水量和海河流域区的 7 月下旬至 8 月上旬的两旬降水量的多少,对第二年山东地区夏季旱涝有较好的指示意义,是山东地区夏季旱涝的较好预报因子。

6.3.5　海河流域和黄河中上游旱涝的前期区域性降水因子的分析

海河流域和黄河中上游两个区域的夏季旱涝在前期区域性降水因子中,相关系数和相关概率都较高的因子不多。仅将相对有参考意义的因子分析如下。

(1)海河流域区 10 点平均 7 月降水量与上一年贵州区 6 点平均 6—8 月降水总量和长江中游区 9 点平均 6 月降水量的相关系数分别有 -0.49 和 -0.57,信度有 0.01 至 0.001 以上。三者之间的复相关关系是:①贵州区 6—8 月降水总量距平百分率 $R'_{6\sim8} \geqslant -1\%$ 且长江中游区 6 月降水量距平百分率 $R'_8 \geqslant 10\%$,则次年海河流域区 7 月降水量距平百分率 $R'_7 \leqslant -1\%$(10/10)或 $R'_7 \leqslant -16\%$(8/10)或 $R'_7 \leqslant -27\%$(6/10)。②贵州区 $R'_{6\sim8} \leqslant -4\%$ 且长江中游区 $R'_6 \leqslant -1\%$,则次年海河流域 $R'_7 \geqslant -6\%$(10/11)或 $R'_7 \geqslant 3\%$(9/11)或 $R'_7 \geqslant 20\%$(7/11)。③不符合条件①或②的年份有 13 个,大多数是贵州区 $R'_{6\sim8}$ 与长江中游区 R'_6 的距平趋势相反之年(12/13),这 13 年的次年海河流域区 $R'_7 \geqslant -9\%$(11/13)或 $R'_7 \geqslant 3\%$(7/13),即 13 年中有 11 年是正常或偏多之年。

另外,海河流域区 7 月下旬至 8 月上旬的两旬降水量与前期 5 月降水量的相关系数有 0.56,信度超过 0.001,但相关概率不高。其中,在 7 月下旬至 8 月上旬里有大暴雨(10 点平均两旬降水总量 $\geqslant 205$ mm)的 5 年(1954,1956,1963,1964,1977),其前期 5 月降水量距平百分率 $R'_5 \geqslant 10\%$(5/5),两旬降水总量在 260 mm 以上的 3 个洪涝年(1956,1963,1977),其前期 $R'_5 \geqslant 50\%$ 以上(3/3)。即 5 月降水明显偏多之年,在雨季峰值期也有可能明显偏多有洪涝。

(2)黄河中上游区 10 点平均 4 月降水量与上一年淮河流域区 15 点平均 5 月降水量的

相关系数有 0.55,信度超过 0.001,但相关概率不高,有待进一步对其关系进行考察。黄河中上游区 5 月降水量与上一年淮河流域区 7 月降水量的相关系数不高(0.25),但相关概率有 79%,特别是在 1968 年以后的正相关概率有 89% 至 94%(16/18 至 17/18),近 5 年均符合这个正相关关系,可以在使用中继续考察其关系的发展趋势。

6.3.6 松花江流域区及辽河流域区旱涝的前期区域性降水因子分析

(1)松花江流域区 9 点平均 4—9 月降水总量与上一年长江上游区 9 点平均 6—8 月降水总量的相关系数有 0.46,相关概率有 74%。长江上游夏季降水量距平百分率 $R'_{6\sim8}\geqslant$ 1%,其次年松花江区夏半年降水总量距平百分率 $R'_{4\sim9}\geqslant-2\%$(14/17)或 $R'_{4\sim9}\geqslant2\%$(13/17);长江上游区 $R'_{6\sim8}\leqslant-2\%$,次年松花江区 $R'_{4\sim9}\leqslant2\%$(13/17)或 $\leqslant0\%$(12/17)。

(2)松花江流域区夏季 6—8 月降水总量与上一年汉水渭河流域区和淮河流域区的 4—9 月降水总量的相关系数分别有 0.53 和 0.43,信度分别达 0.001 和 0.01。其复相关关系是:汉水渭河流域区夏半年降水总量距平百分率 $R'_{4\sim9}\geqslant-4\%$ 且淮河流域区夏半年降水总量距平百分率 $R'_{4\sim9}\geqslant-6\%$,则次年松花江流域区夏季 6—8 月降水量距平百分率 $R'_{6\sim8}\geqslant$ 2%(13/15)或 $R'_{6\sim8}\geqslant17\%$(10/15)。不符合上述条件之年,其次年松花江流域区夏季 6—8 月降水总量距平百分率 $R'_{6\sim8}\leqslant2\%$(16/19)或 $R'_{6\sim8}\leqslant1\%$(15/19)或 $R'_{6\sim8}\leqslant-2\%$(14/19)。按距平趋势求相关其概率为 79%(27/34)。

(3)松花江流域区 9 点平均 8 月降水量与上一年汉水渭河流域区夏半年 4—9 月降水总量和 6 月降水量的相关系数分别有 0.64 和 0.52,信度分别在 0.001 以上和达 0.001,距平趋势的相关概率有 71%。具体复相关关系是:①汉水渭河流域夏半年降水总量距平百分率 $R'_{4\sim9}\geqslant10\%$ 且 6 月降水量距平百分率 $R'_6\geqslant2\%$,则次年松花江流域 8 月降水量距平百分率 $R'_8\geqslant14\%$(8/9)或 $R'_8\geqslant45\%$(7/9),即在 9 年中有 7 年 8 月有洪涝。反之,松花江流域区 8 月降水量距平百分率 $R'_8\geqslant45\%$ 的 10 个 8 月有洪涝之年,其上一年汉水渭河流域区 $R'_{4\sim9}\geqslant$ 8%(9/10)。②汉水渭河流域区的 $R'_{4\sim9}\leqslant-5\%$ 且 $R'_6\leqslant-5\%$,则次年松花江流域区的 R'_8 $\leqslant-11\%$(9/9)或 $R'_8\leqslant-24\%$(8/9)或 $R'_8\leqslant-31\%$(6/9),即 9 年中有 8 年的 8 月明显少雨有干旱。反之,松花江流域区 $R'_8\leqslant-20\%$ 的 12 个 8 月明显少雨年,其上一年汉水渭河流域区 $R'_6\leqslant1\%$(12/12)。其中,松花江流域区 $R'_8\leqslant-24\%$ 的 11 年,其上一年汉水渭河流域区 $R'_6\leqslant-4\%$(11/11)。汉水渭河流域区的 $R'_6\geqslant2\%$ 的 15 年,其次年松花江流域区 R'_8 $\geqslant-19\%$(15/15)或 $R'_8\geqslant-1\%$(13/15)。即汉水渭河流域区 6 月降水偏多年,次年松花江流域区的 8 月多数是正常和多雨年,极少有干旱现象。

(4)松花江流域区 9 月降水量与上一年辽河流域区夏半年 4—9 月降水总量的相关系数有 0.53,信度超过 0.001,距平趋势相关概率有 71%,与上一年江南区 5 月降水量的相关系数有 0.50,距平趋势相关概率有 74%。其中,辽河流域区夏半年 4—9 月降水总量距平百分率 $R'_{4\sim9}\geqslant4\%$ 且江南区 5 月降水量距平百分率 $R'_5\geqslant-5\%$,则次年松花江流域区 9 月降水量的距平百分率 $R'_9\geqslant2\%$(9/9)或 $R'_9\geqslant20\%$(8/9),大多数是 9 月明显多雨年。其中,辽河流域区 $R'_{4\sim9}\leqslant-6\%$ 且江南区 $R'_5\leqslant-8\%$,则次年松花江流域区 9 月降水量 $R'_9\leqslant-1\%$(8/8)或 $R'_9\leqslant$ -16%(7/8)或 $R'_9\leqslant-24\%$(6/8)或 $R'_9\leqslant-48\%$(5/8),大多数是 9 月明显少雨年。反之,凡松花江流域区 9 月降水偏多之年，其上一年辽河流域夏半年 4—9 月降水总量或江南区 5 月降水量的距平百分率中，至少有一个$\geqslant -1\%$(16/16)，即上述两个指标因子中至少有一个是正常或偏多。

(5)辽河流域区 9 月降水量与上一年江南区的 5 月降水量相关系数有 0.52，信度接近 0.001，相关概率有 71%。其中，辽河流域区 9 月降水量距平百分率 $R'_9 \geqslant 10\%$ 的 10 年中，其上一年江南区 5 月降水量的距平百分率 $R'_5 \geqslant 0\%$(9/10)；辽河流域区 $R'_9 \leqslant -20\%$ 的 12 年中，其上一年江南区 $R'_5 \leqslant -8\%$(10/12)或 $R'_5 \leqslant -17\%$(9/12)。

第7章　各区域旱涝与同期和
前期气温的相关分析

　　旱涝的发生一般与同期气温的关系比较密切。在南方的盛夏经常是高温少雨天气相伴随,这种天气是在副热带高压的控制下造成的。而在副高的西侧和北侧地区往往易产生暴雨天气,这是由于北方来的冷空气南下过程中受到西太平洋副高的阻挡,冷暖空气强烈交绥而造成暴雨,因而有"热生风,冷生雨"之说。在北方的盛夏则与南方不同,盛夏一般持续几天高温闷热天气之后,往往以一场大暴雨而告终,若无高温闷热天气则难下暴雨。这是因为西太平洋副高在北方稳定少动的机会不多,若副高在北方能稳定几天,天气异常闷热,在遇到西伯利亚的较强冷空气时,容易产生较大的暴雨,随着冷空气南下的势力,副高也向南撤退。这时北方天气又会变得凉爽起来。若副高不到北方,也很少有闷热高温天气,也就很少有产生暴雨的条件。但旱涝在同一个区域中与同期气温的相关关系有的比较显著和稳定,有的则不显著,一般来说在南方比较明显。各个区域的降水和气温的同期关系也不尽相同。

　　在本章中我们采用由国家气象局气象科学研究院天气气候所和中央气象台共同整编的气温等级资料来代替气温资料。气温等级值是无单位的编码值,是将各观测站点的逐月平均气温分为1,2,3,4,5级。3级表示气温正常,1级表示气温高,2级表示气温偏高,4级表示气温偏低,5级表示气温低。由于气温变化的局地性较小,所以,中央气象台长期科常用分区气温等级值资料。将全国分成七个区,如图7.1所示,再加全国算一个区,共八个区域。

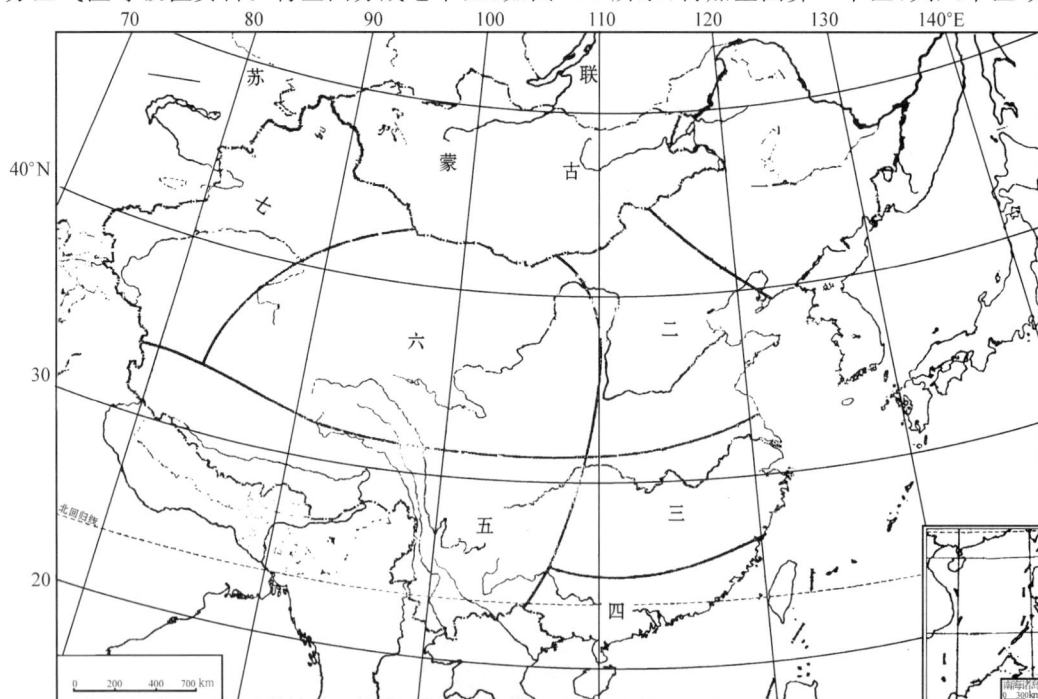

图 7.1　中国气温等级值的分区示意图

各区域及其代表站点数分别是：一区是东北区,有 21 个代表站点；二区是华北区,有 26 个站点,三区是长江中下游区,有 25 个代表站点,四区是华南区,有 14 个代表站点,五区是西南区,有 20 个代表站点,六区是西北区,有 19 个代表站点；七区是新疆区,有 12 个代表站点,八区指全国。为了将气温的分区序号同降水的分区序号区分开,故气温分区序号用大写数字,降水分区序号用阿拉伯字。

我们计算了上述 14 个主要农业区域如图 1.11 所示的夏半年 4—9 月和夏季 6—8 月及各月降水量与上述八个区域如图 7.1 所示的同年和上一年气温等级值的相关系数和相关概率,资料长度均取 1951—1985 年期间的 35 年资料。其中,降水与同期和前期气温等级值相关较好的区域和具体关系分别在 7.1 节和 7.2 节中分析和叙述。

7.1　各区域旱涝与同期气温等级值的相关分析

在图 1.11 中的 14 个农业区降水量与八个气温分区的气温等级之间的相关关系统计分析如下。

在本节中我们着重分析了夏半年各月各区域的降水量与同月各气温等级值的相关关系。

7.1.1　4 月降水量与本月气温等级值的相关分析

相关信度在 0.001 以上的区域有：①淮河流域（8 区）的降水量与长江中下游地区（三区）和华南地区（四区）的气温等级值的相关系数有−0.58 和−0.54。②长江中游（6 区）的降水量与华南地区（四区）的气温等级值的相关系数有−0.54。③西南地区（4 区）降水量与西南地区（五区）气温等级值是正相关关系,相关系数有 0.58。上述相关关系表明华南地区和长江中下游地区即南方大部地区的气温越高,则淮河流域和长江中游的降水就越多,气温越低降水越少。这两个区域的降水与南方大部地区的气温是正相关关系。但西南地区的降水与气温是反相关关系,气温越低降水越多,气温越高降水越少。

7.1.2　5 月降水量与本月气温等级值的相关分析

相关信度在 0.001 以上的区域只有西南地区（4 区）降水量与西南地区（五区）气温等级值,其相关系数有 0.57。这个相关关系表明西南地区 5 月降水量与气温也与 4 月一样,是反相关关系,气温越高降水越少。

7.1.3　6 月降水量与本月气温等级值的相关分析

相关信度超过 0.001 的区域有：①海河流域（10 区）的降水量与华北（二区）的气温等级值的相关系数有 0.64,距平趋势的相关概率有 74%,江南地区（2 区）降水量与长江中下游（三区）地区的气温等级值的相关系数有 0.63,距平趋势的相关概率有 82%；华南地区（1 区）降水量与华南地区（四区）气温等级值的相关系数有 0.63,相关概率有 82%；贵州地区（3

区)降水量与西南地区(六区)气温等级的相关系数和概率分别是 0.52 和 79%;贵州地区(3区)和江南地区(2 区)与全国气温等级值的相关系数分别为 0.53 和 0.55,相关概率分别为71% 和 76%。这些相关关系表明海河流域、江南地区、华南地区及贵州地区的 6 月降水量与同月气温是反相关关系,气温越高降水越少,气温越低降水越多。②淮河流域(8 区)与汉渭流域(9 区)的降水量与长江中下游(三区)地区的气温等级值的相关系数分别为-0.57 和-0.59,负相关概率分别为 71% 和 74%,汉渭流域(9 区)和黄河中上游(11 区)与西南地区(六区)的气温等级值的相关系数分别为-0.52 和-0.56,负相关概率分别为 76% 和 71%。这些相关关系表明长江中下游地区气温越高,淮河流域和汉水渭河流域的降水就越多,西南地区气温越高,汉渭流域和黄河中上游的降水就越多。长江中下游地区和西南地区的气温偏高均有利于汉水渭河流域的降水。

7.1.4　7 月降水量与本月气温等级值的相关分析

相关信度超过 0.001 的区域有:①淮河流域(8 区)降水量与华北地区(二区)气温等级值的相关系数有 0.58,相关概率为 68%;长江下游(7 区)降水量与长江中下游(三区)气温等级值的相关系数有 0.55,相关概率为 68%;江南地区(2 区)降水量与长江中下游(三区)气温等级值的相关系数有 0.69,相关概率为 74%。这些相关关系表明淮河流域、长江下游、江南地区的 7 月降水量与本地或其北部地区的气温呈反相关关系,气温高降水少,气温低降水多。②松花江流域(14 区)的降水量与华北地区(二区)和长江中下游地区(三区)的气温等级的相关系数分别为-0.53 和-0.55,这说明华北和长江中下游地区的 7 月平均气温偏高有利于松花江流域的同月降水。

7.1.5　8 月降水量与本月平均气温等级值的相关分析

相关信度超过 0.001 的区域有:汉水渭河流域(9 区)降水量与华北地区(二区)气温等级值的相关系数和相关概率分别是 0.52 和 71%;长江下游地区(7 区)降水量与长江中下游地区(三区)气温等级值的相关系数和相关概率分别是 0.68 和 79%,西南地区(4 区)降水量与西南地区(五区)气温等级值的相关系数和概率分别有 0.60 和 68%;汉水渭河流域(9 区)降水量与西北地区(六区)气温等级值的相关系数和概率分别是 0.53 和 71%。由此可见,8月降水量与本月气温等级值相关较明显的区域都是正相关关系。这就表明 8 月汉水渭河流域的降水与华北和西北地区的气温呈反相关,高温少雨,低温多雨,长江下游和西南地区 8月的降水和气温也是反相关关系,多为高温少雨和低温多雨天气。

7.1.6　9 月降水量与本月平均气温等级值的相关分析

相关信度超过 0.001 的区域有:海河流域(10 区)降水量与长江中下游(三区)气温等级值的负相关系数和负相关概率分别是-0.55 和 74%,黄河中上游(11 区)降水量与长江中下游地区(三区)气温等级值的负相关系数有-0.61,负相关概率有 82%,与西南地区(五区)的气温等级值的负相关系数为-0.56,负相关概率为 76%。这些负相关关系表明长江中下游地区 9 月气温与海河流域和黄河中上游的 9 月降水量呈正相关关系。也就是说,大多数年份的 9 月份长江中下游地区气温越高,海河流域和黄河中上游的降水也越多,气温越低、降水也越少。西南地区的气温偏高也不利于黄河中上游地区的降水产生。这与 8 月份的气温和降水之间的关系相反,9 月多为高温多雨、低温少雨天气。这是因为 9 月已进入初秋,长江中下游多为秋高气爽的天气形势。如长江中下游地区气温偏高说明尚有暖湿气团的影响,有利于水汽向北输送,而且 9 月在黄河中上游和海河流域产生的降水多为北方冷空气过程下来而产生的过程性降水。

7.2　各区域降水和旱涝趋势与前期气温等级值的遥相关分析

各区域降水和旱涝与前期各月气温等级值的相对较好的遥相关关系和区域具体分析如下:

7.2.1　南方地区

(1)华南区(1 区)15 点平均 4 月降水量距平百分率(R'_4)与华北区(二区)27 点平均 1 月气温等级值(T_1)的相关系数有 -0.53,负相关信度有 0.001,两者具体相关关系是:$T_1 \leqslant 2.8$,则 $R'_4 \geqslant 3\%$;$T_1 \geqslant 3.0$,则 $R'_4 \leqslant -14\%$,负相关概率有 77%(27/35)。这个负相关关系表明华南地区 4 月降水量的多少与前期 1 月华北地区的气温高低有正相关关系,即华北地区 1 月气温偏高则华南地区 4 月降水可能偏多,反之亦然。

华南地区 4 月降水量与全国平均 1 月气温等级值的负相关系数有 0.52,负相关概率有 71%。

华南地区平均 4—9 月降水总量与上一年西南区(五区)20 点平均 6 月气温等级值的相关系数有 -0.56,信度超过 0.001。其具体相关关系是:西南区(五区)平均 6 月气温等级值 $T_6 \geqslant 3.5$(或 $\leqslant 3.3$),则次年华南区平均 4—9 月降水量距平百分率 $R'_{4\sim9} \leqslant -2\%$(或 $\geqslant 0\%$),两者之间的负相关概率有 82%(28/34)。由此可见,西南地区 6 月平均气温的高低对次年华南地区夏半年降水总量的距平趋势有较好的正相关关系和预报意义。

(2)江南区(2 区)4 月降水量距平百分率(R'_4)与上一年华南区(四区)10 月气温等级值的相关系数有 -0.58,信度超过 0.001。具体相关关系是:华南区 10 月气温等级值 $T_{10} \leqslant 2.9$(或 $T_{10} \geqslant 3.1$),则次年江南区 $R'_4 \geqslant 3\%$(或 $\leqslant 0\%$)的负相关概率有 78%。这个相关关系表明,华南地区 10 月平均气温与次年江南地区 4 月降水量的距平趋势有较好的正相关关系。另外,江南地区 6—8 月降水总量与上一年西南地区(五区)和新疆地区(七区)的 8 月平均气温等级值的相关系数分别有 -0.56 和 0.48,即西南地区和新疆地区 8 月气温的高低对次年江南地区夏季降水总趋势也有一定的指示性。

(3)贵州区夏季 6—8 月降水总量和夏半年 4—9 月降水总量,与上一年长江中下游地区(三区)平均 8 月气温等级值的相关系数分别有 -0.67 和 -0.69,信度超过 0.001。其具体相关关系是:长江中下游地区平均 8 月气温等级值 $T_8 \leqslant 2.6$(或 $T_8 \geqslant 2.7$)与次年贵州地区 6—8 月降水总量距平百分率 $R'_{6\sim8} \geqslant 3\%$(或 $R'_{6\sim8} \leqslant 0\%$)的负相关概率有 89%。其中,5 个夏涝年($R'_{6\sim8}\geq20\%$)中有 4 年的上一年 $T_8\leq2.2(4/5)$；5 个夏旱年($R'_{6\sim8}\leq-20\%$)的上一年 $T_8\geq3.1(5/5)$。长江中下游区平均 8 月气温等级值 T_8 与次年贵州区平均 4—9 月降水总量的距平百分率 $R'_{4\sim9}$ 的负相关概率有 85%，其负相关关系是：$T_8\leq2.6$(或 $T_8\geq2.7$)，则次年 $R'_{4\sim9}\geq1\%$(或 $R'_{4\sim9}\leq0\%$)。由此可见，长江中下游地区 8 月平均气温与次年贵州地区夏季旱涝和夏半年降水总量的距平趋势有显著的正相关关系。所以可以说，长江中下游地区 8 月气温是次年贵州地区夏季旱涝和夏半年降水总量的距平趋势的一个较好的长期预报因子，而且时效较长，可以在年度预报和汛期预报中应用。

另外，贵州区夏季 6—8 月和夏半年 4—9 月降水总量与上一年西南区(五区)8 月气温等级值的相关系数均有 -0.61，信度超过 0.001，相关关系也较显著。通过以上分析我们可以知道，贵州区夏季旱涝和夏半年降水总趋势与上一年长江中下游和西南两个地区的 8 月气温之间存在着较为密切的遥相关关系。

(4)西南区(4 区)夏季 6—8 月降水总量与同年 3 月东北区(一区)21 点平均气温等级值(T_3)的相关系数有 0.50，信度超过 0.01。其具体相关关系是：东北区 $T_3\geq2.9$(或 $T_3\leq2.8$)，则西南区 13 站平均 6—8 月降水总量距平百分率 $R'_{6\sim8}\geq5\%$(或 $R'_{6\sim8}\leq-2\%$)的正相关概率是 83%。这个相关关系表明，东北区 3 月气温偏高则西南区 6—8 月降水总量偏少，反之亦然。由此可见，东北区 3 月气温对西南区夏季降水总量的距平趋势有较好的指示意义，是一个较好的预报因子。

7.2.2　北方地区

(1)淮河流域(8 区)15 点平均 7 月降水量与上一年长江中下游区(三区)25 点平均 8 月气温等级值(T_8)的相关系数为 -0.53，信度超过 0.001。其中，$T_8\geq4.0$ 的次年淮河流域 7 月降水量距平百分率 $R'_7\leq0\%$(9/9)或 $R'_7\leq-20\%$(7/9)。这个相关关系表明：长江中下游地区 8 月气温显著偏低之年，其次年 7 月淮河流域大多为雨水明显偏少之年。另外，淮河流域夏半年 4—9 月降水总量与上一年东北区(一区)平均 12 月气温等级值(T_{12})的相关系数有 -0.55，信度超过 0.001。其中，东北区 $T_{12}\geq3.5$ 的年份，其次年淮河流域夏半年降水总量距平百分率 $R'_{4\sim9}\leq1\%$(11/11)或 $R'_{4\sim9}\leq-2\%$(10/11)。

(2)山东区(12 区)6 站平均夏半年 4—9 月、夏季 6—8 月降水总量和 9 月降水量与上一年长江中下游区(三区)的 9 月气温等级值(T_9)的相关系数分别有 -0.50，-0.63，-0.55，信度在 0.01 至 0.001 以上。$T_9\geq3.5$ 的年份，其次年山东区 4—9 月降水总量距平百分率 $R'_{4\sim9}\leq-11\%$(13/16)、夏季 6—8 月降水总量距平百分率 $R'_{6\sim8}\leq-7\%$(15/16)或 $R'_{6\sim8}\leq-11\%$(14/16)；$T_9\leq3.0$ 的年份，其次年山东区 $R'_{4\sim9}\geq1\%$(11/14)或 $R'_{4\sim9}\geq10\%$(9/14)、$R'_{6\sim8}\geq3\%$(9/14)。长江中下游地区的 9 月气温等级值与次年山东地区夏半年和夏季降水总量的距平趋势相关概率均在 80% 以上。可见，长江中下游地区 9 月气温是次年山东地区夏半年和夏季降水总趋势的一个较好的预报因子。

(3)海河流域(10 区)5 月降水量与长江中下游地区(三区)1 月平均气温等级值的相关系数有 0.50，信度超过 0.01，相关概率有 80%。其中，海河流域 5 月降水量距平百分率 $R'_5\geq29\%$ 的 10 个多雨年，其前期 1 月长江中下游地区平均气温等级值 $T_1\geq3.0$(10/10)。海河流域 5 月降水量与全国平均 1 月气温等级值的相关系数也有 0.57。海河流域 7 月降水量与 4 月长江中下游地区平均气温等级值和全国平均气温等级值的相关系数分别有 -0.52 和 -0.53,相关概率有 71%。这表明 4 月长江中下游地区或全国的气温与海河流域 7 月降水量有正相关关系。另外,海河流域 9 月降水量与华南地区 8 月气温等级值的相关系数有 0.53,相关概率有 74%,这表明,华南地区 8 月气温对海河流域的 9 月降水量有一定的指示意义。

上述分析到的气温因子对夏半年各月降水和季降水总量都有一定的预报价值和参考意义。

第8章　天气谚语在旱涝预报中的应用研究

8.1　天气谚语概述

　　天气谚语大多数是农业生产实践的产物,是几千年来广大劳动人民在同大自然斗争中积累起来的智慧和经验的结晶。许多短期预报方面的天气谚语,包含着天气学原理。例如"乌头风,白头雨",意指乌云刮风,白云下雨。云呈乌黑色,是因为云滴细小而多,降落很慢,在乌云底下,上升气流极强,风的平流也很大,这种小云滴往往不易着地,容易随风飘扬在天空之中,阳光进入乌云不易透射和反射,因而我们看不见云的本色,看上去是黑色的。云呈乳白色,是因为云滴粗大,云滴大就易成雨下降着地,云滴大能把射入云滴上的太阳光反射出来,使我们能看到云滴的本色即乳白色。这个原理如同我们平时说的"洁白如银",就是指大块的银洁白无瑕,如果是小块细碎的银沫,看上去便是黑色。有的地方有"满天星,明天晴"之说,意指当天晚上天空中万里无云,一望满天星星,明天一定是晴天,如当天晚上天空有云,看不到满天星星,则明天天气可能不好。而又有的地方却有谚语"夜晴无好天,明朝还要雨连绵"、"久雨见天星,明朝雨更猛",意指连阴雨中间突然夜里天晴,可能晴不久长,第二天又要下雨。这表明不少天气谚语有地方性,与当地气候特点有关。

　　由于我国古代农民缺乏文化知识,又无气象观测设施,所以对有的天气现象知其然而不知其所以然,就用一些迷信色彩来解释,在现代来看,许多确有道理的短期天气谚语都能用天气学原理来解释。最早收集并用天气学原理对天气谚语加以解释的是朱炳海教授,他在20世纪40年代初期就写有这方面的书籍,到50年代初就由中国青年出版社正式出版了《天气谚语》这本书,全书8万字,他把收集来的天气谚语按其性质分门别类,去粗取精,去伪存真,并给以科学的解释。他把408条天气谚语分成"风、云雾、天空景象、寒暖、雨雾露霜、雷电、节令日月干支、物象八类"。这是我国第一本用天气学知识来对天气谚语进行科学解释的书,这本科普书对科学地继承我国古代流传下来的天气谚语很有教益,对科学地使用天气谚语给大家以启迪。

　　在20世纪60年代,广大气象工作者下台站蹲点和下乡访问老农,学习收集天气谚语曾一度成风,"天气谚语"小册子也很多。中国科学院大气物理研究所也出版了长江中下游地区的《天气谚语汇编》。

　　因为古代缺乏观测工具和手段,没有系统的气象资料,大多数天气谚语是单凭感觉,经验或物象积累起来的定性关系,由于各人对天气的感觉不一样,这就造成了人为的主观差异。为了使天气谚语在长期天气预报中得到应用,就应该用实际气象资料和客观统计方法对天气谚语进行验证和考核。20世纪70年代初期,为了解编写"天气谚语在长期预报中的应用"一书的可能性和收集长期天气谚语方面的素材,中央气象台长期科首先派陈菊英、袁景风到河北的邢台、石家庄、保定等气象台站进行学习和收集有关长期天气方面的天气谚语。后来陈菊英又先后到湖北、湖南、江西、广东、福建、浙江、江苏等有关气象台站和当地老农那儿进行调查学习,收集当地使用得比较好的长期天气谚语。在收集来的大量天气谚语中,又用单站和区域的序列资料对其中的长期天气谚语进行验证和考核,发现有些长期天气谚语有较好的统计关系,不但在当地适用,而且有较广阔的区域性。例如"六月逢双暑,有米无柴煮"在华南地区适用范围较广,"冬暖来年涝,冬寒来年旱","春寒夏涝","九里风伏里雨"等天气谚语在华北平原地区比较适用,"腊月里多雪水黄梅"在长江中下游地区比较适用,"清明在月头,春秧放水流"在江南地区比较适用,"夏至月头,无水养牛"在淮河流域比较适用,……。通过调查和收集、验证、积累了一定的长期天气谚语方面的素材,为编写《天气谚语在长期预报中的应用》一书打下了一定的基础,并在张驯良,李泽椿、廖荃荪的指导下,列出了本书提纲,而由陈菊英、孙彭龄、朱振全三人承担本书的编写任务,各有侧重,分工负责,为了继续充实内容和素材,三人又分头再次到有关台站和老农那儿学习和访问,重点访问的老农有江苏常熟县陆永生、广东普宁县陈恩旺、河南林县张启才等。在三人分担的书稿编写好以后,由朱振全负责全书的综合整理工作。本书在 1977 年 10 月由科学出版社正式出版,这本中级应用科普书受到了广大读者的欢迎,是当时气象书籍中发行量最大的一本书,并被中国气象学会举办的"全国气象科普创作会议"评为优秀气象科普书籍。

在 20 世纪 70 年代末 80 年代初,朱振全又把"初一、十五,廿三、阴天下雨湿衣衫"等月相与天气过程方面的天气谚语,进一步用全国冷空气活动序列资料进行验证考核,并用天体引潮力的原理对验证结果加以解释。这个工作对冷空气活动的长期预报起到了积极作用。同时,陈菊英也以"腊月里多雪水黄梅"、"冬暖来年涝,冬寒来年旱"、"春寒夏涝"、"清明在月头,春秧放水流"等天气谚语为线索进一步结合大气环流、降水、气温和太阳活动等方面的序列资料进行综合分析,并制作了长期天气预报工具。孙彭令也对"头年热得很,来年下得稳"这条天气谚语结合大气环流形势进行了验证。这些以长期天气谚语为线索,用序列气象资料进行综合分析出来的长期天气预报工具,大多数效果比较稳定,在长期天气预报中起到了一定的作用。详见有关论文文献。

8.2　天气谚语在旱涝预报中的验证和应用方法

因为旱涝是异常天气形势造成的,在同一地区来讲,与通常天气相比,旱涝仍属小概率事件,所以要报出旱涝天气比报通常天气来得困难。广大劳动人民在长期与大自然的斗争中积累了许多展望旱涝趋势的宝贵经验,并以成语或歌谣形式在民间流传。天气谚语就是用精练的或带有诗韵格式的语句即"谚语"形式定性地概括了预报指标和预报对象之间的关系。中国天气谚语有着悠久的历史、广阔的区域和丰富的内容,它为我们提供了取之不尽的资源,这个资源也得到了一定的开发和应用,在预报中也作出了一定的贡献,预报降水和旱涝的天气谚语在全国各地流传也很多,内容极为丰富。有的天气谚语有广阔的地区性,有的天气谚语则有较强的局地性。也有些天气谚语说法虽然相同,但其含义在各地有较大的差异。还有些天气谚语含意相同但在各地的说法并不完全一致。因而在天气预报中要使用天气谚语,首先必须弄清谚语的含义,然后用有关资料进行考核验证,把其中最优的统计关系挑选出来,再由点到面逐步扩大到区域,或者直接用区域性资料进行验证和考核。只有经过验证和考核后,证明对当地旱涝趋势预报确有意义即有较好的统计意义的天气谚语,才能在天气预报中得以应用。

旱涝方面的天气谚语也很多,我们不能在此把全国各地的天气谚语都列出来,但为阐述天气谚语在旱涝预报中的验证和应用方法,我们将分别举例加以说明。用天气谚语来做降水和旱涝趋势的常用方法大致可分为单点单条一元相关法、单点单条两元复相关法、单点两条一元相关法、单点两条两元复相关法,单点多条多元序号组合相关法、区域单条一元相关法,区域单条两元复相关法、区域两条一元相关法、区域两条两元复相关法、区域多条多元、分级综合相关法。

8.2.1　单点单条一元相关法

以天气谚语为线索;寻找单因子预报指标最常用的方法是相关法,逐条分析其统计相关关系叫单条相关法,用一个变量作指标的相关法叫一元相关法,用单站气象资料分别对某一天气谚语进行验证则叫单点相关法。单点单条一元相关法是以某一单站气象资料中的一个变量对某条天气谚语进行验证和求其相关关系。

在长江中游地区有“腊雪一高满,不满就旱”、“冬腊月大雪多,第二年雨水多”、“九九有雪,伏伏有雨”、“没有九雪,难得伏雨”等天气谚语,这些天气谚语都是定性地表明冬天的雪量与后期雨季的雨水量存在正相关关系。“腊雪一高满,不满就旱”这条天气谚语意指腊月里积雪高,汛期江河水位就高即江河水满,否则就旱。

例1,长沙:用长沙单站资料对这条天气谚语进行验证和考核,用公历1月降水量代表上一年农历“腊月”里的雨雪量。经验证和分析,1月降水量(R_1)与6月降水量(R_6)和4—8月降水总量($R_{4\sim8}$)有较好的对应关系。

1月降水量特多(110～145 mm)的4年(1954,1964,1969,1974),6月降水量也均为特多(335～455 mm),即$R_1 > 110$ mm,则$R_6 > 335$ mm(4/4)。这4年1月平均降水量有124 mm,较常年同期平均偏多一倍多,6月降水量平均有378 mm,也较常年同期平均偏多一倍。这个对应关系反映出“腊月”里的雨雪量特多之年,6月里的雨水也特大,造成“水满河”的涝象。1月降水量不足110 mm之年,6月降水量也不超过275 mm(30/31)。1月降水量若取80 mm为界值(多年平均值为59 mm),6月降水量取215 mm为界值(多年平均值为189 mm)。在$R_1 > 85$ mm的9年(1954,1964,1966,1969,1973,1974,1979,1980,1983)中,有8年$R_6 > 215$ mm(8/9);$R_1 \leqslant 80$ mm的26年中,有24年$R_6 < 215$ mm(24/26),其中$R_6 \leqslant 189$ mm的有22年(22/26)。这个正相关关系说明,1月降水量若取85 mm为界值,6月降水量则取多年平均值为界值,那末,1月降水量与6月降水量的距平趋势的正相关概率为86%(30/35),与6月降水是否明显偏多(R_6取215 mm为界)的正相关概率为91%(32/35);1月降水量若取110 mm为界值,6月降水量取335 mm为界值,则1月降水量是否特多与6月降水量是否特大(有洪涝)的正相关概率为97%(34/35)。1月与6月的35年降水量之间的相关系数有0.62,信度超过0.001。

1月降水量与4—8月降水总量的正相关关系是:$R_1 \geqslant 90$ mm的8年,全部是$R_{4\sim8} \geqslant 851$ mm(多年平均值),$R_1 < 90$ mm,则$R_{4\sim8} < 845$ mm,即1月降水量若以90 mm为界值,则与4—8月降水总量的距平趋势有正相关关系,正相关概率为80%(28/35)。相关系数有0.58,信度超过0.001。

从上述验证和考核的相关关系可见,在长沙地区,1 月雨雪量的多少对汛期 6 月降水量和 4—8 月降水总量都有一定的指示意义。所以,1 月降水量可以作为 6 月降水量的距平趋势的一条预报指标,并且也可以作为 4—8 月降水总量的距平趋势的一条预报指标,可在降水和洪涝趋势的长期预报中参考和应用。

例 2,在长江下游和江淮地区有"冬管五,腊管六"这条流传甚广的天气谚语,在此我们选用南京和合肥单站资料分别进行验证和考核,并用 1 月和 7 月降水量分别代表上一年农历"腊月"和同年农历"六月"的降水量。

(1)南京,1 月降水量特多($R_1 \geqslant 50$ mm)的 5 年(1954,1957,1966,1969,1980),其中有 4 年 7 月降水量也特大($R_7 > 395$ mm),即 1 月降水量特多则 7 月雨水特大有洪涝的几率为 80%(4/5)。这 5 年里 1 月降水量平均有 61 mm,较常年同期平均偏多近一倍,7 月降水量平均有 385 mm,较常年同期偏多一倍多。1 月降水量在 50 mm 以下($R_1 < 50$ mm)的 30 年中,有 27 年 $R_7 < 220$ mm(27/30),其中有 22 年 $R_7 \leqslant 185$ mm(多年平均值)。由此可知,若取 50 mm 为 1 月降水量的界值,则与 7 月是否有洪涝(R_7 取 395 mm 为界值)的正相关概率为 97%(34/35),则与 7 月是否多雨(R_7 取 220 mm 为界值)的正相关概率为 89%(31/35),则与 7 月降水量的距平趋势的正相关概率为 74%(26/35)。1 月和 7 月降水量的相关系数为 0.51,信度接近 0.001。由上分析的相关关系可见,1 月降水量可以作为 7 月洪涝或多雨趋势的一条预报指标,在洪涝和多雨趋势的长期预报中可供参考。

(2)合肥,为了验证和考核"冬管五,腊管六"这条天气谚语在合肥地区的适用性. 为了用序列资料方便起见,我们以 12 月和 1 月降水量分别代替"冬月"和"腊月"的降水量,以上一年 12 月和当年 1 月降水量之和代替"冬腊月"降水量之和,并以 6—7 月降水量之和代替农历五至六月降水量之和。从序列降水资料来看,6—7 月降水特大($R_{6 \sim 7} > 500$ mm)有洪涝的 3 年(1954,1960,1980),前期 12—1 月降水量也特多($R_{12 \sim 1} > 100$ mm),这 3 年 6—7 月降水总量平均有 605 mm,较常年同期偏多一倍多,其前期"冬腊"月降水量平均有 105 mm,较常年同期偏多五成多。反过来看,"冬腊"月雨雪特多($R_{12 \sim 1} > 100$ mm)的 5 年(1954,1955,1960,1969,1980),其中有 4 年雨季 6—7 月的雨水也特多($R_{6 \sim 7} > 420$ mm);"冬腊"月雨雪不是特多($R_{12 \sim 1} < 90$ mm)之年,6—7 月降水量也不是特多($R_{6 \sim 7} \leqslant 415$ mm),正相关概率达 94%(33/35),$R_{12 \sim 1} < 50$ mm 的 15 年中,有 11 年 $R_{6 \sim 7} < 265$ mm(11/15),即"冬腊"月降水量明显偏少之年,大多数农历"五至六月"降水量也偏少。其中"腊管六"的关系即 1 月降水量与 7 月降水量的正相关关系是 1 月雨雪量明显偏多,即 $R_1 > 45$ mm(多年平均值为 35 mm)的 5 年(1954,1957,1969,1980,1984),其中有 4 年 $R_7 > 300$ mm(多年平均值为 174 mm);如 $R_1 \leqslant 45$ mm,则 $R_7 < 300$ mm(30/30),正相关概率为 97%(34/35)。1954—1985 年 R_1 与 R_7 的相关系数只有 0.41,信度在 0.02 以上。

由此可见,"冬管五,腊管六"这条天气谚语在合肥地区,主要是"冬腊"月雨雪量异常偏多之年,才能"管"雨季大水,即"冬腊"月雨雪量异常偏多之年,次年雨季降水量也异常偏多,并有洪涝现象,如"冬腊"月雨雪量不是异常偏多,则次年雨季有大水的可能性也较小。也就是说,"冬腊"月和次年 6—7 月的降水量只有在界值取得比较高的前提下,其正相关关系才较显著。如都取多年平均值为界值,则正相关关系就不十分显著。换言之,对一般年份的正负距平趋势"管"的作用不明显,对洪涝趋势的"管理作用"较大。

例 3,沈阳:在东北的辽河流域,有天气谚语"秋后雨水多,来夏淹山坡"之说,其含义是指秋后雨水多的年份,次年夏天有大水,不但低洼地区被淹,连较平地高的山坡也被大水淹了,即有较大的洪涝现象。什么是"秋后"? 可以理解为"立秋"以后,也可以理解为"秋分"以后,20 世纪在 70 年代初期用沈阳单站资料来验证其历史情况,发现用 9 月下旬到 10 月下旬或用 9—10 月降水量来代替"秋后雨水"都可以。现在再来验证考核这条谚语的适用条件,仍以沈阳单站资料为例,发现用 9—10 月降水量代替"秋后雨水"更为好些。降水量达到多少才算"雨水多"呢? 在相关分析中发现用 9—10 月降水量大于 145 mm 为"秋后雨水多"的标准较合适。9—10 月降水量与盛夏 8 月和 7—8 月降水量的相关关系是:当 $R_{9\sim10} > 150$ mm 时,其次年 $R_8 \geqslant 240$ mm(7/10),$R_{9\sim10} < 145$ mm,其次年 $R_8 \leqslant 230$ mm(23/24),正相关概率为 88%(30/34)。9—10 月降水量的多年平均值为 127 mm,8 月降水量的多年平均值为 169 mm。9—10 月降水量较常年同期偏多二成以上的 10 年(1952,1954,1956,1959,1963,1970,1971,1972,1974,1984),其中有 7 年的次年(1953,1957,1960,1964,1971,1973,1985)8 月降水量较常年同期偏多四成以上,其中有 6 年 8 月降水量较常年同期偏多六点五成以上,如果把 8 月降水量较常年同期偏多五成以上算作"8 月淹山坡",那么,"秋后雨水多,来年 8 月淹山坡"的几率为 60%(6/10)。如果把 7—8 月降水总量较常年同期偏多四成以上算作"盛夏淹山坡",那么"秋后雨水多,来年盛夏淹山坡"的几率也是 60%(6/10)。秋后雨水不多之年,次年盛夏发生洪涝的几率很小(4%)。

以上所举例子,主要是以天气谚语为线索,寻找预报降水和洪涝趋势的单因子指标,对雨季降水和洪涝趋势的长期预报有较好的参考价值。但对干旱趋势的预报无多大帮助。

下面我们再举两个有关干旱趋势方面的天气谚语为线索的预报指标的验证和考核方法。

例 4,信阳:在淮河流域有"出九一场雪,十田九干裂"的天气谚语之说,这条天气谚语意指"九"天结束时如有一场雪,则意味着未来要有大旱,十分之九的田地要干得裂缝。"九"就是指"九九",即从冬至的次日起数,每个"九"为 9 天,"九九"共 81 天。由于这段时间较冷,所以北方和长江流域有"数九寒天"、"九尽寒尽"之说。头九即第一个"九"的 9 天,一般在阳历 12 月 22—24 日开始,绝大多数年份从 12 月 23 日开始到 31 日结束,二九、三九、四九在公历 1 月份即农历的腊月,隆冬腊月是冬天最冷的时段。最后一个"九"一般在 3 月 11—13 日结束,即 3 月上旬前期就进入最后一个"九"天,3 月中旬中期就开始"出九",这时寒天已过去,气温已回升,即谓"九尽寒尽"。所以,"出九"时在淮河流域出现下雪的天气是较为少见的。

我们在这里用信阳单站资料对这条天气谚语进行验证和考核,发现 3 月上、中旬降水量与盛夏 7 月上旬至 8 月中旬的降水量有一定的对应关系,其中特别是 3 月上旬降水量与 7 月上旬到 8 月上旬这 4 个旬的持续干旱趋势有较好的对应关系。3 月上旬降水量在 45 mm 以上的 5 年(1952,1955,1959,1960,1966),7 月上旬到 8 月上旬的降水总量均在 180 mm 以下。均较常年同期偏少三成以上。其中以 1959 年最为典型,3 月上旬有 46 mm,较常年(22 mm)同期偏多一倍以上,7—8 月降水总量只有 18 mm,盛夏两个月的降水总量还没有 3 月上旬的一个旬降水量多,可见伏旱之严重。1960 年 3 月上旬有 66 mm,较常年同期偏多两倍,7—8 月降水总量只有 113 mm,比常年同期偏少近七成,伏旱也较严重。1966 年 3 月上旬有 53 mm,7 月中旬到 8 月下旬的 5 旬降水总量只有 74 mm,较常年同期偏少七成多,伏旱也较严重。从 1951—1985 年的 35 年资料来看,3 月上旬降水量在 16~67 mm 的 16 年中,有 13 年的 7 月上旬到 8 月上旬这 4 旬降水总量较常年同期偏少,概率为 81%(13/16)。其中有 10 年这 4 旬降水总量较常年同期偏少二成半以上,即有明显伏旱的几率为 63%(10/16),比气候几率(40%)偏高 23%;相反,3 月上旬降水量在 0～13 mm 的 19 年中,有 14 年的 7 月上旬到 8 月上旬这 4 旬降水总量较常年同期偏多(14/19),其中有 58% 的年份这 4 旬降水量明显偏多有涝象,在这 19 年中只有 4 年盛夏少雨有伏旱,即 3 月上旬降水量明显偏少的年份,盛夏有明显伏旱的几率只有 21%(4/19),比气候几率偏低 19%。

　　如果取 16 mm 为 3 月上旬的降水量界值,则 3 月上旬降水量与 7 月上旬到 8 月上旬这 4 个旬降水总量的距平趋势的反相关概率有 77%(27/35)。3 月上旬降水量和 7 月上旬到 8 月上旬这 4 个旬降水总量的 35 年的相关系数为 −0.41,信度接近 0.01。

　　如果把 3 月上、中两旬降水总量作指标,则两旬降水总量超过 60 mm 的共有 6 年(1961,1960,1972,1955,1952,1966),这 6 年 7 月上旬到 8 月上旬 4 旬降水总量较常年同期偏少三到七成多,盛夏伏旱明显(6/6)。3 月上、中旬降水量与 7 月上旬到 8 月上旬降水总量的 35 年相关系数为 −0.46,信度超过 0.01。

　　从上面的分析可见,以“出九一场雪,十田九干裂”这条天气谚语为线索,经过验证和考核后,发现 3 月上旬降水量特多(≥45 mm)或 3 月上、中旬降水总量特多(≥60 mm)的 7 年(1952,1955,1959,1960,1961,1966,1972)中,盛夏均有较明显的伏旱现象发生(7/7),这 7 年平均 7 月上旬到 8 月上旬这 4 个旬降水总量较常年同期偏少五点八成,其中有 5 年为 7—8 月持续少雨伏旱严重年。由此可以说,3 月上旬雨雪量异常偏多(≥45 mm)或 3 月上、中旬雨雪总量异常偏多(≥60 mm),是后期盛夏有明显伏旱发生的一个前期征兆,可以作为伏旱的一个长期预报指标,有一定的使用价值。

　　以上所举天气谚语都是反映了前后期降水量本身之间的对应关系,也可以说是降水本身的韵律关系。另外一类天气谚语是反映前期气温的高低与后期旱涝之间的对应关系,下面我们再举例分析。

　　例 5,“腊月寒,来年五月少雨潭”这条天气谚语在长江中下游地区有传说,这条谚语的含义是“腊月”特冷,第二年五月就不会有大的雨水,以致造成积水成潭的景象,也就是说五月降水量正常或偏少。我们分别选用上海、南京、汉口三个单站资料,对这条谚语进行分析和验证。仍用公历 1 月和 6 月资料分别代替“腊月”和“五月”资料。

　　(1)上海,用 1 月平均气温代替上一年“腊月”平均气温,1873—1970 年的近百年平均值为 3.3℃,取 1 月平均气温距平在 −1.0℃ 以下即 1 月平均气温在 2.3℃ 以下为“腊月寒’的标准,在 1873—1950 年间,共有 16 个“腊月寒”年,其中来年五月即公历 6 月降水量较常年同期偏少($R_6 < 180$ mm)的有 11 年,也就是说在 1873—1950 年期间,“腊月寒,来年五月少雨潭”的几率只有 69%(11/16)。在 1951—1985 年期间,1 月平均气温在 2.5℃ 以下($\bar{T}_1 < 2.5$℃)的年份共有 10 年,其中有 8 年的 1 月平均气温在 2.3℃ 以下,这 10 年的 6 月降水量均较常年同期偏少($R_6 < 180$ mm),即“腊月寒,来年五月少雨潭”在 1951—1985 年期间的几率为 100%(10/10)。6 月是上海典型梅雨盛期,6 月降水量偏少,一般都是少梅年或旱梅年。

　　(2)南京,取 1 月平均气温等于或小于 1.5℃($\bar{T}_1 \leqslant 1.5$℃)为上一年“腊月寒”的标准,在 1916—1985 年期间,共有 22 年达到这个标准,其中有 17 年 6 月降水量较常年同期偏少($R_6 < 145$ mm),所以天气谚语“腊月寒,来年五月少雨潭”在南京地区的几率为 77%(17/22)。

(3)汉口,取 1 月平均气温低于 2.0℃为"腊月寒",在 1921—1985 年期间,达到这个标准的年份有 12 年,其中有 9 年的 6 月降水量较常年同期偏少($R_6 <$ 230 mm),则"腊月寒,来年五月少雨潭"在汉口地区的几率是 75%(9/12)。

从这条天气谚语在上海、南京、汉口三个单站的长序列资料的验证结果来看,相关概率都在 75%以上,对 6 月典型梅雨量的多少趋势有一定的预报意义和参考价值。

8.2.2　单点两条两元复相关法

单点两条两元复相关法就是用单站资料对两条天气谚语分别进行验证,再用复相关法将由这两条天气谚语为线索而提供的指标综合起来,得到一个复相关指标因子。一般来说,这个复相关预报指标要比两个单相关预报指标为优。

例 1,沈阳:选用"秋后雨水多,来夏淹山坡"和"冬旱来夏涝"这两条谚语为例,"秋后雨水多,来夏淹山坡"在上面已经验证过。"冬旱来夏涝"这条天气谚语反映了冬天的旱对应来年夏天的涝,"冬"可能是指"冬月",经验证分析我们用冬至前后两个旬即 12 月中下旬的降水量代替"冬旱"指标,这两旬降水总量在 6 mm 以上(即 6～39 mm)的 11 年,其来夏 7—8月降水总量均较常年同期偏少(11/11),其中这两旬降水总量在 9 mm 以上的 8 年,有 7 年来夏 7—8 月降水总量较常年同期明显偏少,即偏少二点五成到三点七成,有伏旱(7/8)。这两旬降水总量在 5 mm 以下(0～5 mm)的 23 年中,有 14 年的来夏 7—8 月降水总量较常年同期偏多(14/23)。9 个盛夏 7—8 月降水总量较常年同期明显偏多(偏多二点五成以上)之年,其上一年 12 月中下旬降水总量均在 4 mm 以下(9/9),盛夏 7—8 月降水总量特多(偏多四成以上)的 6 年(1953,1957,1960,1964,1973,1985),其上一年 12 月中下旬降水总量均在 2 mm 以下(6/6)。但 12 月中下旬降水总量在 2 mm 以下的年份共有 16 年,其来夏有涝年也有旱年。由此可见,"冬旱来夏涝"单因子指标并不太好用于洪涝趋势预报,而"冬雪多来夏旱"这个偏相关指标的验证关系较好,可在伏旱趋势预报中参考和使用。

在上面分析的基础上,来综合分析这两条天气谚语的复相关关系,可得到下面两个盛夏 7—8 月干旱和洪涝的长期预报因子。

(1)若秋季 9—10 月降水总量在 145 mm 以下,同年 12 月中下旬降水总量在 6 mm 以上,即同时满足"秋后雨水不多"和"冬不旱"两个条件的年份,其来夏 7—8 月降水总量较常年同期偏少的概率为 100%(10/10),7—8 月降水总量明显偏少即偏少二点五成以上有伏旱的概率为 80%(8/10)。其中 9—10 月降水总量在 130 mm 以下的 6 年,来夏 7—8 月降水总量较常年同期偏少二点五至三点七成,有明显的伏旱现象(6/6)。

(2)若秋季 9—10 月降水总量在 145 mm 以上,同年 12 月中下旬降水总量在 2 mm 以下,即同时满足"秋后雨水多"和"冬旱"两个条件的年份,其来夏 7—8 月降水总量较常年同期偏多的概率为 100%(7/7),7—8 月降水总量较常年同期偏多四成以上有夏涝的概率为 86%(6/7)。即"秋后雨水多"而且有"冬旱"之年"来夏淹山坡"的几率较高。如"秋后雨水多"和"冬旱"条件不能同时满足之年,来夏一般不会有"淹山坡"现象,即使有涝象也较轻,即 7—8 月降水总量正距平百分率在 40%以下(27/27)。

符合条件 1 的年份如表 8.1a 所示,符合条件 2 的年份如表 8.1b 所示。表 8.1a 和表 8.1b 分别可作为夏旱和夏涝的相关因子,对夏旱夏涝的长期预报有一定的使用价值。

表 8.1a　"秋后雨水不多"且"冬不旱"则来年盛夏少雨有干旱(沈阳)

年份	1952	1956	1958	1965	1967	1971	1978	1979	1980	1981
上一年 9—10 月降水总量在 145 mm 以下	101	130	85	135	48	131	141	127	51	127
上一年 12 月中下旬降水总量在 6 mm 以上	13	8	39	6	11	20	31	9	32	11
盛夏 7—8 月降水总量距平百分率(%)	−31	−2	−28	−29	−35	−14	−34	−29	−37	−25

表 8.1b　"秋后雨水多"且"冬旱"则来年盛夏多雨有涝象即有"淹山坡"现象(沈阳)

年份	1953	1957	1960	1964	1973	1975	1985
上一年 9—10 月降水总量在 145 mm 以上	149	261	219	162	195	217	153
上一年 12 月中下旬降水总量在 2 mm 以下	0	2	1	1	0	0	0
盛夏 7—8 月降水总量距平百分率(%)	94	66	42	43	50	7	42

例 2,南京:以天气谚语"腊月里多雪水黄梅"和"发尽桃花水,必定旱黄梅"为例,来验证其复相关关系。

"腊月里多雪水黄梅"意指腊月里下了大雪,未来的黄梅雨就大,"水黄梅"意指黄梅雨季节有大水和洪涝现象。什么时候是黄梅雨季呢?《庚溪诗话》有"江南五月梅熟时,霖雨连旬,谓之黄梅雨"之说。访问江苏常熟县的老农时,他们解释说芒种节气称为"黄梅",夏至节气称为"莳梅",芒种到夏至节气内的连阴雨就称为"梅雨"。从天气学的角度看,梅雨的产生、维持和结束与西北太平洋副热带高压脊线的南北位置关系密切,梅雨期间,西北太平洋副热带高压脊线稳定于 20°~25°N 之间,极锋稳定于 27°~33°N 之间,雨带稳定于长江中下游地区。梅雨可分为早梅雨和典型梅雨两种,早梅雨是一种异常的雨带北跃过程,出现于 5 月上中旬,典型梅雨一般出现于 6—7 月份。

仍用 1 月降水量代替上一年的"腊雪量",南京单站 1 月降水量的多年平均值为 31 mm,6—7 月降水总量的多年平均值为 358 mm。如果取比常年同期偏多三点五成以上为"多雪"和"水黄梅",那末 1 月降水量就取 42 mm 为界值,6—7 月降水量就取 485 mm 为界值。

上一年"腊月'即当年公历 1 月达到"多雪'标准的年份共有 9 年,其中有 5 年在 6—7 月也达到"水黄梅"的标准,有 1 年 6—7 月降水量也较常年同期偏多较明显,但仍达不到"水黄梅"的标准,还有 3 年 6—7 月降水量较常年同期偏少。即按上述标准验证结果是"腊月里多雪水黄梅"的合格率只有 56%(5/9),但比"水黄梅"的气候几率(17%)偏高 39%,可以说"腊月里多雪"对"水黄梅"是具有一定预报意义的,但其相关概率尚不很理想,因为还有 44% 的"腊月里多雪"之年,后期达不到"水黄梅"的标准。达不到"腊月里多雪"标准的年份共有 26 年,其中有 25 年的 6—7 月也未出现"水黄梅"达标景象,即"腊月里雪不多,黄梅里水不大"的概率达 96%(25/26),比其气候概率(83%)偏高 13%,也有一定的预报意义。

为了寻找预测"水黄梅"的补充因子,再进一步来分析验证"发尽桃花水,必定旱黄梅"这条天气谚语,这条谚语的含义是指在桃花盛开时节有较大降雨,苏南老农说"桃花水发尽"意指有能够把桃花冲走之雨水,则在黄梅季节反而会出现少雨干旱现象。在此,我们取"清明日"前后即 4 月上旬的降水量为"桃花水",其多年平均值为 27 mm,较常年同期偏多二点五成以上的年份谓"发尽桃花水"之年,在 1951—1985 年期间,共有 13 个"发尽桃花水"之年,其中有 10 年的 6—7 月降水量较常年同期偏少,有 3 年 6—7 月降水量较常年同期偏多,但仍不够"水黄梅"的标准。所以,"发尽桃花水,黄梅雨水少"的合格率为 77%(10/13),比 6—

7月降水量的负距平气候几率(60％)偏高17％,有一定的预报意义。"发尽桃花水不是水黄梅"的概率为100％(13/13)。

将这两条天气谚语进行综合分析,结果表明9个"腊月里多雪"达标之年中,未来6—7月也达到"水黄梅"标准的5年,均是"桃花水未发尽"之年,这5年4月上旬降水量均较常年同期偏少,这5年平均4月上旬降水量只有14 mm,平均较常年同期偏少四点八成。未来6—7月没有达到"水黄梅"标准的4年,其中有3年是"发尽了桃花水",所以未出现"水黄梅"现象。换言之,同时满足"腊月里多雪"且"桃花水未发尽"这两个标准的年份共有6年,其中有5年出现了"水黄梅"现象,即"腊月里多雪且桃花水未发尽,则有水黄梅"的合格率为83％(5/6),比"水黄梅"的气候几率偏高66％。如表8.2中所表明。

表8.2　"腊月里多雪且桃花水未发尽,则有水黄梅"的验证结果(南京)

年份	1954	1956	1969	1974	1980	1984	合格率
1月降水量距平百分率在35％以上	181	77	61	39	71	52	腊月里多雪
4月上旬降水量距平百分率在25％以下	−85	−4	−81	−48	−26	−61	未发尽桃花水
6—7月降水量距平百分率(％)	111	39	83	63	49	−12	水黄梅(5/6)

由此可见,这两条天气谚语是对同一个预报对象"黄梅"里的雨水而言的,"腊月里多雪,水黄梅"主要是预测"黄梅"里的大水,而"发尽桃花水,必定旱黄梅"主要是预测"黄梅"里的少雨趋势,这两条天气谚语是互为补充,反映了"隆冬腊月"—"桃花时节"—"黄梅雨季"三个时段的降水量之间的韵律关系。以这两条天气谚语为线索验证和考核所得到的两个预报因子的复相关关系,确实对"水黄梅"这个小概率大水事件有预报意义。而不能同时达到"腊月里多雪"且"未发尽桃花水"这两个标准的年份,一般也出不来"水黄梅"现象。概括而言,按上述规定的界值,用这两个因子的复相关关系对"水黄梅"现象进行统计相关,其拟合结果是空报1次(1984)和漏报1次(1975),拟合率达94％(33/35)。所以,这个复相关预报指标对"水黄梅"的长期预报是有使用价值的。

8.2.3　单点多条多元序号组合相关法

由上面的分析可知,以两条天气谚语为线索验证得到的两个因子的复相关预报指标要比每个单因子预报指标的拟合率显著提高。例如在南京地区有9个"腊月里多雪"年,"腊月里多雪水黄梅"的拟合率只有56％(5/9)。若再考虑到"发尽桃花水"这个因子,这"腊月里多雪且桃花水未发尽,则有水黄梅"的拟合率就提高到83％(5/6)。如果再考虑到"腊月寒,来年五月少雨潭"这条天气谚语,在1951—1985年期间,有7个上一年"腊月"异常之寒冷年即当年公历1月平均气温$\overline{T}_1 < 1.0℃$的年份(1955,1959,1963,1970,1977,1981,1984),这7年的6—7月降水量均较常年同期偏少(7/7)。这意味着上一年"腊月奇寒"未来不会出现"水黄梅"现象,所以表8.2中的1984年,虽然满足条件"腊月里多雪"和"桃花水未发尽"两个条件,但未出现"水黄梅"现象,因为1984年1月平均气温只有−0.2℃,出现了"奇寒"天气,表8.2中其余5年的1月平均气温均在1.3℃以上。这三条天气谚语的拟合结果是"腊月里多雪但无奇寒且桃花水未发尽,则黄梅有大水"的拟合率为100％(5/5),这里所谓"无奇寒"标准是1月平均气温在1.0℃以上。由此可见,由三条天气谚语得到的复相关预报指标,对"水黄梅"

这个小概率大水事件的相关性比由两条天气谚语得到的复相关预报指标更好些。

为了综合分析多条天气谚语,并且将多条天气谚语提供的多种不同单位变量的指标都用同一个形式综合为一个指标因子。综合三个以上的指标除了可以用"复相关表"和三座标点聚图等方法外,还可以用序号组合法来综合不同类别不同量级的多个指标因子。无权重"序号组合法"就是首先把指标因子转换成无单位的序号,并使各指标的"序号最大变幅"基本相近,即各指标的"序号最大变幅"之间的差值达到比较小。在赋序号值时,必须注意到,与预报对象正相关的指标序号应同反相关的指标序号取相反的符号,即前者由小到大(或由大到小)赋给序号后,则后者就要由大到小(或由小到大)给以序号。如考虑到各因子的权重关系,也可以按一定的原则给序号以权重系数。

例如,北京:在华北地区有不少预测夏季旱涝的天气谚语,例如"九里风多,伏里雨多""终雷迟,夏雨多","冬暖来年涝,冬寒来年旱","春寒夏涝","冬雪多,夏雨多","端午来得早,秋雨少"等天气谚语。北方雨季主要在 7—8 月,因而盛夏 7—8 月的旱涝是最重要的。

①"九里风多,伏里雨多",用北京单站资料分析后,发现 1 月的风速与伏里的雨水关系相对较好,故用 1 月平均风速代表"九里"的风。②"冬雪多,夏雨多"经分析考核后,取用上一年 12 月的最大积雪深度代表"冬雪"指数。③"冬暖来年涝,冬寒来年旱"经分析考核取用上一年 12 月到当年 1 月的两个月平均气温之和($\bar{T}_2 + \bar{T}_1$)代表"冬温"指数。④"终雷迟,夏雨多"则用上一年终雷日期来代表终雷的迟早。⑤"春寒夏涝"取用 5 月平均气温来表示春天的气温。⑥"端午来得早,秋雨少",用端午的公历日期来反映端午日的早晚。在此,规定端午在小满节气里(在公历 6 月 4 日及其以前)的年份为"端午来得早"之年,把端午在芒种节气里(在公历 6 月 5—18 日)的年份算作"端午来得正常"之年,把端午在芒种末尾到夏至节气里(在公历 6 月 19 日及其以后)的年份算作"端午来得晚"之年,设 Y' 为上述 6 个指标因子之序号和。

$$Y' = 10x_1 + 10x_2 + 10x_3 + 2x_4 - 10x_5 + x_6 \tag{8.1}$$

式中 x_1 是 v_1(1 月平均风速,单位为 m/s)去掉单位后的常数值;

x_2 是 $\bar{T}_{12} + \bar{T}_1$(上一年 12 月平均气温与当年 1 月平均气温之和,单位为℃);

x_3 是 h(上一年 12 月最大积雪深度,单位为 cm)去掉单位后的常数值;

x_4 是 d_1(上一年终雷日期。8 月 31 日为 0,每晚 1 天序号就增加 2,每早 1 天序号就减少 2)去掉 单位后的常数值;

x_5 是 $\bar{T}_5 - 20$(即为 5 月平均气温减去多年平均的距平,单位为℃)去掉单位后的常数值;

x_6 是 d_2(当年端午日的公历日期)去掉单位后的常数值。

端午来得早之年,则规定 $d_2 = -40$;端午来得正常之年,则规定 $d_2 = 0$;端午来得晚之年,规定 $d_2 = 40$。又因为"冬寒来年旱"和"春寒夏涝"两条谚语表明"冬寒"和"春寒"对应盛夏降水的趋势相反,所以 x_5 与 x_3 应为反向符号即应减去 x_5。

每个指标因子乘以权重系数后即得无单位的自然序号数,各指标因子的历年序号值如表 8.3 中所表明,为了使各因子的序号年际最大变幅即最大值与最小值之差不致太大,而规定凡序号年际最大变幅超过 100 的指标因子项,其序号超过 100 的年均按 100 计算,如表 8.3 中的 12 月最大积雪深度和终雷日期这两项的最大年际变幅超过了 100,所以超过 100 的年份均按 100 计算。

表 8.3　历年各指标因子的序号及序号和　（北京）

年　　份	$10X_1$	$10X_2$	$10X_3$	$2X_4$	$10X_5$	X_6	Y'
1951	22	−89	10	68	9	0	2
1952	31	−17	10	48	11	−40	21
1953	24	−112	≥100	60	−11	0	83
1954	34	−54	50	54	−11	0	95
1955	30	−104	80	98	0	40	144
1956	28	−47	10	≥100	−19	0	110
1957	16	−110	0	36	7	−40	−105
1958	26	−71	0	46	−1	40	42
1959	25	−37	50	≥100	9	0	129
1960	19	−74	20	94	−9	−40	28
1961	24	−72	10	86	11	0	37
1962	31	−61	30	44	16	0	28
1963	47	−38	0	38	−5	40	92
1964	28	−56	0	46	11	0	7
1965	31	−63	0	52	8	−40	−28
1966	25	−96	0	30	−3	40	2
1967	34	−95	10	≥100	21	0	28
1968	30	−116	0	82	3	−40	−47
1969	32	−81	70	38	−7	40	106
1970	24	−90	0	96	−3	0	33
1971	38	−93	0	8	−2	−40	−85
1972	28	−87	0	30	−18	0	−11
1973	25	−60	0	78	−12	0	55
1974	27	−59	0	74	−7	40	89
1975	25	−69	20	−38	−9	0	−53
1976	37	−64	0	84	−11	−40	28
1977	33	−100	20	64	−15	40	72
1978	35	−44	10	70	−15	0	86
1979	27	−69	70	52	−16	−40	56
1980	32	−61	10	≥100	−7	0	88
1981	24	−87	50	2	5	0	−16
1982	24	−57	20	44	16	40	55
1983	22	−44	0	90	12	0	56
1984	24	−48	0	62	6	−40	−8
1985	24	−78	10	98	−5	40	90

　　按表 8.3 中各指标因子历年的序号求和,就得到一个序列序号和 Y',Y' 与北京 7—8 月降水量距平百分率(R')的对应关系如表 8.4 所表明。①Y' 在 90 以上的 7 年,7—8 月降水量有

表 8.4　Y' 与 R'_{7-8} 的对应关系(北京)

年份	Y'	$R'_{7-8}(\%)$	旱涝评定
1954	95	52	▲
1955	144	40	▲
1956	110	50	▲
1959	129	168	▲
1963	92	61	▲
1969	106	56	▲
1985	99	45	▲
1952	21	−6	＊
1953	83	−1	＊
1958	42	2	＊
1960	28	−8	＊
1961	37	−5	＊
1962	28	−42	●
1964	7	19	△
1967	28	−13	○
1970	33	−4	＊
1973	55	17	△
1974	89	−15	○
1976	28	7	＊
1977	72	−4	＊
1978	86	0	＊
1979	56	3	＊
1980	88	−68	●
1982	55	−20	○
1983	56	−38	●
1951	2	−52	●
1957	−105	−19	○
1965	−28	−60	●
1966	2	−11	○
1968	−47	−54	●
1971	−85	−39	●
1972	−11	−49	●
1975	−58	−26	●
1981	−16	−32	●
1984	−8	−17	○

注:▲涝,△偏涝,＊正常,○偏旱,●旱;$R'_{7-8}=\dfrac{\Delta R_{7-8}}{\overline{R}_{7-8}}\times100\%$。

568~1086 mm,较常年同期偏多四成到一倍半以上,这 7 年均是盛夏明显多雨有涝之年 (7/7),而 Y' 在 90 以下的 28 年中均未达到明显多雨($R'_{7-8}\geqslant20\%$ 的标准(0/28),所以若序号和取 90 为界值,则与盛夏是否明显多雨是否有雨涝现象的相关概率为 100％(35/35)。Y' 取 90 为界值,则与 7—8 月降水量的正负距平趋势的相关概率为 86％(30/35),即 $Y'>$ 90,则 $R'_{7-8}>40\%$ 或 $R'_{7-8}>20\%$(7/7);$Y'<90$,则 $R'_{7-8}<20\%$(28/28),$R'_{7-8}<0\%$ (23/28)。②若序号和取 5 为界值,则与盛夏是否偏旱($R'_{7-8}<-10\%$)的相关概率为 83％

(29/35)，即 $Y'>5$，$R'_{7-8}>-10\%$(19/25)；$Y'<5$，$R'_{7-8}<-10\%$(10/10)，其中以 $Y'<5$ 的年份对应盛夏少雨偏旱的关系较好。③若取序号和 -10 为界值，则与盛夏是否有干旱（$R'_{7-8}<-25\%$）的相关概率为 86%（30/35），即 $Y'\geq-8$，$R'_{7-8}\geq-20\%$(24/28)；$Y'\leq-11$，$R'_{7-8}\leq-26\%$(6/7)。反过来分析，盛夏涝年其序号和 $Y'>90$ (7/7)；盛夏旱年其序号和 $Y'<5$(7/10)；盛夏正常年（$-10\%<R'_{7-8}<10\%$）其序号和 $5<Y'<90$(10/10)。

由此可见，多条天气谚语为线索所提供的多条指标因子的综合结果，也具有多种功能，即序号和 Y' 不但对盛夏是否有雨涝有预报价值，而且对盛夏是否有干旱也有预报意义，还对盛夏降水量的正负距平趋势和正常年景也有一定的参考意义。

为了使多因子序号和与预报对象之间有较优的相关关系，在综合以前，必须对每个指标因子与预报对象之间作具体的分析和考核，适当地给予权重系数。在分析和考核的过程中，更应侧重注意异常年份，即旱涝年份。倘若多数旱涝年份的对应关系不好，则对一般年份的对应关系即使很好这指标因子也无多大意义和价值，应属不取之列。

8.2.4　区域单条一元相关法

前面已经介绍了单点单条一元相关法，这个方法同样可用于区域性的验证和分析中。例如，"出九一场雪，十田九干裂"这条天气谚语在淮河流域有传说，用信阳单站资料对此条天气谚语进行分析和验证的结果较好。那么，该天气谚语对淮河流域的干旱是否有指示性呢，这就要用淮河流域的资料验证和分析以后才能回答这个问题。用区域性资料对单条天气谚语进行验证，并且只用一个变量作为指标因子，求其与预报对象的相关关系，这叫区域单条一元相关法。

例如，淮河流域（15 站平均）：天气谚语"出九一场雪，十田九干裂"在上面已用信阳单站资料进行了验证和分析，发现这条天气谚语在信阳地区有较好的指示性和适用性。那么在其他地区或者在淮河流域的大部地区这条天气谚语是否适用呢？对伏旱是否有指示性呢？这就要用具体的区域资料对其验证和考核后，才能回答。其办法有两个，一是将逐点资料分别对这条天气谚语进行分析和验证，逐步扩大验证范围，以寻求其适用范围到底有多大，另一个办法就是直接用单点或区域资料与信阳这个已经验证和考核过的单站资料求相关，找出与信阳单站相关性较高的其他站点或区域后，再有针对性地来进行验证分析。我们仅举后一种办法为例。经计算发现，信阳单站的降水量对淮河流域的区域平均降水量有很好的代表性。信阳单站 3 月上旬降水量与淮河流域 15 站平均 3 月上旬降水量的相关系数有 0.87，信度超过 0.001，相关概率有 94%。信阳单站的 7 月上旬到 8 月上旬降水量与淮河流域 7 月降水量也有较高的相关性，相关系数有 0.80，信度在 0.001 以上，相关概率为 77%。所以，初步可以估计到"出九一场雪，十田九干裂"这条天气谚语不但在信阳地区有较好的指示性，在淮河流域也有一定的适用性。

7 月是淮河流域的雨季峰值月，7 月降水量的多少与旱涝关系甚是密切，而且 7 月降水量的年际变化很大，最多的 1954 年 7 月降水量是最少的 1959 年 7 月降水量的五倍多。由于最后一个"九"在 3 月上旬中期到中旬初期，经分析和验证，发现 3 月上旬和 3 月上中旬的降水量均与 7 月降水量有较好的反相关关系。

（1）3 月上旬降水量与 7 月降水量的反相关关系是：3 月上旬降水量在 15 mm 以上的有

15 年,其中有 14 年的 7 月降水量在 194 mm 以下,即较常年同期偏少(14/15),有 9 年 7 月降水量较常年同期偏少二点四成到五点八成,有伏旱(9/15);3 月上旬降水量在 12 mm 以下的 20 年,其中有 15 年的 7 月降水量在 195 mm 以上(15/20),接近常年同期或偏多(7 月降水量多年平均值为 200 mm),其中只有 3 年的 7 月降水量较常年同期偏少二成以上,有伏旱(3/20);有 11 年 7 月降水量较常年同期偏多二点一成到一倍多,有洪涝(11/20)。即 3 月上旬取 15 mm(多年平均值为 16 mm)为界值,7 月降水量取 195 mm 为界值的反相关概率是 83%(29/35)。反过来看,12 个 7 月有洪涝之年(7 月降水量较常年同期偏多二成以上),其中有 11 年的 3 月上旬降水量在 12 mm 及其以下(11/12),即较常年同期偏少二点五成以上;12 个 7 月有伏旱之年(7 月降水量较常年同期偏少二成以上),其中有 9 年的 3 月上旬降水量在 15 mm 及其以上(9/12),接近常年或偏多。3 月上旬降水量在 7 月降水趋势和旱涝预报中有一定的参考价值。

(2)3 月上中两旬降水量在 22 mm(多年平均值为 28 mm)以上的 22 年,其中有 18 年的 7 月降水量在 195 mm 以下(18/22);3 月上中两旬降水量在 19 mm 以下的 13 年中,有 11 年的 7 月降水量在 197 mm 以上(11/13)。总的反相关概率为 83%(29/35)。由上述相关关系可见,3 月上旬降水量(以 15 mm 或 12 mm 为界值)和 3 月上中两旬降水量(以 22 mm 或 19 mm 为界值),则与 7 月降水量(以 195 mm 为界值)的反相关概率是相同的,都是 83%,在 7 月降水趋势预报中有一定的参考价值。也就是说,3 月上旬降水量和 3 月上中两旬降水量对 7 月降水量的多少趋势都有一定的指示意义。

8.2.5　区域单条两元复相关法

区域单条两元复相关法是指用区域性资料对一条天气谚语用两个指标变量与同一预报对象求复相关关系。以"腊管六"为例,这条天气谚语有较广阔的区域性,在江淮流域及其以南地区都有传说。仍以 1 月和 7 月降水量分别代替"腊月"和"六月"降水量,求 1 月和 7 月降水量的相关关系为单条一元相关法。如果再进一步深入分析,发现 1 月上旬和中下旬降水量所对应 7 月降水量的作用有大小。以长江中游地区为例,将 1 月降水量分成上旬和中下旬降水量这两个变量来分析其对后期的共同"管理"关系,这叫单条两元复相关法。复相关法可以用序号和来综合,也可以作点聚图来综合,还可以用复相关表来综合。在此,我们仅举复相关表法为例。

对区域性地验证天气谚语,可以逐点扩大也可以直接用某区域的平均值来验证和分析。这里我们直接用前面已经划分的区域平均降水量资料来作分析和验证。

例如,长江中游地区(9 站平均):长江中游(9 站平均)地区,1954—1985 年的 1 月降水量与 7 月降水量的相关系数为 0.49,信度超过 0.01。但其相关概率(以多年平均值为界值)不高,只有 66%,直接用于预报有困难。如果用 1 月中下旬降水量与 7 月降水量求相关,取 33 mm(多年平均值为 30 mm)为 1 月中下旬降水量的界值,取 176 mm 为 7 月降水量的界值(多年平均值为 160 mm),则 1 月中下旬降水量与 7 月降水量的正相关概率为 88%(28/32),即 1 月中下旬降水量较常年同期偏多一成以上,则 7 月降水量也较常年同期偏多一成以上,概率为 77%(10/13);1 月中下旬降水量正常或偏少(较常年同期偏多一成以下或偏少),则 7 月降水量也正常或偏少(较常年同期偏多一成以下或偏少),概率为 95%(18/19)。

1月中下旬降水量若取 33 mm 或多年平均值(30 mm)为界值,则与 7 月降水量的距平趋势的正相关概率分别为 81%(26/32)和 78%(25/32)。从分析的关系可知,1 月中下旬降水量与 7 月降水量的相关概率比 1 月降水量与 7 月降水量的相关概率显著偏高。但上述相关关系不能用来预报洪涝趋势,如果再将 1 月上旬降水量结合起来分析,这多数大涝年都可以从一般偏多或偏涝年中分离出来。7 月降水量的距平百分率与 1 月上旬和 1 月中下旬降水量的复相关关系如表 8.5 中所表明:①落在 A 区的 5 年中有 4 年 7 月降水量较常年同期偏多七成以上,是大涝年,4 个 7 月大涝年均落在 A 区,即大涝年前期 1 月上旬降水量均在 7 mm 以上,而且 1 月中旬和下旬降水总量在 34 mm 以上,即 9 站平均 1 月上旬和中下旬降水总

表 8.5　长江中游地区(9 站平均)7 月洪涝趋势与前期 1 月上旬和中下旬降水量的复相关关系

$R_{1上}$ ＼ $R_{1中下}$	≥34 mm	≤32 mm
≥7 mm	1954(205)▲ 1957(7)＊ 1969(127)▲ 1980(70)▲ 1983(88)▲ A 洪涝区 (4/5)	1956(−20)○ 1961(−43)● 1964(−17)○ 1965(−5)＊ 1970(29)△ 1981(−56)● C 无涝区(5/6)偏少(5/6)

$R_{1上}$ ＼ $R_{1中下}$	≥31 mm	≤30 mm
≤6 mm	1958(24)△ 1960(16)△ 1968(34)△ 1971(−66)● 1973(12)△ 1974(−34)● 1977(23)△ 1984(11)△ B 偏涝区(6/8)	1955(−39)● 1959(−84)● 1962(8)＊ 1963(−5)＊ 1966(−48)● 1967(−9)＊ 1972(−63)● 1975(−44)● 1976(−34)● 1978(−51)● 1979(−7)＊ 1982(1)＊ 1985(9)＊ D 正常或干旱区(13/13)

注:表中数为年份,括号内的数字为 7 月降水量距平百分率(%):▲洪涝,△偏涝,＊正常,○偏旱,●伏旱明显。

量均较常年同期偏多一成以上(4/4)。在 A 区中的 5 年,有 3 年(1969,1980,1983)是长江中下游大水年,7 月有较大的洪涝现象,有 1 年(1954)是长江全流域性大水年,7 月在长江上游、中游、下游都有特大洪涝现象,还有 1 年在长江中下游 7 月为一般多雨年(1957),而在长江上游地区特别是四川盆地 7 月有洪涝现象。所以,落在 A 区的 5 年,其中 4 年在长江中下游 7 月有洪涝,两年在长江上游 7 月有洪涝。即这 5 年 7 月份在长江流域均有洪涝现象。②落在 B 区中的 8 年,其中有 6 年 7 月降水量较常年同期偏多一成到三成多,为一般偏涝年(6/8),但也有两个 7 月明显少雨有伏旱之年。这 8 年 1 月降水量的分布特点是,1 月上旬

降水量较常年同期偏少或相等,而 1 月中下旬降水量较常年同期偏多。③落在 C 区的年份,1 月降水量的分布特点是,1 月上旬降水量较常年同期偏多,但 1 月中下旬降水量较常年同期偏少或稍偏多(在一成以下)。该区的 6 年中有 5 年 7 月降水量较常年同期偏少(5/6)。④落在 D 区中的年份,其特点是 1 月上旬和中下旬降水量均小于等于常年值,该区中的 13 年 7 月均无涝象(13/13),其中有 7 个 7 月有伏旱年和 6 个正常年,即 7 月降水量距平百分率<10%。

　　由此可见,这个复相关指标可以作为长江中游地区预测 7 月是否有洪涝趋势的一个复合指标因子。

8.2.6　区域两条一元相关法

　　有的天气谚语都是指同一个预报对象,但前期指标时段不同,这也可以将两个指标因子合成一个指标因子即将两个变量合成一个变量后,再将其合成指标因子同预报对象之间求相关关系,这叫两条一元相关法,用区域性资料对这个方法进行分析验证就叫区域两条一元相关法。

　　例如,淮河流域(15 站平均):上面已经对"出九一场雪,十田九干裂"这条天气谚语进行了分析和验证,由此而得到 3 月上旬降水量或 3 月上中旬降水量对 7 月降水趋势的指示关系。还有另一条谚语叫"四九雪,沟沟裂"也反映了四九里的雪与后期干旱现象之间的关系。"四九"主要在 1 月下旬,就用 1 月下旬降水量代替"四九雪"。如果单从这条天气谚语出发,验证 1 月下旬降水量与 7 月降水量的关系并不好,即"四九雪,沟沟裂"在淮河流域并不太好用。1 月下旬降水量多的年份 7 月也有干旱,也有洪涝,无主要倾向性。但将这两条天气谚语结合起来分析,即把 1 月下旬降水量与 3 月上旬降水量结合起来与 7 月降水趋势进行相关分析,发现其相关关系比分别求相关有明显的提高。在分析验证中发现,大多数"四九"(1 月下旬代)降水量比"九九"(3 月上旬代)降水量大的年份,7 月降水显著偏多有洪涝,而大多数"四九"降水量比"九九"降水量少的年份,7 月降水偏少或有伏旱。按照一般年份即正常年份来说,最后一个"九"即"九九"的降水量应该比"四九"降水量多,从多年平均值来看,要偏多 7 mm。换言之,3 月上旬降水量比 1 月下旬降水量偏多的年份,可认为是正常分布型,如 3 月上旬降水量反比 1 月下旬降水量偏少的年份,这可认为不正常分布型。我们用 1 月下旬降水量与 3 月上旬降水量之差值来表示其分布型,即令

$$\Delta R_1 = R_{1\text{下}} - R_{3\text{上}} \begin{cases} \leqslant 0 \text{ 为正常分布型} \\ > 0 \text{ 为不正常分布型} \end{cases}$$

属于正常分布型的年份共有 22 年,其中有 19 年的 7 月降水量较常年同期偏少,即 $R_7 \leqslant 195$ mm(19/22);属于不正常分布型的年份共有 13 年,其中有 10 年的 7 月降水量较常年同期偏多,即 $R_7 > 215$ mm(10/13),其中有 9 年 7 月降水量较常年同期偏多二成以上($R_7 > 240$ mm),即 7 月有涝象的几率为 69%(9/13),比气候几率(34%)偏高 35%,即比气候几率偏高一倍多。ΔR_1 的正负趋势(单位为 mm)与 7 月降水量的正负距平趋势的正相关概率是 83%(29/35)。如果再考虑到 3 月中旬的降水量,并令

$$\Delta R_2 = 2R_{1\text{下}} - 2R_{3\text{上}} - R_{3\text{中}}$$

式中 $R_{1\text{下}}$、$R_{3\text{上}}$、$R_{3\text{中}}$ 分别为淮河流域 15 站平均 1 月下旬、3 月上旬和 3 月中旬降水量,则

ΔR_2 与 7 月降水量的距平百分率的对应关系如表 8.6 所表明。ΔR_2 与 7 月旱涝的关系是：①$\Delta R_2 \geqslant 0$ mm 的 7 年，其中有 6 年 7 月降水量明显偏多(较常年同期偏多二成半以上，即 $R_7 > 250$ mm)，即 7 月有涝的几率为 86%(6/7)，比 7 月有涝的气候几率(34%)偏高 52%；其中有 5 年 7 月显著多雨(较常年同期偏多四成以上，即 $R_7 > 280$ mm)，即 7 月有较大洪涝的几率为 71%(5/7)，比 7 月有较大洪涝的气候几率(14%)偏高 57%。反之，仅有的 5 个 7 月有较大洪涝之年，其前期 ΔR_2 均为正值($\Delta R_2 \geqslant 0$ mm)。②$\Delta R_2 \leqslant -35$ mm 的 11 年，其中有 10 年 7 月降水量较常年同期偏少($R_7 < 195$ mm)，其中有 7 个伏旱年($R_7 < 155$ mm)，即 $\Delta R_2 \leqslant -35$ mm 的年份，7 月有伏旱的几率为 64%(7/11)，比 7 月有伏旱的气候几率(34%)偏高 30%。③-35 mm $< \Delta R_2 < -5$ mm 的 15 年，其中有 8 年是 7 月正常年(170 mm $< R_7 < 220$ mm)，比 7 月正常年的气候几率偏高 22%。④对 7 月降水量的距平趋势而言(多年平均值为 200 mm)，$\Delta R_2 \geqslant -5$ mm 或($\leqslant -7$ mm)，则 $R_7 > 240$ mm(或< 200 mm)，正相关概率为 83%(29/35)。如从 7 月降水是否显著偏多着眼，$\Delta R_2 \geqslant 0$ mm(或$\leqslant -5$ mm)，则 $R_7 > 280$ mm(或 $R_7 < 260$ mm)，正相关概率为 94%(33/35)。

表 8.6　淮河流域(15 站平均)7 月降水量距平百分率与 1 月下旬和 3 月上中旬降水量的合成差值的相关关系(ΔR_2 的单位为 mm)

年份	1969	1965	1981	1979	1954	1957	1982	1951	1968	1962	1953	1984	1976	1959	1983	1972	1967	1956
ΔR_2	82	33	27	23	5	2	0	(−5)	−5	−7	−10	−10	−11	−14	−14	−16	−19	−21
$\dfrac{\Delta R_7}{\bar{R}_7}\%$	26	73	−33	42	128	47	62	(21)	29	−1	−6	22	−26	−58	22	8	−11	−20
旱涝评定	涝	洪涝	伏旱	洪涝	洪涝	洪涝	洪涝	涝	涝	正常	正常	涝	伏旱	伏旱	涝	正常	正常	伏旱

年份	1980	1985	1970	1977	1964	1958	1978	1973	1975	1974	1971	1961	1963	1960	1952	1955	1966
ΔR_2	−24	−26	−27	−29	−32	−33	−35	−36	−37	−38	−50	−68	−69	−72	(−74)	−81	−135
$\dfrac{\Delta R_7}{\bar{R}_7}\%$	−4	−24	−1	27	−10	−2	−38	−23	−34	−13	−44	−42	22	−3	−43	−5	−32
旱涝评定	正常	伏旱	正常	涝	正常	正常	伏旱	伏旱	伏旱	正常	伏旱	伏旱	涝	正常	伏旱	正常	伏旱

由上分析结果可知，以"四九雪，沟沟裂"和"出九一场雪，十田九干裂"这两条天气谚语为线索的合成预报因子，对预测 7 月的旱涝和降水量的距平趋势都有一定的使用价值。

8.2.7　区域两条两元复相关法

区域两条两元复相关法与单点两条两元复相关法相似，即用区域性资料分别对两条天气谚语进行验证求得两个指标因子，再分析这两个指标因子与预报对象的复相关关系。

例如，福建地区(4 站平均)："阳春推垃圾"是在福建的中部和北部普遍流传的一条天气谚语。"阳春"是指农历十月初一到初十这 10 天，又称"十月小阳春"。"阳春推垃圾"是指阳春暖即气温高，则第二年雨季降水大，水流急，大水能把垃圾冲走，这是有洪水的景象，阳春冷，则第二年雨季降水小，强度弱而冲不散垃圾，即不会出现洪水景象。福建省气象台在 20 世纪 70 年代初曾用浦城和漳州两点的平均阳春气温距平与闽江竹岐水文站的最高洪峰(竹岐站的 5—6 月最高洪水位)作了分析和验证，得到了较好的相关关系，即阳春气温距平超过

1.0℃之年,竹岐最高洪峰较常年同期偏高,阳春气温距平小于等于 1.0℃之年,竹岐最高洪峰较常年同期偏低。

为了寻找"阳春气温"与第二年雨季大水的关系,我们又选取了浦城、南平、永安、福州这 4 站为代表站,计算了这 4 站平均的阳春(农历十月初一到初十)平均气温($\overline{T}_4$),并计算出这 4 站平均雨季(4—6 月)降水总量。这 4 站阳春平均气温的多年(1951—1980)平均值为 16.0℃,4 站平均 4—6 月降水量为 761 mm,4—6 月降水量超过常年值的年份只有 13 年(37%),63% 的年份是偏少年,即福建地区 4—6 月降水量的距平趋势分布是偏态型。4—6 月降水量超过 1000 mm(较常年同期偏多四成以上)的大水年只有 3 个(1954,1962,1973),还有两个是一般性涝年,4—6 月降水量有 940～960 mm 以上(较常年同期偏多二成多),另有 8 个正常偏多年,4—6 月降水量有 763～876 mm,4—6 月降水量的距平百分率为 0%～15%。其余 22 年的 4—6 月降水量均在 750 mm 以下,其中有 12 年 4—6 月降水量在 685 mm 以下。较常年同期偏少一成以上。

从上述 4 站平均阳春气温($\overline{T}_4$)与 4—6 月降水量距平趋势的关系来看,3 个大水年的上一年阳春气温均显著偏高,较常年同期偏高 2～4℃($\overline{T}_4 \geqslant 18.0$℃),两个涝年的上一年阳春气温是一年偏高一年偏低。13 个 4—6 月降水量为正距平趋势之年,其上一年阳春气温偏高($\overline{T}_4 \geqslant 16.0$℃)的年份有 10 个(10/13),另有 3 年阳春气温显著偏低。反之,$\overline{T}_4 \geqslant 16.0$℃ 的年份共有 20 个,其中有一半年份的次年 4—6 月降水量偏少(50%),一半年份偏多(50%),即阳春气温偏高之年,其次年 4—6 月雨季降水总量较常年同期偏多的几率比气候几率偏高 13%,偏少的几率比气候几率偏低 13%。可见"阳春推垃圾"有一定的预兆意义,但单凭这个因子是不能用来作 4—6 月降水趋势和旱涝预报的,因为相关概率不太高。江南地区另有一条预测大水的天气谚语为"清明在月头,春秧放水流",意指清明农历日期在月头之年,春季的秧苗怕水淹而要把水放走,秧苗本是喜水作物,"春秧放水流"说明雨水较大亦为大水景象。清明日与 4—6 月降水量的对应关系是,上述 3 个大水年的清明日均在月头(初一到初三)。反之,清明日在月头(初一到初三)之年共有 4 个(1954,1962,1973,1981),其中只有 1981 年 4—6 月降水量为 708 mm,较常年同期稍偏少,即清明日在月头之年 4—6 月有大水的几率为 75%(3/4)。13 个 4—6 月降水偏多之年,清明日在三月初一到十三日的有 7 年,清明日在二月二十到二十四日的有 4 年,只有 2 年的清明日在其他时段内。

若把"阳春推垃圾"和"清明在月头,春秧放水流"这两个因子结合起来考虑,则与 4—6 月降水量的复相关关系可分下列几种情况。

(1)清明农历日期即清明日在月头,也就是清明日在初一到初三的年份共有 4 年,在这 4 年中,其上一年阳春气温显著偏高,即 $\overline{T}_4 \geqslant 18.0$℃ 的年份有 3 年(1954,1962,1973),这 3 年 4—6 月降水量有 1077～1112 mm(3/3),较常年同期偏多四点二成到四点六成,均是大水年;其上一年阳春气温正常偏高,即 $\overline{T}_4 < 17.0$℃ 的年份(1981),4—6 月降水量只有 708 mm,较常年同期稍偏少。

(2)清明日在初四到十四的 13 年,其上一年阳春气温明显偏高,即 17.0℃ $\leqslant \overline{T}_4 < 18.0$℃ 的 7 年(1952,1955,1960,1968,1976,1979,1984),除 1979 年外,其余 6 年 4—6 月降水量有 736～940 mm(6/7),其中有 4 年 4—6 月有 800～940 mm,较常年同期偏多半成到二点四成,有 2 年 4—6 月有 736～749 mm,接近正常稍偏少,这 6 年为正常和偏涝年;其上一年阳春气温正常或偏低,即 $\overline{T}_4 \leqslant 16.0$℃ 的 6 年(1957,1963,1965,1971,1974,1982),4—6

月降水量只有 554～732 mm(6/6),均较常年同期偏少。其中有 4 年 4—6 月只有 554～680 mm,较常年同期偏少一点一成到二点七成,为雨季偏旱年。即这 6 年为偏少和偏旱年。

(3)清明日在十五(望)到十九的 6 年,其中阳春气温 $\overline{T}_4$＞13.5℃ 的 5 年(1958,1966,1969,1980,1985),4—6 月降水量只有 416～669 mm(5/5),均较常年同期偏少一点二成到四点五成,为偏旱年(5/5),只有上一年阳春气温特低(T_4＝10.0℃)的 1977 年 4—6 月降水量有 854 mm,较常年同期偏多一点二成。

(4)清明日在二十到三十的 12 年,其中阳春气温明显偏高,即 $\overline{T}_4$≥17.1℃ 的 2 年(1953,1967);4—6 月降水量只有 526～697 mm,较常年同期偏少零点八到三点一成,其中阳春气温正常偏低即 $\overline{T}_4$≤16.2℃ 的 10 年,有 9 年 4—6 月降水量有 723～963 mm(9/10),其中 8 年的 4—6 月降水量为 723～801 mm,它们的 4—6 月降水量的距平百分率绝对值≤5%(8/10)。

从上面的四种复相关关系可知,清明日的月相不同之年,阳春气温与雨季降水趋势的相关关系是不同的。清明日在望日前(初一到十四)的年份;上一年阳春气温明显偏高($\overline{T}_4$≥17.4℃)的 10 年,736 mm≤$R_{4\sim6}$≤1112 mm(9/10),其中 800 mm＜$R_{4\sim6}$＜1115 mm(7/10),较常年同期偏多;上一年阳春气温正常和偏低($\overline{T}_4$≤16.8℃)的 7 年,554 mm≤$R_{4\sim6}$≤732 mm(7/7),均较常年同期偏少。即清明日在望日以前的年份,4—6 月降水量与上一年阳春气温呈正相关关系,其正相关概率有 82%～94%(14/17～16/17)。清明日在望日及其以后的年份(十五到三十),4—6 月降水量与阳春气温却呈反相关,例如(3)、(4)两种情形,上一年阳春气温偏低的年份,4—6 月降水量反而偏多,气温偏高的年份,4—6 月降水量却偏少有旱象。

这个复相关关系在福建地区雨季 4—6 月的降水和旱涝趋势预报中有一定的使用价值,特别是对福建地区雨季是否有大水的预测有较好的参考价值和指示意义。

8.2.8　区域多条多元分级综合相关法

如果有多条天气谚语都是对同一个预报对象而言,只是每条天气谚语所指前期指标因子的时间不同,或所指前期指标因子的内容有别,则可将这些不同的指标因子按每条天气谚语的含义及其与预报对象的相关关系,划分成不同的等级数。然后,求出每条天气谚语的等级数的代数和,再求出这代数和与预报对象之间的相关关系。这叫多条多元分级综合相关法,将这个方法用于区域预报中,就叫区域多条多元分级综合相关法。

例如,海河流域(10 站平均):在华北地区,对夏季的旱涝有许多天气谚语,如"九里风多,伏里雨多"、"终雷迟,夏雨多"、"头年热得很,来年下得稳"、"冬暖来年涝,冬寒来年旱"、"春寒夏涝"、"端午来得早,秋天雨水少"等等,都是对夏季旱涝而言的。以后四条天气谚语为例,来综合分析它们与夏季旱涝的相关关系。在综合分析以前,首先对每条天气谚语夏季旱涝的关系作一个具体的分析,根据这些相关关系才能分等级。

(1)"头年热得很,来年下得稳"这条天气谚语的含义是,头一年热得历害,次年雨就下得稳当或下得多。全年最热之时仍是暑伏之天,雨下得最大是夏天,这条天气谚语反映了头年伏天的气温与次年夏天的降水之间的正相关性,其正相关关系究竟如何? 我们对此作如下验证和考核。取用上一年 7 月平均气温来反映"头年热得很"的程度,并选取北京、天津、保定,石家庄这 4 个代表站的平均气温来代表海河流域的气温,用海河流域前述 10 站平均降水量来与上一年 7 月气温作相关分析。

上述 4 站平均 7 月平均气温的 30 年(1951—1980)平均值为 26.5℃,高于 26.5℃的有 17 年,小于等于 26.5℃的有 18 年,基本上是正态分布型。而 6—8 月降水量的正距平年有 16 年(30 年平均为 400 mm),其中有 7 年 6—8 月降水总量明显偏多(较常年同期偏多二成以上)为偏涝和洪涝年,其气候几率为 20%。负距平年有 19 年,其中有 6 年 6—8 月降水总量明显偏少(较常年同期偏少二成以上),为夏旱严重年,气候几率为 17%。表 8.8 是海河流域(10 站平均)夏季旱涝年与上一年 7 月平均气温(4 站平均)的对比关系。

表 8.8　海河流域(10 站平均)夏季旱涝年与上一年 7 月平均气温(4 站平均)的对比关系

涝年	1954	1956	1959	1963	1964	1973	1977
6～8 月降水量距平百分率(%)	58	54	36	42	29	29	32
上一年 7 月平均气温距平(℃)	+0.7	+0.1	+0.4	+0.2	+0.9	+1.0	−1.2

旱年	1952	1965	1968	1972	1980	1983	
6～8 月降水量距平百分率(%)	−27	−43	−51	−36	−32	−43	
上一年 7 月平均气温距平(℃)	−0.1	−0.7	−0.3	0.0	−1.1	−1.0	

由表 8.8 可见,7 个涝年上一年 7 月的气温大多数较常年同期偏高(6/7),只有 1977 年例外,而 6 个旱年其上一年 7 月的气温大多数较常年同期偏低(5/6),只有 1972 年等于多年平均值。但反过来看,7 月气温偏高($\Delta \overline{T}_7 > 0.0℃$)的 17 年,其中只有 10 年的夏季 6—8 月降水量较常年同期偏多半成(5%)以上,即 $R_{6\sim8} \geq 418$ mm(10/17)。还有 7 年 6—8 月为正常稍偏少,$R_{6\sim8} \geq 377$ mm(17/17);7 月气温偏低和正常($\Delta \overline{T}_7 \leq 0.0℃$)的 18 年中,$R_{6\sim8} \leq 408$ mm(15/18),$R_{6\sim8} \leq 365$ mm(10/18),7 月气温距平趋势与次年夏季 6—8 月降水量的正相关关系是:$\Delta \overline{T}_7 > 0.0℃$(或$\leq 0.0℃$)与次年 $R_{6\sim8} > 410$ mm(或≤ 410 mm)的相关概率为 71%(25/35),$\Delta \overline{T}_7 > 0.0℃$(或$\leq 0.0℃$)与次年 $R_{6\sim8} > 370$ mm(或≤ 370 mm)的相关概率为 77%(27/35)。由分析可见,7 月气温距平趋势与次年夏季降水量的距平趋势的相关关系并不太好。分析结果表明,7 月气温正距平(或负距平)是次年夏季 6—8 月涝(或旱)的准必要条件,而不是准充分条件。单凭这个指标因子是不能对次年夏季的旱涝作预报的,但在对夏季旱涝作预报时,又应该考虑到这个因子。

(2)"冬暖来年涝,冬寒来年旱"意指冬天的气温较常年同期偏高,人们感觉到暖和,次年可能有涝,冬天的气温较常年同期偏低,人们感觉寒冷,次年可能有旱。"冬"可能是指"冬月"即农历十一月相当于公历 12 月,"冬"也可能是指整个冬天。经验证和分析,发现 12 月和 1 月气温都有一定的代表性。在此,我们取用 12 月平均气温(上述 4 站)来代表"冬温"指标。北京、天津、保定、石家庄 4 站平均 12 月平均气温的 30 年(1951—1980)平均值是 −1.8℃。由分析可知,7 个夏涝年,其上一年 12 月气温均为正距平趋势,但 6 个夏旱年的上一年 12 月气温有 4 年也是正距平趋势,只有 2 年是负距平趋势。反之,12 月气温为正距平之年对应次年 6—8 月降水量也是正距平的概率为 50%(9/18),12 月气温为负距平之年对应次年 6—8 月降水量也是负距平的概率为 56%(9/16),均略高于气候几率。由分析可知,"冬暖"是夏涝的必要前提,而不是充分条件,"冬寒"与夏旱的关系并不太好。

(3)"春寒夏涝"这条天气谚语意指春天的气温明显偏低,给人以"寒冷"之感,则夏天就有涝发生。经考核分析,发现春季 4 月、5 月气温与夏涝关系较好。在此,我们取用 5 月平均气温(上述 4 站平均)代表"春温",5 月平均气温的 30 年平均值为 20.3℃。7 个夏涝年中有 5 年 5 月平均气温为负距平,6 个夏旱年中有 5 年 5 月平均气温为正距平。反之,4 站平均 5 月平均气温明显偏低($\overline{T}_5 \leqslant 19.3℃$)的 6 年中,有 4 年为夏涝年,4 站平均 5 月平均气温明显偏高($\overline{T}_5 \geqslant 21.0℃$)的 9 年,其中有 6 年夏季 6—8 月降水量较常年同期偏少。可见,5 月气温明显偏高或明显偏低与夏季旱涝有一定的对应关系。

(4)"端午来得早,雨水少"这条天气谚语对夏季降水的关系是,端午来得早即端午日在小满节气里(6 月 4 日及以前)的 9 年,6—8 月降水量正常或偏少($R_{6\sim8} \leqslant 418$ mm)的概率为 100%(9/9),其中较常年同期偏少的有 7 年(7/9),即这 9 年中无夏涝年,有 3 个夏旱年。

由上面对逐条天气谚语的分析结果可知,每条天气谚语都提供了一条与夏涝或夏旱有一定关系的指标因子,但单凭一条指标因子又难以预测夏季旱涝。所以,必须将这些指标综合起来进行分析,求出其综合相关关系。根据表 8.9 规定的等级标准和等级数,将历年的等级代数和求出来。

表 8.9　海河流域气温(4 站平均)高低和端午早晚的等级划分标准

项目	$\overline{T}_7$		$\overline{T}_{12}$		$\overline{T}_5$			端午日期	
标准	$\leqslant 26.5℃$	$>26.5℃$	$\leqslant -2.0℃$	$>-2.0℃$	$\leqslant 19.5℃$	$19.6\sim20.9℃$	$\geqslant21.0℃$	6 月 4 日及以前	6 月 5 日及以后
评定	不热得很	热得很	冬寒	冬暖	春寒	春正常	春暖	端午来得早	端午来得不早
等级	0	1	−1	1	1	0	−1	−2	1

设 $M = m_1 + m_2 + m_3 + m_4$

式中 m_1 为"头年热得很"的等级数,符合"热得很"标准之年 $m_1 = 1$,不符合之年 $m_1 = 0$;m_2 为"冬暖"和"冬寒"的等级数,符合"冬暖"标准之年 $m_2 = 1$,符合"冬寒"标准之年 $m_2 = -1$;m_3 为"春寒"和"春暖"的等级数,符合"春寒"标准之年 $m_3 = 1$,符合"春暖"标准之年 $m_3 = -1$,两者都不符合之年 $m_3 = 0$;m_4 为"端午来得早"的等级数,符合"端午来得早"即端午在小满节气里的年份 $m_4 = -2$,端午在芒种和夏至节气里的年份 $m_4 = 1$。

表 8.9 中的 $\overline{T}_7$、$\overline{T}_{12}$、$\overline{T}_5$ 分别为北京、天津、保定、石家庄 4 站平均的 7 月平均气温、12 月平均气温、5 月平均气温。

上述四条天气谚语的分级综合结果即 M 与夏季 6—8 月降水量距平百分率和盛夏 7—8 月降水量距平百分率的相关关系在表 8.10 中表明。

(1)$M = 4$,表示"头年热得很"且又"冬暖",当年又"春寒",且"端午"又来得不早即不在小满节气里,也就是说上述四条天气谚语提供的指标均有利于夏涝而不利于夏旱的年份。这 3 个 $M = 4$ 的年份(1954,1956,1963),夏季均是大涝年,6—8 月降水总量有 566～633 mm,较常年同期偏多四点二成到五点八成。

(2)$M = 3$,表示上述四条天气谚语提供的指标中,有三条有利于夏涝的年份。$M = 3$ 的 5 年中,有 4 年有夏涝,即 6—8 月降水量有 515～542 mm,较常年同期偏多二点九成到三点六成。只有 1969 年 6—8 月降水量较常年同期稍偏多,但盛夏 7—8 月降水量较常年同期偏多一点六成,为盛夏伏天偏涝年。

表 8.10　海河流域(10 站平均)夏季旱涝与四条天气谚语"头年热得很,来年下得稳"、"冬暖来年涝,冬寒来年旱","春寒夏涝"、"端午来得早,秋雨少"的分级综合等级和 M 的相关关系

年份	M	$\dfrac{\Delta R_{6\sim8}}{\overline{R}_{6\sim8}}$ %	$\dfrac{\Delta R_{7\sim8}}{\overline{R}_{7\sim8}}$ %	旱涝评定	年份	M	$\dfrac{\Delta R_{6\sim8}}{\overline{R}_{6\sim8}}$ %	$\dfrac{\Delta R_{7\sim8}}{\overline{R}_{7\sim8}}$ %	旱涝评定
1954	4	58	40	夏洪涝	1966	1	8	11	正　常
1956	4	54	25	夏洪涝	1972	1	−36	−30	夏大旱
1963	4	42	60	夏洪涝	1981	1	−14	−12	夏偏旱
1959	3	36	34	夏　涝	1983	1	−43	−44	夏大旱
1964	3	29	43	夏　涝	1955	0	1	9	正　常
1969	3	7	16	伏偏涝	1960	0	−16	−14	夏偏旱
1973	3	29	20	夏　涝	1962	0	−13	−7	夏偏旱
1977	3	32	26	夏　涝	1970	0	−15	−11	夏偏旱
1953	2	9	12	正　常	1975	0	−15	−12	夏偏旱
1958	2	−4	4	正　常	1984	0	−5	−8	正　常
1974	2	−9	1	正　常	1961	−1	5	15	正　常
1978	2	2	7	正　常	1967	−1	9	10	正　常
1980	2	−32	−47	夏大旱	1979	−1	−5	−14	正　常
1982	2	−2	−3	正　常	1952	−2	−27	−27	夏　旱
1985	2	−6	2	正　常	1965	−2	−43	−43	夏大旱
					1976	−2	5	7	正　常
					1957	−3	−17	−27	伏　旱
					1968	−3	−51	−51	夏大旱
					1971	−4	1	−21	伏　旱

　　(3)$M=2$,表示上述四条天气谚语提供的指标中至少有两条有利于夏涝的年份。$M=2$ 的 7 年中,有 6 年的 6—8 月降水量有 365~437 mm,夏季降水量距平百分率在 ±10% 之间,即为正常年。只有 1 年夏季降水明显偏少夏有大旱。

　　(4)$M=1$、$M=0$ 和 $M=-1$,表示上述四条指标中多数对夏季降水不利,或两条指标有利于夏季降水而另一条或两条却不利于夏季降水,即为四条谚语的指标互相矛盾之年。$M=1,0,-1$ 的 13 年中,有 5 年 6—8 月降水量有 337~348 mm,较常年同期偏少一点三到一点六成,为偏旱年,有 2 年 6—8 月降水量只有 226~254 mm,夏季明显少雨有大旱。另外 6 年为正常年。

　　(5)$M=-2,-3,-4$ 表示四条指标中多数有利于夏旱而不利于夏涝,在这 6 年中,有 4 年 6—8 月降水量只有 195~330 mm,为夏大旱或伏旱之年。有 1 年夏季降水量有 402 mm,接近常年值,但由于分布不均匀,盛夏 7—8 月降水量明显偏少有伏旱。另有 1 年为正常年。

　　由这些关系可见,M 值的大小对夏涝夏旱都有一定的指示意义。M 值与夏季旱涝的相关概率可分下列几种情形来统计。

　　(1)$M\geqslant3$,则 $R_{6\sim8}\geqslant515$ mm(7/8),即夏季 6—8 月降水量较常年同期偏多二成以上,为夏季有涝或洪涝即有夏涝之年;$R_{7\sim8}\geqslant385$ mm(8/8),即盛夏 7—8 月降水量较常年同期偏多一成半以上,均为伏天有涝年。$M\leqslant2$,则 $R_{6\sim8}<440$ mm(26/26),即夏季 6—8 月降水量较常年同期偏多一成以下或偏少之年,夏季无涝象;$R_{7\sim8}<380$ mm(26/26),盛夏也无涝。即 $M\geqslant3$(或 $\leqslant2$),则 $R_{6\sim8}\geqslant515$ mm(或 <440 mm)的正相关概率为 97%(33/34);$M\geqslant3$(或 $\leqslant2$),则 $R_{7\sim8}\geqslant385$ mm(或 <380 mm)的相关概率为 100%(34/34);$M\geqslant3$(或 $\leqslant2$),则 $R_{6\sim8}\geqslant425$ mm(或 $\leqslant420$ mm)的相关概率为 91%(31/34)。这个相关关系对预测夏季是否有涝

即是否有夏涝比较有价值，$M \geq 3$ 的年份有夏涝，而 $M \leq 2$ 的年份无夏涝，其相关概率相当高，有较好的使用价值。

(2) $M \geq 2$，无夏旱或伏旱，夏季为正常或涝年(14/15)，$M \leq 1$，夏季有偏旱或大旱或伏旱(13/19)。这个相关关系对预测夏季是否有旱象有一定的参考价值，

(3) 若分级相关，$M \geq 3$，有夏涝或伏涝(7/8—8/8)；$M = 2$，夏季正常(6/7)；$M = 1.0$，-1，夏季为正常或偏旱(11/13)；夏季为偏旱或大旱(8/13)，$M \leq -2$，有夏旱或伏旱(5/6)。对更涝，夏正常和夏旱的预报均有一定的参考意义。

由分析结果表明，合理地综合这四条天气谚语的结果，其使用价值比每个单条天气谚语的使用价值要显著增大。

上面的分析着重于分级处理，当然分级时所给的等级标准与参加分级人员的经验有关，即有技巧性在里面。若不考虑经验和技巧性，那末可以直接求出前期 7 月、12 月、5 月的上述 4 站平均月平均气温的代数和，即令 $\overline{T} = \overline{T}_7 + \overline{T}_{12} - \overline{T}_5$，因为天气谚语"头年热得很，来年下得稳"和"冬暖来年涝"意思相近，所以 $\overline{T}_7$ 与 $\overline{T}_{12}$ 要相加，而"春寒夏涝"则含义与前者相反，所以要减去 $\overline{T}_5$。则在"端午来得早"的年份，夏季降水与 $\overline{T}$ 几乎无关，即在 9 个端午日在小满节气里的年份，$R_{6 \sim 8} < 420$ mm(9/9)，$R_{6 \sim 8} \leq 380$ mm(7/9)，较常年同期偏少，$R_{7 \sim 8} \leq 305$ mm(8/9)，即盛夏降水也较常年同期偏少，其中有 7 年为盛夏偏旱和旱年(7/9)，这 9 年无夏涝和伏涝。但在端午日在芒种和夏至节气里的年份即"端午来得不早"的年份，夏季旱涝与 $\overline{T}$ 有较密切的关系。7 个夏涝年中有 6 年，其前期的气温代数和 $\overline{T}$ 值较大，即 $\overline{T} \geq 5.0℃$，夏旱和偏旱年的前期 $\overline{T}$ 值均 $\leq 4.2℃$。反之，$\overline{T} \geq 5.0℃$，则 $R_{6 \sim 8} \geq 425$ mm(8/10)，$R_{6 \sim 8} > 400$ mm(9/10)；$\overline{T} \leq 4.8℃$，则 $R_{6 \sim 8} < 400$ mm(12/15)，$R_{6 \sim 8} < 395$ mm(10/15)。即 $\overline{T} \geq 5.0℃$(或 $\leq 4.8℃$)与 $R_{6 \sim 8} \geq 425$ mm(或 < 420 mm)的相关概率是 80%(20/25)，与 $R_{6 \sim 8} > 400$ mm(或 < 395 mm)的概率是 76%(19/25)。$\overline{T}$ 值与夏季旱涝和降水趋势也有一定的相关关系。

$\overline{T}$ 值与 8 月降水量的相关关系是，在端午来得早的年份，9 年中有 7 年 8 月降水量显著偏少有伏旱，较常年同期偏少二点七成到六点二成(7/9)，有 1 年接近常年，这 8 年的 $\overline{T}$ 值均在 7.0℃ 以下，只有 1 年 8 月降水量明显偏多，有伏涝，这年的 $\overline{T}$ 值是这 9 年中最大的一年($\overline{T} = 7.4℃$)。在端午来得不早的年份，$\overline{T} \geq 5.0℃$ 的 10 年中，8 月降水量均较常年同期偏多，即 $R_8 \geq 162$ mm(10/10)，其中，有 9 年 $R_8 > 180$ mm(9/10)，有 8 年 8 月降水量明显偏多即 $R_8 \geq 193$ mm，较常年同期偏多二成以上，有伏涝(8/10)；$\overline{T} \leq 4.8℃$，$R_8 \leq 161$ mm(11/15)，其中有 10 年 $R_8 < 150$ mm，较常年同期偏少。另有 3 年为 8 月多雨有涝年。所以，$\overline{T}$ 值的大小，对 8 月旱涝也有指示意义。

天气谚语在旱涝预报中的验证和应用方法是很多的，我们不再一一列举。只要验证和应用方法得当，天气谚语在旱涝预报中的作用是不可低估的。以天气谚语为线索寻找到的指标因子，往往比一般用普查方法得到的指标因子要稳定。因为天气谚语是劳动人民经过长期的生产和生活实践的经验积累，而且再经过现代客观资料的验证和考核，证明其确有关系才得以应用。当然，如果对天气谚语不加验证和考核，单凭主观理解而不凭客观事实地对天气谚语随便使用是不行的，因为天气气候本身还存在气候振动，有的天气谚语在某一时期很好使用，而在另一时期则不一定好使用。所以，即使经过验证和考核过的天气谚语也要在预报实践中不断地考验和观察。对一些使用效果不稳定的天气谚语，要加以修正和进一步分析。

在旱涝预报中验证和使用天气谚语,除了紧扣天气谚语本身的含义在一定的时段内和在一定的地区中进行验证和使用外,有时也可以天气谚语为线索,在时间上加以延伸,在地区上加以推广,如果在对时间尺度上延伸得恰当,对区域的推广也较合理,也可能会获得更有使用价值的指标因子。在验证和分析天气谚语时,既要正确地理解其含义的深刻性,又要有适当的灵活性,不能完全拘泥于谚语本身所述界限。对大多数天气谚语来说,只是定性描述前期指标特征与后期预报对象之间的相关关系,没有具体的界限。

对指标因子界值的确定,是十分重要的一环,特别是对预报旱涝的指标因子,一般不宜用多年平均值为界值。如何确定旱涝预报因子的界值,要视具体情况而定。既然旱涝是小概率事件,那末,与之对应的指标因子在其界值两端的样本个数也应是多数和少数不对称的分布形式。也就是说,多数指标因子与预报对象的距平趋势的相关界值,不能用作预报对象的旱涝趋势的相关界值。

下面我们将进一步分析一个以天气谚语为线索的多功能优相关预报因子,对不同预报对象的不同界值的确定的必要性。

8.3　在验证天气谚语中经过时空延推和模糊逻辑综合而取得的一个多功能优相关预报因子的分析

对天气谚语在旱涝预报中的延推性验证和应用,包括对时间上的延伸和对区域上的推广两个方面。对时空的延伸和推广又包括对指标因子的延推和对预报对象的延推两个部分。例如以长江下游地区的"三九雪少,晒伏盐"这条天气谚语为线索,经过对指标因子和预报对象的时间范围的延伸和区域范围的扩大,并用模糊逻辑运算法则进行综合而获得一个既能适用于长江下游地区的旱涝预报又能适用于长江中游地区的旱涝预报的优相关预报因子。即"二九或三九雪少",夏半年少雨并有干旱;"二九和三九"均雪多,夏半年多雨并有洪涝在长江中游地区和下游地区均较适用。

8.3.1　天气谚语在旱涝预报中验证和考核时对指标因子的时域延伸性分析

例如,在长江下游地区,有"三九雪少,晒伏盐"这条天气谚语,其含意是指"三九"里的雪下得不多,则伏天就少雨干旱。从天气学原理来理解,就是如果"三九"下雪很少,即无大的天气过程,或者说冷空气少,则对应盛夏季节伏天就有炎热干燥的天气,即西北太平洋副热带高压往往在这一地区稳定少动,控制长江中下游地区。由于天气炎热少雨,蒸发量相当大,使咸水可以晒成盐来,形容少雨炎热的景象而言。这条天气谚语的预报意义就是指"三九"里的雪少,对后期盛夏暑伏里的天气有指示意义。我们就把"三九"里的降水量代替"雪量",把伏天里的降水量多少代替是否能晒伏盐的天气条件。从这条谚语本身含义是反映"三九雪"和"伏天雨"之间的正相关关系。

那末,"三九"雪少到底要少到什么程度才对伏天的旱有指示意义呢?为用资料方便起见,我们又用 1 月中旬降水量来代替"三九的雪",用 7 月降水量反映"晒伏盐"的程度,并且都用前面分区中已经算好的长江下游地区 10 站平均降水量来代替长江下游地区的降水量。经分析发现,"三九雪少,晒伏盐"主要指"三九"几乎无雪量的情形,对应后期有"晒伏盐"的少雨干旱天气的关系较好。1 月中旬 10 站平均降水量在 1 mm 以下的 10 年,其中有 8 年 7 月降水量较常年同期偏少(8/10),换言之,三九基本无雪之年,7 月少雨的几率比气候几率(63%)提高 17%。其中有 6 年 7 月明显少雨有伏旱,也比气候几率(43%)提高 17%。

由此可见,"三九雪少,晒伏盐"在长江下游地区有一定的适用性,即"三九雪少"对"晒伏盐"有一定的指示意义。但从 7 月少雨的年份反过去看 1 月中旬降水量,其关系并不好,即 7 月降水量很少伏旱严重的年份,前期"三九"降水量也有很多的。所以,"三九雪少,晒伏盐"偏相关关系较好,但不适用于全相关,即"三九"雪不少之年,后期也有"晒伏盐"的天气出现。

为寻求全相关指标因子,我们可将指标因子的时段向前或向后延伸一段,再来分析一下它们的关系。经过对指标因子时域上的延伸分析,发现不但"三九雪少,晒伏盐"的关系较好,而且"二九雪少,晒伏盐"的关系比"三九雪少,晒伏盐"的关系更加显著。我们也用 1 月上旬降水量来代替"二九"里的雨雪量,发现 1 月上旬降水量特少,后期 7—8 月降水量也偏少,即 1 月上旬降水量在 1 mm 以下的 8 年,7 月降水量均较常年同期偏少(8/8),其中有 7 年是 7 月明显少雨有伏旱之年,也是 8 月明显少雨有伏旱之年,即 8 个 1 月上旬降水量小于 1 mm 的年份中有 7 年是 7—8 月持续少雨有明显伏旱之年。"二九"和"三九"的"雪少"与"晒伏盐"的关系对比情况如表 8.11 所表明(1951 年的数字仅供参考,因为 10 个站点资料中缺测的有 4 个站点,只取 6 个站点的平均值)。由表 8.11 可见,"二九雪少,晒伏盐"的合格率比"三九雪少,晒伏盐"的合格率有明显提高。

表 8.11　"二九雪少,晒伏盐"和"三九雪少,晒伏盐"在长江下游地区(10 站平均)的对比关系

"二九""三九"雪少	$R_{1上}$(二九降水量)<1.0 mm								$R_{1中}$(三九降水量)<1.0 mm									
年份	1953	1963	1966	1968	1971	1976	1978	1984	1951	1955	1956	1959	1961	1963	1965	1967	1972	1981
7 月降水量距平百分率(%)	−33	−30	−10	−25	−60	−36	−68	−29	(100)	−17	−30	−42	−48	−30	−6	−46	−35	32
8 月降水量距平百分率(%)	−30	−22	−72	−30	−31	−25	−63	5	(−17)	−6	63	−40	7	−22	47	−66	31	−15
伏旱评定	●	●	●	●	●	●	●	○	*	*	○	●	○	●	●	●	○	*

注:●为 7—8 月持续明显少雨伏旱严重年,○为 7 月明显少雨有伏旱而 8 月多雨年,*无伏旱年。

8.3.2　模糊逻辑运算在天气谚语提供的指标因子综合中的应用

由上面分析可知,1 月上旬和中旬降水量异常偏少(不足 1.0 mm),都对 7 月降水量的偏少和伏旱有指示意义。因此,我们在这里引用模糊逻辑运算中关于"逻辑积"的运算法则,设

$$RR = R_{1上} \cdot R_{1中} = R_{1上} \wedge R_{1中} = \min(R_{1上}, R_{1中})$$

式中 RR 是每年 $R_{1上}$(1 月上旬降水量)和 $R_{1中}$(1 月中旬降水量)两个变量中较小的一个量,"$\wedge$"表示取小的意思,是模糊数学中常用的"交"运算符号。经过对 $R_{1上}$ 和 $R_{1中}$ 这两个变量的"逻辑积"运算后,得到一个新的指标因子 RR,这新的指标因子就是 $R_{1上}$ 和 $R_{1中}$ 的"逻辑积"。RR 与 7 月降水量的相关关系比 $R_{1上}$ 和 $R_{1中}$ 分别与 7 月降水量的相关关系有显著提高。

RR<1.0 mm,R_7<150 mm(15/17),R_7<140 mm(14/17),R_7<120 mm(12/17)。即

$RR<1.0$ mm 的 17 年中,有 15 年 7 月降水量较常年同期偏少,有 14 年较常年同期偏少一成以上,有 12 年较常年同期偏少二点五成以上,7 月有伏旱(71%)。

$RR\geqslant5$ mm,$R_7\geqslant153$ mm(9/11),$R_7\geqslant168$ mm(8/11),$R_7>200$ mm(5/11)。即 $RR\geqslant5$ mm 的 11 年中有 9 年 7 月降水接近常年和偏多,有 8 年较常年同期偏多,有 5 年较常年同期偏多三成以上,7 月有洪涝(45%)。

RR 在 2～4 mm 的年份,7 年中有 2 个 7 月涝年,2 个旱年,3 个正常年。属于不确定阶段。

因为 7 月既是伏旱阶段,又是梅雨阶段,再结合"发尽桃花水,必定旱黄梅"这条天气谚语来分析。发现清明节气日所在的 4 月上旬降水量异常偏多之年(1958,1962,1964,1966,1984),7 月均是少雨"旱黄梅",即 $R_{4上}>80$ mm,则 $R_7<150$ mm(5/5)。尤其是 1958 年,4 月上旬降水量有 115 mm,较常年同期偏多近两倍,这年 7 月降水量只有 43 mm,较常年同期偏少七点二成,是 7 月最旱之年。

综合考虑"二九,三九雪少,晒伏盐"和"发尽桃花水,必定旱黄梅"这两条天气谚语,即把 RR 和 $R_{4上}$(4 月上旬降水量)与 R_7 求复相关关系。如表 8.12 所表明。7 月有伏旱之年大多集中在 1 月上旬或中旬降水量特少或 4 月上旬降水量特多的区中;7 月有伏涝之年均集中在 1 月上旬和中旬降水量都不是特少(在 2 mm 以上)且 4 月上旬降水量不是明显偏多($R_{4上}\leqslant50$ mm)的区域之中。

表 8.12　长江下游(10 站平均)7 月旱涝与 1 月上旬、中旬降水量的"逻辑积"(RR)和 4 月上旬降水量($R_{4上}$)的复相关关系

$TR_{4上}$ \ TRR	0.0～1.0 mm			2～20 mm		
	年份	$\dfrac{\Delta R_7}{R_7}$%	旱涝评定	年份	$\dfrac{\Delta R_7}{R_7}$%	旱涝评定
9～50 mm	1953	−33	伏旱	1952	(8)	正常
	1955	−17	偏旱	1954	162	大涝
	1956	−30	伏旱	1957	17	偏涝
	1961	−48	伏旱	1960	−35	伏旱
	1963	−30	伏旱	1969	164	大涝
	1967	−46	伏旱	1970	58	洪涝
	1971	−60	重伏旱	1973	−14	正常偏旱
	1972	−35	伏旱	1974	97	洪涝
	1976	−36	伏旱	1980	34	洪涝
	1978	−68	重伏旱	1982	50	洪涝
				1983	60	洪涝
51～80 mm	1951	(100)	洪涝	1975	−1	正常
	1959	−42	伏旱	1977	13	正常偏涝
	1965	−6	正常	1979	2	正常
	1968	−25	偏旱	1985	−1	正常
	1981	32	洪涝			
81～115 mm	1966	−10	正常偏旱	1958	−72	重伏旱
	1984	−29	偏旱	1962	−5	正常
				1964	−41	伏旱

由表 8.12 中的复相关关系可知,①$RR<1$ mm 且 $R_{4上}\leqslant50$ mm 的年份共有 10 年,这 10 年 7 月降水量均较常年同期偏少,7 月都有伏旱(10/10),其中 9 年 7 月伏旱明显或严重(9/10);这个关系表明"二九"或"三九"雪量特少之年,且 4 月上旬降水量又不是特多即"桃

花水"未"发尽",7月有伏旱或重伏旱的概率达 90％(9/10)。②在表 8.12 的右上方一览中的年份是,$RR \geqslant 2$ mm,且 $R_{4上} \leqslant 50$ mm,7月降水量较常年同期偏多(9/11),有偏涝或洪涝到大涝的概率为 73％(8/11),其中 64％(7/11)是 7月洪涝或大涝之年。反之,8个7月有洪涝或大涝之年有 7个在这一个区中。③在4月上旬降水量特多之年,即 $R_{4上} > 80$ mm 的年份,也就是"发尽桃花水"之年,则不论其前1月上旬和中旬降水量是特少还是很多,7月降水量均较常年同期偏少(5/5)。④$RR \geqslant 2$ mm 且 50 mm $< R_{4上} \leqslant 80$ mm 的4年,7月降水量均属正常(3/4)。⑤$RR < 1$ mm 且 50 mm $< R_{4上} \leqslant 80$ mm 的5年,有3年7月降水量较常年同期偏少,有2年7月降水明显偏多有洪涝,属于不确定区。

由此可见,表 8.12 的复相关关系在长江下游地区 7月旱涝的预报中有较好的使用价值。

8.3.3　对天气谚语中预报对象的时域延伸性分析

上面举例说明了对天气谚语中预报指标因子的时域延伸,有时会对指标因子作出新的贡献和帮助。同样,对预报对象的时域延伸,有时也能扩大指标因子的指示域。

前面已分析了 RR 与7月旱涝趋势的关系,统计结果表明 RR 对7月旱涝趋势有较好的指示意义。那末,若对预报对象的时域加以延伸,则 RR 对延伸后的预报对象还有没有指示意义呢？经计算相关系数和相关概率,其结果表明 RR 不但对7月旱涝有指示意义,而且对延伸以后的时域里的旱涝趋势也有较好的指示意义。由表 8.13 可见,RR 与5月、6月、7月降水量的相关系数有 0.44～0.50,信度水平超过 0.01。而 RR 与5—7月、6—8月、4—9月降水总量的相关系数比各月的相关系数有显著提高,即有 0.59～0.71,信度水平超过 0.001。

表 8.13　长江下游地区(10 站平均)1851—1985 年的 $RR = \min(R_{1上}, R_{1中})$ 与夏半年各月和各季降水量的相关系数和相关概率(％)
(表中相关概率的界值为多年平均值)

时域(月)	4	5	6	7	8	9	5～7	6～8	4～9
相关系数	0.38	0.50	0.49	0.44	0.16	0.12	0.67	0.59	0.71
相关概率(％)	54	66	63	80	71	49	80	69	80

下面我们分别对各时域的具体相关关系作具体的分析和讨论。

8.3.3.1　RR 与5—7月梅雨季节降水总量的相关分析

$RR < 1$ mm 的17年中,有15年 5—7月降水总量较常年同期偏少,概率为 88％(15/17),2 mm $\leqslant RR \leqslant 5$ mm 的10年中,有7年 5—7月降水量较常年同期偏少(7/10)。也就是说,$RR \leqslant 5$ mm 的27年中,有22年 5—7月梅雨季节降水总量较常年同期偏少(22/27);$RR \geqslant 8$ mm 的8年中,有6年 5—7月降水总量较常年同期偏多,有1年等于常年,即正常和偏多的年份有7个(7/8),只有1年稍偏少。反之,7个明显旱梅年中有6年前期 $RR \leqslant 1$ mm(6/7);而8个涝梅年中有7年前期 $RR \geqslant 2$ mm(7/8),其中 $RR \geqslant 5$ mm 的有5年(5/7)。RR 与5—7月降水量的正负距平趋势的正相关概率为 83％(29/35)。

8.3.3.2　RR 与 6—8 月夏季降水总量的相关分析

在 $RR \leqslant 4$ mm 的 24 年中,有 16 年 6—8 月降水总量较常年同期偏少(16/24),其中 $RR \leqslant 1$ mm 的 17 年中,$R_{6\sim8} < 585$ mm(较常年同期偏多一点八成以下),即夏季无涝(17/17);$RR \geqslant 5$ mm 的 11 年中,6—8 月降水总量较常年同期偏多的有 8 年(8/11),其中夏季 $R_{6\sim8} > 595$ mm(较常年同期偏多二成及其以上)即夏季有涝的有 5 年(5/11)。$RR \leqslant 4$ mm,夏季无涝;$RR \geqslant 5$ mm,夏季有涝的相关概率为 83%(29/35)。

8.3.3.3　RR 与 4—9 月降水总量的相关分析

在 $RR \leqslant 1$ mm 的 17 年中,有 15 年 4—9 月降水总量较常年同期偏少(15/17);2 mm $\leqslant RR \leqslant 5$ mm 的 10 年中,有 7 年 4—9 月降水总量较常年同期偏少(7/10);在 $RR \geqslant 8$ mm 的 8 年,其中有 7 年 4—9 月降水总量较常年同期偏多一成以上(7/8),即 $RR \geqslant 8$ mm(或 $\leqslant 5$ mm)与 $R_{4\sim9} \geqslant 1049$ mm(或 $R_{4\sim9} \leqslant 931$ mm)的相关概率为 83%(29/35)。反之,4—9 月降水总量较常年同期偏多二成以上的 7 个涝年,其中有 6 年的 $RR \geqslant 5$ mm(6/7);4—9 月降水总量较常年同期偏少一成半以上的 7 个旱年,$RR \leqslant 3$ mm(7/7),其中有 6 年的 $RR \leqslant 1$ mm(6/7)。

由上述的相关关系可见,RR 与 5—7 月梅雨季节降水总量、6—8 月的汛期降水总量和 4—9 月夏半年降水总量的相关关系都是比较好的。

8.3.4　天气谚语在旱涝预报中验证和应用的区域性推广分析

天气谚语的区域性推广包括两个方面,一方面根据某一地区经过验证和应用得比较好的天气谚语为线索,用不同区域或单点资料进行仿照性验证,若考核结果较好,那么证明这条天气谚语在那个区域中也适用,如考核结果不好,就不能硬套用。另一方面,也可以用这一区域验证得到的优相关因子与其他区域或单点的预报对象进行验证和分析其间的相关关系。例如,上面我们验证和分析了长江下游地区的"二九雪少或三九雪少,晒伏盐"的具体相关关系,得到一个优相关预报指标因子 RR。那末,一方面可以将这条天气谚语用长江中游地区的资料再进行验证和考核,分析这条天气谚语在长江中游地区的适用性,另一方面也可以将长江下游的 RR 值与长江中游的各月和各季预报对象求相关关系,分析其相关性如何?

我们对这两种方法都进行了验证和考核,结果表明,长江中游地区 1 月上旬降水量和 1 月中旬降水量的"逻辑积"RR'($RR' = \min(R_{1\text{上}}, R_{1\text{中}})$)与本区域夏半年各月各季降水量的相关关系比较好,同长江下游地区的 RR 的相关关系更加好。

由表 8.14 可见,长江下游地区(10 站平均)1 月上旬降水量与中旬降水量的"逻辑积"RR 与长江中游地区(9 站平均)的 4 月、6 月、7 月、5—7 月、6—8 月和 4—9 月降水量的相关系数均在 0.53 及其以上,信度水平在 0.001 以上。特别是与 5—7 月、6—8 月和 4—9 月的相关系数均在 0.70 以上,说明其相关关系比较密切。长江中游地区的 RR' 与本区域的 7 月、5—7 月、6—8 月和 4—9 月降水量的相关系数在 0.52 及其以上,信度水平在 0.001 以上,但比长江下游地区的 RR 与中游区的相关系数显著降低。相关概率也同样如此,本区域

RR' 没有垮区域的 RR 与中游区的相关概率高。

表 8.14 长江中游地区(9 站平均)夏半年各月各季降水量同前期 RR' 和长江下游地区的 RR 在
1951—1985 年期间的相关系数和相关概率对照表

各时段降水量		R_4	R_5	R_6	R_7	R_8	R_9	$R_{5\sim7}$	$R_{6\sim8}$	$R_{4\sim9}$
相关系数	RR	0.53	0.24	0.66	0.65	0.27	−0.01	0.73	0.71	0.74
	RR'	0.29	0.31	0.51	0.52	0.25	−0.23	0.62	0.57	0.55
相关概率	RR	66	60	74	69	69	51	69	80	83
(%)	RR'	60	54	57	63	63	46	69	57	66

下面我们对长江下游地区的 RR 与长江中游地区的 5—7 月、6—8 月和 4—9 月降水量的具体相关作些分析和讨论。

8.3.4.1 RR 与长江中游地区 5—7 月梅雨季节的降水和旱涝趋势的相关分析

$RR \leqslant 5$ mm, $R_{5\sim7} \leqslant 580$ mm(25/27);而 $RR \geqslant 8$ mm, $R_{5\sim7} > 590$ mm(较常年同期偏多一成以上)的概率为 88%(7/8),即 $RR \leqslant 5$ mm(或 $\geqslant 8$ mm)与 $R_{5\sim7} \leqslant 580$ mm(或 >590 mm)的相关概率为 91%(32/35)。$RR \leqslant 1$ mm, 5—7 月降水量较常年同期偏少(15/17); $RR \geqslant 8$ mm, 5—7 月降水量较常年同期偏多(7/8), 2 mm $\leqslant RR \leqslant 5$ mm, 5—7 月降水量偏多偏少的概率相等(5/10)。反之, 4 个 5—7 月涝梅年,其前期 $RR \geqslant 8$ mm(4/4); 9 个 5—7 月旱梅年,其前期 $RR \leqslant 1$ mm(9/9)。

8.3.4.2 RR 与长江中游地区 6~8 月夏季旱涝和降水趋势的相关分析

$RR \leqslant 4$ mm, 6—8 月降水量较常年同期偏少(18/24); $RR \geqslant 5$ mm, 6—8 月降水量较常年同期偏多(10/11)。即长江下游地区的 RR(以 5 mm 为界值)与夏季 6—8 月降水量正负距平趋势的相关概率为 80%(28/35)。反之, 10 个夏旱的 $RR \leqslant 3$ mm(10/10); 4 个夏涝年的 $RR \geqslant 8$ mm(4/4); 5 个夏偏涝年的 $RR \geqslant 2$ mm(5/5)。

8.3.4.3 RR 与长江中游地区 4—9 月夏半年旱涝和降水量趋势的相关分析

$RR \leqslant 1$ mm, $R_{4\sim9} \leqslant 910$ mm(17/17),其中有 94%(16/17)的年份 4—9 月降水量较常年同期偏少,有 1 年接近常年; $RR \geqslant 2$ mm 的 18 年中, $R_{4\sim9} \geqslant 953$ mm(14/18),总相关概率为 89%(31/35)。反之, 7 个夏半年干旱年,则前期 $RR \leqslant 1$ mm(7/7); 5 个夏半年洪涝年,其前期 $RR \geqslant 8$ mm(5/5)。

由上述相关关系可见,长江下游地区的 RR 值不但对长江下游地区的夏半年各季降水趋势和旱涝有较好的指示性,而且对长江中游地区的夏半年各季降水趋势和旱涝也有较好的指示性。同样,在分析中发现,长江中游地区(9 站平均)1 月上旬降水量和中旬降水量的"逻辑积",即 RR'(算法同 RR)与长江下游地区的 6—8 月降水量的正负距平趋势的相关概率为 86%(30/35),即长江中游地区的 $RR' \geqslant 4$ mm,则长江下游地区的 $R_{6\sim8} \geqslant 514$ mm(多年平均值为 495 mm),即为正距平趋势(12/14); $RR' \leqslant 2$ mm,则长江下游地区 $R_{6\sim8} \leqslant 498$ mm(18/21)。总相关概率为 86%(30/35)。可见,长江下游地区夏季 6—8 月降水量与长江中游地区前期 RR' 值的相关关系,比与长江下游地区前期 RR 值的相关关系有提高,这提高主要表现在相关概率上,相关系数均是 0.59。

从这些分析结果可见,有时前期指标因子和不同区域的预报对象也有较好的相关性,这说明对有的天气谚语进行区域性推广验证和应用是有一定道理的。因为天气过程是移动的,这一地区的天气与另一地区的天气有联系是自然现象,这也是符合遥相关原理的。

8.3.5　对天气谚语中验证出来的一个适用于长江中下游地区夏半年旱涝预报的多功能优相关因子的具体分析

通过上面的分析和讨论,使我们知道"二九雪少"和"三九雪少"对夏半年各季和有关月份的降水趋势与干旱趋势都有较好的指示性,而且通过对"二九"和"三九"降水量进行"逻辑积"运算后,取得了一个与夏半年各季降水量都有优相关关系的指标因子。通过对指标因子和预报对象的时空延推性分析发现,长江中游地区和下游地区的指标因子与预报对象交叉性相关关系更加显著,使我们从中得到了启发,就是在考虑长江下游地区的指标因子即"二九或三九"的雪少时,也应该注意到长江中游地区的"二九或三九"的雪是否少?综合考虑到中游、下游两个地区以后,指标因子的质量就有所提高。例如 1956 年,长江下游地区的 1 月中旬几乎无降水量,符合"三九雪少"年,但后期只有 7 月明显少雨,夏半年各季降水量均较常年同期偏多。从区域性推广中知道这一年长江中游地区 1 月中旬降水量比较大,9 站平均有 14 mm,也就是说 1956 年"三九"少雨雪的范围仅局限在长江下游地区,没有其他"三九"少雨雪年份的范围大,所以后期少雨时段也不长。

从大多数年份来看,长江下游地区的 RR 与长江中游地区的 RR' 两个模糊逻辑积的大小趋势是比较一致的,但有少数年份也不一致。RR 与 RR' 的相关系数是 0.66,相关概率是 77%。

为了综合考虑到长江下游和中游两个地区的"二九"和"三九"雨雪量的多少,可将 RR 值和 RR' 值加以合并。其合并的方法有两个。一种可计算 RR 与 RR' 的模糊逻辑和 RR'',$RR'' = RR \vee RR' = \max(RR, RR') = \max[(R_{1上} \wedge R_{1中}), (R'_{1上} \wedge R'_{1中})] = \max[\min(R_{1上}, R_{1中}), \min(R'_{1上}, R'_{1中})]$,即将长江中游地区和下游地区的 1 月上旬降水量和中旬降水量,先在本区域的两旬中进行"交集"运算,得到两个逻辑积,再将这两个逻辑积进行"并集"运算,得到一个模糊逻辑和。这个模糊逻辑和 RR'' 基本上能综合反映长江中、下游两个地区的"三九"或"二九"雪少的程度。另一种可求长江中游和下游地区的平均逻辑积 $\overline{RR}$,即先求出两个区域合并以后的 1 月上旬降水量和 1 月中旬降水量(19 站平均),然后再求出它们的逻辑积,即 $\overline{RR} = \min(\overline{R}_{1上}, \overline{R}_{1中})$。这两种运算结果基本上是一致的。$RR''$ 和 $\overline{RR}$ 的 35 年相关系数有 0.96,相关概率有 91%。其中两个值相等的年份有 17 年,只相差 1 mm 的年份有 10 年,即 77% 的年份 RR'' 与 $\overline{RR}$ 相等或仅差 1 mm。还有 4 年 RR'' 与 $\overline{RR}$ 差 2~3 mm。相差 3 mm 以上的也只有 4 年。所以,RR'' 和 $\overline{RR}$ 这两个序列值都能综合反映长江中下游地区的"二九"或"三九"雪少的程度。以 $\overline{RR}$ 为例,来综合分析它与长江中、下游地区在梅雨期(5—7 月)、夏季(6—8 月)、夏半年(4—9 月)中的旱涝和降水趋势的相关关系。

从统计检验来看,$\overline{RR}$ 与长江中游和下游两个地区的 5—7 月、6—8 月、4—9 月降水总量的相关系数都比较高。$\overline{RR}$ 与长江中游地区的 5—7 月、6—8 月和 4—9 月降水总量的相关系数分别有 0.74、0.70 和 0.71;$\overline{RR}$ 与长江下游地区的 5—7 月、6—8 月和 4—9 月降水总量的相关系数有 0.70、0.64 和 0.72。信度水平均超过 0.001,相关关系都比较好。我们将分三种情况进行分析和讨论。即按"二九或三九雪少"($0 \leqslant \overline{RR} \leqslant 1$ mm),"二九且三九雪多"(7 mm$\leqslant \overline{RR} \leqslant 20$ mm),"二九或三九雪正常"(2 mm$\leqslant \overline{RR} \leqslant 6$ mm)这三种情况分别进行分析和讨论。

在分析和讨论之前,我们先对夏半年旱涝评定作如下规定。令 $R'_{5\sim7}$、$R'_{6\sim8}$、$R'_{4\sim9}$ 分别为 5—7 月、6—8 月、4—9 月降水量距平百分率,即 $R'_{5\sim7} = \dfrac{\Delta R_{5\sim7}}{\overline{R}_{5\sim7}} \times 100\%$、$R'_{6\sim8} = \dfrac{\Delta R_{6\sim8}}{\overline{R}_{6\sim8}} \times 100\%$、$R'_{4\sim9} = \dfrac{\Delta R_{4\sim9}}{\overline{R}_{4\sim9}} \times 100\%$。$\overline{R}_{5\sim7}$、$\overline{R}_{6\sim8}$、$\overline{R}_{4\sim9}$ 分别为 5—7 月、6—8 月、4—9 月降水总量的 30 年(1951—1980)平均值。$\Delta R_{5\sim7}$、$\Delta R_{6\sim8}$、$\Delta R_{4\sim9}$ 分别是每年 5—7 月、6—8 月、4—9 月降水总量与多年平均之偏差,即距平值。并运用模糊逻辑运算法则,分别令 R_s 和 R_g 为干旱指数与洪涝指数,即 R_s 和 R_g 分别为 5—7 月、6—8 月、4—9 月降水总量距平百分率的逻辑积与辑逻和,令

$$\text{交集 } R_s = R'_{5\sim7} \wedge R'_{6\sim8} \wedge R'_{4\sim9} = \min(R'_{5\sim7}, R'_{6\sim8}, R'_{4\sim9})$$
$$\text{并集 } R_g = R'_{5\sim7} \vee R'_{6\sim8} \vee R'_{4\sim9} = \max(R'_{5\sim7}, R'_{6\sim8}, R'_{4\sim9})$$

根据交集 R_s 和并集 R_g 值的大小,分别划出夏半年旱年和涝年。

$R_s \leqslant -30\%$ 为大旱,$-29\% \leqslant R_s \leqslant -20\%$ 为中旱,

$-19\% \leqslant R_s \leqslant -15\%$ 为偏旱,$R_s > -15\%$ 为正常;

$R_g \geqslant 30\%$ 为大涝,$20\% \leqslant R_g \leqslant 29\%$ 为中涝;

$15\% \leqslant R_g \leqslant 19\%$ 为偏涝,$R_g < 15\%$ 为正常。

按照这个标准在 1951—1985 年期间在长江中游地区夏半年有干旱的几率即气候几率为 40%(14/35),其中有大旱的气候几率为 23%(8/35),中旱的气候几率为 14%(5/35),偏旱的气候几率为 3%(1/35);有雨涝的气候几率为 26%(9/35),其中有大涝的气候几率为 14%(5/35),有中涝的气候几率为 0,有偏涝的气候几率为 11%(4/35)。在长江下游地区夏半年有干旱的气候几率为 40%(14/35),其中有大旱的气候几率为 17%(6/35),中旱的气候几率为 9%(3/35),偏旱的气候几率为 14%(5/35);有雨涝的气候几率为 31%(11/35),其中有大涝的气候几率为 17%(6/35),有中涝的气候几率为 11%(4/35),有偏涝的气候几率为 3%(1/35)。

长江中游和下游两个地区所有的在夏半年有大涝之年,其前期均为长江中下游地区"二九且三九雪多"之年($\overline{RR} \geqslant 8$ mm)。反之,长江中游和下游两个地区所有的在夏半年有大旱之年,其前期均为长江中下游地区"二九或三九雪少或正常"之年($\overline{RR} \leqslant 3$ mm)。

(1)在 $0 \leqslant \overline{RR} \leqslant 1$ mm,即在长江中下游地区"二九或三九雪少"之年,在长江中游地区和下游地区的夏半年旱涝情况如表 8.15a 和表 8.15b 所表明。由表 8.15a 可见,在 15 个"二九或三九雪少"之年,长江中游地区在梅里(5—7)月降水总量为负距平趋势的概率为 93%(14/15),梅里有干旱的几率为 73%(11/15),其中 53%(8/15)的年份是梅里有中旱或大旱之年,在这 15 年中只有 1 个梅里偏涝年。在 6—8 月夏季降水总量为负距平趋势的概率为

80％(12/15)，其中有 60％(9/15)为夏季中旱或大旱年。在这 15 年中夏季无涝年(0/15)。在 4—9 月夏半年中，4—9 月降水总量为负距平趋势的概率为 100％(15/15)，$R_s<0\%$ 的概率也是 100％(15/15)，$R_g<0\%$ 的概率为 80％(12/15)，$R_g\leqslant16\%$(15/15)，夏半年里有中旱或大旱的概率为 73％，比气候几率(37％)偏高 36％。由表 8.15b 可见，在这 15 个"二九或三九雪少"之年，长江下游地区在 5—7 月梅雨期间降水总量为负距平趋势的概率也是 93％(14/15)，梅里有干旱的几率为 53％，夏季有干旱的几率也是 53％，均比气候几率偏高 24％。在这 15 年中，梅里没有涝年，夏季也只有 1 个偏涝年。从 4—9 月降水总量来看，负距平概率也是 100％(15/15)，达到偏旱以上标准的只有 7 年，即干旱概率为 47％，比气候几率偏高 27％。$R_s<0\%$ 的概率也是 100％(15/15)，$R_g<0\%$ 的概率为 87％。夏半年里有中旱或大旱的概率为 60％，比气候几率(29％)偏高 31％。

　　总起来看，在 15 个长江中下游地区的"二九或三九雪少"之年，长江中游地区和下游地区，5—7 月降水总量同时都较常年同期偏少即均为负距平的概率为 87％(13/15)，6—8 月降水总量同时都为负距平概率为 80％(12/15)，4—9 月降水总量同时都为负距平的概率为 100％(15/15)。在夏半年中，两个区域都有干旱的概率为 67％(10/15)，比气候几率(29％)偏高 38％，反之，两个区域均有干旱现象的年份均在这 15 年之中。两个区域中至少有一个区域有干旱的概率有 87％(13/15)，比气候几率(51％)偏高 36％。在这 15 年中，长江中游地区和下游地区均无中涝或大涝现象，也无同时偏涝现象。由此可见，在长江中下游地区"二九或三九雪少"乃是夏半年少雨干旱之兆，无洪涝之忧，也可谓夏半年干旱的一条重要信息。

表 8.15a　在长江中下游地区(19 站平均)的"二九或三九雪少"($\overline{RR}\leqslant1$ mm)之年长江中游地区(9 站平均)夏半年旱涝情况

年份	内容 季节 $\overline{RR}$ T(mm)	降水量距平百分率(%)					
		梅雨季 (5—7 月)	夏季 (6—8 月)	夏半年 (4—9 月)	R_s	R_g	旱涝评定
1955	0	−4	9	−9	−9	9	正常
1959	0	−20	−38	−21	−38	−20	大旱
1961	0	−38	−30	−21	−38	−21	大旱
1963	0	−24	−15	−10	−24	−10	中旱
1965	1	−22	2	−4	−22	2	中旱
1966	1	−22	−32	−28	−32	−22	大旱
1967	0	16	−12	−1	−12	16	偏涝
1968	1	−15	−11	−12	−15	−11	偏旱
1971	0	−19	−22	−18	−22	−18	中旱
1972	0	−48	−60	−39	−60	−39	大旱
1976	1	−18	−33	−26	−33	−18	大旱
1978	1	−23	−32	−28	−32	−23	大旱
1981	1	−41	−33	−32	−41	−32	大旱
1984	0	−6	2	−8	−8	2	正常
1985	1	−13	−20	−16	−20	−13	中旱
正距平概率(%)		7	20	0	0	20	
负距平概率(%)		93	80	100	100	73	
干旱概率(%)		80	73	63	80		80
干旱气候概率(%)		37	31	29	40		40
偏差(%)		36	36	31	40		40

表 8.15b　在长江中下游地区(19 站平均)的"二九或三九雪少"($\overline{RR} \leqslant 1$ mm)之年长江下游地区
(10 站平均)夏半年旱涝情况对比表

年份	内容 $\overline{RR}$ T(mm) 季节	降水量距平百分率(%)					
		梅雨季 (5—7 月)	夏季 (6—8 月)	夏半年 (4—9 月)	R_s	R_g	旱涝评定
1955	0	8	18	−4	−4	18	偏涝
1959	0	−6	−19	−10	−19	−6	偏旱
1961	0	−28	−22	−13	−28	−13	中旱
1963	0	−12	−32	−10	−32	−10	大旱
1965	1	−34	−5	−14	−34	−5	大旱
1966	1	−20	−23	−20	−23	−20	中旱
1967	0	−7	−39	−16	−39	−7	大旱
1968	1	−30	−42	−31	−42	−30	大旱
1971	0	−7	−13	−14	−14	−7	正常
1972	0	−22	−6	−17	−22	−6	中旱
1976	1	−12	−10	−9	−12	−9	正常
1978	1	−46	−57	−46	−57	−46	大旱
1981	1	−19	−7	−19	−19	−7	偏旱
1984	0	−11	1	−2	−11	1	正常
1985	1	−19	−25	−19	−25	−19	中旱
正距平概率(%)		7	13	0	0	13	
负距平概率(%)		93	87	100	100	87	
干旱概率(%)		53	53	47	80		73
干旱气候概率(%)		29	29	20	40		40
偏差(%)		24	24	27	40		33

(2)在 8 mm(或 7 mm)$\leqslant \overline{RR} \leqslant 20$ mm,即在长江中下游地区"二九且三九雪多"之年,在长江中游和下游地区的夏半年旱涝情况如表 8.16a 和表 8.16b 所表明。根据实际情况,对应夏半年长江中游地区的旱涝,则"二九且三九雪多"的界值定为 $\overline{RR} \geqslant 8$ mm,而对应长江下游地区夏半年旱涝,则"二九且三九雪多"的界值可定为 $\overline{RR} \geqslant 7$ mm。由表 8.16a 可见,在"二九且三九雪多"的 8 年中,长江中游地区在 5—7 月、6—8 月、4—9 月的降水总量较常年同期偏多的概率均是 87%(7/8),有雨涝的概率均是 63%(5/8)。均无干旱现象。在这 8 年中,夏半年有雨涝的概率是 75%,比气候几率偏高 49%。反之,5 个大涝和特涝年全部在这 8 年之中,在这 8 年之外,只有 3 个偏涝年。由表 8.16b 可见,在"二九且三九雪多"之 9 年中,在长江下游地区的梅雨季节即 5—7 月期间降水总量为正距平的概率为 89%,其中涝梅年的概率为 67%,比气候几率偏高 44%。在这 9 年中,夏季 6—8 月降水总量为正距平的概率为 78%,有夏涝的概率为 56%,比气候几率偏高 33%。夏半年 4—9 月降水总量为正距平的概率也是 89%,其中达到涝年标准的年份占 67%,比气候几率偏高 47%。在夏半年中,有雨涝的总概率为 78%,比气候几率偏高 47%。反之,5 个大涝和特大涝年均在这($\overline{RR} \geqslant 8$ mm)8 年之中。可见长江中下游地区"二九且三九雪多"是夏半年多雨有涝之兆。在上述 9 年之外,还有 3 个中涝年和 1 个偏涝年,其中 3 个中涝年的 $\overline{RR}$ 均在 3~5 mm,即在"二九或三九雪正常"之年。

表 8.16a 在长江中下游地区(19 站平均)的"二九且三九雪多"($\overline{RR} \geqslant 8$ mm)之年,长江中游地区 (9 站平均)夏半年旱涝情况

年份	$0\overline{RR}$ T(mm)	梅雨季 (5—7月)	夏季 (6—8月)	夏半年 (4—9月)	R_s	R_g	旱涝评定
		降 水 量 距 平 百 分 率(%)					
1954	19	120	108	70	70	120	特大洪涝
1957	13	−6	−6	−8	−8	−6	正常
1964	17	12	7	7	7	12	正常
1969	8	43	88	38	38	88	大涝
1973	9	16	14	35	14	35	大涝
1977	10	1	15	12	11	15	偏涝
1980	12	38	88	37	37	88	大涝
1983	15	34	41	25	25	41	大涝
负距平概率(%)		13	13	13	13	13	
正距平概率(%)		87	87	87	87	87	
雨涝概率(%)		63	63	63	75	75	
雨涝气候概率(%)		20	17	17	26	26	
偏差(%)		43	46	46	49	49	

表 8.16b 在长江中下游地区(19 站平均)的"二九且三九雪多"($\overline{RR} \geqslant 7$ mm)之年,长江下游地区 (10 站平均)夏半年旱涝情况

年份	$0\overline{RR}$ T(mm)	梅雨季 (5—7月)	夏季 (6—8月)	夏半年 (4—9月)	R_s	R_g	旱涝评定
		降 水 量 距 平 百 分 率(%)					
1954	19	128	103	72	72	128	特大洪涝
1956	7	26	11	20	11	26	中涝
1957	13	0	9	11	0	11	正常
1964	17	−3	−12	−9	−12	−3	正常
1969	8	35	56	20	20	56	大涝
1973	9	33	−5	34	−5	34	大涝
1977	10	28	26	36	26	36	大涝
1980	12	2	56	13	2	56	大涝
1983	15	46	21	34	21	46	大涝
负距平概率(%)		11	22	11	22	11	
正距平概率(%)		89	78	89	78	89	
雨涝概率(%)		67	56	67	78	78	
雨涝气候概率(%)		23	23	20	31	31	
偏差(%)		44	33	47	47	47	

(3)在 2 mm$\leqslant\overline{RR}\leqslant$6 mm(或 7 mm)的"二九或三九雪正常"之年。长江中游地区在 2 mm$\leqslant\overline{RR}\leqslant$7 mm 的 12 年中,5—7 月降水总量有 9 个正常年,6—8 月降水总量和 4—9 月降水总量有 10 个正常年,其概率分别较正常年份的气候几率(43%)、(51%)、(54%)偏高 42%,32%,29%。在这 12 年中,无中涝和大涝年,只有两个偏涝年,有 1 个中等旱梅年和 1 个夏季大旱年。5—7 月和 6—8 月降水总量的正负距平概率均是 50%,而 4—9 月降水总量的正负距平概率则分别是 67% 和 33%。长江下游地区在 2 mm$\leqslant\overline{RR}\leqslant$5 mm 的 11 年中,有 1 个大旱年,2 个偏旱年,3 个中涝年,5 个正常年。如果再结合天气谚语"一年两头春,黄牛

贵似金"、"无春之年是丰年"这两条天气谚语来进行分析,则在这 11 年中,4—9 月降水量有 7 年较常年同期偏少,有 4 年较常年同期偏多,这 4 个雨水偏多之年都是"无春"之年,所谓无春之年乃是农历年内无立春节气日,7 个雨水偏少之年中有 6 个不是"无春"年。同样,在这 11 年中,有 5 个"无春"年,其夏季 6—8 月降水总量均为正距平趋势(5/5);6 个不是"无春"年中有 4 年 6—8 月降水总量为负距平趋势(4/6)。

由上述相关分析可知,RR 这个预报因子是多功能指标因子,它对梅雨季节的旱涝、夏季的旱涝和夏半年旱涝总趋势都有指示意义和预报使用价值,相关系数和相关概率都很高,是一个多功能优相关预报因子,值得我们对它加以重视。但在这个因子不突出的年份,即在这个因子处于正常范围之年,最好还应结合其他天气谚语或预报因子综合考虑,才能使用。

8.4 对天气谚语的推广性验证和考核得到的若干统计事实

8.4.1 概述

有的天气谚语有广阔的区域性,有的天气谚语则有它的局地性,而又有的天气谚语流传甚广,但在各地的适用标准有别。所以,验证和考核天气谚语要因地制宜,实事求是,切不可生搬硬套。

"三九雪少,晒伏盐"不但在长江中下游地区适用,而且在江南地区也比较适用。这条天气谚语有广阔的区域性。

"冬管五腊管六"这条天气谚语在南方大部地区都有传说,但其具体"管理办法"则因地区不同而有差别。例如,在长江中游地区的长沙是正相关关系,在海南岛的海口"冬管五"是正相关关系,但"腊管六"是反相关关系。如果"冬管五"和"腊管六"都是正相关或都是反相关,则可以将"冬腊"月合并,也可将"五、六"月合并,求其合并和的相关关系。例如,广州的上一年 12 月与当年 1 月降水量之和与 6—7 月降水量有较好的反相关关系,几个 6—7 月有洪涝之年,前期 12—1 月降水量异常偏少(≤15 mm)。而在海口,则上一年 12 月降水量与 6 月降水量的相关关系是正相关,而 1 月降水量与 7 月降水量则是反相关,即"冬管五"是正相关,而"腊管六"是负相关,这样的"管理"关系就不能合并。另外,"腊管六"这条天气谚语在河南北部地区也比较适用。例如,安阳,新乡、郑州这 3 站的平均 1 月降水量与平均 7 月降水量有较好的正相关关系。$R_1 \geqslant 14$ mm(或 $\leqslant 12$ mm)与 $R_7 > 230$ mm(或 < 220 mm)的正相关概率有 94%(33/35),其中 7 月明显少雨有干旱之年的 1 月降水量均在 5 mm 以下。

又如"冬旱夏涝"、"冬天雪大,夏天雨少"这两条谚语实际上是反映了冬天降水量与夏天降水量的反相关关系。这在东北的沈阳地区比较适用,而且在长春也较适用,前期冬季 12—2 月降水总量与后期盛夏 7—8 月降水总量有很好的反相关关系。这与长江中下游地区的"冬水枯,春水铺"、"冬春相坳"意思类同。即冬季降水量的多少是春季降水量的反向前兆。

总之,我国的天气谚语是取之不尽的,只要我们用科学的态度,灵活的思路和实事求是的精神去深入仔细地验证和考核,我们将能从天气谚语这个广阔的源泉之中,得到许多优相关因子,而且这些因子的偶然性相对较小,对我们预测旱涝较有增益。

8.4.2 "二九或三九雪少,晒伏盐"在江南地区的推广性验证和考核结果

在江南地区(16 站平均),盛夏 7—8 月正是伏旱季节。虽然江南地区 7 月和 8 月降水量的正负距平趋势有 71% 的年份是相反的,只有 23% 的年份持续负距平。但 7 月或 8 月的单月明显少雨亦会造成伏旱。经考核分析得到的相关关系是:

(1)若 1 月上旬(二九)降水量很少(0~3 mm),则 7 月或 8 月这两个月中间至少有一个月的降水量较常年同期偏少一成半以上(10/10),其中有 9 年偏少二点二成到七点四成,即有伏旱(9/10)。从夏季逐旬降水量来分析,10 个"二九雪少"年的夏季均有一段 4 到 7 旬的明显连续少雨干旱时段(详见第一章第五节有关江南地区的每年旱涝特点的分析)。

(2)1 月中旬(三九)降水量很少(0~2 mm)之年,7 月或 8 月中间至少有 1 个月的降水量为负距平趋势(8/9),其中有 5 年在 7—8 月中至少有一个月明显少雨有干旱(月降水量较常年同期偏少三成以上)。

(3)7 月或 8 月降水量较常年同期偏少三成以上的年份,即有明显伏旱的 14 年,其中有11 年的 1 月上旬或中旬降水量明显偏少(≤3 mm),即有 79%(11/14)的明显伏旱之年是"二九或三九雪少"之年,只有 3 年不符合。反之,若 1 月上旬或中旬降水量明显偏少($R_{1上}$ ≤3 mm 或 $R_{1中}$≤3 mm),7 月或 8 月中至少有 1 个月的降水量较常年同期偏少(16/17)。其中,至少有 1 个月明显少雨有伏旱(12/17),有伏旱的概率比气候几率偏高 25%。伏旱与"二九或三九雪少"的对应关系如表 8.17 所表明。

表 8.17　江南地区(16 站平均)"二九或三九雪少"(≤3 mm)与 7 月或 8 月伏旱的对应关系
($R_{1上}$ 和 $R_{1中}$ 单位:mm)

年份	1953	1957	1960	1963	1966	1968	1971	1976	1978	1984
$R_{1上}$(二九降水量)	3	3	1	3	1	1	0	2	3	0
$\min(\frac{\Delta R_7}{R_7}\%,\frac{\Delta R_8}{R_8}\%)$	−34	−74	−48	−39	−62	−18	−65	−34	−45	−22
伏旱评定	●	●	●	●	●	＊	●	●	●	●
年份	1955	1956	1959	1961	1963	1965	1967	1976	1981	
$R_{1中}$(二九降水量)	0	2	2	1	0	0	1	1	0	
$\min(\frac{\Delta R_7}{R_7}\%,\frac{\Delta R_8}{R_8}\%)$	17	−46	−9	−8	−39	−12	−42	−34	−50	
伏旱评定	＊	●	＊	＊	●	＊	●	●	●	

注:●有伏旱,＊无伏旱。

(4)江南地区雨季 4—6 月降水总量较常年同期偏多一成以上(766 mm≤$R_{4~6}$≤1086 mm)的 7 个雨季多雨有涝之年,即 1954,1962,1970,1973,1975,1977,1983 年,前期 1 月上旬和中旬降水量均在 7 mm 以上(7/7)。反之,1 月上旬和中旬降水量均在 5 mm 以上的 17 年,其中有 11 年在雨季 4 月、5 月、6 月中至少有 1 个月的降水量较常年同期偏多三成以上,即 3 个月中至少有 1 个月有雨涝的概率是 65%(11/17),较其气候概率偏高25%。

由此可见,"二九或三九雪少,晒伏盐"在江南地区也较符合,即"二九"或"三九'的降水量对雨季涝象和盛夏伏旱有一定的指示意义。

8.4.3　对"一年两头春,黄牛贵似金"、"年逢双春雨水红"和"闰月年是旱年"的推广性验证和考核得到的若干统计结果

在长江下游地区有天气谚语"一年两头春,黄牛贵似金"之说,意思是指在农历年初和年底均有立春节气日之年,则有干旱发生。在干旱之年,青草也难以长得茂盛,所以黄牛缺乏青饲料,饲养黄牛的本钱就贵了。再加地干田裂,耕种起来也特别困难。不但耕田费劲,而且还要用牛拉水灌稻田。所以,在旱年黄牛的用处多活儿繁忙,且饲养起来又因缺少饲料而有困难,因而有"黄牛贵似金"之说。"每逢双春雨水红"是在华南地区有此传说,"红"指雨多的意思。"闰月年是旱年"和"闰年闰月雨水少"也是指农历年内有闰月之年则少雨有干旱现象发生。实际上"一年两头春,黄牛贵似金"和"闰月年是旱年"是一个意思。因为凡"一年两个春"年都有闰月,反之,凡"闰月年"都是"两头春"年。

在 1951—1985 年间共有 13 个"闰月年"即"两头春"年又叫"双春"年。那末,在这 13 年(1952,1955,1957,1960,1963,1966,1968,1971,1974,1976,1979,1982,1984)中,1955,1966 是闰三月年;1963,1974,1982 是闰四月年;1952,1971 是闰五月年;1960,1979 是闰六月年;1968 是闰七月年;1957,1976 是闰八月年;1984 是闰十月年。这 13 年旱涝情况分布趋势如何? 我们对此作了推广性验证和考核。并得到若干统计事实。

(1)"双春"年夏半年 4—9 月降水总量的分布趋势,如表 8.18 所表明:①江南地区(2区),在这 13 年中有 9 年 4—9 月降水总量较常年同期偏少(9/13)。其中闰三月到闰六月的9 年中,有 8 年较常年同期偏少(8/9),其中有 4 个旱年是闰三月到闰五月之年,即大部分夏半年干旱年是在农历三月到五月有闰月之年。②长江中游地区(6区),在这13年中有10

表 8.18　"一年两头春"之年的各区域平均夏半年(4—9 月)降水量距平百分率$\left(\frac{\Delta R_{4\sim9}}{R_{4\sim9}}\times100\%\right)$

区域 站点数 年份	江南 (2 区)	西南 (4 区)	长江中游 (6 区)	长江下游 (7 区)	海河流域 (10 区)	黄河中上游 (11 区)	松花江流域 (14 区)
	16	13	9	10	10	10	9
1952	20	12	8	−5	−27	−13	2
1955	−1	−2	−9	−4	18	−12	12
1957	−12	11	−8	11	−23	−20	28
1960	−10	−10	−14	−6	−16	−6	29
1963	−26	−16	−20	−10	41	−8	20
1966	−18	17	−28	−20	−5	4	2
1968	6	25	−12	−31	−44	−5	−6
1971	−22	13	−18	−14	−3	−5	12
1974	−15	11	−18	−1	−8	−25	2
1976	8	3	−26	−9	3	19	−22
1979	−14	−11	5	−11	−6	2	−25
1982	−5	−12	5	−14	−7	−22	−12
1984	4	9	−8	−2	−7	7	13
负距平概率(%)	69	38	77	92	77	69	31
负距平气候几率(%)	63	60	57	66	54	46	43
偏差(%)	6	−22	20	26	23	23	−12

年较常年同期偏少(10/13),其中有 4 个夏半年干旱年。这 13 年的 4—9 月降水总量距平百
分率均在 8% 以下,即为偏少或正常年(13/13)。③长江下游地区(7 区),在这 13 年中有 12
年较常年同期偏少(12/13),其中闰三月到闰七月之年,均较常年同期偏少(10/10)。④海河
流域(10 区),在这 13 年中有 10 年较常年同期偏少(10/13),其中有 4 个旱年。但也有 1 个
大涝年和 1 个偏涝年。⑤黄河中上游地区(11 区),在这 13 年中有 9 年较常年同期偏少,其
中在三月到六月有闰月之年,偏少的概率更高些(7/9),均为偏少或正常稍偏多之年(9/9)。
⑥松花江地区(14 区),在这 13 年中有 9 年较常年同期偏多(9/13),其中闰三月到闰六月的
9 年中有 7 年偏多(7/9)。

　　综上所述,在"一年两头春"或"有闰月之年",其中大多数年份在江南地区、长江中下游
地区,海河流域区和黄河中上游地区的夏半年降水总量较常年同期偏少,个别或少数年份正
常偏多,也就是说,夏半年总降水趋势是以少为主,旱重于涝。但在西南区和松花江地区则
相反,大多数年份夏半年以多雨为主,涝重于旱。

　　(2)夏季 6—8 月降水总量的分布趋势是:在这 13 年中,我国东部地区夏季主要多雨
带位置在中部或南部地区,即偏在黄河以南地区(10/13),在黄河以北地区的只有 3 年
(3/13)。①在这 13 年中,华南地区(1 区)和西南地区(4 区)6—8 月降水量较常年同期偏
多的有 8 年(8/13)。②在这 13 年中,在长江中游地区(6 区)和下游地区(7 区)较常年同
期偏少的有 8 年(8/13)。③在这 13 年中,淮河流域(8 区)较常年同期偏多的有 9 年(9/
13)。④在这 13 年中,海河流域夏季降水正常和偏少的年份有 12 年(12/13),其中有 8
年较常年同期偏少(8/13)。⑤在这 13 年中,黄河中上游夏季降水总量较常年同期偏少
的有 9 年,其中有 7 年明显少雨有夏旱。换言之,黄河中上游地区大多数夏旱年是有闰月
之年,即一年两头春年。

　　(3)从分月降水量来看:①在这 13 年中,4 月降水量较常年同期偏少的区域有江南地区
(9/13)、长江中游地区(10/13)、淮河流域地区(9/13)、海河流域地区(11/13)、黄河中上游地
区(9/13)、山东地区(9/13)。②在这 13 年中,5 月降水量较常年同期偏少的区域有:江南地
区(10/13)、长江中游地区(11/13)、长江下游地区(9/13)、淮河流域地区(9/13)、山东地区
(9/13)。其中江南地区和长江中游地区在闰六月到闰八月之年,5 月降水量均较常年同期
偏少(5/5)。其中山东地区和海河流域两个地区在闰五月到闰八月之年均较常年同期明显
偏少有春旱(7/7),这 7 年平均海河流域 10 站平均 5 月降水量较常年同期偏少四点四成,这
7 年平均山东地区 6 站平均 5 月降水量较常年同期偏少四成。但是 3 个闰四月之年山东地
区 5 月降水量均明显偏多。③在农历三月或四月有闰的 5 年中,汉渭流域地区、淮河流域
地区和山东地区这 3 个区域的 6 月降水量均较常年同期偏少(5/5),其中淮河流域在这 5 年
中,6 月均是明显少雨有旱年,15 站平均 6 月降水量在这 5 年中平均较常年同期偏少四点二
成。在五月或六月有闰月的 4 年中,山东地区 6 月降水量较常年同期偏多四点五成到九点
八成,即 6 月明显多雨(4/4)。在五月到十月有闰月的 8 年中,淮河流域 6 月降水量较常年
同期偏多的有 6 年(6/8)。由此可见,淮河流域和山东地区的 6 月降水量的分布趋势与闰月
的月份有关系,并不能简单地说"闰月年"是旱年或涝年,要看闰月早还是晚,在春三、四月有
闰月,6 月易明显少雨。④在这 13 个"双春"年中,7 月降水量分布趋势是:西南地区(4 区)
较常年同期偏多(9/13),黄河中上游地区较常年同期偏少(10/13);辽河流域地区在闰四月
到闰十月之年的 7 月降水量较常年同期偏少(9/11),华南地区在闰三月、闰四月、闰五月之

年的 7 月降水量较常年同期偏多(7/7),其中有 5 年 7 月明显偏多有洪涝(5/7)。但在闰六月到闰十月之年的 7 月降水量较常年同期偏少(5/6)。⑤在这 13 个"双春"年中,8 月降水量较常年同期偏少的地区有:长江中游地区(9/13)、长江下游地区(9/13)、山东地区(9/13)、黄河中上游地区(11/13)。其中黄河中上游地区在三月到六月有闰月之年,8 月降水量均较常年同期偏少(9/9)。在闰三月、闰四月、闰五月的 7 年中,华南地区 8 月降水量较常年同期偏少或稍偏多(7/7);淮河流域地区 8 月降水量较常年同期偏多(6/7),其中有 5 年是 8 月明显多雨有涝年(5/7)。而在闰六月、闰七月、闰八月、闰十月的 6 年中,华南地区 8 月降水量较常年同期偏多一点五成到三点五成(5/6),为 8 月涝或偏涝年,淮河流域地区这 6 年 8 月降水量均较常年同期偏少(6/6)。海河流域地区在闰三月和闰四月的 5 年中,8 月降水量均较常年同期偏多(5/5),其中有 3 个 8 月明显多雨年,在闰五月到闰八月之年,8 月降水量较常年同期偏少或正常稍偏多(7/7),其中有 6 年较常年同期偏少二点七成到六点二成,是 8 月有干旱之年(6/7),在这 13 年中,海河流域地区 7 月下旬和 8 月上旬降水量较常年同期偏少(10/13)。由此可见,华南地区、淮河流域和海河流域在"双春"年的 8 月降水量的多少趋势与闰月早晚有关系。在这 13 年中,西南地区 8 月降水量较常年同期偏多或相等(9/10);松花江地区 8 月降水量与常年同期相比正常或偏多(9/13),其中有 5 个 8 月明显多雨有涝年。⑥在这 13 个"双春"年中,9 月降水量距平趋势有明显倾向性的不多。汉渭流域地区 9 月降水量较常年同期偏多(10/13),即华西秋雨以偏多为主要倾向。另外,辽河流域地区 9 月降水量也接近常年或偏多(9/13),其中有 6 年 9 月降水量较常年同期偏多二点四成到八成,是 9 月明显多雨年。

以上分析了上述 14 个区域平均降水量的夏半年,夏季及各月降水量分布趋势与这 13 个"双春"年及其闰月早晚的对应关系。这些统计事实说明我国大部地区在"一年两头春"年以少雨干旱为主要倾向。但在华南地区、西南地区,淮河流域及松花江地区则以多雨为主要倾向。从各月降水量分布趋势来看,还与年内闰月的早晚有关系,这种关系则因地区不同而不同。

另外,从西部地区和北部内蒙古地区的某些单站降水量来看,在"一年两头春"之年也有主要倾向。例如,西藏高原的拉萨地区,在闰三月到闰七月之年的 8 月降水量较常年同期偏多(7/10)。新疆北部的阿勒泰地区,在 1954—1985 年有资料的 12 个"双春"年中,有 11 年 8 月降水量较常年同期偏少(11/12),其中有 9 年偏少二点二成到九点九成;在塔城地区 12 年中有 9 年 8 月降水量较常年同期偏少二点九成到八点九成(9/12);在伊宁地区也有 9 年的 8 月降水量显著偏少(9/13);乌鲁木齐地区在闰五月到闰七月之年 8 月降水量显著偏少(5/5),在闰五月到闰十月的 8 年中,有 7 年 8 月降水量较常年同期偏少三点三成到八点四成(7/8),而在闰四月的 3 年,8 月降水量均较常年同期偏多(3/3);还有在闰三月到闰六月的 9 年中,呼和浩特地区的 8 月降水量均较常年同期偏少一点七成到九成(9/9),其中有 6 年 8 月降水量较常年同期偏少五成以上;包头地区在这 9 年中有 8 年的 8 月降水量较常年同期偏少二点五成到七点五成(8/9);陕坝地区在 1954 年有资料以来闰三月到闰六月的 8 个"双春年"中,8 月降水量均较常年同期偏少(8/8),其中在三月到五月有闰月之年,8 月降水量较常年同期偏少三点一成到七点八成(6/6)。

从这些单站资料的统计结果来看,在闰三月到闰七月之年,西藏的拉萨地区 8 月以多雨为主要倾向,这与西南地区的多雨趋势相一致。在闰三月到闰六月之年,内蒙古中部地区 8

月则有少雨干旱现象。在这 13 个"双春"之年,新疆北部地区 8 月也是以少雨为主要倾向,这与河套地区的少雨干旱趋势比较一致。

8.4.4　对"无春年是丰年","年逢无春好种田"及"单春年"的验证和考核得到的若干统计事实

（1）"无春年"指农历年内无立春节气日,也就是指在上一年农历十二月二十一日到三十日立春之年。在 1951—1985 年期间,这样的年份共有 13 年（1951,1953,1956,1959,1962,1964,1967,1970,1972,1975,1978,1981,1983）。在这 13 年中,降水量距平趋势有明显倾向性的是 7 月份。如表 8.19 所表明。在辽河流域和汉渭流域以多雨为主要倾向,较常年同期偏多的概率分别是 77%（10/13）和 69%（9/13）。特别是辽河流域 10 站平均 7 月降水量（R_7）,在"无春年"$R_7 \geqslant 180$ mm,而在"有春"年则 $R_7 < 180$ mm（多年平均值为 172 mm）的概率达 80%（28/35）,7 个 7 月降水量正距平百分率在 20% 以上的明显多雨有涝年,其中有 5 个是"无春"年,1 个是"单春"年,另 1 个是"双春"年。在这 13 个"无春"年中,南方大部地区则以少雨为主要倾向,7 月降水量较常年同期偏少的区域有:华南地区（11/13）,其中有 10 年较常年同期偏少二点二成到四点七成,是伏旱年（10/13）;江南地区（10/13）,其中有 5 年偏少二成以上有伏旱;贵州地区（10/13）,其中有 8 年偏少三成以上有伏旱（8/13）,但也有两个涝年;西南地区（10/13）;长江中游地区（9/13）,其中有 7 年偏少二成到八成多有伏旱（7/13）。但也有 1 个大涝年,长江下游地区（9/13）,其中有 7 年偏少三成以上有伏旱（7/13）。但也有 4 个涝年,淮河流域地区（10/13）,其中有 5 个伏旱年。但也有 2 个涝年,另外,在西南地区的盛夏 8 月份降水量也较常年同期偏少（12/13）。

辽河流域地区夏季 6—8 月和夏半年 4—9 月降水总量趋势变化有一个特殊的规律性,就是在 13 个"无春"之年中,在 1964 年以前,均较常年同期偏多（6/6）,有雨涝或洪涝现象（5/6）,在 1967 年以后,均较常年同期偏少（7/7）。这与当地的气候变迁有关。

（2）"一春"年又叫"单春"年,是在农历年内只有一个立春节气日之年。在 1951—1985 年期间只有 9 个'单春'年（1954,1958,1961,1965,1969,1973,1977,1980,1985）。在"单春"年的气候特点比较明显,既有大涝也有大旱,以大涝为主要倾向。在我国易出现大涝,特别是在江淮流域地区容易出现洪涝现象。1954 年是百年一遇的特大洪涝年,洪涝中心地区在长江流域,另外在江南、贵州淮河流域、汉渭流域和海河流域等地区均有较大的洪涝现象,1958 年在黄河中上游地区出现了大涝现象,另外在汉渭流域和长江上游地区也有洪涝现象;1961 年也是在黄河中上游地区和长江上游地区有洪涝现象;1965 年在淮河流域有较大的洪涝现象;1969 年在长江中下游流域及贵州地区有较大的洪涝现象;1973 年在长江流域的上、中、下游地区、江南地区、华南地区及海河流域地区有较大的洪涝现象;1977 年在长江下游地区和海河流域有洪涝现象;1980 年在长江中下游地区和淮河流域地区及汉渭流域有较大的洪涝现象;1985 年在辽河流域和松花江流域有较大洪涝现象。由此可见,"单春"年我国容易发生洪涝现象,洪涝比较明显,不是风调雨顺之年。而且有的地区干旱也比较明显,例如 1961 年在黄河中上游地区有较大洪涝现象,但在长江中下游地区和淮河流域则有干旱现象;1958 年在汉渭流域、黄河中上游和长江上游有较大洪涝,但在长江下游地区则是空梅伏旱明显年;1965 年在淮河流域有较大洪涝,但在海河流域和黄河中上游地区干旱严

重,1973 年在淮河流域干旱较明显。

表 8.19　"无春"年各区域 7 月降水量距平百分率($\frac{\Delta R_7}{R_7} \times 100\%$)

年份 \ 区域 站点数	华南 (1 区)	江南 (2 区)	贵州 (3 区)	西南 (4 区)	长江中游 (6 区)	长江下游 (7 区)	淮河流域 (8 区)	汉渭流域 (9 区)	辽河流域 (13 区)
	15	16	6	13	9	10	15	9	10
1951	−33	−13	7	−21	30	100	21	16	11
1953	−31	−34	−52	−10	−36	−33	−6	34	56
1956	−46	−46	−13	−20	−20	−30	−20	−29	6
1959	12	−9	−48	−9	−84	−42	−58	−27	19
1962	−34	−16	−31	−20	8	−5	−1	34	41
1964	−50	−53	−36	−3	−17	−41	−10	8	54
1967	−36	−21	83	5	−9	−46	−11	−17	16
1970	−24	43	87	38	29	58	−1	1	32
1972	−16	−8	−68	2	−63	−35	8	−5	−16
1975	−22	−19	−49	−4	−44	−1	−34	7	30
1978	−38	−45	−46	−23	−51	−68	−38	25	−35
1981	67	28	−39	−11	−56	32	−33	17	−18
1983	−47	6	−8	−28	88	60	22	22	5
负距平概率(%)	85	77	77	77	69	69	77	31	23
负距平气候几率(%)	54	66	54	51	51	63	63	43	63
偏差(%)	31	11	23	26	18	6	14	−12	−40

从各个区域降水量来看,①4—9 月夏半年降水总量较常年同期偏多的地区有:长江中游地区(6/9),其中有 4 年较常年同期偏多三点五成到七成;长江下游地区(5/9),其中有 4 年较常年同期偏多二成到七成多;海河流域(7/9),其中有 3 年较常年同期偏多二点二成到四点四成。较常年同期偏少的地区有山东区(7/9)。②6—8 月夏季降水总量较常年同期偏多为主要倾向的地区有:江南地区(6/9)、贵州地区(5/9)、西南地区(6/9),长江上游地区(6/9)、长江中游地区(7/9)、汉渭流域区(5/9)、松花江流域区(5/9)。以偏少为主要倾向的地区有:华南区(6/9)、山东区(8/9),其中有 3 个旱年。③从分月降水量的距平趋势来看,4 月份除东北地区以外,其余 12 个区域的月降水量较常年同期以偏多为主要倾向,这些 4 月偏多年多数是 4 月明显多雨年;5 月份以山东区的多雨倾向较明显(7/9);6 月降水量以偏多为主要倾向的区域有:贵州区(6/9)、长江上游区(6/9)、黄河中上游区(6/9)。6 月降水量以偏少为主要倾向的区域有:华南区(7/9),淮河流域区(8/9)、汉渭流域区(6/9)、山东区(8/9)、辽河流域区、松花江流域区(6/9)。7 月降水量较常年同期以偏多为主要倾向的区域有:华南区(6/9)、贵州区(6/9)、长江上游区(7/9)、长江中游区(7/9)、海河流域区(7/9)、松花江流域区(6/9)。8 月降水量较常年同期以偏多为主要倾向的区域有:江南区(7/9)、长江下游区(7/9)、辽河流域区(7/9)。在 9 年中有 5 年或 6 年偏多的区域还有贵州、西南、长江上游、长江中游,黄河中上游,松花江等 6 个区域,9 月降水量在大部分区域的主要倾向是偏少。只有在西南、长江下游、辽河流域这 3 个地区的 9 月降水量以偏多为主要倾向。

从上面的若干统计事实使我们看到,"双春"年、"单春"年、"无春"年的气候背景有不同的特点,对有些区域的旱涝趋势和降水量距平趋势较有预报意义,作为一个大的气候背景在旱涝趋势预报中是有一定的参考价值的。

第 9 章　中国旱涝的长期预报工具研制

9.1　概　　述

　　我国开展长期天气预报已经有近四十年的历史,杨鉴初教授就是我国长期天气预报的创始人之一,他创造的气象要素历史曲线演变法至今仍有一定的生命力。全国广大气象台站的长期天气预报气象工作者,主要是用天气学分析方法和统计学检验法及相似相关等预报方法来做长期天气预报的。由于我国的长期天气预报有较长的历史,广大长期预报员在多年的预报实践中积累了丰富的经验,无论是中央气象台还是各级地方台站,在长期天气预报方面都取得了一定的成效和进展。

　　由于影响长期天气过程的因子很多,长期天气过程极为复杂。对长期天气的演变过程和物理机制还正在研究和探讨阶段。然而,各种遥相关因子则提供了前期天气特征与后期天气过程互相关的信息,这些信息就为长期天气预报提供了基础和可能性。但长期天气预报的难易程度在各年各时段也有差别。有的旱涝年前期特征比较明显而且预报意见也较一致,后期出现的天气过程也符合遥相关关系,这样的预报比较好做而且效果也较好。但多数旱涝年的各种遥相关因子的前期特征对后期天气过程的预报意见有较大的矛盾,这就给预报员带来较大的困难,要求预报员本身有深入的工作和丰富的预报经验,才能从各种遥相关因子和来自各方面的互相矛盾的长期预报意见中综合判别出一个比较正确的预报结论。换言之,要取得一次旱涝长期预报的成功,一般来说比撰写发表一篇论文、寻找一条遥相关因子或发布一次长期天气预报要困难得多。所以,长期天气预报水平主要还决定于已经掌握的遥相关指标因子的质量和预报员综合处理各方面复杂的预报因子的能力和经验。

　　作为中央气象台的长期天气预报职责来说,主要负责预报全国大范围的气候趋势,在降水和旱涝的长期预报中,主要抓夏季雨带位置和主要农业区的旱涝趋势预报。就作者本身从事长期天气预报二十余年以来的体会而言,有机地综合分析当年的天文背景、前期大气环流特点、前后期气象要素的奇异特征之间的互相关关系、下垫面海陆热状况等长期预报因子而取得的降水和旱涝预报效果,要比单独考虑大气环流因子和其他单一因素的预报效果好。

　　中央气象台长期预报科在过去的十几年里,一直采用下面的评分办法来统一检验降水和气温的预报质量,即用评分公式:

$$F = \frac{N + N_0 + N' + N''}{M + N' + N''} \times 100\%$$ (9.1)

式中 F 是预报正确率,M 为参加评分的总站数。在全国选定 100 个代表站点来评分即取 $M = 100$,N 为预报与实况的距平符号相同的站点数,N_0 为预报与实况距平符号相反但预报和实况的降水量距平百分率的绝对值均<20%(国家气候中心在新世纪改成了<15%)的站点数,N'为预报与实况的距平符号相同,且降水量距平百分率绝对值均在 20%～49%之间的站点数,N''为预报与实况的距平符号相一致,且降水量距平百分率的绝对值均≥50%。这个公式实际上是把降水量分为五级来评定的。虽然这个评分公式还存在有不合理之处(注:作者认为公式中的 N' 和 N'' 是很重要的得分,应放在分子上而不应放在分母上。),但对每年的预报结果都用同一个公式来评定,尚有一定的比较意义。夏季(6—8 月)季降水量的预报评分记录是从 1976 年开始建立的,1976—1986 年的 11 年汛期(6—8 月)季降水量的实际预报准确率即实际预报评分记录如表 9.1 所示。

表 9.1　中央气象台长期科在 1976—1986 年汛期(6—8 月)季降水量实际预报准确率的评定记录

年份	1976	1977	1978	1979	1980	1981	1982	1983	1984	1985	1986	平均
准确率(%)	68	65	81*	60	54	62	71*	48	71	65	59	64.0

*表示作者当汛期预报主班的得分。

作者在 1976—1986 年中当过两次汛期预报主班即在 1978 年和 1982 年负责做全国夏季(6—8 月)的季度降水量距平百分率总趋势和夏季主要雨带位置的预报,实际预报评分分别为 81 分和 71 分,均超过了这 11 年的平均分数(64 分),是近十几年中的最高和次高预报水平,明显高于一般预报水平。下面我们将具体介绍和回顾一下这两年汛期预报及其他几个旱涝预报成功之例的主要思路和主要预报依据。

例 1,1978 年 3 月的汛期预报:预报夏季(6—8 月)主要多雨带位置偏北,南方大范围以少雨干旱为主,全国旱涝总趋势预报与实况比较一致。该年前冬(1977 年 12 月至 1978 年 2 月)西太平洋副高十分强大,从副高的持续性来看夏季副高可能继续偏强。但从冬季西藏高原 500 hPa 高度持续偏低来看,则不利于后期副高的加强北跃。若按常规预报思路就要预报夏季主要多雨带位置在长江流域,而北方大部地区夏季雨水偏少。当时作者下决心预报该年夏季(6—8 月)主要多雨带位置在华北北部到河套一带而江淮流域大范围少雨干旱的主要预报依据是下列几个方面:①天文背景:该年中国能观测到两次月全食(在 3 月和 9 月),年内无闰月,根据历史上的相似年(详见图 5.8)要预报夏季主要多雨带位置偏北,江淮流域大范围少雨有干旱;当年的太阳活动特征是 1 月太阳黑子相对数明显上升,1 月太阳黑子相对数超过了 50,由低值期进入了高值期,即 1978 年是高值期的开始年。这个特征年也有利于长江中下游及江南地区夏季少雨有干旱。②从前期降水因子的特点来看,长江中下游地区平均 1 月上旬降水量不足 1 mm,符合"二九雪少,晒伏盐",也要预报夏季少雨有干旱,淮河流域 3 月上中旬降水因子也基本符合"出九一场雪,十田九干裂"的条件,也反映夏季少雨有干旱。③再从 500 hPa 高度场来看,1 月高度场的几个遥相关区均有利于夏季主要雨带偏北。在综合上述几方面的相关因子后,预报夏季主要雨带在华北北部到西北东部地区,江淮流域大范围少雨有伏旱。该年的实际雨情表明这个旱涝总趋势的预报是成功的。

例 2,1982 年 3 月的汛期预报,预报我国夏季主要多雨带位置在东部地区的中间地段,即预报黄河下游至长江中下游的大部地区夏季(6—8 月)季降水总量较常年同期偏多,其中苏皖大部、鲁西南和豫东北地区明显多雨,部分地区盛夏有洪涝。这年的实际雨情表明这个预报结论与实况是一致的。1982 年是强大的厄尔尼诺年,但当时大家还未认识这一大尺度海洋异常现象,该年前冬不少指标因子包括南亚高压均要预报夏季有南北两支雨带,中间江淮流域少雨有干旱。当时作者下决心预报夏季主要多雨带只有一条而且雨带的中心位置在淮河流域,其主要依据是:①天文背景:该年我国能观测到一次月全食,又有闰四月,从相似年来看,要预报夏季主要多雨带位置在长江至黄河下游地区(详见图 5.6)。②从淮河流域的前期主要降水因子来看,3 月上旬淮河流域降水很少,中旬降水也较少,不属于"出九一场雪,十田九干裂"一类年份,而是有利于夏季多雨的前兆。③前期有些高度因子也反映出淮河流域夏季要多雨,1、2 月 500 hPa 高度形势的分布特点也不利于夏季主要多雨带明显偏北。④淮河流域(8 区)最大单点旬降水量的历史演变曲线反映出该年相似于洪涝年。综合这几方面的因素后,就大胆地排除了南北多雨中间少雨的预报意见,使汛期预报又一次取得了较好的预报效果。该年作者在做夏季(6—8 月)降水总趋势的预报时,还兼做了全国 8 月降水趋势预报,评分为 74 分,洪涝区报得较好。

　　例 3,长江上游四川盆地 7 月洪涝趋势的预报,作者发现四川盆地 7 月洪涝与当年立秋节气日的月相、5 月西太平洋副高脊线的东西轴长、5 月中纬度环流指数及大西洋—欧洲环流型天数等前期环流因子有较好的相关关系。作者在 1980 年综合了这几个预报因子制作了四川盆地 7 月洪涝和偏涝的预报工具,并将有关论文发表在英国皇家气象学会举办的"Journal of Climatology"国际性刊物(SCI)上(1984 年)。这个预报工具在 1981—1987 年的 7 年预报实际中,有 6 年获得了成功。即预报 1981 年 7 月和 1984 年 7 月四川盆地有洪涝,预报 1987 年 7 月四川盆地有偏涝均与实况比较一致。预报 1982 年 7 月、1983 年 7 月和 1985 年 7 月四川盆地无洪涝和偏涝也均与实况一致。只有 1986 年 7 月预报无涝而实况是偏涝,预报与实况有一级之差。由此可见,天文因子与环流因子相结合的预报工具在分月洪涝预报中也是行之有效的。该模型重点给四川省气象台参考使用。据四川省气象台长期科反映,他们每年都把这个预报模型在实际预报中使用,并取得了较好的预报效果。

　　例 4,1985 年夏季旱涝的预报,该年作者没有当汛期预报班,但从天文背景与大气环流因子相结合对当年全国夏季旱涝总趋势作出了预报意见,并在西安召开的全国汛期预报会商会上作了正式发言,预报夏季主要多雨带位置偏北,南方大范围少雨即相似于图 5.9 的分布趋势。但年内有两次月全食在中国能观测到,根据相似年要预报东北有洪涝。上述预报意见与实况比较一致;其主要预报依据是该年无闰月在国内又能观测到两次月全食,相似于夏季主要雨带偏在东北而南方少雨有干旱之年。而且当年又符合"夏至月头,无水养牛"要预报淮河流域 6 月明显少雨有干旱。这年前期降水预报因子也与天文因子较一致。从高度因子来看,预报意见有矛盾,若侧重于高度因子则要预报夏季淮河流域多雨,但若侧重于天文因子和降水因子则要预报淮河流域夏季少雨,实际雨情还是与后者预报意见相一致的。

　　1986 年从两次月全食和无闰月的相似特征来看,该年与 1985 年相似,夏季主要雨带位置与 1985 年相似,天文背景预报效果较好。这说明在做实际预报时要根据当年的天文背景、前期大气环流特征、降水特点进行合理分析综合判断,是可能取得较好的预报效果。

　　例 5,根据 1987 年盛行的厄尔尼诺现象,前期 3 月南亚地区 500 hPa 高度较常年同期偏低而东极区高度偏高、端午(月相固定)的公历日期明显偏早等特点,综合分析后预报 1987

年盛夏河套和华北少雨有干旱,这个预报意见与实际雨情较一致。同时根据春季南海高压明显偏强,厄尔尼诺现象盛行之年的夏季主要雨带在江淮流域一带而不易偏北等特点,预报长江流域夏季雨水较多部分地区有洪涝现象,这个预报结论与实况相比,从趋势上看基本正确。

例6,1979年和1980年,首次开展对北方冬麦处春旱趋势的预报,作者根据夏至、清明日的月相和上一年12月至当年1月大气环流特征(主要是考虑这两个月的中纬度环流指数之差)的综合结果,预报这两年春季雨水偏多无春旱,与实际雨情较一致,连续两年春旱预报均取得了较好的效果。对于华北冬麦区来说,无春旱之年仍属小概率事件,对这两年无春旱的预报成功在气候上来说是较有意义的。

例7,1986年秋到1987年的最近一次厄尔尼诺事件,作者在1985年秋季根据厄尔尼诺事件与日-月-地相对运动相位特征年变化的对应关系,初步找到了展望厄尔尼诺事件的一些工具,并预报1986—1987年中可能有一次厄尔尼诺事件发生,其中1987年可能是厄尔尼诺现象盛行之年。这个预报意见及其依据分别在1986年春天的"长期预报研讨班"上和3月下旬在北京召开的"全国汛期预报会商会"上作了正式发言和介绍。也在同年11月召开的"全国日—地关系"学术讨论会上和"全国天—地—生"学术讨论会上作过交流。有关该内容的论文初稿在1986年5期"长期预报研究通讯"上刊登过,其正式英文稿被1986年世界气象组织在保加利亚召开的"首次国际长期预报学术讨论会"文集录用。本个例的预报成功,大大提高了继续探讨厄尔尼诺事件的长期预报因子和方法的积极性,大多数厄尔尼诺现象有其类似的天文背景,这可能与由于天体运动位相角的年变化引起的对海水引潮力的年变化有关。

从以上列举的旱涝预报和厄尔尼诺事件成功实例中可以看出,旱涝的长期预报是既有困难又有希望的重要课题,全面综合合理分析各种预报因子是关键。

9.2　夏季主要多雨带位置的类型划分及其
长期预报工具研制

夏季旱涝与主要多雨带位置、强度、范围大小的关系比较密切,夏季主要多雨带的年际变化也比较复杂。有的年份,全国大范围多雨有洪涝(例如1954年),有的年份,全国大范围少雨有干旱(例如1972年)。就多数年份而言,夏季主要多雨带位置大致可分成偏南、偏北、中间这三种类型。当然,主要多雨带位置相同之年,其强度和范围大小也有较大差别。但若能将夏季主要多雨带位置报准,则对夏季洪涝趋势的预报较有帮助。

9.2.1　夏季主要多雨带位置的类型划分和分析

我国东部夏季主要多雨带位置的类型大致可分三种。中央气象台长期科把夏季主要多雨带位置分成下列三种类型:1类——夏季6—8月主要多雨带位置在黄河流域及其以北地区,2类——夏季6—8月主要多雨带位置在黄河到长江之间的中部地区;3类——夏季6—8月主要多雨带位置在长江流域及其以南地区。在1951—1986年期间,属于1类雨带型的年份有 1953,1958,1959,1960,1961,1964,1966,1967,1973,1976,1977,1978,1981,1985年,占全部年份的 39%,属于 2 类雨带型的年份有 1956,1957,1962,1963,1965,1971,1972,1975,1979,1982,1984 年,占全部年份的 31%;属于 3 类雨带型的年份有 1951,1952,1954,1955,1968,1969,1970,1974,1980,1983,1986 年,占全部年份的 31%。为了对这三种类型的夏季雨带分布趋势有一个大致的了解,我们计算了每种类型的平均夏季,6—8 月降水总量的距平百分率分布图。1 类雨带型的分布趋势如图 9.1 所示。夏季主要多雨带位置在黄河流域及其以北地区,主要多雨带中心在河套地区。其中以包头和延安两站的代表性最好,14 年中有 11 年夏季降水总量较常年同期偏多。另外,在东南沿海地区还有一个较弱小的多雨区。江淮流域大范围少雨,主要少雨中心在江淮地区,其中以阜阳、蚌埠、合肥、武汉、东台等单站的代表性最好,14 年中有 13～14 年夏季降水总量较常年同期偏少。2 类雨带型的分布趋势如图 9.2 所示。主要雨带位置在渭河和黄河下游以南直到长江干流,主要多雨带中心在淮河流域和汉水流域,其中代表性最好的单站有徐州、阜阳、蚌埠和南京,11 年中有 10 年夏季降水总量较常年同期偏多。而在长江以南大部地区和黄河中上游及海河流域则以少雨为主,主要少雨中心在黄河中上游地区和湖南南部地区。3类雨带型的分布趋势如图 9.3 所示。主要多雨带位置在长江流域及其以南地区,主要多雨带中心在长江中下游地区。这类雨带型的雨带范围比较宽广。另外,在新疆的南部地区也以多雨为主要倾向。在淮河以北的大部地区以少雨为主要倾向,主要少雨中心在山西和河北两省的南部地区。

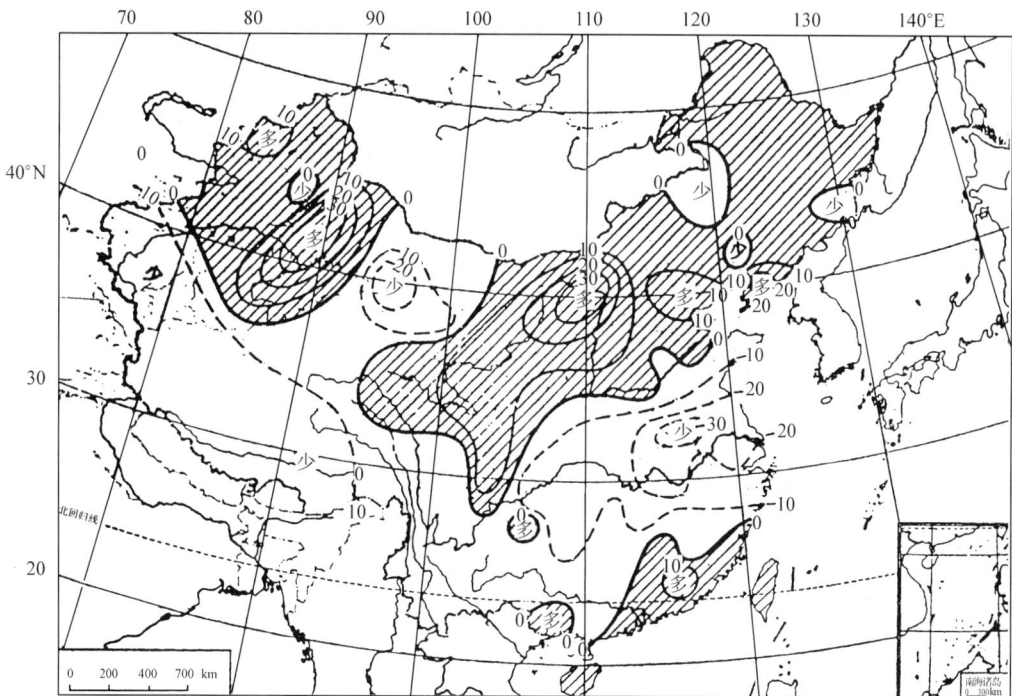

图 9.1　14 个 1 类夏季雨带型年的平均夏季 6—8 月降水总量距平百分率(%)分布图

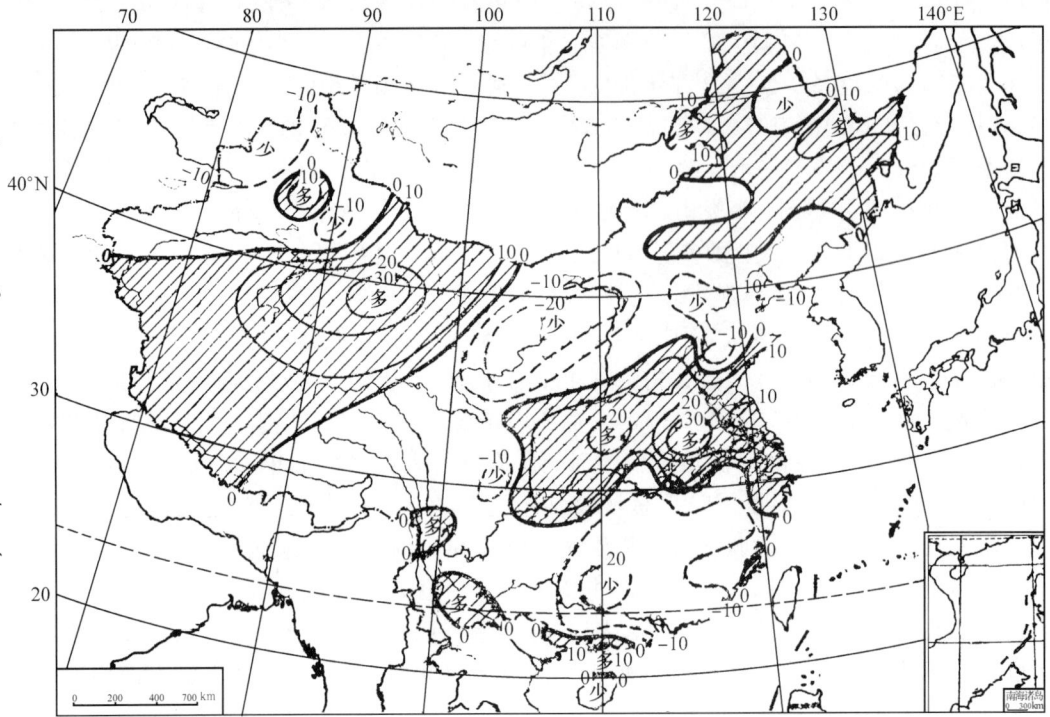

图 9.2　11 个 2 类夏季雨带型年的平均夏季 6—8 月降水总量距平百分率(%)分布图

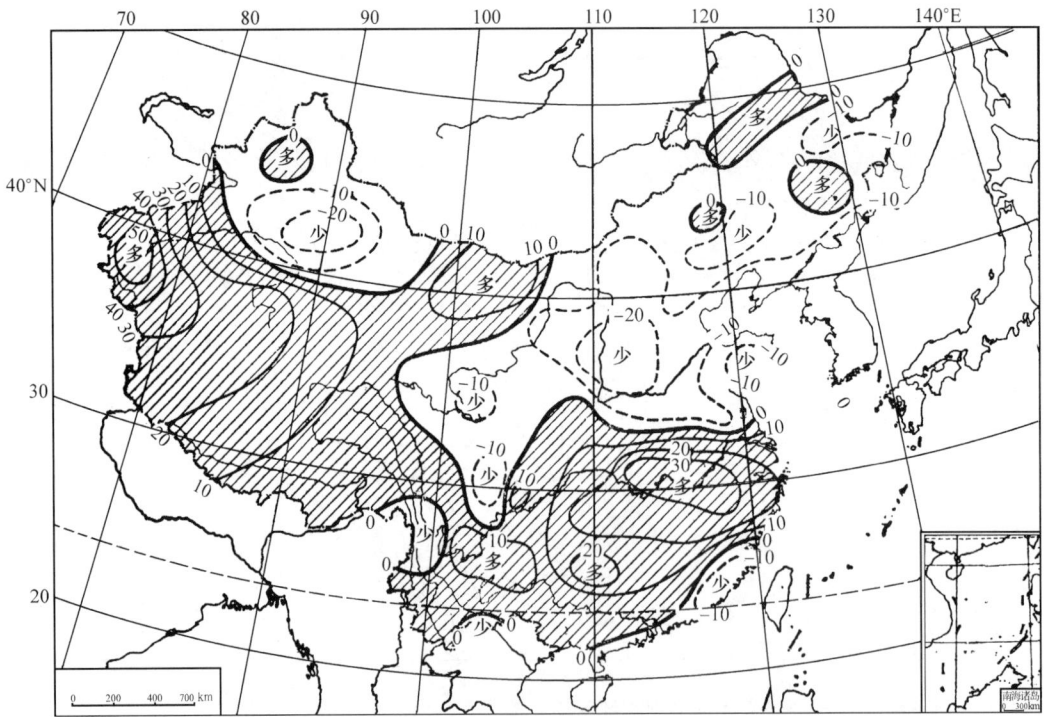

图 9.3　10 个 3 类夏季雨带型年的平均夏季 6—8 月降水总量距平百分率(%)分布图

9.2.2　各类雨带类型与天文因子和厄尔尼诺事件的对应关系

夏季 6—8 月主要多雨带位置与日、月全食和闰月年的对应关系在第五章中已进行了分析和讨论。若按 1,2,3 类夏季雨带型与天文因子的对应关系而论:国内能观测到日全食之年,夏季以 3 类雨带为主要倾向(5/8),国内能观测到月全食而观测不到日全食之年,夏季以 2 类或 1 类雨带型为主要倾向(12/14),有闰月之年,夏季以 3 类或 2 类雨带型为主要倾向(10/13)。其中,我国观测到日全食的闰月年,夏季是 3 类雨带型(3/3),我国能观测到月全食的闰月年,夏季主要是 2 类雨带型(5/7)。

在厄尔尼诺事件发生和盛行之年,夏季主要多雨带在黄河下游以南地区,即为 2 类或 3 类雨带型(8/10)。1986 年是厄尔尼诺现象发生之年,1987 年是厄尔尼诺现象盛行之年,这两年夏季主要多雨带在长江流域即划为 3 类型雨带,也符合历史规律。在厄尔尼诺现象开始之年的次年(1952,1954,1958,1964,1966,1969,1973,1977,1983)夏季几乎无 2 类雨带型(0/9),一般为北方类或南方类雨带型。1969,1983,1987 三年既是厄尔尼诺现象盛行年又是厄尔尼诺现象开始年的次年,其夏季主要雨带位于长江流域。

9.2.3　夏季主要多雨带位置与前期降水因子的相关分析和试根效果检验

辽河流域(10 站平均)5 月降水量(R_5)对次年夏季 6—8 月主要多雨带类型有较显著的相关关系,相关系数有 0.55,信度超过 0.001。其相关关系是:51 mm≤R_5≤82 mm 的 16 年,其次年夏季主要多雨带型均是 2 类或 3 类(16/16),即夏季主要多雨带位置在黄河中下游和渭河以南地区,而 19 mm≤R_5≤50 mm 的 19 年,其中有 14 年的次年夏季主要多雨带位置在黄河流域及其以北地区,即夏季主要多雨带型为 1 类(14/19)。其中,辽河流域 5 月降水量显著偏少(R_5≤33 mm,较常年同期偏少三成以上)的 7 年中,有 6 年的次年夏季主要多雨带型为 1 类(6/7)。概括而言,辽河流域 5 月降水量(以 50 mm 为界值)与次年夏季主要多雨带位置的 1 类或 2~3 类的相关概率有 86%(30/35)。反之,14 个夏季主要多雨带位置为 1 类型之年,其上一年辽河流域 R_5≤50 mm(14/14),10 个夏季主要多雨带位置为 3 类型之年,其上一年辽河流域 R_5>50 mm(8/10)。

夏季主要多雨带类型与上一年黄河中上游地区(10 站平均)的 8 月降水量(R_8)也有一定的相关关系。14 个夏季主要多雨带位置为 1 类型之年,有 11 年的上一年黄河中上游 8 月降水量正常偏少(11/14),即 38 mm≤R_8≤97 mm(多年平均值为 96 mm);反之,R_8>100 mm 的 15 年,其中有 12 年的次年夏季主要多雨带位置为 2 类型或 3 类型(12/15)。

辽河流域(10 站平均)5 月降水量和黄河中上游(10 站平均)8 月降水量与次年夏季主要多雨带位置的复相关关系如表 9.2 所表明。①落在 A 区的 11 年表明,辽河流域 5 月降水量和黄河中上游 8 月降水量与常年同期相比为偏少或正常,则次年(1953,1958,1961,1964,1966,1967,1973,1976,1978,1981,1985)夏季主要多雨带位置均在渭河和黄河中下游以北地区(11/11)。②落在 B 区中的 11 年表明,辽河流域 5 月降水量偏多而不是特多且黄河中上游 8 月降水量也不是特多之年,次年(1956,1957,1963,1970,1971,1972,1975,1980,
1982,1984,1986)夏季主要多雨带位置在江淮流域即为 2 类或 3 类雨带型(11/11),其中有
8 年夏季主要多雨带位置在黄河中下游到长江中下游之间,即为 2 类雨带型(8/11)。③落
在 C 区中的 2 年表明,辽河流域 5 月降水量特多,黄河中上游 8 月降水量偏少,次年(1954,
1983)夏季主要多雨带位置在长江流域,即为 3 类雨带型(2/2)。④落在 D 区中的 6 年表
明,辽河流域 5 月降水量偏少,黄河中上游 8 月降水量偏多,次年(1952,1955,1959,1962,
1965,1979)6 年中有 5 年夏季主要多雨带位置在江淮流域,即为 2 类或 3 类雨带型(5/6)。
⑤落在 F 区中的 2 年表明,黄河中上游 8 月降水量特多,但辽河流域 5 月降水量正常偏少,
次年(1960,1977)夏季主要多雨带位置也较偏北,为 1 类雨带型(2/2),但 1977 年长江中下
游地区也是涝年。⑥落在 G 区中的 3 年表明,辽河流域 5 月降水量偏多,且黄河中上游 8
月降水量特多,次年(1968,1969,1974)夏季主要多雨带位置也是在长江流域及其以南地区,
为 3 类雨带型(3/3)。

表 9.2　我国东部地区夏季 6—8 月,主要多雨带类型与上一年辽河流域(10 站平均)5 月降水量
(R_5)和黄河中上游(10 站平均)8 月降水量(R_8)的复相关(1951—1985)

TR_8 ＼ TR_5	≤50 mm	51~72 mm	≥73 mm
≤105 mm	1 类(11/11) A	2 类(8/11) 2 类或 3 类(11/11) B	3 类(2/2) C
110~130 mm	2 类或 3 类(5/6) D		E
>135 mm	1 类(2/2) F	3 类(3/3) G	H

　　另外,应注意当年是否有闰月,有闰月之年的夏季雨带一般易出现 2 类型或 3 类型(10/
13)。还有在我国能观测到日全食之年,绝大多数夏季主要多雨带位置在长江流域及其以南
地区,即为 3 类雨带型。

　　由上分析可知,辽河流域 5 月降水量和黄河中上游 8 月降水量的复合关系,对次年夏季
的主要多雨带位置有预报意义,而且有一年以上的预报时效,可以供年度预报使用。1981,
1985 年落在 A 区,这两年夏季均为 1 类雨带型;1982,1984 年落在 B 区,这两年夏季均为 2
类雨带型;1983 落在 C 区,夏季为 3 类雨带型。1986 年落在 B 区,夏季主要多雨带位置
为 3 类雨带型。由此可见,1981—1985 年的夏季主要多雨带位置用此表的试报效果均较
好,只有 1986 年较差。

9.2.4　夏季各类雨带型的前期大气环流特征分析

　　从前面分析到的主要区域的大旱大涝年的前期大气环流特征可知,1 月和 2 月的大气
环流场对夏季旱涝比较有指示意义。所以,1 月和 2 月大气环流场对夏季主要多雨带位置
也比较有指示意义。

9.2.4.1　夏季各类雨带型的前期 1—2 月平均北半球 500 hPa 大气环流距平场的特点和高度因子的分析

对夏季各类雨带型的前期 1—2 月平均北半球 500 hPa 大气环流距平场的特点,廖荃荪等用 1951—1976 年的 26 年资料曾作过分析。现在,我们再用 1951—1985 年的 35 年资料来分析,发现主要特征区的多年平均距平趋势还比较稳定,但近几年的信息敏感区有变化。由图 9.4 可见,夏季 1 类雨带型的前期北半球 1—2 月平均(14 年平均)500 hPa 高度距平趋势的分布特点是:最强大的负距平区在 40°N 以北的北太平洋地区,负中心在阿留申群岛,

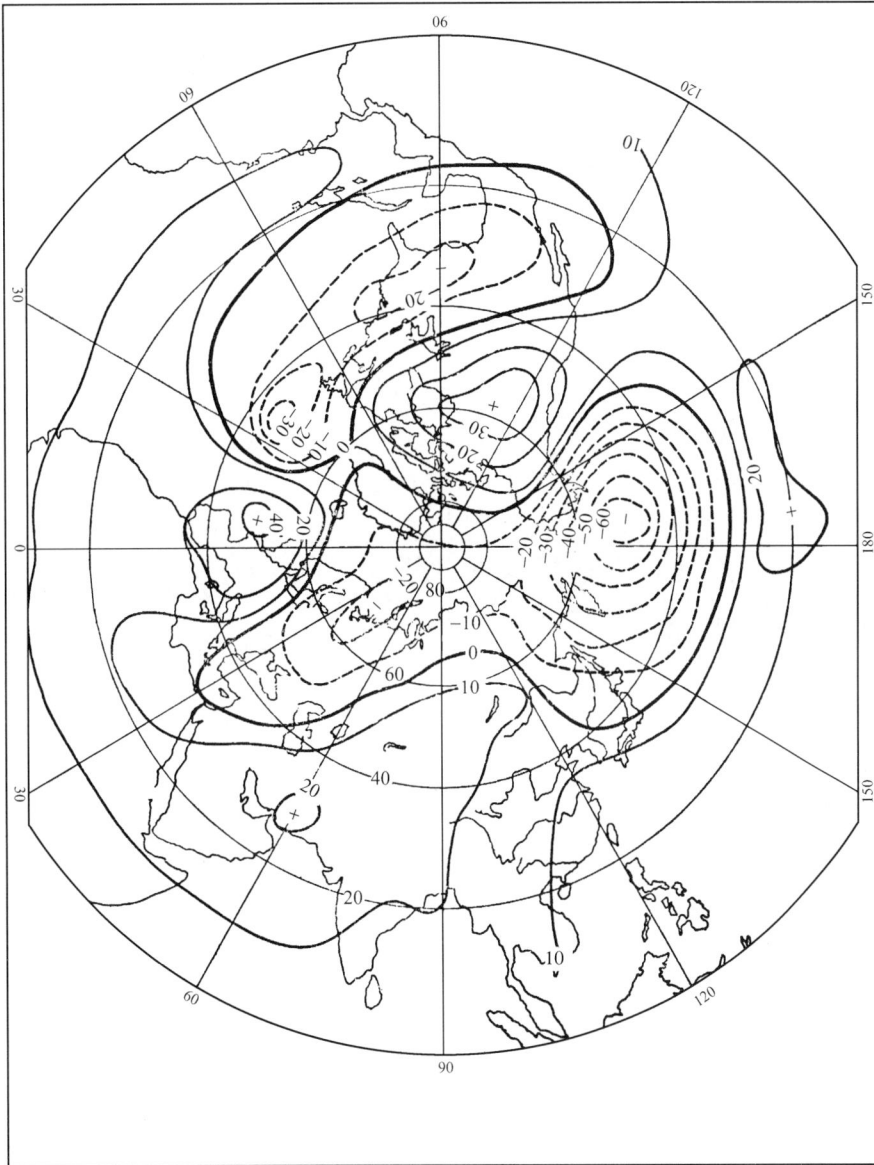

图 9.4　夏季 6—8 月主要多雨带位置为 1 类型的 14 年平均 1—2 月平均北半球 500 hPa
高度(gpm)距平场分布图

中心值有−60 gpm,这个负距平区一直延伸到欧洲东部地区,乌拉尔山西侧是一个次负距平中心区。另一个负距平区在北大西洋和南美洲。北半球其余大部地区为正距平区,北美洲和西欧是两个正距平中心区。由图 9.5 可见,夏季主要多雨带位置为 2 类型的(11 年平均)1—2 月平均北半球 500 hPa 高度距平的分布趋势,除了欧洲西部和亚洲北部同是正距平趋势以外,其余大部地区的距平趋势与 1 类雨带型相反,即在 40°N 以北的北太平洋地区是一个强大的正距平区,阿留申岛是一个强大的正距乎中心区,中心值有＋54 gpm。另一个正距平次中心在南美洲和大西洋西北部。北半球其余大部地区为负距平区。由图 9.6 可

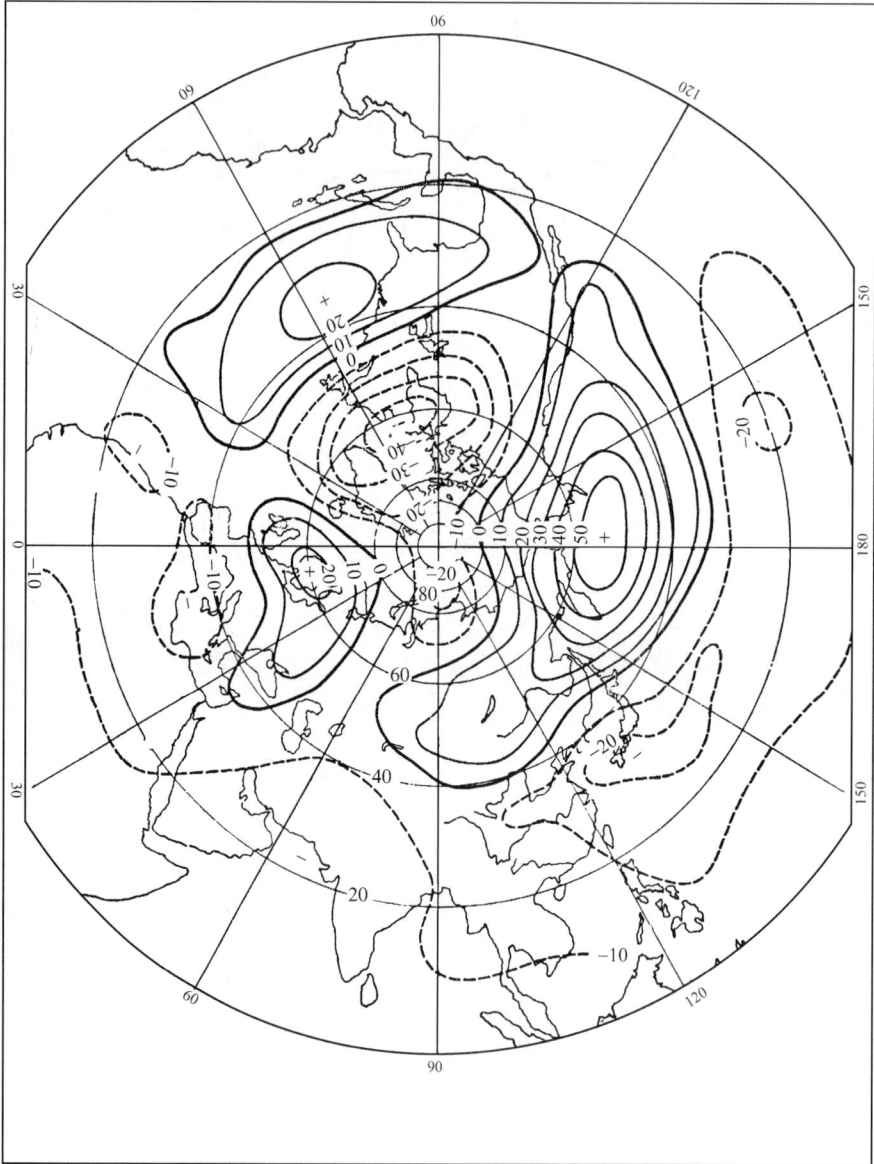

图 9.5 　夏季 6—8 月主要雨带位置为 2 类型的 11 年平均 1—2 月平均北半球 500 hPa
高度(gpm)距平场分布图

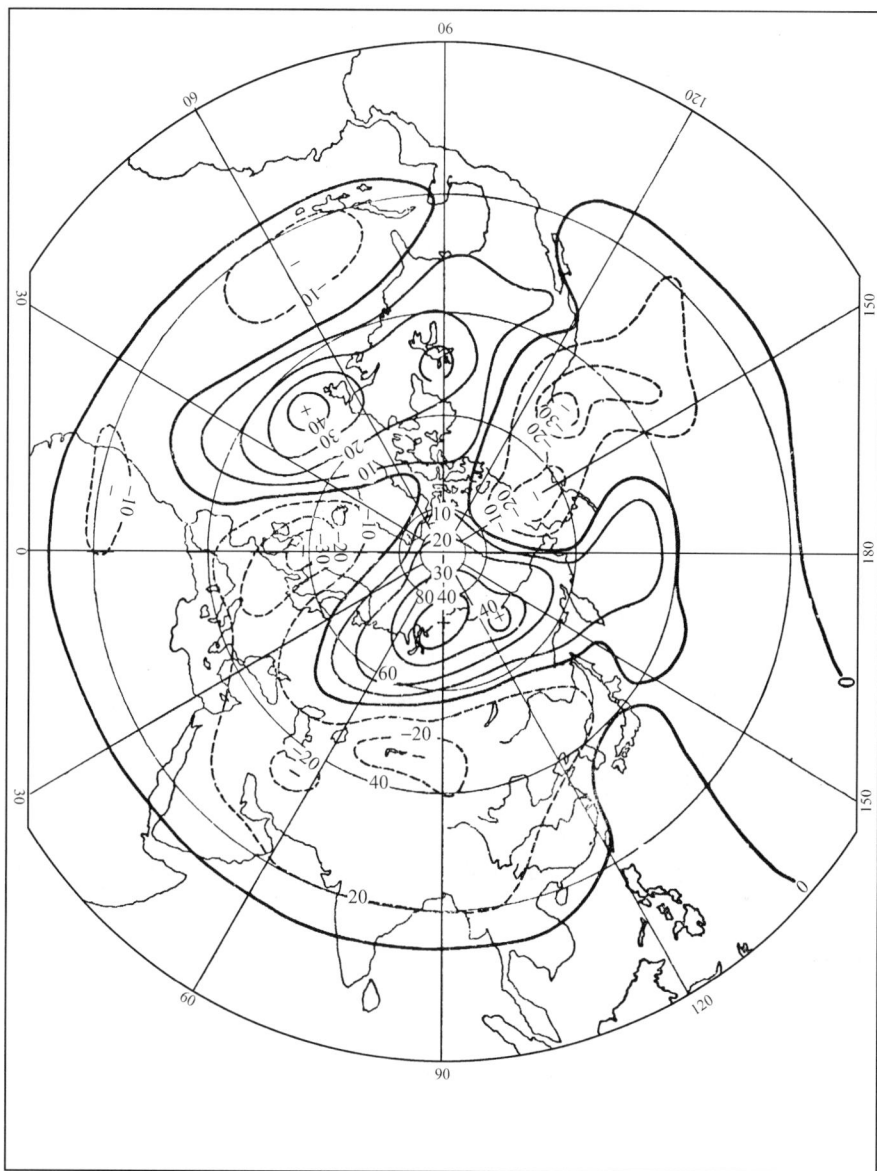

图 9.6　夏季 6—8 月主要多雨带位置为 3 类型的 10 年平均 1—2 月平均北半球 500 hPa
高度(gpm)距平场分布图

见,夏季主要多雨带为 3 类型的(10 年平均)1—2 月平均北半球 500 hPa 高度距平的分布趋
势与图 9.4 和图 9.5 相比,都不相同。在东半球 60°N 以北的高纬度地区是一个强大的正距
平区,在乌拉尔山东北侧是正距平中心,中心值有 43 gpm。这个正距平区穿过极地与北美
洲到北大西洋的正距平相通并呈对称型。北半球其余大部地区为负距平区,欧亚中纬度地
区是一个广阔的较强的负距平带,西北欧和中亚地区是负距平中心区。另一个负距平中心
区在东北太平洋到北美洲西北部地区。

由分析可知,夏季主要多雨带类型在北半球 500 hPa 大气环流场上最显著的特征

区是 60°N 以北的北太平洋上。从这个区域(45°～65°N、160°E～160°W)的 22 点平均
1—2 月平均 500 hPa 高度值($\bar{H}$)来看,在 1951—1982 年期间与夏季主要多雨带类型
的相关关系比较好。即 $\bar{H} \leqslant 220$ gpm,为 1 类夏季雨带型(12/13),$\bar{H} \geqslant 230$ gpm,为 2
类或 3 类雨带型(18/19),相关概率为 94%(30/32)。但 1983—1986 连续 4 年都属错
年,即由正相关变成了反相关,这个高度因子是否继续有使用价值有待进一步观察。
再从东西部高度场的差值[$\Delta H =$ 西欧(45°～55°N、10°W～20°E)10 点平均与阿留申群
岛(45°～65°N、160°E～160°W)22 点平均的 1—2 月平均 500 hPa 高度值之差值]来
看,$\Delta H \geqslant 250$ gpm,为 1 类夏季雨带型(13/16),$\Delta H \leqslant 240$ gpm,为 2 类或 3 类夏季雨带
型(19/20),相关概率为 89%(32/36),但 1983,1984,1985 年连续 3 年属错年。这个
相关因子也有待继续观察使用。

**9.2.4.2　夏季主要多雨带型与前期 1—2 月西北太平洋副热带高压和中纬度亚欧地区
纬向环流指数的相关分析**

(1)夏季主要多雨带型与前期 1—2 月西北太平洋副热带高压的相关关系,可由 1—2 月
副高面积指数($GM = 1$ 月和 2 月在 110°～180°E,10°N 以北范围内 $\geqslant 5880$ gpm 的点数总
和)来表示。GM 与夏季雨带类型的关系是:$GM \geqslant 17$,夏季为 1 类雨带型(10/14);$GM \leqslant 9$,
夏季为 2 类或 3 类雨带型(17/20),还有 $GM = 13$ 的 2 年分别为 1 类和 3 类雨带型。相关概
率为 78%(28/36)。这个相关关系表明,1—2 月西北太平洋副高偏强之年,后期副高也容易
持续偏强偏北,有利于夏季主要多雨带位置偏北,形成 1 类雨带型;1—2 月西北太平洋副高
偏弱之年,后期副高也容易持续偏弱或位置适中或偏南,有利于江淮流域多雨,形成 2 类或
3 类雨带型。

(2)夏季主要多雨带类型与 1—2 月亚欧(45°～65°N、0°～150°E)西风指数即纬向大气
环流指数 I_z($I_z = 1$ 月 $I_z + 2$ 月 I_z)的相关关系是:$I_z \geqslant 23.8$ gpm/纬距,为 1 类夏季主要多雨
带型(9/13),无 3 类夏季主要多雨带型(0/13)。这个关系表明 1—2 月欧亚中纬度纬向环流
偏强经向环流偏弱之年,夏季主要多雨带位置容易偏北,不易偏南;$I_z \leqslant 23.5$ gpm/纬距,为
2 类或 3 类夏季主要多雨带型(18/23),这个关系表明 1—2 月欧亚中纬度纬向环流偏弱经
向环流偏强之年,夏季主要多雨带位置适中或偏南。

9.2.5　中国东部夏季主要多雨带位置分布类型与预报因子综合指数的相关关系

前面分析到的降水因子、大气环流特征量因子和天文因子与夏季 6—8 月主要多雨带位
置有一定的相关关系。为了综合这些预报指标因子,我们设预报因子综合指数

$$I = I_R + I_h + I_a \tag{9.2}$$

式中 $I_R = \frac{1}{10}R_5 + \frac{1}{100}R_8$,$R_5$ 是上一年辽河流域(10 站平均)5 月降量(单位为 mm),R_8 是上
一年黄河中上游(10 站平均)8 月降水量(单位为 mm)。式中 $I_h = M_1 + M_2 + M_3$,其中

$$M_1 = \begin{cases} 1(\Delta H \leqslant 240 \text{ gpm}) \\ 0(\Delta H \geqslant 250 \text{ gpm}) \end{cases}$$

$$M_2 = \begin{cases} 1(GM \leqslant 13 \text{ 点}) \\ 0(GM \geqslant 14 \text{ 点}) \end{cases}$$

$$M_3 = \begin{cases} 1(I_z \leqslant 23.5 \text{ gpm/ 纬距}) \\ 0(I_z > 23.5 \text{ gpm/ 纬距}) \end{cases}$$

$\Delta H = H_{10} - H_{22}$，$H_{10}$ 和 H_{22} 分别是西欧（45°～55°N、10°W～20°E）10 点平均和阿留申群岛（45°～65°N、160°E～160°W）22 点平均的 1—2 月平均 500 hPa 高度。GM 是西北太平洋（110°～180°E、10°N 以北）1 月与 2 月的 $\geqslant 5880$ gpm 的点数之和。I_z 是欧亚中纬度（45°～65°N、0～150°E）1 月与 2 月纬向环流指数之和（I_z 与 GM 是中央气象台长期预报科常用资料）。I_a 是天文因子综合指数，农历七月以前我国能观测到日全食之年中若有闰月（1952，1955）则 $I_a = 3$；若无闰月（1954，1961，1962，1980，1981）则 $I_a = 1$；农历七月以前我国能观测到月全食且在五月到八月中有闰月之年（1953，1957，1960，1971，1979）则 $I_a = -1$；凡不符合上述天文条件之年则 $I_a = 0$。根据上式计算得到一个 1952—1986 年的预报综合指数 I 的序列值。

I 指数与我国东部夏季主要多雨带位置的对应关系如表 9.3 中所表明，在 $3.1 \leqslant I \leqslant 7.2$ 的 14 年中有 13 年夏季主要多雨带位置在黄河中下游及渭河以北地区，即为 1 类型夏季多雨带型（13/14）无 3 类夏季多雨带型（0/14）；$7.5 \leqslant I \leqslant 9.0$ 的 11 年中有 9 年夏季主要多雨带位置在黄河中下游及渭河到长江之间，即为 2 类夏季多雨带型（9/11），其中 1970 和 1977 年是厄尔尼诺年的次年，所以不是 2 类夏季多雨带；$9.5 \leqslant I \leqslant 12.6$ 的 10 年中有 9 年的夏季主要多雨带位置在长江流域及其以南地区，即为 3 类雨带型（9/10），无 1 类雨带型（0/10）。总相关概率是 89%（31/35）。这个预报因子的综合指数 I 对 1980—1986 年的夏季主要多雨带位置分布类型的试报结果均正确（7/7）。这个预报工具也是对表 9.2 的补充订正，可以作为我国东部地区夏季主要多雨带位置的汛期季度预报工具继续使用。

表 9.3　预报因子综合指数（I）与我国东部夏季 6—8 月主要多雨带位置的分布类型（1952—1986）的对应关系

年份	1953	1958	1959	1960	1961	1964	1966	1967	1973	1976	1978	1979	1981	1985	相关	概率
I	3.7	3.8	4.6	3.1	7.2	6.0	4.5	5.2	4.8	6.7	5.2	4.3	6.8	5.7	$3.1 \leqslant I \leqslant 7.2$	93%
类型	1	1	1	1	1	1	1	1	1	1	1	2	1	1	1 类型	(13/14)
年份	1957	1962	1963	1965	1970	1971	1972	1975	1977	1982	1984				相关	概率
I	8.5	7.8	8.8	7.5	8.0	9.0	8.9	8.4	7.8	8.6	8.5				$7.5 \leqslant I \leqslant 9.0$	82%
类型	2	2	2	2	3	2	2	2	1	2	2				2 类型	(9/11)
年份	1952	1954	1955	1956	1968	1969	1974	1980	1983	1986					相关	概率
I	9.5	12.6	11.8	11.0	9.6	10.1	11.4	10.5	10.0	9.7					$9.5 \leqslant I \leqslant 12.6$	90%
类型	3	3	3	2	3	3	3	3	3	3					3 类型	(9/10)

在此，必须指出的是，在厄尔尼诺现象盛行之年夏季不易出现偏北类（1 类）雨带型（2/11），在发生厄尔尼诺现象后的次年夏季不易出现中间类（2 类）雨带型（0/9）。在使用上述指数做预报时，要注意到厄尔尼诺的动态随时作补充预报。

9.3　各区域降水和旱涝的长期预报工具研制

在上一节里介绍了我国东部夏季主要多雨带位置的分布类型及其预报工具。夏季主要多雨带位置的预报是否准确,对主要区域的旱涝预报准确性也有直接影响。反之,对各区域降水和旱涝趋势的准确预报,也有助于对主要多雨带位置的准确预报。也就是说,各区域降水和旱涝预报与夏季主要多雨带位置的分布类型预报是互为补充的。

对区域性降水和旱涝预报来说,前几章分析到的前期大气环流因子、海温因子、天文因子、天气谚语因子、降水和气温因子与地温、积雪、极冰等因子是很重要的。合理地综合这些预报因子并制作出各区域的降水和旱涝预报工具,对各区域降水和旱涝的长期预报是很有使用价值的。广大预报员的共同经验认为,优相关因子是长期天气预报的重要前提和基础。一般来说,在优相关预报因子已经确定的前提下,用什么样的方法对这些预报因子加工处理是一个相对次要的问题。然而,在优相关预报因子的预示意见互相有矛盾的情况下,所作出的预报结论与预报员本身的经验有较大的关系。本节侧重对 1951—1986 年的有关区域性降水和旱涝趋势的主要预报工具和效果进行分析和讨论。1987 年以后的使用效果欢迎有兴趣的读者去检验和继续提高。

9.3.1　华南地区降水和旱涝的长期预报

9.3.1.1　夏半年 4—9 月降水总趋势和旱涝总趋势的长期预报工具的分析和讨论

华南地区夏半年 4—9 月都在雨季里,即夏半年降水总趋势包括了前汛期 4—6 月雨季和后汛期 7—9 月台风季节的降水总趋势。对夏半年降水总趋势有年度预报意义的优相关因子前面已经分析到的有两个,即上一年江南地区(2 区)6 月降水量(R_6)和西南地区(五区)6 月平均气温等级值(T_6)。这两个预报因子与华南地区(1 区)夏半年 4—9 月降水总量的复相关关系如表 9.4 所表明。落在 A 区中的年份表明:江南地区(16 站平均)6 月降水量正常或偏少且西南地区(20 站平均)6 月平均气温等级正常或偏小即气温正常或偏高之年,其次年华南地区(15 站平均)4—9 月降水总量正常或偏多(94％),落在 B 区和 C 区中的年份表明:西南地区 6 月气温明显偏低且江南地区 6 月降水量正常或偏少和江南地区 6 月降水量偏多且西南地区 6 月气温正常或偏高之年,其次年华南地区 4—9 月降水总量偏少(75％);落在 D 区中的年份表明:西南地区 6 月气温明显偏低且江南地区 6 月降水量偏多之年,其次年华南地区 4—9 月降水总量明显偏少(83％)。总相关概率是 85％。1980,1981,1982,1985 年在 A 区中,1982 年华南地区 4—9 月降水总量属偏少,属错年,其余 3 年均正常。1983 年在 D 区中为正确。1984 年在 C 区中属错年。1986 年在 B 区中为正确。试报正确率为 71％(5/7)。表 9.4 可以作为年度预报工具继续使用。

对夏半年 4—9 月降水总量有季度预报意义的高度因子有两个,即 2 月平均西欧(60°N、10°W～10°E,40°～50°N,20°W～20°E)13 点平均 100 hPa(H_{13})与格林兰岛(65°～80°N、0°～65°W)28 点平均 500 hPa 高度(H_{28})。将这两个高度因子与华南地区 4—9 月降水总量距平百分率求回归得到方程

$$y_{4-9} = 13.99 + 0.764x_1 - 0.698x_2 \tag{9.3}$$

式中 $x_1 = (H_{l3} - 1600) \times 10$ gpm，$x_2 = (H_{28} - 500) \times 10$ gpm。1956—1986 年的 $y_{4\sim9}$ 与实际值的相关系数有 0.76，相关概率有 77%（23/30）。$y_{4\sim9}$ 与实际值的拟合曲线如图 9.7 所示。1986 年趋势预报也正确。

表 9.4　华南地区(1 区)夏半年 4—9 月降水总量(R_{4-9})与上一年江南地区(2 区)6 月降水量(R_6)和西南地区(五区)6 月平均气温等级值(T_6)的复相关关系

tR_6　　　　　　　T_6	$1.6 \leqslant T_6 \leqslant 3.3$ 正常或偏离	$3.5 \leqslant T_6 \leqslant 4.5$ 明显偏低
$R_6 < 254$ mm 正常或偏少	1240 mm$< R_{4\sim9} <$1665 mm A 区正常或偏多(15/16)	1130 mm$< R_{4\sim9} <$1230 mm B 区偏少(6/8)
$R_6 \geqslant 255$ mm 偏　　多	1175 mm$< R_{4\sim9} <$1215 mm C 区偏少(3/4)	945 mm$< R_{4\sim9} <$1125 mm D 区偏少(6/6)或明显偏少(5/6)

图 9.7　华南地区(15 站平均)夏半年 4—9 月降水总量距平百分率 $R'_{4\sim9}$(实线)与回归值 $y_{4\sim9}$(虚线)的历史拟合曲线图

$y_{4\sim9}$ 是对表 9.4 的进一步补充订正。例如在表 9.4A 区中的 16 年中，$y_{4\sim9} \geqslant 4\%$ 的 8 年 (1959，1961，1972，1973，1976，1979，1981，1982)中有 7 年的实际 $R_{4\sim9}$ 的距平百分率 $R'_{4\sim9}$ $\geqslant 6\%$，即 4—9 月降水总量较常年同期偏多(7/8)；其余年份为正常年，即 $-1\% \leqslant R'_{4\sim9} \leqslant 5\%$(8/8)。由此可见，$y_{4\sim9}$ 可以进一步将表 9.4 中 A 区里的多雨年同正常年区分开。也是对前者的补充订正预报。

9.3.1.2　雨季 4—6 月降水总量和旱涝的长期预报工具的分析和讨论

在第五章中已经分析了华南地区 4—6 月降水总量分偏少、正常、偏多三级趋势与大暑节气日月相的相关关系,这个相关关系比较稳定,而且在 1977—1986 年的 10 年预报均与实况一致。所以表 5.6 可以继续作为华南地区雨季 4—6 月降水趋势和旱涝趋势的长期和超长期预报工具在实际预报中使用。同样,华南地区 4—6 月降水总量和旱涝趋势与立春节气日也有很好的对应关系,4—6 月降水总量距平百分率超过 10% 的明显多雨年共有 11 年,其中有 10 年的立春日在朔日附近(二十七至初五)。在其余年份中,4—6 月降水总量的多少与华南地区 1 月平均气温有关系,1 月平均气温偏高,4—6 月降水总量则偏多;1 月平均气温偏低,4—6 月降水总量则偏少有干旱。它们的复相关关系如表 9.5 所表明。表 9.5 可以作为华南地区雨季 4—6 月降水和旱涝趋势的长期预报工具在汛期预报中应用。

表 9.5　华南地区(15 站平均)雨季 4—6 月降水总量距平百分率($R'_{4\sim6}$)与立春节气日的月相和华南地区(14 站平均)1 月平均气温等级值(T_1)的复相关关系

立春日月令 ＼ T_1	初六至二十六	二十七至初五
$T_1 \geqslant 2.9$	$-6\% \leqslant R'_{4\sim6} \leqslant -47\%$ (13/15) $-11\% \leqslant R'_{4\sim6} \leqslant -47\%$ (13/15) A 区　偏少和干旱	$-4\% \leqslant R'_{4\sim6} \leqslant 34\%$ (11/11)
$T_2 \leqslant 2.8$	$5\% \leqslant R'_{4\sim6} \leqslant 20\%$ (7/10) $-5\% \leqslant R'_{4\sim6} \leqslant 10\%$ (8/10) B 区　正常和偏多	$11\% \leqslant R'_{4\sim6} \leqslant 34\%$　(10/11) C 区　洪涝和偏涝

9.3.2　江南地区降水和旱涝的长期预报

江南地区夏半年和夏季降水总量与上一年 3 月平均 500 hPa 西太平洋副高(110°～150°E)脊线的南北位置有显著的相关关系,而且与上一年 3 月平均华北地区(二区)气温等级值(T_3)也有一定的对应关系。这两个因子与次年江南地区(2 区)夏半年和夏季降水的复相关关系是:3 月平均 500 hPa 西太平洋副高脊线明显偏北(15°～16°N),且华北地区 3 月平均气温明显偏低,则次年江南夏半年和夏季降水总量较常年同期明显偏少;反之,副高脊线明显偏南(12°～13°N)或无 5880 gpm 的格点出现,且华北地区气温明显偏高,则次年江南夏半年和夏季降水总量较常年同期偏多。这两个遥相关因子有一年以上的预报时效,将这两个预报因子同次年江南地区夏半年和夏季降水总量距平百分率分别求回归得到二元回归方程

$$y_{4\sim9} = 85.47 - 6.17x_1 - 1.19x_2 \tag{9.4}$$

$$y_{6\sim9} = 125.36 - 7.67x_1 - 7.70x_2 \tag{9.5}$$

式中 x_1 是上一年 3 月平均 500 hPa 西北太平洋(110°～150°E)副高脊线的所在南北纬度,若在 3 月平均图上这个范围内无 5880 gpm 的格点即副高面积指数为 0 时,令副高脊线位置 $GX = 11°N$;$x_2 = T_3$,T_3 是华北地区(26 站平均)3 月平均气温等级值。$y_{4\sim9}$ 与江南地区(1952—1985)4—9 月降水总量距平百分率的相关系数为 0.63,$y_{6\sim8}$ 与江南地区 6—8 月降

水总量距平百分率的相关系数为 0.75。可见,方程(1)与方程(2)是可以作为江南地区夏半年和夏季降水总量的一种长期预报工具的,时效超过一年。

另外,西南地区(五区)8月平均气温等级值(T_8)和新疆地区(七区)8月平均气温等级值(T'_8)也与次年江南地区夏季降水总量有一定的相关关系。即8月平均气温若是西南地区偏高而新疆地区偏低,则次年夏季江南地区多雨,反之,若西南地区偏低而新疆地区偏高,则次年夏季江南北区少雨。

为了综合上述 4 个预报因子,一种方法是将这 4 个预报因子直接与次年江南地区夏季降水总量距平百分率求多元回归方程得到

$$y'_{6\sim8} = 111.79 - 6.38x_1 - 4.56x_2 - 7.49x_3 + 3.51x_4 \tag{9.6}$$

式中 x_1 同上,$x_2=T_3$,$x_3=T_8$,$x_4=T'_8$。$y'_{6\sim8}$ 与实际江南地区 6—8 月降水总量距平百分率的相关系数有 0.82,比 $y_{6\sim8}$ 与实际值的相关系数提高 0.07。

另一种方法是先将这 4 个预报因子综合成一个指数,即令 $I_4=I_g+T_3+T_8-T'_8$,I_g 是上一年 3 月平均 500 hPa 西太平洋副高脊线位置与 10°N 之间的纬距数(无副高体之年 $I_g=0$),T_3,T_8,T'_8 同上。然后再求 I_4 与次年江南地区夏半年和夏季降水总量距平百分率的一元线性方程得到

$$I_{4\sim9} = 20.74 - 3.32x \tag{9.7}$$

$$I_{6\sim8} = 33.19 - 5.28x \tag{9.8}$$

$I_{4\sim9}$ 与实际江南地区 4—9 月降水总量距平百分率的相关系数为 0.65,$I_{6\sim8}$ 与实际江南地区 6—8 月降水总量距平百分率的相关系数为 0.82。$I_{6\sim8}$ 与 $y'_{6\sim8}$ 的 34 年平均绝对差值只有 1%,这说明将这 4 个预报因子直接求多元回归方程和先将这 4 个预报因子综合成一个指数再求一元线性方程的值是很接近的。$I_{6\sim8}$ 与实际江南地区夏季 6—8 月降水总量距平百分率的历史拟合曲线如图 9.8 所示。由图可见,两条曲线拟合情况是良好的。

我们再进一步来分析一下综合因子指数 I_4 与江南地区旱涝的具体对应关系:①I_4 与次年江南地区 4—6 月洪涝趋势的相关关系是:4—6 月降水总量距平百分率($R'_{4\sim6}$)超过 20% 的 5 个洪涝年(1954,1962,1973,1977,1975)的上一年 $I_4\leqslant4.4(5/5)$;$I_4\geqslant4.5$ 的次年 $R'_{4\sim6}\leqslant11\%<26/26)$,其中 $R'_{4\sim6}\geqslant-1\%(21/26)$。即 $I_4\geqslant4.5$ 的次年江南雨季均无大的洪涝现象,$I_4\leqslant4.4$ 的次年江南雨季有洪涝现象(5/9),$R'_{4\sim6}\geqslant1\%(7/9)$。②$I_4$ 与次年江南地区 6—8 月洪涝趋势的相关关系是:江南地区 6—8 月降水总量距平百分率($R'_{6\sim8}$)超过 20% 的 4 个洪涝年(1954,1962,1968,1976),其上一年 $I_4\leqslant3.3(4/4)$,$15\%<R'_{6\sim8}\leqslant20\%$ 的 3 个偏涝年(1952,1955,1977)中有 2 年 $I_4<5.0$。$R'_{6\sim8}\leqslant-20\%$ 的 8 个夏旱年和 $-20\%<R'_{6\sim8}<-15\%$ 的 2 个偏旱年(1953,1978)的上一年 $I_4\geqslant7.3(10/10)$。换言之,$I_4\leqslant3.3$ 的次年江南夏季有洪涝或偏涝现象(5/6);$I_4\geqslant3.5$ 的次年江南夏季无洪涝(29/29)和偏涝现象(27/29)。其中,$I_4\geqslant7.3$ 的次年江南夏季有夏旱或偏旱现象(10/13),$I_4\geqslant8.5$ 的次年江南夏季有夏旱现象(7/9);$5.0\leqslant I_4\leqslant7.2$ 的次年江南夏季无旱涝现象即 $-12\%\leqslant R'_{4\sim6}\leqslant11\%$(12/12)。③若以 5—7 月中任何一个月的月降水量距平百分率 $\geqslant50\%$ 算作有洪涝,否则无洪涝,则江南地区共有 7 个洪涝年(1952,1954,1962,1968,1973,1976,1977),这 7 个洪捞年的上一年 $I_4\leqslant4.7(7/7)$;反之,$I_4\geqslant5.0$ 的次年江南地区无洪涝(25/25)。其中 I_4 与次年江南地区 6 月降水量距平百分率的关系是:$I_4\leqslant3.5$ 的次年江南地区 6 月降水量距平百分率

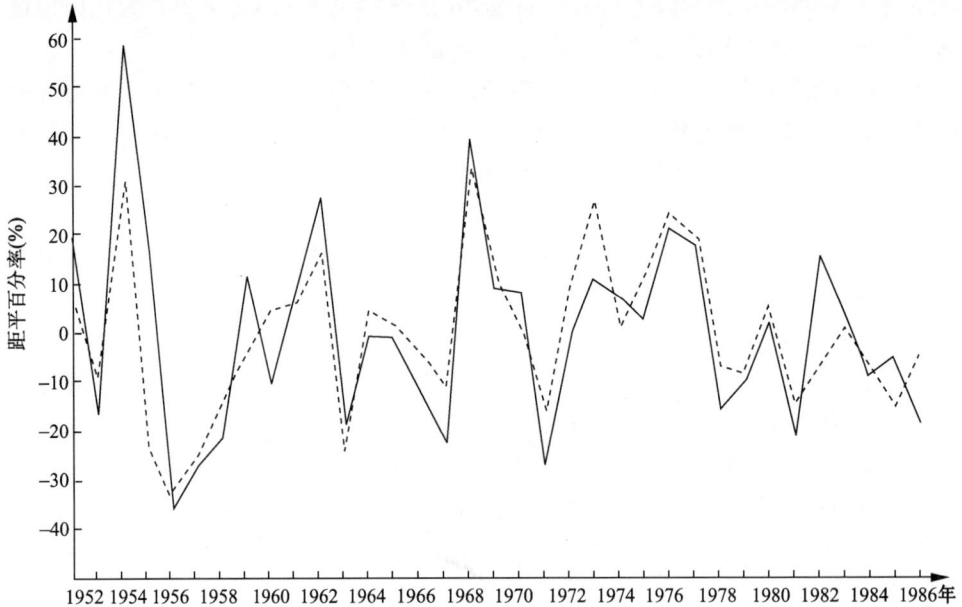

图 9.8　江南地区(16 站平均)夏季 6—8 月降水总量距平百分率(实线)与回归方程值(虚线)
的历史(1952—1985)演变拟合曲线图

$\geqslant 26\%(6/7)$；$I_4 \geqslant 4.3$ 的次年江南地区 6 月降水量距平百分率 $R'_6 < 20\%(27/28)$ 或 $R' < 15\%(26/28)$ 或 $R'_6 \leqslant 10\%(25/28)$，$I_4 \geqslant 7.7$ 的次年 $R'_6 \leqslant -13\%(11/12)$ 或 $\leqslant -15\%$ $(10/12)$。$I_4 \leqslant 2.0$ 的次年江南地区 7 月降水量距平百分率$(R'_7)42\% \leqslant R'_7 \leqslant 82\%(4/4)$。

若令　$R_{max} = \max(R'_{4\sim6}, R'_{6\sim8}) = R'_{4\sim6} \vee R'_{6\sim8}$

　　　　$R_{min} = \min(R'_{4\sim6}, R'_{6\sim8}) = R'_{4\sim6} \wedge R'_{6\sim8}$

R_{max} 与 R_{min} 分别是江南地区 4—6 月和 6—8 月降水总量距平百分率的较大值与较小值。且规定 $R_{max} \geqslant 20\%$ 有洪涝，$15\% \leqslant R_{max} \leqslant 19\%$ 有偏涝；$R_{max} \leqslant -20\%$ 有干旱，$-15\% \leqslant R_{max} \leqslant -19\%$ 有偏旱；$-15\% < R_{max}$ 且 $R_{max} < 15\%$ 为正常，则 I_4 与次年江南地区的旱涝趋势相关关系如表 9.6 所示。I_4 对江南地区雨季和夏季的旱涝趋势及 6 月旱涝趋势均有较好的指示意义，可以作为年度预报和汛期预报工具使用。

表 9.6　江南地区雨季 4—6 月和夏季 6—8 月旱涝趋势与上一年 4 个预报因子综合指数
I_4 的相关关系表

I_4	<3.3	<5.0	5.0~6.0	6.1~8.4	≥8.5
R_{max}	≥20%(6/6)	≥15%(8/10)	<15%(7/7)	<15%(9/9)	>15%(1/9)
R_{min}	≥1%(6/6)	≥-8%(10/10)	≥-17%(7/7)	≤-15%(6/9)	≤-20%(8/9)
相关评定	有洪涝(6/6)	有洪涝或偏涝(8/10)	正常(6/7)	正常或偏旱(8/9)	有干旱(8/9)

另外，江南地区，1 月上旬与中旬降水量的较小值对后期旱涝也有正相关指示性。可以作为对上述预报工具的进一步补充。

从天文背景来看，在农历上半年内中国能观测到日全食之年，夏季 6—8 月降水总量较常年同期偏多(6/6)或有洪涝及偏涝现象(4/6)；在农历七月及其以前中国能观测到月全食之年，4—6 月、6—8 月、4—9 月的降水总量均较常年同期偏少(9/9)或有夏旱(6/9)或有初夏旱(5/9)。在太阳活动偏强期则夏半年易少雨,偏弱期易多雨。清明日在"月头"之年易有洪涝,而在"月中"之年易有干旱。有关几个天文条件的综合预报工具详见有关参考文献和本书第五章。在实际预报中,应将天文因子和前面提到的大气因子、气象要素因子结合使用,更有利于提高本地区的旱涝预报质量。

9.3.3　贵州地区夏季旱涝的长期预报

贵州地区(3 区)夏季旱涝的最佳遥相关因子是上一年长江中下游地区(三区)25 站平均 8 月平均气温等级值(T_8),T_8 与次年贵州地区夏季降水总量距平百分率($R'_{6\sim8}$)的相关关系可分两级和三级趋势两种情况求相关。一种是:$T_8\leqslant2.6$ 的次年 $R'_{6\sim8}\geqslant3\%$(11/13);$T_8\geqslant2.7$ 的次年 $R'_{6\sim8}\leqslant2\%$(20/22)或 $R'_{6\sim8}\leqslant0\%$(19/22)。两级趋势相关概率有 86%(30/35)或 89%(31/35)。另一种是:$T_8<2.0$ 的次年 $R'_{6\sim8}\geqslant7\%$(5/5)或 $\geqslant11\%$(4/5)或 $\geqslant20\%$(3/5);$2.0\leqslant T_8\leqslant3.8$ 的次年 $-10\%\leqslant R'_{6\sim8}\leqslant10\%$(15/21);$T_8\geqslant4.0$ 的次年 $R'_{6\sim8}\leqslant-11\%$(8/9)或 $\leqslant-14\%$(7/9)。这两种相关关系表明,长江中下游地区 8 月气温显著偏高(气温等级显著偏小)的次年贵州夏季易多雨或有洪涝(60%);8 月气温显著偏低的次年夏季易少雨有干旱(89%或78%);8 月气温正常或偏高或偏低但不显著之年的次年夏季雨水也较正常(71%)或无明显旱涝现象(81%)。分两级距平趋势的反相关概率有 89%或 86%。由此可见,长江中下游 8 月平均气温等级值的大小即 8 月气温的高低对次年贵州地区的夏季旱涝有较好的指示意义。

另外,贵州地区夏季降水总量与上一年西南地区(五区)8 月平均气温、长江下游地区(7 区)和黄河中上游地区(11 区)的 8 月降水量、淮河流域(8 区)4—9 月降水总量也有一定的相关关系。综合这些预报因子,可得到贵州地区夏季旱涝的预报工具如表 9.7。由表 9.7 可见,8 月长江中下游地区的气温显著偏高($T_8\leqslant2.2$)且下游地区的降水明显偏少($R'_8\leqslant-25\%$)之年,次年贵州地区夏季易多雨有洪涝发生。其他年份贵州不易发生夏季洪涝。所以,表 9.7 可以作为贵州地区夏季有无洪涝或降水总量距平趋势的预报工具。

表 9.7　贵州地区(6 站平均)夏季洪涝趋势与上一年长江下游地区(7 区)8 月降水量距平百分率(R'_8)和长江中下游地区(三区)8 月平均气温等级值(T_8)的复相关表

$T_8\leqslant2.2$ 且 $R'_8\leqslant-25\%$	$2.3\leqslant T_8\leqslant2.6$ 且 $R'_8\leqslant-15\%$	$T_8\geqslant2.7$
$R'_{6\sim8}\geqslant11\%$(5/6)或 $\geqslant20\%$(4/6)	$-1\%<R'_{6\sim8}\leqslant15\%$(7/7)或 $3\%\leqslant R'_{6\sim8}\leqslant15\%$(6/7)	$R'_{6\sim8}\leqslant0\%$(19/22)或 $R'_{6\sim8}\leqslant2\%$(20/22)
夏季多雨有洪涝(4/6)	夏季降水量正常偏多(6/7)	夏季降水量正常或偏少(20/22)

另外,再结合考虑到上一年淮河流域(8 区)夏半年 4—9 月降水总量距平百分率($R'_{4\sim9}$),即长江下游 8 月明显少雨有伏旱且淮河流域夏半年 4—9 月降水总量也偏少之年,其次年贵州夏季多雨有洪涝,也就是说若同时满足条件 $R'_8\leqslant-25\%$ 且 $R'_{4\sim9}<-5\%$,则次年 $R'_{6\sim8}\geqslant20\%$(5/8),若不同时满足上述两个条件,其次年夏季贵州无洪涝即 $R'_{6\sim8}\leqslant15\%$(27/27)或 $R'_{6\sim8}\leqslant7\%$(26/27)。这个复相关指标可以作为表 9.7 的补充预报工具。

表 9.8 中的 $T_8=T'_8+T''_8$,T'_8 和 T''_8 分别是上一年长江中下游地区(三区)和西南地区

(五区)的区域平均 8 月气温等级值。由表 9.8 可见,若这两个地区 8 月气温偏低(气温等级偏大 $T_8 \geqslant 7.2$)而且黄河中上游地区(11 区)的 8 月降水量偏少($R'_8 \leqslant -10\%$),则次年贵州地区夏季易少雨有干旱即 $-49\% \leqslant R'_{6\sim8} \leqslant -18\%$ (7/8),其他年份贵州夏季不易有旱。所以,表 9.8 可以作为贵州地区夏季有无干旱的预报工具。表 9.7 和表 9.8 的预报时效较长,在年度预报和汛期预报中都可以使用。在实际预报中,在使用这两个预报工具时还应有机地同前面分析到的大气环流因子和海洋变化结合使用,全面地综合考虑才对预报更为有利。

表 9.8　贵州地区(6 站平均)夏季干旱趋势与上一年长江中下游地区(三区)和西南地区(五区)8 月平均气温等级之和(T_8)及黄河中上游地区(11 区)8 月降水量距平百分率(R'_8)的复相关表

$T_8 \geqslant 7.2$ 且 $R'_8 \leqslant -10\%$	$T_8 \leqslant 7.1$ 或 $R'_8 \geqslant 0\%$
$-49\% \leqslant R'_{6\sim8} \leqslant -18\%$ (7/8)	$R'_{6\sim8} \geqslant -14\%$ (22/27) 或 $\geqslant -10\%$ (22/27)
夏季少雨有干旱(7/8)	夏季雨水正常或偏多(22/27)无夏旱(25/27)

9.3.4　西南地区夏季降水趋势的长期预报

对西南地区(4 区)夏季 6—8 月降水总趋势来说,相对较好的因子是华南地区(1 区)7 月降水量。华南地区 7 月降水量距平百分率 $R'_7 \geqslant 3\%$,其次年西南地区夏季 6—8 月降水量距平百分率 $R'_{6\sim8} \leqslant -6\%$ (13/16)或 $\leqslant 5\%$ (16/16),即夏季降水偏少或正常稍偏多无夏涝(16/16);$R'_7 \leqslant -3\%$ 之年其次年 $R'_{6\sim8} \geqslant -5\%$ (17/19)或 $\geqslant 5\%$ (13/19),即夏季降水正常或偏多无夏旱(17/19)。华南地区 7 月降水量 R_7 与次年西南地区 6—8 月降水总量 $R_{6\sim8}$ 的相关系数有 -0.64,信度超过 0.001。1980—1986 年,上述反相关关系均正确。可见,华南地区 7 月降水量对次年西南地区 6—8 月降水总量的距平趋势有较好的指示意义,是一个较好的预报因子。

另外,长江上游(5 区)7 月降水量也与次年西南地区夏季降水总趋势有 77% 的正相关概率。若华南地区 7 月降水量距平百分率 $R'_7 < -5\%$ 且长江上游地区 7 月降水量距平百分率 $R'_7 \geqslant 4\%$,则次年西南地区夏季 6—8 月降水总量距平百分率 $R'_{6\sim8} \geqslant 5\%$ (10/10);若华南地区 7 月降水量距平百分率 $R'_7 \geqslant 3\%$ 且长江上游地区 7 月降水量距平百分率 $R'_{6\sim8} 7 \leqslant -4\%$,则次年西南地区夏季 6—8 月降水总量距平百分率 $R'_{6\sim8} \leqslant -6\%$ (8/8);若两个地区 7 月降水量距平趋势为一致的年份,则次年西南地区夏季 6—8 月降水总趋势不好定。

对西南地区来说,可以用作季度预报的高度因子有两个:一个是 2 月平均 500 hPa 欧洲西北部($5° \sim 25°$E、$60° \sim 70°$N)7 点平均高度(H_2)和 3 月平均 100 hPa 欧洲西南部($0° \sim 20°$E、$40° \sim 50°$N)6 点平均高度(H_3)。这两个高度因子与西南地区夏季 6~8 月降水总量求回归方程得到:

$$y_{6\sim8} = 734.23 - 4.41x_1 - 6.08x_2 \tag{9.9}$$

式中 $x_1 = \frac{1}{10}(H_2 - 5000)$ gpm,$x_2 = \frac{1}{10}(H_3 - 5000)$ gpm。回归值 $y_{6\sim8}$ 与实际值 $R_{6\sim8}$ 的相关系数有 0.71,历史上拟合效果较好,但 1984—1986 年的试报效果不大好,只能继续考察使用。

再从气温因子来看,东北地区(一区)3 月平均气温等级值(T_3)与西南地区(4 区)6—8 月降水总量($R_{6\sim8}$)的相关系数有 0.50,距平趋势相关概率有 83%。具体相关关系是 $T_3 \geqslant 2.9$ 则

$R'_{6\sim8}\geqslant5\%(14/17)$；$T_3\leqslant2.8$ 则 $R'_{6\sim8}\leqslant1\%(16/19)$ 或 $\leqslant-2\%(15/19)$。从 1979—1986 年除 1986 年不正确外,其余 7 年均符合上述正相关关系,这个预报因子也要继续考察使用。

9.3.5　长江上游地区夏季洪涝趋势的长期预报

长江上游地区(9 站平均)夏季 6—8 月降水总趋势与前期 4 月平均 500 hPa 孟加拉湾 $(10°\sim20°N、80°\sim100°E)$ 8 点平均高度(H_4)和西太平洋副高$(100°\sim180°E)$脊线的东西长度(L_4)的相关关系是:4 月副高脊线长度偏长且孟加拉湾平均高度偏高,则长江上游地区夏季降水偏多,反之,4 月副高脊线长度偏短且孟加拉湾平均高度偏低,则长江上游地区夏季降水偏少。再从天文因子来看,长江上游夏季洪涝和偏涝之年易出现于清明日在"月头"和"下弦"附近的年份,很少发生在其他年份。

现采用序号权重组合法来综合这 3 个预报因子,即规定:

$$M = M_1 + M_2 + M_3 \tag{9.10}$$

式中 $M_1=0,1,2,3$ 分别表示 $H_4\leqslant5860,=5870,=5880,\geqslant5890$ gpm;$M_2=0,1$ 分别表示 $L_4\leqslant30、\geqslant35$ 个经度;$M_3=2,1,0$ 分别表示清明日在初一至初四、二十至二十五、其他日期。M 值与长江上游夏季洪涝的对应关系如表 9.9 所示。

表 9.9　长江上游(9 站平均)夏季洪涝趋势和距平百分率($R'_{6\sim8}$)与前期 4 月副高脊线长度和 4 月孟加拉湾高度、清明日的月相这 3 个预报因子的序号权重组合之和(M)的对应关系

M	$\geqslant4$	$=3$	$=2$	$\leqslant1$
$R'_{6\sim8}$	$15\%\leqslant R'_{6\sim8}\leqslant32\%$ (6/6)	$-2\%\leqslant R'_{6\sim8}\leqslant19\%$ (6/7)	$-6\%\leqslant R'_{6\sim8}\leqslant10\%$ (6/6)	$R'_{6\sim8}\leqslant13\%(17/17)$
		$1\%\leqslant R'_{6\sim8}\leqslant19\%$ (5/7)		
	$R'_{6\sim8}>20\%(5/6)$	$-2\%\leqslant R'_{6\sim8}\leqslant12\%$ (5/7)		$R'_{6\sim8}\leqslant-3\%(14/17)$
旱涝对应关系	夏季多雨有洪涝(5/6) 有涝(6/6)	夏雨正常偏多(5/7) 无旱(7/7)无涝(6/7)	夏雨正常(6/6) 无旱(6/6)无涝(6/6)	夏季雨水偏少(14/17)无涝 (17/17)或有夏旱

由表 9.9 可见,$M\geqslant4$ 的年份有 6 个(1954,1956,1958,1973,1983,1984),这 6 年均有夏涝(6/6),其中 5 年有洪涝($21\%\leqslant R'_{6\sim8}\leqslant32\%$),1 年偏涝($R'_{6\sim8}=15\%$);$M\leqslant3$ 的年份 $R'_{6\sim8}\leqslant13\%(29/30)$;$M\leqslant1$ 的年份多数夏季雨水偏少即 $-33\%\leqslant R'_{6\sim8}\leqslant-3\%(14/17)$。可见,$M$ 的大小可以预报未来长江上游夏季的洪涝和降水量距平趋势。

另外,长江上游夏季降水也与 ENSO 现象有关,在厄尔尼诺年夏季易少雨即 $R'_{6\sim8}\leqslant-2\%(9/11)$,在厄尔尼诺次年夏季易多雨即 $R'_9\geqslant4\%(6/9)$。在 5 月南方涛动指数 SOI$\geqslant1.2$ 的次年 $R'_{6\sim8}\leqslant-3\%(5/5)$。所以,在应用表 9.9 时也应考虑到 ENSO 现象。

四川盆地(指重庆、南充、内江、绵阳、成都、雅安、宜宾这 7 站平均)是长江上游区的主要农业区,盆地 7 月洪涝和偏涝易出现在上弦附近和下弦附近立秋的年份,并与前期 5 月 500 hPa 欧亚$(45°\sim65°N、0°\sim150°E)$西风指数($I_z$)有关,也与 5 月副高$(100°E\sim180°)$脊线长度($L_5$)有关。若设 I_R 为盆地 7 月降水指数,$I_R=\dfrac{\Delta R}{\bar{R}}+\dfrac{n}{m}$,$\Delta R$ 和 $\bar{R}$ 分别是四川盆地 7 月降水

量距平值和多年平均值,n 是在同一个旬内单点旬降水量超过 150 mm 的最多站点数,m 是总站数($m=7$)。又规定:$I_R \geqslant 0.70$ 为 7 月有洪涝年(1954,1957,1973,1981,1984),$0.40 \leqslant I_R \leqslant 0.69$ 为 7 月有偏涝年,则上述 3 个因子与 I_R 的复相关表 9.10 就是盆地 7 月有无洪涝和偏涝的预报工具。这个长期预报工具在 1981—1986 年的 6 年实际预报应用中取得了较高的预报准确率 83%(5/6),特别是 1981,1984 年 7 月洪涝趋势预报取得了成功。1981—1985 年预报均正确,只有 1986 年偏涝未报出来。此工具多年来一直被四川省气象台长期预报科应用于长期预报中,收到了较好的效益。

表 9.10　四川盆地(7 站平均)7 月降水指数 I_R 和洪涝趋势与前期 5 月西太平洋副高($100°\sim180°$E)脊线长度 L_5(经度)、欧亚西风环流指数 I_z(10 gpm/纬距)、立秋日的月相三者的复相关表

天文背景 T5月大气环流特征	立秋日的月相即农历日期		
	初六至十四	二十一至二十三	十五至二十和二十四至初五
$I_z < 1.00$	$I_R \geqslant 0.70$(5/5) 7 月有洪涝(5/5)	$0.35 \leqslant I_R \leqslant 0.50$(4/4) $I_R \geqslant 0.40$(3/4)	$I_R < 0.40$(10/12) $I_R < 0.60$(12/12)
$I_z \geqslant 1.00$ 且 $I_5 \geqslant 40$	$0.40 \leqslant I_R \leqslant 0.69$(3/3) 7 月有偏涝(3/3)	7 月有偏涝(3/4) 7 月无洪涝(4/4)	7 月无洪涝(12/12) 7 月无偏涝(10/12)
$I_z \geqslant 1.00$ 且 $L_5 < 40$	$I_R < 0.30$(5/5) 7 月无洪涝和偏涝(5/5)		$I_R < 0.40$(7/7) 7 月无洪涝和偏涝(7/7)

另外,长江上游 7 月降水量与前期 3 月南方涛动指数 SOI 的相关系数有 0.52,信度达 0.001。3 月 SOI$\geqslant$0.6 之年长江上游 7 月降水量距平百分率 $R'_7 \leqslant -6\%$(8/9),反之,$R'_7 \leqslant -15\%$ 之年的 3 月 SOI$\geqslant$0.6(6/6),$R'_7 \geqslant 15\%$ 之年的 3 月 SOI$\leqslant$0.2(11/11)。对四川盆地 7 月降水指数 I_R 来看,$I_R \geqslant 0.70$ 的 5 个洪涝年的 3 月 SOI$\leqslant$0.2(5/5),$0.40 \leqslant I_R \leqslant 0.69$ 的 8 个偏涝年的 3 月 SOI$\leqslant$0.5(8/8)或$\leqslant$0.2(7/8)。可见,3 月 SOI 对长江上游特别是四川盆地 7 月洪涝趋势有指示意义。

9.3.6　长江中游夏半年旱涝趋势的长期预报

长江中游(9 站平均)夏半年旱涝的划分标准仍以洪涝指数 I_{max} 和干旱指数 I_{min} 为准,则

$$I_{max} = \max(R'_{5\sim7}, R'_{6\sim8}, R'_{4\sim9})$$
$$I_{min} = \min(R'_{5\sim7}, R'_{6\sim8}, R'_{4\sim9})$$

$R'_{5\sim7}$,$R'_{6\sim8}$、$R'_{6\sim8}$,分别是 5—7 月、6—8 月、4—9 月降水总量距平百分率。并规定:

$$I_{max} \geqslant 20\% \text{ 为洪涝}, I_{min} \leqslant -20\% \text{ 为干旱}$$

$15\% \leqslant I_{max} \leqslant 19\%$ 为偏涝,$-19\% \leqslant I_{min} \leqslant -15\%$ 为偏旱,长江中游地区夏半年 4—9 月旱涝趋势的长期预报可以"二九或三九雪少"和"立春"日期为基本工具。若令 $R_{min} = \min(R_1, R_2)$,即 R_{min} 是长江中下游(19 站平均)1 月上旬降水量(R_1)和 1 月中旬降水量(R_2)中较小一个旬降水量。则长江中游夏半年旱涝趋势预报工具如表 9.11 所表明。在"单春'年和"无春"年中,若 $R_{min} \geqslant 8$ mm 即"二九"和"三九"降水量均明显偏多之年(1954,1964,1969,1973,1977,1980,1983)大多是有洪涝之年。反之,长江中游夏半年中有洪涝之年均是"单春"或"无春"之年且 $R_{min} \geqslant 8$ mm,绝大多数夏半年中有干旱之年的 $R_{min} \leqslant 1$ mm。表 9.11 可以作

为长江中游的汛期旱涝预报工具。

表 9.11　长江中游(9 站平均)夏半年旱涝趋势与长江中下游(19 站平均)1 月上旬与中旬中较小一个旬
降水量(R_{min})和当年天文背景的复相关关系

TR_min ＼ 天文背景	"单春"年和"无春"年	"双春"年
≥8 mm	$I_{max} \geqslant 12\%(7/7)$ $I_{max} \geqslant 15\%(6/7)$ $I_{max} \geqslant 35\%(5/7)$ $I_{max} \geqslant 7\%(7/7)$ 有洪涝(5/7)有涝(6/7)无旱(7/7)	$I_{max} \leqslant 19\%(6/6)$ $I_{max} \leqslant 13\%(5/6)$ $I_{min} \geqslant -14\%(5/6)$ 正常(4/6)偏涝(1/6)偏旱(1/6)
2~7 mm	$I_{max} \geqslant 19\%(7/7)$ $I_{max} \geqslant 13\%(6/7)$ $I_{min} \geqslant -13\%(6/7)$ 正常(5/7)偏涝(1/7)干旱(1/7)	
≤1 mm	$I_{max} \leqslant 2\%(8/9)$ $I_{min} \leqslant -12\%(9/9)$ $I_{min} \leqslant -20\%(7/9)$ 有干旱(7/9)正常偏少(2/9)	$I_{max} \leqslant 9\%(7/7)$ $I_{min} \leqslant -9\%(7/7)$ $I_{min} \leqslant -15\%(5/7)$ 有干旱(4/7)偏旱(1/7)正常(2/7)

9.3.7　长江下游夏半年旱涝趋势的长期预报

从长江下游夏半年降水总趋势来看,与立春早晚和当年"二九或三九雪少"有关。这里仍用长江中下游(19 站平均)1 月上旬、中旬降水量中较小值(R_{min})代表"二九或三九雪少"的程度。则长江下游(10 站平均)夏半年 4—9 月降水总量距平百分率($R'_{4\sim9}$)的预报工具可分下列三种情形。

(1)"双春"年:若 $R_{min} \leqslant 5$ mm,则 $R'_{4\sim9} \leqslant -1\%$,即夏半年降水总量较常年同期偏少(12/12);若 $R_{min} \geqslant 8$ mm,则 $R'_{4\sim9} > 10\%$,即夏半年降水总量较常年同期偏多(1/1)。

(2)"单春"年:若 $R_{min} \leqslant 2$ mm,则 $R'_{4\sim9} \leqslant -10\%$,即夏半年降水总量偏少(4/4);若 $R_{min} \geqslant 8$ mm,则 $R'_{4\sim9} > 10\%$,即夏半年降水总量偏多(5/5)或明显偏多,即 $R'_{4\sim9} \geqslant 20\%(4/5)$。

(3)"无春"年:若 $R_{min} \leqslant 1$ mm,则 $R'_{4\sim9} \leqslant -2\%$,即夏半年降水总量偏少(6/6),其中 $R'_{4\sim9} \leqslant -10\%(5/6)$,若 $R_{min} \geqslant 2$ mm,则 $R'_{4\sim9} \geqslant 4\%(6/8)$,其中 $R_{min} \geqslant 5$ mm,则 $R'_{4\sim9} \geqslant 20\%(3/4)$ 即夏半年降水总量偏多或明显偏多。

再从梅雨季(5—7 月)和夏季(6—8 月)的旱涝总趋势来分析,设洪涝指数为 I_{max} 和干旱指数为 I_{min}。令 $I_{max} = \max(R'_{5\sim7}, R'_{6\sim8})$ 即取大,$I_{min} = \min(R'_{5\sim7}, R'_{6\sim8})$ 即取小。$R'_{5\sim7}$、$R'_{6\sim8}$ 分别是长江下游(10 站平均)5—7 月和 6—8 月降水总量距平百分率。并规定:

$I_{max} \geqslant 20\%$ 为洪涝,$15\% \leqslant I_{max} \leqslant 19\%$ 为偏涝;$I_{min} \leqslant -20\%$ 为干旱,$-15\% \leqslant I_{min} \leqslant -19\%$ 为偏旱。这 I_{max} 和 I_{min} 与长江中下游地区(19 站平均)的"二九或三九雪少"指数 R_{min} 和上一年辽河流域(10 站平均)5 月降水量(R_5)的综合指数 I_R 相关关系较好,如表 9.12 所表明。其中,降水预报因子的综合指数 $I_R = \dfrac{1}{10}R_5 + R_{min}$。表 9.12 可作为长江下游地区梅雨季节和夏季旱涝的预报工具。

表 9.12　长江下游(10 站平均)梅雨季和夏季的综合洪涝指数 I_{max} 和干旱指数 I_{min} 与前期两个
降水因子的综合指数 I_R 的相关关系

3.3 mm$\leqslant I_R\leqslant$5.2 mm	5.5 mm$\leqslant I_R\leqslant$6.8 mm	8.2 mm$\leqslant I_R\leqslant$26.8 mm
$I_{max}<15\%$(11/12)	$I_{max}<15\%$(11/11)	$I_{max}\geqslant20\%$(10/13)
$I_{min}<-19\%$(10/12)	$I_{min}>-15\%$(7/11)	$I_{min}>-15\%$(13/13)
$I_{min}<-23\%$(8/12)	$I_{min}<-15\%$(4/11)	
无洪涝(11/12),无偏涝(11/12)	正常(7/11),无洪涝和偏涝(11/11)	有洪涝(10/13)
有干旱(8/12),有干旱或偏旱(10/12)	有干旱或偏旱(4/11)	无干旱或偏旱(13/13)

　　长江中下游地区夏季 6—8 月是否有较大的洪涝发生,还有一个较好的近期指标就是春季南海高压明显偏强、孟加拉湾高度显著偏高,其中,4 月代表性较好。满足条件:4 月 500 hPa 南海地区(100°～120°E、10°N 以北)高压强度指数(≥5880 gpm 的格点权重指数)$H_G\geqslant$ 10,同时孟加拉湾(10°～20°N、80°～100°E)8 点平均高度≥5880 gpm 的年份只有 4 年 (1954,1969,1980,1983),这 4 年夏季长江中下游地区均有较大的洪涝;反之,凡不能同时满足上述条件之年的夏季在长江中下游地区都没有较大的洪涝。

　　在这里值得注意的天文背景是,在中国能观测到日全食且无闰月之年,长江流域易在夏季 6—8 月中发生较大的洪涝。这是一个重要的天文背景,应在长江流域的夏季旱涝趋势预报中引起重视。

9.3.8　淮河流域夏季旱涝趋势的长期预报

　　淮河流域(15 站平均)夏季 6—8 月旱涝趋势在前期 500 hPa 大气环流场上信度超过 0.001 的遥相关区有下列 5 个。$\overline{H}_1$ 是上一年 11 月欧洲地区(10°W～10°E、45°～55°N)7 点平均高度;$\overline{H}_2$ 是同年 1 月阿留申西部(160°E～180°、45°～55°N)7 点平均高度;$\overline{H}_3$、$\overline{H}_4$、$\overline{H}_5$ 分别是同年 2 月东西伯利亚(150°～170°E、60°～70°N)8 点平均高度、西太平洋上(140°～ 160°E、20°～30°N)8 点平均高度、阿尔及利亚附近(5°W～20°E、25°～40°N)12 点平均高度。并令 $x_1=\overline{H}_1-500$、$x_2=\overline{H}_2-500$、$x_3=\overline{H}_3-500$、$x_4=\overline{H}_4-500$、$x_5=\overline{H}_5-500$。x_1、x_2、x_3、x_4、x_5 的单位是 10 gpm。它们与淮河流域夏季 6—8 月降水总量距平百分率($R'_{6\sim8}$)的回归方程是:$y_{6\sim8}=173.14+1.33x_1+0.54x_2+0.98x_3-1.56x_4-2.31x_5$ 回归拟合值 $y_{6\sim8}$ 与实际值 $R'_{6\sim8}$ 的相关系数有 0.81,$y_{6\sim8}\geqslant20\%$ 则 $R'_{6\sim8}>30\%$(5/7)或 $R'_{6\sim8}\geqslant15$(6/7);$y_{6\sim8}\leqslant$ 19%,则 $R'_{6\sim8}\leqslant17\%$(27/28)。其中 $R'_{6\sim8}\leqslant-20\%$ 之年,这 $y_{6\sim8}\leqslant-1\%$(8/8)。$y_{6\sim8}$ 与 $R'_{6\sim8}$ 的拟合曲线如图 9.9 所示。可见 $y_{6\sim8}$ 与 $R_{6\sim8}$ 的相关关系是较好的。从分月降水趋势来看,淮河流域 6 月降水量距平百分率(R'_6)与夏至节气日的月相有较好的对应关系。夏至在月头即朔至上弦(初一至初八)之年,6 月降水量均较常年同期明显偏少,即$-19\%\leqslant R'_6$ $\leqslant-61\%$(9/9)。这一关系在 1982 年(夏至在初二)和 1985 年(夏至在初四)的 6 月降水量预报中取得了较好的效果,即这两年的 6 月降水量均明显偏少,R'_6 分别是-40%和 -39%。所以,这一关系在"夏至月头"之年值得引起重视。

　　7 月是淮河流域的雨季峰值月,淮河流域 7 月降水量距平百分率(R'_7)在前期 500 hPa 环流场上有 4 个较好的遥相关区。即上一年 11 月(100°～125°E、60°～65°N)6 点平

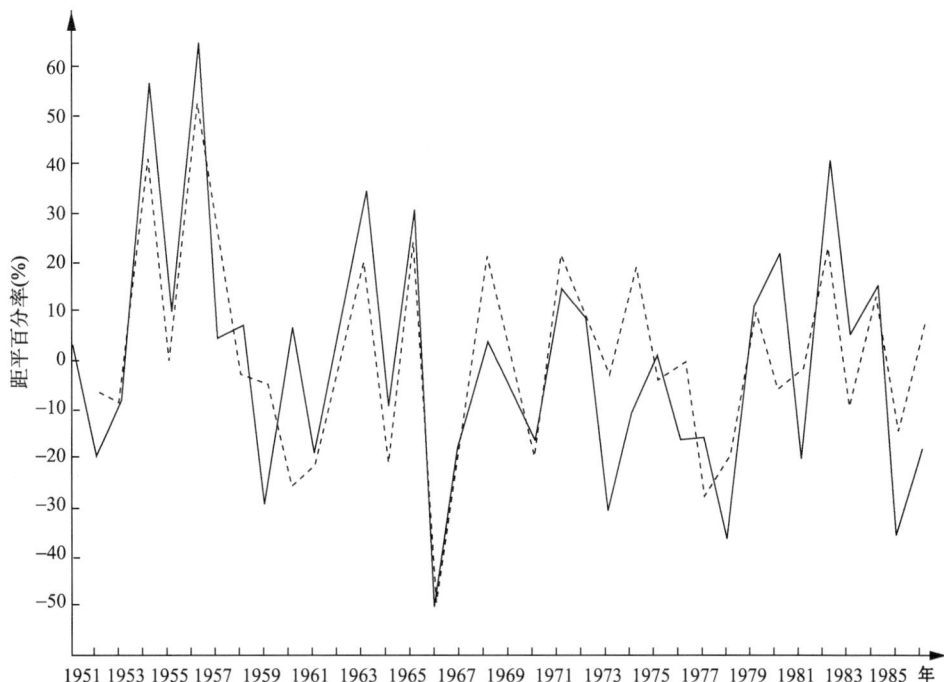

图 9.9　淮河流域(15 站平均)夏季 6—8 月降水量距平百分率(实线)与前期 5 个高度因子的
回归拟合值(虚线)的历史演变曲线图

均高度($\overline{H}_1$)；上一年 12 月($0°\sim20°$W、$60°\sim70°$N)8 点平均高度($\overline{H}_2$)；同年 1 月($35°\sim55°$E、$30°\sim40°$N)7 点平均高度($\overline{H}_3$)和同年 3 月($130°\sim160°$W，$45°\sim65°$N)17 点平均高度($\overline{H}_4$)。并令 $x_1=\overline{H}_1-500$，$x_2=\overline{H}_2-500$，$x_3=\overline{H}_3-500$、$x_4=\overline{H}_4-500$，单位为 10 gpm。则得回归方程：

$$y_7 = 30.76 + 1.73x_1 + 0.82x_2 - 3.89x_3 + 4.20x_4 \tag{9.11}$$

y_7 与 R'_7 的相关系数为 0.81。$y_7 \geqslant 20\%$，则 $R'_7 \geqslant 40\%(5/7)$；$y_7 \leqslant -20\%$，则 $R'_7 \leqslant -20\%$(7/8)或 $R'_7 \leqslant -30\%$(6/8)。将 y_7 与天文背景结合考虑得表 9.13。

表 9.13　淮河流域(15 站平均)7 月降水量距平百分率(R'_7)和旱涝趋势与 4 个高度因子的回归
拟合值(y_7)和有无"立春"之年的复相关关系

Ty7　　　有无"立春"	有"立春"年	无"立春"年
$y_7 \geqslant 20\%$	$R'_7 \geqslant 40\%(5/5)$有较大洪涝	$-10\% \leqslant R'_7 \leqslant -1\%(2/2)$降水正常
$5\% \leqslant y_7 \leqslant 19\%$	$20\% \leqslant R'_7 \leqslant 30\%(5/7)$有洪涝	$-1\% \leqslant R'_7 \leqslant 8\%(2/2)$降水正常
$y_7 < 5\%$	$R'_7 \leqslant 0\%(18/19)$降水正常或偏少	
$y_7 \leqslant -15\%$	$R'_7 < -20\%(9/12)$明显少雨有伏旱	

　　另外,在前面已经分析过的"出九一场雪、十田九干裂"这一天气谚语的验证结果,对淮河流域 7 月旱涝趋势的预报也有较好的参考价值。还有厄尔尼诺现象的发生发展与淮河流域 7 月降水和旱涝的关系较密切,在做 7 月降水预报时应注视厄尔尼诺现象的动向。

淮河流域 8 月降水量距平百分率(R'_8)与闰月的对应关系较好。在一月至五月有闰月之年,则 $R'_8 \geqslant 9\%$(6/7),即农历五月以前有闰月之年淮河流域 8 月降水偏多。其中 $R'_8 \geqslant$ 23%(5/7),即 8 月大多数有洪涝,在六月至十月有闰月之年,则 $R'_8 \leqslant -6\%$(6/6),即农历六月至十月有闰月之年淮河流域 8 月降水偏少。

另外,淮河流域 8 月旱涝与上一年贵州地区(6 站平均)5 月降水量距平百分率(R'_5)和同年 3 月 500 hPa 上 30°W～60°E 的极涡面积指数(S_3)的复相关关系较好。

(1)$R'_5 \leqslant -2\%$,且 $S_3 \geqslant 176 \times 10^5$ km²,则 $R'_3 \geqslant 9\%$(10/12),其中 $R'_8 \geqslant 15\%$(8/12)或 $R'_8 \geqslant 25\%$(7/12),8 月多雨且多数有洪涝。

(2)$R'_5 \geqslant 0\%$ 且 $S_3 \leqslant 174 \times 10^5$ km²,则 $R'_8 \leqslant -6\%$(11/11),其中 $R'_8 \leqslant -20\%$(9/11),8 月少雨且多数有干旱。

(3)$R'_5 > 0\%$ 且 $S_3 \geqslant 178 \times 10^5$ km² 或 $R'_5 < 0\%$,且 $S_3 \leqslant 173 \times 10^5$ km² 的年份,若有闰三月或闰四月,则 8 月多雨有洪涝,即 $R'_8 > 20\%$(3/3);若无闰三月或闰四月,则 8 月雨水偏少,即 $R'_8 < -10\%$(8/9)。

淮河流域 9 月降水量距平百分率(R'_9)与辽河流域(10 站平均)4 月降水量距平百分率(R'_4)有较好的正相关关系。$R'_4 \geqslant 3\%$,则 $R'_9 \geqslant 9\%$(11/13)。其中,$R'_4 \geqslant 15\%$,则 $R'_9 \geqslant$ 24%(8/11),即 9 月秋雨明显偏多;$R'_4 \leqslant -5\%$,则 $R'_9 \leqslant 1\%$(16/20)或 $R' \leqslant -20\%$(10/20)。所以,4 月辽河流域降水趋势对 9 月淮河流域的秋雨有预报价值,可以在预报中使用或参考。

9.3.9　汉水谓河流域夏季旱涝趋势的长期预报

汉水渭河流域的夏季旱涝趋势与前期 500 hPa 高度场上的 4 个特征量的遥相关关系较好,这 4 个大气环流特征量是:

(1)上一年 5 月西太平洋副高西伸脊点位置到达 100°E 及其以西(或 105°E 以东)之年,夏季 6—8 月汉水渭河流域易多雨(或少雨)。

(2)上一年 6 月西太平洋副高北界位置到达 26°N 及其以北(或在 25°N 及其以南)之年,夏季 6—8 月汉水渭河流域易多雨(或少雨)。

(3)上一年 10 月大西洋(55°～25°E、10°N 以北)高压面积指数(≥5880 gpm 的格点数)≥7(或≤4)之年,夏季 6—8 月汉渭流域易多雨(或少雨)。

(4)同年 4 月南海(100°～120°E、10°N 以北)高压强度指数≥7(或≤6)之年,夏季 6—8 月汉渭流域易多雨(或少雨)。

这 4 个大气环流特征量与夏季 6—8 月汉水渭河流域的降水量距平百分率($R'_{6～8}$)和旱涝趋势的复相关关系是:

(1)上述 4 个特征量中有 3 个以上满足多雨条件之年,则 $R'_{6～8} \geqslant 7\%$(9/10)或 $R'_{6～8} \geqslant$ 15%(8/10)或 $R'_{6～8} \geqslant 23\%$(7/10),即夏季多雨或有洪涝。其中 4 个特征量均满足多雨条件的有 3 年,这 3 年夏季 6—8 月均明显多雨有洪涝,$R'_{6～8} \geqslant 29\%$(3/3)。

(2)上述 4 个特征量中仅有 2 个满足多雨条件之年,$2\% \leqslant R'_{6～8} \leqslant 7\%$(3/4),即夏季降水正常偏多。4 年中只有 1 年 $R'_{6～8} < 0\%$。

(3)上述 4 个特征量中只有 1 个或者没有满足多雨条件之年,$R'_{6～8} \leqslant 4\%$(19/21)或

$R'_{6\sim8}\leqslant-4\%(16/21)$。

上述复相关关系可作为夏季旱涝预报工具在汛期预报中使用。从年度预报角度出发，可侧重考虑前1,2两个特征量；即西北太平洋副高的5月西伸脊点在$90°\sim105°$E且6月北界在$26°\sim30°$N之年的次年夏季6—8月，汉水渭河流域易多雨或有洪涝，即$R'_{6\sim8}\geqslant4\%$（7/8）或$R'_{6\sim8}\geqslant23\%$（6/8）；西北太平洋副高的5月西伸脊点在$105°\sim150°$E且6月北界在$22°\sim25°$N之年的次年夏季汉水渭河流域的降水多数为偏少，少数为正常，即$R'_{6\sim8}\leqslant7\%$（16/16）或$R'_{6\sim8}\leqslant0\%$（14/16）或$R'_{6\sim8}\leqslant-4\%$（13/16）。

汉水渭河流域夏半年4—9月降水总趋势与上一年黄河中上游（10站平均）8月降水量有一定的反相关关系，汉水渭河流域4—9月降水总量距平百分率$R'_{4\sim9}\geqslant20\%$的明显多雨年，其上一年黄河中上游8月降水量距平百分率$R'_{8}\leqslant-10\%$（6/6）；$R'_{4\sim9}\leqslant-9\%$的少雨年，其上一年$R'_{8}\geqslant20\%$（6/8）。这一关系亦可在预报中参考。

汉水渭河流域6月降水量距平百分率（R'_{6}）与立春节气日的月相对应关系较好。立春日在农历十九至二十七日之年，6月易多雨或明显多雨，即$R'_{6}\geqslant2\%$（10/12），其中$R'_{6}\geqslant20\%$（6/12）；其余年份$R'_{6}\leqslant3\%$（20/24），其中$R'_{6}\leqslant-4\%$（17/24）。

汉水渭河流域8月降水量的距平趋势与同年3月Ⅳ区（$30°$W$\sim60°$E）极涡面积指数距平趋势的正相关概率有83%（30/36）。所以,3月Ⅳ区极涡面积指数的大小可用来预报汉水渭河流域8月降水的多少。

另外，必须指出的是：在中国能观测到日全食且观测不到月全食之年，汉水渭河流域夏季6—8月多雨或有洪涝，即$R'_{6\sim8}\geqslant2\%$（6/7）或$R'_{6\sim8}>20\%$（4/7）。其中8月易有洪涝即$R'_{8}>45\%$（4/7）。这一天文背景在中国能观测到日全食之年必须慎重考虑。

9.3.10　海河流域夏季旱涝趋势的长期预报

海河流域夏季6—8月旱涝趋势与盛夏季7—8月旱涝趋势比较一致，这是因为主要降水都集中在盛夏7—8月。7—8月降水量与6—8月、4—9月降水总量的相关系数有0.94,0.93;相关概率有91%和94%。所以，夏季旱涝趋势的前期优相关因子与盛夏旱涝趋势的前期优相关因子基本上是相同的。

海河流域夏季和盛夏旱涝趋势的优遥相关区主要在500 hPa的2月和3月的低纬度和高度。就是2月的印度东北部到中国西南部（$20°\sim30°$N、$75°\sim105°$E）；3月的印度西北部到中国东南部（$20°\sim30°$N、$65°\sim115°$E）和高纬度靠北太平洋一侧的北冰洋上（$75°\sim85°$N、$160°$E$\sim130°$W）。若令$\bar{H}_1$为2月上述低纬地区10点平均高度，$\bar{H}_2$为3月上述低纬地区16点平均高度；$\bar{H}_3$为3月上述高纬地区24点平均高度。$\bar{H}_1$、$\bar{H}_2$与海河流域（10站平均）夏季6—8月和盛夏7—8月的降水量有显著的正相关关系，$\bar{H}_3$与6—8月和7—8月降水量有显著的负相关关系。综合分析这3个高相关高度因子与夏季旱涝和盛夏旱涝的复相关关系有两种方法：

9.3.10.1　无权重网级编码综合分析法

根据表9.14对$\bar{H}_1$、$\bar{H}_2$、$\bar{H}_3$进行编码，即令K_1、K_2、K_3分别为$\bar{H}_1$、$\bar{H}_2$、$\bar{H}_3$的编码，并令$K=K_1+K_2+K_3$，求出历年的编码总和，则编码总和K值与海河流域夏季6—8月、

盛夏 7—8 月、夏半年 4—9 月的降水总量距平百分率 $R'_{6\sim8}$、$R'_{7\sim8}$、$R'_{4\sim9}$ 和旱涝趋势的相关关系如表 9.15 所示。当前期 3 个高度因子均有利于海河流域夏季多雨时则 $K=3$,该年海河流域盛夏易明显多雨有洪涝发生(7/8);当 3 个高度因子均不利于海河流域夏季多雨时则 $K=0$,该年夏半年总降水量较常年同期偏少(10/10),夏季易明显少雨有干旱(8/10),多数年份有大旱(6/10);$K=2$ 之年夏季一般无洪涝也无干旱(7/7),多数年份为正常偏多;$K=1$ 之年夏季无洪涝(11/11),大多为偏少和偏旱年。可见,K 值的大小可以作为海河流域夏半年、夏季和盛夏旱涝的预报工具,而且已在多年的长期预报中取得了良好的效果。

表 9.14　海河流域夏季旱涝前期 3 个优相关高度因子的编码标准

高度因子＼编码	1	0
$\overline{H}_1$	$\geqslant 576\times10$ gpm	$\leqslant 575\times10$ gpm
$\overline{H}_2$	$\geqslant 580\times10$ gpm	$\leqslant 579\times10$ gpm
$\overline{H}_3$	$\leqslant 512\times10$ gpm	$\geqslant 513\times10$ gpm

表 9.15　海河流域(10 站平均)7—8 月、6—8 月、4—9 月降水总量的距平百分率 $R'_{7\sim8}$,$R'_{6\sim8}$,$R'_{4\sim9}$ 和旱涝趋势与前期 3 个高度因子的 0、1 两级编码总和 K 值的相关关系

K ＼ TR'	$R'_{7\sim8}$	$R'_{6\sim8}$	$R'_{4\sim9}$	旱涝评定
3	12%～60%(8/8)	9%～58%(8/8)	4%～53%(8/8)	盛夏有洪涝(7/8)
	$\geqslant23$%(7/8)	$\geqslant29$%(7/8)	$\geqslant22$%(7/8)	
2	-8%～16%(7/7)	-6%～9%(7/7)	-7%～18%(7/7)	夏季无洪涝也无干旱
	$\geqslant2$%(6/7)	$\geqslant1$%(4/7)	$\geqslant2$%(5/7)	(7/7)
1	$\leqslant7$%(10/11)	$\leqslant5$%(11/11)	$\leqslant3$%(11/11)	盛夏无洪涝(11/11)
	$\leqslant-7$%(7/11)	$\leqslant-9$%(7/11)	$\leqslant-3$%(8/11)	夏季偏旱(6/11)
0	$\leqslant-3$%(10/10)	$\leqslant-2$%(10/10)	$\leqslant-6$%(10/10)	夏半年少雨有干旱(8/10)
	$\leqslant-27$%(8/10)	$\leqslant-27$%(7/10)	$\leqslant-22$%(8/10)	夏季有大旱(6/10)

9.3.10.2　有权重回归拟合分析法

令 $x_1=\overline{H}_1-500$,$x_2=\overline{H}_2-500$,$x_3=\overline{H}_3-500$,x_1、x_2、x_3 的单位是 10 gpm。则 x_1、x_2、x_3 与海河流域(10 站平均)夏季 6—8 月降水量 $R_{6\sim8}$ 求回归方程得到:

$$y_{6\sim8}=-2824.82+15.47x_1+26.54x_2-4.63x_3$$

1951—1980 年的 $y_{6\sim8}$ 与 $R_{5\sim8}$ 的相关系数为 0.80,$y_{6\sim8}$ 与 $R_{6\sim8}$ 的历史拟合曲线和预报(1981—1986)同实况的对比曲线如图 9.10 所示。

x_1、x_2、x_3 与海河流域(10 站平均)盛夏 7—8 月降水量 $R_{7\sim8}$ 求回归方程得到:

$$y_{7\sim8}=-2160.51+15.35x_1+17.39x_2-4.36x_3$$

1951—1980 年的 $y_{7\sim8}$,与 $R_{7\sim8}$ 的相关系数是 0.81,$y_{7\sim8}$ 与 $R_{7\sim8}$ 的历史拟合曲线和预报(1981—1986)同实况的对比曲线如图 9.11 所示。

x_1、x_2、x_3 与海河流域(10 站平均)夏半年 4—9 月降水量 $R_{4\sim9}$ 求回归方存得到:

$$y_{4\sim9}=-3202.08+13.96x_1+34.23x_2-5.56x_3$$

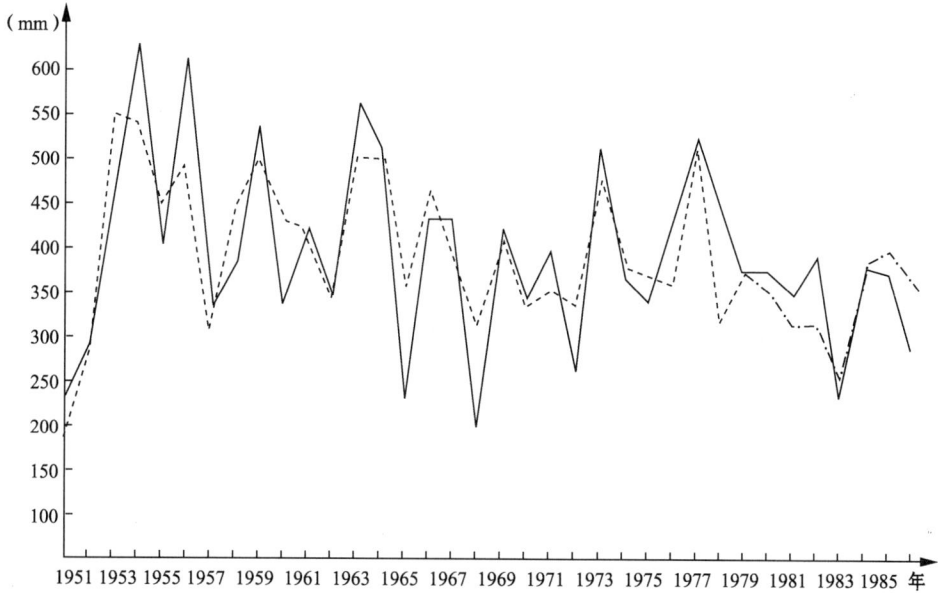

图 9.10　海河流域(10 站平均)夏季 6—8 月降水量(实线)与前期 3 个高度因子的回归拟合值
　　　　(虚线)和预报值(点虚线)的历史演变曲线图

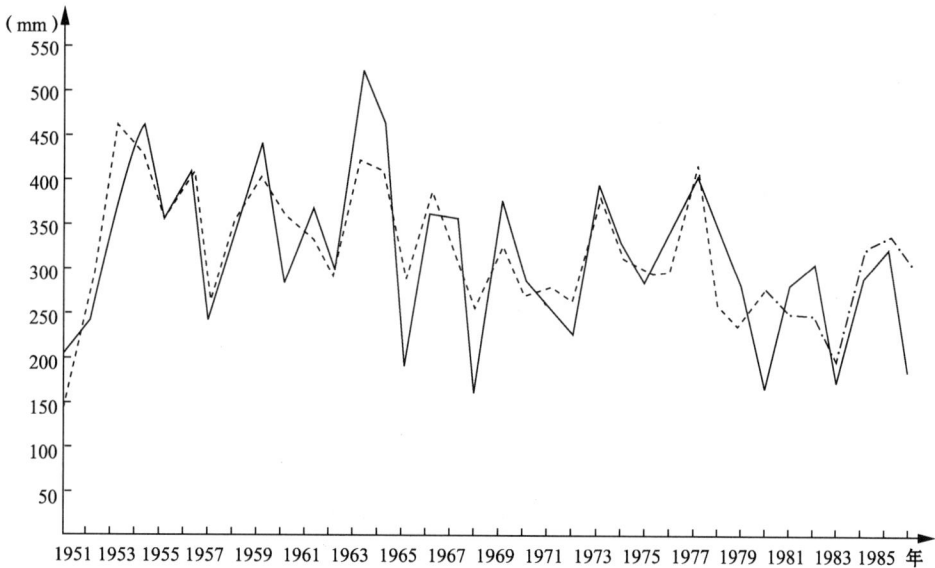

图 9.11　海河流域(10 站平均)盛夏 7~8 降水量(实线)与前期 3 个高度因子的回归拟合值
　　　　(虚线)和预报值(点虚线)的历史演变曲线图

1951—1980 年的 $y_{4\sim9}$ 与 $R_{4\sim9}$ 的相关系数是 0.78。

　　海河流域夏季旱涝还与天文背景有一定的关系,这些关系在前面已作过具体分析。尤其要指出的是端午来得早(在小满节气里)的年份,盛夏无洪涝,$R'_{7\sim8}\leqslant7\%(9/9)$ 或 $R'_{7\sim8}\leqslant-8\%(8/9)$ 或 $<-20\%(5/9)$,易有干旱,特别在雨季峰值期 7 月下旬至 8 月上旬的降水量距平百分率 $\leqslant1\%(9/9)$ 或 $\leqslant-8\%(8/9)$ 或 $\leqslant-33\%(6/9)$,大多数年份明显偏少有伏旱。

6—8 月和 4—9 月降水总量大多数年份也是偏少,$R'_{6\sim8}\leqslant5\%(9/9)$ 或 $\leqslant-5\%(7/9)$ 或 $\leqslant-16\%(5/9)$;$R'_{4\sim9}\leqslant3\%(9/9)$ 或 $\leqslant-6\%(7/9)$ 或 $\leqslant-16\%(5/9)$。这一天文背景对端午在 6 月 4 日及其以前的年份中可用于年度、季度和月预报中。

若是厄尔尼诺年,则要看该年端午日期,端午日在 6 月 15 日以前的厄尔尼诺年,盛夏特别是 7 月下旬至 8 月上旬的降水量明显偏少,其干旱程度一般与厄尔尼诺的强度呈正比,端午日在 6 月 16 日以后的厄尔尼诺年,盛夏易多雨或有洪涝发生,其多雨程度一般与厄尔尼诺的强度呈反比。

还有对"头年热得很,来年下得稳"、"冬暖春寒夏涝"等天气谚语的验证结果也可在海河流域夏季旱涝预报中参考和使用。

另外,海河流域(10 站平均)7 月降水量距平百分率 $R'_7\geqslant20\%$ 的 8 个 7 月明显多雨有洪涝之年,其上一年长江中游(9 站平均)6 月降水量距平百分率 $R'_6\leqslant-1\%(8/8)$ 且贵州(6 站平均)6—8 月降水量距平百分率 $R'_{6\sim8}\leqslant1\%(8/8)$ 且同年长江中下游(三区)4 月气温异常偏暖即气温等级 $T_4\geqslant2.2(6/8)$。反之,凡在前期满足这三个条件之年,则海河流域 7 月明显多雨有洪涝即 $R'_7\geqslant23\%(6/7)$ 或 $R'_7\geqslant5\%(7/7)$。凡不能同时达到上述三个条件之年则 $R'_7\leqslant20\%(27/28)$ 或 $R'_7\leqslant9\%(24/28)$ 或 $R'_7\leqslant-1\%(20/28)$。其中 4 月长江中下游地区出现异常暖和的天气是 7 月或 7—8 月海河流域多雨或有洪涝的一个近期指标。$T_4\leqslant2.4$,则 $R'_{7\sim8}\geqslant1\%(9/9)$ 或 $R'_{7\sim8}\geqslant15\%(6/9)$ 或 $R'_{7\sim8}\geqslant23\%(5/9)$。$T_4\leqslant2.2$,则 $R'_7\geqslant23\%(6/8)$ 或 $R'_7\geqslant5\%(7/8)$。

9.3.11　黄河中上游地区夏季旱涝趋势的长期预报

黄河中上游地区的夏季 6—8 月和夏半年 4—9 月降水量之间的相关系数有 0.80,距平趋势的相关概率有 89%(32/36)。由此可见,夏季和夏半年的旱涝趋势基本上是一致的。

与黄河中上游地区夏季和夏半年旱涝趋势相关关系相对较好的高度因子有 3 个,在 1 月的 500 hPa 上有 2 个和 100 hPa 上有 1 个。令 $\overline{H}_1$ 和 $\overline{H}_2$ 分别为 1 月 500 hPa 上阿留申群岛附近(170°~150°W、45°~55°N)7 点平均高度和加拿大西北部(110°~90°W、55°~65°N)7 点平均高度;令 $\overline{H}_3$ 为阿留申群岛(180°~160°W、40°N 和 60°N;170°E~150°W、50°N)11 点平均 100 hPa 高度。并令 $x_1=\overline{H}_1-500$,$x_2=\overline{H}_2-500$,$x_3=\overline{H}_3-1600$,单位是 10 gpm。x_1、x_2、x_3 与黄河中上游地区(10 站平均)的 4—9 月降水量 $R_{4\sim9}$ 求回归方程得到:$y_{4\sim9}=374.28-1.72x_1+0.78x_2-4.20x_3$。$y_{4\sim9}$ 与 $R_{4\sim9}$ 的相关系数有 0.68。$y_{4\sim9}$ 与 $R_{4\sim9}$ 的历史拟合曲线如图 9.12 所示。

该区域夏季和夏半年的旱涝趋势还与近期 4 月长江中下游地区(三区)和西北地区(六区)的气温高低有较好的相关关系。令 $T_4=T'_4+T''_4$,T'_4 是长江中下游地区(三区)的 4 月气温等级值,T''_4 是西北地区(六区)的 4 月气温等级值。$T_4<5.0$,则 $R'_{6\sim8}\geqslant20\%(7/10)$ 和 $R'_{4\sim9}\geqslant15\%(8/10)$,这说明 4 月气温异常偏暖之年,黄河中上游地区夏半年降水明显偏多,夏季有洪涝发生;$T_4>7.0$,则 $R'_{6\sim8}\leqslant0\%(13/16)$ 或 $-47\%\leqslant R'_{6\sim8}\leqslant-12\%(11/16)$,这说明 4 月气温偏冷之年,黄河中上游地区夏季易少雨有干旱,近几年(1980,1982,1983,1986)夏季降水明显偏少($R'_{6\sim8}\leqslant-20\%$),其前期 4 月气温均偏冷

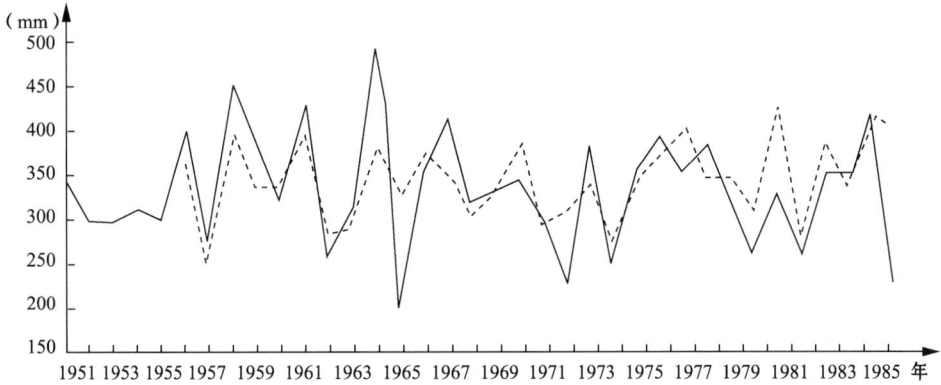

图 9.12　黄河中上游地区(10 个平均)夏半年 4—9 月降水总量(实线)与前期 1 月
3 个高度因子的回归拟合值(虚线)的历史演变曲线图

($T_4 \geqslant 7.0$)。T_4 与该区域 6 月降水量的相关概率有 86%(31/36),即 $2.7 \leqslant T_4 \leqslant 7.0$,则 $39 \text{ mm} \leqslant R_6 \leqslant 122 \text{ mm}(12/14)$,6 月降水量正常或偏多;$7.1 \leqslant T_4 \leqslant 8.9$,则 $13 \text{ mm} \leqslant R_6 \leqslant 37 \text{ mm}(19/22)$,6 月降水量偏少。

若将 500 hPa 上阿留申群岛附近 7 点平均高度(即 $\overline{H}_1$)与 T_4 结合起来分析可得表 9.16。由表 9.16 可见,1 月阿留申群岛附近的 7 点平均 500 hPa 高度明显偏高($\overline{H}_1 \geqslant 5400$ gpm)之年,其年夏半年和夏季即 6—8 月和 4—9 月的降水总量均较常年同期偏少(11/11),多数夏季明显少雨有干旱(8/11)。但若 1 月这个关键区的高度不是显著偏高而是正常或偏低($\overline{H}_1 \leqslant 5390$ gpm)之年,则要看 4 月的西北区和长江中下游区的气温高低,若 4 月气温显著偏高($T_4 < 5.0$),其年黄河中上游区夏半年和夏季降水将明显偏多,夏季有洪涝(7/8)而无夏旱(8/8),若 4 月气温正常($5.0 \leqslant T_4 < 7.0$),则夏季降水一般也正常或稍偏多,若 4 月气温显著偏冷($T_4 \geqslant 7.0$),则夏季降水以偏少为主或有夏旱,所以,表 9.16 可作为黄河中上游地区夏半年和夏季旱涝趋势的预报工具。1980—1986 年均符合上述对应关系,试报效果较好。

表 9.16　黄河中上游地区(10 站平均)夏季 6—8 月和夏半年 4—9 月降水总量距平百分率($R'_{6\sim8}$ 和 $R'_{4\sim9}$)
和旱涝趋势与前期 1 月遥相关高度因子($\overline{H}_1$)与 4 月(西北,长江中下游两区)气温等级(T_4)的复相关表

$\overline{H}_1$ ＼ T_4	2.7~4.9	5.0~6.9	7.0~8.9
≤539×10 gpm	20%≤$R'_{6\sim8}$≤47%(7/8) 15%≤$R'_{4\sim9}$≤48%(8/8) 夏季多雨有洪涝(7/8)	−3%≤$R'_{6\sim8}$≤24%(7/7) −3%≤$R'_{6\sim8}$≤14%(6/7) −8%≤$R'_{4\sim9}$≤7%(7/7) 0%≤$R'_{4\sim9}$≤7%(6/7) 夏季雨水正常(6/7)	$R'_{6\sim8}$≤9%(9/10) $R'_{6\sim8}$≤−12%(6/10) $R'_{6\sim8}$≤−19%(5/10) $R'_{4\sim9}$≤7%(7/10) 夏季雨水偏少或干旱为主
≥540×10 gpm	−34%≤$R'_{6\sim8}$≤−3%(11/11)或 $R'_{6\sim8}$≤−20%(8/11)夏季有干旱(8/11) −32%≤$R'_{4\sim9}$≤−1%(11/11)或或 $R'_{4\sim9}$≤−20%(6/11)		

另外,黄河中上游地区夏半年的旱涝趋势与天文背景有一定的对应关系,可在长期和超长期预报中作参考。在有闰月之年黄河中上游地区易少雨,$R'_{4\sim9}$≤4%(12/13)或≤−5%(9/13);$R'_{6\sim8}$≤−3%(9/13)或≤−19%(7/13)或≤−20%(6/13);R'_7≤−4%(10/13);

$R'_8 \leqslant -8\%(11/13)$，其中在三月至六月中有闰月之年的 8 月均少雨或有干旱，$-8\% \leqslant R_8'$ $\leqslant -51\%(9/9)$。在无"立春"之年，黄河中上游地区易多雨，$0\% \leqslant R'_{4\sim9} \leqslant 48\%(10/13)$。在厄尔尼诺年，即在厄尔尼诺现象盛行之年，黄河中上游地区夏季 6—8 月降水总量易较常年同期偏少(8/10)或明显偏少有夏旱(6/10)。其中，$R'_6 < -20\%(7/10)$ 和 $R'_8 \leqslant -17\%(8/10)$ 或 $\leqslant -21\%(7/10)$。在最近的一次厄尔尼诺现象中同样有上述影响关系。所以，多数厄尔尼诺现象爆发和盛行之年，黄河中上游地区夏季易少雨或干旱。只有 1976 年不符合这个关系，值得进一步研究。

9.3.12　山东地区夏季旱涝趋势的长期预报

山东地区(6 站平均)夏季 6—8 月降水总量距平百分率($R'_{6\sim8}$)和夏季旱涝趋势，与上一年辽河流域(10 站平均)的 7 月降水量(R_7)和上一年海河流域(10 站平均)的 7 月下旬至 8 月上旬降水总量(R_{78})有较好的正相关关系。因而上述两区域的 R_7 和 R_{78} 对次年山东地区的夏季旱涝趋势有一定的长期预报意义，时效达 10 个月之长。令 $RR = R_7 + R_{78}$，这 RR 与次年山东地区的 $R'_{6\sim8}$ 和旱涝趋势的相关关系如下：353 mm $\leqslant RR \leqslant$ 727 mm，则次年 $8\% \leqslant$ $R'_{6\sim8} \leqslant 44\%(9/10)$ 或 $R'_{6\sim8} > 20\%(6/10)$，即辽河流域 7 月和海河流域 7 月下旬至 8 月上旬明显多雨有洪涝之年，则次年山东地区夏季 6~8 月也是多雨或有洪涝之年，145 mm $\leqslant$ $RR \leqslant$ 350 mm，则次年 $-43\% \leqslant R'_{6\sim8} \leqslant -4\%(20/25)$ 或 $R'_{6\sim8} < 20\%(25/25)$，即辽河流域 7 月和海河流域 7 月下旬至 8 月上旬的降水量正常或偏少之年，则次年山东地区夏季 6—8 月的雨水也正常或偏少。1976—1986 年即近 11 年全部符合上述正相关关系(11/11)。

山东地区夏季 6—8 月旱涝趋势还与上一年 9 月的西北太平洋副高北界位置(N_g)和长江中下游地区(三区)的气温(用 T_9 表示该区气温等级)呈正相关，与上一年 10 月 500 hPa 日本暖流区(135°~155°E、30°~40°N)7 点平均高度距平值($\Delta \overline{H}_{10}$)呈正比。现用 0、1 两级编码方法来综合上述 4 个预报因子，这 4 个因子按表 9.17 编码，令 $K = K_1 + K_2 + K_3 + K_4$，$K_1$、$K_2$、$K_3$、$K_4$ 分别为 RR，Ng，T_9，$\Delta \overline{H}_{10}$ 的编码。K 值与山东地区夏季 6—8 月的距平百分率和旱涝趋势的对应关系是：

表 9.17　山东地区夏季旱涝在上一年的 4 个相关因子的编码标准

因　　子 ＼ 编　码	1	0
RR	$\geqslant$353 mm	$\leqslant$350 mm
N_g	$\geqslant$31°N	$\leqslant$30°N
T_9	$\leqslant$3.4	$\geqslant$3.5
$\Delta \overline{H}_{10}$	$\geqslant 7 \times 10$ gpm	$\leqslant 5 \times 10$ gpm

(1)当 $K = 4$，次年 $R'_{6\sim8} \geqslant 20\%(5/5)$ 或 $R'_{6\sim8} > 25\%(4/5)$ 或 $R \geqslant 40\%(3/5)$。即当上述 4 个因子均有利于次年夏季山东地区多雨时，次年夏季山东地区有洪涝(5/5)，其中山东地区夏季 3 个最大洪涝年($R'_{6\sim8} \geqslant 40\%$)的 K 值均是 4。

(2)当 $K = 3$，次年 $3\% \leqslant R'_{6\sim8} \leqslant 21\%(5/5)$，或 $3\% \leqslant R'_{6\sim8} \leqslant 15\%(4/5)$。这表明上述 4 个预报因子中有 3 个因子对次年夏季山东的多雨有利，则次年夏季的山东地区降水大多为一般性偏多年，个别年份有洪涝，多数无洪涝(4/5)。

（3）当 $K=0$，次年 $R'_{6\sim8}\leqslant-18\%$（11/13）或 $R'_{6\sim8}\leqslant-20\%$（9/13），这表明当 4 个预报因子一致都对次年夏季山东地区的多雨不利时，次年夏季山东地区大多为明显少雨有夏旱之年。

（4）当 $K=1,2$；次年 $R'_{6\sim8}\leqslant-4\%$（9/12）但 $R'_{6\sim8}>-20\%$（10/12）或 $R'_{6\sim8}<20\%$（12/12），这表明上述 4 个预报因子中只有 1 个或 2 个因子对次年夏季山东地区的多雨有利时，次年夏季山东地区多为一般少雨年，大多数夏季无洪涝或干旱。由上述分析到的对应关系可见，K 值的大小可以作为山东地区夏季旱涝趋势的长期预报工具。1979—1986 年山东夏季连续少雨（$-43\%\leqslant R'_{6\sim8}\leqslant-4\%$），其上一年 $K=0,1$（8/8）；夏季大旱的 1981—1983 年，其上一年 $K=0$（3/3）。可见，试报效果是好的。

山东地区夏半年 4—9 月降水总量距平百分率（$R'_{4\sim9}$）与 4 月南方涛动指数（SOI_4）有正相关关系。即 $SOI_4\geqslant0.0$，则 $R'_{4\sim9}\geqslant0\%$（12/16）；而 $SOI_4\leqslant-0.1$ 则 $R'_{4\sim9}\leqslant-1\%$（17/20），相关系数有 0.62，信度超过 0.001。

山东地区 7 月降水量与上一年海河流域 7 月下旬至 8 月上旬降水总量的相关系数也有 0.60，信度在 0.001 以上。即 $R_{78}>150$ mm，次年 $R'_7\geqslant16\%$（9/13），其中 $R_{78}\geqslant191$ mm，次年 $R'_7\geqslant16\%$（7/8），$R_{78}<145$ mm，次年 $R'_7<3\%$（20/22）或 $R'_7\leqslant-15\%$（15/22）。这个相关关系说明山东地区 7 月降水量和旱涝趋势与海河流域雨季集中期 7 月下旬至 8 月上旬的降水量和旱涝趋势有滞后一年的对应关系。

从天文背景来看，可供长期预报使用或参考的对应关系有下列几点：

（1）在五月至八月有闰月之年，山东地区 5 月明显少雨或有春旱，$R'_5\leqslant-19\%$（7/7）或 $R'_5\leqslant-36\%$（5/7）。但闰四月之年 5 月却多雨，$R'_5\geqslant29\%$（3/3）。

（2）闰三月和闰四月之年，山东地区 6 月少雨或明显少雨，$R'_6\leqslant-5\%$（5/5）或 $R'_1\leqslant-28\%$（4/5）；闰五月和闰六月之年，山东地区 6 月明显多雨，$45\%\leqslant R'_6\leqslant98\%$（4/4）。

（3）在三月到六月有闰月之年，山东地区 8 月少雨，$-66\leqslant R'_8\leqslant-8\%$（9/9）。

（4）在"双春"之年，山东地区夏季 6—8 月以少雨为主要倾向，$-34\%\leqslant R'_{6\sim8}\leqslant\sim3\%$（9/13）；在"单春"之年，夏季 6—8 月也以少雨为主要倾向，$-31\%\leqslant R'_{6\sim8}\leqslant-7\%$（8/9）。其中 6 月一般为明显少雨，$R'_6\leqslant-9\%$（8/9）或 $R'_6\leqslant-34\%$（6/9）。

（5）在我国能观测到日全食之年，夏季 6—8 月降水总量偏少，$R'_{6\sim8}\leqslant-11\%$（7/8）。$R'_5$、$R'_6$、$R'_7$、$R'_8$、$R'_{6\sim8}$ 分别是山东地区 6 站平均 5 月、6 月、7 月、8 月和 6—8 月降水量的距平百分率。

9.3.13　辽河流域夏季旱涝趋势的长期预报

辽河流域夏季旱涝在前期信度显著的相关因子不多。相比之下，4 月南方涛动指数 SOI_4 对辽河流域夏季降水总量的距平趋势有一定的指示意义。$SOI_4\geqslant0.0$，则辽河流域（10 站平均）夏季 6—8 月降水总量距平百分率 $R'_{6\sim8}\geqslant0\%$（13/17）；$SOI_4\leqslant-0.1$，则 $R'_{6\sim8}\leqslant-1\%$（15/19），正相关概率有 78\%（28/36）。1956—1964 年，连续 9 年 4 月南方涛动持续为正指数即 $SOI_4\geqslant0.0$，辽河流域夏季降水总量也持续正距平趋势即 $R'_{6\sim8}\geqslant0\%$（8/9）；而在 1977—1983 年，连续 7 年 4 月南方涛动持续为负指数即 $SOI_4\leqslant-0.1$，辽河流域夏季降水总量也持续负距平趋势即 $R'_{6\sim8}\leqslant-6\%$（7/7）；1984—1986 年，连续 3 年 $SOI_4\geqslant0.1$，则 $R'_{6\sim8}$

$\geqslant2\%(3/3)$。由此可见,近10年来这个正相关关系全部正确$(10/10)$。

另外,从偏相关关系来看,有下列关系值得在长期预报中注意:

(1)在太阳活动明显偏弱(指1月太阳黑子相对数$R_{s1}<40$为标准)年,且2月欧亚纬向环流指数又是偏弱$(I_{z2}\leqslant0.86(10\ \text{gpm}/\text{每纬距}))$之年$(1953,1964,1985)$,则辽河流域盛夏7—8月有持续性特大洪涝,即$R'_7\geqslant50\%$,且$R'_8\geqslant37\%(3/3)$,这3年$38\%\leqslant R'_{6\sim8}\leqslant51\%$ $(3/3)$,是1951—1986年中夏季雨水最大的3年;若不能同时达到上述条件之年,7月至8月则无持续性特大洪涝,$R'_7<20\%$或$R'_8<20\%$,且$R'_{6\sim8}\leqslant23\%(33/33)$。

(2)1月太阳黑子相对数$R_{s1}<40$,且上一年东北地区(一区)的6月气温偏高,即6月气温等级$T_6<3.0$的年份,则辽河流域夏季6—8月多雨偏涝或有洪涝,即$18\%\leqslant R'_{6\sim8}\leqslant51\%$ $(7/9)$,其中$R'_8\geqslant0\%(9/9)$或$R'_8\geqslant26\%<6/9)$;不能同时达到这两个条件之年,$R'_{6\sim8}\leqslant16\%(26/26)$即无洪涝。

(3)上一年9月西藏高原地区$(75°\sim105°\text{E},30°\sim40°\text{N})$的500 hPa高度异常偏高即10点平均高度$\overline{H}_9\geqslant543\times10\ \text{gpm}$的年份,辽河流域夏季易多雨或有洪涝,即$0\%\leqslant R'_{6\sim8}\leqslant42\%(8/9)$,$R'_8\geqslant6\%(8/9)$或$24\%\leqslant R'_8\leqslant54\%(6/9)$。

若采用无权重分0,1两级编码来综合上述5个指标因子,则令$K=K_1+K_2+K_3+K_4+K_5$,K_1、K_2、K_3、K_4、K_5按表9.18进行编码,求出历年的K值。$K\geqslant4$的年份$(1953,1954,1956,1964,1985,1986)$是指上述5个因子$(T_6$为上一年东北地区6月气温等级;$\overline{H}_9$为上一年9月500 hPa西藏高原10点平均高度;R_{s1}为1月太阳黑子相对数;I_{z2}为2月欧亚纬向环流指数,SOI_4为4月南方涛动指数)中至少有4个因子的编码为1,即至少有4个因子有利于辽河流域夏季多雨。$K\geqslant4$,则$R'_{6\sim8}\geqslant2\%(6/6)$或$18\%\leqslant R'_{6\sim8}\leqslant51\%(5/6)$,夏季有洪涝;$K=3$,则$-11\%\leqslant R'_{6\sim8}\leqslant19\%(6/6)$或$R'_{6\sim8}\leqslant3\%(4/6)$;$K=2$,则$R'_{6\sim8}\leqslant15\%$ $(9/10)$或$R'_{6\sim8}\leqslant2\%(7/10)$;$K\leqslant1$,则$R'_{6\sim8}\leqslant5\%(12/13)$或$R'_{6\sim8}\leqslant-1\%(11/13)$即夏季雨水偏少。在实际预报中若遇$K=1,2$则应具体分析。在$K\geqslant4$和$K\leqslant1$时比较好用,预报效果也好。例如1985,1986年的$K=4$,这两年夏季均有洪涝。

表9.18 辽河流域夏季旱涝前期5个指标因子的编码标准

因　　子 \ 编　码	1	0
T_6	<3.0	$\geqslant3.0$
$\overline{H}_9$	$\geqslant543\times10\ \text{gpm}$	$\leqslant540\times10\ \text{gpm}$
R_{s1}	<40	>40
I_{z2}	$\leqslant0.90(10\ \text{gpm}/\text{纬距})$	$\geqslant0.98(10\ \text{gpm}/\text{纬距})$
SOI_4	$\geqslant0.0$	$\leqslant-0.1$

从天文背景来看,可在预报中使用或参考的对应关系有:

(1)在"无春"之年,若1—2月平均太阳黑子相对数$\overline{R}_s\leqslant60$,则辽河流域夏季易多雨有洪涝,即$R'_{6\sim8}\geqslant18\%(5/6)$;若$\overline{R}_s\geqslant70$,则辽河流域夏季不易有洪涝,即$R'_{6\sim8}\leqslant2\%(7/8)$或$R'_{6\sim8}\leqslant-1\%(6/8)$。

(2)在"无春"之年,辽河流域7月易多雨或有洪涝,$6\%\leqslant R'_7\leqslant56\%(11/14)$,$R'_{6\sim8}\geqslant30\%(6/14)$。

(3)在"单春"之年,辽河流域8月易多雨或有洪涝,$6\%\leqslant R'_8\leqslant85\%(7/9)$。另外,在中

国能观测到两次月全食之年,东北夏季易多雨有洪涝(4/6)。

9.3.14　松花江流域夏季旱涝趋势的长期预报

松花江流域(9 站平均)夏季 6—8 月降水总量与夏半年 4—9 月降水总量的相关十分显著,35 年相关系数有 0.89,36 年相关概率有 92%(33/36)。所以,夏季旱涝趋势与夏半年旱涝趋势比较一致。

松花江流域夏季和夏半年旱涝趋势与上一年淮河流域和汉水渭河流域的夏半年旱涝趋势有较好的相关性。故此,淮河流域和汉水渭河流域夏半年 4—9 月降水总量的多少,对次年松花江流域夏季和夏半年旱涝趋势有指示意义,即有长期预报意义。

设

$$RR'_{4\sim9} = R'_{4\sim9} + R''_{4\sim9}$$

$R'_{4\sim9}$ 和 $R''_{4\sim9}$ 分别是汉水渭河流域(9 站平均)和淮河流域(15 站平均)夏半年 4—9 月降水量距平百分率。则 $RR'_{4\sim9}$ 与松花江流域夏季降水量距平百分率 $R'_{6\sim8}$ 和夏半年降水量距平百分率 $R'_{4\sim9}$ 的滞后一年的对应关系是:$RR'_{4\sim9} \geqslant 2\%$ 则次年松花江流域 $R'_{6\sim8} \geqslant 2\%(13/16)$ 和 $R'_{4\sim9} \geqslant 0\%(14/16)$,其中 $RR'_{4\sim9} \geqslant 24\%$,则次年松花江流域夏季有偏涝或洪涝即 $17\% \leqslant R'_{6\sim8} \leqslant 38\%(7/9)$ 或 $R'_{6\sim8} \geqslant 7\%(8/9)$ 和 $12\% \leqslant R'_{4\sim9} \leqslant 28\%(8/9)$ 或 $R'_{4\sim9} \geqslant 0(9/9)$;$RR'_{4\sim9} \leqslant 0\%$,则次年松花江流域 $R'_{6\sim8} \leqslant 2\%(15/19)$ 和 $R'_{4\sim9} \leqslant 2\%(16/19)$。

松花江流域夏季旱涝趋势还与上一年 12 月 500 hPa 阿留申群岛(50°~60°N,170°E~170°W)8 点平均高度($\overline{H}_{12}$)有正相关关系。$\overline{H}_{12} \geqslant 528 \times 10$ gpm,则次年松花江流域就多雨,$R'_{6\sim8} \geqslant 1\%(12/13)$ 或 $R'_{6\sim8} \geqslant 12\%(10/13)$ 或 $R'_{6\sim8} \geqslant 15\%(9/13)$,$R'_{4\sim9} \geqslant 2\%(11/13)$。

松花江流域夏季旱涝趋势与 $RR'_{4\sim9}$ 和 $\overline{H}_{12}$ 的复相关关系如表 9.19 所示。

表 9.19　松花江流域(9 站平均)夏季 6—8 月降水量距平百分率($R'_{6\sim8}$)和旱涝趋势与上一年淮河流域和汉水渭河流域夏半年 4—9 月降水量距平百分率的合成值($RR'_{4\sim9}$)和 12 月 500 hPa 阿留申 8 点平均高度($\overline{H}_{12}$)的复相关关系

$\overline{H}_{12}$ $RRR'_{4\sim9}$	$\geqslant 528 \times 10$ gpm	$\leqslant 527 \times 10$ gpm
$\geqslant 2\%$	$R'_{6\sim8} \geqslant 21\%(6/8)$ 或 $\geqslant 17\%(8/8)$ 夏季有洪涝或偏涝(8/8)	$-9\% \leqslant R'_{6\sim8} \leqslant 17\%(7/8)$ 或 $R'_{6\sim8} \geqslant 2\%(5/8)$ 夏季降水正常或偏多(7/8)
$\leqslant 0\%$	$R'_{6\sim8} \geqslant 1\%(4/5)$ 或 $-6\% \leqslant R'_{6\sim8} \leqslant 15\%(5/5)$ 夏季降水正常或偏多(4/5)	$R'_{6\sim8} \leqslant -3\%(12/14)$ 夏季降水偏少(12/14)或有旱

由表 9.19 可见,汉水渭河流域与淮河流域夏半年 4—9 月降水量距平百分率之和为正值,且 12 月 500 hPa 阿留申高度显著偏高,则次年松花江流域夏季就明显多雨有雨涝或洪涝。1983,1984 年的 $RR'_{4\sim9} > 30\%$,且 $\overline{H}_{12} = 528 \times 10$ gpm,均符合次年松花江流域有夏涝的条件,实况表明 1984,1985 年松花江流域连续两年夏季有洪涝,即 $R'_{6\sim8} \geqslant 23\%(2/2)$。

该区域的 7 月降水量与上一年 12 月 $\overline{H}_{12}$ 的相关系数有 0.60,信度超过 0.001。又与同年 2 月 500 hPa 黄海至日本海(35°~45°N、120°~140°E)7 点平均高度 $\overline{H}_2$ 有反相关关系,

负相关系数有 0.55,信度也超过 0.001。松花江流域 7 月旱涝与上一年的 $\overline{H}_{12}$ 和同年的 $\overline{H}_{12}$ 的复相关关系如表 9.20。由表可见,上一年 12 月 500 hPa 阿留申区域高度异常偏高(或偏低),且同年 2 月黄海至日本海区 500 hPa 高度偏低(或偏高),则松花江流域 7 月易明显多雨有洪涝(或明显少雨有干旱)。

表 9.20　松花江流域(9 站平均)7 月降水量距平百分率(R'_7)和旱涝趋势与上一年 12 月和同年 2 月500 hPa 关键区平均高度($\overline{H}_{12}$ 和 $\overline{H}_2$)的复相关关系($\overline{H}_{12}$ 和 $\overline{H}_2$ 的单位为 10 gpm)

$\overline{H}_2$ ＼ $\overline{H}_{12}$	542～531	530～528	527～524	523～513
532～537	$32\% \leqslant R'_7 \leqslant 60\%$(5/6) 7 月洪涝(5/6) $R'_7 \geqslant 7\%$(6/6)	$5\% < R'_7 \leqslant 19\%$(4/4) 7 月降水偏多或有偏涝 (4/4)	$-19\% \leqslant R'_7 \leqslant 6\%$ 7 月无旱涝(7/7) $R'_7 \leqslant -7\%$(5/7)	不好确定
538～548	$8\% \leqslant R'_7 \leqslant 15\%$(3/3) 7 月降水偏多或有偏涝(3/3)		正常偏少(5/7)	$R'_7 \leqslant -1\%$(9/10) $-74\% \leqslant R'_7 \leqslant -20\%$ 7 月少雨有干旱(7/10)

　　松花江流域 8 月降水量与上一年汉水渭河流域 4—9 月降水总量的相关系数有 0.64,与同年 6 月 500 hPa($120°\sim30°\text{W}$)的极涡面积指数(S_6)的相关系数有 0.68。8 月降水量距平百分率和旱涝趋势与这两个指标因子的复相关关系如表 9.21 所示。由表可见,上一年汉水渭河流域 4—9 月降水总量距平百分率 $R'_{4\sim9} \geqslant 23\%$ 的明显多雨有洪涝的 6 年,松花江流域 8 月降水均显著偏多有洪涝即 $R'_8 \geqslant 45\%$(6/6);在 6 月极涡($120°\sim30°\text{W}$)面积显著偏大($S_6 \geqslant 169 \times 10^5 \text{km}^2$)之年,且上一年汉水渭河流域的 4—9 月降水总量是属偏多($R'_{4\sim9} \geqslant 8\%$)之年,则 8 月松花江流域也是多雨(即 $R'_8 \geqslant 14\%$(9/9)),有洪涝($R'_8 \geqslant 45\%$(8/9))。上一年汉水渭河流域 4—9 月降水总量偏少($R'_{4\sim9} \leqslant -5\%$),且同年 6 月($120°\sim30°\text{W}$)极涡面积偏小($S_6 \leqslant 162 \times 10^5 \text{km}^2$),则 8 月松花江流域一般降水偏少($R'_8 \leqslant -1\%$(8/8))有干旱($R'_8 \leqslant -24\%$(6/8))。

表 9.21　松花江流域(9 站平均)8 月降水量距平百分率(R'_8)和旱涝趋势与上一年汉水渭河流域(9 站平均)4—9 月降水量距平百分率($R'_{4\sim9}$)和同年 6 月极涡($120°\sim30°\text{W}$)面积指数(S_6)的复相关关系(S_6 单位:10^5km^2)

TS_6 ＼ $TR'_{4\sim9}$	$\geqslant 23\%$	$8\%\sim16\%$	$-4\%\sim6\%$	$\leqslant -5\%$
$\geqslant 169$	$45\% \leqslant R'_8 \leqslant 76\%$ 8 月有洪涝(5/5)	$14\% \leqslant R'_8 \leqslant 66\%$(4/4) $R'_8 \geqslant 45\%$(3/4) 8 月有洪涝(3/4)	$R'_8 = 0\%$(1/1)	$R'_8 = -22\%$(1/1) 8 月有旱
168～163	$R'_8 = 54\%$(1/1) 8 月有洪涝	$R'_8 = -37\%$(1/1) 8 月有旱	$-1\% \leqslant R'_8 \leqslant 30\%$(3/3) $R'_8 \geqslant 28\%$(2/3) 8 月有雨涝(2/3)	不确定区
$\leqslant 162$		$-36\% \leqslant R'_8 \leqslant -19\%$ 8 月少雨(2/2)	$-26\% \leqslant R'_8 \leqslant 8\%$(4/4) 8 月雨水正常或偏少	$R'_8 \leqslant -1\%$(8/8) $-65\% \leqslant R'_8 \leqslant -24\%$ 8 月有干旱(6/8)

9.3.15　华北冬麦区春季降水特征量和春旱趋势的长期预报

华北冬麦区(12 站平均)春季降水总量和分布特点与春旱关系密切,而春旱对冬小麦的生长发育有较大影响。所以该区域春季降水总趋势及有关特征量的长期预报也比较重要。

9.3.15.1　春季降水总趋势的长期预报

华北冬麦区春季 3—5 月降水总量($R_{3\sim5}$)的多年(1951—1980)平均值只有 65 mm,最多的年(1963—1964)有 131～165 mm,最少的年(1972)只有 30 mm,年际变化相当大。

华北冬麦区春雨的多少与春分节气日的月相有一定的对应关系。春分节气日在朔至上弦(初一至初八)的 10 年中有 8 年春雨偏多,即 $R_{3\sim5}\geq67$ mm(8/10);春分节气日在上弦后至下弦前(初九至二十一)的 16 年中有 14 年春雨偏少,即 $R_{3\sim5}\leq58$ mm(14/16)或 $R_{3\sim5}\leq$ 65 mm(15/16)。

另外,华北冬麦区春雨的多少还与上一年 12 月亚洲纬向环流指数(I_{z12},单位是 10 gpm/纬距)有一定的相关关系。11 个春雨偏多之年中有 10 年,其上一年 12 月亚洲纬向环流正常或偏强,亚洲纬向环流指数 $I_{z12}>1.10$。反之,$I_{z12}>1.70$ 的 6 年中有 5 年的次年春雨正常或偏多,即 $R_{3\sim5}\geq65$ mm(5/6)或 $R_{3\sim5}\geq83$ mm(4/6);$I_{z12}<1.10$ 的 9 年中有 8 年的次年春雨偏少,即 $R_{3\sim5}\leq61$ mm(8/9)或 $R_{3\sim5}\leq78$ mm(9/9)。

华北冬麦区春季降水总量($R_{3\sim5}$)与上一年 12 月亚洲纬向环流指数(I_{z12})和同年春分节气日的月相的复相关关系如表 9.22 所表明。表 9.22 可以作为华北冬麦区春季降水总量的趋势预报工具,表 9.22 可将春季降水的距平趋势即按多年平均值(65 mm)为界值分成偏多和偏少,概率有 94%(33/35)。

表 9.22　华北冬麦区(12 站平均)春季降水总量($R_{3\sim5}$)与上一年 12 月亚洲纬向环流指数
(I_{z12}单位:10 gpm/纬距)和同年春分节气日的月相的复相关关系

春分 日之月相　$1I_{z12}$	$I_{z12}>1.70$	$1.10\leq I_{z12}\leq1.70$	$I_{z12}<1.10$
上弦后至朔前 (初九至二十一)	54 mm$\leq R_{3\sim5}\leq$65 mm 春雨正常或偏少(2/2)	34 mm$\leq R_{3\sim5}\leq$58 mm 春雨偏少(13/13)	36 mm$\leq R_{3\sim5}\leq$61 mm 春雨偏少(8/9)
下弦至朔前 (二十二至三十)	83 mm$\leq R_{3\sim5}\leq$165 mm 春雨明显偏多(4/4)		
朔至上弦 (初一至初八)		67 mm$\leq R_{3\sim5}\leq$120 mm 春雨偏多或明显偏多(6/7)	

9.3.15.2　春季日雨量≥3.0 mm 的日数的长期预报

春分节气日在初九至二十一之年,春季 3—5 月中日降水量(12 站平均)≥3.0 mm 的雨日只有 2 至 8 天(16/16),其中有 13 年只有 2 至 6 天(13/16);春分节气日在下弦至朔(二十二至初一)之年,且上一年 12 月亚洲纬向环流指数 $I_{z12}<1.70$,春季日降水量≥3.0 mm 的雨日也只有 2 至 7 天(8/8);春分节气日在初二至初八之年且上一年 12 月亚洲纬向环流指

数 $I_{z12} \geqslant 1.40$，春季日降水量 $\geqslant 3.0$ mm 的雨日有 9 至 12 天(5/6)。

9.3.15.3　春季最大降水过程总量的长期预报

华北冬麦区(12 站平均)春季最大降水过程总量(日降水量 $\geqslant 2.0$ mm 的连续降水总量) R_{max} 的大小，是涉及到春季是否能下一场透雨的问题，R_{max} 的大小与春旱关系也较密切。最大降水过程的多年(1951—1980)平均值是 20 mm，最大的年(1964)$R_{max}=74$ mm，最小的年(1981)只有 7 mm。

春季最大降水过程总量与春分节气日的月相的对应关系是：

(1)春分节气日在望及附近(十五至十九)之年，7 mm$\leqslant R_{max} \leqslant 15$ mm(6/6)，即最大降水过程总量较常年偏小。

(2)春分节气日在上弦(初七至初八)之年，28 mm$\leqslant R_{max} \leqslant 71$ mm(3/3)，即最大降水过程总量较常年偏大。

(3)春分节气日在二十五至十四之年，则 R_{max} 的大小与华北地区(二区)1 月气温有关。若 1 月华北地区气温较常年同期明显偏冷，则 R_{max} 就偏大，否则 R_{max} 就偏小。即华北地区 1 月气温等级值 $T_1 \geqslant 3.8$，则 25 mm$\leqslant R_{max} \leqslant 36$ mm(7/7)；$T_1 \leqslant 3.7$，则 7 mm$\leqslant R_{max} \leqslant 19$ mm (20/20)。

1979—1986 年的春雨总量 $R_{3\sim5}$，和最大过程降水总量 R_{max} 及日降水量 $\geqslant 3.0$ mm 的日数均符合上面分析到的对应关系，所以用上述预报工具的预报效果比较好。

参考文献

"75.8"暴雨会战组小结(由丁一汇改写). 1977. 河南"75.8"特大暴雨成因的初步分析(一). 气象,(7).

编写组. 1977. 天气谚语在长期天气预报中的应用. 北京:科学出版社.

长江流域规划办公室. 1979.《中长期水文气象预报文集》第一集. 北京:水利电力出版社.

陈菊英. 1975. 华北平原冬春冷暖与夏季旱涝. 气象,(12):4-5,10.

陈菊英. 1979. 长江中下游夏季旱涝的分析和预报. 气象,(5).

陈菊英. 1986. 海河流域盛夏旱涝及其长期预报. 气象,(9).

陈菊英. 1980. 江南地区旱涝与日月关系的分析及预报. 气象,(11).

陈联寿,丁一汇著. 1979. 西太平洋台风概论. 北京:科学出版社.

陈烈庭. 1977. 东太平洋赤道地区海水温度异常对热带大气环流及我国汛期降水的影响. 大气科学,**1**(1).

陈兴芳. 1980. 副高秋季转换的初步研究. 大气科学,**4**(6).

陈兴芳,陈桂英. 1985. 100hPa 和 500hPa 月平均高度场与我国夏季降水的对比分析. 高原气象,**4**(9).

方之芳. 1986. 北半球副热带高压与极地海冰的相互作用. 科学通报,(4).

冯佩芝,李翠金,李小泉等. 1985. 中国主要气象灾害分析 1951—1980. 北京:气象出版社.

符淙斌. 1981. 我国长江流域梅雨变动与南极冰雪状况的可能联系. 科学通报,(8).

符淙斌等. 1979. 赤道海温异常与大气的垂直环流圈. 大气科学,3(1).

高国栋,陆渝蓉. 1980. 青藏高原太阳辐射能量的支出状况. 气象,(3).

何敏. 1984. 我国主要秋雨的分析、环流特征及其长期预报. 气象,(9).

黄荣辉. 1985. 夏季青藏高原上空热源异常对北半球大气环流异常的作用. 气象学报,**43**(2).

黄士松. 1979. 西太平洋高压的一些研究. 气象,(10).

吉野正敏. 1980. 最近の中国ひおげを气候变化の研究. 天气(日本),TENKI,**27**(8).

李鸿洲,梁佩娥,梁幼林. 1977. 长江中下游汛期旱涝预报与 500 毫巴环流型及其变化. 大气科学,**2**(3).

李麦村. 1985. 关于长期天气过程及长期天气预报问题. 科学能报,(1).

李麦村,陈烈庭,林学椿. 1979. 海温异常影响长期天气过程研究的进展. 大气科学,**3**(3).

李麦村,王绍武. 1981. 长期天气预报文集. 北京:气象出版社.

李小泉,刘宗秀. 1986. 北半球及分区的 500 hPa 极涡面积指数. 吉林气象的极涡专辑(二).

李小泉,许乃猷. 1965. 亚欧 500 毫巴环流指数,中央气象局气象科学研究所《论文集》.

林春育. 1979. 长江中下游的梅雨和预报. 气象,(5).

刘家铭[美]. 1985. 热带太平洋异常暖水期的大尺度海洋-大气相互作用. 大气科学,**9**(1).

陆龙华. 1981. 1980 年云南日全食对地面气象要素的影响. 气象,(9).

陆巍,彭公炳. 1981. 北半球气压场背景的长期预报. 气象,(1).

陆振和,虞雅贤. 1981. 1980 年云南日全食太阳辐射的日食效应. 气象,(10).

任振球,张素琴. 1981. 天文奇点与 1980 年盛夏副热带高压异常偏南. 气象,(3).

沙万英,李克让. 1979. 副热带高压与长江下游地区梅雨和太平洋海温的关系. 地理集刊,(11).

盛承禹等. 1986. 中国气候总论,北京:科学出版社.

汤懋苍,吴士杰. 1981. 用深层地温预报汛期降水趋势. 气象,(8).

唐汉良. 1982. 节气计算. 西安:陕西科学技术出版社.

陶诗言. 1977. 天气预报技术的现状. 气象,(1).

陶诗言,徐淑英. 1962. 夏季江淮流域持久性旱涝现象的环流特征. 气象学报,32(1).

天文气象文集编委会. 天文气象学术讨论会文集. 北京:气象出版社.

王继志,季良达,王桂萍. 1980. 1972 年夏旱的成因讨论. 气象,(6).

王绍武. 1985. 1860—1979 年期间的厄尔尼诺年. 科学通报,(1).

王绍武,赵宗慈,陈振华等. 1980. 冬半年海洋与大气的相互作用. 海洋学报,2(2).

王宗皓,李麦村等编著. 1974. 天气预报中的概率统计方法. 北京:科学出版社.

魏宝忠,杜升云,门树清,赵斌,湛穗丰,简菊玲. 1978. 太阳系. 北京:北京出版社.

吴波. 1985. 冬季海温-春季副高-夏季旱涝的季度效应. 气象学报,**43**(2).

徐群,曹鸿兴. 1977. 长期天气过程的遥相关联系. 气象,(4).

徐夏囡. 1980. 1980 年夏季我国南涝北旱的环流特征. 气象,(12).

许以平. 1979. 1978 年长江中下游夏季大旱的天气气候分析. 气象,(2).

许以平,苏炳凯等. 1980. 北半球副高带的长期变化(五). 气象,(7).

杨鉴初. 1953. 气象要素连续性历史变化的长期预告意义. 气象学报,24(3).

杨鉴初. 1953. 运用气象要素历史演变的规律性作一年以上的长期预告. 气象学报,24(2).

杨鉴初. 1962. 近年来国外关于太阳活动对大气环流和天气影响的研究. 气象学报,32(2).

杨鉴初,归佩兰. 1979. 关于长期天气过程的划分. 气象,(6).

杨鉴初,史久恩. 1979. 我国长期天气预报的进展. 气象,(10).

么枕生著. 1963. 气候统计. 北京:科学出版社.

叶笃正. 1975. 长期预报的一些物理因子. 气象,(3).

叶愈源. 1980. 十年来长期天气预报的检查. 气象,(11).

曾庆存. 1985. 大气科学中的数值模拟研究——理论研究和实用相结合. 大气科学,9(2).

张家诚. 1981. 长期天气预报方法论概要. 农业出版社.

张家诚等. 1976. 气候变迁及其原因. 北京:科学出版社.

张强. 1978. 统计方法讲座(十)秩相关法. 气象,(2).

张先恭,徐瑞珍. 1977. 我国大范围旱涝与太阳活动关系的初步分析及未来旱涝趋势,《气候变迁和超长期
　　预报文集》. 北京:科学出版社.

章基嘉,葛玲. 1983. 中长期预报基础. 北京:气象出版社.

章淹. 1979. 湖南、浙江雨季结束期及其长期预报. 大气科学,**3**(4).

赵宗慈,王绍武,陈振华. 1982. 韵律与长期预报,气象学报.

中国科学院大气物理研究所. 1978. 海气相互作用与旱涝长期预报. 北京:科学出版社.

中央气象局气象科学研究院. 1981. 中国近五百年旱涝分布图集. 北京:地图出版社.

朱抱真,宋正山. 1979. 关于夏季东亚大气环流的研究. 大气科学,**3**(3).

朱炳海. 1952. 天气谚语. 北京:中国青年出版社.

朱炳海. 1962. 中国气候. 北京:科学出版社.

朱炳海. 1980. 当前气候工作中的几个问题. 气象,(10).

Bhalme H N[美], Jadhav S K. 1984. The Southern Osciliation and its relation to the monsoon rainfall.
　　Journal of Climatology, **14**:509-520.

Chen Juying. 1984. Tendency prediction of precipitation and inundation in July in the Sichuan Basin, China.
　　Journal of Climatology,**4**:521-529.

Chen Juying. The relationship between El Nino events and synoptic climate in China and its astronomical
　　background, the papers accepted for presentation at the first WMO conference on long-range forecas-
　　tion: the practical problems and future prospects (Sofia, 29 September to 3 October 1986).

Herman J R, Goldberg R A [美]. 盛承禹,蒋窈窕,徐振韬译. 1984. 太阳·天气·气候. 北京:气象出版社.

第一版后记

　　全书所用到的各区域逐旬降水量是由作者从 1977 年开始,逐步地从北京气象中心气象情报组的历史资料(1951—1976)和每年(1977—1987)实时资料中抄录整理和积累起来的。区域平均逐旬降水量的合成是用算盘和袖珍计算器由手工计算的,区域的月季降水量是由该区域的旬降水量合成的。各区域降水量的距平百分率和多年平均值、各区域降水量之间和各区域降水量与天文因子、天气谚语、气温等级、大气环流特征量、南方涛动指数等预报因子的相关系数和相关概率的计算,均是作者用编制的 FORTRAN 语言程序于 1985—1986 年在 DLIAL 68000 83/80 UNINX 微机上实现和完成的。各区域降水量与高度场和海温场的相关系数是取用《长期预报程序库》中陈桂英编制的 FORTRAN 语言程序计算的,回归方程的计算是取用《长期预报程序库》中赵汉光编制的 FORTRAN 语言程序计算的,在此深表谢意! 其他预报因子的场面资料和特征资料取用自《长期科资料库》天文因子资料,摘自天文年历书和天文台出版资料。验证天气谚语所用的资料抄自北京气象中心资料室的整编出版资料和报表资料。在此,对为上述资料付出辛勤劳动的同志们深表感谢和敬意!

作　者

1988 年